Handbuch Mobilität und Gesellschaft

Weert Canzler • Juliane Haus •
Andreas Knie • Lisa Ruhrort
Hrsg.

Handbuch Mobilität und Gesellschaft

Sozialwissenschaftliche Verkehrs- und Mobilitätsforschung

mit 24 Abbildungen und 8 Tabellen

Springer VS

Hrsg.
Weert Canzler
Wissenschaftszentrum Berlin für Sozialforschung
Berlin, Deutschland

Juliane Haus
Wissenschaftszentrum Berlin für Sozialforschung
Berlin, Deutschland

Andreas Knie
Wissenschaftszentrum Berlin für Sozialforschung
Berlin, Deutschland

Lisa Ruhrort
Deutsches Institut für Urbanistik (DIfU)
Berlin, Deutschland

ISBN 978-3-658-37556-0 ISBN 978-3-658-37557-7 (eBook)
https://doi.org/10.1007/978-3-658-37557-7

Die Deutsche Nationalbibliothek verzeichnet diese Publikation in der Deutschen Nationalbibliografie; detaillierte bibliografische Daten sind im Internet über https://portal.dnb.de abrufbar.

Diese Open Access Publikation wurde durch den Publikationsfonds der Leibniz-Gemeinschaft und das Wissenschaftszentrum Berlin für Sozialforschung gefördert.

Planung/Lektorat: Cori Antonia Mackrodt
Springer VS ist ein Imprint der eingetragenen Gesellschaft Springer Fachmedien Wiesbaden GmbH und ist ein Teil von Springer Nature.
Die Anschrift der Gesellschaft ist: Abraham-Lincoln-Str. 46, 65189 Wiesbaden, Germany

Inhaltsverzeichnis

Autorenverzeichnis

Annabell Baumgartner Institut für Humangeographie, Goethe-Universität Frankfurt am Main, Frankfurt am Main, Deutschland

Weert Canzler Wissenschaftszentrum Berlin für Sozialforschung (WZB) gGmbH, Berlin, Deutschland

Felix Creutzig Mercator Research Center on Global Commons and Climate Change (MCC), Berlin, Deutschland

Jens S. Dangschat Institut für Raumplanung, FB Soziologie, Technische Universität Wien, Wien, Österreich

Hans-Liudger Dienel Technische Universität Berlin, Berlin, Deutschland

Heike Flämig TU Hamburg, Hamburg, Deutschland

Martin Gegner Wissenschaftszentrum Berlin für Sozialforschung (WZB) gGmbH, Berlin, Deutschland

Sarah George Wissenschaftszentrum Berlin für Sozialforschung (WZB) gGmbH, Berlin, Deutschland

Stefan Gössling Linnaeus University School of Business and Economics, Kalmar, Schweden

Konrad Götz Forschungsbereich Nachhaltige Gesellschaft, ISOE – Institut für sozial-ökologische Forschung, Frankfurt am Main, Deutschland

Tobias Haas Forschungsinstitut für Nachhaltigkeit – Helmholtz-Zentrum Potsdam (RIFS), Potsdam, Deutschland

Ueli Haefeli Universität Bern, Bern, Schweiz

Juliane Haus Wissenschaftszentrum Berlin für Sozialforschung (WZB) gGmbH, Berlin, Deutschland

Jason Henderson San Francisco State University, San Francisco, USA

Aneeque Javaid Mercator Research Institute on Global Commons and Climate Change (MCC), Berlin, Deutschland

Vincent Kaufmann EPFL Lausanne, Lausanne, Schweiz

Ines Kawgan-Kagan AEM Institute, Berlin, Deutschland

Sven Kesselring Hochschule für Wirtschaft und Umwelt Nürtingen-Geislingen (HfWU), Geislingen, Deutschland

Nicolina Kirby Forschungsinstitut für Nachhaltigkeit (RIFS), Helmholtz-Zentrum Potsdam, Potsdam, Deutschland

Nora Klinner Institut für Humangeographie, Goethe-Universität Frankfurt am Main, Frankfurt am Main, Deutschland

Andreas Knie Wissenschaftszentrum Berlin für Sozialforschung (WZB) gGmbH, Berlin, Deutschland

Martin Lanzendorf Institut für Humangeographie, Goethe-Universität Frankfurt am Main, Frankfurt am Main, Deutschland

Katharina Manderscheid Fakultät für Wirtschafts- und Sozialwissenschaften, Universität Hamburg, Hamburg, Deutschland

Claudia Nobis Umweltbundesamt, Dessau-Roßlau, Deutschland

Jörg Potthast Seminar für Sozialwissenschaften, Universität Siegen, Siegen, Deutschland

Henrike Rau Department für Geographie, Ludwig-Maximilians-Universität München, München, Deutschland

Lisa Ruhrort Deutsches Institut für Urbanistik (DIfU) gGmbH, Berlin, Deutschland

Detlef Sack Fakultät für Human- und Sozialwissenschaften, Universität Wuppertal, Wuppertal, Deutschland

Katja Salomo Wissenschaftszentrum Berlin für Sozialforschung (WZB) gGmbH, Berlin, Deutschland

Hendrik Sander Bauhaus-Universität Weimar, Weimar, Deutschland

Dirk von Schneidemesser Forschungsinstitut für Nachhaltigkeit (RIFS), Helmholtz-Zentrum Potsdam, Potsdam, Deutschland

Sabine Schröder nexus Institut für Kooperationsmanagement und interdisziplinäre Forschung GmbH, Berlin, Deutschland

Wolfgang Schroeder Fachgebiet Politisches System der BRD – Staatlichkeit im Wandel, Universität Kassel, Kassel, Deutschland

Wladimir Sgibnev Leibniz-Institut für Länderkunde, Leipzig, Deutschland

Frederic Speidel Fachgebiet Wirtschafts- und Strukturpolitik, IG Metall Bezirksleitung Niedersachsen und Sachsen-Anhalt, Hannover, Deutschland

Holger Straßheim Fakultät für Soziologie, Unversität Bielefeld, Bielefeld, Deutschland

Alexander Wentland Department of Science, Technology, and Society, Technische Universität München, München, Deutschland

Johannes Weyer Technische Universität Dortmund, Dortmund, Deutschland

Mascha Will-Zocholl Hochschule für öffentliches Management und Sicherheit (HöMS), Wiesbaden, Deutschland

Karsten Zimmermann Fakultät Raumplanung, TU Dortmund, Dortmund, Deutschland

Jannik Zindel Fachgebiet Politisches System der BRD – Staatlichkeit im Wandel, Universität Kassel, Kassel, Deutschland

Teil I

Einführung - Handbuch „Mobilität und Gesellschaft“

Einleitung: Verkehr als gesellschaftspolitische Herausforderung

Weert Canzler, Juliane Haus, Andreas Knie und Lisa Ruhrort

Zusammenfassung

Lange stand das Automobil für soziale Integration durch Motorisierung und Zugang zu materiellem und kulturellem Kapital. Dafür wurden dem Auto besondere Privilegien eingeräumt und die Verkehrsinfrastruktur systematisch und flächendeckend autogerecht ausgerichtet. Dies wird aber spätestens zum Problem, wenn das Paradigma der unbegrenzten Raumüberwindung an seine ökologischen und funktionalen Grenzen stößt. Die entscheidenden Fragen lauten: Kann eine moderne hocharbeitsteilige Gesellschaft auch mit weniger physischer Beweglichkeit auskommen oder wie kann eine gesellschaftspolitische Perspektive jenseits einer uneingeschränkten räumlichen Mobilität aussehen? Die Corona-Pandemie mit ihren Lockdown-Phasen hat unter anderem auch gezeigt: eine in ihren Mobilitätsoptionen stark eingeschränkte Gesellschaft vergrößert die soziale Ungleichheit und verstärkt tradierte Rollenbilder. Bisher galt eine Korrelation zwischen Wohlstandsniveau und räumlich-physikalischen Verkehr. Es ist eine empirisch offene Frage, ob sich mit höheren Anteilen digitaler Mobilität und einer zumindest partiellen Substitution physisch-räumlicher durch digitale Mobilität dieser Zusammenhang tatsächlich auflöst. Es gibt jedoch Hinweise darauf, dass die Ermöglichungsfunktionen des Automobils gelitten haben und teilweise gar nicht mehr bestehen bzw. von digitalen Optionen zunehmend abgelöst werden. Es könnte also sein, dass sich

W. Canzler (✉) · J. Haus · A. Knie
Wissenschaftszentrum Berlin für Sozialforschung (WZB) gGmbH, Berlin, Deutschland
E-Mail: weert.canzler@wzb.eu; juliane.haus@wzb.eu; andreas.knie@wzb.eu

L. Ruhrort
Deutsches Institut für Urbanistik (DifU) gGmbH, Berlin, Deutschland
E-Mail: Ruhrort@difu.de

W. Canzler et al. (Hrsg.), *Handbuch Mobilität und Gesellschaft*,
https://doi.org/10.1007/978-3-658-37557-7_29

zumindest Teile der Gesellschaft von den angebotenen Verkehrsmitteln bereits emanzipiert haben. Das Verkehrskleid scheint insgesamt der modernen Gesellschaft nicht mehr recht zu passen.

Schlüsselwörter

Räumliche und soziale Mobilität · Raumwiderstand · Beweglichkeit · Verkehrswende · Sozialwissenschaftliche Mobilitätsforschung

Das Thema Verkehr war lange Jahre ein Nischenthema in den Sozialwissenschaften. Infrastrukturen, Verkehrsmittel und Verkehrsregeln galten als Commodity, also als selbstverständliche Grundausstattung, die einfach „da war" und die Grundlage gesellschaftlicher Entwicklung bildeten. Dabei war die Raumüberwindung als Voraussetzung sozialer Differenzierung spätestens seit Simmel eine soziologische Gewissheit, ohne dass aber die technische Beschaffenheit oder Dinglichkeit der dazu notwendigen Instrumente interessiert hätte. Räumliche und soziale Mobilität wurden als gegenseitige Bedingung und als Voraussetzung für Fortschritt nach dem Motto verstanden: nur wer sich bewegt, kommt voran. Gesellschaftlicher Aufstieg und ökonomischer Wohlstand gelten ohne Bewegung im Raum bis heute als undenkbar. Die großen politischen Programme der Nachkriegszeit hatten daher die Absenkung des Raumwiderstandes als zentrale Aufgabe. Die Entstehung der Europäischen Gemeinschaften nach dem Zweiten Weltkrieg diente vor allen Dingen einem Zweck: maximale Beweglichkeit für Menschen und Güter. Partei- und systemübergreifend galt die Ermöglichung räumlicher Beweglichkeit als Kernelement der Infrastrukturpolitik.

Wie diese Beweglichkeit operativ und technisch umgesetzt werden könnte, war in den Sozialwissenschaften eher nicht von Interesse. Diese Detailarbeit an den technischen Grundlagen der Vergesellschaftung überließ man gerne anderen Disziplinen wie den Geschichts- oder Ingenieurwissenschaften. Dabei hatte die Art und Weise, wie Bewegungen im Raum praktisch organisiert waren, enormen Einfluss auf die soziale Struktur der Gesellschaft. Ohne die Verkehrsinfrastruktur wäre die Dynamik der gesellschaftlichen Ausdifferenzierung nach dem Zweiten Weltkrieg nicht denkbar. Der raumgreifende und entfernungsintensive Lebens- und Arbeitsstil mit der Idee der Kleinfamilie im Mittelpunkt, der die westlichen Nationen bis heute maßgeblich prägt, konnte nur durch die Ermöglichung einer extensiven räumlichen Mobilität entstehen.

Im Zentrum der politischen Mobilitätsgarantien stand das Automobil, dessen Förderung auch deshalb so erfolgreich war, weil es nicht nur ein infrastrukturelles, sondern auch ein sozialpolitisches Programm war: Teilhabe am Leben durch verkehrliche Ermöglichung, soziale Integration durch Motorisierung und Zugang zu materiellem und kulturellem Kapital.

So dominant die Rolle des Autos für die Entwicklung der modernen Gesellschaft auch war und bis heute ist, so unreflektiert ist sie. Dass dem Auto besondere Privilegien eingeräumt und die Verkehrsinfrastruktur systematisch und flächendeckend so ausgerichtet wurden, dass dieses Verkehrsmittel seine Attraktivität ausspielen und seine Versprechungen einhalten konnte, wurde vielfach vergessen und ganz tief im kollektiven Gedächtnis vergraben. Dies wird aber spätestens jetzt zum Problem für die sozialwissenschaftliche Erklärkunst, weil das Paradigma der unbegrenzten Raumüberwindung an seine ökologischen und funktionalen Grenzen stößt. Kann eine moderne hocharbeitsteilige Gesellschaft auch mit weniger physischer Beweglichkeit auskommen oder wie kann eine gesellschaftspolitische Perspektive jenseits einer uneingeschränkten räumlichen Mobilität aussehen? Wenn wir uns aus Klimaschutzgründen weniger und vor allem anders bewegen und die Freiheiten des Autos begrenzen müssen, funktioniert dann noch das soziale Integrationsmodell in dieser Gesellschaft? Wieviel „Bewegungslosigkeit" ist gesellschaftlich verkraftbar?

Die Corona-Pandemie mit ihren Lockdown-Phasen hat unter anderem nämlich auch gezeigt: eine in ihren Mobilitätsoptionen stark eingeschränkte Gesellschaft vergrößert die soziale Ungleichheit und verstärkt tradierte Rollenbilder. Dabei geht es nicht allein um ungleich verteilte materielle Möglichkeiten, sondern auch um die soziale Position und um Machtressourcen. Die Chancen, überhaupt im Homeoffice arbeiten zu können, sind abhängig von der Art der beruflichen Tätigkeit und der Güte der informationstechnischen Vernetzung, aber auch von den in Arbeits- und Tarifverträgen fixierten Rechten und vom spezifischem Knowhow, die digitalen Optionen souverän nutzen zu können.

Eine empirische Realität gilt weiterhin: Verkehrshandeln und Einkommensentwicklung sind eng miteinander verknüpft. Bisher galt eine Korrelation zwischen Wohlstandsniveau und räumlich-physikalischen Verkehr: wer sich mehr, länger und weiter bewegt, verdient mehr. Umgekehrt hieß das: wer mehr verdienen will, muss sich offenkundig auch im Raum mehr bewegen. Es ist eine empirisch offene Frage, ob sich mit höheren Anteilen digitaler Mobilität und einer zumindest partiellen Substitution physisch-räumlicher durch digitale Mobilität dieser Zusammenhang tatsächlich auflöst. Gibt es so etwas wie eine Entkopplung von individueller und kollektiver Prosperität und Verkehrsmenge?

Es ist Zeit für eine Bestandsaufnahme. Kann sich eine demokratische und offene Gesellschaft auch weniger Verkehr leisten, vor allen Dingen auch weniger Autos? Es geht dabei im Kern zunächst einmal nicht um ökologische Fragen, sondern viel grundlegender um die Ermöglichung des Sozialen, sozusagen um das Betriebssystem von Gesellschaft. Aktuelle empirische Beobachtungen zeigen, dass die Ermöglichungsfunktionen des Automobils gelitten haben und teilweise gar nicht mehr bestehen bzw. von digitalen Optionen zunehmend abgelöst werden. Zwar hat auch in städtischen Verdichtungsgebieten die Zahl der Fahrzeuge zugenommen, aber die damit gefahrenen Kilometer stagnieren oder werden weniger, die Einstellungen gegenüber den Autos insgesamt werden kritischer. Gleichzeitig haben es die im verkehrspolitischen Kontext immer ins Spiel gebrachten Busse und Bahnen, die gerne als Rückgrat einer Verkehrswende bezeichnet werden, schwer, in einer modernen, automobil dominierten Siedlungsstruktur noch hinreichend Akzeptanz zu finden. Die Folgen der Pandemie zeigen auch, dass der Wunsch nach orts- und zeitunabhängiger Arbeit größer geworden ist und allgemein die Flexibilität gesellschaftlicher Praktiken zugenommen hat. Der öffentliche Verkehr mit Linienführung, getakteten Fahrplänen und starren Tarifen kann diese Flexibilität nicht bieten.

Es könnte also sein, dass sich zumindest Teile der Gesellschaft von den angebotenen Verkehrsmitteln bereits emanzipiert haben. Das Verkehrskleid scheint insgesamt der modernen Gesellschaft nicht mehr recht zu passen. Digitale Optionen gewinnen an Gewicht, teilweise treten sie an die Stelle persönlicher Treffen und physischer Ortsveränderungen. Das könnte das empirische Material für eine soziologische Erklärung des möglichen Umbaus bzw. einer Anpassung der verkehrlichen Infrastruktur sein.

Dass Veränderungen dringend notwendig sind und die Organisation des Verkehrs auch gesellschafts- und klimapolitisch neu justiert werden muss, hat der Beschluss des Bundesverfassungsgerichtes vom März 2021 als Kommentar zum Klimaschutzgesetz der Bundesregierung deutlich gemacht: die Folgekosten der Massenmotorisierung sind zu hoch und bedrohen die Freiheitsrechte der zukünftigen Generationen. Das oberste Gericht ermahnt die Bundesregierung, Kriterien einer nachhaltigen Verkehrspolitik verbindlich festzulegen und ambitionierte Reduktionsziele zu bestimmen, durchzusetzen und das Erreichen dieser Ziele auch überprüfbar zu machen. Die in der Konsequenz auf den Beschluss vorgenommenen Anpassungen zeigen jedoch die weiterhin geltende Macht des bisherigen Paradigmas: die Ziele sollen mit einer Erhöhung der Elektrifizierungsquote bei den Antrieben, mehr erneuerbaren Energien und einem massiv erhöhten Anteil im Öffentlichen Verkehr erreicht werden. Von einer „neuen Mobilität" im Sinne von weniger Verkehr und verbunden mit einem darauf abzielenden Umbau des Verkehrssystems ist keine Rede. Die Bundesregierung scheint die oben beschriebenen gesellschaftlichen Entwicklungen nicht berücksichtigen zu wollen.

Die Eckpunkte dieses Handbuches sind damit beschrieben: Ausgangspunkt ist, dass die Veränderung des Verkehrssystems aus Klimaschutzgründen notwendig ist und zugleich soziale Teilhabechancen sichern soll. Die Verkehrswende steht damit auf der politischen Agenda. Aber unter welchen gesellschaftlichen Bedingungen wird diese Veränderung auch realistisch und akzeptiert? Und umgekehrt gefragt: Bewirken gesellschaftliche Wandlungsprozesse wie die Pluralisierung von Lebensstilen und die allgegenwärtige Digitalisierung von sich aus eine Transformation des Mobilitätssystems und wenn ja, wird dieser Wandel tatsächlich zu ökologischer Nachhaltigkeit führen?

Bei der Konzeption des Handbuchs standen zwei Ziele im Vordergrund: Erstens soll ein aktueller Überblick über die sozialwissenschaftliche Forschungslandschaft zum Thema Mobilität und Verkehr gegeben werden. Dabei soll deutlich werden, was die spezifische sozialwissenschaftliche Sicht auf das Thema ausmacht und wie sich diese von anderen disziplinären Zugängen wie der Verkehrsplanung oder der Verkehrsökonomie abgrenzt. In der gesellschaftlichen, aber auch in der wissenschaftlichen Diskussion über Mobilität und Verkehr dominieren bisher immer noch ökonomisch-individualistische Perspektiven auf der einen und planerisch-technische Lösungsansätze auf der anderen Seite. Erst in jüngster Zeit gelingt es vermehrt, auch soziologische und politikwissenschaftliche Perspektiven prominent in die Debatte einzubringen. Das Handbuch will das Wissen der sozialwissenschaftlichen Mobilitätsforschung bündeln und kompakt zugänglich machen.

Neben dieser Konsolidierungsfunktion besteht das zweite Ziel des Handbuchs darin, den Mehrwert sozialwissenschaftlicher Erkenntnisse für eine Lösung gesellschaftlicher Krisenphänomene, insbesondere der Klimakrise, aufzuzeigen. Das Feld der sozialwissenschaftlichen Mobilitätsforschung spannt sich zwischen verschiedenen disziplinären Perspektiven auf: Dazu gehören die Soziologie, die Politikwissenschaft und die Politische Ökonomie, die Human- bzw. Verkehrsgeografie, aber auch die Verkehrs- und Technikgeschichte bis hin zur Sozialpsychologie. Dieses Spektrum spiegelt sich im Handbuch wider. Auf theoretischer Ebene sind sowohl system- und handlungstheoretische Ansätze sowie relationale Theorieansätze vertreten. Die Beispiele reichen von sozialgeografischen Ansätzen des „Mobilities Turn" und technik- und innovationssoziologischen Ansätzen über kultursoziologische und modernisierungstheoretische Herangehensweisen bis hin zu Perspektiven der Politischen Ökonomie. Dabei wird deutlich, wie sich die sozialwissenschaftliche Mobilitätsforschung über die rein disziplinär-akademische Forschung hinaus in gesellschaftliche Transformationsprozesse einbringt. Neben der Darstellung theoretischer Zugänge und bisheriger Erkenntnisse sind pointierte Thesen dazu formuliert, unter welchen Bedingungen moderne Gesellschaften ihre Mobilitätssysteme zukünftig gezielt ökologisch und sozial verträglich umbauen können oder was einem solchen Umbau möglicherweise – und auch im Grundsatz – im Wege steht. Explizit kritische Perspektiven zu den Optionen von Veränderungen unter den bestehenden Bedingungen erhalten hier einen breiten Raum. Sie könnten helfen, die Instrumente des Umbaus zu schärfen und sich nicht in normativen Verstrickungen zu verfangen.

Die sozialwissenschaftliche Leistungsbilanz wird sich auf die folgenden Themenfelder beziehen, die zugleich die Kapitelstruktur des Bandes ausmachen:

- Mobilität als sozialwissenschaftliches Forschungsfeld
- Mobilität und gesellschaftliche Differenzierung
- Mobilität und Alltag
- Mobilität und Sozialstruktur
- Mobilität und Technik
- Mobilität und Politik
- Mobilität und Wirtschaft
- Transformationsperspektiven

Dabei werden Produktionsweise und Erscheinungsformat den digitalen Möglichkeiten angepasst. Die Texte erscheinen im Open Access-Format gleichsam in mehreren Lieferungen. Am Ende wird es zwar auch ein dickleibiges Buch geben, aber zwischenzeitlich können die online gestellten Texte kommentiert und von den Autor*innen verändert werden. Es handelt sich sozusagen um ein Handbuch, das ständig im Werden ist und damit (hoffentlich) lange aktuell bleibt.

Teil II

Mobilität als sozialwissenschaftliches Forschungsfeld

Sozialwissenschaftliche Mobilitätsforschung als interdisziplinäres Forschungsfeld

Lisa Ruhrort

Inhalt

Zusammenfassung

Der Artikel umreißt anhand ausgewählter Fragestellungen die Konturen der sozialwissenschaftlichen Mobilitätsforschung als interdisziplinäres Forschungsfeld und zeigt dabei auf, wie sich die sozialwissenschaftliche Perspektive von planerischen, technischen und ökonomischen Ansätzen unterscheidet. Zugleich werden interdisziplinäre Schnittstellen zwischen den verschiedenen sozialwissenschaftlichen Disziplinen und zu den Planungs- und Technikwissenschaften aufgezeigt. Abschließend gibt der Artikel einen Ausblick auf zukünftige zentrale Forschungsfragen.

Schlüsselwörter

Interdisziplinarität · Institutionalisierung · Ungleichheit · Social Tipping Points · Zukünftige Forschungsfragen

L. Ruhrort (✉)
Deutsches Institut für Urbanistik (DIfU) gGmbH, Berlin, Deutschland
E-Mail: Ruhrort@difu.de

W. Canzler et al. (Hrsg.), *Handbuch Mobilität und Gesellschaft*,
https://doi.org/10.1007/978-3-658-37557-7_1

1 Einleitung

Mobilität ist ein zentraler Bestandteil unserer Alltagserfahrung. Die meisten von uns sind (fast) jeden Tag mit verschiedenen Verkehrsmitteln oder zu Fuß unterwegs. Wenn es klingelt, ist es oftmals der Paketbote, der uns verschiedene Waren liefert, die häufig in weit entfernten Ländern hergestellt und an unsere Haustür gebracht wurden. Doch wie können wir uns wissenschaftlich dem Thema Mobilität und Verkehr nähern? Wie erfahren wir zum Beispiel etwas darüber, warum der Verkehrsaufwand unserer Gesellschaft beständig anwächst? Oder unter welchen Bedingungen neue Verkehrsmittel Teil unseres Alltags werden oder in der Nische verbleiben? Wie gelingt es uns, besser zu verstehen, welche gesellschaftlichen Gruppen durch den Verkehr und seine Nebenfolgen negativ betroffen sind oder aber von zunehmender Mobilität profitieren? Diese Fragen verdeutlichen beispielhaft, dass Mobilität und Verkehr genuin gesellschaftliche Themen sind.

Über Jahrzehnte wurde der Verkehr vor allem als ökonomisches oder ingenieurtechnisches Problem aufgefasst (Schöller 2007). In den vergangenen Jahrzehnten wuchs allerdings die Einsicht, dass die technischen und ökonomischen Voraussetzungen für Mobilität und Verkehr nicht unabhängig von ihren gesellschaftlichen Entstehungskontexten und Nutzungszusammenhängen verstanden werden können (Knie 2007). Aus dieser Erkenntnis formte sich eine genuin sozialwissenschaftliche Mobilitätsforschung als interdisziplinäres Forschungsfeld.

Im Folgenden wird dieses Forschungsfeld anhand von ausgewählten Fragestellungen charakterisiert und die These vertreten, dass der sozialwissenschaftlichen Mobilitätsforschung eine zentrale Rolle bei der Erforschung von Verkehr und Mobilität als gesellschaftliche Phänomene zukommt. Dabei besteht kein Anspruch auf Vollständigkeit, denn das betrachtete Feld ist sehr dynamisch und die Grenzen zwischen sozialwissenschaftlichen und anderen Sichtweisen auf Mobilität und Verkehr sind fließend. Es wird der Versuch gemacht, charakteristische Merkmale der sozialwissenschaftlichen Perspektive im Kontrast zu planerischen, technischen und ökonomischen Ansätzen herauszuarbeiten. Anschließend wird anhand aktueller Forschungsbeispiele aufgezeigt, welche interdisziplinären Schnittstellen zwischen den verschiedenen sozialwissenschaftlichen Disziplinen und zu den Planungs- und Technikwissenschaften im Forschungsfeld Mobilität bestehen und wie diese genutzt werden können. Schließlich wird anhand von aktuellen gesellschaftlichen Herausforderungen reflektiert, welche Forschungsfragen in Zukunft für die sozialwissenschaftliche Mobilitätsforschung zentral sein könnten.

2 Wozu braucht es sozialwissenschaftliche Mobilitätsforschung?

Mobilität spielt für die Genese der modernen Gesellschaft eine zentrale Rolle. Diese ist gekennzeichnet durch einen kontinuierlichen Prozess der Beschleunigung in allen Lebensbereichen, der wiederum nur durch die beständige Weiterentwicklung von Verkehrsmöglichkeiten erreicht werden konnte – zunächst in Form von verbesserten Verkehrsinfrastrukturen, dann durch neue, mit fossilen Energien angetriebene Verkehrstechnologien wie die Eisenbahn und später das Automobil und das Flugzeug.

Modernisierung war, jedenfalls bisher, immer auch ein Prozess der Expansion individueller und kollektiver Aktionsräume. Umgekehrt ist die Entwicklung der dahinterliegenden großen technischen Systeme des Verkehrs nur zu verstehen, wenn man diese nicht allein als Ergebnis der ökonomischen oder technischen Optimierung versteht, sondern als „soziale Konstruktion“: Aus der Perspektive der Techniksoziologie erscheint die technische Welt, die uns heute umgibt, als Produkt vielfältiger gesellschaftlicher Aushandlungsprozesse und als Ausdruck bestehender Wertvorstellungen, Interessenkonflikte und Machtverhältnisse (Bijker et al. 1993).

An kaum einem anderen Gegenstand wird die spezifische Perspektive einer sozialwissenschaftlichen Mobilitätsforschung so deutlich wie am Automobil. Der Bedeutungszuwachs des Autos in der modernen Gesellschaft ist sowohl historisch als auch techniksoziologisch seit langem ein Thema (Klenke 1995; Canzler und Knie 1997). Das private Auto wurde in der 2. Hälfte des 20. Jahrhunderts nicht nur zum dominierenden Verkehrsmittel, sondern auch zu einem wesentlichen Element des modernen Lebensstils mit einer auf den Ideen der Charta von Athen beruhenden Siedlungsweise (Sachs 1984; Urry 2020). In allen westlichen Industrieländern, nicht nur in Deutschland, wurde das Auto insbesondere durch den vorauseilenden Ausbau einer passenden Infrastruktur, aber auch durch direkte und indirekte Privilegierung gegenüber den anderen Verkehrsmitteln gefördert. Insbesondere wurde gemäß dem „Leitbild autogerechten Stadt“ der öffentliche Raum auf den rollenden, aber auch auf den ruhenden privaten Autoverkehr ausgerichtet.

Mit der infrastrukturell und regulatorisch abgestützten Institutionalisierung des Autos und seiner Verbreitung in den Mittelschichten gehen eine Routinisierung automobiler Wegemuster mitsamt einer verstärkten Individualisierung (Knie 1997) und eine verstärkte Suburbanisierung einher. Mit dem Fortschreiten der Massenautomobilisierung verbreiten sich entsprechende Sozialisierungsformen, zugleich findet eine Marginalisierung der Alternativen zum Auto statt. Das private Auto wird sukzessive zur selbstverständlichen Ausstattung moderner Haushalte, kollektive öffentliche Verkehrsmittel hingegen erhalten den Status eines Ersatzangebotes für nicht-automobile Bedürftige und erhalten in Ballungsräumen die Funktion eines „Überlaufventils“ für den überbordenden Autoverkehr (Canzler 2016).

Angesichts der herausragenden Bedeutung des Autos und der mit seiner massenhaften Verbreitung verbundenen mehrfachen Pfadabhängigkeiten lautet eine zentrale Fragestellung der sozialwissenschaftlichen Mobilitätsforschung, unter welchen Bedingungen seine Hegemonie überwunden und die Transformation der automobil geprägten Verkehrs- und Lebensformen in der modernen Gesellschaft aussehen kann. Damit ist die auf das Auto bezogene sozialwissenschaftliche Mobilitätsforschung ein wesentlicher Teil der insbesondere durch die Klimakrise motivierten Transformationsforschung und folglich interdisziplinär angelegt.

3 Mobilität als Gegenstand sozialwissenschaftlicher Forschung

Interdisziplinäre Forschungsfelder entstehen in thematischen Bereichen, die oftmals aus gesellschaftlicher Sicht eine hohe Relevanz aufweisen, aber nicht einer bestimmten Disziplin zugeordnet werden können. Ein Beispiel sind die Gesundheitswissenschaften („Public Health“), in denen medizinische Forschung mit soziologischen und psychologischen bis hin zu verwaltungswissenschaftlichen Perspektiven in Dialog tritt. Analog dazu ist seit rund 30 Jahren ein interdisziplinäres Forschungsfeld der Mobilitätsforschung entstanden, auf dem sich unter anderem Soziologie, Politikwissenschaften, Geografie und (Sozial-)Psychologie einerseits und Verkehrs- und Raumplanung und Verkehrsökonomie andererseits begegnen. Eine zentrale Rolle spielte dabei der Anspruch, tradierte Auffassungen von Mobilitätshandeln als individuellem rationalen Entscheidungsvorgang zu überwinden und den Einfluss gesellschaftlicher Prozesse und Strukturen auf Mobilität systematisch zu untersuchen. Als Ziel der sozialwissenschaftlichen Mobilitätsforschung kann gelten, die politischen, historischen, kulturellen und sozialpsychologischen Voraussetzungen zu beschreiben, die ein bestimmtes Mobilitätshandeln und bestimmte sozio-technische Strukturen im Verkehr (mit) hervorbringen.

In den vergangenen Jahren wurde mehrfach der Versuch unternommen, das Forschungsfeld konzeptionell abzustecken und zu beschreiben. Dazu gehören sowohl Beiträge, die sich auf den englischsprachigen, stärker internationalen Diskurs beziehen (Adey 2017; Schwanen 2016; Ryghaug et al. 2023; Faulconbridge und Hui 2016) als auch solche, die sich speziell auf die deutsche bzw. deutschsprachige Mobilitätsforschung fokussieren (Busch-Geertsema 2015; Busch-Geertsema et al. 2019; Wilde et al. 2017). Verschiedene Handbücher haben sich zudem in der Vergangenheit damit befasst, den Forschungsstand in Bezug auf bestimmte Aspekte der sozialwissenschaftlichen Mobilitätsforschung zu konsolidieren: z. B. mit dem Fokus auf die Verkehrspolitik und deren gesellschaftliche Grundlagen (Schwedes et al. 2016) oder in Bezug auf die methodischen Zugänge, die in der Mobilitätsforschung eine besondere Rolle spielen (Büscher 2022).

In ihrem Text „Wo bleibt die Mobilitätspolitik?“ zeichnen Busch-Geertsema (2015) ein differenziertes Bild der interdisziplinären Mobilitätsforschung. Sie unterscheiden zwischen einer stark theoriegetriebenen Forschungstradition, die sich insbesondere soziologischer Konzepte bedient und die darauf abzielt, Mobilität als soziologische Kategorie zu stärken, und einer praxisnahen Forschungstradition, die in ihren Fragestellungen oftmals an verkehrspolitisch relevante Themen anschließt und Handlungsempfehlungen für Politik und gesellschaftliche Akteure ableitet. Thematisch beschäftigt sich die praxisnahe Forschung auch mit neuen Technologien wie Elektromobilität, automatisiertes Fahren oder digitalbasierte Mobilitätsdienstleistungen. In beiden Strängen sehen die Autor*innen eine hohe Dynamik, bemängeln aber die bisher weitgehend fehlende Institutionalisierung der sozialwissenschaftlichen Mobilitätsforschung als eigenständiges Forschungsfeld.

Im Gegensatz zu Themen wie etwa Bildung oder soziale Ungleichheit gehört das Thema Mobilität traditionell nicht zu den Kernfeldern sozialwissenschaftlicher Forschung. Selbst in Teilbereichen der Soziologie, in denen eigentlich ein starkes Interesse am Gegenstand Mobilität vermutet werden könnte, wie der Stadtsoziologie oder der Industriesoziologie, war Mobilität lange Zeit eher ein Randthema. In der Soziologie wird mit dem Begriff Mobilität traditionell entweder die Untersuchung von Migrationsbewegungen bezeichnet oder aber die „soziale Mobilität“, etwa in Form von Aufstiegschancen zwischen verschiedenen sozialen Schichten, beschrieben. In der soziologischen Stadtforschung liegt der Schwerpunkt bis heute eher auf der gebauten Umwelt und ihrer Wechselwirkung mit den Menschen, nicht aber auf urbanen Mobilitätspraktiken. In der Industriesoziologie gibt es schließlich eine Tradition der Auseinandersetzung mit der Mobilitätswirtschaft, insbesondere der Automobilindustrie, die bisher jedoch vor allem Produktionsbedingungen und Beschäftigungseffekte im Blick hat und beispielsweise die lebensweltliche Bedeutung von Mobilitätspraktiken nicht berücksichtigt.

Spätestens seit den 1990er-Jahren wird jedoch die zunehmende Globalisierung von gesellschaftlichen Zusammenhängen zum wichtigen Forschungsthema, und damit auch die „Entbettung" und „Mobilisierung" von Personen, Daten, Gütern und Wirtschaftsbeziehungen aus regionalen Zusammenhängen (Schwanen 2016; Shaw und Hesse 2010). Globale „flows" wurden zunehmend als Herausforderung für nationalstaatliche Grenzen und Institutionen beobachtet. In diesem Zusammenhang entsteht der erste genuine Versuch, die Soziologie aus der Perspektive von Mobilität neu zu denken und damit die Erforschung von Mobilitäts- (und Immobilitäts-) praktiken zu einem zentralen Forschungsgegenstand der Soziologie zu machen (Urry 2020). Der so genannte „mobilities turn" konnte zwar in Bezug auf die Gesamtdisziplin nicht die erhoffte Breitenwirkung erzielen, bildete jedoch dennoch eine wichtige Basis für die Konstitution einer sozialwissenschaftlichen Mobilitätsforschung (vgl. div. Beiträge in (Canzler et al. 2008).

Die daran anknüpfenden Forschungsstränge verdeutlichen, dass Mobilität als Massenphänomen zu den prägendsten Merkmalen moderner und spätmoderner Gesellschaften zählt. An diese überragende Bedeutung von Mobilität für die Lebensweise und Wirtschaftsform der modernen Gesellschaft knüpfen zentrale Fragen an, mit denen sich insbesondere die soziologische und politikwissenschaftliche Mobilitätsforschung beschäftigt. Die sozialwissenschaftliche Mobilitätsforschung grenzt sich dabei von einer ingenieurwissenschaftlichen, aber auch von einer klassischen ökonomischen Perspektive ab, indem sie die Strukturen des Verkehrssystems nicht als Ausdruck der technisch überlegenen Lösungen oder als Ergebnis individueller Präferenzen versteht, sondern als Produkt gesellschaftlicher Prozesse. Sie schließt damit u. a. an die Techniksoziologie an, die herausgearbeitet hat, dass die konkreten Ausprägungen Geräte und Infrastrukturen von sozialen Strukturen wie Machtverhältnissen, Wertvorstellungen und Ungleichheiten durchdrungen sind (Bijker et al. 1993; Kirchner und Ruhrort 2016). Zugleich wirken diese technischen Strukturen dann auf die Gesellschaft zurück und können bestimmte Wertvorstellungen und Praktiken gegenüber alternativen Pfaden stabilisieren (Canzler 2016). Durch wechselseitige Verstärkung verfestigen sich bestimmte technische Arrangements in Form eines „sozio-technischen Regimes" (Geels 2012). Der Begriff beschreibt, dass sich räumliche Strukturen, wirtschaftliche Interessen und gesellschaftliche Erwartungen zu einer dominanten Konstellation verbinden, die zu ihrer permanenten Reproduktion neigt. Aus dieser Perspektive wird deutlich, warum ein Übergang zu alternativen technischen Lösungen, wie etwa der Wechsel von privater Automobilität hin zu einem multimodalen Mobilitätsverhalten, sich gesellschaftlich so schwierig gestaltet.

Am Beispiel des Carsharings wurde dies mehrfach beschrieben (Ruhrort 2020; Mock 2024): der Besitz eines privaten Automobils bildet unangefochten die dominante sozio-technische Konstellation, auf der ein Großteil der Alltagsmobilität in Deutschland basiert. Nicht nur die Infrastrukturen sind darauf ausgelegt, sondern auch die regulatorischen Rahmenbedingungen, die beispielsweise das Abstellen der Fahrzeuge fast überall kostenlos erlauben. Zwar sind viele Mobilitätsbedürfnisse im Prinzip auch mit einer Kombination von ÖPNV, Fahrrad und der gelegentlichen Nutzung eines Carsharing-Autos erfüllbar. Carsharing ist jedoch nicht flächendeckend verfügbar, auch, weil im öffentlichen Raum dafür bisher kaum Flächen zur Verfügung gestellt werden. In der subjektiven Wahrnehmung werden die Kosten des privaten Autos zudem unterschätzt, sodass die Nutzung von Carsharing vergleichsweise teuer erscheint. Um diese Hürden zu überwinden bedarf es Interventionen, die sowohl an der Aufteilung öffentlicher Räume und an der Kostenstruktur der privaten Autonutzung als auch an der wirtschaftlichen Bedeutung von Carsharing als Geschäftsmodell ansetzen (Ruhrort 2020). Die sozialwissenschaftliche Perspektive unterstreicht an diesem Beispiel, dass sich die Präferenz für ein privates Auto im Vergleich zu Carsharing nicht aus rein individuellen Einstellungen und Bedürfnissen erklärt, sondern nur im Zusammenhang mit den gesellschaftlichen Voraussetzungen verstanden (und auch verändert) werden kann.

Die sozialwissenschaftliche Mobilitätsforschung eröffnet damit Einsichten, die zum Verständnis der Rolle von Mobilität in der modernen Gesellschaft und deren Veränderbarkeit unverzichtbar sind. Drei zentrale Fragestellungen sollen im Folgenden beispielhaft das Themenspektrum des Forschungsfeldes verdeutlichen: zum einen die Bedeutung von Mobilität für die Entstehung und Reproduktion spezifisch moderner Praktiken der Lebensführung, die sich in unterschiedlichen Lebensphasen, Gesellschaftsschichten und Haushaltstypen je unterschiedlich (und sozial ungleich) ausprägen; zum anderen die ökologischen „Nebenfolgen" des Verkehrssystems und deren gesellschaftspolitische Bearbeitung; drittens die Dynamik wirtschaftlicher Entwicklungen im Bereich Mobilität im Kontext technologischer und ökologischer Transformationsprozesse.

Mobilität und moderne Lebensformen

Ein zentraler Forschungsgegenstand der sozialwissenschaftlichen Mobilitätsforschung und insbesondere der Mobilitätssoziologie bildet die Rolle von Mobilität in modernen Lebensformen, von geschlechtsspezifischen Mobilitätsmustern über Pendlermobilität bis hin zu multilokalen Haushalten als Ausdruck ständig steigender Raumbedürfnisse (vgl. Manderscheid 2022; Kesselring 2006). Einen wichtigen Ausgangspunkt bildete in der deutschen Diskussion die Auseinandersetzung mit dem Automobil und seiner gesellschaftlichen Bedeutung als universelle „Mobilitätsmaschine", die moderne individualisierte Lebensformen und Lebensstile überhaupt erst ermöglichte (Canzler und Knie 1994; Canzler 2016; Projektgruppe Mobilität 2004). Zentral sind dabei Zusammenhänge zwischen Mobilität und verschiedenen Dimensionen sozialer Ungleichheit – seien es „horizontale" Dimensionen wie ökonomische Ungleichheit oder Bildungsungleichheit oder „vertikale" wie geschlechtsspezifische oder milieuspezifische Ungleichheit. So untersuchen prominente Studien in der Tradition des „mobilities turn" unter dem Begriff der „Mobilitätsgerechtigkeit" unter anderem die Konstituierung „kinetischer Eliten", die sich mit hoher

Geschwindigkeit fortbewegen und die besonders von der Schaffung globalisierter Netzwerke profitieren (Urry 2020). Gerade im globalen Maßstab, aber auch in nationalen Kontexten wird untersucht, wie unterschiedliche soziale Gruppen, etwa gering qualifizierte Migrant*innen auf der einen Seite und privilegierte Arbeitnehmer*innen auf der anderen Seite, mobil sind und welche Auswirkungen für die Lebenschancen dieser Gruppen damit verbunden sind (Faulconbridge und Hui 2016).

Nachhaltige und nicht-nachhaltige Mobilitätspraktiken
Ein zweiter zentraler Forschungsgegenstand – insbesondere der Mobilitätssoziologie – betrifft die ökologischen Folgeprobleme, die sich aus dem konstanten Anwachsen von Verkehrsaufwänden ergeben. Wichtige Bezugspunkte bilden hier die Umweltsoziologie und die Techniksoziologie. Beide befassen sich mit der historischen Herausbildung großer technischer Systeme als gesellschaftliche Versorgungssysteme, die auf der Extraktion fossiler Energien basieren und deren problematische Nebenfolgen zunehmend in Form ökologischer Krisenerscheinungen auf die menschliche Gesellschaft zurückwirken (Kirchner und Ruhrort 2016). Dabei wird insbesondere auch die Frage untersucht, unter welchen Bedingungen diese soziotechnischen Systeme verändert bzw. die gewachsenen „Bündel sozialer Praktiken" neu strukturiert werden können, um katastrophale ökologischen Krisen abzuwenden (Shove et al. 2012).

Aus soziologischer Sicht wird dabei unter anderem die Rolle „nachhaltigkeitsorientierter" Lebensstile und die darin verortete Bedeutung von spezifischen Mobilitätsformen, etwa dem Fahrradfahren oder der Autonutzung, untersucht. Dabei kann die nachhaltigkeitsbezogene Forschung auf Vorarbeiten aufbauen, die sich mit der kulturellen, symbolischen und affektiven Bedeutung von Mobilität in einem weiten Sinne auseinandersetzen. Dazu zählen kritische Studien, etwa zur „kulturellen Politik" des Automobils (Paterson 2007), ebenso wie Versuche, auf Basis von mobilitätsbezogenen Einstellungen verschiedene „Mobilitätsstile" zu unterscheiden (Groth 2019; Götz et al. 2016). In jüngerer Zeit zeigt sich ein vermehrtes Interesse an der Rolle von Mobilitätspraktiken im Kontext sozialer Distinktion (Gössling 2019; Shove et al. 2012). Auch die Auswirkungen der Corona-Pandemie auf das Mobilitätsverhalten wurden in diesem Zusammenhang untersucht – sowohl bezogen auf deren sozial ungleiche Auswirkungen als auch mit Blick auf die Chancen, die sich womöglich für eine nachhaltigere Mobilität ergeben könnten (vgl. Follmer und Knie 2024).

Handlungsspielräume und Grenzen politischer Gestaltung im Feld der Mobilität
Zentral für eine politikwissenschaftliche Sicht auf Mobilität ist die Frage nach den gesellschaftlichen Akteuren, die einen nachhaltigen Umbau des Mobilitätssystems gestalten oder (treibend oder hemmend) beeinflussen können (Schwedes 2018). Die Politikwissenschaft betrachtet hierbei unter anderem das Verhältnis zwischen staatlichen und wirtschaftlichen Akteuren, aber auch die Handlungsspielräume auf den

unterschiedlichen föderalen Ebenen (Schwedes und Ruhrort 2016). In jüngerer Zeit gewinnt die Analyse verkehrspolitischer Auseinandersetzungen, etwa in Bezug auf die Zurückdrängung des Autos aus bestimmten städtischen Räumen, an Bedeutung (Ruhrort et al. 2021). Die Frage ist hier, welche sozialen Gruppen sich in diese Auseinandersetzungen einbringen und wie diese Legitimität für ihre Anliegen schaffen (Becker et al. 2020; Andor et al. 2020). Jenseits der Akteursperspektive findet auch eine Auseinandersetzung mit den (globalen) wirtschaftlichen Strukturen statt, die hinter der Herausbildung eines wachstumsorientierten Verkehrssystems stehen (Dörre et al. 2020). Untersucht wird hier die Politische Ökonomie des Verkehrs, in der die Mobilitätswirtschaft, und allen voran die Automobilwirtschaft, eine global dominante Rolle spielen (Mattioli et al. 2020). An der Schnittstelle zwischen soziologischen sowie ökonomischen und innovationstheoretischen Perspektiven beschäftigen sich zudem die „Transition Studies" mit der Dynamik von ökologisch orientierten Innovationen unter anderem auch im Verkehr. In jüngerer Zeit wird dabei vermehrt die Dimension globaler Machtverhältnisse in den Blick gerückt. Aus dieser Perspektive lässt sich zum Beispiel untersuchen, wie sich bestehende Kräfteverhältnisse in der globalisierten Mobilitätswirtschaft verändern, wenn etwa eine Transformation vom Verbrennungsmotor zum Elektroantrieb voranschreitet (Brunnengräber und Haas 2020), wenn digitale Technologien zunehmend an Bedeutung für den Zugang zu Mobilitätsoptionen gewinnen (Ruhrort 2021) oder wenn perspektivisch das automatisierte Fahren die Basis für ein stark verändertes Mobilitätssystem schafft (Ryghaug et al. 2023).

4 Sozialwissenschaftliche Perspektiven im Kontext der Verkehrswissenschaften

Lange Zeit war die Verkehrsforschung eine Domäne der Planungs-, Ingenieurs- und Wirtschaftswissenschaften (Knie 2007; Schwedes 2018). Die klassische Verkehrswissenschaft ist historisch eng mit der Entstehung und Expansion zunächst nationaler, dann weltumspannender Verkehrsnetze verknüpft. In einer Welt wachsender Verkehrsnachfrage sahen und sehen sich die Verkehrswissenschaften traditionell in der Rolle, wissenschaftliche Grundlagen für die Planung entsprechender Infrastrukturen bereitzustellen, die Verkehrssicherheit zu verbessern und zugleich die ökologischen, städtebaulichen und sozialen Probleme, die durch das Verkehrssystem geschaffen werden, zu bearbeiten (Ammoser und Hoppe 2006). Zugleich ist Mobilität – gerade in Deutschland – ein Wirtschaftsfaktor von überragender Bedeutung, sowohl in Bezug auf Industriesektoren wie den Fahrzeugbau als auch als Grundvoraussetzung für globale Wirtschaftsbeziehungen und Lieferketten (Mattioli et al. 2020; Brunnengräber und Haas 2020). Vor diesem Hintergrund überrascht es nicht, dass die klassische Verkehrswissenschaft über lange Zeit mit einer Vielzahl entsprechender Lehrstühle, Institute und Studiengänge verbunden war. Wie Busch-Geertsema (2015) bemerken, war – und ist bis heute – die sozialwissenschaftliche Mobilitätsforschung hingegen vergleichsweise schwach institutionell verankert. Eine beginnende Institutionalisierung des Forschungsfeldes zeigt sich in den noch jungen Fachzeitschriften mit einem expliziten Fokus auf eine sozialwissenschaftliche Perspektive, wie z. B. die Zeitschriften „Mobilities“ und „Applied Mobilities“. Im Mainstream der interdisziplinären Verkehrsforschung bewegen sich Zeitschriften wie „Transportation Research Part A: Policy and Practice“ und „Transport Policy“, die explizit einen Fokus auf die Verkehrspolitik im Namen führen, oder etwa auch die Zeitschrift „Travel Behaviour and Society“, die den gesellschaftswissenschaftlichen Bezug explizit macht. Allerdings gibt es weiterhin bisher nur wenige Lehrstühle und Professuren mit einem expliziten sozialwissenschaftlichen Schwerpunkt in der Beschäftigung mit Mobilität und Verkehr. Als Illustration für die institutionelle Landschaft der Verkehrswissenschaften mag ein Blick auf das Deutsche Institut für Luft- und Raumfahrt (DLR) dienen. Innerhalb des DLR forschen 26 Institute im Bereich Verkehr. Sozialwissenschaftliche Perspektiven sind dort bisher vor allem im Institut für Verkehrsforschung vertreten, das mit weniger als hundert Mitarbeitenden zu den kleinsten Einheiten des DLR gehört. Es gibt also einen Mangel an institutionellen Ressourcen und insbesondere an interdisziplinären Forschungseinrichtungen, die explizit sozialwissenschaftliche Perspektiven berücksichtigen. Als Vorbild für eine gelungene Institutionalisierung weisen Busch-Geertsema et al. (2019) auf Forschungsinstitutionen etwa in Großbritannien hin, wo „Transport Studies Units“ als interdisziplinäre Einrichtungen gut etabliert sind. Die Sozialwissenschaften gehören dort selbstverständlich zu interdisziplinären Teams dazu wie Planer*innen, Psycholog*innen oder Fahrzeugingenieur*innen – eine Entwicklung, die in Deutschland bisher noch immer aussteht. Es ist insofern eine beständige Herausforderung, sozialwissenschaftlichen Perspektiven im Kanon der verkehrswissenschaftlichen Forschung prominent Gehör zu verschaffen. Gerade auf institutioneller, aber auch auf konzeptioneller Ebene besteht noch viel Entwicklungsspielraum in Hinblick auf eine Konsolidierung des Forschungsfeldes. Dazu erscheint zwar einerseits eine klare Profilierung der sozialwissenschaftlich Perspektive notwendig, andererseits aber auch eine engere Zusammenarbeit zwischen verschiedenen disziplinären Zugängen.

5 Interdisziplinäre Schnittstellen zwischen Gesellschaft, Individuum und sozio-technischem System

Ein Großteil der grundlegenden empirischen Forschung zu Mobilitätshandeln und den Strukturen der Verkehrsnachfrage im Personenverkehr ist interdisziplinär angelegt. So arbeiten die wichtigsten deutschlandweiten Erhebungen zum Verkehrsverhalten wie die Studie „Mobilität in Deutschland (MiD)“ (Nobis und Kuhnimhof 2018) oder das „System repräsentativer Verkehrsbefragungen (SrV)“ mit denselben Methoden, die auch in der empirischen Sozialforschung etabliert sind: nämlich mit standardisierten Befragungen, die zum Teil durch qualitative Methoden der interpretativen Sozialforschung wie Interviews und Fokusgruppen ergänzt werden. Auch die Verkehrsgeografie und die umweltpsychologische Forschung zu Mobilität und Verkehr arbeiten mit diesen empirischen Zugängen (Hunecke 2015). Somit zeigt sich hier eine interdisziplinäre Forschungslandschaft mit starken Überlappungen bei der Analyse des Mobilitätshandelns und mobilitätsbezogener Einstellungen im Quer- und Längsschnitt (Busch-Geertsema 2015).

Auch auf theoretischer Ebene zeigen sich Ansätze für eine verstärkte interdisziplinäre Integration. Klinger et al. (2013) verweisen in diesem Zusammenhang zum Bespiel auf das Konzept der „Mobilitätskultur“. Ziel dieses Ansatzes ist es, die unterschiedlichen Charakteristika von Mobilitätssystemen, wie sie sich etwa zwischen verschiedenen Städten zeigen, über eine Kombination von planerischen, räumlichen und kulturellen Faktoren zu erklären. Interessant ist daran, dass hier explizit das soziologische Konzept der Kultur in einen eher planerisch geprägten Diskurs eingeführt wird (Busch-Geertsema 2015). Inzwischen wird dieser Ansatz zudem von Seiten der psychologischen Forschung aufgegriffen (Bamberg et al. 2020). „Kultur“ wird dabei operationalisiert als normative Vorstellungen darüber, welche verkehrspolitischen Ziele und Maßnahmen vom eigenen weiteren sozialen Umfeld, etwa in der eigenen Gemeinde, unterstützt werden. Diese Normen erweisen sich als relevante Orientierungsfolie für das eigene Mobilitätshandeln und unterstreichen damit, dass die Verkehrsmittelwahl nicht allein durch individuelle Präferenzen geprägt ist, sondern durch die jeweils dominanten gesellschaftlichen Orientierungen mit geformt wird.

Interdisziplinäre Zusammenarbeit entsteht oftmals dann, wenn an gesellschaftspolitisch relevanten Fragestellungen gearbeitet wird. Ein etabliertes Beispiel für einen solchen Problembezug ist das Feld der Verkehrssicherheit, in dem Verkehrsplanung, Verkehrsingenieurwissenschaften und Verkehrspsychologie traditionell eng zusammenarbeiten. Mit zunehmender Dringlichkeit zeigt sich aktuell ein interdisziplinärer Problembezug in Hinblick auf den Klimawandel, bei dem zunehmend deutlich wird, dass eine sozialwissenschaftliche Sicht zum Verständnis des Phänomens und zur Entwicklung möglicher Lösungsansätze unabdingbar ist (Engels und Marotzke 2023). Die erforderliche sozial-ökologische Transformation des Verkehrssystems bildet einen wichtigen Referenzrahmen für interdisziplinäre Zusammenarbeit. Ein Beispiel ist die Beschäftigung mit Schnittstellen zwischen soziologischen und psychologischen Ansätzen im Kontext der Forschung zu klimapolitischen Maßnahmen und Zielen im Verkehr (Becker et al. 2020). So identifizieren Ruhrort und Allert (2021) Aushandlungsprozesse über soziale Normen in Bezug auf Mobilität als wichtige Schnittstelle zwischen den beiden Disziplinen. Im Kontext einer Transformation zu einem klimagerechten Mobilitätssystem müssen soziale Normen verändert werden. Engels und Marotzke sprechen dabei von sozialen „Tipping Points“, die erreicht werden müssen, um gesellschaftlich normalisierte Praktiken zu de-legitimieren und damit Veränderungsbereitschaften zu erhöhen (Engels und Marotzke 2023). Ruhrort und Allert (ebd.) argumentieren in diesem Zusammenhang, dass sich Individuen in ihren verschiedenen sozialen Positionen an diesen Aushandlungsprozessen über soziale Normen aktiv beteiligen können. Weitere Schnittstellen zwischen Soziologie und Psychologie sieht etwa Gössling (2017) in der Erforschung der affektiven Bedeutung von Verkehrsmitteln und Mobilitätspraktiken. An dieser Schnittstelle zwischen einer kultursoziologischen und einer psychologischen Sicht könnten zukünftig weitere wertvolle Erkenntnisse über Veränderungsmöglichkeiten des Verkehrshandeln gesammelt werden (Gössling 2023).

Im Zusammenhang eines klimagerechten Umbaus des Mobilitätssystems gewinnen auch theoretische Modelle an Bedeutung, die aus einem disziplinenübergreifenden Forschungskontext zu sozio-technischen Transformationsprozessen entstanden sind. So wird das so genannte „Mehrebenenmodell sozio-technischer Transformation" (Geels 2012) seit mehreren Jahren von Mobilitätsforschenden unterschiedlicher Disziplinen aufgegriffen, um Veränderungsdynamiken sowohl auf soziologischer, als auch auf psychologischer und technischer Ebene im Zusammenspiel zu beschreiben (Ruhrort 2019). Die Grundannahme dieser Ansätze lautet, dass sozio-technischer Wandel nur in einer systemischen Perspektive als komplexer Prozess auf mehreren ineinandergreifenden Ebenen verstanden werden kann. So könnten etwa veränderte Umweltbedingungen wie z. B. Hitzewellen zeitlich begrenzte „Möglichkeitsfenster" öffnen, in denen auf sozialpsychologischer Ebene kollektive Affekte die Unterstützungsbereitschaft für wirksame verkehrspolitische Maßnahmen erhöhen (Ruhrort und Allert 2021). Derartige Wechselwirkungen lassen sich am besten interdisziplinär erfassen, indem zum Beispiel kurzfristige Veränderungen normativer Strukturen im Kontext von öffentlichen Mediendiskursen über Extremwetterereignisse untersucht werden.

Obwohl der gesellschaftliche Problembezug klar gegeben ist, steht interdisziplinäre Forschung auch im Bereich der Mobilitätsforschung vor besonderen Herausforderungen. In Deutschland ist die Forschungslandschaft bisher nach wie vor stark an disziplinären Grenzen orientiert. Dies erschwert z. B. die Beantragung von Forschungsförderung, wenn ein Vorhaben gezielt die Schnittstellen zwischen verschiedenen Disziplinen bearbeiten soll. Eine wichtige Rolle spielen daher die relativ wenigen Förderprogramme, die ausdrücklich auf interdisziplinäre Zusammenarbeit ausgerichtet sind. Ein Beispiel bildet die Förderlinie „Sozial-ökologische Forschung" im Rahmen des Programms „Forschung für nachhaltige Entwicklung" des Bundesministeriums für Bildung und Forschung. In diesem Programm werden unter anderem inter- und transdisziplinär arbeitende Nachwuchsgruppen gefördert, die zu Fragestellungen einer sozial-ökologischen Transformation arbeiten.

So arbeitet z. B. die Nachwuchsgruppe „MoveMe – die sozio-räumliche Transformation zu nachhaltigem Mobilitätsverhalten" an der Integration unterschiedlicher disziplinärer Zugänge im Rahmen der Mobilitätsforschung. Den thematischen Fokus bildet die Frage, wie Veränderungen von Mobilitätsmustern in unterschiedlichen Raumtypen befördert werden können: Inwieweit lassen sich Elemente einer veränderten Mobilitätskultur, die in urbanen Räumen bereits sichtbar sind, auch im Stadt-Umland umsetzen? Konkret untersucht die Gruppe die Verbreitung von digitalbasierten Mobilitätsangeboten wie Car-, Bike- und Scootersharing, die Nutzung mobiler Arbeitsformen wie Home Office und Co-Working-Spaces als Instrumente zur Verkehrsvermeidung sowie die Unterstützung für Maßnahmen, die öffentliche Räume neu aufteilen und dem Autoverkehr Raum entziehen. Als Brückenkonzept fungiert dabei das Mehrebenenmodell sozio-technischer Transformation in Kombination mit raumbezogenen Theoriekonzepten (Levin-Keitel et al. 2020). Die zentrale These lautete, dass eine umfassende Veränderung von Mobilitätsmustern insbesondere auch im Stadt-Umland nur dann möglich wird, wenn Veränderungen von etablierten Praktiken auf mehreren Ebenen gleichzeitig stattfinden und positive selbst verstärkende Effekte entstehen: z. B. zwischen der Etablierung neuer Mobilitätsangebote, veränderter normativer Vorstellungen einer gerechten oder wünschenswerten Aufteilung von (Verkehrs-)Räumen sowie veränderten sozial-räumlichen Arrangements wie im Falle des mobilen Arbeitens (Ruhrort et al. 2021). Die Nachwuchsgruppe vereint dabei disziplinäre Perspektiven aus der Raumplanung, der Geografie, der Psychologie und der sozialwissenschaftlichen Innovations- und Technikforschung. Die Erfahrung der Zusammenarbeit zeigt, dass es herausfordernd ist, diese unterschiedlichen Disziplinen mit ihren je eigenen konzeptionellen Grundlagen zu integrieren (Projektgruppe MoveMe o. J.). Dennoch erscheint dies notwendig, wenn man eine Veränderung von Mobilitätspraktiken als komplexen gesellschaftlichen Prozess verstehen will. Auch andere interdisziplinäre Nachwuchsgruppen haben im Rahmen des FONA-Programms eine interdisziplinäre Mobilitätsforschung verfolgt (vgl. z. B. Sonnberger et al. 2019 für das Projekt „DynaMo – Mobilitäts-Energie-Dynamiken in urbanen Räumen" sowie EXPERI 2024 für die Nachwuchsgruppe „EXPERI – Die Verkehrswende als sozial-ökologisches Realexperiment"). Derartige interdisziplinäre Programme der Forschungsförderungen erweisen sich damit als wichtige Treiber, um sozialwissenschaftliche Perspektiven in der Mobilitätsforschung zu stärken und konzeptionelle Grundlagen für die interdisziplinäre Integration weiterzuentwickeln. Sie bilden allerdings in der Förderlandschaft bisher noch die Ausnahme.

6 Jüngere Entwicklungen in der sozialwissenschaftlichen Mobilitätsforschung: Hinweise auf einen gesteigerten gesellschaftlichen Impact?

In den vergangenen Jahren hat sich die sozialwissenschaftliche Mobilitätsforschung durchaus dynamisch entwickelt und eine Vielzahl von Forschungsfeldern erschlossen. Dabei ließ sich auch ein wechselseitiges Zusammenspiel zwischen gesellschaftlichen und politischen Diskussionen und entsprechenden Forschungsaktivitäten beobachten. Ein treibender Faktor für eine Bedeutungszunahme sozialwissenschaftlicher Perspektiven war eine starke „Re-Politisierung" des Themas Verkehr, die insbesondere in vielen Städten zu beobachten war (Ruhrort 2022). Diese fand einen Ausdruck etwa in der Initiative für einen „Volksentscheid Fahrrad" in Berlin, die im Jahr 2015 innerhalb weniger Wochen erfolgreich über 100.000 Unterschriften für eine umfassende Verbesserung der Fahrradinfrastruktur in der Hauptstadt sammelte. Diese Entwicklung, die anschließend sukzessive in einer Vielzahl von Städten aufgegriffen und nachgeahmt wurde, machte deutlich, dass die Unterstützung für eine nachhaltige Mobilitätspolitik vielerorts deutlich höher war, als von vielen Politker*innen und Beobachter*innen zuvor erwartet. Verkehr und Mobilität wurden so binnen kurzer Zeit wieder zu prominenten politischen Themen, die intensiv und kontrovers in verschiedenen gesellschaftlichen Milieus sowie in den Medien und auf der politischen Bühne diskutiert wurden. Zusätzlich beflügelt wurde dieser Prozess durch die gleichzeitig erstarkende Klimabewegung, die ebenfalls erhöhte gesellschaftliche Resonanz fand. In diesem politischen Klima wurden Begriffe wie „sozial-ökologische Transformation“ und „Mobilitätswende“ für einen begrenzten Zeitraum zu prominenten Themen im öffentlichen Diskurs (ebd.). In vielen Städten wurde öffentlich darüber diskutiert, welche Nutzungen im öffentlichen Raum Vorrang haben sollen. Die politische und kulturelle Dimension von Mobilität rückte dadurch stark in den Vordergrund, wodurch die Notwendigkeit einer sozialwissenschaftlichen Forschung und einer sozialwissenschaftlich informierten Planungspraxis im Feld Mobilität unterstrichen wurde.

Vermittelt durch eine Initiative aus der sozialwissenschaftlichen Mobilitätsforschung griffen neue Forschungsprogramme wie etwa das Programm „Mobilitätswerkstatt 2025“ und „Mobilitätslabor 2050“ des BMBF diese Entwicklung auf. Die Ausschreibungen zielten explizit auf Forschungsvorhaben ab, die gesellschaftliche Dimensionen einer Transformation zu nachhaltiger Mobilität prominent behandelten. Zugleich wurde in vielen Städten mit temporären Interventionen im Straßenraum experimentiert, wodurch kulturell verankerte Vorstellungen von einer „normalen“ Nutzung öffentlicher Räume in Frage gestellt wurden. Auch dieser Ansatz wurde in den genannten Förderprogrammen explizit aufgegriffen, indem die Nutzung von Experimentierklauseln und gesetzlichen Ausnahmeregeln in den einzelnen transdisziplinären Forschungsvorhaben unterstützt wurde. Ein weiteres Beispiel für Förderprogramme, die explizit sozialwissenschaftliche Aspekte einer (Mobilitäts-) Transformation aufgreifen, ist das europäische Förderprogramm „Driving Urban Transitions“, das in Deutschland von Seiten des BMBF getragen wird. Eine Transformation zu nachhaltigen Lebens- und Produktionsweisen in urbanen Räumen wird in dem Programm in expliziter Anlehnung an die sozialwissenschaftliche Transformationsforschung als gesellschaftlicher Prozess verstanden, bei dem neben infrastrukturellen und technischen Rahmenbedingungen auch kollektive Routinen und soziale Praktiken verändert werden müssen. Die zentrale Frage lautet, wie solche Veränderungsprozesse beschleunigt und wie dabei soziale Konflikte effektiv bearbeitet werden können.

Ein weiteres Beispiel für die bessere Konsolidierung der interdisziplinären Mobilitätsforschung zeigte sich in der Förderung von sieben Stiftungsprofessuren für das Thema Radverkehr durch das Bundesverkehrsministerium. Zum jetzigen Stand sind immerhin zwei dieser Professuren mit Sozialwissenschaftlerinnen besetzt. Auch die Denomination, die in einem Fall „Radverkehrsmanagement“ lautet, zeugt von einem stärker interdisziplinären Zugang, der gesellschaftliche Akteure und Perspektiven explizit berücksichtigt. Insgesamt wurden zudem in den vergangenen Jahren vermehrt Studiengänge zu Themen wie „Mobilitätsmanagement“ oder „Nachhaltige Mobilität“ eingerichtet, die einen verstärkten Querschnittsblick auf Mobilitätsthemen vermitteln (für eine Übersicht mit Fokus auf den Radverkehr siehe Mobilitätsforum Bund o. J.).

In Zukunft könnte die Bedeutung sozialwissenschaftlicher Perspektiven auf Mobilität noch deutlich zunehmen. In den aktuellen Krisen rücken gesellschaftliche Konflikte um eine „sozial-ökologische“ Transformation immer mehr in den Vordergrund – dabei gehören Fragen rund um die Entwicklung von Mobilität und Verkehr zu den prominentesten Themen, die oftmals auch Gegenstand von „Kulturkämpfen“ werden. Drei Forschungsthemen sollen hier illustrieren, für welche gesellschaftlichen Problemfelder es zukünftig mehr denn je eine sozialwissenschaftliche Mobilitätsforschung brauchen wird:

„Social Cleavages“ im Feld der Mobilität: Mobilitätskultur(en) als Treiber gesellschaftlicher Spaltungstendenzen?
In den vergangenen Jahren sind klimapolitische Fragen ins Zentrum gesellschaftlicher Konflikte gerückt. Im Kontext der Energiekrise nutzen populistische Parteien den Unmut über hohe Energiepreise, um diejenigen sozialen Gruppen zu mobilisieren, die sich sozial benachteiligt fühlen. Unterschiede zwischen Ost und West sowie entlang von Bildungs- und Vermögensungleichheiten spielen im Kontext dieser sozialen Spaltungslinien (Social Cleavages) eine zentrale Rolle und werden zugleich überlagert von konkurrierenden sozialen Wert- und Identitätsangeboten (etwa zwischen einer „alten“ und einer „neuen“ Mittelschicht oder zwischen „Kosmopoliten“ versus „Kommunitaristen“) (Reitz und Jörke 2021; Decker 2019; Reckwitz 2020). Für die Mobilitätsforschung gilt es zukünftig zu untersuchen, wie sich diese Spaltungslinien im Feld der Mobilität ausprägen und welche Implikationen dies für eine Transformation zu einem nachhaltigen Mobilitätssystem hat: Wie werden z. B. Alternativen zum Auto in verschiedenen gesellschaftlichen Segmenten und räumlichen Settings wahrgenommen und diskutiert? Zeigt sich entlang der Frage „Fahrrad oder Auto“, analog zu den Protesten der Gilet Jaune in Frankreich, eine neue Dimension der Spaltungslinie zwischen den subjektiv Benachteiligten und den „urbanen Eliten“? Hierfür sprechen Befunde, die beispielweise in der Fahrradnutzung den Ausdruck einer „ökologischen Distinktion“ (Neckel 2018) sehen, was durch empirische Befunde bestärkt wird (Hudde 2022). Oder gibt es Hinweise darauf, dass eine ökologische Verkehrspolitik diese sozialen Gräben überwinden kann? Zur Beantwortung dieser Fragen wird es zukünftig eine sozialwissenschaftliche Mobilitätsforschung brauchen, die verstärkt auch international vergleichend arbeitet.

Verkehrspolitische Strategien für eine „Just Transition“
Eng damit verbunden ist die Frage nach verkehrspolitischen Pfaden für eine sozial ausgewogene Transformation. In der aktuellen Bundesregierung spiegeln sich insbesondere Konfliktlinien zwischen einer ambitionierten Klimaschutz-Strategie und den Interessen wirtschaftlicher Akteure wider, deren Geschäftsmodelle auf dem Verbrauch fossiler Ressourcen basieren. Dies führt dazu, dass bisher keine stringente Strategie einer sozial-ökologischen Transformation im Verkehr verfolgt wird. So wurde beispielweise das so genannte Klimageld, eine Pro-Kopf-Rückzahlung von Einnahmen aus der CO_2-Bepreisung, die in vielen Studien als sozial ausgewogenes Instrument für eine Transformation identifiziert wurde, bisher nicht umgesetzt, während explizit sozial unausgewogene Subventionen wie das Dienstwagenprivileg unangetastet bleiben. In den kommenden Jahren wird die Frage sein, wieviel Transformation trotz dieser Spannungen möglich ist. Dabei kann die deutschsprachige Mobilitätsforschung an die international zunehmend intensiv geführte Diskussion um eine „just transition“ (Schwanen 2021; Newell et al. 2022) und „mobility justice“ (Cook und Butz 2019) anknüpfen. Aus dieser Perspektive gilt es, die Strategien verschiedener Akteure im Politikfeld Verkehr zu untersuchen: Welche Narrative

einer Transformation werden von politischen Akteuren eingesetzt, um eine Transformation als sozial ungerecht (oder gerecht) zu „framen“ (Ruhrort 2022)? Was sind die Voraussetzungen dafür, dass ausreichend schlagkräftige Koalitionen heterogener Akteure für eine Transformation zusammenfinden können (Meckling et al. 2015)? Und wie lassen sich dabei Zielkonflikte zwischen einer sozial ausgewogenen und einer schnellen Transformation (Newell et al. 2022) bearbeiten? Methodisch könnten dabei z. B. Diskursanalysen sowie vergleichende Case Studies zum Einsatz kommen.

Social Tipping Points: Wie können Nischenpraktiken zur neuen Normalität werden?

In der sozialwissenschaftlichen Diskussion um den Klimawandel spielt das Konzept sozialer „Tipping Points“ (Engels und Marotzke 2023) eine zunehmend zentrale Rolle. Der Ansatz geht davon aus, dass Veränderungen in Richtung einer klimagerechten Transformation nicht linear verlaufen, sondern durch selbstverstärkende Effekte und Wechselwirkungen zwischen verschiedenen Faktoren gekennzeichnet sind (Ruhrort und Allert 2021). Diese Annahme lässt sich sowohl auf die Akzeptanz für klimapolitische Maßnahmen als auch auf die zunehmende Normalisierung von klimafreundlichen Praktiken (z. B. Carsharing statt Privatautonutzung) und die Veränderung sozialer Normen (z. B. in Bezug auf die moralische Legitimität von Flugreisen) anwenden. Engels und Marotzke (2023) sehen insbesondere im Feld der Konsumpraktiken bisher keinen grundlegenden Wandel in Richtung einer ökologischen Transformation. Die Frage ist aber, inwieweit Entwicklungen auf der Ebene der sozio-technischen Landschaft, etwa die zunehmende Pluralisierung von Lebensformen, aber auch die Verbreitung digitaler Technologien, die Chancen für einen Durchbruch bisheriger Nischenpraktiken in den gesellschaftlichen Mainstream erhöhen könnten.

Es kommt also zukünftig darauf an, die Voraussetzungen für soziale Tipping Points insbesondere mit Fokus auf die Rolle von alternativen Mobilitätspraktiken und deren Ausbreitung in unterschiedlichen Dimensionen des sozialen und physischen Raums zu untersuchen. So ist beispielsweise die Verbreitung und Normalisierung fahrradbasierter Lebensstile wie den Niederlanden oder in Kopenhagen und anderen dänischen Städten näher zu beleuchten. In der bisherigen sozialwissenschaftlichen Forschung wird dazu herausgearbeitet, wie das Fahrrad in diesen Ländern historisch mit normativen und politischen Ideen, etwa sozialdemokratischen Idealen, verknüpft war (Henderson und Gulsrud 2019). Hier stellt sich die Frage, ob alternative Verkehrsmittel in der Gegenwart eine verstärkte ideologische Aufladung erfahren könnten. Offen ist bisher auch, inwieweit die Aufwertung von Alternativen zum Auto auf urbane Räume begrenzt bleibt oder auch auf suburbane und ländliche Räume übergreifen kann. Zu analysieren ist das Zusammenspiel verschiedener sozialer Praktiken wie Home-Office oder eine generationenübergreifende Kinderbetreuung in Patchwork-Familien mit der Nutzung nicht-motorisierter Verkehrsmittel in verschiedenen räumlichen Settings. Erkenntnisfördernd kann auch ein internationaler Vergleich sein, in welchem Umfang und in welchen sozialen

Milieus eine Normalisierung von ökologisch tragfähigen Mobilitätspraktiken sowie entsprechenden Normen (beispielsweise „Flugscham“) zu beobachten ist und wo die Grenzen der Normalisierung liegen? Dafür ist eine kontinuierliche Beobachtung notwendig, da sich die Durchsetzung von alternativen Praktiken nicht linear, sondern oftmals in Sprüngen vollzieht (vgl. die Effekte der Corona-Pandemie auf die Home-Office-Nutzung). Empirisch aussichtsreich können außerdem Reallabor-Settings sein, in denen beispielsweise gemeinsam mit Praxisakteuren klimafreundliche Lebensstile laborhaft auch außerhalb der Großstadt erprobt und begleitet werden (Bertolini 2020; VanHoose et al. 2022).

Ein übergreifendes Ziel eines zukünftigen Forschungsprogramms sollte sein, die Rolle soziologischer Perspektiven im gesellschaftlichen und akademischen Diskurs über Mobilität und Verkehr im Kontext von Klimaschutz und Klimaanpassung zu stärken und auszubauen. Durch eine stärkere internationale und interdisziplinäre Vernetzung der sozialwissenschaftlichen Mobilitätsforschung soll und kann es gelingen, die Möglichkeiten und auch die Hemmnisse in Transformationsprozessen im Feld der Mobilität besser zu verstehen. Dafür braucht die Mobilitätsforschung nicht nur eine stärkere institutionelle Verankerung und eine bessere Ressourcenausstattung, sie muss zudem interdisziplinär agieren und die Nähe zur gesellschaftlichen und (verkehrs-)politischen Praxis suchen. Nur wenn die Stärken der verschiedenen disziplinären Perspektiven und die Sichtweisen aus der Praxis integriert werden, können komplexe systemische Prozesse wie ein Wandel zu einem ökologisch tragfähigen Mobilitätssystem in hinreichender Tiefe verstanden und entsprechende Lösungspfade erarbeitet werden.

Literatur

Adey, Peter. 2017. *Mobility*, 2. Aufl. London/New York: Routledge (Key ideas in geography).

Ammoser, Hendrik, und Mirko Hoppe. 2006. Glossar Verkehrswesen und Verkehrswissenschaften: Definitionen und Erläuterungen zu Begriffen des Transport- und Nachrichtenwesens (Diskussionsbeiträge aus dem Institut für Wirtschaft und Verkehr, No. 2/2006). https://www.econstor.eu/bitstream/10419/22704/1/2006_2_diskusbtr_iwv.pdf. Zugegriffen am 05.07.2024.

Andor, Mark A., Manuel Frondel, Marco Horvath, Tobias Larysch, und Lisa Ruhrort. 2020. Präferenzen und Einstellungen zu vieldiskutierten verkehrspolitischen Maßnahmen: Ergebnisse einer Erhebung aus dem Jahr 2018. *List Forum* 45(3): 255–280. https://doi.org/10.1007/s41025-019-00184-x.

Bamberg, Sebastian, Philipp Rollin, und Maxie Schulte. 2020. Local mobility culture as injunctive normative beliefs – A theoretical approach and a related measurement instrument. *Journal of Environmental Psychology* 71, Artikel 101465. https://doi.org/10.1016/j.jenvp.2020.101465.

Becker, Sophia, Paula Bögel, und Paul Upham. 2020. The role of social identity in institutional work for. *Technological Forecasting and Social Change* 162, Artikel 120385. https://doi.org/10.1016/j.techfore.2020.120385.

Bertolini, Luca. 2020. From “streets for traffic” to “streets for people”: Can street experiments transform urban mobility? *Transport Reviews* 40(6): 734–753. https://doi.org/10.1080/01441647.2020.1761907.

Bijker, Wiebe E, Thomas P Hughes, und Trevor J Pinch, Hrsg. 1993. *The social construction of technological systems. New directions in the sociology and history of technology*. Universiteit Twente; Workshop. 12. pr. Cambridge: MIT Press.

Brunnengräber, Achim, und Tobias Haas, Hrsg. 2020. *Baustelle Elektromobilität.* Bielefeld: transcript.

Büscher, Monika, Hrsg. 2022. *Handbook of research methods and applications for mobilities.* Paperback edition. Cheltenham/Northampton/Mass.: Elgar (Handbooks of research methods and applications).

Busch-Geertsema. 2015. Wo bleibt eigentlich die Mobilitätspolitik? Eine kritische Auseinandersetzung mit Defiziten und Chancen der deutschen Politik und Forschung zu Verkehr und Mobilität. *Informationen zur Raumentwicklung* 2(2015): 135–148.

Busch-Geertsema, Annika, Thomas Klinger, und Martin Lanzendorf. 2019. The future of German transport and mobility research from a geographical perspective. A viewpoint on challenges and needs. *Journal of Transport Geography* 81:102537. https://doi.org/10.1016/j.jtrangeo.2019.102537.

Canzler, W, V Kaufmann, und S Kesselring, Hrsg. 2008. *Tracing mobilities. Towards a cosmopolitan perspective.* First issued in paperback. Aldershot/Burlington: Ashgate (Transport and society).

Canzler, Weert. 2016. *Automobil und moderne Gesellschaft. Beiträge zur sozialwissenschaftlichen Mobilitätsforschung.* Berlin/Münster: LIT (Mobilität und Gesellschaft, Band 6).

Canzler, Weert, und Andreas Knie. 1994. *Das Ende des Automobils. Fakten und Trends zum Umbau der Autogesellschaft*, 1. Aufl. Heidelberg: Müller (Umwelt aktuell).

———. 1997. *Möglichkeitsräume. Grundrisse einer modernen Mobilitäts- und Verkehrspolitik.* Wien/Köln/Weimar: Böhlau.

Cook, Nancy, und David Butz, Hrsg. 2019. *Mobilities, mobility justice and social justice.* London/New York: Routledge/Taylor & Francis Group.

Decker, Frank. 2019. Kosmopolitismus versus Kommunitarismus: eine neue Konfliktlinie in den Parteiensystemen? *ZfP* 66(4): 445–454. https://doi.org/10.5771/0044-3360-2019-4-445.

Dörre, Klaus, Madeleine Holzschuh, Jakob Köster, und Sittel Johanna, Hrsg. 2020. *Abschied von Kohle und Auto? Sozial-ökologische Transformationskonflikte um Energie und Mobilität.* Frankfurt: Campus (Labour Studies, 26).

Engels, Anita, und Jochem Marotzke. 2023. Assessing the plausibility of climate futures. *Environmental Research Letters* 18(1): 11006. https://doi.org/10.1088/1748-9326/acaf90.

EXPERI, Hrsg. 2024. Impulse für die urbane Verkehrswende. Eine Ideensammlung aus dem Forschungsprojekt EXPERI. https://doi.org/10.14279/depositonce-20808. https://www.experi-forschung.de/wp-content/uploads/2024/06/EXPERI_2024_Impulse-Verkehrswende.pdf. Zugegriffen am 05.07.2024.

Faulconbridge, James, und Allison Hui. 2016. Traces of a mobile field: Ten years of mobilities research. *Mobilities* 11(1): 1–14. https://doi.org/10.1080/17450101.2015.1103534.

Follmer, Robert, und Andreas Knie. 2024. Mit Homeoffice und Deutschlandticket in die Mobilitätszukunft? Ergebnisse aus Beobachtungen per repräsentativer Befragung. Bonn. https://www.wzb.eu/de/forschung/digitalisierung-und-gesellschaftlicher-wandel/digitale-mobilitaet/projekte/mobicor. Zugegriffen am 24.07.2024.

Geels, Frank W. 2012. A socio-technical analysis of low-carbon transitions: Introducing the multilevel perspective into transport studies. *Journal of Transport Geography* 24:471–482. https://doi.org/10.1016/j.jtrangeo.2012.01.021.

Gössling, Stefan. 2017. *The psychology of the car: Automobile admiration, attachment, and addiction. Automobile admiration, attachment, and addiction.* Amsterdam/Netherland: Elsevier. https://search.ebscohost.com/login.aspx?direct=true&scope=site&db=nlebk&db=nlabk&AN=1485685. Zugegriffen am 19.11.2024.

———. 2019. Celebrities, air travel, and social norms. *Annals of Tourism Research* 79, Artikel 102775. https://doi.org/10.1016/j.annals.2019.102775.

———. 2023. Extending the theoretical grounding of mobilities research: Transport psychology perspectives. *Mobilities* 18(2): 167–183. https://doi.org/10.1080/17450101.2022.2092886.

Götz, Konrad, Jutta Deffner, und Thomas Klinger. 2016. Mobilitätsstile und Mobilitätskulturen – Erklärungspotentiale, Rezeption und Kritik. In *Handbuch Verkehrspolitik*, Hrsg. Oliver Schöller, Weert Canzler, Andreas Knie, 781–804. Wiesbaden: VS Verlag für Sozialwissenschaften.

Groth, Sören. 2019. Multioptionalität: Ein neuer („alter") Terminus in der Alltagsmobilität der modernen Gesellschaft? *Raumforschung und Raumordnung Spatial Research and Planning* 77(1): 17–34. https://doi.org/10.2478/rara-2019-0003.

Henderson, Jason, und Natalie Marie Gulsrud. 2019. *Street fights in Copenhagen. Bicycle and car politics in a green mobility city.* Abingdon/Oxon/New York: Routledge (Advances in urban sustainability).

Hudde, Ansgar. 2022. Educational differences in cycling: Evidence from German cities. *Sociology* 003803852110633. https://doi.org/10.1177/00380385211063366.

Hunecke, Marcel. 2015. *Mobilitätsverhalten verstehen und verändern.* Wiesbaden: Springer Fachmedien.

Kesselring, S. 2006. Pioneering Mobilities: New Patterns of Movement and Motility in a Mobile World. *Environment and Planning A: Economy and Space* 38(2): 269–279. https://doi.org/10.1068/a37279.

Kirchner, Ulrich, und Lisa Ruhrort. 2016. Verkehrstechnik und Gesellschaft: Techniksoziologische Perspektiven auf das Wechselverhältnis von sozialen und technischen Entwicklungen. In *Handbuch Verkehrspolitik*, Hrsg. Oliver Schwedes, Weert Canzler, und Andreas Knie, 2. Aufl., 571–599. Wiesbaden: Springer Fachmedien. https://link.springer.com/chapter/10.1007/978-3-658-04693-4_26.

Klenke, Dietmar. 1995. *Freier Stau für freie Bürger. Die Geschichte der bundesdeutschen Verkehrspolitik, 1949–1994.* Darmstadt: Wissenschaftliche Buchgesellschaft (WB-Forum, 97).

Knie. 2007. Ergebnisse und Probleme sozialwissenschaftlicher Mobilitäts- und Verkehrsforschung., In *Handbuch Verkehrspolitik*, Hrsg. Oliver Schöller, Weert Canzler, und Andreas Knie, 1. Aufl., 43–59. 2016. Wiesbaden: Springer Fachmedien. Imprint: Springer VS.

Knie, Andreas. 1997. Eigenzeit Und Eigenraum: Zur Dialektik von Mobilität Und Verkehr. *Soziale Welt* 48(1): 39–54. http://www.jstor.org/stable/40878426.

Klinger, Thomas, Jeffrey R. Kenworthy, und Martin Lanzendorf. 2013. Dimensions of urban mobility cultures – a comparison of German cities. *Journal of Transport Geography* 31:18–29. ISSN 0966-6923. https://doi.org/10.1016/j.jtrangeo.2013.05.002.

Levin-Keitel, Meike, Lisa Ruhrort, Viktoria Allert, Jan Gödde, und Nadezda Krasilnikova. 2020. Potentiale für nachhaltige Mobilität in der Region Hannover. Analyse der Ausgangssituation in Hinblick auf Verkehrsent- wicklung, verkehrspolitische Diskurse sowie Veränderungen von Lebens- und Arbeitsformen in Großstadt und Umlandgemeinden. https://move-me.net/fileadmin/pdf/publikationen/arbeitspapier1_potentiale_nachhaltige_mobilitaet.pdf. Zugegriffen am 18.06.2024.

Manderscheid, Katharina. 2022. *Soziologie der Mobilität.* Bielefeld: transcript.

Mattioli, Giulio, Cameron Roberts, Julia K. Steinberger, und Andrew Brown. 2020. The political economy of car dependence: A systems of provision approach. *Energy Research & Social Science* 66:101486. https://doi.org/10.1016/j.erss.2020.101486.

Meckling, Jonas, Nina Kelsey, Eric Biber, und John Zysman. 2015. Climate change. Winning coalitions for climate policy. *Science (New York)* 349(6253): 1170–1171. https://doi.org/10.1126/science.aab1336.

Mobilitätsforum Bund. o.J. Stiftungsprofessuren. https://www.mobilitaetsforum.bund.de/DE/Fortbildungen/Stiftungsprofessuren/Studiengaenge/studiengaenge_node.html. Zugegriffen am 20.08.2024.

Mock, Mirijam. 2024. temporalities of shared mobility practices from an environmental perspective. 86-104 Seiten/Soziologie und Nachhaltigkeit, Sonderband 3: Beschleunigter Wandel oder nachhaltige Nicht-Nachhaltigkeit? https://doi.org/10.17879/SUN-2024-5272.

Neckel, Sighard. 2018. Ökologische Distinktion. In *Die Gesellschaft der Nachhaltigkeit*, Hrsg. Martina Hasenfratz, Sarah Miriam Pritz, Timo Wiegand, Natalia Besedovsky, und Moritz Boddenberg, 59–76. Bielefeld: transcript.

Newell, Peter J., Frank W. Geels, und Benjamin K. Sovacool. 2022. Navigating tensions between rapid and just low-carbon transitions. *Environmental Research Letters* 17(4): 41006. https://doi.org/10.1088/1748-9326/ac622a.

Nobis, Claudia, und Tobias Kuhnimhof. 2018. Mobilität in Deutschland – MiD Ergebnisbericht. Studie von infas, DLR, IVT und infas 360 im Auftrag des Bundesministers für Verkehr und digitale Infrastruktur. Bonn/Berlin. http://www.mobilitaet-in-deutschland.de/pdf/MiD2017_Ergebnisbericht.pdf. Zugegriffen am 15.03.2021.

Paterson, Matthew. 2007. *Automobile politics. Ecology and cultural political economy*. Cambridge/New York: Cambridge University Press. http://www.loc.gov/catdir/enhancements/fy0803/2007299648-d.html.

Projektgruppe Mobilität, Hrsg. 2004. *Die Mobilitätsmaschine. Versuche zur Umdeutung des Autos. Wissenschaftszentrum Berlin für Sozialforschung*. Berlin: Edition Sigma.

Projektgruppe MoveMe. o.J.. Ansatzpunkte für eine Mobilitätstransformation in Stadt und Umland. Erkenntnisse zur Unterstützung verkehrspolitischer Maßnahmen, zu Potenzialen von Shared Mobility und zur Rolle mobiler Arbeit. Dortmund (Arbeitspapiere des Fachgebiets Stadtentwicklung, 4). https://doi.org/10.17877/DE290R-24423.

Reckwitz, Andreas. 2020. *Die Gesellschaft der Singularitäten. Zum Strukturwandel der Moderne*, 2. Aufl. Berlin: Suhrkamp.

Reitz, Tilmann, und Dirk Jörke. 2021. The reshaping of political representation in post-growth capitalism: A paradigmatic analysis of green and right-wing populist parties. *Anthropological Theory* 21(3). https://journals.sagepub.com/doi/full/10.1177/1463499620977992. Zugegriffen am 17.09.2021.

Ruhrort, Lisa. 2019. *Transformation im Verkehr*. Wiesbaden: Springer Fachmedien.

———. 2020. Reassessing the role of shared mobility services in a transport transition: Can they contribute the rise of an alternative socio-technical regime of mobility? *Sustainability* 12(19): 8253. https://doi.org/10.3390/su12198253.

———. 2021. Vom öffentlichen Verkehr zur multioptionalen Mobilität? Regulierung digitaler Mobilitätsangebote im Kontext der Klimaschutzziele. *WSI-Mitteilungen* 74(3): 216–225.

———. 2022. Can a rapid mobility transition appear both desirable and achievable? Reflections on the role of competing narratives for socio-technical change and suggestions for a research agenda. *Innovation: The European Journal of Social Science Research* 36(1), 123–140. https://doi.org/10.1080/13511610.2022.2057935.

Ruhrort, Lisa, und Viktoria Allert. 2021. Conceptualizing the role of individual agency in mobility transitions: Avenues for the integration of sociological and psychological perspectives. *Frontiers in Psychology* 12:623652. https://doi.org/10.3389/fpsyg.2021.623652.

Ruhrort, Lisa, Meike Levin-Keitel, Jan Gödde, Viktoria Allert, und Nadezda Krasilnikova. 2021. Perspektiven einer sozio-räumlichen Transformation zu nachhaltiger Mobilität. *Theoretische und konzeptionelle Grundlagen*. https://move-me.net/fileadmin/pdf/publikationen/arbeitspapier2_transformation_nachhaltige_mobilitaet.pdf. Zugegriffen am 18.06.2024.

Ryghaug, Marianne, Ivana Subotički, Emilia Smeds, Timo von Wirth, Aline Scherrer, Foulds Chris, et al. 2023. A social sciences and humanities research agenda for transport and mobility in Europe: Key themes and 100 research questions. *Transport Reviews* 43(4): 755–779. https://doi.org/10.1080/01441647.2023.2167887.

Sachs, Wolfgang. 1984. *Die Liebe zum Automobil. Ein Rückblick in der Geschichte unserer Wünsche*, 1. Aufl. Reinbek bei Hamburg: Rowohlt.

Schöller, Oliver. 2007. Sozialwissenschaftliche Mobilitätsforschung zu Beginn des 21. Jahrhunderts. *Soziologische Revue* 30(3). https://doi.org/10.1524/srsr.2007.30.3.252.

Schwanen, Tim. 2016. Geographies of transport I. *Progress in Human Geography* 40(1): 126–137. https://doi.org/10.1177/0309132514565725.

———. 2021. Achieving just transitions to low-carbon urban mobility. *Nature Energy* 6(7): 685–687. https://doi.org/10.1038/s41560-021-00856-z.

Schwedes, Oliver. 2018. Verkehrspolitik als Gesellschaftspolitik. In *Verkehrspolitik*, Hrsg. Schwedes, 3–24. Wiesbaden: Springer Fachmedien.

Schwedes, Oliver, und Lisa Ruhrort. 2016. Länderverkehrspolitik. In *Die Politik der Bundesländer. Zwischen Föderalismusreform und Schuldenbremse,* Hrsg. Achim Hildebrandt und Frieder Wolf, 2., akt. u. erw. Aufl., 209–232. Wiesbaden: Springer VS.

Schwedes, Oliver, Weert Canzler, und Andreas Knie, Hrsg. 2016. *Handbuch Verkehrspolitik*, 2. Aufl. Wiesbaden: Springer Fachmedien. Imprint: Springer VS (Springer NachschlageWissen).

Shaw, Jon, und Markus Hesse. 2010. Transport, geography and the ‘new’ mobilities. *Transactions of the Institute of British Geographers* 35(3): 305–312. https://doi.org/10.1111/j.1475-5661.2010.00382.x.

Shove, Elizabeth, Mika Pantzar, und Matt Watson. 2012. *The dynamics of social practice. Everyday life and how it changes*. Los Angeles: SAGE. http://site.ebrary.com/lib/uniregensburg/Doc?id=10568302.

Sonnberger, Marco, Antonia Graf, Nora Fanderl, Berenike Feldhoff, Anne-Kathrin Gahle, Matthias Leger, und Nils Stockmann. 2019. *Zweiter DynaMo Werkstattbericht – Wissensanwendung: Eine konzeptionelle Betrachtung von Maßnahmen zur Gestaltung urbaner Personenmobilität*. https://publica-rest.fraunhofer.de/server/api/core/bitstreams/e2e1189e-65c4-43a2-9019-010a0b157330/content. Zugegriffen am 05.07.2024.

Urry, John. 2020. *Sociology beyond societies. Mobilities for the twenty-first century. Transferred to digital printing*. London: Routledge (International library of sociology).

VanHoose, Katherine, de Gante Ana Rivas, Bertolini Luca, Kinigadner Julia, und Büttner Benjamin. 2022. From temporary arrangements to permanent change: Assessing the transitional capacity of city street experiments. *Journal of Urban Mobility* 2:100015. https://doi.org/10.1016/j.urbmob.2022.100015.

Wilde, Mathias, Matthias Gather, Cordula Neiberger, und Joachim Scheiner, Hrsg. 2017. *Verkehr und Mobilität zwischen Alltagspraxis und Planungstheorie*. Ökologische und soziale Perspektiven. Wiesbaden: Springer Fachmedien. Imprint; Springer VS (Studien zur Mobilitäts- und Verkehrsforschung).

Methodische Zugänge und Datengrundlagen der sozialwissenschaftlichen Mobilitätsforschung

Claudia Nobis

Inhalt

Zusammenfassung

Der Beitrag befasst sich mit den Methoden der empirischen Sozialforschung zur Abbildung von Mobilitätsverhalten. Der Schwerpunkt liegt auf der Beschreibung der großen quantitativen Erhebungen in Deutschland sowie deren Stärken und Schwächen. Darüber hinaus werden die Methode des Wegetrackings, qualitative Erhebungsansätze sowie die Nutzung neuerer Datenquellen, wie z. B. Mobilfunkdaten, thematisiert. Die Bedeutung der Sozialwissenschaften ist es, den Daten über theoriebasierte Ansätze eine höhere Erklärungstiefe zu verleihen.

Schlüsselwörter

Mobilitätshandeln · Mobilitätserhebungen · Mobilitätsdaten · Erklärung von Mobilitätsverhalten · Methoden der empirischen Sozialforschung

C. Nobis (✉)
Umweltbundesamt, Dessau-Roßlau, Deutschland
E-Mail: claudia.nobis@uba.de

W. Canzler et al. (Hrsg.), *Handbuch Mobilität und Gesellschaft*,
https://doi.org/10.1007/978-3-658-37557-7_2

1 Einleitung

Die Verkehrswende kann nur mit einer grundlegenden Transformation der Mobilität gelingen. Für die zielgerichtete Anpassung des Verkehrssystems und die Realisierung optimaler Rahmenbedingungen für den Aufbau nachhaltiger Mobilitätsmuster bedarf es einer soliden Datenbasis, die das Mobilitätsverhalten der Menschen in all seinen Facetten beschreibt und dem komplexen Ursachen-Wirkungs-Gefüge auf den Grund geht. Wie viele Wege und Kilometer werden im Alltag zurückgelegt, wie variieren diese Werte zwischen verschiedenen Bevölkerungsgruppen? Welche Verkehrsmittelpräferenzen haben junge Erwachsene, Berufstätige oder Rentner*innen? Wie wirkt es sich auf die Mobilität aus, wenn Kinder im Haushalt leben, ein Auto oder eine Zeitkarte für den öffentlichen Verkehr angeschafft werden? Welchen Einfluss hat das Haushaltseinkommen auf die Mobilität? Verändert sich die Mobilität durch Homeoffice, und wie verhalten sich die gleichen Bevölkerungsgruppen je nachdem, ob sie in der Stadt oder auf dem Land wohnen?

Für eine verlässliche Projektion in die Zukunft sind darüber hinaus Daten zur Maßnahmensensitivität unterschiedlicher Personengruppen nötig. Die Kenntnis der Reaktionen auf Maßnahmen ist essenziell für die Steuerung des Prozesses in Form von aufeinander abgestimmten Push- und Pull-Maßnahmen. Wie reagieren Autofahrende auf Preiserhöhungen, sei es von Kraftstoffen oder für das Parken? Wie wirkt sich eine Verbesserung des Angebots im öffentlichen Personennahverkehr aus? Was bewirkt die Umsetzung von autofreien Innenstädten oder Wohnquartieren?

Die sozialwissenschaftliche Mobilitätsforschung versucht auf diese und viele weitere Fragen Antworten zu geben. In diesem Beitrag werden die Methoden der empirischen Sozialforschung, mit denen das Mobilitätshandeln und seine zeitliche Entwicklung erfasst werden, beschrieben. Der Schwerpunkt liegt auf der Beschreibung der großen quantitativen Erhebungen, die in regelmäßigen Abständen in Deutschland durchgeführt werden, sowie deren Stärken und Schwächen. Im Anschluss werden weitere Erhebungsmethoden und Datenquellen vorgestellt. Im Rahmen des Beitrags wird diskutiert, welche Rolle die Sozialwissenschaften in diesem Kontext haben. Der Beitrag endet mit einem Plädoyer für den Aufbau wirkungsvoller Methoden für die Zusammenschau vieler verschiedener Datenquellen, um ein möglichst umfassendes Bild des aktuellen Verkehrsgeschehens, der Gründe für das konkrete Verkehrshandeln und darauf basierend abgeleitete Zukunftsprojektionen zu erhalten.

2 Die Messung von Mobilität

Mobilität hat vielfältige Bedeutungen. Im Sinne eines Möglichkeitsraums umfasst Mobilität Aspekte wie: (1) Einstellungen und die subjektive Wahrnehmung der objektiv gegebenen Rahmenbedingungen, (2) erlernte Fähigkeiten, sich im Raum fortzubewegen, die im aktuellen Verhalten möglicherweise nicht zutage treten, (3) die geistige Beweglichkeit von Personen, (4) die sozialen Netzwerke von Personen sowie (5) die Fähigkeit eigene Lebensziele zu verfolgen und den eigenen Lebensentwurf zu gestalten (Schwedes et al. 2018, S. 5–6; Gather et al. 2008, S. 25; Canzler und Knie 1998, S. 33). Um diese Aspekte geht es bei der Erhebung von Mobilitätsverhalten jedoch nur am Rande, wenn bspw. nach der individuellen Einschätzung der Anbindung des Wohnorts mit öffentlichen Verkehrsmitteln oder Einstellungen gegenüber den verschiedenen Verkehrsmitteln gefragt wird. Der Kern der großen quantitativen, d. h. mit standardisierten Verfahren durchgeführten Mobilitätsstudien sind stattdessen Wegetagebücher. Dabei kommen die klassischen quantitativen Methoden der empirischen Sozialforschung zum Einsatz: Telefoninterviews, Online-Befragungen und schriftliche Befragungen mit Papierfragebögen. Im Fokus der Erhebung steht damit die Mobilität an einem bestimmten Stichtag. Dieses in Wegen mit all seinen Attributen vermessene Verhalten wird erst durch theoretische Ansätze erklärbar. Genau hier liegt die Stärke der sozialwissenschaftlichen Betrachtung von Mobilität und Verkehr. Es sind bspw. sozialwissenschaftliche Rollenmodelle, die die Unterschiede im Mobilitätsverhalten von Männern und Frauen, die vor allem in der Familienphase deutlich in den Daten zutage treten (Nobis 2008; Konrad 2016), theoretisch fundieren.

Der Weg ist damit das zentrale Element der Mobilitätserhebungen. Bei einem Weg handelt es sich um die „Ortsveränderung einer Person von einem Ausgangspunkt (Quelle) zu einem Ziel“ (Kagerbauer et al. 2018). In den meisten Fällen wird die Ortsveränderung durchgeführt, um am Zielort einer bestimmten Aktivität nachzugehen. Sie kann aber auch Selbstzweck sein, wie z. B. ein Spaziergang. Im Rahmen von Wegetagebüchern werden die Attribute aller an einem vorgegebenen Stichtag durchgeführten Wege erhoben: Start- und Ankunftszeit, Wegezweck und -länge sowie alle genutzten Verkehrsmittel. Bei Verkehrsmitteln des motorisierten Individualverkehrs wird nach Fahrer*in oder Mitfahrer*in differenziert. Je nach Erhebung werden weitere Attribute wie die Anzahl der Begleitpersonen oder die genaue Start- und Zieladresse erfasst. Damit werden – ganz im Sinne von Hägerstrand – die konkreten raum-zeitlichen Bewegungsmuster von Personen nachgezeichnet.

Hägerstrand (1970) geht in seinen Arbeiten zur Zeitgeografie davon aus, dass das individuelle Verhalten äußeren Einschränkungen (Constraints) unterliegt, die das raum-zeitliche Handeln von Menschen bestimmen. Die von ihm entwickelten Raum-Zeit-Prismen (dreidimensionale Darstellung der Bewegung von Personen in Raum und Zeit) haben große Ähnlichkeit mit den in Wegetagebüchern ermittelten Parametern. Der Ansatz von Hägerstrand entspricht den kausal-deterministischen Modellen der damaligen Zeit, die externen Rahmenbedingungen die größere Bedeutung für das Entstehen von Verhaltensweisen zuschreiben. Erst mit dem Aufkommen handlungstheoretischer Ansätze in den 1990er-Jahren wurde das Individuum mit seinen Handlungsmöglichkeiten in den Mittelpunkt gestellt. Hier bedarf es individueller Merkmale für die Erklärung des Verhaltens.

Kutter (1972) hat bereits früh anstelle der Constraints die soziodemografischen Eigenschaften und die daraus abgeleitete Rolle für bedeutender gehalten. Nach diesem rollentheoretischen Ansatz kann bei Vorliegen bestimmter Merkmalskombinationen auf bestimmte zu erwartende Verhaltensweisen und damit verbundene Aktionsräume geschlossen werden. Schüler*innen gehen zur Schule, haben damit einen klaren Tagesrhythmus und suchen spezifische Orte auf. Dasselbe gilt für Berufstätige, Rentner*innen und Hausfrauen. Verkehrsmodelle basieren heute noch auf dieser schematischen Zuweisung von Personen zu „verhaltenshomogenen Gruppen“ mit bestimmten Aktivitäten, Tagesmustern und einer damit verbundenen räumlichen Mobilität. Jüngere Arbeiten zur Individualisierung und Pluralisierung von Lebensstilen (Scheiner 2009) sowie die zunehmende Flexibilisierung von Tagesabläufen, bspw. durch vermehrtes Homeoffice als Folge der Corona-Pandemie (Aksoy et al. 2022), zeigen sehr deutlich die Grenzen der starren Einteilung in homogene Gruppen auf. Dennoch beschränken sich Mobilitätserhebungen weitgehend auf die Abfrage soziodemografischer Merkmale. Grund hierfür ist die Schwierigkeit, Werte, Einstellungen und die individuelle Lebens- und Alltagsgestaltung in Befragungen sinnvoll zu operationalisieren, ohne den Fragebogenumfang zu überfrachten. Letztlich erklären die soziodemografischen Merkmale die Unterschiede im Verhalten immer noch vergleichsweise gut (Scheiner 2007). Über persönliche Merkmale (Alter, Geschlecht, Bildungsstatus und Tätigkeit), ökonomische (Einkommen) und immaterielle Merkmale (z. B. gesundheitliche Mobilitätseinschränkungen) lassen sich zusammen mit Haushaltsmerkmalen (Größe des Haushalts und Anzahl der Kinder) unterschiedliche Lebensphasen und Lebenslagen definieren. Innerhalb so gebildeter Personengruppen kann die Variabilität des Verhaltens untersucht werden. Die Gruppenabgrenzungen sind so zu wählen, dass zwischen den Gruppen größere Verhaltensunterschiede als innerhalb der Gruppen auftreten.

Eine weitere entscheidende Größe in Erhebungen ist der Raum mit seiner spezifischen Ausstattung an Infrastruktur und Gelegenheitsorten. Der Raum ist als externe Rahmenbedingung gegeben, er wird gleichwohl über die Entscheidung für einen Wohnort auch selbst gewählt. Die Raumausstattung und das Mobilitätsangebot haben in jedem Fall großen Einfluss auf das Verkehrshandeln von Menschen. Die Anreicherung der Erhebungsdaten mit raumbeschreibenden Kenngrößen für den Wohnort und manchmal auch für die Ausgangs- und Zielorte von Wegen gehören daher zum Standard.

3 Grundlegende Datenquellen sozialwissenschaftlicher Mobilitätsforschung in Deutschland

Die sozialwissenschaftliche Mobilitätsforschung in Deutschland wurde in den vergangenen Jahrzehnten durch drei große, sich gegenseitig ergänzende Datenquellen geprägt: die Daten der Studie Mobilität in Deutschland (MiD), das System repräsentativer Verkehrserhebungen (SrV) und das inzwischen eingestellte Deutsche Mobilitätspanel (MOP). Die Datenlage ist in Deutschland im Vergleich zu einigen anderen Ländern relativ gut. In Frankreich oder Spanien existieren bspw. keine regelmäßig durchgeführten nationalen Mobilitätserhebungen. Besser sieht es dagegen in den Niederlanden aus. Neben regelmäßigen Erhebungen im klassischen Format gibt es dort auch eine App-basierte, kontinuierlich laufende Panel-Befragung. Gerade zu Beginn der Corona-Pandemie konnten auf dieser Basis sehr zeitnah die Auswirkungen der mobilitätseinschränkenden Maßnahmen zur Reduzierung der Verbreitungsgeschwindigkeit des Virus beobachtet werden.

3.1 Die Studie Mobilität in Deutschland

Die MiD ist die größte der drei deutschen Mobilitätserhebungen (Nobis und Kuhnimhof 2018). Es handelt sich um eine groß angelegte Querschnittsbefragung, die im Abstand mehrerer Jahre aktuelle Daten zur Alltagsmobilität der deutschen Wohnbevölkerung liefert. Die Zeitreihe der MiD umfasst die Jahre 2002, 2008 und 2017. In Kürze steht für das Jahr 2023 eine neue Datenbasis zur Verfügung. Da die MiD in ihren Kernelementen an die Kontinuierliche Erhebung zum Verkehrsverhalten (KONTIV) aus den Jahren 1976, 1982 und 1989 anknüpft, kann zumindest für Westdeutschland die Entwicklung des Mobilitätsverhaltens seit den 1970er-Jahren beobachtet werden.

Die MiD-Erhebung erfolgt in zwei Phasen. In der ersten Phase werden Informationen über den Haushalt gesammelt. In der zweiten Phase wird jedes Mitglied des Haushalts gebeten, einen Personenfragebogen und ein Wegetagebuch auszufüllen. Dabei gibt es keinerlei Alterseinschränkung. Über eine zu erfüllende Mindestquote an Haushalten mit vollständigen Angaben zu allen Haushaltsmitgliedern bietet die MiD eine gute Grundlage für die Analyse der Mobilität im Haushaltskontext. Da die Stichtage der MiD über das gesamte Erhebungsjahr verteilt sind, kann der jahreszeitliche Einfluss auf die Mobilität analysiert werden. Die Frage nach der allgemeinen Nutzungshäufigkeit der verschiedenen Verkehrsmittel ermöglicht es Forschenden, jenseits der Mobilität am Stichtag, die individuelle Variabilität der Alltagsmobilität zu analysieren.

Bei der MiD 2017 wurden der Öffentlichkeit erstmals nicht nur die Daten der Bundesstichprobe bereitgestellt, sondern auch die von über 60 regionalen Auftraggebenden, die sich der Bundeserhebung angeschlossen hatten. Neben Städten, Landkreisen und ganzen Bundesländern waren auch Verkehrsverbünde und Regionalverbände bei der Erhebung mit eigenen Stichproben für ihr Gebiet vertreten. So ist ein Datensatz mit 316.000 Befragten, die fast eine Million Wege berichtet haben, entstanden. Über die Aufnahme von Modulfragen, die jeweils nur einem Teil der Befragten gestellt worden sind, konnte der Fragenumfang gegenüber den Vorgängererhebungen aus den Jahren 2002 und 2008 erweitert werden. So konnte bspw. das Thema Digitalisierung mit Fragen zum Umfang von Homeoffice und zur Häufigkeit von Online-Einkäufen aufgegriffen werden sowie die Zufriedenheit mit dem Angebot an öffentlichen Verkehrsmitteln am Wohnort.

3.2 Das System repräsentativer Verkehrserhebungen

Das System repräsentativer Verkehrserhebungen (SrV) kann als städtisches bzw. regionales Pendant zur MiD verstanden werden. Das Design von MiD und SrV ist ähnlich. Auch das SrV ist eine Stichtagserhebung, die in fast allen bisherigen

Erhebungen allerdings ausschließlich die mittleren Werktage von Dienstag bis Donnerstag abbildet. Es werden jeweils alle Personen eines Haushalts um Teilnahme gebeten. In Bezug auf das Alter gibt es wie bei der MiD keine Einschränkung.

Der Ursprung des SrV liegt in der ehemaligen Deutschen Demokratischen Republik (DDR). Die erste Erhebung wurde 1972 durchgeführt, weitere Erhebungen folgten in den Jahren 1977, 1982 und 1987. Seit 1991 beteiligen sich auch westdeutsche Städte und Regionen am SrV. Die aktuellsten Daten der seit 2003 im 5-Jahres-Turnus durchgeführten Erhebung stammen aus dem Jahr 2018. Wie bei der MiD stehen in Kürze Daten für das Jahr 2023 zur Verfügung.

In den einzelnen Erhebungsjahren des SrV können sich Städte, Gemeinden und Regionen für ihr jeweiliges Gebiet mit Stichproben an der Befragung beteiligen. Für das Jahr 2018 umfasst das SrV 118 Untersuchungsregionen mit insgesamt 135 Städten, Gemeinden und Verwaltungsgemeinschaften (Hubrich et al. 2019). Viele Städte können inzwischen auf eine lange SrV-Zeitreihe zurückblicken. Das SrV bietet damit ähnlich wie die Vertiefungsregionen der MiD eine hervorragende Grundlage für regionale und kleinräumige Analysen. Analog zu den raumtypspezifischen Analysen der MiD können die Daten der SrV-Städte zu Stadtgruppen zusammengefasst und für überregionale Auswertungen von Städten ähnlicher Größe genutzt werden.

3.3 Das deutsche Mobilitätspanel

Das Deutsche Mobilitätspanel ist eine als Längsschnittstudie (Panel) angelegte Studie, die von 1994 bis 2022 über eine jährliche Befragung Daten zur Alltagsmobilität bereitgestellt hat. Jeweils im Herbst wurden alle Personen der rekrutierten Haushalte gebeten, über eine Woche hinweg ein Wegetagebuch zu führen. Jahreszeitliche Einflüsse können so zwar nicht untersucht werden. Der Herbst ist jedoch der Zeitraum, der am besten die durchschnittlichen Jahreswerte der Mobilität widerspiegelt (Kloas et al. 2001; Zumkeller 2001). Bei der Befragung wurden Personen ab zehn Jahren berücksichtigt. Die Hälfte der Haushalte mit Pkw wurde darüber hinaus gebeten, im Frühjahr über einen Zeitraum von sechs Wochen die Fahrleistung und den verbrauchten Kraftstoff aller im Haushalt vorhandenen Pkw zu dokumentieren.

Die Teilnahme der Haushalte am Panel war jeweils auf drei Jahre beschränkt. Für die Analyse des Veränderungsprozesses der Mobilität bei selten auftretenden Lebensereignissen wie Umzug, Geburt eines Kindes, An- oder Abschaffung eines Pkw wäre eine längere Verweildauer im Panel wünschenswert gewesen. Demgegenüber steht jedoch das Problem der Selektivität, da das Ausscheiden von Haushalten (Panel-Mortalität) nicht zufällig erfolgt und mit der Zeit besonders berichtsfreudige Haushalte mit oft spezifischem Mobilitätsverhalten überrepräsentiert sein können. Hinzu kommt das Problem der Berichtsmüdigkeit bei langfristig am Panel teilnehmenden Haushalten. Um eine hohe Datenqualität zu gewährleisten, wurde die Verweildauer im Panel daher begrenzt (Zumkeller 2001).

Das Deutsche Mobilitätspanels begann 1994 zunächst mit einer kleinen, auf die alten Bundesländer beschränkten Stichprobe. Seit 1999 lieferte das MOP repräsentative Daten für alle deutschsprachigen Haushalte der gesamten Bundesrepublik Deutschland mit einer Stichprobengröße von 1600 bis 2500 befragten Personen. Im Vergleich zur MiD handelt es sich um eine kleine Stichprobe. Über eine kumulative Betrachtung mehrerer Jahre können jedoch größere Datensätze generiert werden, die vielfältige Analysen der individuellen Mobilität im Wochenverlauf zulassen. Die kumulative Betrachtung bietet sich allein schon zum Ausgleich von Wetterphänomenen einzelner Jahre mit bspw. außergewöhnlich viel Regen oder hohen Temperaturen im Berichtszeitraum an. Darüber hinaus gibt es über die Erhebungsjahre verteilt inzwischen zahlreiche Fälle, bei denen die oben beschriebenen seltenen Lebensereignissen im Berichtszeitraum eingetreten sind und die sich für eine separate Analyse der Auswirkungen dieser Ereignisse eignen.

4 Beurteilung der Qualität der Datensätze

Im Folgenden werden die Stärken und Schwächen von MiD, SrV und MOP vorgestellt. Dabei kann zwischen inhaltlich analytischen und technisch umsetzungsbezogenen Aspekten unterschieden werden. Die Stärken werden anhand der vielfältigen Analysemöglichkeiten der drei Erhebungen und ihrer Bedeutung für Verkehrsplanung und -politik dargestellt. Bei den Schwächen der Daten wird nicht mehr zwischen den Studien unterschieden, sondern die Situation insgesamt betrachtet.

4.1 Stärken der Datensätze

Alle drei Erhebungen basieren auf demselben Erhebungsprinzip: der Stichtagsmobilität. Mit ihren unterschiedlichen zeitlichen und räumlichen Schwerpunkten ergänzen sie sich hervorragend in ihren Auswertungsmöglichkeiten. Das MOP bietet sich am besten für die Analyse der Variabilität des Mobilitätsverhaltens auf individueller Ebene (intrapersonelle Variabilität), die Nutzung von Verkehrsmitteln im Wochenverlauf und zusammen mit den Daten zu Fahrleistung und Kraftstoffverbrauch für die Analyse der Einsatzmuster von Pkw an. Auf Basis der umfangreichen Stichprobe der MiD können auch Teilgruppen der Bevölkerung gut untersucht und ein Vergleich der Mobilität unterschiedlicher gesellschaftlicher Gruppen (interpersonelle Variabilität) sowie des Verhaltens in unterschiedlichen Raumtypen gezogen werden. Die MiD eignet sich darüber hinaus als Hochrechnungsrahmen für weniger umfangreiche Erhebungen. Das SrV erlaubt spezifische Analysen für das Gebiet der teilnehmenden Städte und Regionen mit der Möglichkeit der Einordnung des regionalen Verkehrsgeschehens im Vergleich mit Städten ähnlicher Größe.

Die in Deutschland öffentlich zur Verfügung stehenden Befragungsdaten bilden das Mobilitätsverhalten inzwischen über einen Zeitraum von 50 Jahren ab. Die repräsentativen Daten im Jahres- und Zeitverlauf sowie für unterschiedliche soziale Gruppen, Räume und Verkehrsträger stellen seit jeher eine wichtige Datengrundlage für deskriptive und multivariate Analysen sowie als Inputgrößen für Verkehrsmodelle, das Standardzahlenwerk Verkehr in Zahlen und die Bundesverkehrswegeplanung dar. Die Ergebnisse sind eine zentrale Informations- und Datenquelle der Verkehrsplanung und -politik. Mit den Daten lassen sich sowohl die großen Linien der Verkehrsentwicklung skizzieren als auch im Detail spezifische Fragen beantworten.

4.2 Schwächen der Datensätze

Die Mobilitätsforschung kämpft – wie andere Bereiche auch – mit niedrigen Rücklaufquoten. Um eine festgelegte Anzahl befragter Personen für die Beantwortung der Fragen zu gewinnen, muss ein Vielfaches an Probandinnen und Probanden angefragt werden. Die Rücklaufquoten sind trotz des parallelen Einsatzes verschiedener Erhebungsmethoden, um den Befragten die Teilnahme über die Vielfalt der Möglichkeiten zu erleichtern, inzwischen oft im niedrigen einstelligen Bereich. Non response-Analysen tragen dazu bei, die Mobilität der nicht erreichten Personen zumindest anhand einiger Kennwerte zu beschreiben und mögliche Verzerrungen der Daten zu erkennen und interpretierend zu berücksichtigen. So zeigt sich immer wieder, dass tendenziell mobilere Personen an den Erhebungen teilnehmen, da wenig mobile Personen oft glauben, für Mobilitätserhebungen nicht relevant zu sein. Die geringen Rücklaufquoten trotz eines hohen und kostenintensiven Aufwands bleiben unbefriedigend.

Die retrospektiv erfassten Wege weisen Ungenauigkeiten auf. Vor allem bei den schriftlichen Befragungen werden mangels gezielter Nachfragemöglichkeit, wie sie im Telefoninterview besteht, häufiger (kurze) Wege vergessen (Eggs et al. 2018). Darüber hinaus ist die Fähigkeit, die Entfernung von Wegen richtig einzuschätzen, in der Bevölkerung unterschiedlich ausgeprägt. Die Qualität der Entfernungsangaben variiert zudem zwischen den Verkehrsmitteln. Beim Auto fallen die Werte vergleichsweise gut aus, da der Tachostand regelmäßig Rückmeldung zur Länge von Pkw-Fahrten gibt. Die Fähigkeit, Entfernungen bei anderen Verkehrsmitteln richtig einzuschätzen, scheint sich in den letzten Jahren verbessert zu haben. Zumindest deutet ein Vergleich aus herkömmlichen und mit Hilfe von Tracking-Apps erhobenen Daten darauf hin. Grund hierfür könnten Apps sein, die für alle Wegerelationen unabhängig vom Verkehrsmittel die Entfernung angeben. Es bleibt jedoch bei der generellen Tendenz des Auf- und Abrundens sowohl der benötigten Zeit als auch der zurückgelegten Kilometer, wodurch es bei allen 5er und 10er Werten zu entsprechenden Peaks kommt (Stephan et al. 2014). Als Grundlage für Verkehrsmodelle sowie für die Berechnung der Personenverkehrsleistung und die davon ausgehenden Umweltwirkungen weisen die Daten Schwächen auf.

Ein weiteres Problem ist die Verwendung des Hauptverkehrsmittels. Zwar werden alle auf einem Weg genutzten Verkehrsmittel angegeben. Im Anschluss findet – mit Ausnahme für eine Teilstichprobe der MiD – jedoch keine weitere Differenzierung statt. Es stehen daher keine Informationen zur Verfügung, wie hoch der Wegeanteil der einzelnen Verkehrsmittel an der insgesamt benötigten Zeit und zurückgelegten Entfernung ist. Bei der Angabe mehrerer Verkehrsmittel wird vielmehr auf Basis einer Hierarchie das Hauptverkehrsmittel, das mit hoher Wahrscheinlichkeit für den längsten Teil des Weges genutzt wurde, ermittelt. Diesem

Hauptverkehrsmittel wird in Berechnungen die gesamte Wegestrecke zugeschlagen. Gibt eine Person bspw. an, zu Fuß gegangen zu sein und ein Verkehrsmittel des Öffentlichen Verkehrs (ÖV) genutzt zu haben, wird der Weg ausschließlich dem ÖV zugeordnet. Da das Zufußgehen ganz unten in der Hierarchie steht, werden nur Wege, die ausschließlich zu Fuß zurückgelegt werden, dem Fußverkehr zugeordnet. Die zu Fuß zurückgelegten Entfernungen werden dadurch systematisch unterschätzt.

Wenn es um die Analyse der Unterschiede im Mobilitätsverhalten geht, reduzieren sich die erklärenden Variablen weitgehend auf soziodemografische Eigenschaften und Merkmale des Raums. Zwar erweisen sich diese Merkmale wie eingangs dargestellt durchaus als verhaltensrelevant. Einstellungen, Normen, Lebensstilmerkmale oder andere Parameter zur Abbildung von Entscheidungslogiken bleiben jedoch unberücksichtigt.

Schließlich ist der Befragungszeitraum aufgrund des hohen Aufwands für die Teilnehmenden – mit Ausnahme des MOP – auf einen einzelnen Stichtag beschränkt. Das Verhalten am Berichtstag kann für die jeweilige Person typisch, aber auch untypisch sein. Im Aggregat hebt sich dies zwar gegenseitig auf, Analysen auf individueller Ebene über längere Zeiträume sind aber bis heute kaum vorhanden. Abhilfe schaffen hier neue Datenquellen wie im nachfolgenden Kapitel beschrieben.

5 Weitere Datenquellen zur Beschreibung des Mobilitätsverhaltens

Nach Vorstellung der großen empirischen Datensätze der deutschen Mobilitätsforschung werden in diesem Kapitel weitere Datenquellen beschrieben. Ein Teil dieser Datenquellen ist erst durch die Digitalisierung entstanden und für die Forschung nutzbar geworden. Hierzu gehören Tracking-Daten, Floating Car Data (FCD) und Mobilfunkdaten. Andere gibt es dagegen schon lange, wie qualitativ erhobene Daten oder amtliche Statistiken. Abschließend werden Methoden zur Abbildung möglichen zukünftigen Verhaltens beschrieben.

5.1 Wegetracking

Die fortschreitende Digitalisierung ist mit einem grundlegenden Wandel des gesellschaftlichen Lebens verbunden. Auch der Bereich Verkehr wird in hohem Maß durch diese Entwicklung geprägt. Zum einen bieten die entstehenden Dienstleistungen und Serviceangebote neue Möglichkeiten der Vernetzung und Raumüberwindung. Zum anderen verändern sich mit den Technologien die Möglichkeiten, das Mobilitätsverhalten von Menschen zu erfassen und seine Entstehung zu verstehen. Die Entwicklung des Wegetrackings mit Smartphones und anderen Smart Devices (GPS Logger oder Smartwatches) wird seit Jahren vorangetrieben. Über die Verwendung zahlreicher Sensordaten lassen sich u. a. Positions- und Beschleunigungsprofile erstellen. Die Weiterverarbeitung der Daten ermöglicht die Bestimmung genauer Routen mit etappengenauen Angaben zu Start- und Endzeit, zurückgelegter

Entfernung und genutztem Verkehrsmittel. Inzwischen gibt es zahlreiche mehr oder weniger ausgereifte Apps. In den Niederlanden basiert eine landesweite kontinuierliche Panelerhebung bereits heute ausschließlich auf der Verwendung einer App. Es ist nur eine Frage der Zeit, bis sich das Tracking als zusätzliche Erhebungsmethode im Rahmen der großen deutschlandweiten Erhebungen etabliert. Zu Beginn ist die Einführung für eine Teilstichprobe sinnvoll, um die Auswirkungen auf wesentliche Mobilitätskennwerte und einen Abgleich mit den bisherigen Erhebungsmethoden zu ermöglichen.

Die Vorteile des automatischen Aufzeichnens von Wegen sind offenkundig. Der Aufwand für Befragungsteilnehmende wird erheblich reduziert. Da das Smartphone inzwischen bei vielen Personen zum ständigen Wegbegleiter geworden ist, werden – eine aktivierte App vorausgesetzt – alle Wege automatisch und aufgrund der etappenweisen Darstellung mit mehr Details als bei herkömmlichen Erhebungen aufgezeichnet. Über eine Validierung der aufgezeichneten Wegemerkmale und das Ergänzen von Informationen (z. B. die Anzahl der Begleitpersonen, Durchführung von Pkw-Fahrten als Fahrer*in oder Mitfahrer*in) wird eine sehr hohe Datenqualität erzielt. Durch den geringeren Erhebungsaufwand bei der Wegeerfassung können die Erhebungszeiträume des Mobilitätsverhaltens ohne großen Aufwand für die Befragten erweitert werden. Dabei kann eine aktive Validierung bspw. auf wenige Tage eines insgesamt längeren Zeitraums beschränkt werden, um den Erhebungsaufwand für die Befragten zu reduzieren. Zudem besteht die Möglichkeit, neben den typischen Fragen zur Soziodemografie auch Fragen zu Einstellungen oder Lebensstilmerkmalen zu ergänzen. Das optimale Design, gerade in Zusammenhang mit den großen Mobilitätserhebungen, gilt es noch zu entwickeln. Smartphone-basierte Erhebungen haben in jedem Fall das Potenzial, stärker sozialwissenschaftlich ausgerichtete Fragestellungen in laufende Erhebungen ohne Überforderung der Teilnehmenden zu integrieren.

Das Wegetracking weist aber auch Nachteile gegenüber herkömmlichen Befragungsmethoden auf. Neben höheren Anforderungen an den Datenschutz nimmt der Rekrutierungsaufwand zu, da bei der Erfassung von genauen Routen und Aufenthaltsorten mehr Überzeugungsarbeit geleistet werden muss. Idealerweise steht eine Hotline zur Verfügung, um bei auftretenden Schwierigkeiten beim Download und der Nutzung der App zu assistieren. Smartphones sind inzwischen auch in höheren Altersgruppen weit verbreitet. Dennoch bestehen bei älteren und wenig technikaffinen Menschen sowie bei Personen mit fehlendem Vertrauen in den Datenschutz Zugangshürden, die zur Selektivität der Stichprobe führen können. Noch laufen die Apps nicht fehlerfrei, falsch aufgezeichnete Wege können zu Irritationen führen. Die Energieintensität einiger Apps führt zu einer reduzierten Akkulaufzeit. Dies schmälert die Akzeptanz und kann zu einem frühzeitigen Ausschalten der App im Tagesverlauf führen. Schließlich stellen Tracking-Apps angesichts der Schwierigkeit, den exakten Beginn und das Ende von Wegen zu bestimmen, das bisherige Wegekonzept zumindest teilweise in Frage. Bei kurzen Aufenthalten an einem Ort wird der Beginn eines neuen Weges nicht immer richtig erkannt. Wird die Aufenthaltsdauer an einem Ort für den Beginn eines neuen Weges zu stark heruntergesetzt, werden aus Stop and Go-Fahrten im Stau schnell viele Wege. Auch ist die Definition des Überschreitens der Grundstücksgrenze beim Wegetracking in speziellen Situationen, wie bspw. dem Weg aus dem Hinterhaus zum Briefkasten und zurück, nicht immer umsetzbar. Die Algorithmen zur Wegeerkennung werden hier auch langfristig nicht alle Wege fehlerfrei identifizieren und zuordnen können. Anstelle der Wegeanzahl könnten daher langfristig Kennwerte wie die insgesamt im Verkehr verbrachte Wegezeit, die je Verkehrsmittel zurückgelegte Distanz etc. an Bedeutung gewinnen.

5.2 Digitale Datenquellen und amtliche Statistiken

In den letzten Jahren sind zudem neue Datenquellen verfügbar geworden, die gewinnbringend in die Analyse des Verkehrsgeschehens einfließen. Hierzu zählen bspw. Floating Car Data (FCD), Mobilfunkdaten oder Zählstellendaten, die zur Abbildung von Verkehrsströmen genutzt werden. Der Vorteil dieser Daten ist die genaue Verortung und kleinräumige Datenbereitstellung zum Verkehrsaufkommen im zeitlichen Verlauf. Sie weisen aber auch eine Reihe von Nachteilen auf. Mobilfunkdaten von Teralytics oder Telefonica bilden das Verhalten ihrer Kundinnen und Kunden ab, die aufgrund ihrer spezifischen Struktur nicht repräsentativ für die Bevölkerung Deutschlands sind. Kurze Wege innerhalb einer Funkzelle werden meist nicht erfasst. Die Daten von Navigationsgeräten bilden naturgemäß nur den Kfz-Verkehr ab. Da Navigationsgeräte ungleichmäßig über den Pkw-Bestand verteilt sind, kommt es auch hier zu Verzerrungen. Zählstellendaten bilden nur bestimmte Punkte im Verkehrsnetz ab und sind in ihrer räumlichen Aussage begrenzt. Darüber hinaus fehlt allen Daten die Information zu den Personen und ihren Gründen, warum sie Verkehr verursachen. Hier besteht die Gefahr für eine noch theorieärmere Auseinandersetzung mit dem Thema Mobilität und Verkehr.

Des Weiteren gibt es eine Reihe an amtlichen Statistiken mit mobilitätsrelevanten Informationen. Beispiele sind:

- Zensus: Die Daten dieser großen, verpflichtenden Haushaltserhebung spielen vor allem bei der Gewichtung und Hochrechnung von Mobilitätsdaten eine Rolle (https://www.zensus2022.de).
- Einkommens- und Verbrauchsstichprobe (EVS): Diese größte freiwillige Haushaltserhebung der amtlichen Statistik bietet Informationen zu dem Teil des Haushaltseinkommens, der für den Bereich Verkehr aufgewendet wird (https://www.destatis.de/DE/Themen/Gesellschaft-Umwelt/Einkommen-Konsum-Lebensbedingungen/evs2023/was-ist-evs.html).
- Daten des Kraftfahrt-Bundesamts: Das Kraftfahrt-Bundesamt stellt umfangreiche Statistiken zum Pkw-Bestand, den angeschafften Neuwagen sowie dem Besitz von Führerscheinen etc. zur Verfügung (https://www.kba.de).
- Pendleratlas: Beim Pendleratlas handelt es sich um eine Statistik der Bundesagentur für Arbeit. Sie enthält Informationen zu den Ein- und Auspendlern auf der Ebene von Kreisen. Basis sind alle sozialversicherungspflichtigen Erwerbstätigen (https://pendleratlas.de).

Schließlich sind auch Wetterdaten oder über soziale Medien gewonnene Daten relevant. So können bspw. durch die Analyse von Posts oder Tweets Informationen zu Einstellungen und Präferenzen in Zusammenhang mit Mobilität und Verkehr gesammelt werden.

Den unterschiedlichen in diesem Unterkapitel dargestellten Daten ist eines gemein: Auch wenn es sich zum Teil nicht um digitale Daten handelt, sind sie im Zuge der Digitalisierung einfacher zugänglich geworden. Viele Daten können heute frei im Netz abgerufen werden. Sowohl die Vielfalt als auch die Verfügbarkeit verkehrsrelevanter Daten hat sich dadurch deutlich erhöht.

5.3 Anwendung qualitativer Erhebungsmethoden

So umfassend die bisher beschriebenen Datenquellen sind, so wenig tragen die meisten davon jenseits des Zusammenhangs mit soziodemografischen Merkmalen und daraus abgeleiteten Lebenslagen und Lebensphasen zum Verständnis der Ursachen des Verhaltens bei. Für tiefgreifende Analysen des Ursachen-Wirkungsgefüges bedarf es zusätzlicher Erhebungsansätze. Inhaltlich erweitern Lebens- und Mobilitätsstilanalysen, biografische Analyseansätze und die Untersuchung von Einstellungen und wahrgenommenen Normen in Zusammenhang mit Mobilität das Verständnis. Mit Untersuchungen von Personengruppen, die in den großen Mobilitätserhebungen unterrepräsentiert oder nicht klar zu differenzieren sind, können Wissenslücken geschlossen werden. Dies trifft bspw. auf die sehr heterogene Gruppe der Migranten und Migrantinnen zu, die nur mit jeweils spezifischen Fragen ausreichend differenziert und über Fragebögen in unterschiedlichen Sprachen erreicht werden kann. Da sich der Umfang der herkömmlichen großen Mobilitätserhebungen kaum erweitern lässt, bedarf es für die genannten Themen eigenständige Erhebungen. Hierfür sind qualitative Ansätze wie Interviews, Fokusgruppen oder teilnehmende Beobachtung oft besser geeignet.

Qualitative Erhebungsmethoden werden oft als punktuelle Ergänzung quantitativer Ansätze verstanden. Dabei stellen sie einen eigenständigen Zugang zur Analyse des Mobilitätshandeln dar. Sie liefern Erklärungshintergründe und die Verknüpfung zu sozialwissenschaftlichen Theorien. Die Stärke liegt in der Zusammenschau beider Erhebungsmethoden, die jeweils unterschiedliche Vor- und Nachteile aufweisen und in Projekten idealerweise gemeinsam konzipiert werden, damit die Ergebnisse direkt miteinander verknüpft werden können.

Mit qualitativen Erhebungsmethoden können Routinen und die Hintergründe von Verhaltensweisen, die oft im Unterbewusstsein ablaufen, besser hinterfragt und abgebildet werden als dies mit standardisierten Fragen und der Vorgabe von Antwortkategorien möglich ist. Sie haben größeres Potenzial sozialwissenschaftliche Verhaltenstheorien in einer Befragung zu operationalisieren. Das explorative Vorgehen im Rahmen qualitativer Methoden bietet sich zudem für die Entwicklung neuer Theorien für das aktuelle Mobilitätshandeln oder mögliche Zukünfte desselben an. Auf diese Weise können qualitative Methoden einen wichtigen Beitrag für die Überwindung der oft theoriearmen Auseinandersetzung mit Mobilitätshandeln leisten.

5.4 Methoden zur Abbildung des Mobilitätshandelns der Zukunft

In der Vergangenheit wurden mögliche zukünftige Verhaltensweisen überwiegend über Stated Preference-Erhebungen abgebildet. Dabei geben die Befragten für hypothetisch vorgegebene Situationen an, wie sie sich verhalten würden. Dieses Messinstrument liefert Anhaltspunkte für mögliche Zukünfte. Es ist in seiner Aussagekraft dennoch eingeschränkt. Stated Preference-Befragungen erfordern in der Regel die Verarbeitung komplexer Informationen und eine hohe Vorstellungskraft von möglichen Zukunftsszenarien. Es ist daher von einer großen Diskrepanz zwischen berichtetem und in der Zukunft tatsächlich möglichem Verhalten auszugehen.

In jüngster Zeit wurde vermehrt über Reallabore und damit verbundene quantitative und qualitative Erhebungsmethoden untersucht, wie sich veränderte Rahmenbedingungen auf das Verhalten auswirken. So werden bspw. Plätze oder Quartiere umgestaltet, damit der öffentliche Raum für andere Nutzungen als den ruhenden und fließenden Autoverkehr zur Verfügung steht. Unfreiwillig wurden auch die Maßnahmen zur Einschränkung der Verbreitung des Corona-Virus zu einem großen Verhaltensexperiment. Auch die Einführung des 9-Euro-Tickets, das im Aktionsraum von Juni bis August 2022 die kostengünstige bundesweite Nutzung aller Busse und Bahnen im Regionalverkehr ermöglicht hat, sowie das daran anknüpfende, ab Mai 2023 zur Verfügung stehende Deutschlandtickt zum Preis von 49 € entsprechen einem großen Reallabor. Diese Ansätze bieten eine eigene Art von Wissen, das insbesondere für die Gestaltung von Transformationsprozessen genutzt werden kann. Auch dieses gilt es mit sozialwissenschaftlichen Theorien zu hinterlegen.

6 Zusammenschau der Daten als Lösungsansatz

Die Anzahl der zur Verfügung stehenden Mobilitätsdaten hat in der Vergangenheit stetig zugenommen und wird sich auch in Zukunft noch steigern. Es mangelt daher nicht an Daten, sondern vielmehr an ihrer systematischen Zusammenschau. Abhilfe können neue Data Science-Methoden schaffen. Dabei geht es um das Verschneiden ganz unterschiedlicher Datenquellen von Echtzeit-Daten des Verkehrs, Befragungsdaten und bspw. Daten aus amtlichen Statistiken. Durch das Eichen von Daten auf Basis von anderen validen Datenquellen sowie die Integration unterschiedlicher Datensätze in Modellen kann ein umfassenderes Bild des Verkehrsgeschehens entstehen.

Im Kontext neuer Datenquellen wird teilweise die Notwendigkeit herkömmlicher Erhebungsdaten in Frage gestellt. Die verschiedenen Datenquellen sollten jedoch vielmehr als Puzzleteile eines großen Ganzen verstanden werden. Jede Datenquelle hat ihre Stärken und Schwächen. Während die eine Datenquelle z. B. Verkehr in Echtzeit beschreiben kann, erlaubt eine andere bspw. den Bezug zu den dahinterstehenden Personen oder deren Einstellungen, wieder andere stellen einen gut geeigneten Hochrechnungsrahmen dar. Dies trifft bspw. auf die MiD zu, die ihrerseits wiederum durch externe Statistiken wie bspw. den Pkw-Bestand in ihrer Treffgenauigkeit überprüft und ggf. korrigiert werden kann. So greifen unterschiedliche Erhebungen und Statistiken ineinander. In Befragungen sollte darauf geachtet werden, dass die richtigen Ankerfragen für die Verknüpfung mit andere Datenquellen gestellt werden.

Angesichts des Wachstums der Datenmengen sind in Zukunft vor allem drei Dinge wichtig:

(1) Die Entwicklung wirkungsvoller Data Science-Methoden: Auf diese Weise kann über das Verschneiden von Datenmengen und deren Integration in Modellen das Mobilitätshandeln umfassender und realitätsnäher abgebildet werden.
(2) Die sozialwissenschaftliche Betrachtung der Daten: Mit Hilfe der Sozialwissenschaften kann der Blick auf das Individuum gerichtet werden, so gelingt es die oft technischen Daten um individuelle Beweggründe anzureichern (Rammert 2023) und den Auswertungen und Modellen die notwendige theoretische Fundierung zu geben. Ansonsten besteht die Gefahr, dass Mobilitätsverhalten zwar immer exakter und mehr oder weniger in Echtzeit beschrieben werden kann, aber nur wenig über die erklärenden Hintergründe bekannt ist.
(3) Der Blick Richtung Zukunft: Ein Großteil der Daten beschreibt den IST-Zustand. Für die Transformation des Mobilitätsbereichs und damit der Politik und Planung sind vor allem die Reaktionen der Bevölkerung auf unterschiedliche Push- und Pull-Maßnahmen wichtig. Angesichts der vielfältigen Möglichkeiten der Datengenerierung dank der Digitalisierung darf die wichtige Rolle von Reallaboren, Stated Preference-Befragungen und auch qualitativen Forschungsansätzen nicht vergessen werden.

Gelingt es, diese drei Punkte zu berücksichtigen, kann ein umfassendes Bild des aktuellen Verkehrsgeschehens, der Gründe für das konkrete Verkehrshandeln und der Möglichkeit, dieses in eine nachhaltige Richtung zu lenken, entstehen. Darauf aufbauende Zukunftsprojektionen können den notwendigen Handlungsrahmen für eine nachhaltige Verkehrspolitik und -planung aufzeigen.

Aktuell herrscht in den Verkehrswissenschaften nach wie vor der Rational Choice-Ansatz vor, der auf der Annahme basiert, dass Menschen rational handeln und die Maximierung des eigenen Nutzens anstreben (Bamberg et al. 2000; Diefenbach 2009). Der Begriff „Verkehrsmittelwahl" spiegelt genau dieses Verständnis von Mobilität wider. Das Mobilitätshandeln kann jedoch nur zum Teil mit rationalen Entscheidungen erklärt werden. Die Notwendigkeit nach komplexeren Ansätzen und entsprechenden Daten, Analysen und Modellen spricht auch dafür, die Wortwahl anzupassen. Das neutrale Wort „Verkehrsmittelnutzung" könnte eine gute begriffliche Alternative zur implizit unterstellen ‚Wahl' von Verkehrsmitteln sein.

Literatur

Aksoy, Cevat Giray, Jose Maria Barrero, Nicholas Bloom, Steven J. Davis, Mathias Dolls, und Pablo Zarate. 2022. *Working from Home around the World*. CESifo Working Papers, München.

Bamberg, Sebastian, Harald Gumbl, und Peter Schmidt. 2000. *Rational Choice und theoriegeleitete Evaluationsforschung: Am Beispiel der „Verhaltenswirksamkeit verkehrspolitischer Maßnahmen"*. Wiesbaden: VS Verlag für Sozialwissenschaften. https://doi.org/10.1007/978-3-663-11229-7.

Canzler, Weert, und Andreas Knie. 1998. *Möglichkeitsräume: Grundrisse einer modernen Mobilitäts- und Verkehrspolitik*. Wien/Köln/Weimar: Böhlau.

Diefenbach, Heike. 2009. Die Theorie der Rationalen Wahl oder „Rational Choice"-Theorie (RCT). In *Soziologische Paradigmen nach Talcott Parsons: Eine Einführung*. Hrsg. Ditmar Brock, Mattias Junge, Heike Diefenbach, Reiner Keller, und Dirk Villányi. VS Verlag für Sozialwissenschaften. https://doi.org/10.1007/978-3-531-91454-1_5.

Eggs, Johannes, Robert Follmer, Dana Gruschwitz, Claudia Nobis, Marcus Bäumer, und Manfred Pfeiffer. 2018. *Mobilität in Deutschland – MiD Methodenbericht*. Studie von infas, DLR, IVT und infas360 im Auftrag des Bundesministeriums für Verkehr und digitale Infrastruktur (FE-Nr. 70.904/15). Bonn/Berlin.

Gather, Matthias, Andreas Kagermeier, und Martin Lanzendorf. 2008. *Geographische Mobilitäts- und Verkehrsforschung*. Stuttgart: Borntraeger.

Hägerstrand, Torsten. 1970. What about people in regional science? *Papers of the Regional Science Association* 24:7–21.

Hubrich, Stefan, Frank Ließke, Rico Wittwer, Sebastian Wittig, und Regine Gerike. 2019. *Methodenbericht zum Forschungsprojekt „Mobilität in Städten – SrV 2018"*. Dresden: Technische Universität Dresden.

Kagerbauer, Martin, Claudia Nobis, Carsten Sommer, Carsten Gertz, Till Ackermann, und Willi Loose. 2018. Definitionen zu „Multi- und Intermodalität". *Straßenverkehrstechnik* 5:366–372.

Kloas, Jutta, Hartmut Kuhfeld, und Uwe Kunert. 2001. Dynamik des Verkehrsverhaltens im Jahresvergleich. Analyse des deutschen Mobilitätspanels 1994 bis 1999. Schlussbericht. Projekt im Auftrag des Bundesministeriums für Verkehr, Bau- und Wohnungswesen, Projekt-Nr. 70.557/1998. Berlin: DIW.

Konrad, Kathrin. 2016. *Mobiler Alltag im Wandel des Geschlechterverhältnisses*. Studien zur Mobilitäts- und Verkehrsforschung. Wiesbaden: Springer VS Wiesbaden. https://doi.org/10.1007/978-3-658-11282-0.

Kutter, Eckhard. 1972. Demographische Determinanten städtischen Personenverkehrs. Veröffentlichungen des Instituts für Stadtbauwesen der TU Braunschweig, 9, Braunschweig.

Nobis, Claudia. 2008. Geschlechtsspezifische Unterschiede im Mobilitätsverhalten unter besonderer Berücksichtigung der Aktivität Einkaufen. In *Handel und Verkehr, Mobilität und Konsum*, Studien zur Mobilitäts- und Verkehrsforschung, Hrsg. Matthias Achen, Juliane Böhmer, und Mathias Gather, 105–130. Mannheim: Verlag MetaGIS Infosysteme.

Nobis, Claudia, und Tobias Kuhnimhof. 2018. *Mobilität in Deutschland – MiD Ergebnisbericht*. Studie von infas, DLR, IVT und infas360 im Auftrag des Bundesministeriums für Verkehr und digitale Infrastruktur (FE-Nr. 70.904/15). Bonn/Berlin.

Rammert, Alexander. 2023. *Der Mobilitätsindex: Entwicklung eines integrierten Planungsinstruments für Mobilität*. Münster: LIT.

Scheiner, Joachim. 2007. Verkehrsgeneseforschung. In *Handbuch Verkehrspolitik*, Hrsg. Oliver Schöller, Weert Canzler, und Andreas Knie, 687–709. Wiesbaden: VS Verlag für Sozialwissenschaften.

———. 2009. *Sozialer Wandel, Raum und Mobilität: Empirische Untersuchungen zur Subjektivierung der Verkehrsnachfrage*. Wiesbaden: VS Verlag für Sozialwissenschaften.

Schwedes, Oliver, Stephan Daubitz, Alexander Rammert, Benjamin Sternkopf, und Maximilian Hoor. 2018. *Kleiner Begriffskanon der Mobilitätsforschung*. IVT-Discussion-Paper. Berlin. https://doi.org/10.13140/RG.2.2.24645.14569.

Stephan, Korinna, Katja Köhler, Matthias Heinrichs, Martin Berger, Mario Platzer, und Emanuel Selz. 2014. Das Elektronische Wegetagebuch – Chancen und Herausforderungen einer Automatisierten Wegeerfassung Intermodaler Wege. In *Smartphones unterstützen die Mobilitätsforschung: Neue Einblicke in das Mobilitätsverhalten durch Wege-Tracking*, Hrsg. Marc Schelewsky, Helga Jonuschat, Benno Bock, und Korinna Stephan, 25–45. Wiesbaden: Springer Fachmedien.

Zumkeller, Dirk. 2001. Eigenschaften von Paneluntersuchungen: Anwendungen und Einsatzmöglichkeiten im Verkehrsbereich. In *Dynamische und statistische Elemente des Verkehrsverhaltens: Das Deutsche Mobilitätspanel*, Hrsg. Deutsche Verkehrswissenschaftliche Gesellschaft e.V., Schriftenreihe der Deutschen Verkehrswissenschaftlichen Gesellschaft e. V., Reihe B, B 234, 3–34. Berlin: DVWG.

Kein Richtiges Leben im Falschen? Die Grenzen der Verkehrswende unter herrschenden Bedingungen

Andreas Knie

Inhalt

Zusammenfassung

Moderne Gesellschaften sind bewegungsintensiv, die wirtschaftlichen Verteilungsspielräume werden durch eine systematische Absenkung des Widerstandes des Raumes realisiert. Im Mittelpunkt steht dabei die Verkehrsinfrastruktur für den Personen- und Güterverkehr. Während in den Sektoren Industrie, Landwirtschaft und private Haushalte eine Reduktion der Treibhausgase auch unter den herrschenden Bedingungen durch den Einsatz von technischen Innovationen möglich wurde, ist dies beim Verkehr – abgesehen von den Effekten der Corona-Pandemie – bislang nicht gelungen. Die Sozialwissenschaften haben verpasst, die Bedeutung des Autos für die Gesellschaftsbildung und ihre ökonomische und soziale Stabilisierung ausreichend deutlich zu machen und stehen deshalb jetzt unter Zugzwang, normative Ansätze in der Klimapolitik ins Machbare zu übersetzen und die Frage zu beantworten, was innerhalb der bestehenden Grundordnung an Veränderungen basaler Funktionselemente überhaupt möglich ist. Bislang sind die Versuche einer „Verkehrswende" noch nicht wirklich gelungen. Die entscheidenden Fragen, wo und unter welchen Umständen sich Reformen überhaupt realisieren lassen und welche Rolle dabei auch die Sozialwissenschaften selbst spielen, sind erst noch zu beantworten.

A. Knie (✉)
Wissenschaftszentrum Berlin für Sozialforschung (WZB) gGmbH, Berlin, Deutschland
E-Mail: andreas.knie@wzb.eu

W. Canzler et al. (Hrsg.), *Handbuch Mobilität und Gesellschaft*,
https://doi.org/10.1007/978-3-658-37557-7_3

Schlüsselwörter

Auto und Gesellschaftsbildung · Verkehrsinfrastruktur · Raumwiderstand · Rolle der Sozialwissenschaften · Klimapolitik · Verkehrswende

1 Mobilität und Moderne in der Transformation

Mit dem Pariser Klimaschutzabkommen sind 2015 erstmals völkerrechtlich verbindlich Festlegungen zur Reduktion der Treibhausgase vereinbart worden, denen sich auch Deutschland angeschlossen hat. Das in Folge dieser Entscheidung von der Bundesregierung beschlossene Klimaschutzgesetz wurde vom höchsten deutschen Gericht in einem Urteil vom April 2021 kritisiert, weil die dort festgelegten Reduktionsziele zu wenig ambitioniert waren. Das Bundesverfassungsgericht mahnte an, dass über die Art und Weise der Zielerreichung jetzt noch in Freiheit nachgedacht und gehandelt werden kann. Diese Option läuft aber schon in wenigen Jahren aus und dann können die Grundrechte bei der Bekämpfung des Klimawandels durch die erforderlichen drastischen Maßnahmen nicht mehr garantiert werden. Das Bundesverfassungsgericht hat klargestellt, dass es die Aufgabe der gewählten Organe ist, die Grundrechte zu schützen und die Klimakatastrophe abzuwenden. Diese Ziele zu verdrängen, zu verwässern oder zu verzögern, ist grundgesetzwidrig. Ihre Umsetzung wird aber in demokratischen Staatsformen nur im Einvernehmen mit der Gesellschaft und den von der bestehenden Gesellschaftsordnung legitimierten Mitteln funktionieren.

Seit vielen Jahren versucht auch die Soziologie Antworten auf diese Herausforderungen zu finden. Die Analysen zeigen zwar eine hohe Sensibilität gegenüber den Notwendigkeiten einer Transformation, bislang sind aber tatsächlich nur wenig Veränderungen in den Lebenswelten zu erkennen (UBA 2023). Moderne Gesellschaften mit ihren raumgreifenden und arbeitsteiligen Wohlstandsmodellen vertragen sich offenkundig nur schwer mit klimapolitischen Reduktionszielen, selbst dann, wenn sie vom obersten Gericht gefordert werden. Trotz sichtbarer Verschiebungen in den Wertepräferenzen und Handlungsmustern beispielsweise in den Bereichen Gesundheit und Ernährung sind Einsparungen bei den Treibhausgasemissionen bisher vorwiegend durch technische Verbesserungen erreicht worden. Vor allen Dingen im Sektor Verkehr bleiben die Emissionen weiter hoch (Agora Verkehrswende 2023). Es scheint, dass ein Kern der Moderne aus einem nur sehr schwer transformierbaren „Dispositiv" an geronnenen Erfahrungen und Erwartungen mit einer wachstumsorientierten Wirtschaftsweise besteht. Dieser Kern scheint nicht nur veränderungsresistent zu sein, er wird auch im globalen Maßstab durchgesetzt (Manderscheid 2023). Denn diese Verteilungsräume werden nicht nur auf Kosten der natürlichen Lebensgrundlagen, sondern gegenüber dem „Rest der Welt" verteidigt (Lessenich 2016). Die politisch hergestellte Absicherung des verkehrsintensiven Wohlstandsmodells insbesondere gegenüber dem Globalen Süden ist aber auch nicht für alle in den westlichen Gesellschaften von gleicher Relevanz. Die CO_2-Emissionen entwickeln sich sehr asymmetrisch: die Menge der ausgestoßenen

Treibhausgase verläuft entlang der Wohlstandslinie, je höher Vermögen und Einkommen, umso größer der Ausstoß von Treibhausgasen. Klimaschutz ist daher auch immer eine Frage der sozialen Gerechtigkeit (Henkel et al. 2023).

Die zentrale Frage für die Erreichung der international vereinbarten Ziele ist also: wie wandlungsfähig sind moderne Demokratien und können diese auch im Modus der Nachhaltigkeit mit allen ihren Garantien der individuellen Freiheit und des materiellen Wohlstandes und der sozialen Gerechtigkeit funktionieren? Im Mittelpunkt steht die Verkehrsinfrastruktur, wo technische Innovationen nicht wie in anderen Sektoren greifen. Trotz aller Effizienzgewinne bleibt der CO_2-Ausstoß weiterhin hoch. Warum sind so wenig Veränderungen in den Routinen erkennbar? Warum stellt der motorisierte Individualverkehr mit einem Marktanteil von stabilen 75 % immer noch den Löwenanteil bei den Verkehrsleistungen (Nobis und Kuhnimhof 2018)?

Während die naturwissenschaftlich-technischen Disziplinen die ökologische Bedrohungslage eingehend analysiert, dokumentiert und bewertet haben, tut sich die sozialwissenschaftliche Nachhaltigkeits- und Transformationsforschung mit den damit verbundenen Fragen und Problemlagen schwer (Block et al. 2018). Es fehlt ihr schon die analytische Klarheit eines Transformationsbegriffes. Im Kontext der Nachhaltigkeitsdiskussion bleibt er immer noch recht vage (Brand 2016). Unterschieden wird zwischen einem strategischen und analytischen Konzept der Transformation, was aber außerhalb rein akademischer Debatten bisher keine Rolle spielt. Es bleibt das ungelöste grundsätzliche Dilemma, eigentlich verbindliche Reduktionsziele in einer freiheitlichen demokratischen Ordnung aushandeln zu müssen. Ansätze zu einer Soziologie der Nachhaltigkeit verweisen bisher immer auf allgemeine Fragen zu gesellschaftlichen Entwicklungsdynamiken: „How do modern societies change with respect to their basic institutional order and their relationship with nature if they are guided by certain imaginations of sustainability?“ (Adlof und Neckel 2019, S. 1018). Die begriffliche Unschärfe trifft auch auf die Nachhaltigkeitsforschung selbst zu, da „Nachhaltigkeit sich auf heterogene Zielsetzungen bezieht und unterschiedliche gesellschaftliche Gruppen ‚Nachhaltigkeit‘ jeweils für sich definieren und in Anspruch nehmen können. (…) Nachhaltigkeit droht zu einem ‚empty signifier‘ zu werden, der zwar in vielerlei Hinsicht anschlussfähig ist, aber als ‚Black Box‘ zugleich in vielfacher Weise strategisch gefüllt und konkretisiert werden kann“ (Henkel et al. 2023, S. 15). Denn möglicherweise steckt hinter dieser noch recht unklaren Begrifflichkeit eine Art Unvereinbarkeit. Vielleicht lassen sich moderne Demokratien in ihrer institutionellen Verfestigung und ihren verkehrsproduzierenden Strukturen gar nicht verändern. Diese Herausforderung zeigt sich in der Mobilität mit besonderer Schärfe. Der Verkehr einer Gesellschaft ist ein Indikator ihrer Struktur und Kultur, gleichsam ein „Guckloch“, wie es Stephan Rammler mit Rückgriff auf den Berliner Soziologen Dieter Claessens (1966) formulierte (Rammler 2001). Zwischen der Moderne und der Mobilität gibt es eine wechselseitige Beförderung und eine gemeinsame Indienstnahme: ohne eine grenzüberschreitende Mobilisierung von Menschen und Warenströmen ist kein Wirtschaftswachstum denkbar und (scheinbar) keine soziale Integration machbar, die Mobilität ist sozusagen „der Maschinenraum der Demokratie“. Mit der Hinterlegung eines theoretisch-konzeptionellen Zugangs einer gesellschaftlichen Transformation könnte sich aber vielleicht doch eine Chance für eine Soziologie der Nachhaltigkeit eröffnen, wenn mögliche Reformkorridore markiert und doch Hinweise auf Veränderungen erkennbar würden.

Verkehrsinfrastrukturen waren immer schon eine wichtige Voraussetzung für die Gesellschaftsbildungen, dabei hat kein anderes Verkehrsmittel die westliche Welt so geformt wie das Automobil (Canzler 2016). Hier zeigt sich die Ambivalenz des modernen Lebens und das Kernproblem einer Soziologie der Nachhaltigkeit wie in einem Brennglas: einerseits ist das Auto ein „Ermöglicher" für das Leben in Freiheit und Wohlstand, andererseits treten immer mehr Dysfunktionalitäten zu Tage, sodass mit seiner universalen Verbreitung eine nachhaltige Lebensweise nicht möglich ist. Mit dem Automobil und seiner Infrastruktur hat sich diese Gesellschaft entwickelt und auch verändert, sie hat sich räumlich ausgedehnt und sozial weit differenziert (Knie 2023). Allerdings ist der Automobilverkehr als einer der Treiber dieser Modernisierung mittlerweile an seine Grenzen gelangt. Er verbraucht als Individualverkehr zu viele Ressourcen, er schadet dem Klima und funktioniert in den Ballungsräumen aufgrund des hohen Raumbedarfes und seiner Masse oft nicht mehr (Ruhrort 2019). Es scheint also so, dass moderne Gesellschaften weder mit, aber auch nicht ohne Autos funktionieren.

Empirisch ist das verkehrliche Fundament moderner, demokratischer Gesellschaften paradoxerweise in der Zeit einer Diktatur entscheidend vorangebracht worden. So wurde gerade für Deutschland nach dem Zweiten Weltkrieg der Weg der gesellschaftlichen Entwicklung geebnet. Mit dem Auto als Standard und als verkehrstechnische Norm wurde die bundesrepublikanische Gesellschaft so einseitig fixiert, dass sich diese Verbindung nicht einfach lösen lässt. Zumal das Auto auch verkehrs- und planungsrechtlich entsprechend verankert ist. Ob die Straßenverkehrsordnung, das Personenbeförderungsgesetz oder der Bundesverkehrswegeplan: die rechtliche Codierung des Raums und die Art der Bewirtschaftung seiner Nutzung verkörpern die Fortschrittsideen der 1950er- und 1960er-Jahre, aber sie gelten bis heute (Knie 2023).

Die Nachkriegsgesellschaft mit ihren damaligen gesellschaftlichen Fortschrittsbildern privater Kleinfamilienstrukturen mit stabilen Standardbiografien im Eigenheim ist sozusagen verkehrspolitisch eingefroren. Sie bilden als „sozio-technisches Regime" (Geels 2002) weiterhin die Referenz für die gesetzliche Basis, obwohl ihre Leitbilder brüchig geworden sind und ihre sozialstrukturellen Grundlagen sich längst verändert haben. Aber die in das Automobil eingeschriebenen und vermittelten Werte scheinen immer noch stabil zu sein. Doch welche Auswirkungen hat dieses Regime auf die Gesellschaft und wie lassen sich Alternativen etablieren, wenn die verkehrspolitische und -rechtliche Grundausrichtung trotz aller Funktionsprobleme nach wie vor auf das Auto fixiert ist? Bisher rettet sich die Gesellschaft mit der Aussicht auf technische Lösungen wie die Elektromobilität, den Einsatz von Wasserstoff oder den Betrieb durch E-Fuels (Agora Verkehrswende 2023). Auf diese Weise sollen zumindest die Treibhausgasemissionen auf das notwendige Maß reduziert werden.

2 Theoretisch-konzeptioneller Zugänge

Die sozialwissenschaftliche Mobilitätsforschung hat die Einbettung des Autos in gesellschaftliche Strukturen umfassend beschrieben (Knie 1997; Urry 2004; Manderscheid 2014). Aus techniksoziologischer Sicht erscheint das private Auto als eine zentrale Institution der Nachkriegsmoderne (Urry 2004) und fungiert als Träger vielfältiger kultureller Bedeutungszuschreibungen (Hörning 1988), die ihrerseits als Produkt einer politischen Formung des Automobils verstanden werden können (Paterson und Iannelli 2008). Ähnlich wie in anderen Industrieländern war und ist auch in Deutschland das Auto Gegenstand gezielter politischer Förderung (Entfernungspauschale, Dienstwagenprivileg, Dieselsubventionierung und vieles mehr) sowie indirekter Förderung durch die Schaffung privilegierter regulatorischer Rahmenbedingungen wie die Okkupierung des öffentlichen Raums durch den ruhenden und fließenden Autoverkehr (Canzler et al. 2018).

Durch die dominante Stellung in vielfältigen Alltagspraktiken wirkt das Auto zugleich als „institutionelle Anreizstruktur" (Schulz-Schaeffer 2008) bzw. als „Skript" (Akrich 1992), das bestimmte Handlungsentwürfe nahelegt und zugleich den darin objektivierten Handlungszielen zur gesellschaftlichen Hegemonie verhilft. Im Anschluss an Schütz und Luckmann (1994) lässt sich die gesellschaftliche Verankerung des Autos als Institutionalisierungsprozess deuten. Techniksoziologisch wird Institutionalisierung verstanden als „Habitualisierung und Routinisierung typischer Handlungsabläufe", die dazu führt, „dass die betreffende Handlungsweise mit fragloser Selbstverständlichkeit als das erforderliche, richtige, angemessene Handeln in den zugehörigen typischen Situationen gilt und wahrgenommen wird und uns in diesem Sinne als objektive Wirklichkeit entgegentritt" (Schulz-Schaeffer und Rammert 2019, S. 63). Es ist aber nicht nur das Auto als Artefakt, das hier verhandelt wird. Um diese Wirksamkeit und Stabilität ausüben zu können, ist ein entsprechender Funktionsraum notwendig, der regelbasiert die Dominanz dieses einen Verkehrsmittel festschreibt. Verkehr lässt sich in einer strengen Regelhaftigkeit als eine weitere Form von Institutionalisierung beschreiben: nämlich als eine unhinterfragte, strukturbildende und ordnende Selbstverständlichkeit und zwar mit dem Auto im Mittelpunkt. Die geltenden Straßenverkehrsregeln sichern bis heute die uneingeschränkte Herrschaft des Autos im öffentlichen Raum ab. Routinen werden durch Gesetzeskraft zusätzlich stabilisiert und ermöglichen damit ein intuitives Verhalten. Als Ergebnis dieser Institutionalisierung konstituiert sich um das private Automobil damit ein als selbstverständlich angenommenes Set von sozialen Praktiken, die als Grundlage für eine erfolgreiche Lebensführung in der modernen Gesellschaft gelten und dessen Gebrauch daher alternativlos erscheinen lassen (Canzler und Knie 2019). Soziale Wertezuschreibungen und Interpretationen bleiben in technischen Artefakten erhalten und fungieren so als Institutionalisierungs- und Legitimierungsinstanzen. Damit funktionieren die Geräte als materielle Träger, die soziale Strukturen stabilisieren und mit zusätzlicher Wirkungs- und Bedeutungsmacht ausstatten. Umgekehrt wirken technische Artefakte über die in ihnen eingeschriebenen Skripte als Multiplikatoren und Stabilisatoren sozial dominanter Interpretationen auf die Nutzenden und damit auf die Gesellschaft zurück. Das Verhältnis zwischen sozialer Disposition und technischem Artefakt ist also ein dialektisches, es ist ein sich gegenseitig beeinflussender und wechselseitig stabilisierender Prozess. Das Auto ist damit Ursache und Folge gesellschaftlicher Differenzierung zugleich und die in diesem Rahmen tradierten Bedeutungszuschreibungen erklären einen Teil seiner Attraktivität.

Technikhistorisch betrachtet steht das Auto damit im Zentrum eines „seamless web“ (Hughes 1983) von heterogenen Komponenten, zu denen neben den technischen und infrastrukturellen Elementen insbesondere auch gesellschaftliche Leitbilder, förderliche regulatorische Rahmenbedingungen und auf das Automobil ausgerichtete Subjektivierungsformen gehören (Manderscheid 2014).

Eine Antwort auf die Frage, wie sich die Zahl der Autos eindämmen lässt, ist zwar klimapolitisch dringlich, jedoch techniksoziologisch schwer zu geben: Die Kopplung von Freiheit und Wohlstand an das technische System Auto ist weiterhin eng und in einem sozio-technischen Regime stabilisiert. Hierbei wird wieder an die oben angedeutete doppelte Herausforderung angeknüpft: Inwieweit können hoch differenzierte demokratische Gesellschaften auf neue Transformationspfade einschwenken? Wo lassen sich soziologisch fundiert Wege einer Öffnung und Neudefinition für eine nachhaltige Verkehrspolitik überhaupt erkennen? Wie können Partnerschaften oder Allianzen der Transformation aufgebaut werden? Inwieweit ist dies an die Verfügbarkeit transformativen Wissen gebunden bzw. wie muss dieses Wissen beschaffen sein und wie kann es erzeugt werden?

Die sozialwissenschaftliche Mobilitätsforschung sollte hier an die interdisziplinären Forschungen zu umfassenden Transformationsprozessen (Köhler et al. 2019) anschließen, die untersucht, unter welchen Bedingungen eine De-Institutionalisierung eines etablierten sozio-technischen Regimes wie der Automobilität möglich werden kann (Geels 2012). Der Begriff des „sozio-technischen Regimes“ basiert dabei auf dem Mehrebenenmodell von Transformationen (MLP) (Geels 2002), das als eine Heuristik an der Schnittstelle von Technikgeschichte, Techniksoziologie und Innovationsforschung entwickelt wurde, um Veränderungsprozesse sozio-technischer Arrangements zu untersuchen. Im Fokus der darauf aufbauenden Forschungen stehen die Beharrungskräfte, die sozio-technischen Arrangements ihre Stabilität verleihen, sowie die Umstände, unter denen Transformationsprozesse möglich werden.

Das Zentrum des Modells bildet die analytische Unterscheidung von drei Ebenen: Regime, Nische und Landschaft, die wechselseitig aufeinander einwirken (ebenda). Die sozio-technische „Landschaft“ bezeichnet dabei den übergeordneten Kontext, innerhalb dessen sich Regime- und Nischenaktivitäten abspielen. Umfassende Wandlungsprozesse können sowohl von Nischeninnovationen als auch von Verschiebungen auf der Ebene der sozio-technischen Landschaft bzw. einem Zusammenspiel von beiden ausgehen (Geels et al. 2016). Vorhandene sozio-technische Arrangements verfestigen sich demnach in Form von Regimen, die als geteiltes Set von Regeln und Interpretationen verstanden werden können, an denen sich die Systemakteure in ihrem Handeln orientieren. Sozio-technische Regime erhalten ihre Stabilität und Legitimität durch ihre Verankerung in institutionellen Rahmenbedingungen, Interessenstrukturen, Denk- und Verhaltensmustern, aber auch in räumlichen Strukturen, materiellen Infrastrukturen und nicht zuletzt in Alltagspraktiken. Unterhalb der Ebene des sozio-technischen Regimes liegt die Ebene der Nischen, in denen alternative Arrangements entwickelt und getestet werden. Von diesen können Impulse für eine Veränderung des dominanten Regimes ausgehen.

3 Hinweise auf eine De-Institutionalisierung der Autogesellschaft: Das Neue Normal?

Eine Verkehrswende – die gerade im politischen Raum viel diskutiert und teilweise erhofft wird – erscheint soziologisch gesehen nicht ohne eine gesellschaftliche De-Instiutionalisierung möglich, weil Regimekräfte immer stabilisierend wirken. Nur normativ zu argumentieren, dass eine Transformation in Richtung einer nachhaltigen Mobilität dringend notwendig sei, verfängt nicht in den sozialen Praktiken (Hesse 1995). Auch sind die rechtlichen Strukturen gänzlich andere. Dennoch gilt es zu untersuchen, wo Erosionen des lange stabilen Automobilitätsmodells innerhalb des herrschenden gesellschaftlichen Systems zu erkennen sind und wo die prägende Bedeutung dieses sozio-technischen Regimes abnimmt. Wo gibt es Alternativen und wo sind die oben benannten Nischen bzw. werden sie als erkennbare soziale Praktiken bereits gelebt? Antworten auf diese Fragen erlauben schließlich Aussagen darüber, ob und gegebenenfalls in welchem Umfang das Modell Auto eine gesellschaftliche Ausdifferenzierung noch vorantreibt oder ob die De-Institutionalisierung bereits so weit vorangeschritten ist, dass sie neue politische Optionen erlaubt. Wie könnte ein neues, dazu passendes „Skript" aussehen?

Trotz der festen Verankerung des Autos in den gesellschaftlichen Strukturen zeigen sich seit einigen Jahren empirische Phänomene der Erosion des dominanten Automobilitätsregimes. Es gibt Anzeichen darauf, dass sich die Gesellschaft zumindest teilweise bereits so verändert hat, dass ihr altes Verkehrsfundament nicht mehr unter allen Umständen nützlich ist und die alten Selbstverständlichkeiten einer unhinterfragten Autonutzung nicht mehr ohne weiteres gelten. In den großen Städten deutet sich an, dass die ehemals etablierten Einschreibungen und Verfestigungen an Selbstverständlichkeit verlieren, weil das private Auto sein Versprechen auf grenzenlose Mobilität kaum noch einzulösen vermag. Es ist schlicht die ständig steigende Menge der Autos, die den verfügbaren Raum zustellen und damit Städte zu Restriktionen zwingen, um überhaupt die Funktionsfähigkeit des Verkehrs aufrecht erhalten zu können.

Die zur Attraktivität des Autos gehörende Möglichkeit, das Fahrzeug überall abstellen zu können, entpuppt sich in allen großen Ballungsräumen als eine immer größere Hypothek. Die Nutzungskonkurrenzen zwischen dem ruhenden Autoverkehr und den anderen Verkehrsteilnehmenden vergrößern sich und führen zu gefährlichen Situationen. Zudem hat sich durch den E-Commerce die Zahl der Zustellfahrzeuge erheblich vergrößert, die den Platzmangel im öffentliche Straßenraum noch zusätzlich verschärfen. Die über viele Jahrzehnte gewohnten Qualitäten des Autos bei privaten wie beruflichen Fahrten sind durchgängig nicht mehr verfügbar.

Parallel dazu haben sich auch die Verkehrspraktiken verändert: die Konzentration auf ein einziges Gerät verliert an Bedeutung. Zunehmend werden unterschiedliche Verkehrsmittel genutzt. Die räumlich und zeitlich hohe Flexibilität des Unterwegsseins zeigt sich in funktional geeigneteren technischen Optionen: Eine Kombination aus Bussen, Bahnen, Rädern und Rollern wird für einen relevanten Teil der Stadtgesellschaft gegenüber dem eigenen Auto die attraktivere Alternative. Durch digitale Plattformen schiebt sich eine neue Oberfläche über die Verkehrslandschaft, sie verändern Zugänge, verschieben die Relevanz des Besitzens zugunsten des Nutzens und ändern Wertschöpfungsketten. Die Pluralisierung der Verkehrsoptionen und die spontane und situative Zugänglichkeit bieten eine hohe Passfähigkeit zu einer Gesellschaft, in der sich die Lebensphasen, Arbeits- und Lebensstile genauso wie Familien- und Paarkonstellationen ausdifferenzieren. Diese Entwicklungen werden durch eine breite Aneignung digitaler Mobilgeräte im Alltag noch verstärkt (Canzler und Knie 2016). Techniksoziologisch formuliert, scheint die durch das mobile Internet beschleunigte gesellschaftliche Ausdifferenzierung in städtischen Milieus über das private Auto – dem bisherigen materiellen Träger – hinausgewachsen zu sein. Ablösungserscheinungen sind in allen Raumtypen erkennbar. Jüngere Befunde zeigen, dass die Zahl der zugelassenen Kfz nicht mehr ohne weiteres mit steigenden Einkommen korreliert, sondern in Stadtrandlagen vielmehr als Zeichen eines wachsenden Armutsrisikos betrachtet werden kann. Lebensformen außerhalb städtischer Milieus, die nur um den Preis einer extremen Autoabhängigkeit zu realisieren sind, verlieren an Attraktivität. Auch das kann zur De-Institutionalisierung des Regimes führen (George et al. 2025).

Der bisher größte Einschnitt in die Selbstverständlichkeiten moderne Gesellschaft ist sicherlich der Umgang mit der Pandemie gewesen. Die Fragilität der globalen Wirtschaftskreisläufe zeigte sich gleichsam über Nacht. Wie stark Waren- und Güterströme und Just-in-time-Lieferketten weltweit miteinander vernetzt, aber damit auch extrem anfällig sind, wurde plötzlich deutlich. Das bisher so stabile Regime verlor seine Stabilität und zwang zu hektischen Aktivitäten zur Sicherstellung von Redundanzen, um die Versorgungssicherheit zu erhalten, verknüpft mit Forderungen nach einer nachhaltigen Wirtschaftsform mit einer deutlich höheren Resilienz. Der Aufbau von dezentraleren Versorgungsstrukturen, die in einer globalen Perspektive aus Kostengesichtspunkten lange unmöglich schien, ist seitdem auf der Tagesordnung und wirbelt seinerseits die Lieferketten durcheinander.

Wie wertvoll demokratische Grundrechte sind, wurde im Ringen um die angemessenen Abwehr- und Interventionsstrategien während der Pandemie praktisch täglich sichtbar und immer wieder neu diskutiert. Das Recht auf Bewegungsfreiheit war dabei zentral. Das Modell der raumgreifenden arbeitsteiligen automobilen Gesellschaft stand plötzlich ganz grundsätzlich in Frage. Die „Pendlergesellschaft" – eine zentrale Beschreibung des bisherigen sozio-technischen Regimes – fand nicht mehr statt. Erstmals nach dem Zweiten Weltkrieg war das Junktim von räumlicher und sozialer Mobilität in Frage gestellt und muss sozusagen neu ausgeschrieben werden.

Aber es zeigte sich auch, wie groß die Flexibilitätsreserven moderner Gesellschaften sind, mit Hilfe digitaler Kommunikations- und Informationsstrukturen in kurzer Zeit eine virtuelle Mobilität zu etablieren. Orts- und zeitflexibles Arbeiten war möglich, Einkäufe, Besuche, kulturelle Veranstaltungen wurden ins Internet verschoben und dies mit Folgen, die weit über die Pandemie hinausreichen. Obwohl praktisch alle Restriktionen nach der Pandemie aufgehoben wurden, ist das orts- und zeitflexible Arbeiten quer durch alle Branchen und Hierarchiestufen als empirisch sicht- und messbarer Umstand nicht mehr wegzudenken und bereits als das „Neue Normal" beschrieben (George und Knie 2023).

Zusammenfassend erscheint die soziologische Perspektive im gesellschaftlichen und akademischen Diskurs über Klimaschutz und Klimaanpassung geeignet, um Erosionen in den Selbstverständlichkeiten erkennen zu können. Allein technische Innovationen oder normativ inspirierte Appelle reichen nicht und prallen an geronnenen und festgefügten gesellschaftlichen Dispositionen ab, solange das Auto als institutionalisiertes Skript noch funktioniert. Die bereits erwähnte Ablösung des Autos als „Leitverkehrsmittel" in den Städten ist ein Hinweis auf neue Optionen. Damit könnten auch bisher diskutierte Maßnahmen zur Verkehrswende eine aussichtsreichere Unterstützung erfahren – zumindest in der Stadt. In den ländlichen Regionen ist das sozio-technische Regime des Autos auch nach der Pandemie weiter dominant. Hier sind „Eigenzeit und Eigenraum" (Knie 1997) mehr denn je die Koordinaten, die auch nach der Pandemie eine deutliche Bestätigung erfahren haben. Wenn man die demografische Entwicklung und die digitalen Realitäten noch in Rechnung stellt, wird es soziologisch betrachtet jedenfalls keine Begründung geben können, warum Busse und auch Bahnen in ländlichen und zersiedelten Gebieten eine Chance auf Resonanz haben. Damit wäre aber in der aktuellen Rhetorik des Verkehrswende-Diskurses ein wesentlicher Baustein als nicht funktionstüchtig identifiziert. Dabei wären hier Reformperspektiven durchaus beschreibbar: Der Digitalisierung wird im Anwendungs- und Einsatzfeld des „Autonomen Fahrens" eine hohe Veränderungsdynamik zugeschrieben. Allerdings können die gesellschaftsverändernden Potenziale auch nur dann eingelöst werden, wenn die elektrisch betriebenen und autonom fahrenden Autos nicht weiterhin einer exklusiven privaten Nutzung unterstellt bleiben. Technische Innovationen sind dann wirksam, wenn sie regulatorisch im Sinn einer nachhaltigen, sprich ressourcenschonenden Verwendungsweise ermöglicht werden. Dieser Politikansatz würde aber den Eingriff in bisherige Privilegien erfordern. Es könnte aber auch so sein, dass mit dem autonomen Fahren viele endogene Veränderungswünsche aktiviert werden, d. h. dass die Autonutzenden in einem sich selbst steuernden, hoch flexiblen Angebot eine Entlastung sowie einen Komfortgewinn erkennen, der durch Poolingfunktionen ein hohes Maß an Beweglichkeit mit einem viel geringeren Bestand an Fahrzeugen möglich macht. Die über Jahrzehnte etablierte Trennung in einen privaten und öffentlichen Verkehr könnte aufgelöst werden und Verkehrsmittel in einer völlig neuen Qualität angeboten werden. Aber damit eine solche Disruption überhaupt greifen kann, müssen eine Reihe von regulatorischen Voraussetzungen erfüllt sein, die im bestehenden System als wenig wahrscheinlich gelten können (Canzler et al. 2019).

Im Unterschied zu Theodor W. Adorno, der in seiner Minima Moralia zumindest noch bis Ende der 1940er-Jahr daran festhielt, dass es kein Richtiges im Falschen geben kann, sprich die herrschende kapitalistische Logik keinen Raum mehr für alternative Lebensentwürfe bieten würde und keinerlei Nischen des privaten Einrichtens denkbar waren, sind heute auch unter den herrschenden Umständen mehr Optionen möglich. Mit den Erfahrungen der Pandemie kann man nun profund behaupten, dass es auch innerhalb des „stählernen Gehäuses“ keine kausale Kopplung des herrschenden Systems mit einer genau definierten und ausbuchstabierten Verkehrsinfrastruktur gibt. Die kapitalistische Wirtschaftslogik ist auch weiterhin auf eine funktionierende Infrastruktur angewiesen, deren technische Beschaffenheit, operative Ausgestaltung und rechtliche Rahmengebung aber nicht mehr eindeutig ist. Über Nischen und deren Ausgestaltung über Experimentierräume neue Optionen zu finden, ist aus gesellschaftstheoretischer Sicht jedenfalls nicht mehr ausgeschlossen.

4 Aussichten

Es bleibt am Ende aber immer noch eine offene Frage, wie weit ein genereller Wechsel des sozio-technischen Regimes innerhalb des demokratischen Wertekanons möglich erscheint. Die unmittelbare Verbindung zwischen Mobilität und Moderne ist auch weiterhin konstitutiv und das Automobil als zentrales Dispositiv ohne Alternative. Aber spätestens seit der Pandemie sind Pfade innerhalb der bestehenden Landschaft erkennbar, die eine Transformation der infrastrukturellen Grundlage der Moderne in eine nachhaltige Zukunft erkennen lassen. Allerdings wäre die Reformarbeit entlang der beschriebenen MLP-Heuristik zunächst einmal in Nischen zu verorten. Die Sozialwissenschaften könnten hier sicherlich in der Markierung dieser Reformarbeit einen Beitrag leisten. Aber ob in diesen Experimentierräumen die möglicherweise vorhandenen endogenen gesellschaftlichen Veränderungspotenziale aktiviert werden, hängt auch davon ab, ob es der Soziologie gelingt, analog zu anderen akademischen Disziplinen wie der Architektur oder Geografie eine Doppelstrategie zu entwerfen. Diese bestünde darin, neben einem kanonisierten theoretischen Gebäude auch einen operativen Umsetzungsmodus anzubieten. Um damit einen werthaltigen Beitrag zu einer Transformation der Gesellschaft liefern zu können, muss es der Soziologie gelingen, einerseits eine Analyse der gesellschaftlichen Dynamik voranzutreiben und die gesellschaftlichen Bindekräfte, aber auch die sozialen Zentrifugalkräfte und gesellschaftlichen Dysfunktionalitäten zu identifizieren. Andererseits gilt es, sich dann auch über Experimentierräume in die Nischen zu begeben und sich aktiv auf tatsächliche Alternativen der Umsetzung einzulassen. Hier wäre das analytische Potenzial in ein synthetisches Format umzubauen und in Partnerschaften mit anderen Akteuren einzubringen. Der akademische Referenzraum könnte dann durch einen bi-direktionalen Austausch im Rahmen von Realexperimenten erweitert und das idealtypische akademische Wissen im Experiment einem Validierungsprozess unterzogen und die Ergebnisse wiederum im akademischen Review konsolidiert werden. Denn ob und wie ein Transformationsprozess gelingt, hängt entscheidend davon ab, wie sich die gesellschaftliche Praxis ändert. Die Soziologie könnte hier, ihren eigenen Erkenntnislogik folgend, die Nischen bespielen, die epistemische Basis erweitern und damit selbst Teil der prognostizierten Veränderungen werden.

Literatur

Adloff, F., und S. Neckel. 2019. Futures of sustainability a modernization, transformation, and control: A conceptional framework. *Sustainability Science* 14:1015–1025.
Agora Verkehrswende. 2023. Der CO_2-Preis für Gebäude und Verkehr. Berlin. https://www.agora-verkehrswende.de/fileadmin/Projekte/2023/ETSII/A-EW_311_BEH_ETS_II_WEB.pdf. Zugegriffen am 13.11.2024.
Akrich, M. 1992. The description of technical objects of Bijker & Law (1992). In *Shaping Technology/Building Society: Studies in Sociotechnical Change*, 05–224. Cambridge/London: The MIT Press.
Block, K. et al. 2018. *Soziologie der Nachhaltigkeit. Zwischen Transformation und Reflexion.*
Brand, U. 2016. How to get out of the multiple crisis? Contours of a critical theory of social-ecological transformation. *Environmental Values* 25:503–525.
Canzler, W. 2016. *Automobil und moderne Gesellschaft. Beiträge zur sozialwissenschaftlichen Mobilitätsforschung*. Berlin: LIT.
Canzler, W., und A. Knie. 2016. *Die digitale Mobilitätsrevolution: Vom Ende des Verkehrs wie wir ihn kannten*. München: oekom Verlag.
Canzler, W., und A. Knie. 2019. *Autodämmerung: Experimentierräume für die Verkehrswende*. Berlin: Heinrich-Böll-Stiftung.
Canzler, W., A. Knie, L. Ruhrort, und Ch. Scherf. 2018. Erloschene Liebe. In *Das Auto in der Verkehrswende – Soziologische Deutungen*. Bielefeld: transcript.
Canzler, W., A. Knie, und L. Ruhrort. 2019. *Autonome Flotten*. München: oekom.
Claessens, D. 1966. Zur Soziologie des Straßenverkehrs. In *Angst, Furcht und gesellschaftlicher Druck, Aufsatzsammlung*, Hrsg. D. Claessens, 23–31. Dortmund: Friedrich Wilhelm Ruhfus.
Geels, F.W. 2002. Technological transitions as evolutionary reconfiguration processes: A multi-level perspective and a case study. *Research Policy* 31:257–1273.
Geels, F.W. 2012. A socio-technical analysis of low-carbon transitions. Introducing the multi-level perspective into transport studies. *Journal of Transport Geography* 24:471–482.
Geels, F.W., F. Kern, G. Fuchs, N. Hinderer, G. Kungl, J. Mylan, M. Neukirch, und S. Wassermann. 2016. The enactment of socio-technical transition pathways. *Research Policy* 45(4): 896–913.
George, S., und A. Knie. 2023. Virtuelle Mobilität verändert die physische. blogbeitrag zu #antiblockiersystem v. 16.01.2023.
George, S., K. Salomo, und M. Helbig. 2025. Spatial advantages of highly educated individuals in Germany: Is sustainable mobility an expression of privilege? *Elsevier B.V. Cities* 156:105507. https://doi.org/10.1016/j.cities.2024.105507
Henkel, A., et al. 2023. *Dilemmata der Nachhaltigkeit: Zur Relevanz und kritischen Reflexion in der Nachhaltigkeitsforschung. Ein Leitfaden*. Baden-Baden. https://doi.org/10.5771/9783748938538.
Hesse, M. 1995. *Verkehrswende: ökologisch-ökonomische Perspektiven für Stadt und Region*, 2. spiepr146 Aufl. Marburg: Metropolis.
Hörning, K. 1988. Technik im Alltag und die Widersprüchlichkeit des Alltäglichen. In *Technik im Alltag*, Hrsg. B. Joerges, 51–94. Frankfurt a. M.: Suhrkamp.
Hughes, Th. P. 1983. *Networks of Power Electrification in Western Society, 1880–1930*. Baltimore: The Johns Hopkins University Press.
Knie, A. 1997. Eigenzeit und Eigenraum. Zur Dialektik von Mobilität und Verkehr. *Soziale Welt* 1:39–55.
Knie, A. 2023. Deutschlands Weg in die Autogesellschaft. *Aus Politik und Zeitgeschichte* 51–52:9–15.
Köhler, J., F.W. Geels, F. Kern, J. Markard, E. Onsongo, A. Wieczorek, F. Alkemade, F. Avelino, A. Bergek, F. Boons, L. Fünfschilling, D. Hess, G. Holtz, S. Hyysalo, K. Jenkins, P. Kivimaa, M. Martiskainen, A. McMeekin, M.S. Mühlemeier, und P. Wells. 2019. An agenda for sustainability transitions research: State of the art and future directions. *Environmental Innovation and Societal Transitions* 31:1–32. https://doi.org/10.1016/j.eist.2019.01.004.

Lessenich, St. 2016. *Neben uns die Sintflut. Die Externalisierungsgesellschaft und Ihr Preis.* München: Hanser Verlag.

Manderscheid, K. 2014. The movement problem, the car and post-fordist mobility: Automobility as dispositif and mode of regulation. *Special Issue: Mobilities and Foucault, Mobilities* 9(4): 604–626.

Manderscheid, K. 2023. *Soziologie der Mobilität.* Bielefeld: transcript.

Nobis, C., und T. Kuhnimhof. 2018. *Mobilität im Deutschland.* Bonn/Berlin: MiD Ergebnisbericht.

Paterson, L., und Ch. Iannelli. 2008. Patterns of absolute and relative social mobility: A comparative study of England, Wales and Scotland. *Sociological Research Online* 12(6): 58–78.

Rammler, St. 2001. *Mobilität in der Moderne. Geschichte und Theorie der Verkehrssoziologie.* Berlin: sigma.

Ruhrort, L. 2019. *Transformation im Verkehr: Erfolgsbedingungen für verkehrspolitische Schlüsselmaßnahmen.* Wiesbaden/Heidelberg: Springer VS.

Schütz, A., und Th. Luckmann. 1994. *Strukturen der Lebenswelt.* Frankfurt: Suhrkamp.

Schulz-Schaeffer, I. 2008. Technik als sozialer Akteur und als soziale Institution: Sozialität von Technik statt Postsozialität. In *Die Natur der Gesellschaft: Verhandlungen des 33. Kongresses der Deutschen Gesellschaft für Soziologie in Kassel 2006. Teilbd. 1 u. 2*, Hrsg. K.-S. Rehberg, 705–719. Frankfurt a. M.: Campus.

Schulz-Schaeffer, I., und W. Rammert. 2019. Technik, Handeln und Praxis. Das Konzept gradualisierten Handelns revisited. In *Berliner Schlüssel zur Techniksoziologie*, Hrsg. C. Schubert und I. Schulz-Schaeffer. Wiesbaden: Springer VS.

Umweltbundesamt (UBA). 2023. *Umweltbewusstseinsstudie.* Dessau/Berlin.

Urry, J. 2004. The 'System' of automobility. *Theory, Culture & Society* 21(4–5): 25–39. https://doi.org/10.1177/0263276404046059.

Modellierung und Simulation von Mobilität und Verkehr

Johannes Weyer

Inhalt

Zusammenfassung

Der Beitrag liefert einen Überblick über die gängigsten Simulations-Frameworks, die die Verkehrswissenschaft nutzt, um Mobilität zu verstehen und Szenarien durch Simulationsexperimente zu überprüfen. Dabei wird auch auf die Methode der agentenbasierten Modellierung (ABM) zurückgegriffen, die es erlaubt, das individuelle Mobilitätsverhalten abzubilden. Der Beitrag stellt grundlegende Prinzipien und Methoden der ABM vor und zeigt, wie die Methode genutzt wird, um Strategien der nachhaltigen Transformation zu analysieren. Er setzt sich zudem kritisch mit einer kritischen Soziologie der Simulation auseinander.

Schlüsselwörter

Verkehrssimulation · Modellierung · Komplexe Systeme · Nachhaltige Transformation · Mobilität

J. Weyer (✉)
Technische Universität Dortmund, Dortmund, Deutschland
E-Mail: johannes.weyer@tu-dortmund.de

W. Canzler et al. (Hrsg.), *Handbuch Mobilität und Gesellschaft*,
https://doi.org/10.1007/978-3-658-37557-7_4

1 Einleitung

Das Verkehrssystem ist ein komplexes sozio-technisches System, dessen Dynamik sich aus einer Vielzahl von Einzelentscheidungen speist. Es zu steuern, ist ein anspruchsvolles Unterfangen, selbst wenn man als Ziel lediglich definiert, den störungsfreien Ablauf aufrechtzuerhalten, also beispielsweise Staus zu vermeiden. Will man jedoch die Transformation des Verkehrssystems im Sinne einer Mobilitätswende vorantreiben, erfordert dies aktive Maßnahmen und das Ingangsetzen von Veränderungsprozessen. Diese werden nur dann erfolgreich sein, wenn es zu einer Veränderung von Denkweisen, Gewohnheiten und alltäglichen Routinen der Nutzer:innen kommt. Verkehrspolitik ist daher darauf angewiesen, vor Ingangsetzen von Maßnahmen zu antizipieren, wie diese wirken und ob sich die erwünschten Effekte ergeben werden.

Die agentenbasierte Modellierung (ABM) hat sich als eine neue Methode zur Untersuchung von Strukturen und Dynamiken komplexer Systeme, etwa der Wirtschaft oder des Klimas, etabliert (Resnick 1995). Auch Sozialwissenschaftler:innen haben sich diese Methode zu eigen gemacht, um die Dynamik sozialer Systeme zu untersuchen, z. B. im Fall der Verbreitung von Gerüchten, Infektionen oder Innovationen (Epstein und Axtell 1996; Van Dam et al. 2013; Weyer und Roos 2017). Ein Vorzug der ABM besteht darin, dass diese Methode in der Lage ist, die Heterogenität sozialer Akteure zu berücksichtigen. Zudem ermöglichen Simulationsexperimente mit künstlichen sozialen Systemen es Sozialwissenschaftler:innen, einen Blick in mögliche Zukünfte, z. B. des Verkehrssystems, zu werfen und die Auswirkungen politischer Interventionen zu analysieren.

Im folgenden Artikel werden zunächst einige grundlegende Prinzipien und Methoden der ABM am Beispiel der Verkehrssimulation dargelegt. Danach werden mehrere Simulations-Frameworks zur Modellierung von Verkehrssystemen vorgestellt, von denen einige ABM anwenden, um beispielsweise politische Strategien einer nachhaltigen Transformation zu untersuchen.

2 Modellierung komplexer Systeme

Modelle sind abstrakte Darstellungen realer Systeme. Sie überbrücken die Kluft zwischen theoretischen Konzepten und sozialer Realität. Modelle helfen, theoretische Konzepte, wie z. B. die Idee der Normbefolgung, in Mechanismen zu übersetzen, die als „Normen in den meisten Fällen einhalten“ formalisiert werden können.

Ein soziologisches Modell eines sozio-technischen Systems, z. B. des Verkehrssystems, das im Folgenden als Beispiel dient, basiert auf drei Komponenten:

- den *Agenten*, die typische reale Akteure darstellen, sowie deren Entscheidungsregeln,
- dem *Kontext*, d. h. den sozialen, technischen, politischen, institutionellen Strukturen, die als Randbedingungen des Handelns der Akteure fungieren,

- und schließlich den *Regeln* der Interaktion von Agenten, aber auch von Agenten und Kontext. Als Beispiel mag die Interaktion von Radfahrer:innen und Ampel dienen: Inwieweit fühlen diese sich verpflichtet anzuhalten, wenn die Ampel rot ist?

2.1 Agenten

Agenten haben Eigenschaften, Präferenzen und Strategien, die realen Akteuren ähneln. Die Daten, die man für die Modellierung von Agenten benötigt, werden meist durch Umfragen erhoben. Mit dieser Methode lassen sich typische Agententypen konstruieren, wie z. B. umweltfreundliche oder komfortorientierte Agenten. Mit moderner Simulationssoftware kann man jeden Agenten unterschiedlich parametrisieren (in Bezug auf Alter, Geschlecht, Einkommen, Agententyp, Vorlieben, Routinen, Autobesitz, tägliche Aufgaben usw.), sodass große Populationen heterogener Agenten am Computer erzeugt und für Experimente genutzt werden können.

Die Entscheidungsregel ist in den meisten Modellen künstlicher Gesellschaften recht einfach: In Anbetracht mehrerer Alternativen (z. B. den Bus, das Auto oder das Fahrrad zu nehmen) wählen die Agenten die Option, die ihnen gemäß ihrer individuellen Präferenzen den größten Nutzen bringt (Konidari und Mavrakis 2007). Dieses Konzept des subjektiv erwarteten Nutzens (SEU) bezieht nicht nur situative Parameter, sondern auch individuelle Erwartungen und Präferenzen mit ein und macht das Modell somit realistischer (Esser 1993; Velasquez und Hester 2013). In vergleichbaren Situationen könnte sich der umweltbewusste Agent also für das Fahrrad entscheiden, während der komfortorientierte Agent das Auto wählt.

Es ist nicht erforderlich, unterschiedliche Entscheidungsregeln zu programmieren und zu implementieren; denn für alle Agenten gilt gleichermaßen die Regel, dass sie in den meisten Fällen – oftmals routinehaft – die Option wählen, die sie am ehesten zufriedenstellt. Es sind vor allem die jeweils spezifischen Parameterwerte, die dazu führen, dass die Entscheidungen zu unterschiedlichen Ergebnissen führen, so wie man es in ähnlicher Form bei realen Akteuren beobachten kann. Zudem lassen sich auf diese Weise Entscheidungen in Anbetracht konfligierender Ziele modellieren.

2.2 Kontext

Der zweite Bestandteil eines Simulationsmodells ist der Kontext bzw. die Umwelt, in der die Agenten sich bewegen. Er besteht zunächst aus der physischen Infrastruktur, also typischerweise aus *Knoten* wie Wohngebäuden, Arbeitsplätzen, Einkaufszentren, Kreuzungen, Bahnhöfen oder Bushaltestellen und *Kanten,* die diese verbinden, z. B. Straßen, Radwege, Trassen für den öffentlichen Verkehr. Wie dieses Netzwerk aus Knoten und Kanten gestaltet wird, hängt vom jeweiligen Untersuchungsgegenstand ab. Zusammen mit den verfügbaren Technologien (Auto, Fahrrad, öffentliche Verkehrsmittel, Carsharing, Zu-Fuß-Gehen usw.) gestaltet der Kontext den Handlungsspielraum der Akteure, indem er einerseits Optionen eröffnet

(Fahrradverleih in der Nähe), aber auch Beschränkungen auferlegt (Fahrradverbot auf Autobahnen).

Ähnlich wie im Fall der Agenten hat jede Kontext-Komponente Eigenschaften, die teils inhärent sind wie die maximale Anzahl von Fahrzeugen auf einer Straße, teils politisch definiert wie der Grenzwert für CO_2-Emissionen oder die Höhe einer City-Maut. Diese Eigenschaften sind die „Hebel", die politische Entscheidungsträger für ihre Eingriffe nutzen können, z. B. durch Anhebung der City-Maut für Autos mit Verbrennungsmotoren (weiche Steuerung) oder ein Verbot der Nutzung derartiger Fahrzeuge (harte Steuerung).

Das Gleiche gilt für Technologien, die bestimmte Eigenschaften haben. So belasten Fahrräder die Umwelt weniger als Pkws, erlauben aber nur niedrigere Geschwindigkeiten. Auch Eigenschaften können durch externe Eingriffe beeinflusst werden, z. B. durch die Einführung von Tempolimits für Pkws oder durch die Erfindung neuer Technologien wie des E-Bikes, wodurch sich die durchschnittliche Geschwindigkeit und die Reichweite des Fahrrads erhöhen.

2.3 Interaktion

Weitere Bestandteile einer ABM sind Regeln für die Interaktion zwischen Agenten, aber auch zwischen Agenten und Kontext. Agenten in Verkehrssystemen werden typischerweise auf ihrer Spur bleiben und Abstand halten, wenn sie sich anderen Agenten annähern. Eventuell tauschen sie Informationen aus – man denke an Szenarien der Car-2-Car-Kommunikation. Straßen können die Agenten beeinflussen, z. B. durch Geschwindigkeitsbegrenzungen oder Mautgebühren, während die Agenten den Zustand einer Straße nicht nur dadurch verändern, dass sie die verbleibende Kapazität kurzzeitig verringern, sondern auch dadurch, dass sie sie abnutzen und Emissionen verursachen.

Jeder Agent, der das Verkehrssystem nutzt, trägt somit zur Systemdynamik bei, indem er Parameter (z. B. die Anzahl der Fahrzeuge auf einem Straßenabschnitt) verändert und damit indirekt andere Agenten beeinflusst, die aus einer Häufung von Staus möglicherweise die Konsequenz ziehen, auf öffentliche Verkehrsmittel umzusteigen. Je nachdem, wie stark die aktuelle Verkehrssituation das eigene Handlungskalkül beeinflusst, könnte sogar der komfortorientierte Agent, der normalerweise das Auto bevorzugt, sich für diese Option entscheiden.

2.4 Systemdynamik

Die Handlungen einer großen Zahl autonomer Agenten, die ihrerseits durch den aktuellen Systemzustand zum Zeitpunkt t beeinflusst werden, tragen in einem selbstorganisierten Prozess zur Systemdynamik bei. Die emergenten Effekte dieses Prozesses sind schwer vorherzusagen, bilden aber den Systemzustand zum Zeitpunkt $t+1$. Die agentenbasierte Modellierung ist in der Lage, dieses dynamische Zusammenspiel von Mikroebene (Handlungen der Agenten) und Makroebene (Systemzustand) abzubilden – mit gelegentlich überraschenden Ergebnissen (z. B. Verkehrsstaus). Diese werden von den Agenten nicht strategisch erzeugt, sondern entstehen als nicht-intendierte Ergebnis ihrer autonomen, unkoordinierten Handlungen.

In komplexen Systemen finden oftmals nichtlineare Interaktionen statt, die durch Computerexperimente analysiert werden können – wobei es häufig nicht leicht ist, die teils überraschenden Effekte zu verstehen. So verändert die Senkung der Preise für öffentliche Verkehrsmittel das Verhalten der Akteure nicht in linearer Weise. Vielmehr gibt es mehrere Kipppunkte („tipping points"), die nur dadurch zu erklären sind, dass unterschiedliche Agentengruppen auf verschiedenartige Weise und zu unterschiedlichen Zeitpunkten auf Preissignale reagieren.

2.5 Governance

Wie bereits erwähnt, ist die agentenbasierte Modellierung komplexer sozio-technischer Systeme ein geeignetes Mittel zur Untersuchung von Governance-Themen, z. B. im Fall der nachhaltigen Transformation des Verkehrssystems. Mit Hilfe von Simulationsexperimenten können unterschiedliche Szenarien und Strategien getestet werden, z. B. Tempolimits für Autos, Erhöhung der Kraftstoffpreise, Straßenbenutzungsgebühren, Parkraumbewirtschaftung, Ausbau von Radwegen, Fahrradparkhäuser, Senkung der Preise für öffentliche Verkehrsmittel und vieles mehr (Philipp und Adelt 2018) – oder eine Kombination derartiger Maßnahmen. Bei den Strategien kann man unterscheiden zwischen einer weichen Steuerung durch monetäre oder nichtmonetäre Anreize (z. B. Mautgebühren) und einer harten Steuerung durch Verbote (z. B. für ältere Verbrennungsmotoren); oftmals findet man jedoch eine Mischung unterschiedlicher Maßnahmen bzw. Governance-Modi vor.

Will man derartige Eingriffe in komplexe Systeme softwaretechnisch umsetzen, so bedeutet dies in beiden Fällen, die Parametern entweder von Technologien oder von Kontextkomponenten zu verändern. Denn diese Parameter beeinflussen die Entscheidungen der Agenten. Eine Erhöhung oder Verringerung einzelner Werte kann folglich Auswirkungen auf das Nutzenkalkül der Agenten haben – allerdings nicht in deterministischer Weise, wie es ältere Konzepte einer interventionistischen direkten Steuerung möglicherweise unterstellt haben.

Die Einführung neuer Technologien, wie z. B. Elektrofahrzeuge, und die Erfindung neuer Mobilitätspraktiken, wie z. B. Carsharing oder On-Demand-Verkehr, können ebenfalls zu einer Mobilitätswende beitragen. Auch dies wird bei der Programmierung so umgesetzt, dass die Agenten diese neuen Optionen bei ihren Entscheidungen zusätzlich berücksichtigen können, z. B. bei der Wahl zwischen einem Auto mit Verbrennungsmotor oder mit Elektroantrieb.

2.6 Die soziologische Perspektive

Dieser Ansatz der Modellierung komplexer Infrastruktursysteme ähnelt in gewisser Weise der Vorgehensweise von Ingenieuren, wenn sie beispielsweise die Ursachen von Verkehrsstaus untersuchen (Schreckenberg und Selten 2013). In soziologischer Perspektive macht es jedoch Sinn, menschliche Akteure nicht als mechanisch agierende Komponenten zu betrachten, die sich allesamt gleichermaßen – und zudem vollkommen rational – verhalten, sondern als Individuen, die Entscheidungen auf Basis subjektiver Präferenzen treffen. Manche Entscheidungen mögen irrational wirken (z. B. mit dem Auto eine Strecke von nur einem Kilometer zu fahren), aber dies sind alltägliche Praktiken, die man berücksichtigen muss, wenn man die Dynamik soziotechnischer Systeme verstehen will, die sich aus dem Zusammenspiel von Mikro- und Makroebene ergibt.

Die soziologische Handlungstheorie und soziologische Makro-Mikro-Makro-Modelle sind somit unentbehrlich, will man künstliche Gesellschaften am Computer konstruieren, die ein realistisches Abbild realer Gesellschaften bzw. deren funktionaler Teilsysteme darstellen, z. B. des Verkehrssystems (Hedström und Swedberg 1996; Ostrom 2010; Esser 1993).

3 Verkehrssimulation

In den vergangenen Jahrzehnten wurden verschiedene Verkehrssimulatoren entwickelt. Nicht alle sind ABM-basiert, und nur wenige beruhen auf soziologischen Handlungstheorien. Erst seit einigen Jahren wird das Mobilitätsverhalten sozialer Akteure, also deren alltägliche Handlungswahl beispielsweise bezüglich Verkehrsmittel und Route, stärker in Betracht gezogen.

3.1 Das Nagel-Schreckenberg-Modell (NaSch)

In den 1990er-Jahren entwickelten Kai Nagel, Michael Schreckenberg und andere ein Verkehrssimulationsmodell, das mit dem Konzept des zellulären Automaten arbeitet (Nagel und Schreckenberg 1992). Es kann als Vorläufer etlicher Modelle angesehen werden, die in der Folgezeit entwickelt wurden. In diesem Ansatz besteht eine einspurige Autobahn aus einer Reihe von Zellen, von denen jede mit maximal einem Fahrzeug besetzt ist, das seine Geschwindigkeit in Abhängigkeit vom Zustand der folgenden Zelle erhöht oder verringert. Der gesamte Verkehrsfluss ergibt sich somit aus den Aktionen sämtlicher Autos-auf-Zellen und unterliegt typischen Schwankungen (z. B. Staus), wie sie auch in realen Verkehrssystemen beobachtet werden können.[1] Obwohl Nagel und Schreckenberg häufig auf „individuelles (wenn auch statistisches) Verhalten des Fahrers" (S. 2229) verweisen, untersuchen sie primär die technische Performance von Autos (mit menschlichem/r Fahrer:in), etwa in Bezug auf das Beschleunigen oder Abbremsen.

[1] Eine einfache Verkehrssimulation, die dem NaSch-Modell ähnelt, findet sich in NetLogo (Wilensky 1997).

3.2 OLSIM

Später wurde das NaSch-Modell auf zweispurige Autobahnen ausgeweitet, um auch das Thema Spurwechsel untersuchen zu können (Knospe et al. 2002). Außerdem wurde es zur Modellierung des Autobahnnetzes in Nordrhein-Westfalen verwendet, einem dicht besiedelten Bundesland mit häufig überlasteten Straßen (Selten et al. 2004; Schreckenberg et al. 2005).

Im Jahr 2002 beschloss die nordrhein-westfälische Landesregierung, den Online-Verkehrsinformationsdienst *www.autobahn.nrw.de* einzurichten, der auf der Online-Simulation OLSIM basierte. OLSIM nutzt Echtzeitdaten von 4000 Detektionsgeräten, um die aktuelle Verkehrssituation zu berechnen und daraus Prognosen abzuleiten – ebenfalls in Echtzeit (Schreckenberg et al. 2005; Weber et al. 2006). Es gab zudem Pläne, diesen Dienst auf Nebenstraßen auszuweiten und ein umfassendes Verkehrsinformationssystem namens „Ruhrpilot" zu etablieren. Inzwischen war jedoch eine starke Konkurrenz durch kommerzielle, frei verfügbare Dienste wie Google Maps entstanden, das 2011 auf den deutschen Markt kam. Der Dienst *www.verkehr.nrw* existiert zwar weiterhin, nutzt aber mittlerweile Daten von TomTom (Konrad et al. 2020).

3.3 Multi-Agenten-Transport-Simulation (MATSim)

Anders als Michael Schreckenberg, dessen OLSIM auf dem Konzept der zellulären Automaten basiert, entschied sich Kai Nagel, ein agentenbasiertes Modell (ABM) zu entwickeln. Zusammen mit anderen Kollegen entstand Ende der 1990er-Jahre die Grundidee von MATSim, das 2004 fertiggestellt wurde und sich zunächst auf das Verkehrsmittel Auto beschränkte (Nagel 2004; Nagel und Axhausen 2016). Die Stadt Zürich in der Schweiz war der erste Anwendungsfall, anhand dessen der Wert einer Verkehrsnachfragemodellierung demonstriert werden konnte, die auf individuellen Plänen basiert und nicht auf Herkunft-Ziel-Matrizen wie bei anderen Verkehrsplanungswerkzeugen. MATSim ist Open Source und wird heute weltweit als Simulations- und Planungswerkzeug eingesetzt (Horni et al. 2016).[2]

MATSim ist eine mikroskopische Verkehrssimulation, die auf der Modellierung des Verhaltens einer großen Anzahl von Individuen und deren Tagesplänen basiert. Diese Pläne werden als temporär verfügbares Optimum vorab berechnet und bleiben während eines Tages fix; sie können aber am folgenden Tag verändert werden können, falls bessere Optionen verfügbar sind (Horni et al. 2016, S. 3, 7, 37 ff.). Das Verkehrsflussmodell ist warteschlangenbasiert (vgl. Abb. 1): Kanten (z. B. Straßen) zwischen Knoten (z. B. Kreuzungen) fungieren als Warteschlangen, in denen die Autos so lange warten, bis sie auf die nächste Kante „springen" können (ebd.: 6-7). MATSim verzichtet darauf, die physische Bewegung der Verkehrsteilnehmer zu modellieren, wie dies etwa bei Fahrzeugfolgemodellen der Fall ist.

[2] www.matsim.org. Zugegriffen am 14.01.2025.

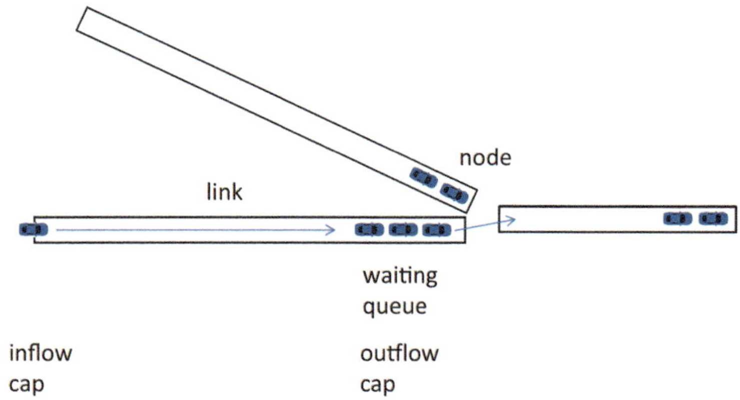

Abb. 1 Verkehrsflussmodell. (Quelle: Horni et al. 2016, S. 6)

MATSim wurde entwickelt, um die (tägliche) Verkehrsnachfrage zu untersuchen, die sich als aggregiertes Ergebnis der Tagespläne sämtlicher Akteure ergibt. Typischerweise bilden MATSim-Szenarien reale Städte oder Regionen ab und verwenden Daten aus dem Zensus, aus Verkehrszählungen, aus Open Street Maps (OSM) und anderen Quellen, um das Modell zu kalibrieren.

MATSim hat seine Wurzeln in der Physik und in der Forschung zu komplexen adaptiven Systemen (CAS); es mangelt jedoch an einer soziologischen und insbesondere an einer handlungstheoretischen Fundierung. Die Präferenzen der Agenten werden zwar modelliert, aber nur hinsichtlich der Parameter Zeit und Budget, was aus Perspektive einer soziologischen Handlungstheorie unterkomplex ist. Zudem folgen die Agenten stur den vorgefertigten Plänen und ändern ihr Verhalten nicht im Laufe des Tages, z. B. aufgrund situativer Ereignisse wie Staus oder Straßensperrungen.

3.4 Das Projekt NEMO

Im Projekt „Neue EmscherMobilität" (NEMO, 2017–2020) wurde MATSim genutzt, um die Mobilität im Ruhrgebiet zu modellieren. Aus dem Projekt NEMO kam zudem die Anregung, handlungs- und steuerungstheoretische Konzepte in MATSim zu integrieren.[3] Ähnlich wie im Fall von SimCo (siehe Abschn. 3.8) wurden individuelle Präferenzen bei der Modellierung des Mobilitätsverhaltens nunmehr stärker berücksichtigt. Zudem wurden unterschiedliche Szenarien und Interventionsstrategien implementiert, z. B. die Förderung des Radverkehrs (Ziemke et al. 2019; Kaddoura et al. 2020). Schließlich kann MATSim mittlerweile unterschiedliche Verkehrsmittel (Rad, Auto, ÖV) abbilden, allerdings bislang noch keine multimodalen Wegeketten.

Im Rahmen des Projekts NEMO wurde MATSim verwendet, um die Effekte verschiedener Maßnahmen zu untersuchen, wie z. B. die Sperrung von Wohnstraßen

[3] Persönliche Mitteilung J. Alexander Schmidt (5. November 2019).

für den Durchgangsverkehr, die Umwandlung von Autostraßen in Fahrradwege, aber auch neue Optionen wie Car-, Bike- und Ride-Sharing, je nach zugrunde liegendem Szenario. Im Fall von NEMO waren dies u. a. „Gesunde und nachhaltige Stadt"), „Smart City" oder „Deurbanisierung". Mit Hilfe von Simulationsexperimenten konnte gezeigt werden, dass die meisten Maßnahmen zu einer Änderung des Nutzerverhaltens und damit zu einer messbaren Verbesserung der Umweltindikatoren und/oder der Lebensqualität geführt haben (Ziemke et al. 2019; Kaddoura et al. 2020).

3.5 SUMO

Simulation of Urban Mobility (SUMO) ist ein Verkehrssimulator, der seit 2000 vom Deutschen Zentrum für Luft- und Raumfahrt (DLR) entwickelt wird.[4] SUMO ist ein „mikroskopisches, raumkontinuierliches und zeitdiskretes Fahrzeugfolgemodell" (Krajzewicz 2010), das vor allem die physikalischen Bewegungen von Fahrzeugen berücksichtigt, z. B. bei Spurwechseln (Krauß 1998; Krajzewicz et al. 2012).

Forschern der TU Dortmund ist es gelungen, das Mobilitätsverhalten und insbesondere die individuelle Routenwahl in ein erweitertes SUMO-S zu integrieren (Adelt et al. 2014). SUMO-S bildet zudem die „Frame Selektion" ab (Kroneberg 2014) – ein Konzept, das alltägliche Routinen, Gewohnheiten und Praktiken mit einbezieht, anstatt anzunehmen, dass sämtliche Handlungen einem streng rationalen Kalkül folgen. Adelt et al. haben SUMO-S jedoch vor allem deshalb nicht weiterentwickelt, weil der Aufwand der Erstellung neuer Szenarien für eine mikroskopische Verkehrssimulation zu hoch war. Da ihr Interesse primär darin bestand, steuerungstheoretische Fragen – anhand praktischer Anwendungsfälle wie Verkehr – zu untersuchen, entwickelten sie SimCo von Grund auf neu. SimCo ist ein abstraktes Simulationswerkzeug, das seine Grundlagen in der soziologischen Handlungstheorie hat (siehe Abschn. 3.8). Selbst die Entwickler vom SUMO geben zu, dass dessen Verwendung „im Vergleich zu anderen Simulationspaketen wenig komfortabel ist".[5]

3.6 IVV Venus, VISUM und VISSIM

Im Vergleich zu SUMO und MATSim, die primär akademische Ziele verfolgen, sind andere Simulationswerkzeuge eher auf den praktischen Einsatz in der Verkehrsplanung ausgerichtet. IVV Venus[6] beispielsweise ist ein makroskopisches Modell, das Strukturdaten unterschiedlichster Art zur Modellierung der Verkehrsnachfrage

---

[4] www.sumo.dlr.de. Zugegriffen am 14.01.2025.

[5] https://sumo.dlr.de/docs/SUMO_at_a_Glance.html#software_design_criteria. Zugegriffen am 14.01.2025.

[6] www.ivv-aachen.de/produkte/softwareprodukte/detailseiten/venus.html. Zugegriffen am 14.01.2025.

und zur Berechnung der Auswirkungen z. B. des Baus neuer Autobahnen oder neuer Radwege verwendet. IVV Venus ist wege-basiert, d. h. typische Wege (von zu Hause zur Arbeit usw.) sind die Komponenten, die für die makroskopische Modellierung genutzt werden.

Ähnliches gilt für kommerzielle Produkte wie VISUM,[7] das ebenfalls ein makroskopisches Bild erstellt und „die Auswirkungen geplanter Änderungen in der Struktur des Verkehrsnetzes vorhersagt" (Jacyna et al. 2017), z. B. wenn sich die Nachfrage verändert. Das ergänzende Verkehrsplanungswerkzeug VISSIM[8] bildet mikroskopische Situationen ab und liefert realistische, virtuelle Bilder des Verkehrsflusses und der Interaktion verschiedener Verkehrsträger, z. B. von Fußgängern und Fahrzeugen an einer Bushaltestelle.

VISSIM enthält zwar Verhaltensmodelle von Fußgängern und anderen Verkehrsteilnehmern, aber das Verhalten und die Interaktionen der Agenten werden unter rein technischen Gesichtspunkten betrachtet (Fellendorf und Vortisch 2010). VISSIM ist ein nützliches Werkzeug, das Verkehrsplaner:innen bei der Optimierung der Verkehrsinfrastruktur verwenden, wenn es z. B. darum geht, Bushaltestellen sicherer zu machen oder den intermodalen Verkehr zu fördern. Allerdings werden auch hier die Entscheidungen der Akteure, die eine soziologische Perspektive akzentuieren würde, nicht berücksichtigt.

3.7 Kommerzielle Dienste

Schließlich bieten kommerzielle Dienste wie TomTom, Apple Maps, Google Maps, Here und andere Echtzeitdienste für die Routenplanung an (Konrad et al. 2020). Damit unterscheiden sie sich von Verkehrsplanungstools, die eher eine langfristige Perspektive haben. Dennoch liefern die kommerziellen Dienste wertvolle Daten, die auch zur Verbesserung der Qualität anderer Simulationstools verwendet werden können.

3.8 Simulation of the governance of complex systems (SimCo)

Das Simulationswerkzeug SimCo wurde ab 2012 an der TU Dortmund entwickelt. Wesentliches Ziel war es, die Governanceforschung voranzubringen, also das Problem der Steuerbarkeit komplexer sozio-technischer Systeme zu einem Gegenstand evidenzbasierter, experimenteller Forschung zu machen. Die Governanceforschung, deren Erkenntnisse zumeist auf Fallstudien basierten, befand sich damals, so Edgar Grande (2012), in einer „Governance-Falle": Ihr mangele es an Wissen über die Funktionsweise sozialer Systeme, über Ansatzpunkte für externe Eingriffe sowie über mögliche Wirkungen derartiger Interventionen in komplexe Systeme.

[7] www.ptvgroup.com/de/loesungenprodukte/ptv-visum. Zugegriffen am 14.01.2025.

[8] www.ptvgroup.com/de/loesungen/produkte/ptv-vissim. Zugegriffen am 14.01.2025.

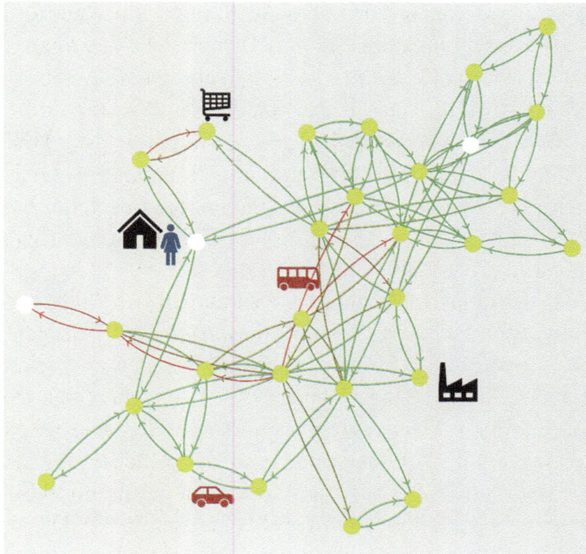

Abb. 2 Grafic User Interface (GUI) von SimCo. (Eigene Darstellung, Stand 2018)

Da SimCo den Akzent auf diese ungeklärten theoretisch-konzeptionellen Fragen der Governanceforschung legte, hatte die Abbildung physikalischer Details wie etwa der Größe von Bushaltestellen zunächst keine Priorität. Im Mittelpunkt standen vielmehr die sozialen Mechanismen, die das individuelle Verhalten prägen und beeinflussen (Adelt et al. 2018). Das Verkehrssystem wurde daher als ein abstraktes Netzwerk aus Knoten und Kanten konzipiert, deren Dimensionen frei programmierbar sind. So können Kanten als Straßen, Radwege oder ÖV-Trassen und Knoten als Arbeitsstätten, Wohnorte oder Einkaufszentren dargestellt werden (vgl. Abb. 2).

SimCo war von Beginn an als ein Werkzeug konzipiert, das für unterschiedliche Anwendungsfälle verwendet werden kann. Ziel ist es, die Systemdynamik als Resultat der Interaktionen heterogener Agenten zu erklären, die autonome Entscheidungen treffen – und umgekehrt: das Verhalten der Agenten als Resultat individueller Präferenzen und situativer Constraints zu erklären. SimCo ist damit einer der ersten Versuche, ein soziologisches Makro-Mikro-Makromodell (Esser 1993) systematisch in ein agentenbasiertes Modell zu übersetzen und so Elemente der analytischen Soziologie, der Governanceforschung und der agentenbasierten Modellierung zu verknüpfen.

SimCo wurde für Experimente genutzt, deren Zweck es war, das Risikomanagement und die nachhaltige Systemtransformation zu untersuchen, vor allem im Straßenverkehr (Philipp und Adelt 2018; Weyer et al. 2019, 2020). Dabei wurden Was-wäre-wenn-Szenarien untersucht, in denen die Auswirkungen externer Interventionen auf das Verhalten unterschiedlicher Agententypen untersucht wurde, insbesondere auf die Verkehrsmittel- und Routenwahl, und zwar am Beispiel des Ruhrgebiets (vgl. Abb. 3).[9]

[9] Im Projekt InnaMoRuhr (innamo.ruhr) wurde MATSim verwendet, allerdings erweitert um die soziologischen Komponenten von SimCo, vgl. Weyer 2025.

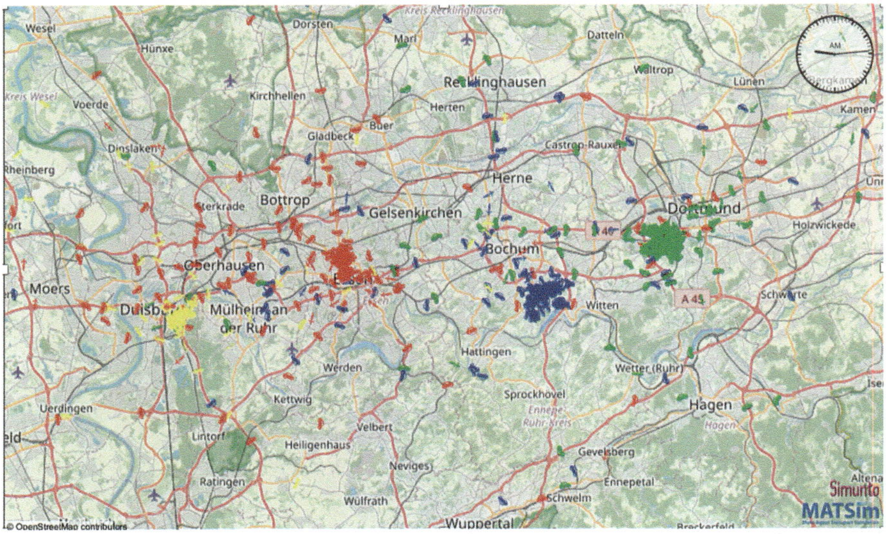

Abb. 3 Simulation des Mobilitätsverhaltens (Auto, Rad) der Angehörigen der drei UA-Ruhr-Universitäten (eigene Darstellung, gelb: UDE Duisburg, rot: UDE Essen, blau: RUB Bochum, grün: TU Dortmund)

Ein Ergebnis dieser Experimente lautet: Politische Interventionen, z. B. zur Minimierung von Risiken (Staus oder Emissionen) oder zur nachhaltigen Transformation des Verkehrssystems, zeigen die größte Wirkung, wenn der Governance-Modus der weichen Steuerung angewandt wird, der mit Anreizen und nicht mit harten Maßnahmen wie etwa Verboten arbeitet (wie im Fall der harten Steuerung) (Weyer et al. 2020).

Dies erklärt sich teilweise aus dem Experimentaldesign, demzufolge strikte Verbote nur temporär wirkten und automatisch wieder aufgehoben wurden, wenn unerwünschte Auswirkungen (z. B. Überschreitung von Emissionsgrenzwerten) nachließen; es erklärt sich aber auch aus dem Verhalten unterschiedlicher Agententypen, denen weiche Anreize eher die Möglichkeit zu langfristigen Lernprozessen und darauf basierenden Verhaltensänderungen boten als temporär wirksame Verbote, deren Aufhebung eine Rückkehr zu gewohnten Verhaltensmustern erlaubte. Alle folgenden Experimente, die ohne diesen Automatismus des ursprünglichen SimCo-Konzepts arbeiten, weisen jedoch in eine ähnliche Richtung (vgl. ausführlich Weyer 2022; Weyer et al. 2023).

4 Simulation von Transformationsszenarien

Ziel sämtlicher hier vorgestellter Konzepte ist, die Dynamik komplexer Infrastruktursysteme besser zu verstehen. Sie verstehen sich als Analyseinstrumente, aber auch als Planungswerkzeuge, mit deren Hilfe sich Perspektiven einer nachhaltigen Transformation des Verkehrssystems aufzeigen und bewerten lassen.

Simulationen sind immer nur so gut wie die in ihnen enthaltenen Annahmen. Dies betrifft sowohl die Datenbasis als auch die implementierten Mechanismen. Simulationen basieren auf Modellen, die die Wirklichkeit – ähnlich wie ein Straßenatlas – nicht originalgetreu abbilden, sondern Orientierungshilfen liefern. Am besten begreift man sie als Gedankenexperimente, als Versuche, Zukunft nicht nur zu imaginieren, sondern diese Imaginationen spielerisch am Computer durchzutesten und dabei ein Gespür für die Unterschiede zu entwickeln, die sich zwischen unterschiedlichen Zukunftsentwürfen ergeben. Ein großer Vorteil von Simulationen ist, dass sie helfen, komplexe Systeme und die in ihnen wirkenden nicht-linearen Dynamiken besser zu verstehen. Denn dafür ist unser lineares Denken nicht gemacht.

Der Wert der Verkehrsmodellierung besteht somit darin, dass politische Maßnahmen mit Hilfe von Simulationsexperimenten vorab, also noch vor deren Implementation, analysiert und bewertet werden können. Die Methode der Computersimulation ermöglicht es, Was-wäre-wenn-Szenarien durchzuspielen und so denkbare Wirkungen, aber auch nicht-intendierte Nebenwirkungen politischen Handelns (bzw. Nicht-Handelns) aufzuzeigen. Zudem erlauben es soziologisch fundierte Simulationsframeworks, die Akzeptanz – im Sinne der subjektiven Zufriedenheit der Agenten mit ihrem eigenen Mobilitätsverhalten – zu untersuchen und Transformationsszenarien auch unter diesem Aspekt zu bewerten.

Die geschilderten Konzepte unterscheiden sich hinsichtlich ihrer Ausrichtung auf die physische Infrastruktur (z. B. VISUM und IVV Venus), auf die physische Bewegung von Fahrzeugen (z. B. NaSch, SUMO), auf die Verkehrsnachfrage (z. B. VISUM, MATSim) und auf das Nutzerverhalten (z. B. MATSim, SimCo).

Zudem sind Verkehrsplanungstools wie VISUM nicht agentenbasiert, sondern verwenden Strukturdaten zur Berechnung der (makroskopischen) Verkehrsnachfrage, während SUMO, MATSim und SimCo agentenbasiert sind. Damit können sie die nicht-lineare Dynamik komplexer soziotechnischer Systeme besser erfassen, die auf einer Vielzahl individueller Entscheidungen von Agenten auf der Mikroebene basiert.

Beide Welten können kombiniert werden, wie etwa die offenen Schnittstellen von MATSim zu Planungswerkzeugen zeigen, die eine Visualisierung oftmals recht abstrakter Zusammenhänge ermöglichen. Sie können somit voneinander profitieren und gemeinsam Beiträge zur nachhaltigen Transformation des Verkehrssystems leisten.

5 Epilog: Eine kritische Soziologie der Simulation?

Die Methode der agentenbasierten Modellierung und insbesondere deren Anwendung im Kontext der sozialwissenschaftlichen Mobilitätsforschung sind nicht unumstritten. Der Mainstream der Soziologie arbeitet mit anderen, oftmals qualitativen Methoden und steht einem experimentellen Ansatz eher skeptisch gegenüber. Gewagte Thesen zu formulieren, wird in der Community stärker honoriert als deren empirische Überprüfung. Auch riskiert man gerne Prognosen über die Zukunft der Gesellschaft, ohne auf eine Methode zur Überprüfung derartiger Prognosen zurückgreifen können, wie sie die Simulation – trotz all ihrer Limitationen – bietet.

Nicole Saam et al. fordern beispielsweise eine „kritische Soziologie der Simulation", die eine Reihe von Frage stellt, z. B.: „Welcher Begriff von Gesellschaft liegt sozialwissenschaftlichen ... Simulationen zugrunde?" (2019, S. 14) Die Antwort wäre: Simulationen arbeiten mit – zweifellos vereinfachten, aber gerade deshalb hilfreichen – Modellen sozialer Systeme, deren Annahmen sich im Software-Code bzw. in der begleitenden Dokumentation oder in entsprechenden Fachpublikationen finden. Zudem werden oftmals Parametervariationen durchgeführt, um den Bereich gehaltvoller Annahmen systematisch einzugrenzen. ABM-Modelle erheben nicht den Anspruch, die Gesellschaft als Ganze zu erfassen, sondern die Mikro-Makro-Interaktionen in funktionalen Teilsystemen der Gesellschaft (im Sinne von Renate Mayntz und Fritz Scharpf 1995) zu beschreiben und zu erklären, also Verkehr, Energie, Gesundheit etc. – oftmals eingegrenzt auf einzelne Sektoren oder Regionen, um den Untersuchungsgegenstand überschaubar zu halten.

Auch äußern Saam et al. den Verdacht, dass Simulationen „mit der Gefahr verbunden zu sein (scheinen), immer wieder darauf verengte und damit wenig zufriedenstellende Analysen vorzulegen" (ebd.). Derartigen unbewiesenen Vermutungen, aus denen eine Abneigung gegen evidenzbasierte Verfahren spricht, kann man entgegenhalten, dass die Stichhaltigkeit der Ergebnisse von Simulationsexperimenten gründlich überprüft und ggf. mit anderen Arbeiten abgeglichen wird, um deren Plausibilität einschätzen zu können.

Schließlich fordern Saam et al., die Methode der Simulation mit anderen Methoden, z. B. „statistischen Methoden" oder „Visualisierungen" oder gar dem „Roman", zu vergleichen (ebd.). Es wäre schwer möglich, diese Forderung umzusetzen, denn beim Roman handelt es sich nicht um eine wissenschaftliche Methode, sondern um eine literarische Form. Zudem ist ABM stets Teil eines umfassenden Forschungsprozesses, der typischerweise mit qualitativen Interviews beginnt, dann quantitative Daten erhebt, auf dieser Grundlage ein Systemmodell konstruiert, das sich visualisieren lässt, damit Experimente durchführt, deren Datenberge mit statistischen Methoden oder mithilfe von KI ausgewertet werden, um deren Plausibilität in Fokusgruppen zu überprüfen, auf deren Grundlage dann neue Experimente konzipiert werden usw. – ein iterativer Prozess, in dem eine Vielzahl von Methoden im Sinne eines Mixed-Methods-Designs angewendet werden.

Neben Sensitivitätsanalysen, die helfen, die Qualität der Ergebnisse besser einzuschätzen, liefern historische Validierungen einen eindrucksvollen Beleg für die Leistungsfähigkeit von Simulationen: Verkehrsforscher:innen der ETH Zürich haben im Jahr 2017 ein Modell zur Nutzung von Elektrofahrzeugen konstruiert, um die Entwicklung bis 2030 durchzuspielen und Prognosen insbesondere zum Energiemanagement abzugeben (Schwarz et al. 2020). Zuvor hatten sie das Modell mit historischen Daten der Jahre 2005 bis 2017 abgeglichen und dabei einen hohen Match von simulierten und Realdaten erzielt, was ein Beleg für die Güte des Modells ist und dessen Überlegenheit gegenüber vermutungswissenschaftlichen Spekulationen bezeugt.

Ein Sinnieren über Simulationen wie bei Saam et al. trägt hingegen wenig zum Erkenntnisfortschritt bei und liefert vor allem keine Evidenzen, die dazu beitragen könnten, die Ergebnisse von Simulationsexperimenten in Frage zu stellen.

Literatur

Adelt, Fabian, Johannes Weyer, und Robin D. Fink. 2014. Governance of complex systems. Results of a sociological simulation experiment. *Ergonomics (Special Issue "Beyond human-centered automation")* 57:434–448. https://doi.org/10.1080/00140139.2013.877598.

Adelt, Fabian, et al. 2018. Simulation of the governance of complex systems (SimCo). Basic concepts and experiments on urban transportation. *Journal of Artificial Societies and Social Simulation* 21(2) http://jasss.soc.surrey.ac.uk/21/2/2.html. Zugegriffen am 14.01.2025.

Epstein, Joshua M., und Robert Axtell. 1996. *Growing artificial societies. Social science from the bottom up*. Washington, D.C.: Brookings Inst. Press.

Esser, Hartmut. 1993. The rationality of everyday behavior: A rational choice reconstruction of the theory of action by Alfred Schutz. *Rationality and Society* 5:7–31.

Fellendorf, Martin, und Peter Vortisch. 2010. Microscopic traffic flow simulator VISSIM. In *Fundamentals of traffic simulation*, Hrsg. Jaume Barceló, 63–93. New York: Springer.

Grande, Edgar. 2012. Governance-Forschung in der Governance-Falle? – Eine kritische Bestandsaufnahme. *Politische Vierteljahresschrift* 53(4): 565–592.

Hedström, Peter, und Richard Swedberg. 1996. Social mechanisms. *Acta Sociologica* 39:281–308.

Horni, Andreas, Kai Nagel, und Kay W. Axhausen. 2016. *The multi-agent transport simulation MATSim*. London: Ubiquity Press.

Jacyna, Marianna, et al. 2017. Modelling of bicycle traffic in the cities using VISUM. *Procedia Engineering* 187:435–441. https://doi.org/10.1016/j.proeng.2017.04.397.

Kaddoura, Ihab, et al. 2020. Verkehrsmodellierung für das Ruhrgebiet. In *Neue Dimensionen der Mobilität*, Hrsg. Heike Proff, 361–386. Wiesbaden: Springer.

Knospe, Wolfgang, et al. 2002. A realistic two-lane traffic model for highway traffic. *Journal of Physics A: Mathematical and General* 35(15): 3369–3388.

Konidari, Popi, und Dimitrios Mavrakis. 2007. A multi-criteria evaluation method for climate change mitigation policy instruments. *Energy Policy* 35(12): 6235–6257.

Konrad, Julius, et al. 2020. *Echtzeitsteuerung komplexer Systeme. Eine Simulationsstudie (Soziologische Arbeitspapiere 57/2020)*. Dortmund: TU Dortmund.

Krajzewicz, Daniel. 2010. Traffic simulation with SUMO – simulation of urban mobility. In *Fundamentals of traffic simulation*, Hrsg. Barceló Jaume, 269–293. New York: Springer.

Krajzewicz, Daniel, et al. 2012. Recent development and applications of SUMO-Simulation of Urban MObility. *International Journal on Advances in Systems and Measurements* 5(3&4): 128–138. http://citeseerx.ist.psu.edu/viewdoc/download?doi=10.1.1.303.4746&rep=rep1&type=pdf#page=48.

Krauß, Stefan. 1998. *Microscopic modeling of traffic flow: Investigation of collision free vehicle dynamics (PhD thesis)*. Köln: Universität zu Köln. http://sumo.dlr.de/pdf/KraussDiss.pdf.

Kroneberg, Clemens. 2014. Frames, scripts, and variable rationality: An integrative theory of action. In *Analytical sociology: Norms, actions, and networks*, Hrsg. Gianluca Manzo, 97–123. Hoboken: Wiley.

Mayntz, Renate, und Fritz W. Scharpf. 1995. Steuerung und Selbstorganisation in staatsnahen Sektoren. In *Gesellschaftliche Selbstregelung und politische Steuerung*, Hrsg. Renate Mayntz und Fritz W. Scharpf, 9–38. Frankfurt a. M.: Campus.

Nagel, Kai. 2004. *Multi-agent transportation simulation*. Berlin: TU Berlin. https://svn.vsp.tu-berlin.de/repos/public-svn/publications/kn-old/book/book.pdf.

Nagel, Kai, und Kay W. Axhausen. 2016. Some history of MATSim. In *The multi-agent transport simulation MATSim*, Hrsg. Kay Axhausen, Andreas Horni, und Kai Nagel, 307–314. London: Ubiquity Press.

Nagel, Kai, und Michael Schreckenberg. 1992. A cellular automaton model for freeway traffic. *Journal de Physique I France* 2:2221–2229.

Ostrom, Elinor. 2010. Beyond markets and states: Polycentric governance of complex economic systems. *The American Economic Review* 100:641–672.

Philipp, Marlon, und Fabian Adelt. 2018. *Optionen der politischen Regulierung des Personenverkehrs (Soziologische Arbeitspapiere 52/2018)*. Dortmund: TU Dortmund. http://hdl.handle.net/2003/36806.

Resnick, Mitchel. 1995. *Turtles, termites, and traffic jams. Explorations in massively parallel microworlds (Complex adaptive systems)*. Cambridge/Mass: MIT Press.

Saam, Nicole J., Michael Resch, und Andreas Kaminski. 2019. *Simulieren und Entscheiden: Entscheidungsmodellierung, Modellierungsentscheidungen, Entscheidungsunterstützung*. Springer.

Schreckenberg, Michael, und Reinhard Selten, Hrsg. 2013. *Human behaviour and traffic networks*. Berlin: Springer.

Schreckenberg, Michael, et al. 2005. Simulation of the autobahn traffic in North Rhine-Westphalia. In *Simulation approaches in transportation analysis: Recent advances and challenges*, Hrsg. Ryuichi Kitamura und Maso Kuwahara, 205–233. Boston: Springer US.

Schwarz, Marius, Quentin Auzepy, und Christof Knoeri. 2020. Can electricity pricing leverage electric vehicles and battery storage to integrate high shares of solar photovoltaics? *Applied Energy* 277:115548.

Selten, Reinhard, et al. 2004. Experimental investigation of day-to-day route-choice behaviour and network simulations of autobahn traffic in North Rhine-Westphalia. In *Human behaviour and traffic networks*, Hrsg. Michael Schreckenberg und Reinhard Selten, 1–21. Berlin: Springer.

Van Dam, Koen H. 2013. In *Agent-based modelling of socio-technical systems*, Hrsg. Igor Nikolic und Zofia Lukszo. Dordrecht: Springer.

Velasquez, Mark, und Patrick T. Hester. 2013. An analysis of multi-criteria decision making methods. *International Journal of Operations Research* 10(2): 56–66. http://www.orstw.org.tw/ijor/vol10no2/ijor_vol10_no2_p56_p66.pdf.

Weber, Daniel, et al. 2006. OLSIM: Inter-urban traffic information. In *Innovative internet community systems*, Hrsg. Thomas Böhme, Victor M. Larios, Helena Unger Rosillo, und Herwig Unger, 296–306. Berlin: Springer.

Weyer, Johannes. 2022. *Die Echtzeitgesellschaft. Theoretische und methodische Herausforderungen der Soziologie (Soziologisches Arbeitspapier 61/2022)*. Dortmund: TU Dortmund. http://hdl.handle.net/2003/41147.

Weyer, Johannes, und Michael Roos. 2017. Agentenbasierte Modellierung und Simulation. Instrument prospektiver Technikfolgenabschätzung. *TATuP – Zeitschrift für Technikfolgenabschätzung in Theorie und Praxis* 26(3): 11–16. https://doi.org/10.14512/tatup.26.3.11.

Weyer, Johannes, Fabian Adelt, und Sebastian Hoffmann. 2019. Governance of transitions. A simulation experiment on urban transportation. In *Social simulation for a digital society: Applications and innovations in computational social science (Springer proceedings in complexity)*, Hrsg. Diane Payne, Johan A. Elkink, Nial Friel, Thomas U. Grund, Tamara Hochstrasser, Pablo Lucas, und Adrian Ottewill, 111–120. Basel: Springer.

Weyer, Johannes, et al. 2020. Governing the digital society. Challenges for agent-based modelling. In *Advances in social simulation – Looking in the mirror*, Hrsg. Harko Verhagen, Melania Borit, Giangiacomo Bravo, und Nanda Wijermans, 473–484. Cham/CH: Springer.

Weyer, Johannes, Fabian Adelt, und Marlon Philipp. 2023. Modeling sustainable mobility. Impact assessment of policy measures. *TATuP – Zeitschrift für Technikfolgenabschätzung in Theorie und Praxis* 32:56–62. https://doi.org/10.14512/tatup.32.1.56.

Weyer, Johannes, Hrsg. 2025. *Nachhaltig mobil. Wie das Ruhrgebiet die Verkehrswende schaffen kann*. Wiesbaden: Springer.

Wilensky, Uri. 1997. *NetLogo Traffic Basic model*. Evanston: Northwestern University, Center for Connected Learning and Computer-Based Modeling. http://ccl.northwestern.edu/netlogo/models/TrafficBasic.

Ziemke, Dominik, Ihab Kaddoura, und Amit Agarwal. 2019. Entwicklung eines regionalen, agentenbasierten Verkehrssimulationsmodells zur Analyse von Mobilitätsszenarien für die Region Ruhr. In *Mobilität in Zeiten der Veränderung*, Hrsg. Heike Proff, 383–410. Wiesbaden: Springer.

Teil III

Mobilität und gesellschaftliche Differenzierung

Mobilität aus modernisierungstheoretischer Sicht

Sven Kesselring

Inhalt

Zusammenfassung

Mobilität ist ein modernes Basisprinzip. Verkehr ist dabei eine zentrale Dimension, die allerdings bis in die 1990er-Jahre und bis auf wenige Ausnahmen erstaunlich wenig bis gar nicht zum Gegenstand sozialwissenschaftlicher Diskurse wurde. Im Zeichen der Klimakrise hat sich dies geändert: Mobilität und vor allem Verkehr sind reflexiv geworden; die Risiken und Gefahren des bislang fast ungebremsten Verkehrswachstums stellen das lineare Modernisierungsparadigma in Frage. Positive Konnotationen von Freiheit, Fortschritt, Selbstbeweglichkeit, -bestimmung und -verwirklichung bestimmten den Mobilitätsdiskurs über mehr als ein Jahrhundert. Sie werden jedoch sukzessive von den negativen Auswirkungen und diskursiven Rahmungen einer globalen Massenmotorisierung abgelöst.

Vor diesem Hintergrund bleibt die gesellschaftspolitische Frage weiterhin aktuell, ob nicht nur eine „andere Moderne“ (Ulrich Beck), sondern auch eine andere Mobilitätspolitik möglich ist. Verfügen moderne Gesellschaften wie die bundesdeutsche über die Handlungspotenziale, Ressourcen, Instrumente und den Willen, das selbstzerstörerische Mobilitätskonzept der Industriemoderne neu zu definieren?

S. Kesselring (✉)
Hochschule für Wirtschaft und Umwelt Nürtingen-Geislingen (HfWU), Geislingen, Deutschland
E-Mail: Sven.Kesselring@hfwu.de

W. Canzler et al. (Hrsg.), *Handbuch Mobilität und Gesellschaft*,
https://doi.org/10.1007/978-3-658-37557-7_5

Der Beitrag kann die Komplexität dieser Fragen nicht umfassend bearbeiten, liefert aber Ansatzpunkte für ihre Beantwortung und weitere Forschung. Dazu wird Mobilität aus einer gesellschaftstheoretischen Perspektive analysiert. Dabei steht die Theorie der reflexiven Modernisierung im Vordergrund und somit die Ambivalenzen, Unsicherheiten und Ungewissheiten einer mobilen und mobilisierten Risikogesellschaft.

Schlüsselwörter

Theorie reflexiver Modernisierung · Mobile Risikogesellschaft · Mobilitätswende · Nachhaltige Mobilität · Digitalisierung · Soziale Innovation

Mobilität ist ein modernes Basisprinzip. Verkehr ist dabei eine zentrale Dimension, die allerdings bis in die 1990er-Jahre bis auf wenige Ausnahmen erstaunlich wenig bis gar nicht zum Gegenstand sozialwissenschaftlicher Diskurse wurde. Danach ändert sich die Semantik; in der Öffentlichkeit wurde zunehmend von Mobilität gesprochen und Verkehr als eine räumliche Dimension der Mobilisierung thematisiert. Petersen und Schallaböck (1995) merkten diese semantische Verschiebung an und kritisierten, dass mit dem positiv aufgeladenen Mobilitätsbegriff die negativen Folgen der Verkehrsentwicklung kaschiert werden könnten. Doch mit der weltweiten Klimakrise gibt es hinreichende Evidenzen und damit auch Aufmerksamkeit dafür, dass die weltweite Massenmobilisierung das Wirtschaften und die Gesellschaften grundlegend gefährdet. Mobilität ist in diesem Sinne reflexiv geworden. Hitzewellen, Überschwemmungen und Dürren zeigen, dass es sich nicht mehr nur um Nebeneffekte der Modernisierung handelt, sondern dass diese dabei sind, die künftige Entwicklung von Gesellschaften zu dominieren. Die Anpassung an die negativen Folgen einer historisch beispiellosen Mobilitätsentwicklung droht das „Leitmotiv der nächsten Gesellschaft" (Staab 2022) zu werden.

Reflexiv bedeutet hier, dass die konstant hohen Verkehrsleistungen mit ihren scheinbar positiven ökonomischen und sozialen Effekten massive negative Rückwirkungen auf die Gesellschaft haben. Sie sind zu einem „wicked problem" geworden, zu einem vertrackten Problem, das mit den bisherigen technischen, verkehrspolitischen und planerischen Möglichkeiten kaum noch in den Griff zu bekommen ist. Seit den 1990er-Jahren emittiert der Verkehr – und vor allem der Straßenverkehr – nahezu konstant ein Fünftel aller Treibhausgase. In der Europäischen Union ist sogar ein Viertel aller klimaschädlichen Emissionen direkt auf den Verkehr zurückzuführen. Die von Canzler und Knie (1998) vor mehr als 25 Jahren aufgeworfene Frage nach einer der Brisanz des Problems angemessenen Mobilitäts- und Verkehrspolitik ist daher aktueller denn je.

Auf das folgenreiche und selbstgefährdende Spannungsverhältnis von Moderne und Mobilität weisen u. a. Sozialwissenschaftler*innen seit inzwischen mehr als drei Dekaden hin (Krämer-Badoni et al. 1971; Hesse 1993; Burkart 1994; Kuhm 1995; Sachs 1997; Canzler und Knie 1998; Rammler 2001; Urry 2011). Bereits mit dem Bericht des Club of Rome aus den 1970er-Jahren sind diese Sachverhalte fester

Bestandteil inter- und transdisziplinärer wissenschaftlicher Debatten und der anhaltenden Kritik des auf Wachstum ausgerichteten linearen Modernisierungsparadigmas (Meadows et al. 1972; Beck 1991; Becker und Jahn 2006).

Mitunter schmerzhaft musste der globale Norden realisieren, dass die unintendierten Nebenfolgen eines Wirtschafts- und Konsummodells, das auf „carbon mobility" (Urry 2007) basiert, nicht mehr vollständig externalisiert werden können. Sie schlagen vielmehr auch auf die Zentren der Modernisierung zurück. Phänomene wie der Hurrikan Katrina in den USA (2005), die Buschfeuer, die weite Teile Australiens und Kaliforniens in den vergangenen Jahren betrafen, und die Überschwemmungen im deutschen Ahrtal (2021) haben den Klimawandel auch im Bewusstsein der Öffentlichkeit omnipräsent werden lassen. Ein Gutachten zur Lufterwärmung in Baden-Württemberg belegt, dass bereits heute regional eine mittlere Temperatur von 2,3 Grad im Vergleich zum vorindustriellen Zeitalter erreicht ist (Klima-Sachverständigenrat Baden-Württemberg 2023). Die positiven Konnotationen von Freiheit, Fortschritt, Selbstbeweglichkeit, – bestimmung und -verwirklichung, die den Mobilitätsdiskurs mehr als ein Jahrhundert bestimmten, werden abgelöst von den negativen Effekten und Rahmungen der globalen Massenmotorisierung. Der Stau steht einerseits für den „rasenden Stillstand" (Paul Virilio) in der Mobilitäts- und Verkehrspolitik, er ist aber auch zur „meditativen Streikform der reflexiven Moderne" geworden. Denn

> „(...) Verkehrspolitik [hat] hier eine alltagsweltliche Tiefendimension, die sich in Zwangsverlangsamung für jeden höchst erlebbar und politisch niederschlägt. (...) Auch hat der Stau egalisierende Wirkung. In ihm sind alle Auto-Klassen gleich." (Beck 1993, S. 169)

Vor diesem Hintergrund ist die Frage gesellschaftspolitisch zentral, ob eine „andere Moderne" (Scott Lash) praktisch möglich ist oder wäre. Verfügen moderne Gesellschaften überhaupt über die Handlungspotenziale, Ressourcen und Instrumente, um das selbstzerstörerische Mobilitätskonzept der Industriemoderne zu transformieren? Können sie Bewegung und Beweglichkeit für zukünftige Generationen im Sinne globaler ökologischer Gerechtigkeit nachhaltig ermöglichen? Können sie sich vom lange Zeit so erfolgreichen Leitbild der Automobilität verabschieden und globale Wirtschafts- und Sozialbeziehungen pflegen, ohne ihre eigene ökonomische und kulturelle Basis, ihre soziale Integrationsfähigkeit und ihre ökologischen Grundlagen dauerhaft zu zerstören? Liegt die Zukunft in einer digitalen Moderne? Und kann eine Mobilität jenseits von Raum und Zeit einen Ausweg aus dem Dilemma weisen? Fragen wie „Was bedeutet Mobilität?" und „Kann ein moderner Mensch mobil sein, ohne viel und weit zu reisen?" sind nicht nur akademisch, sondern auch hochpolitisch. In den Antworten liegen vielleicht einige der Schlüssel dafür, wie nachhaltige Entwicklung heute möglich ist.

Der Beitrag analysiert Mobilität aus einer gesellschaftstheoretischen Perspektive. Im Zentrum steht die Theorie reflexiver Modernisierung (Beck et al. 1996; Beck und Bonß 2001), die die Ambivalenzen, Risiken und Unsicherheiten der zweiten Moderne betont. Einerseits wird Mobilität mit Autonomie und Selbstbestimmung gleichgesetzt, andererseits werden mit dem Erfolg der Massenmobilisierung die

Grenzen des liberalen Mobilitätsmodells und seine Gefährdungspotenziale immer deutlicher. Besonders zugespitzt zeigt sich dies in der sehr deutschen Debatte um das Tempolimit. Das hat nicht nur ökologische, sondern auch soziale Folgen. In der Terminologie von Beck heißt das: Grenzenlose und ungebremste Mobilisierung ist hochgradig „sozial explosiv". Denn solange es nicht gelingt, Mobilitätssysteme nachhaltig zu gestalten und klimaneutrale Mobilitätsformen zu implementieren, zerstört die ungebremste Selbstbeweglichkeit, die moderne Gesellschaften heute noch als normal definieren, ihre eigenen Grundlagen. Treibhauseffekt, Klimawandel, die Zerstörung, Verbauung, Beparkung und Zersiedelung öffentlicher (Lebens-) Räume, die negativen Folgen des Tourismus, Emissionen aller Art – von Treibhausgasen bis Lärm – gefährden die Lebens- und Wirtschaftsgrundlagen moderner Gesellschaften.

Die Normalisierung des modernen Modells der Mobilität ist das Ergebnis eines komplexen sozialen Konstruktionsprozesses und hat sich keineswegs von heute auf morgen vollzogen. Spätestens mit den Arbeiten des Soziologen Georg Simmel (1858–1918) wurde die physische Raumüberwindung zu einer Art soziologischer Grundgewissheit, eine Selbstverständlichkeit, so basal, dass sie scheinbar keiner weiteren Erklärung und Analyse bedurfte. Noch heute liegt diese „Basisselbstverständlichkeit" (Ulrich Beck) den meisten Theorien sozialer Differenzierung zugrunde. Sie wirkt entsprechend auf die Theoriebildung, die Methodologien und die empirische Forschung moderner Gesellschaftswissenschaften. Simmels apodiktische Feststellung, der soziale Differenzierungsprozess sei von der wachsenden „Nötigung und Neigung" der sozialen Gruppe gekennzeichnet,

> „über ihre ursprünglichen Grenzen in räumlicher, ökonomischer und geistiger Beziehung hinauszugreifen und (...) bei wachsender Individualisierung (...) eine centrifugale Tendenz als Brücke zu anderen Gruppen zu setzen". (Simmel 1990, S. 47)

darf als eine ikonische und zudem sozialgeografische Rahmung von Mobilität gelten. Zudem benennt Simmel als ein weiteres Prinzip der gesellschaftlichen Entwicklung, dass „die individualisierende Differenzierung" begleitet wird von einer „an die Ferne anknüpfende[n] Ausbreitung" (Simmel 1990, S. 48) sozialer Verkehrsformen.

1 Raumabstinenz und ihre Folgen

Wie andere soziologische Ansätze auch blieb die Theorie reflexiver Modernisierung (Beck 1986; Beck und Bonß 2001) von der „Raumabstinenz der Soziologie" (Löw 2009) nicht verschont. Bis in die späten 1990er-Jahre spielte Mobilität im physischen Raum (im Gegensatz zur Soziologie vor dem 2. Weltkrieg) eine untergeordnete bis keine tragende Rolle in der Theoriebildung. Eine Ausnahme bildete vielleicht Anthony Giddens und seine Theorie der Konstitution der Gesellschaft. Dieser Ansatz wurde von Werlen (1997) im Rahmen seiner Sozialgeografie weiterentwickelt. Nach 1945 war nicht zuletzt in Deutschland der Raumbegriff durch den

Missbrauch der Nationalsozialisten verbrannt oder zumindest hochgradig tabuisiert. Die Mobilität der Gesellschaft wurde im sozialen Raum vermessen (Knie 1997); schlicht ausgeklammert wurde die Frage, wie Menschen zueinanderkommen, um das zu tun, wofür die Soziologie sich zuständig fühlte: Interagieren, Kommunizieren, Handel treiben, Macht ausüben, Intimität und Gemeinschaft leben. Im Laufe der 1990 Jahre und danach änderte sich das zunehmend. Es entstand eine intensive sozialwissenschaftliche sowie gesellschaftstheoretische Debatte zur Bedeutung von Mobilität und Verkehr. In der Folge entstand eine Reihe von empirischen bis hin zu angewandten Forschungsprojekten und -publikationen, die insbesondere durch den BMBF-Förderschwerpunkt Stadtökologie getragen wurden (vgl. Friedrichs und Hollaender 1999). Insbesondere vom Frankfurter Institut für sozialökologische Forschung (isoe) und der damaligen Projektgruppe Mobilität am Wissenschaftszentrum Berlin (WZB) gingen eine Reihe von theoretischen, methodologischen und empirischen Impulsen aus, die die Entwicklung der deutschen Mobilitätssoziologe maßgeblich beeinflussten und bis heute prägen (Jahn und Wehling 1999; Deffner et al. 2006; Buhr et al. 1999; Canzler et al. 2018). Im Kontext der Theorie der Risikogesellschaft wurden die räumlichen Mobilitäten von Individuen, Systemen und Gesellschaften zum Gegenstand empirischer Forschung und Theoriebildung (Kesselring 2008). Mit dem *cosmopolitan turn* der Theorie reflexiver Modernisierung rückten schließlich Themen wie globale Mobilität, Migration, Fernbeziehungen und soziale Interaktion unter Abwesenden mit ins Blickfeld. Weitere Impulse gingen vom *Spatial Turn* und vom *Mobilities Turn* in den Sozialwissenschaften aus und wirkten sich auf modernisierungstheoretische Diskurse aus (Sheller 2017). Dies fiel mit der Renaissance des Raumbegriffs in den Sozialwissenschaften zusammen. Insbesondere die aufkommende Netzwerkgesellschaft, die zunehmende Evidenz des digitalen Raumes und die Datenbasiertheit des sozialen, beruflichen und politischen Lebens haben entscheidend dazu beigetragen. Fragen von Raum und Ort ließen sich nicht mehr primär in der Geografie platzieren, da sich die gesellschaftlichen Mobilitäts- und Kommunikationspraktiken grundlegend veränderten (Kesselring 2006). Nicht zuletzt im Zuge der Covid-19-Pandemie wurde unabweisbar, wie tief digitale und virtuelle Mobilitäten das soziale Leben der Menschen prägen und strukturieren. Dennoch wurden räumliche Mobilität und insbesondere Verkehr weiterhin quasi als unsoziologische Tatbestände behandelt und ihre Rolle als eigenständige Triebkräfte der Modernisierung weitgehend ignoriert. Dies war quasi ein Produkt soziologischer Traditionen, denn weder Weber, Parsons, Arendt oder Luhmann hatten im Verkehr und den Möglichkeiten zur Bewegung im Raum nennenswerte Probleme soziologischer Natur gesehen. Tönnies und Simmel hingegen sahen die gesellschaftlich strukturierende Bedeutung des Verkehrs. Neben ihnen erkannten noch am ehesten Marx und Engels, welche soziale Dynamik von der Erschließung des Raumes durch Verkehrsinfrastrukturen ausging. Berger und Luckmann gelang es sogar noch, ihre Theorie der sozialen Konstruktion von Wirklichkeit (Berger und Luckmann 1966) zwar auf das iterative Prinzip der gesellschaftlichen Einübung von Interaktionsformen zu gründen, zugleich blendeten sie die Frage konzeptionell aus, wie Individuen denn auch physisch sich nahekommen und wie sich das auf die Konstitution von Gesellschaft auswirkt. Auch neuere Theorien wie die Strukturationstheorie von

Giddens, die Flüchtige Moderne von Bauman, die Praxistheorie von Reckwitz, die Theorie der sozialen Beschleunigung von Rosa oder auch die Risikogesellschaft von Beck taten und tun sich schwer mit der konzeptionellen Integration von räumlicher Mobilität und Verkehr. Urrys „Sociology beyond Society“ (2000) stellt in dieser Hinsicht einen Meilenstein in der Theorieentwicklung dar, da das Buch die Grundlage für eine umfassende Gesellschaftstheorie lieferte, in der Mobilität – oder besser Mobilities – als zentrale Dimension gesellschaftlicher Strukturierung formuliert wurde. Mit seiner Kritik an der Verkehrsforschung machte er deutlich, dass die Frage nach dem Umgang mit Entfernung (dealing with distance) keine soziologisch banale, sondern eine ontologische Frage der Konstitution von Sozialität ist. Die Trennung in jene Disziplinen, die sich mit Fragen des geografischen Raumes beschäftigen (etwa Transport von A nach B), und solchen, die allein den sozialen Raum vermessen (Auf- und Abstiegsbewegungen auf der sozialen Hierarchieleiter) fand Urry einer zeitgemäßen Gegenwartsdiagnose nicht angemessen. Er formulierte daher:

> „To the extent to which transport and communication systems are researched, this mainly takes place in separate disciplinary fortresses with little interchange with the rest of social science. The study of transport mostly concentrates upon the changing nature of transport systems and has deployed something of a technological determinism. There is we might say too much transport in the study of travel and not enough society and certainly not enough thinking through their complex intersecting processes (…). In examining those interconnections over time it is necessary to avoid what we might describe as either a ‘society first’ or a ‘transport technology first’ approach (…)“. (Urry 2007, S. 19–20)

Nahezu zeitgleich durchlief die deutsche Mobilitätsforschung fast analoge Reflektionsprozesse und forderte ebenfalls die inter- und transdisziplinäre Neuorientierung der Forschung. In den Arbeiten im Forschungsprojekt „Nachhaltige Mobilitätskultur“ wird diese Neuausrichtung exemplarisch erkennbar. Die im Projekt entwickelte Definition von Mobilitätskultur zeigt das Grundverständnis einer eben nicht mehr streng disziplinär verfassten Forschungstradition. Sie lässt erkennen, wie Urrys Forderung nach einer Behandlung von Mobilitätsfragen quer zu disziplinären Logiken forschungspraktisch umgesetzt werden kann:

> „Mobilitätskultur bezeichnet die Gesamtheit der auf Beweglichkeit bezogenen materiell und symbolisch wirksamen Praxisformen. Sie schließt die Infrastruktur- und Raumgestaltung ebenso ein wie Leitbilder und verkehrspolitische Diskurse, das Verhalten der Verkehrsteilnehmer sowie die dahinter stehenden Mobilitäts- und Lebensstilorientierungen. Sie bezeichnet das prozessuale Ineinanderwirken von Mobilitätsakteuren, Infrastrukturen und Techniken als sozio-technisches System. Mobilitätskultur kann nur im Vergleich zu den Qualitäten anderer Mobilitätskulturen, also relational analysiert und beschrieben werden. Der Begriff Mobilitätskultur enthält nicht a priori einen normativen Gehalt – dieser entsteht erst durch die Verknüpfung mit Nachhaltigkeitszielen.“ (Deffner et al. 2006, S. 16)

Jahn und Wehling (1999) hatten bereits frühzeitig die entsprechenden konzeptionellen Vorarbeiten geliefert und ein mehrdimensionales Mobilitätskonzept entwickelt. Darin hatten sie ökologische, soziale und ökonomische Aspekte integriert, um eine umfassendere Analyse von Wechselwirkungen zwischen städtischer Mobilität und Umwelt zu ermöglichen. Bis dato hatte noch eine relativ strenge Differenzierung gegolten, die es verunmöglichte, Phänomene wie die räumliche Zirkulation von Arbeitskraft, Ressourcen und Wissen zu hinterfragen und die sozialen Herstellungsprozesse von Mobilität zu betrachten. Im Gegensatz etwa zur Kapitalzirkulation wurde der Verkehr und somit die Herstellung und Ermöglichung der physischen Präsenz von Menschen, Gütern und Waren nicht zum Gegenstand soziologischer Analysen. Bestenfalls hatten sie eine Daseinsberechtigung als so genannte Bindestrich-Soziologien. Die Herstellung von Mobilität und die damit verbundenen sozialen Ungleichheiten, Machtverhältnisse, die gesellschaftlichen Differenzierungs- und Exklusionsprozesse wurden erst zum Gegenstand wissenschaftlicher und gesellschaftlicher Diskurse, als Mobilität ein in der Öffentlichkeit fast omnipräsentes politisches Thema wurde. Es galt Webers Feststellung, der Kapitalismus werde funktionieren, „(…) bis der letzte Zentner fossilen Brennstoffs verglüht ist" (Weber 1988, S. 203). Indem Themen wie Umwelt, Nachhaltigkeit, das Weltklima und die ökologische Krise die Sozialwissenschaften und die soziologische Theoriebildung erreichten, veränderte sich das. Schroers „Geosoziologie" (Schroer 2022) zeichnet nach, wie ein geologisches Konzept wie das Anthropozän tiefe Spuren in der Gesellschaftstheorie hinterlassen hat und zu einer konzeptionellen Neupositionierung der Soziologie im Verhältnis zu Mensch und Natur führte.

2 Die Herstellung von Beweglichkeit

In den 2000er-Jahren rückten die Produktionsbedingungen gesellschaftlicher Bewegungspotenziale in den Fokus der Soziologie. Zuvor hatten sich zwar Legionen von Sozialwissenschaftler*innen mit dem Arbeitsvermögen der Menschen und dem Humankapital der Ökonomie befasst; die Mobilitätspotenziale oder Motilities (Kaufmann et al. 2004) von Gesellschaftsmitgliedern, deren Fähigkeiten und Fertigkeiten, sich in einer Gesellschaft (mehr oder weniger) erfolgreich zu verorten, zu vernetzen und stabile und belastbare soziale Beziehungen und Netzwerke jenseits der unmittelbaren Örtlichkeit aufzubauen, wurden erst spät aufgegriffen. Und dann weniger aus den Kreisen der Arbeits- und Wirtschaftssoziologie, sondern aus den Nischen der verkehrsaffinen Disziplinen und aus Forschungskontexten mit einem erweiterten Mobilitätsbegriff (Canzler und Knie 1998; Jahn und Wehling 1999).

Im soziologischen Mainstream wurde die Relevanz der individuellen wie systemischen und strukturellen Bewegungspotenziale von Gesellschaften (Motilität) weiterhin kaum wahrgenommen. Die gesellschaftliche Herstellung von Beweglichkeit wurde aus den zentralen Überlegungen, Gleichungen und Theoremen ausgeschlossen. Das Motilitätsthema hatte man in die Bereiche der Architektur und des Bauingenieurwesens delegiert. Dort verfügte man aber wiederum nicht über die Begrifflichkeiten, Konzepte und Methoden, um diese Dimension der Konstitution von Gesellschaftlichkeit im Hinblick auf ein vertieftes Verständnis von sozialem Wandel zu analysieren.

3 Differenzierungen: Eine andere Moderne, eine andere Mobilität?

Mobilität ist ein voraussetzungsvolles sozial-räumliches Konstrukt, und das moderne Mobilitätsverständnis wurde erst im Laufe des Modernisierungsprozesses entwickelt (Urry 2007; Glaser 2007; Leed 1993). Im „Neuen Geist des Kapitalismus“ arbeiten Boltanski und Chiapello (2003) heraus, wie Mobilität zu einem Asset der modernen Arbeitskraft geformt wurde. Nahezu nebenbei wurde die Fähigkeit, sich im modernen Mobilitätsregime räumlich, sozial und kulturell kompetent zu bewegen, auch in der Managementliteratur zu einem Gradmesser für gelingende Karrieren. Die Anteile an räumlicher Mobilität in Lebensläufen werden heute in Bewerbungsverfahren hoch gewichtet, um die sozio-kulturellen Flexibilitätspotenziale von Bewerber*innen abzuschätzen. Dabei darf man nicht dem Missverständnis verfallen, dass Mobilität entweder räumlich oder sozial zu definieren sei. Vielmehr gilt Simmels Diktum, dass die Moderne sich erst im Spannungsverhältnis von Bewegung und Beweglichkeit konstituiert hat. Zum einen geht es dabei um Milliarden von Bewegungen im geografischen Raum, die sich messen lassen und als physischer Verkehr sichtbar werden. Zum anderen geht es aber um sozio-kulturelle Beweglichkeiten, also um individuell wie kollektiv internalisierte Bewegungspotenziale, die es Menschen ermöglichen, sich in komplexen Netzwerken zu bewegen und zu entwickeln. Dabei ist der Prozess der Modernisierung moderner Mobilitäten längst nicht abgeschlossen. Im Gegenteil: Das moderne Mobilitätskonzept wird gegenwärtig rasant neu bestimmt. Der soziale, räumliche und infrastrukturelle Gestaltungsprozess von Mobilität und Verkehr befindet sich in einer neuen, hoch dynamischen Phase, die sich als *reflexive Mobilisierung von Mobilität* charakterisieren lässt. Unter den Bedingungen von Klimawandel, Digitalisierung, Automatisierung und künstlicher Intelligenz und bei fortgesetzter Globalisierung und der Entgrenzung sozialer Strukturen kommt es zur Herausbildung von neuen technologiebasierten Mobilitätspotenzialen. Im Kern führt dies dazu, dass das moderne Mobilitätskonzept neu verhandelt wird, die Gesellschaft experimentiert dabei mit neuen Technologien bis hin zur künstlichen Intelligenz (Morley 2000; Tomlinson 2003; Cabalquinto 2022; Elliott 2018). Einst klar definierte Begrifflichkeiten wie *Ort, Zeit, hier und dort* verändern sich und einst unplausible Termini wie *virtuelle und digitale Mobilität* sind längst in den Sprachgebrauch eingegangen und intuitiv verständlich.

Die gesellschaftlichen Mobilitätssemantiken haben sich stark gewandelt. Sie sind deutlich differenzierter geworden, und im Gegensatz zu den 1990er- und frühen 2000er-Jahren deuten Unterscheidungen etwa die der Antriebs-, Verkehrs- und Mobilitätswende (Manderscheid 2020) darauf hin, dass es zur Lösung der Mobilitätsprobleme moderner Gesellschaften mehr bedarf als eines schlichten technologischen Determinismus, der in der bloßen Implementierung neuer Antriebstechniken besteht. Urry hat eine Systematik multipler Mobilitäten entwickelt, ein weiteres mehrdimensionales Mobilitätskonzept. Es lässt sich heranziehen, um den heuristischen Rahmen für eine Mobilitätswende in der zweiten Moderne abzustecken, die als sozio-technischer Prozess gedacht ist. Im Unterschied zur ersten Moderne, dem

„Maschinenzeitalter" (Le Corbusier), besteht unter den Bedingungen einer zweiten oder digitalen Moderne die Möglichkeit, gesellschaftliche Raum-Zeitverhältnisse neu zu definieren. Das immer gleiche ontologische Problem von Gesellschaften, Institutionen, Netzwerken, Gruppen und Individuen besteht im Umgang mit Distanzen. Soziale Beziehungen und gegenseitiges Vertrauen müssen in der zweiten Moderne zunehmend ortsunabhängig hergestellt und über große Distanzen hinweg stabil, verlässlich, risiko- und ressourcenminimiert ermöglicht werden. Letztlich geht es dabei um die immer gleichen sozialen Fragen: Wie sind soziale Interaktion und Integration verlässlich möglich? Wie kann die Koordination von Sozialität und die Herstellung von Zusammenhalt (Kohäsion) über Distanzen verlässlich geleistet werden? Und wie kann dies stabil und zugleich sozial, ökonomisch und ökologisch nachhaltig geschehen?

In dieser neuen Phase der Modernisierung muss dies unter der Prämisse gedacht werden, dass nicht alle Interaktionspartner*innen direkt miteinander interagieren, zeitlich parallel verfügbar sind und sie zudem möglicherweise über den Globus verstreut sind. Das unbeabsichtigte Reallabor der Covid-19-Pandemie hat einige Erkenntnisse geliefert, wie eine andere, weniger ressourcenintensive Mobilitätskultur aussehen könnte. Auch wenn die Rückkehr zum alten raum- und ressourcenintensiven Mobilitätsmodus sehr schnell einsetzte, konnte doch festgestellt werden, dass die Reduktion der zurückgelegten Kilometer keineswegs zum Zusammenbruch von Wirtschaft und Gesellschaft geführt hat. Zudem gab es institutionelle Lerneffekte, die beispielsweise in der Arbeitswelt, in den Universitäten und auch im Non-for-Profit-Sektor zu veränderten Mobilitätspraktiken geführt hat. Zweifellos sind auch zum Teil hohe soziale Kosten sichtbar und spürbar geworden. Es ist aber davon auszugehen, dass eine entwickelte digitale Moderne über ganz andere Möglichkeiten verfügen wird, ihre Mobilitätspotenziale (Motilität) zu entfalten und stabile soziale Beziehungen über Distanzen hinweg zu pflegen.

4 Fünf Dimensionen der Mobilität

Mit dem bereits angesprochenen Urryschen Mobilitätsmodell ist ein Beitrag zur Fortentwicklung der inter- und transdisziplinären Mobilitätsforschung entstanden. Urry unterscheidet fünf Dimensionen der gesellschaftlichen Mobilisierung (Urry 2007, S. 47). Damit verabschiedet er sich ausdrücklich von rein verkehrswissenschaftlichen Begriffs- und Problemdefinitionen. Indem er die engen Verbindungen von sozialen Praktiken, Bewegungen im Raum und der Organisation des alltäglichen Lebens in privaten und beruflichen Zusammenhängen ins Zentrum stellt, begreift er Mobilität als ein gesellschaftliches Phänomen, das soziale, kulturelle, räumliche und technologische Aspekte verbindet. Zudem bezieht er in die soziologische Bestimmung von Mobilität auch nicht-menschliche Bewegungen von Gegenständen, Fracht und Transport ein. Sein Verständnis von Mobilität geht einerseits auf die ursprüngliche etymologische Bedeutung des lateinischen mobilitas im Sinne von Beweglichkeit zurück. Diese ist jedoch nicht individualistisch zu verstehen, sondern wird bei Urry systemisch durch Netzwerke, Raumstrukturen (scapes) und Ströme von Menschen, Daten, Informationen, Zeichen etc. (flows) erzeugt. Damit bindet er Mobilität konzeptionell viel enger an die gesellschaftliche Herstellung von Bedingungen individueller und kollektiver Entwicklung als an die eigentliche Bewegung, den Verkehr. Sein Modell umfasst fünf Dimensionen der Mobilität, wobei der Personenverkehr zwar an erster Stelle steht, aber gleichberechtigt mit den anderen vier Dimensionen behandelt wird:

1. *Das körperliche Reisen von Menschen (corporeal travel)*
   Menschen bewegen sich physisch für Arbeit, Freizeit, Familienleben, Erholung, Migration und Flucht. Dabei erzeugen sie Verkehr und nutzen je nach den zu überwindenden räumlichen Distanzen unterschiedliche Verkehrsmittel. Physische Mobilität reicht vom täglichen Pendeln bis zur einmaligen Lebensentscheidung, auszuwandern oder ins politische Exil zu gehen.
2. *Die physische Bewegung von Gegenständen (physical travel)*
   Gegenstände, Ressourcen, Waren, Produkte, Produktionsteile usw. werden zu Herstellern, Verbrauchern und Einzelhändlern transportiert; Geschenke, Souvenirs, Briefe usw. werden verschickt und empfangen. Das Internet der Dinge (IoT) ermöglicht völlig neue Formen des Wirtschaftens, des Marketings, der Distribution und der Verteilung im Raum. Hier entstehen auch neue Selbstverständlichkeiten der digitalen Moderne. Globale Infrastrukturen, Netzwerke und Logistiksysteme werden für soziales Handeln und Interagieren oft unhinterfragt vorausgesetzt.
3. *Die imaginierte Reise (imaginative travel)*
   Das Internet und Dienste bzw. Apps und Onlineplattformen wie YouTube, Facebook oder Instagram, Streamingdienste, Webcams etc. halten millionenfach Bilder und Töne von Orten und Menschen bereit, die in unterschiedlichen Print-, Ton- und Bildmedien produziert und ermöglicht werden. Abhängig von der verfügbaren Qualität dieser visuellen Medien und der Medienkompetenz der Nutzer*innen können Menschen die sozialen Konstruktionen ihrer Wirklichkeiten nahezu unendlich erweitern. Ein Meilenstein in dieser Entwicklung war das Konzert „ABBA Voyage 2022“, bei dem 160 Kameras eingesetzt wurden, um lebensechte Avatare der schwedischen Bandmitglieder zu erzeugen.
4. *Virtuelles Reisen (virtual travel)*
   Virtuelles Reisen findet oft in asynchronen Zeitstrukturen statt, was zu der irrigen Annahme eines „Death of Distance“ geführt hat. Tatsächlich führen Webmeeting-Technologien wie Skype, Teams oder Zoom zu einer teilweisen Überwindung von räumlicher und sozialer Distanz. Anwendungen wie Google Earth oder Streetview ermöglichen digital gestützte Reisen in einer noch nie dagewesenen Plastizität. Unternehmen experimentieren mit holografischen Verfahren aus der Spieleindustrie, um z. B. Arbeitstreffen über große Distanzen zu ermöglichen, bei denen man sich in einem virtuellen Raum trifft und Interaktionsqualitäten erreicht, die an reale Treffen heranreichen.
5. *Mensch-zu-Mensch-Kommunikation (communicative travel)*
   Durch Nachrichten, Texte, Briefe, Telegramme, Telefon, Fax und Handy haben die Menschen im Laufe der Geschichte kommuniziert. Allerdings haben

sich die Bedingungen der Kommunikation stark verändert. Nicht nur die Menge der Nachrichten und Informationen, die heute im Vergleich zum Telegrafenzeitalter ausgetauscht werden, ist exponentiell gestiegen. Auch die Formen und Darstellungsweisen haben sich stark verändert. Zum einen sind die Grenzen zwischen Bild, Ton und Text fließend geworden. Ehemals getrennte Medien verschmelzen, etwa in der Videotelefonie oder im Design von Apps wie WhatsApp und Telegram. Zum anderen hat sich die Bindung von Nachricht und Ort durch die Möglichkeit der Kommunikation von unterwegs, on the go, aufgelöst.

Was diesen differenzierten Mobilitätsbegriff von rein soziologischen, geografischen oder verkehrswissenschaftlichen Definitionen unterscheidet, ist die bewusste Überschreitung disziplinärer Grenzen. Das verbindende Element so unterschiedlicher Gegenstandsbereiche wie Tourismus, Verkehr, Migration, Pendeln, digitale Kommunikation und Mediennutzung ist die Absicht zu erfassen, wie sich die ontologischen Probleme von Gemeinschaft, Zugehörigkeit und Identität wandeln bzw. wie sie im historischen Verlauf gesellschaftlich transformiert werden.Um soziales Leben zu gestalten, stehen uns Menschen letztlich zwei Techniken zur Verfügung: Reisen und Kommunikation. Beide sind entwickelte Kulturtechniken, die heute zunehmend in- und miteinander verschmelzen. Es kommt zur Entgrenzung und zugleich zur Vereinigung der Phänomene. Für Autor*innen wie Scott Lash und Bridgette Wessels ist die Tatsache, dass soziokulturelle Beweglichkeit heute entkoppelt von physischer Bewegung möglich ist, ein deutliches Anzeichen einer „digitalen Moderne" (Lash 1999; Wessels 2018).

Die damit verbundenen Verschiebungen in den sozialen Praktiken und Routinen von Menschen, Institutionen und Organisationen werden als weitreichend und irreversibel beschrieben (Durante 2021). Während der Covid-Pandemie mussten Gesellschaften mit ganz neuen Konfigurationen von Mobilität und Immobilität experimentieren, die sich etwa im Anstieg von Homeoffice-Nutzungen zeigten. Neue Formen einer mediatisierten Sozialität wurden normalisiert und sind nicht mehr weiter gesellschaftlich marginalen oder pionierhaften Gruppen vorbehalten (Morley 2000). Interessant in diesem Zusammenhang ist die bereits erwähnte diskursive Rahmung „digitale Mobilität". Noch Ende der 1990er-Jahre galt sie als Science-Fiction, nicht als soziale Wirklichkeit. Inzwischen ist sie fest im Sprachgebrauch verankert. Die Forschung zur Nutzung und Kultur des Mobiltelefons zeigt, wie sehr sich die Normalitäten und Praktiken sozialer Interaktion bereits verändert haben und wie weit die Neuvermessung des Mobilen im Alltag vorangeschritten ist. Earvin Cabalquinto eröffnet eindrucksvolle Einsichten in die soziale Wirklichkeit der Oversea Filipino Workers (OFW) in Australien, die über große geografische Distanzen hinweg selbst kulturelle Rituale wie Hochzeiten oder Taufen mediatisiert im Familienkontext praktizieren. Er verwendet dafür den Begriff der „mediated (im)mobilities":

> „The patterns and structures of mobile lives are primarily augmented by hardware, software, and independent mobility systems, such as mobile phones and computer networks (...). This social and networked structure of the contemporary mobile era characterizes the new mobilities paradigm." (Cabalquinto 2022, S. 27)

Soziologisch fruchtbar machen lassen sich diese Überlegungen, wenn man in Betracht zieht, was diese Tendenzen für die Konstitution von Gesellschaften und für ihre Entwicklungsmöglichkeiten bedeuten. Nicht zuletzt durch den Einsatz künstlicher Intelligenz und die damit verbundene Neubestimmung von sozialer und räumlicher Distanz und Nähe kommt es zu weitreichenden Verschiebungen dessen, was im Alltag und in der beruflichen Praxis als normal angesehen wird (Elliott 2018). In einer „Gesellschaft im Echtzeitmodus" (Weyer 2019) kommt es zu hybriden Mischverhältnissen von Mobilität und Immobilität, von faktischem Reisen und gesellschaftlichen Bewegungspotenzialen. In der digitalen Moderne kann eine ausgeprägte Performanz von räumlicher Mobilität (häufige Wohnortwechsel, Auslandsaufenthalte, Reisetätigkeiten etc.) nicht mehr allein als Ausweis sozialer Anpassungsfähigkeit, interkultureller Kompetenz und soziokultureller Flexibilität gelten. Schon in der Forschung zu „Mobilitätspionieren" (Bonß und Kesselring 2001) wurde deutlich, dass in der sozialen und kulturellen Fokussierung von sozialen Netzwerken ein großes Potenzial steckt, ständige und weite Reisen zwischen unterschiedlichen nationalen und internationalen Kontexten organisatorisch wie psychisch gut zu bewältigen. Zudem schließt sich in der digitalen Moderne nicht mehr aus, dass jemand wenig reist und gleichzeitig über komplexe und womöglich global verzweigte soziale Netzwerke verfügt.

Heuristisch ist es vor diesem Hintergrund sinnvoll, die Ambivalenzen von Mobilität in den Mittelpunkt zu stellen und das Spannungsverhältnis von Bewegung und Beweglichkeit bzw. Stillstand und Immobilität näher zu betrachten. Es ist ein Allgemeinplatz, dass nicht jeder Mensch, der sich räumlich viel bewegt, auch geistig mobil und kulturell aufgeschlossen sein muss. Insgesamt ist das Verständnis von Mobilität auch heute noch von den Prinzipien der ersten Moderne und ihrer kosmopolitischen Utopie einer positiven, völkerverbindenden Kraft der Mobilität geprägt. Gegenseitiges Verständnis und der Abbau von Ressentiments, Vorurteilen und negativen Fremdbildern werden erleichtert, wenn Menschen sich begegnen und Erfahrungen austauschen. Ausgehend von diesen Annahmen wurden die deutsch-französischen Freundschaftsbeziehungen nach dem Zweiten Weltkrieg und dem Abschluss des Elysée-Vertrages 1963 neben der Stärkung der politischen Kooperationsbeziehungen durch intensive Mobilitätsprogramme untermauert.

Auf diese faktische Kraft der physischen Mobilität bezieht sich Ulrich Beck, wenn er schreibt:

> „Widerspruchsvolle kulturelle Strömungen treffen auf engstem Raum aufeinander und gehen – oft konfliktreiche – Verbindungen ein. Doppelsprachigkeit, also die Fähigkeit, sich aus der Fixierung auf das Vertraute zu lösen, mehrörtige Existenzen, Dauermobilität, immer mehr Menschen mit Doppelpässen, Leben über Grenzen hinweg, schaffen ein komplexes Geflecht geteilter Loyalitäten, ohne dass die als ursprünglich erlebten Identitäten preisgegeben würden. Wurzeln und Flügel zu haben, Provinzialismus verbunden mit dem Erfahrungsschatz praktisch gelebten Weltbürgertums, könnte der gemeinsame zivilisatorische Nenner weltkulturell heterogener Gesellschaften werden und folglich die überall virulente Grundsatzfrage beantworten: Welche Ordnung braucht die Welt?" (Beck 2002, S. 15)

Gleichzeitig stellt sich aber auch die Frage: Welche Mobilität braucht die Welt? oder zugespitzt: „Does mobility have a future?" (Urry 2011). Für Beck steht die positive Wirkung räumlicher Mobilität auf die Gesellschaft als Quelle soziokultureller Beweglichkeit, Weltoffenheit und interkultureller Kompetenz im Vordergrund. Dem gegenüber steht aber eine Form der Mobilität, die man als „immobile Mobilität" (Bonß und Kesselring 2001) bezeichnen kann, bei der Verkehr zum Selbstzweck wird, aber keinesfalls völkerverbindend oder auch nur egalisierend wirken muss. Aus dieser Perspektive verbreitet sich die Ideologie, dass mehr Verkehr zu mehr Wohlstand, Fortschritt und Erfolg führt. Aus dieser Dialektik heraus muss die Frage nach einer nachhaltigen Mobilität, die die Entwicklungsmöglichkeiten künftiger Generationen nicht zerstört, wohl im Spannungsfeld zwischen physischer und digitaler Mobilität beantwortet werden. Eine statische Mobilität kann kaum modern sein, doch eine Hochgeschwindigkeitskultur ist auf Dauer riskant und setzt die sozialen, ökologischen und damit auch ökonomischen Grundlagen moderner Gesellschaften aufs Spiel.

Liegt also die Zukunft der Mobilität im digitalen Raum? Die empirischen Daten zu virtuellen Netzwerken zeichnen hier ein differenziertes Bild (Stegbauer und Clemens 2021). Räumliche Immobilität birgt soziale und psychische Risiken, muss aber keinesfalls zu sozialer Isolation, Anomie oder gar Xenophobie führen. Vielmehr gilt auch heute noch: „Netsurfers don't ride alone" (Wellman und Gulia 1999), denn sie bewegen sich zwar in einem digitalen sozialen Raum, dieser ist aber nicht getrennt vom geografischen. Zudem schließt er Gemeinschaft und direkte Interaktion mit anderen nicht aus. Sehr viel relevanter ist daher die Frage, wie Menschen emotional starke und auch die so wichtigen schwachen soziale Bindungen (Granovetter) herstellen und welche Rolle ihre Mobilitätskompetenzen dabei spielen. Ob die Möglichkeiten des Internets genutzt werden, um die eigene soziale Beweglichkeit zu erhöhen oder eher zur sozialen Distanzierung, hängt letztlich davon ab, inwieweit Individuen ihre internalisierten Potenziale nutzen, um sich Möglichkeitsräume medial zu erschließen. Wie auch im geografischen Raum kommt es letztlich auf die Motilität einer Person an, wie sehr die eigenen Bedürfnisse befriedigt werden können und wie stark sie sozial integriert ist. Die Frage danach, wieviel physischen Kontakt zu Menschen jede*r einzelne benötigt und was über den digitalen Möglichkeitsraum realisiert wird, ist dabei von vielen strukturellen, aber auch individuellen Faktoren abhängig.

Vor dem Hintergrund der Klimakrise und dem daraus resultierenden Druck auf politische und gesellschaftliche Institutionen, den Erfahrungen mit der globalen Covid-19-Pandemie und der Diskussion um eine Deglobalisierung der Weltwirtschaft und eine Re-Regionalisierung von Produktion, Handelsbeziehungen, Lebensmittelherstellung etc. geht es auch um die Bestimmung eines zukunftsfähigen Verhältnisses von Gesellschaften zu Mobilität und Immobilität. Ob es gelingt, nachhaltige Mobilitätspraktiken zu entwickeln, ist erst in zweiter Linie eine Frage technologischer Innovationskraft und intelligenter Organisation. Entscheidend wird die soziale Kreativität und der gesellschaftliche Erfindungsreichtum sein, wie die technologischen und organisatorischen Potenziale einer digitalen Moderne mit Alltagspraktiken und Lebenswelten verknüpft werden können. Ob und wie schnell eine nachhaltige Mobilitätswende gelingen kann, hängt daher in hohem Maße auch davon ab, welche Möglichkeiten Menschen, Unternehmen und Institutionen haben, ihre Vorstellungen und Bedürfnisse von aktiver und nachhaltiger Mobilität zu realisieren.

5 Reflexive Mobilisierung

Im Vergleich zur Nachkriegszeit hat sich das Instrumentarium moderner Gesellschaften zur Lösung von Mobilitätsproblemen enorm ausdifferenziert. Die fünf Dimensionen des Urryschen Modells zeigen, dass Menschen im 21. Jahrhundert durchaus mobil sein können, ohne zu reisen. Die Befriedigung menschlicher Bedürfnisse findet heute sowohl im physischen als auch im digitalen Raum statt. Dies führt einerseits zu einer enormen Komplexitätssteigerung in den Lebenswelten von Menschen, Unternehmen, Institutionen und Verwaltungen. Gleichzeitig eröffnet sich damit aber auch ein Optionenraum für die Gestaltung einer nachhaltigen Mobilitätspolitik, der bei weitem noch nicht ausgeschöpft ist. Zweifellos wäre es naiv, unter dem Druck der drohenden Klimakrise in Zukunftsoptimismus oder gar Technikdeterminismus zu verfallen. Wer darauf setzt, dass die Rettung des Planeten beispielsweise schon in Smart-Mobility-Konzepten oder im effizienten Verkehrsfluss von Millionen elektrifizierter und autonomer Fahrzeuge liegt, verkennt die Komplexität der vom Verkehr verursachten Probleme und auch die Komplexität der Implementierung solcher Systeme in Städten und Gemeinden. Die Aufgabe besteht vielmehr darin, die Ambivalenzen der mobilen Risikogesellschaft anzuerkennen und auf die Reflexivität von Mobilität zu reagieren, indem man Veränderungen in der Mobilitätspraxis schrittweise und in Verbindung mit technologischen und organisatorischen Innovationen ermöglicht. Eine solche reflexive Mobilisierung muss die Optionenvielfalt der digitalen Moderne sozial einbetten. Mit anderen Worten: Es braucht ein hohes Maß an sozialer Innovationskraft, um die technologischen und organisatorisch-institutionellen Transformationen der Mobilität mit den Lebenswirklichkeiten und -welten von Menschen zu verbinden. Die Neuerfindung der Mobilität bedarf eines offenen Innovationsprozesses, der zivilgesellschaftliche, politische, unternehmerische und wissenschaftliche Akteure und Netzwerke verbindet. Die Entwicklung einer nachhaltigen Mobilitätskultur kann nicht im Nachgang zur Antriebs- und Verkehrswende funktionieren, sondern nur als ein dynamischer sozialer Prozess aus der Gesellschaft selbst. Sehr wahrscheinlich wird daraus auch kein Automobil 2.0 erwachsen, das die Probleme der reflexiv gewordenen Mobilität en passant lösen könnte. Das weitaus größere Rettungspotenzial scheint in einem neuen Verhältnis der Gesellschaft zur Entfernung und damit zum Reisen zu liegen.

Literatur

Beck, Ulrich. 1986. *Risikogesellschaft. Auf dem Weg in eine andere Moderne.* Frankfurt a. M.: suhrkamp.

———. 1991. Die Soziologie und die ökologische Frage. *Berliner Journal für Soziologie* 3:331–341.

———. 1993. *Die Erfindung des Politischen: Zu einer Theorie reflexiver Modernisierung*. Frankfurt a. M.: suhrkamp.

———. 2002. *Macht und Gegenmacht im globalen Zeitalter. Neue weltpolitische Ökonomie*. Frankfurt a. M.: suhrkamp.

Beck, Ulrich, und Wolfgang Bonß, Hrsg. 2001. *Die Modernisierung der Moderne*. Frankfurt a. M.: suhrkamp.

Beck, Ulrich, Anthony Giddens, und Scott Lash, Hrsg. 1996. *Reflexive Modernisierung. Eine Kontroverse*. Frankfurt a. M.: suhrkamp.

Becker, Egon, und Thomas Jahn. 2006. *Soziale Ökologie: Grundzüge einer Wissenschaft von den gesellschaftlichen Naturverhältnissen*. Frankfurt a. M.: Campus.

Berger, Peter L., und Thomas Luckmann. 1966. *The social construction of reality: A treatise in the sociology of knowledge*. Garden City: Doubleday & Co.

Boltanski, Luc, und Eve Chiapello. 2003. *Der neue Geist des Kapitalismus*. Konstanz: UVK Verl.-Ges.

Bonß, Wolfgang, und Sven Kesselring. 2001. Mobilität am Übergang von der Ersten zur Zweiten Moderne. In *Die Modernisierung der Moderne*, Hrsg. Ulrich Beck und Wolfgang Bonß, 177–190. Frankfurt a. M.: suhrkamp.

Buhr, Regina, Weert Canzler, Andreas Knie, und Stephan Rammler, Hrsg. 1999. *Bewegende Moderne. Fahrzeugverkehr als soziale Praxis*. Berlin: edition sigma.

Burkart, Günter. 1994. Individuelle Mobilität und soziale Integration: Zur Soziologie des Automobilismus. *Soziale Welt* 2:216–241.

Cabalquinto, Earvin Charles B. 2022. *(Im)mobile homes. Family life at a distance in the age of mobile media*. New York: Oxford University Press (Oxford scholarship online).

Canzler, Weert, und Andreas Knie. 1998. *Möglichkeitsräume. Grundrisse einer modernen Mobilitäts- und Verkehrspolitik*. Wien: böhlau.

Canzler, Weert, Andreas Knie, Lisa Ruhrort, und Christian Scherf. 2018. *Erloschene Liebe? Das Auto in der Verkehrswende. Soziologische Deutungen*. Bielefeld: transcript.

Deffner, Jutta, Konrad Götz, Steffi Schubert, Christoph Potting, Gisela Stete, Astrid Tschann, und Willi Loose. 2006. *Entwicklung eines integrierten Konzepts der Planung, Kommunikation und Implementierung einer nachhaltigen, multioptionalen Mobilitätskultur. Schlussbericht zu dem Projekt „Nachhaltige Mobilitätskultur". Im Auftrag des BMVBW*. Frankfurt a. M.: ISOE – Institut für sozial-ökologische Forschung/SCRIPT/StetePlanung/Öko-Institut.

Durante, Massimo. 2021. *Computational power. The impact of ICT on law, society and knowledge*. S.l.: Routledge (Antinomies).

Elliott, Anthony. 2018. *The culture of AI: Everyday life and the digital revolution*. Milton: Routledge.

Friedrichs, Jürgen, und Kirsten Hollaender, Hrsg. 1999. *Stadtökologische Forschung – Theorien und Anwendungen*. Berlin: Analytica Verlagsgesellschaft.

Glaser, Hermann. 2007. Verkehrskulturen. In *Handbuch Verkehrspolitik*, Hrsg. Oliver Schöller, Weert Canzler, und Andreas Knie, 63–82. Wiesbaden: Springer VS.

Hesse, Markus. 1993. *Verkehrswende. Ökologisch-ökonomische Perspektiven für Stadt und Region*. Marburg/Lahn: Metropolis.

Jahn, Thomas, und Peter Wehling. 1999. Das mehrdimensionale Mobilitätskonzept – Ein theoretischer Rahmen für die stadtökologische Mobilitätsforschung. In *Stadtökologische Forschung. Theorien und Anwendungen. Stadtökologie*, Hrsg. Jürgen Friedrichs und Kirsten Hollaender, Bd. 6, 127–141. Berlin: Analytika.

Kaufmann, Vincent, Manfred Max Bergman, und Dominique Joye. 2004. Motility: Mobility as capital. *International Journal of Urban and Regional Research* 28(4): 745–756.

Kesselring, Sven. 2006. Pioneering mobilities: New patterns of movement and motility in a mobile world. *Environment and Planning A* 38(2): 269–279.

———. 2008. The mobile risk society. In *Tracing mobilities: Towards a cosmopolitan perspective*, Hrsg. Weert Canzler, Vincent Kaufmann, und Sven Kesselring, 77–102. Aldershot/Burlington: Ashgate.

Klima-Sachverständigenrat Baden-Württemberg. 2023. In *Klimawandelbedingter Lufttemperaturanstieg in Baden-Württemberg seit 1881*, Hrsg. v. Klima-Sachverständigenrat Baden-Württemberg. Umweltministerium Baden-Württemberg.

Knie, Andreas. 1997. Eigenzeit und Eigenraum: Zur Dialektik von Mobilität und Verkehr. *Soziale Welt* 48(1): 39–54.

Krämer-Badoni, Thomas, Herbert Grymer, und Marianne Rodenstein. 1971. *Zur sozio-ökonomischen Bedeutung des Automobils*. Frankfurt a. M.: suhrkamp.

Kuhm, Klaus. 1995. *Das eilige Jahrhundert. Einblicke in die automobile Gesellschaft*. Hamburg: Junius.

Lash, Scott. 1999. *Another modernity, a different rationality*. Oxford: Blackwell.

Leed, Eric J. 1993. *Die Erfahrung der Ferne: Reisen von Gilgamesch bis zum Tourismus unserer Tage*. Frankfurt a. M.: Campus-Verl.

Löw, Martina. 2009. *Raumsoziologie*. Frankfurt a. M.: suhrkamp.

Manderscheid, Katharina. 2020. Antriebs-, Verkehrs- oder Mobilitätswende? Zur Elektrifizierung des Automobilitätsdispositifs. In *Baustelle Elektromobilität. Sozialwissenschaftliche Perspektiven auf die Transformation der (Auto-)Mobilität*, Hrsg. Achim Brunnengräber und Tobias Haas, 37–68. Bielefeld: transcript (Edition Politik, Band 95).

Meadows, Donella H., Dennis L. Meadows, Jørgen Randers, und William W. Behrens. 1972. *The limits to growth: A report for the Club of Rome's Project on the Predicament of Mankind. A Potomac Associates Book*. New York: A Signet Book from New American Library.

Morley, David. 2000. *Home territories. Media, mobility and identity*. London/New York: Routledge.

Petersen, Rudolf, und Karl O. Schallaböck. 1995. *Mobilität für morgen. Chancen einer zukunftsfähigen Verkehrspolitik*. Berlin: Birkhäuser.

Rammler, Stephan. 2001. *Mobilität in der Moderne: Geschichte und Theorie der Verkehrssoziologie*. Berlin: edition sigma.

Sachs, Wolfgang. 1997. "Geschwindigkeit und Ökologie. Eine Skizze." PROKLA. *Zeitschrift für kritische Sozialwissenschaft: Verkehr, Transport, Mobilität* 107:181–194.

Schroer, Markus. 2022. *Geosoziologie. Die Erde als Raum des Lebens*. Berlin: Suhrkamp.

Sheller, Mimi. 2017. From spatial turn to mobilities turn. *Current Sociology* 65(4): 623–639. https://doi.org/10.1177/0011392117697463.

Simmel, Georg. 1990. Über sociale Differenzierung. Sociologische und psychologische Untersuchungen. Reprint der Ausgabe von 1890. In *Staats- und socialwissenschaftliche Forschungen*, Hrsg. Gustav Schmoller, 10. Aufl. Leipzig: Dunker & Humblot.

Staab, Philipp. 2022. *Anpassung: Leitmotiv der nächsten Gesellschaft. Originalausgabe*. Berlin/Frankfurt a. M.: Suhrkamp.

Stegbauer, Christian, und Iris Clemens. 2021. *Corona-Netzwerke – Gesellschaft im Zeichen des Virus. 1. Auflage 2020*. Wiesbaden: Springer Fachmedien Wiesbaden GmbH/Springer VS.

Tomlinson, John. 2003. Culture, Modernity and Immediacy. In *Global America? The cultural consequences of globalization*, Hrsg. Ulrich Beck, Natan Sznaider, und Rainer Winter, 49–66. Liverpool: Liverpool Univ. Press (Studies in social and political thought, 8).

Urry, John. 2000. *Sociology beyond societies. Mobilities of the twenty-first century*. London: Routledge.

———. 2007. *Mobilities*. Cambridge: Polity Press.

———. 2011. Does Mobility Have a Future. In *Mobilities: New perspectives on transport and society. Farnham and Surrey and*, Hrsg. Margaret Grieco und John Urry, 3–20. Burlington: Ashgate (Transport and society).

Weber, Max. 1988. Die protestantische Ethik und der Geist des Kapitalismus. In *Gesammelte Aufsätze zur Religionssoziologie I*, Hrsg. Max Weber, 17–206. Tübingen: Mohr.

Wellman, Barry, und Milena Gulia. 1999. Net surfers don't ride alone. In *Networks in the global village. Life in contemporary communities*, Hrsg. Barry Wellman, 331–366. Boulder: Westview Press.

Werlen, Benno. 1997. *Gesellschaft, Handlung und Raum: Grundlagen handlungstheoretischer Sozialgeographie*, 3., überarb. Aufl. Stuttgart: Steiner.
Wessels, Bridgette. 2018. Virtual exchange-based mobilities: Platform economy, exchange and culture. *Applied Mobilities* 3(1): 51–65. https://doi.org/10.1080/23800127.2018.1435438.
Weyer, Johannes. 2019. *Die Echtzeitgesellschaft: Wie smarte Technik unser Leben steuert*, 1. Aufl. Frankfurt: Campus.

Mobilität aus historisch-materialistischer Sicht: Analyseperspektiven und Konturen einer Forschungsagenda

Tobias Haas und Hendrik Sander

Inhalt

Zusammenfassung

Mobilität ist in der Forschung in historisch-materialistischer Tradition bisher ein eher randständiges Thema. Doch es gibt zahlreiche Anknüpfungspunkte zu verschiedenen Ansätzen und in jüngster Zeit wird in der marxistischen Theorietradition verstärkt das Zusammenspiel von sozialen und ökologischen Krisen adressiert. In diesem Kontext bietet es sich an, verstärkt nach den Artikulationsverhältnissen dieser multiplen Krisenkonstellation mit Mobilitätsthemen zu fragen. Der vorliegende Beitrag soll eine Bestandsaufnahme liefern und die Konturen für weitere Forschung umreißen.

Schlüsselwörter

Automobilität · Gerechtigkeit · Kapitalismus · Ökonomie · Staat

T. Haas (✉)
Forschungsinstitut für Nachhaltigkeit – Helmholtz-Zentrum Potsdam (RIFS), Potsdam, Deutschland
E-Mail: tobias.haas@rifs-potsdam.de

H. Sander
Bauhaus-Universität Weimar, Weimar, Deutschland
E-Mail: hendrik.sander@uni-weimar.de

W. Canzler et al. (Hrsg.), *Handbuch Mobilität und Gesellschaft*,
https://doi.org/10.1007/978-3-658-37557-7_6

1 Einführung

„Wer über Kapitalismus nicht reden will, sollte über Verkehr schweigen! Das heißt im Umkehrschluss: Wer die negativen Folgen der Verkehrsentwicklung verurteilt, muss sich mit dem Kapitalismus auseinandersetzen!" (Schwedes 2017, S. 31). Dieser Aufruf des Verkehrswissenschaftlers Oliver Schwedes richtet sich primär an die sozialwissenschaftliche Mobilitätsforschung. Er insistiert darauf, dass die Verkehrsentwicklung in einem engen Artikulationsverhältnis mit der Entwicklung der kapitalistisch geformten sozialen Verhältnisse steht. Folglich stellt sich die Herausforderung für die Mobilitätsforschung, diese Zusammenhänge zu entschlüsseln. Dies ist jedoch keineswegs banal, zumal sich bisher kein eigenständiger Strang einer historisch-materialistischen Mobilitätsforschung herausgebildet hat. Gleichwohl gibt es durchaus Anknüpfungspunkte historisch-materialistischer Forschungsansätze, die sich mit dem Zusammenhang von sozialen und ökologischen Krisendynamiken beschäftigen (Wissen 2020), an die Mobilitätsforschung. Darüber hinaus gab und gibt es auch im deutschsprachigen Raum zahlreiche kleinere Forschungsprojekte, die sich aus historisch-materialistischer Perspektive mit Mobilität beschäftigt haben bzw. sich beschäftigen (siehe dazu etwa Plehwe 1997; Haas 2020).

Im Folgenden zweiten Abschnitt sollen einige Wesensmerkmale skizziert werden, die den inneren Zusammenhang von Kapitalismus und Verkehrsentwicklung ausmachen, um eine historisch-materialistische Perspektive auf Mobilität klarer zu konturieren. Im dritten Abschnitt sollen anknüpfend an Tobias Haas (2020) vier gesellschaftliche Dimensionen diskutiert werden (Ökonomie, Ideologie, integraler Staat und Alltagspraxen), zu denen historisch-materialistische Ansätze Beiträge zur Mobilitätsforschung leisten können. Abgeschlossen wird der Beitrag mit einigen Überlegungen, welcher weitere Forschungsbedarf zur Mobilitätspolitik aus einer historisch-materialistischen Perspektive besteht.

2 Kapitalismus, Wachstum, Verkehrswachstum und die Krise der gesellschaftlichen Naturverhältnisse[1]

Der Kapitalismus ist ein sehr dynamisches System, das auf mehreren Konkurrenzverhältnissen basiert: sowohl zwischen Kapital und Arbeit, aber auch der Unternehmen untereinander. Das System ist darauf ausgerichtet, dass der bestehende privat angeeignete Kapitalstock stetig vermehrt wird, indem Arbeitskraft ausgebeutet und Natur angeeignet wird. Dies hat tiefgreifende Implikationen für die Mobilität von Waren und Menschen. Die Dynamik der kapitalistischen Produktionsweise sorgt dafür, dass der Umfang von und der Bedarf nach Verkehr stetig ansteigt (Malm 2016).

[1] Dieser Abschnitt basiert auf Kapiteln 3 und 3.1 des Working-Papers „Verkehr und Postwachstum – die Suche nach Anknüpfungspunkten" (Haas 2018).

Der Ausgangspunkt der marxistischen Theorie ist, dass Menschen sich Natur aneignen und zu ihren Zwecken umgestalten. Die Menschen sind einerseits selbst Teil der Natur, andererseits konstituieren sie sich gerade durch ihre bewusste und kollektive Arbeit an der Natur als Gesellschaft. Das heißt, die Naturaneignung ist immer gesellschaftlich vermittelt (Marx 1971). Die kapitalistische Produktionsweise bringt bestimmte gesellschaftliche Naturverhältnisse hervor, die dazu neigen, von der eigenen Qualität der Natur zu abstrahieren und sie tendenziell schrankenlos auszubeuten. Damit untergräbt der Kapitalismus seine eigenen Grundlagen und impliziert grundlegend krisenhafte Naturverhältnisse (Görg 2003). Im Laufe ihrer Geschichte haben die kapitalistischen Gesellschaften ihre Umwelt tiefgreifend umgestaltet und eigene gebaute Umwelten (Fabriken, Kraftwerke, Wohngebäude, Energienetze etc.) geschaffen (Harvey 2006). Eine wesentliche Rolle spielen dabei die Verkehrsinfrastrukturen (Eisenbahn- und Straßennetze, Bahnhöfe, Produktionsstätten, Parkplätze, Tankstellen etc.), die auf einem immensen Input an fossilen Brennstoffen basieren und zugleich erst die Raumüberwindung ermöglichen, die eine Basis für das kapitalistische Wachstum ist.

Historisch betrachtet ist Wirtschaftswachstum ein relativ neues Phänomen. Vor dem Beginn der Industrialisierung im 18. Jahrhundert speiste sich Wirtschaftswachstum, eine in dieser Zeit unbekannte Kategorie, vorwiegend aus dem Zuwachs der Bevölkerung. Erst im späten 18. Jahrhundert steigt, getrieben durch die kapitalistischen Industrialisierungsprozesse in England, der Output der produzierten Waren pro Kopf kontinuierlich an. Allerdings nimmt das Wachstum einen räumlich und zeitlich sehr unterschiedlichen Verlauf. Zwei ineinandergreifende Aspekte waren zentral für die Dynamisierung der ökonomischen Entwicklung: die Durchsetzung kapitalistischer Formen und die durch die Erfindung der Dampfmaschine begünstigte Nutzung fossiler Energieträger (Altvater 2016, S. 811–816).

Das System der Lohnarbeit ermöglichte es in Verbindung mit der Nutzung fossiler Energieträger (der Kohle), die Arbeitsproduktivität stetig zu erhöhen. Die Extraktion und Verbrennung fossiler Rohstoffe geht einher mit einer tiefgreifenden Transformation der gesellschaftlichen Naturverhältnisse. Der energetische Input der Gesellschaft basierte nicht mehr vorrangig auf den verfügbaren erneuerbaren Energien (Holz sowie Wind- und Wasserkraft) und der tierischen und menschlichen Körperkraft, sondern die in Jahrtausenden in der Kohle (später auch Erdöl und -gas) eingelagerten Energien werden für die gesellschaftliche Produktion nutzbar gemacht. Damit werden zugleich CO_2-Emissionen freigesetzt. Entsprechend wurde durch den fossilen Extraktivismus die Grundlage für den gravierenden Anstieg der Treibhausgasemissionen gelegt (Malm 2016, S. 279–316). Die Weltdurchschnittstemperatur hat sich bereits um mehr als ein Grad Celsius erhöht.

Neben den Formen der intensiven Akkumulation, die auf eine Erhöhung der Arbeitsproduktivität abzielt, spielten im Verlauf der kapitalistischen Entwicklung immer auch Formen der extensiven Akkumulation eine bedeutende Rolle. Die extensive Akkumulation zielt darauf ab, zusätzliche Räume und noch nicht kommodifizierte gesellschaftliche Sphären für die Kapitalverwertung zu erschließen. Diese Prozesse werden anknüpfend an Karl Marx und Rosa Luxemburg häufig als Landnahme bezeichnet (Dörre 2013). Im Verlauf der kapitalistischen Entwicklung greifen Formen der intensiven und extensiven Akkumulation immer ineinander bzw. verstärken sich wechselseitig (Becker 2002). So ging etwa die Erhöhung der Arbeitsproduktivität mittels des Einsatzes fossiler Energieträger und der Entwicklung neuer Technologien damit einher, dass verstärkt Rohstoffe extrahiert und Absatzmärkte für die produzierten Waren geschaffen werden mussten.

Zudem war die räumliche Ausweitung der Produktionsprozesse mit der Notwendigkeit verbunden, entsprechende Verkehrsinfrastrukturen zu schaffen, die die Mobilität der Waren (und Arbeiter_innen) ermöglichen. Zugleich stellten diese Infrastrukturen und die damit korrespondierenden Verkehrsmittel wichtige Anlagesphären für das Kapital dar. Zunächst die Eisenbahn-, später die Autoindustrie entwickelten sich zu zentralen Branchen des neuen Industriekapitalismus. Der wachsende Verkehr ist also eine Voraussetzung für kapitalistische Akkumulation und Wachstum und beschleunigt diese gleichzeitig (Altvater 2016, S. 817–819).

Im späten 18. und 19. Jahrhundert wurde das Eisenbahnnetz in Europa massiv ausgeweitet. Auch die Dampfschifffahrt und die entsprechenden Hafeninfrastrukturen wurden ausgebaut, Flüsse wurden begradigt. Damit wurde die Geschwindigkeit zur Überwindung des Raumes von seinen „natürlichen" Schranken entkoppelt (Reheis 2016, S. 827–829). Insofern ging der Ausbau der Verkehrsinfrastruktur mit der im Kapital angelegten Tendenz zur Schaffung des Weltmarktes einher:

> „Die Tendenz, den Weltmarkt zu schaffen, ist unmittelbar im Begriff des Kapitals selbst gegeben. Jede Grenze erscheint als zu überwindende Schranke. Zunächst, jedes Moment der Produktion selbst dem Austausch zu unterwerfen und das Produzieren von unmittelbaren, nicht in den Austausch eingehenden Gebrauchswerten aufzuheben, d. h. eben, auf dem Kapital basierte Produktion an die Stelle früherer, von seinem Standpunkt aus naturwüchsiger Produktionsweisen zu setzen. Der Handel erscheint hier nicht mehr als zwischen den selbständigen Produktionen zum Austausch ihres Überflusses vorgehende Funktion, sondern als wesentlich allumfassende Voraussetzung und Moment der Produktion selbst" (MEW 42, S. 321).

Damit ist eine weitere zentrale Kategorie historisch-materialistischer Theoriebildung angesprochen: der Raum. Nach dem Verständnis von Henry Lefebvre (1991) ist Raum immer das Ergebnis von gesellschaftlicher Praxis. Diese soziale Produktion des Raums nimmt im Kapitalismus eine spezifische Form an. So geht die kapitalistische Entwicklung mit Urbanisierungsprozessen einher, die das ungleiche Beziehungsgefüge von Stadt und Land rekonfiguriert. Die städtischen Industrialisierungsprozesse und der damit zusammenhängende Bedarf an Arbeitskräften musste durch Formen der ursprünglichen Akkumulation ermöglicht werden, die auf einer Überwindung feudaler Abhängigkeitsverhältnisse, aber auch auf einer Zerstörung bzw. Einhegung der (ländlichen) Allmenden basierten. Die Stadt wurde der entscheidende Ort „für eine vom Grundeigentum unabhängige Existenz und Entwicklung des Kapitals" (Schmid 2010, S. 124).

Nach dem Verständnis von David Harvey setzt sich die kapitalistische Landnahme bzw. Umgestaltung der räumlichen Verhältnisse bis heute fort. Er spricht von einer Zeit-Raum-Kompression im Kapitalismus. Der Aufbau tendenziell weltumspannender Verkehrsnetze ist eine wesentliche Voraussetzung für die tatsächliche

Durchsetzung des Weltmarkts. Zugleich verkörpern die Verkehrsinfrastrukturen im Sinne einer gebauten Umwelt ein wichtiges Feld kapitalistischer Investitionen. Mit der verkehrlichen Erschließung des gesamten Erdballs wird der Raum einerseits homogenisiert. Andererseits spitzt sich die dem Kapitalismus immanente ungleiche räumliche Entwicklung zu, die wesentlich durch die Anbindung unterschiedlicher Räume an Mobilitätssysteme vermittelt ist (Harvey 2006).

In der Phase des Fordismus bekam die Entwicklungsdynamik des Kapitalismus und damit einhergehend das Verkehrs- und Wirtschaftswachstum eine ganz neue Qualität. Dies gilt auch im Hinblick auf die Zuspitzung der Krise der gesellschaftlichen Naturverhältnisse. Zunehmend wurde offensichtlich, dass die Wirtschaftsweise zu massiven Schädigungen der Umwelt führt, die negativ auf die Entwicklungsmöglichkeiten und die Lebensqualität in den Gesellschaften zurückwirkt. Der Fordismus lässt sich als eine Phase kapitalistischer Entwicklung fassen, die sich in Folge der großen Weltwirtschaftskrise nach 1929 etablierte und in den 1950er- und 60er-Jahren ihre Blüte erlebte.[2] Die Phase war durch die folgenden Merkmale gekennzeichnet: die Reorganisation des Produktionsprozesses mittels der Einführung der Fließbandarbeit und der Taylorisierung des Fertigungsprozesses und damit zusammenhängender immenser Produktivitätszuwächse; die Fertigung von standardisierten, industriell gefertigten (Massen-)Konsumgütern; die Teilhabe breiter Bevölkerungsschichten infolge relativ hoher Lohnabschlüsse und die gesellschaftliche Interessensvermittlung mittels massenintegrativer Apparate (Volksparteien, Gewerkschaften); das geschlechterpolitische Arrangement der bürgerlichen Kleinfamilie, die Lohnarbeit männlich und Hausarbeit weiblich definierte. International abgesichert wurde die fordistische Entwicklungskonstellation nach dem Zweiten Weltkrieg durch das Bretton-Woods-System (Hirsch und Roth 1986). Die fordistische Entwicklungskonstellation ging zudem einher mit einer Verallgemeinerung der imperialen Produktions- und Lebensweise in den kapitalistischen Zentren, also einer Lebensweise, die auf einer stetigen Aneignung von Natur und Arbeitskraft aus dem Globalen Süden basiert (Brand und Wissen 2017, S. 85–94).

In dieser Phase des organisierten Kapitalismus wurde das Automobil zum zentralen Verkehrsmittel, die verkehrliche Infrastrukturentwicklung auf die Automobilität ausgerichtet. Durch die Charta von Athen wurde im Jahr 1933 das Leitbild der funktional differenzierten Stadt in der Fachwelt verbreitet, in der Arbeiten, Wohnen und Freizeit räumlich getrennt werden sollten. Die zur Erholung und der Reproduktion der Ware Arbeitskraft dienenden neu entstehenden Einfamilienhaussiedlungen sollten durch ein gut ausgebautes, autogerechtes Straßennetz mit den Arbeits- und Produktionsstätten verknüpft werden. In der städtischen Politik und der Alltagspraxis der Subjekte setzte sich das Konzept der autogerechten Stadt in der Bundesrepublik allerdings erst seit den 1950er-Jahren durch. Damals wurde es zum Leitbild der Stadtplanung und Manifestation der fordistischen Entwicklungsweise auf der urbanen Ebene (Holzapfel 2016, S. 86). Mit zunehmender Automobilisierung wurde der öffentliche Verkehr nach und nach marginalisiert. So entschied etwa der (West-)Berliner Senat Anfang der 1960er-

[2] Siehe hierzu das Werk von Michel Aglietta (1979) zur politischen Ökonomie der USA.

Jahre – wie viele andere Stadtregierungen in den westlichen Gesellschaften – die Straßenbahnen abzuschaffen (Knie 2016, S. 42). In den USA haben General Motors und andere Konzerne mit darauf hingewirkt, dass bis in die späten 1950er-Jahre mehr als 90 % des Straßenbahnnetzes stillgelegt wurden (Paterson 2007, S. 73–73). Am deutlichsten bildete sich die neue automobilzentrierte städtische Konfiguration in Los Angeles heraus. Der Niedergang des öffentlichen Verkehrs korrespondierte mit dem Niedergang des Stadtzentrums und einer forcierten Suburbanisierung, in der das Automobil als einziges verbliebenes Fortbewegungsmittel fungierte (Läpple 1997, S. 200–201).

Zugleich handelt es sich beim Automobil zu einem gewissen Grad um ein positionelles Gut. War das Automobil in seinen Anfängen den Reichen vorbehalten, verlor es nach und nach seinen exklusiven Status (Gorz 2009; Sachs 1984). Die Zahl der in der BRD zugelassenen Automobile stieg von einer halben Million im Jahr 1950 auf 16,5 Mio. im Jahr 1975 an (Canzler 2016, S. 71). Damit einher gingen verschiedene Probleme von Verkehrsstaus über Unfälle, ein massiver Flächenverbrauch bis zu rasant ansteigenden verkehrsbedingten Emissionen. Darüber hinaus wurden mit den neu entstandenen automobilen Möglichkeiten zugleich neue Abhängigkeiten und Zwänge geschaffen: der Zwang weite Wege zum Arbeitsplatz zurückzulegen, große Summen für den Kauf und die Unterhaltung eines Autos aufzubringen und sich mit dem wachsenden Verkehrsfluss zu arrangieren: „Die scheinbare Autonomie des Besitzers verschleierte seine radikale Abhängigkeit" (Gorz 2009, S. 56). Mit den offensichtlich werdenden Schattenseiten der autogerechten Gesellschaft entwickelten sich seit den frühen 1970er-Jahren Debatten in sozialen Bewegungen und in der Wissenschaft, die die Automobilität kritisch hinterfragten und die Frage nach Alternativen aufwarfen.

Neben den materiellen Eigenschaften des Autos spielen zugleich kulturelle Dynamiken und die Produktion von automobilen Subjektivitäten eine wichtige Rolle, um die „Erfolgsgeschichte" des Automobils zu verstehen (Paterson 2007, S. 121–165; Sachs 1984). Im Lauf des 20. Jahrhunderts avancierte das Automobil zum zentralen Symbol für Fortschritt, Wohlstand und Unabhängigkeit. Die Bedeutung des Autos geht also weit über seine funktionalen Eigenschaften zur Überwindung des Raumes bzw. der Befriedigung von Mobilitätsbedürfnissen hinaus. Vielmehr wird Automobilität vielfach mit Freiheit und Wohlstand konnotiert und mit der Erschließung neuer Möglichkeitsräume verbunden, die etwa über Automobilclubs wie den ADAC und einschlägige Zeitschriften popularisiert wurden.

Die Aufladung des Autos als Ausdruck einer „freien" Gesellschaft drückt sich auch in der heute etwas skurril anmutenden Einordnung des damaligen Vize-Präsidenten des ADAC, Hans Bretz, aus, der in den 1950er-Jahren das Automobil als Ausdruck einer „nicht kollektivistischen Gesellschaftsform" (zitiert nach Manderscheidt 2012, S. 154) überhöhte.

Neben dem automobilen Freiheitsversprechen ist die Durchsetzung der Automobilität vielfach verwoben mit patriarchalen Geschlechterverhältnissen. Das Auto ist eng mit einer hegemonialen Männlichkeit verbunden, die sich in automobilen Alltagspraktiken und einer symbolischen Verbindung des männlichen Körpers mit der Macht der Maschine ausdrückt. Die dominanten Geschlechterverhältnisse äußern sich etwa in sexistischer Werbung und einer entsprechenden Konnotation des

Automobils, aber auch darin, dass die Automobilisierung der Gesellschaft in der Phase des Fordismus weitgehend auf die erwerbstätigen Teile der Bevölkerung beschränkt blieb, also vorwiegend auf die Männer (Paterson 2007, S. 47–49; Brand und Wissen 2017, S. 137–141).

Der stetige Bedeutungszuwachs des Automobils korrespondierte allerdings nicht nur mit einer immer tieferen Verankerung der Automobilität in den Alltagspraxen. Vielmehr wurde auch die Automobilindustrie im Laufe des 20. Jahrhunderts zur globalen Leitindustrie und ein wichtiges Terrain der Arbeiterkämpfe. Beverly Silver (2005) zeigt, dass die räumliche Expansion der Automobilindustrie auch getrieben war von Kämpfen der Arbeiter_innen im Autosektor. Durch die stetig wachsende automobile Durchdringung der westlichen kapitalistischen Gesellschaften konnten stets neue Formen der Landnahme erfolgen und die kapitalistische Akkumulationsdynamik erneuern. Entsprechend konstatierte bereits im Jahr 1946 der Unternehmensanalyst Peter Drucker: „The automobile industry stands for modern industry all over the globe. It is to the twentieth century what the Lancashire cotton mills were to the early nineteenth century: the industry of industries" (zitiert nach Paterson 2007, S. 93).

Insofern lässt sich festhalten, dass in der fordistischen Entwicklungskonstellation nicht nur ein großes BIP-Wachstum erzielt wurde. Breite Massen der Bevölkerung partizipierten an dem wachsenden Output von Gütern und Dienstleistungen. Ulrich Beck (1986, S. 122) prägte den Begriff des Fahrstuhl-Effekts: Zwar wurden die Klassengegensätze weder überwunden noch geschmälert, aber alle fuhren im Fahrstuhl nach oben zu mehr (Konsum-)Möglichkeiten. Das Auto wurde zum Symbol des neuen Wohlstands und Fortschritts, die hohen Wachstumsraten ermöglichten eine stabile Entwicklungskonstellation und die Einhegung gesellschaftlicher Konflikte (Dörre 2013, S. 119–120). Gleichwohl wurde das BIP-Wachstum wie auch das Verkehrswachstum mit enormen sozialen und ökologischen Problemen und neuen Abhängigkeiten erkauft. Der Fordismus war die Phase der Universalisierung der imperialen Lebensweise im globalen Norden.

Damit ist die Verkehrsentwicklung aus einer historisch-materialistischen Perspektive nicht zuletzt eng mit Fragen der Mobilitätsgerechtigkeit verbunden. Auch wenn in der Literatur keine einheitliche Definition dieses Begriffs vorliegt, soll er hier in einem umfassenden Sinne verstanden werden: Mobilitätsgerechtigkeit ist dann gegeben, wenn auf allen Scales (von der Quartiers- bis zur globalen Ebene) die Beschäftigten in den Mobilitätsunternehmen gute Arbeitsbedingungen vorfinden, wenn alle Menschen einen gleich guten Zugang zu Mobilitätsangeboten haben und wenn alle Menschen gleich gut vor den negativen Auswirkungen des Verkehrs geschützt werden (Klimakrise, Lärm, Luftverschmutzung).

Während die Entwicklungskonstellation bis in die 1970er-Jahre hinein in der historisch-materialistischen Debatte als fordistisch klassifiziert wird, herrscht keine Einigkeit darüber, wie die darauf folgende Phase bezeichnet werden soll. Häufig wird sie deshalb lediglich als post-fordistisch bezeichnet. Unstrittig ist jedoch, dass sich die kapitalistischen Gesellschaften in den letzten Jahrzehnten tiefgreifend gewandelt haben. So haben sich die Formen der Arbeitsorganisation grundlegend geändert. Statt starrer, extrem arbeitsteiliger, tayloristischer Formen fand ein Übergang zu flexibleren Formen und just-in-time Produktion statt, die unter Schlagwörtern wie Toyotismus gefasst werden (Jürgens et al. 1993). Zudem wurde eine

Spaltung der Beschäftigten durchgesetzt in Kernbelegschaften, die (noch) stark von den Errungenschaften des Fordismus profitieren, und prekären Randbelegschaften, die zumeist über Leiharbeitsfirmen beschäftigt werden. Zudem fand nach dem Ende des Fordismus ein Übergang von einer Niedrig- zu einer Hochzinspolitik und die Aufwertung des Finanzsektors statt. Die Staaten wandelten sich in diesem Prozess selbst zu nationalen Wettbewerbsstaaten und trieben die Veränderungen aktiv voran. Einmal in Gang gesetzt mussten sich die Staaten an dem sich intensivierenden Standortwettbewerb ausrichten, der durch die Liberalisierung und Deregulierung des Handels und der Finanzmärkte befeuert wurde (Hirsch 1996).

Im Zuge dieser Umbrüche haben sich zwar die Gesellschaften verändert und durch flexiblere Lebensentwürfe haben sich auch die Mobilitätsbedürfnisse ausdifferenziert. Gleichwohl hat sich an dem grundlegenden Zusammenhang, dass durch die stetige Orientierung auf Kapitalakkumulation in immer kürzeren Zeiträumen immer mehr Waren und Personen über immer längere Distanzen bewegt werden sollen, nichts geändert. Insofern ist es wenig überraschend, dass das Verkehrswachstum häufig das Wirtschaftswachstum übertrifft und der nach wie vor überwiegend auf fossilen Energieträgern basierende Verkehrssektor ganz wesentlich das Klima aufheizt (Altvater 2016). In der postfordistischen Phase hat sich also die autodominierte Gesellschaft nicht grundlegend verändert. Sie trägt wesentlich dazu bei, dass sich die Krise der Naturverhältnisse verschärft. Gesellschaftliche Krisen und Konflikte spitzen sich zu.

3 Dimensionen historisch-materialistischer Mobilitätsforschung

Historisch-materialistische Ansätze können dazu beitragen, die grundlegenden Strukturen des kapitalistischen Verkehrssystems sowie die aktuell mit ihm assoziierten Krisen und Umbrüche zu verstehen. Sie können ferner einen Beitrag dazu leisten, Ansatzpunkte für die Überwindung des Dilemmas von kapitalistischem Wachstum, sozialer Polarisierung und einer voranschreitenden Zerstörung der natürlichen Lebensgrundlagen zu finden. Für eine solche Analyse ist eine Unterscheidung von vier gesellschaftlichen Dimensionen gewinnbringend, wie sie Haas (2020) für das Verständnis einer hegemonialen Verankerung des Automobils vorgeschlagen hat: die Ökonomie, die Ideologie, die Alltagspraxen und der integrale Staat. Diese Dimensionen beeinflussen sich wechselseitig und sind als analytische Differenzierungen zu verstehen, die sich in der komplexen empirischen Wirklichkeit vielfältig überlagern.

3.1 Ökonomie

Im Gegensatz zu den meisten anderen Ansätzen in der Mobilitätsforschung bildet für historisch-materialistische Perspektiven die Ökonomie der Mobilität einen wichtigen Bezugspunkt. Zum Verständnis der Verkehrswirtschaft ist es wichtig zu berücksichtigen, dass die entsprechenden Unternehmen sich entlang der Wertschöpfungsketten in verschiedene Fraktionen und Teilbranchen differenzieren. Da sind zunächst die Automobilindustrie und die Zuliefererbeitriebe. Diese spielen nicht nur in Deutschland und der EU, sondern weit darüber hinaus eine bedeutende Rolle. Der weltweite Fahrzeugbestand beträgt mehr als eine Milliarde Autos. Mehr als fünf Prozent der globalen Industriearbeiter_innen sind im Automobilsektor beschäftigt, der von wenigen Großkonzernen dominiert wird und auf vielfache Weise mit anderen Sektoren verflochten ist (Ölindustrie, Rohstoffe, Bausektor etc.) (Mattioli et al. 2020, S. 4).

Im Zuge der sich gegenwärtig vollziehenden Elektrifizierung des Verkehrs zeichnen sich Rekonfigurationen der globalen Wertschöpfungsketten ab. So stellen etwa die Konkurrenz von Tesla und chinesischen Herstellern die deutschen Automobilunternehmen, die sehr lange am Verbrennungsmotor festgehalten haben und es teilweise immer noch tun (Stichwort: E-Fuels), vor große Herausforderungen. Insbesondere einige Zulieferbetriebe, die ausschließlich Teile für den fossilen Antriebsstrang herstellen, sind in ihrer Existenz bedroht. Doch zugleich ergeben sich etwa mit der Ansiedlung von Batteriefabriken oder neuen Werken (wie Tesla in Grünheide) neue Wertschöpfungspotenziale (Daum 2022).

Ferner vollzieht sich nicht nur eine Umstellung des Antriebsstrangs, sondern der Verkehr wird zunehmend digitalisiert. Insofern stellt sich auch die Frage, ob und wie die globalen Tech-Giganten (Apple, Alphabet, Amazon, Microsoft) weiter in den Verkehrssektor eindringen werden und wie sich das Verhältnis von Automobilindustrie und Tech-Konzernen gestalten wird. Diese Rekonfiguration der globalen Produktionsnetzwerke, die auch den Logistik- und den Rohstoffsektor betreffen, macht eine just transition erforderlich. Kristina Dietz und Louisa Prause (2023, S. 61) verweisen auf Schätzungen der Internationalen Energieagentur, wonach zwischen 2020 und 2040 die Nachfrage nach Lithium „um das 43-Fache, nach Kupfer um das 28-Fache und nach Kobalt um das 21-Fache steigen wird.“ Der Anstieg der Nachfrage ist nicht ausschließlich, aber zu einem bedeutenden Teil durch die E-Automobilität getrieben. Entsprechend argumentieren Dietz und Prause, dass Mobilitätsgerechtigkeit sämtliche Auswirkungen in den globalen Produktionsnetzwerken berücksichtigen muss. Dazu gehören nicht nur die Arbeitsbedingungen in den Mobilitätsindustrien, sondern auch die Produktionsbedingungen im Bergbausektor sowie die Nord-Süd.

Zudem gibt es diverse Anknüpfungspunkte zum Forschungsbereich der industriellen Beziehungen, der zumeist stärker auf den globalen Norden ausgerichtet ist. Inwieweit gelingt es, im Zuge der oben skizzierten Veränderungen gewerkschaftliche und betriebliche Errungenschaften zu erneuern und entlang der Wertschöpfungskette zu vertiefen? (Dörre et al. 2023) Wie ist es möglich, Beschäftigte in neuen Mobilitätsdienstleistungen und im Rahmen von neuen Ansiedlungen gewerkschaftlich zu organisieren? Werden vor dem Hintergrund von gravierenden Veränderungen bis hin zu Werksschließungen neue Konversionskonzepte entwickelt und in Umsetzung gebracht? (Candeias und Krull 2022)[3]. Diese und weitere Fragen stellen sich exemplarisch ausgehend von einer historisch-materialistischen Perspektive auf den Wandel von Mobilität und der damit zusammenhängenden Industrien.

[3] Siehe hierzu exemplarisch die Fälle Bosch/Berg am Laim und GKN in Italien (Kaiser 2023).

3.2 Ideologie

Dass es sich beim Automobil nicht lediglich um ein beliebiges Konsumgut handelt, ist gut durch Forschungsarbeiten dokumentiert (Sachs 1984; Paterson 2007). Es ist eine Ware, die im öffentlichen Raum genutzt wird und immer auch ein Abbild der ungleichen gesellschaftlichen Verhältnisse darstellt, die sich etwa entlang der Achsen von Klasse, Rasse und Geschlecht konstituieren. André Gorz schreibt dazu: „Der Massenautomobilismus ist die Konkretisierung eines vollständigen Triumphs der bürgerlichen Ideologie auf der Ebene der Alltagspraxis: Er begründet und unterhält die trügerische Vorstellung, dass sich jedes Individuum *auf Kosten aller* mehr Geltung verschaffen und bereichern kann“ (2009, S. 53). Dies deutet darauf hin, dass Automobile als privates und damit exklusives Gut Klassenunterschiede im öffentlichen Raum manifestieren und sinnbildlich für die in kapitalistischen Gesellschaften immanenten Statusunterschiede und Konkurrenzverhältnisse sind. Alan Walks zufolge gilt: „[...] automobility and the experience of driving help reproduce an ethos of individualism, self-reliance and competition“ (zit. nach Mattioli et al. 2020, S. 8).

Neuere Forschungen zeigen, dass sich die kulturelle Aufladung des Automobils seit dem Ende der fordistischen Ära verändert hat. Wurde lange Zeit das Auto vor allem als ein Garant für Freiheit und Fortschritt popularisiert (insbesondere in der Zeit, in der der Massenautomobilismus noch nicht so weit entwickelt gewesen ist), lässt sich in jüngerer Zeit beobachten, dass das Auto zunehmend zu einem Rückzugsort stilisiert wird (Haas 2018). Peter Wells und Dimitrios Xenias (2015) fassen diese Veränderung im einprägsamen Titel eines Beitrags folgendermaßen zusammen: „from the freedom of the open road to cocooning“. Nicht mehr das Versprechen von Freiheit dient als wesentliches Verkaufsargument, sondern das Automobil fungiert als Rückzugsraum, um sich vor einer zunehmend krisenhaften Umwelt und den Zumutungen des Massenverkehrs zu schützen. „SUV-Fahren [diene] als Krisenstrategie“, so Brand und Wissen (2017, S. 125). Die veränderte symbolische Zuschreibung und praktische Nutzung des Autos ist also auch Ausdruck gesellschaftlicher Krisen, die von den Subjekten als Verunsicherung ihrer Alltagsroutinen erlebt werden und zu entsprechenden Anpassungsstrategien führen. In Anbetracht der hier nur skizzierten Umbrüche in der politischen Ökonomie des Autos stellt sich die Frage, inwieweit die Hersteller etwa mittels Konzeptautos die Vision als Rückzugsraum weiter popularisieren und wie sich durch luxuriöse Infotainment-Ausstattungen neue Wertschöpfungspotenziale erschließen lassen (Haas und Jürgens 2020).

3.3 Integraler Staat

In der staatstheoretischen Tradition angelehnt an Antonio Gramsci und Nicos Poulantzas kann der integrale Staat als Nexus zwischen Zivilgesellschaft und Staat im engeren Sinne verstanden werden. Während in der Zivilgesellschaft vor allem Deutungskonflikte um die gesellschaftliche Entwicklungsrichtung ausgetragen werden, ist der Staat als ein soziales Verhältnis zu begreifen, in dem sich die gesellschaftlichen Kräfteverhältnisse verdichten. Der Staat ist somit kein neutraler Akteur, sondern konstituiert sich durch gesellschaftliche Konflikte und reproduziert die ungleichen Machtverhältnisse in der Gesellschaft. Zudem sind Staaten selbst durch ihre Finanzierung vorwiegend über Steuern abhängig von der Kapitalakkumulation und stehen unter Legitimationsdruck (Gramsci 1994; Poulantzas 2002).

Die Dominanz des Automobils wird in den zivilgesellschaftlichen Auseinandersetzungen reproduziert und hat sich tief in die staatlichen Apparate eingeschrieben. Dies ist im Hinblick auf die Verkehrs- und Infrastrukturentwicklung auf unterschiedlichen räumlichen Maßstabsebenen relevant. So setzt etwa die überragende Bedeutung der Automobilindustrie im Modell Deutschland der Entwicklung von alternativen Mobilitätsoptionen relativ enge Grenzen, zumal sich keine Akkumulationsstrategie jenseits des Automobils abzeichnet, die eine Abkehr von der bestehenden, stark auf das Automobil ausgerichteten, kompensieren könnte (Haas 2021; Keil und Steinberger 2023).

Der Staat nimmt mit verschiedenen Instrumenten Einfluss auf die Entwicklung des Verkehrs und spielt in der Verkehrs- und Infrastrukturentwicklung eine zentrale Rolle. Er bestimmt die Grundlagen der Mobilität durch das Ordnungsrecht, konkretisiert deren Ausgestaltung durch Planungsinstrumente auf verschiedenen Ebenen und kann darüber hinaus die Mobilitätsentwicklung über Steuern und Subventionen lenken. Allerdings stellt ein austeritätspolitisches Setting eine harte Restriktion für Investitionen in die Erhaltung der Mobilitätsinfrastruktur dar, wenngleich es durchaus großzügige Förderprogramme für den Markthochlauf der E-Automobilität gegeben hat, die jedoch im Zuge der für 2024 beschlossenen Haushaltskürzungen teilweise ausgelaufen sind (etwa die Prämie für den Kauf von E-Autos). Insofern gibt es innerhalb des Staates auf verschiedenen Maßstabsebenen Konflikte darum, wie hoch die Investitionen in den Mobilitätsbereich ausfallen,[4] wie diese auf die verschiedenen Verkehrsträger aufgeteilt werden und wer darüber bestimmen darf.

Diese Auseinandersetzungen lassen sich etwa im Rahmen einer historisch-materialistischen Policy-Analyse (HMPA) beforschen, die darauf ausgerichtet ist, den übergeordneten polit-ökonomischen Kontext in Artikulation mit konkreten Policy-Auseinandersetzungen zu bringen (Brand et al. 2022). Mit diesem Ansatz lassen sich beispielsweise die umkämpften Aushandlungen des Bundesverkehrswegeplans oder der Förderinstrumente für E-Autos analysieren. Darüber hinaus spielt auch die nationalstaatliche oder EU-Industriepolitik eine bedeutende Rolle etwa für die Entwicklung der Automobilindustrie (Pichler et al. 2021). Es stellt sich somit die Herausforderung, die Auseinandersetzungen in der Zivilgesellschaft und im Staat im engeren Sinne mit der Entwicklung von Mobilität im Sinne einer HMPA in Artikulation zu bringen.

[4] Das Bundesverkehrsministerium hat das höchste Investitionsbudget aller Ministerien.

3.4 Alltagspraxen

Die Auseinandersetzungen in Staat und Zivilgesellschaft wirken sich auch in vielfacher Hinsicht auf die (mobilitätsbezogenen) Alltagspraxen der Menschen aus. Welche Möglichkeiten gibt es im Hinblick auf die Nutzung des ÖPNVs? Wie sind die infrastrukturellen Voraussetzungen für verschiedene Formen von individueller Mobilität? Inwieweit werden neue Sharing-Modelle angeboten und angenommen? Diese wichtigen Fragen stehen häufig im Zentrum der Mobilitätsforschung. Gleichwohl stellt sich aus historisch-materialistischer Perspektive die Frage, inwieweit alltägliches Mobilitätsverhalten vermittelt ist mit den Dynamiken kapitalistischer Vergesellschaftung. Zugleich beeinflussen die alltäglichen Mobilitätspraktiken indirekt auch die politischen Strategiekonflikte im integralen Staat. Alltagsverhalten lässt sich nicht vollständig auf ökonomische und politische Strukturen zurückführen, sondern verfügt über einen Eigensinn, der seinerseits wirkmächtig werden kann.

Das gilt etwa im Hinblick darauf, wie Formen von sozialer Ungleichheit das Mobilitätsverhalten beeinflussen. Damit sind Fragen der Mobilitätsgerechtigkeit aus der Perspektive der Nutzer_innen angesprochen. Es gibt eindeutige Befunde, dass mit wachsendem Einkommen der Verkehrssaufwand und damit der ökologische Fußabdruck deutlich steigt. Während in Deutschland 92 % der wohlhabenderen Haushalte über ein oder mehrere Autos verfügen, nutzen Menschen aus ärmeren Haushalten deutlich häufiger den öffentlichen Nahverkehr (Nobis und Kuhnimhof 2018). Im Hinblick auf die Geschlechterverhältnisse zeigt sich, dass Frauen, die nach wie vor den überwiegenden Teil der Sorgearbeit übernehmen und häufiger in Teilzeit arbeiten, regelmäßig mehrere Wegeketten miteinander kombinieren und entsprechend andere Mobilitätsbedürfnisse als Männer haben. Männer legen pro Tag doppelt so viele Kilometer mit dem Pkw zurück (dies.). Bauhardt (2007) etwa hat gezeigt, dass das Angebot des ÖPNV stark auf (männliche) Berufspendler ausgerichtet ist und weniger auf Menschen, die Sorgetätigkeiten verrichten und entsprechend andere Mobilitätsbedarfe haben. Die Forschung zu mobility justice (mit Fokus auf die USA) verdeutlicht darüber hinaus, dass die ungleiche Entwicklung innerhalb von städtischen Räumen sich häufig entlang von ethnischen Linien entwickelt und Mobilitätsarmut eine starke rassistische Komponente aufweist (Sheller 2018). Entsprechend stellt sich die Herausforderung aus historisch-materialistischer Perspektive, die mobilitätsbezogenen Alltagspraxen in Beziehung zu setzen mit den gesellschaftlichen Verhältnissen und darin eingeschriebenen Ungleichheitsverhältnissen.

4 Perspektiven historisch-materialistischer Mobilitätsforschung

Es sind verschiedene historisch-materialistisch inspirierte Arbeiten zu Mobilität entstanden, aber es hat sich bisher keine kohärente Forschungsrichtung in diesem Feld herausgebildet. Gleichwohl gibt es diverse kleinere Forschungsprojekte, die verschiedene Facetten von Mobilität untersuchen und dabei an Ansätze des historischen Materialismus anknüpfen. In diesem Sinne ist auch das im letzten Abschnitt skizzierte Konzept der vierdimensionalen hegemonialen Absicherung der Automobilität entstanden. Zentrales Merkmal von historisch-materialistischen Zugängen zu Mobilität ist, dass sie empirische Phänomene nicht isoliert betrachten, sondern in Artikulation bringen mit den übergeordneten kapitalistisch geprägten Verhältnissen. Dieser Anspruch entspricht dem Ansatz der HMPA, die neben der Akteurs- und der Prozessanalyse auch den Kontext, also den gesellschaftlichen (Re-)produktionszusammenhang in die jeweilige Analyse einbezieht (Brand et al. 2022).

Vor diesem Hintergrund können historisch-materialistische Ansätze insbesondere Beiträge dazu leisten, die politische Ökonomie der Mobilität zu analysieren. Allerdings muss dabei berücksichtigt werden, dass die Sphären der Ökonomie, der Ideologie, des integralen Staates und der Alltagspraxen aufeinander bezogen sind. In diesem Sinne ist auch die eingangs zitierte Aufforderung von Oliver Schwedes zu verstehen, die Verkehrsentwicklung nicht losgelöst von der Entwicklung des Kapitalismus zu analysieren (Schwedes 2017, S. 31).

In diesem Sinne können historisch-materialistische Forschungsansätze wichtige Beiträge leisten, gerade auch vor dem Hintergrund der sich aktuell vollziehenden Umbrüche und Konflikte in der Gesellschaft, die in der einen oder anderen Art und Weise starke Mobilitätsbezüge haben. Dies gilt sowohl für die Klima- als auch die Migrationspolitik. Gleichwohl gilt es, unterschiedliche Analyseperspektiven und auch unterschiedliche disziplinäre, inter- und transdisziplinäre Zugänge produktiv aufeinander zu beziehen, sodass die Mobilitätsforschung Impulse für eine globale, sozial und ökologisch gerechte Mobilitätswende setzen kann, die notwendigerweise weit über eine Elektrifizierung des Antriebsstrangs von Autos hinausgeht (Dietz und Prause 2023).

Literatur

Aglietta, M. 1979. *A theory of capitalist regulation. The US experience*. London: Verso.

Altvater, E. 2016. Verkehrtes Wachstum: Zur Verkehrsentwicklung im Rahmen der kapitalistischen Verwertungslogik. In *Handbuch Verkehrspolitik*, Hrsg. Oliver Schwedes, Weert Canzler, und Andreas Knie, 807–826. Wiesbaden: Springer VS.

Bauhardt, C. 2007. Feministische Verkehrs- und Raumplanung. In *Handbuch Verkehrspolitik*, Hrsg. Weert Canzler, Andreas Knie, und Oliver Schöller, 301–322. Wiesbaden: Springer VS.

Beck, U. 1986. *Risikogesellschaft. Auf dem Weg in eine andere Moderne*. Frankfurt a. M.: Suhrkamp.

Becker, J. 2002. *Akkumulation, Regulation, Territorium. Zur kritischen Rekonstruktion der französischen Regulationstheorie*. Marburg: Metropolis-Verlag.

Brand, U., und M. Wissen. 2017. *Imperiale Lebensweise. Zur Ausbeutung von Mensch und Natur im globalen Kapitalismus*. München: oekom.

Brand, U., M. Krams, V. Lenikus, und E. Schneider. 2022. Contours of historical-materialist policy analysis. *Critical Policy Studies* 16(3): 279–296.

Candeias, M., und S. Krull. 2022. *Spurwechsel: Studien zu Mobilitätsindustrien, Beschäftigungspotenzialen und alternativer Produktion*. Hamburg: VSA.

Canzler, W. 2016. *Automobil und moderne Gesellschaft. Beiträge zur sozialwissenschaftlichen Mobilitätsforschung*. Münster: LIT.

Daum, T. 2022. *Agile Methods on the Shop Floor: Towards a „Tesla Production System"?* (Weizenbaum Series, 31). Berlin: Weizenbaum Institute for the Networked Society – The German Internet Institute. https://doi.org/10.34669/WI.WS/31.

Dietz, K., und L. Prause. 2023. Gerechte Verkehrswende global – ein Analyseansatz. *Journal für Entwicklungspolitik* 34(3/4): 62–82.

Dörre, K. 2013. Landnahme. Triebkräfte, Wirkungen und Grenzen kapitalistischer Wachstumsdynamik. In *Die globale Einhegung – Krise, ursprüngliche Akkumulation und Landnahmen im Kapitalismus*, Hrsg. Maria Backhouse, Olaf Gerlach, Stefan Kalmring, und Andreas Nowak, 112–140. Münster: Westfälisches Dampfboot.

Dörre, K., S. Liebig, K. Lucht, und J. Sittel. 2023. Klasse gegen Klima? Transformationskonflikte in der Autoindustrie. *Berliner Journal für Soziologie* 34(1): 9–46.

Görg, C. 2003. *Regulation der Naturverhältnisse. Zu einer kritischen Theorie der ökologischen Krise*. Münster: Westfälisches Dampfboot.

Gorz, A. 2009. *Auswege aus dem Kapitalismus. Beiträge zur politischen Ökologie*. Zürich: Rotpunktverlag.

Gramsci, A. 1994. In *Gefängnishefte* (Kritische Gesamtausgabe), Hrsg. Wolfgang Fritz Haug. Hamburg/Berlin: Argument.

Haas, T. 2018. *Verkehrswende und Postwachstum. Die Suche nach Anknüpfungspunkten.* Working Paper 4/2018 der DFG Kollegforscher_innengruppe Postwachstumsgesellschaften. Jena.

———. 2020. Cracks in the gearbox of car hegemony: Struggles over the German Verkehrswende between stability and change. *Mobilities* 15(6): 810–827. https://doi.org/10.1080/17450101.2020.1817686.

———. 2021. Die Mobilitätswende als Auslöser einer tief greifenden Transformation des „Modell Deutschland"? *Politische Vierteljahresschrift* 62(1): 149–170.

Haas, T., und I. Jürgens. 2020. Wie weiter mit dem Auto? Erneuerungsstrategien und Konzeptautos von VW, Daimler und BMW im Lichte der digitalen Mobilitätsrevolution. In *Baustelle Elektromobilität Sozialwissenschaftliche Perspektiven auf die Transformation der (Auto-)Mobilität*, Hrsg. Achim Brunnengräber und Tobias Haas, 69–92. Bielefeld: transcript.

Harvey, D. 2006. *Spaces of global capitalism: A theory of uneven geographical development.* London: Verso.

Hirsch, J. 1996. *Der nationale Wettbewerbsstaat: Staat, Demokratie und Politik im globalen Kapitalismus*. Berlin: Edition ID-Archiv.

Hirsch, J., und R. Roth. 1986. *Das neue Gesicht des Kapitalismus. Vom Fordismus zum Post-Fordismus*. Hamburg: VSA.

Holzapfel, H. 2016. *Urbanismus und Verkehr. Bausteine für Architekten, Stadt- und Verkehrsplaner.* Wiesbaden: Springer Vieweg.

Jürgens, U., T. Malsch, und K. Dohse. 1993. *Breaking from taylorism: Changing forms of work in the automobile industry.* Cambridge: Cambridge University Press.

Kaiser, J. 2023. Rückkehr der Konversionsbewegung? Potenziale und Grenzen der Konversionsbestrebungen sozial-ökologischer Bündnisse rund um Autozuliefererwerke. *PROKLA* 53(210): 35–53. https://doi.org/10.32387/prokla.v53i210.2031.

Keil, A.K., und J.K. Steinberger. 2023. Cars, capitalism and ecological crises: Understanding systemic barriers to a sustainability transition in the German car industry. *New Political Economy.* https://doi.org/10.1080/13563467.2023.2223132.

Knie, Andreas. 2016. Sozialwissenschaftliche Mobilitäts- und Verkehrsforschung: Ergebnisse und Probleme. In *Handbuch Verkehrspolitik*, Hrsg. Oliver Schwedes, Weert Canzler, und Andreas Knie, 33–52. Wiesbaden: Springer VS.

Läpple, D. 1997. Grenzen der Automobilität? *PROKLA* 27(107): 195–216.

Lefebvre, H. 1991. *The production of space*. Oxford/Cambridge: Blackwell.

Malm, A. 2016. *Fossil capital: The rise of steam power and the roots of global warming*. London: Verso.

Manderscheid, K. 2012. Automobilität als raumkonstituierendes Dispositiv der Moderne. In *Die Ordnung der Räume. Geographische Forschung im Anschluss an Michel Foucault*, Hrsg. Henning Füller und Boris Michel, 145–178. Münster: Westfälisches Dampfboot.

Marx, K. 1971. In *Die Frühschriften*, Hrsg. Siegfried Landshut. Stuttgart: Alfred Körner.

Mattioli, G., C. Roberts, J.K. Steinberger, und A. Brown. 2020. The political economy of car dependence: A systems of provision approach. *Energy Research & Social Science,* 101484.

MEW – Karl Marx. o.J. Friedrich Engels, Gesammelte Werke. Berlin: Karl-Dietz.

Nobis, C., und T. Kuhnimhof. 2018. *Mobilität in Deutschland – MiD Ergebnisbericht.* Studie von infas, DLR, IVT und infas 360 im Auftrag des Bundesministeriums für Verkehr und digitale Infrastruktur, Bonn/Berlin.

Paterson, M. 2007. *Automobile politics. Ecology and cultural political economy.* Cambridge: Cambridge University Press.

Pichler, M., N. Krenmeyr, E. Schneider, und U. Brand. 2021. EU industrial policy: Between modernization and transformation of the automotive industry. *Environmental Innovation and Societal Transitions* 38:140–152.

Plehwe, D. 1997. Eurologistik, „Europäische" Verkehrspolitik und die Entwicklung eines transnationalen (Güter-)Transportsystems. *PROKLA* 27(107): 217–243. https://doi.org/10.32387/prokla.v27i107.880.

Poulantzas, N. 2002. *Staatstheorie: Politischer Überbau, Ideologie, Autoritärer Etatismus*. Hamburg: VSA.

Reheis, F. 2016. Beschleunigung versus Entschleunigung: Zwei konträre Leitbilder der Verkehrspolitik. In *Handbuch Verkehrspolitik*, Hrsg. Oliver Schwedes, Weert Canzler, und Andreas Knie, 827–852. Wiesbaden: Springer VS.

Sachs, W. 1984. *Die Liebe zum Automobil: Ein Rückblick in die Geschichte unserer Wünsche.* Reinbek: Rowohlt.

Schmid, C. 2010. *Stadt, Raum und Gesellschaft. Henri Lefebvre und die Theorie der Produktion des Raumes*. Stuttgart: Steiner.

Schwedes, O. 2017. *Verkehr im Kapitalismus*. Münster: Westfälisches Dampfboot.

Sheller, M. 2018. *Mobility justice. The politics of movement in an age of extremes*. London: Verso.

Silver, B.J. 2005. *Forces of Labor. Arbeiterbewegungen und Globalisierung seit 1870.* Berlin/Hamburg: Assoziation A.

Wells, P., und D. Xenias. 2015. From 'freedom of the open road' to 'cocooning': Understanding resistance to change in personal private automobility. *Environmental Innovation & Societal Transitions* 16:106–119.

Wissen, M. 2020. Klimakrise und Klassenkampf: Zum Verhältnis von ökologischen und sozialen Konflikten. *PROKLA 50*(200): 441–464. https://doi.org/10.32387/prokla.v50i200.1900.

Soziale Innovationen und die sozial-ökologische Transformation urbaner Mobilität

Die Neuaufteilung öffentlicher Räume als Schlüssel zu nachhaltiger Mobilität

Martin Lanzendorf, Annabell Baumgartner und Nora Klinner

Inhalt

Zusammenfassung

In diesem Beitrag untersuchen wir die Rolle sozialer Innovationen für die sozial-ökologische Transformation urbaner Mobilität. Wir verstehen darunter Veränderungen, die auf die Entwicklung neuer Alltagspraktiken und Organisationsmodelle abzielen, um Lösungen für gesellschaftliche Herausforderungen zu finden. Konkret untersuchen wir drei verkehrspolitische Maßnahmen, die zur Herausbildung und Stabilisierung neuer, weniger automobilorientierter Alltagspraktiken beitragen: (i) die Umgestaltung des öffentlichen Raums durch eine veränderte Nutzung und ggf. Verteuerung bisher für das Parken von Pkw genutzter Flächen, (ii) die Umwandlung von Pkw-Spuren auf Hauptverkehrsstraßen zu Fahrradspuren sowie (iii) die Schließung einer innerstädtischen Hauptverkehrsstraße für den Pkw-Verkehr. Insgesamt wird deutlich, dass die Zustimmung der Bevölkerung zu den genannten Maßnahmen – trotz öffentlichkeitswirksamer Proteste und Kampagnen dagegen – überraschend hoch ist. Dabei werden sowohl Unterschiede je nach Wohnviertel als auch je nach Mobilitätspraktiken und der individuellen Bereitschaft, die eigene Autonutzung zu reduzieren, erkennbar. Vielversprechend scheinen zukünftig von

M. Lanzendorf (✉) · A. Baumgartner · N. Klinner
Institut für Humangeographie, Goethe-Universität Frankfurt am Main, Frankfurt am Main, Deutschland
E-Mail: lanzendorf@geo.uni-frankfurt.de; a.baumgartner@geo.uni-frankfurt.de; klinner@geo.uni-frankfurt.de

W. Canzler et al. (Hrsg.), *Handbuch Mobilität und Gesellschaft*,
https://doi.org/10.1007/978-3-658-37557-7_7

Wissenschaft und Praxis angestoßene partizipative Prozesse in urbanen Quartieren, um die Mobilitätswende weiter voran zu bringen.

Schlüsselwörter

Soziale Innovation · Sozial-ökologische Transformation · Verkehrspolitische Maßnahmen · Neuaufteilung öffentlicher Räume · Urbane Mobilität

1 Einleitung

Das automobilzentrierte Mobilitätssystem stellt moderne Gesellschaften vor vielfältige Herausforderungen, die wissenschaftlich bereits ausgiebig erforscht sind (Becker 2016; Hendzlik et al. 2022). Allerdings gibt es bisher keine überzeugenden politischen Strategien, weder zur Lösung globaler (z. B. Klima, Verbrauch fossiler Ressourcen) noch lokaler ökologischer und sozialer Krisen (z. B. gesundheitsschädliche Immissionen von Lärm und Luftschadstoffen, übermäßiger Flächenverbrauch für fahrende und stehende Pkw oder Mobilitätsarmut).

Urbane Räume sind aus verschiedenen Gründen besonders bedeutsam für die Erprobung und Umsetzung von Transformationen des Mobilitätssystems. Zum einen wachsen sie weltweit sehr stark, wodurch vielfältige Belastungen und Einschränkungen durch den motorisierten Verkehr besonders sichtbar sind (WBGU 2016). Zum anderen bieten sich hier auch vielfältige Möglichkeiten zur Nutzung alternativer Verkehrsmittel, sodass die Voraussetzungen für eine Mobilitätswende im Sinne veränderter Alltagspraktiken günstig sind. Tatsächlich bestehen bereits in vielen Städten Deutschlands und Europas umfangreiche Erfahrungen mit Maßnahmen zur Gestaltung und Veränderung entsprechender Alltagspraktiken (z. B. Nilsson et al. 2016; Ruhrort 2019). Während sich in nicht-urbanen Räumen häufig eher die Frage stellt, ob verkehrliche Alternativen zum Ersatz oder nur zur Ergänzung des dominierenden automobilen Verkehrssystems geeignet sind bzw. ob sie überhaupt einen erfolgversprechenden Gegenentwurf zum vorherrschenden automobilen Dispositiv (Manderscheid 2014) bieten können, tritt in urbanen Räumen eher die Frage in den Vordergrund, ob und welche automobilen Mobilitätspraktiken durch andere ersetzt werden können.

Sozio-technische Innovationen sind der Kern politisch-planerischer Gestaltungsoptionen zur Veränderung mobilitätsbezogener Alltagspraktiken. Wir unterscheiden nachfolgend vorrangig technische Innovationen von sozialen Innovationen, um den Fokus auf die *Neukonfiguration sozialer Praktiken* zu legen und somit auf eine nachhaltige Veränderung systemischer Strukturen und nicht einzelner Technologien (Howaldt und Schwarz 2022). Die von der (Bundes-)Verkehrspolitik geförderten Innovationen sind bisher im Wesentlichen auf die Entwicklung neuer Technologien (z. B. neue Antriebstechnologien oder autonome Fahrsysteme) oder den Ausbau verkehrlicher Infrastrukturen ausgerichtet (Haefeli 2016). Industriepolitische Zielstellungen („Leitmarkt Elektromobilität“) überwiegen damit gegenüber solchen zu einer Mobilitätswende (Busch-Geertsema et al. 2015). Die Behauptung mit den neuen Technologien zugleich auch sozial-ökologischen Herausforderungen zu begegnen (z. B. Klimaschutz oder Knappheit fossiler Ressourcen) wird jedoch angesichts fehlender Belege aus Sicht der Transformationsforschung angezweifelt (Mögele 2022).

Allerdings werden soziale Innovationen bislang in der Verkehrs- und Mobilitätspolitik noch zu wenig thematisiert. Wir verstehen darunter Veränderungen, die sich auf die Entwicklung neuer Alltagspraktiken und Organisationsmodelle richten, um Lösungen für gesellschaftliche Herausforderungen zu finden (Hassel et al. 2019). Häufig können diese auch mit technologischen Innovationen verbunden sein, welche jedoch nur als Mittel zum Zweck dienen und daher eine untergeordnete Rolle spielen. Zahlreiche kommunale Beispiele der jüngeren Vergangenheit zeigen, welche zentrale Bedeutung die Veränderung von Alltagspraktiken und gesellschaftlichen Bedeutungszuschreibungen für eine sozial-ökologische Transformation haben (Bertolini 2020). So zeigen etwa die Radentscheide in deutschen Städten, wie sich dadurch das Verständnis von Möglichkeiten der Verkehrs- und Mobilitätspolitik verändert hat und die Umsetzung von zuvor kaum als „realistisch" betrachteten Maßnahmen möglich wurde (von Schneidemesser 2021).

In diesem Beitrag soll die Neuaufteilung öffentlicher Räume – wie sie bereits heute in zahlreichen Städten zu Lasten der Flächen für den privaten Pkw-Verkehr umgesetzt wird – als eine soziale Innovation zur Veränderung von Mobilitätspraktiken für die sozial-ökologische Transformation urbaner Räume in den Blick genommen werden. Gerade wenn Maßnahmen mit dem System der Automobilität brechen und dieses – häufig auch nur in beschränktem Umfang – zurückdrängen wollen, entstehen vielfältige wissenschaftliche Fragestellungen, die sich sowohl auf die Zustimmung der betroffenen Bürger*innen und weiterer Akteure (z. B. Gewerbetreibende, Politik, Verwaltung) als auch auf die sozial-ökologischen Wirkungen veränderter Alltagspraktiken auswirken.

Beispielhaft soll in diesem Beitrag auf drei verkehrspolitische Maßnahmen zur Neuaufteilung öffentlicher Räume und deren Umsetzung in Städten näher eingegangen werden, die von uns als soziale Innovationen angesehen werden und die für die Transformation urbaner Räume von wesentlicher Bedeutung sein können: (i) die Umgestaltung des öffentlichen Raums durch eine veränderte Nutzung und ggf. Verteuerung bisher für das Parken von Pkw genutzter Flächen, (ii) die Umwandlung von Pkw-Spuren auf Hauptverkehrsstraßen zu Fahrradspuren sowie (iii) die Schließung einer innerstädtischen Hauptverkehrsstraße für den Pkw-Verkehr. In allen Fällen wird es weniger um die direkten und quantitativ messbaren Veränderungen der Alltagspraktiken gehen. Vielmehr werden wir darstellen, wie die Zustimmung der Wohnbevölkerung zu solchen Maßnahmen aussieht und wovon diese abhängt. Für letzteres werden wir besonders die räumliche Lage und Struktur der Wohnviertel, die alltäglichen Mobilitätspraktiken der Befragten sowie deren persönliche Bereitschaft zur Reduzierung der Pkw-Nutzung betrachten.

Im nachfolgenden Abschnitt wird zunächst die Bedeutung sozialer gegenüber technologischer Innovationen für den Transformationsprozess diskutiert. Anschließend wird beispielhaft auf die Zustimmung der Bevölkerung zu drei sozialen Innovationen in der kommunalen Verkehrspolitik eingegangen. Darauf folgt eine Zusammenfassung zentraler Einflussfaktoren für die Unterstützung der Maßnahmen, bevor schließlich in einem Fazit Schlussfolgerungen für die zukünftige Mobilitätsforschung gezogen werden.

2 Innovationen zur Transformation urbaner Mobilität

2.1 Grenzen technologischer Innovationen für die Transformation urbaner Mobilität

Die Bedeutung sozialer Innovationen zur Transformation urbaner Mobilität basiert unter anderem darauf, dass technologische Innovationen nicht ausreichen werden, um die vielfältigen ökologischen und sozialen Probleme des Verkehrssystems zu lösen. Technologische Innovationen werden oft als Hoffnungsträger zelebriert. Dies hat aber oftmals eher industriepolitische Gründe: Mit technologischen Innovationen ist die Hoffnung verbunden, dass neben der Transformation urbaner Mobilität zugleich auch industriepolitische Ziele erreicht werden können, sodass Wachstumslogiken – auch in der Automobilindustrie – und letztlich das System Automobilität nicht hinterfragt werden müssen (Busch-Geertsema et al. 2015).

Ein Beispiel dafür bietet die Technologie „Elektromobilität“ mit dem berühmten Ziel der damaligen Bundeskanzlerin, von 2009 bis zum Jahr 2020 eine Million Elektrofahrzeuge auf deutsche Straßen zu bringen. Obwohl dieses industriepolitische Ziel nicht erreicht wurde – 2020 gab es nur ca. 0,15 Mio. Elektro-Pkw bzw. 0,25 Mio. inklusive Plug-In-Hybride –, so wiegt ein anderer Aspekt wesentlich schwerer: das suggerierte Ziel, dass Pkw mit konventionellem Diesel- oder Benzinantrieb durch Elektrofahrzeuge ersetzt werden sollten, wurde ebenfalls verfehlt. Die gesamte Pkw-Flotte stieg in diesem Zeitraum von 41 Mio. in 2009 auf 48 Mio. in 2020. Die Elektrofahrzeuge ersetzten somit keine Pkw mit Verbrennungsmotor. Stattdessen kamen zusätzlich zu den bereits vorhandenen Pkw knapp 7 Mio. weitere mit konventionellem Antrieb hinzu (Umweltbundesamt 2022). Die notwendige Reduzierung von Treibhausgasemissionen oder des Verbrauchs fossiler Ressourcen – zwei der zentralen Versprechen von Elektromobilität – wurden damit im vergangenen Jahrzehnt nicht erreicht.

Weitere Innovationen der Fahrzeugindustrie und Digitalwirtschaft versprechen mit autonomen Fahrzeugen, Sharing-Angeboten und -Dienstleistungen ähnliche Erfolge wie die Elektroantriebe. Nach bisherigem Wissensstand zur Effektivität vorhandener Entwicklungen kann ein solcher Technooptimismus jedoch stark angezweifelt werden. So gibt es z. B. zur Perspektive autonomen Fahrens bereits zahlreiche kritische Abschätzungen (Stickler et al. 2021; Fleischer und Schippl 2018). Es bestehen erhebliche Zweifel an sozial-ökologischen Vorteilen autonomer Fahrzeuge wie auch an Verbesserungen von Lebens- und Aufenthaltsqualitäten in urbanen Räumen. Auch sind die sozial-ökologischen Auswirkungen von manchen Mitfahrdienstleistungen, wie z. B. jene der erfolgreichen Sharing-Economy-Unternehmen Uber oder Lyft, fraglich. So zeigen bereits frühe Studien als Folge dieser Dienste einen vermehrten Pkw-Verkehr, zum Teil zu Lasten von Bus- oder Bahnangeboten (Gehrke et al. 2019; Circella et al. 2019; Tirachini 2020). Auch für sogenannte Ridepooling-Angebote, also das Teilen solcher Mitfahrdienstleistungen, sind die sozial-ökologischen Auswirkungen bislang offen. Solche Effekte, dass Bemühungen zur Verringerung der Umweltauswirkungen zu unbeabsichtigten Folgen führen, die den angestrebten Nutzen teilweise aufheben oder sogar umkehren, werden als Rebound-Effekte bezeichnet (Becker 2019).

Schließlich übersieht die Engführung der Mobilitätswende auf technologische Innovationen – wie bislang auch in der Bundesverkehrspolitik geschehen (Busch-Geertsema et al. 2015) – andere Problemdimensionen von Automobilität, wie z. B. die Lärm- und Schadstoffimmissionen oder die übermäßige Flächeninanspruchnahme. Eine alleine technische Optimierung und Re-Organisation des Verkehrs- und Antriebssystems wird die Automobilität weiter stärken und die automobilen Alltagspraktiken nicht verändern. Damit werden übergeordnete strategische Ziele städtischer Entwicklung, wie z. B. die Stärkung des Gemeinwohls, die soziale Teilhabe und Interaktion, eine Verringerung von Mobilitätsarmut oder die Verbesserung urbaner Qualitäten nicht erreicht.

2.2 Chancen sozialer Innovationen für die Transformation urbaner Mobilität

Soziale Innovationen in der urbanen Mobilitätspolitik umfassen ganz unterschiedliche Veränderungen, deren Gemeinsamkeit die Einbeziehung von Bürger*innen zur Gestaltung von Stadt und Verkehr ist (Howaldt und Schwarz 2022). Reallabore, in denen neue verkehrspolitische Maßnahmen erprobt sowie relevante Fragestellungen aus aktuellen kommunalen Diskussionen abgeleitet und in enger Interaktion mit Akteuren aus der Zivilgesellschaft, der Politik oder auch Verwaltung weiterentwickelt und diskutiert werden, sind ein Beispiel für soziale Innovationen mit einem hohen Anspruch an Partizipation. Das dadurch in den Reallaboren generierte Wissen beeinflusst wiederum öffentliche Debatten und Politikprozesse (Schäpke et al. 2018). Gerade in der Verkehrspolitik und -planung hat es bis in die jüngere Vergangenheit hinein erhebliche Defizite im Hinblick auf den Einbezug partizipatorischer Elemente gegeben. Lange Zeit herrschte die Vorstellung vor, dass in traditionellen Planungsprozessen ingenieurwissenschaftliches Expert*innenwissen zur Lösung der Verkehrsprobleme ausreichend und deshalb der Einbezug von „Laien" nicht zielführend sei (Rupprecht Consult 2019).

In jüngster Zeit hat es – insbesondere in urbanen Räumen – gleichwohl einige Versuche gegeben, die Benutzung von Autos zu reduzieren und alternative Verkehrsmittel stärker zu entwickeln (z. B. flächenhafte Verkehrsberuhigung, Fahrrad- und ÖV-Förderung etc., Busch-Geertsema et al. 2015). Ein Instrument hierfür sind beispielsweise nachhaltige städtische Mobilitätspläne (Sustainable Urban Mobility Plan, SUMPs). Es handelt sich dabei um strategische Pläne, die unter Berücksichtigung von Grundsätzen der Integration, Partizipation und Evaluation darauf abzielen, die Mobilitätsbedürfnisse von Menschen und Unternehmen in Städten und ihrer Umgebung zu befriedigen, um eine bessere Lebensqualität für alle zu erreichen (Rupprecht Consult 2019). So zeigte z. B. die Stadt Gent mit einem solchen Verfahren, wie es gelingen kann, strategische Ziele – in diesem Fall eine systematische Beruhigung und Reduzierung des Autoverkehrs in der Innenstadt – erfolgreich umzusetzen, indem Konfliktstellen, die von Bürger*innen erkannt werden, in die Umsetzungsplanung systematisch integriert werden (Kolb 2021).

Ein weiteres Beispiel sind die in der Einleitung bereits erwähnten Radentscheid-Initiativen in deutschen Städten (z. B. in Berlin, Darmstadt oder Frankfurt), die als Graswurzelbewegungen in vielen Kommunen der Ausgangspunkt für soziale Innovationen zur Verbesserung nicht-motorisierter Mobilität und zum Teil auch für darüber hinausgehende städtebauliche Umgestaltungen waren. Die Kooperation von engagierten Bürger*innen auf der einen Seite, die zudem häufig von Expert*innen aus Wissenschaft und alternativer Planungspraxis unterstützt wurden, sowie von kommunaler Verwaltung und Politik auf der anderen Seite zeigte dabei das Potenzial solcher neuer und weitgehend informeller Kooperationsformen. Letztlich werden damit – neben dem ursprünglichen Ziel der Verbesserung von Bedingungen des Fahrradverkehrs – auch darüber hinausgehende Ziele einer kommunalen Mobilitätswende erreichbar, denn nach einer langen Zeit, in der die Verkehrspolitik eher als Verkehrsmanagement betrachtet und somit entpolitisiert wurde (Schwedes 2016), werden verkehrspolitische Maßnahmen durch die Radentscheide stärker in der Öffentlichkeit diskutiert.

3 Soziale Innovationen in der kommunalen Politik

Nachfolgend werden drei soziale Innovationen beispielhaft näher betrachtet, die für eine sozial-ökologische Transformation urbaner Mobilität besonders geeignet erscheinen: (i) die Umgestaltung des öffentlichen Raums durch eine veränderte Nutzung und ggf. Verteuerung bisher für das Parken von Pkw genutzter Flächen, (ii) die Umwandlung von Pkw-Spuren auf Hauptverkehrsstraßen zu Fahrradspuren sowie (iii) die Schließung einer innerstädtischen Hauptverkehrsstraße für den Pkw-Verkehr. Dabei handelt es sich um zunächst vorrangig organisatorische und infrastrukturelle Maßnahmen, die auf die Entwicklung neuer Alltagspraktiken („Mobilitätswende“) und entsprechender Organisationsmodelle und somit soziale Innovationen abzielen. Es wird untersucht, ob und ggf. wie die Umsetzung dieser sozialen Innovationen erfolgversprechend ist. Dazu wird analysiert, inwiefern die untersuchten Maßnahmen auf Zustimmung innerhalb der Bevölkerung treffen, was häufig als wichtiger Erfolgsfaktor für die Umsetzung gilt (Eriksson et al. 2006; Gärling und Loukopoulos 2007; Schmöcker et al. 2012).

Charakteristisch ist für alle drei Beispiele, dass sie zugleich die Attraktivität der privaten Pkw-Nutzung reduzieren (sogenannte „Push“-Maßnahmen) als auch Alternativen dazu verbessern (sogenannte „Pull“-Maßnahmen). Während Pull-Maßnahmen durch die Verbesserung der Angebote in der Regel auf große Zustimmung und wenig Widerstand in der Bevölkerung stoßen, besteht in der Literatur weitgehende Einigkeit darüber, dass damit alleine keine nennenswerte Reduzierung des Pkw-Verkehrs und somit auch keine Mobilitätswende erreicht werden kann (Steg 2003; Harms und Probst 2008). Umgekehrt sind Push-Maßnahmen (z. B. Verteuerung von öffentlichen

Parkflächen, Verknappung von Straßenraum, Straßenbenutzungsgebühren, Tempolimit) zwar effizienter zur Reduzierung des Pkw-Verkehrs, jedoch wesentlich weniger beliebt in der Bevölkerung, wo ihre Umsetzung häufig auf starken Widerstand stößt (Eriksson et al. 2006; Harms und Probst 2008). Entsprechend werden in der wissenschaftlichen Diskussion Kombinationen von Push- und Pull-Maßnahmen favorisiert, die zugleich die Effektivität der umzusetzenden Maßnahmen wie auch deren Befürwortung durch die Bevölkerung ermöglichen (Steg 2003; Andor et al. 2020).

Alle genannten Maßnahmen werden nachfolgend am Beispiel Frankfurt am Main untersucht, wo die Stadt – ähnlich wie viele andere deutsche Großstädte – seit mindestens zwei Jahrzehnten das Ziel verfolgt, den öffentlichen Personennah- sowie den Fuß- und Radverkehr zu stärken – jedoch lange Zeit mit dem gleichzeitigen Ziel, den Pkw-Verkehr nicht einzuschränken. Die Hegemonie des Automobilverkehrs bei verkehrspolitischen Entscheidungen in Frankfurt konnte auch noch bis in die jüngere Vergangenheit nachgewiesen werden (Hebsaker 2020). Wie auch in anderen deutschen Großstädten erfolgten über viele Jahre lediglich geringfügige Anpassungen am autodominierten Verkehrssystem. Ein wesentlicher Einschnitt in der kommunalen Verkehrspolitik war allerdings 2018 zu beobachten als der Frankfurter Radentscheid zunächst mit einer breiten Unterschriftensammlung eine wesentliche Stärkung des Fahrrad- und Fußverkehrs forderte. Die Kommunalpolitik reagierte darauf mit Beschlüssen und konkreten Maßnahmen, die erstmals den Vorrang des Automobils im öffentlichen Straßenraum auch sichtbar in Frage stellten (Bündnis90/Grüne et al. 2021).

3.1 Parkraum-Management

Parkraum-Management ist ein wesentlicher Baustein zur Gestaltung urbaner Mobilität – sowohl zur Begrenzung des Flächenverbrauchs durch den ruhenden Verkehr als auch zur Reduzierung der Attraktivität des privaten Pkws. Es umfasst die zeitliche und räumliche Beeinflussung der Parkraumnutzung mittels baulicher, organisatorischer und verkehrsrechtlicher Maßnahmen (Difu 2017). Bausteine des Parkraum-Managements mit dem Ziel der Reduzierung des Pkw-Verkehrs umfassen im Wesentlichen (i) die Einführung maximaler Stellplatzzahlen beim Neubau, (ii) die räumliche Trennung von Wohnen und Parken, (iii) Anwohnenden-Parkausweise, um den öffentlich verfügbaren Parkraum zu begrenzen, (iv) nachfrageorientierte, zeit-räumlich differenzierte Parkgebühren sowie (v) die Verankerung einer Strategie für Parken im Mobilitätsmanagement der Kommune (Kirschner und Lanzendorf 2020).

In Frankfurt am Main wurde eine systematische Erweiterung des Parkraum-Managements beschlossen, wobei in innenstadtnahen Stadtteilen das vorhandene Anwohnendenparken durch die schrittweise Einführung von Parkgebühren für die sonstigen Parkflächen im öffentlichen Straßenraum ergänzt werden soll. Zusätzlich ist auch die Umwandlung von Parkraum in Grünflächen, breitere Gehwege, Fahrradwege oder Fahrradabstellanlagen beabsichtigt. Empirische Ergebnisse bestätigen, dass alleine restriktive Maßnahmen, wie z. B. die Einführung von Parkgebühren ohne zusätzliche Maßnahmen, auf eine wesentlich geringere Unterstützung der

Wohnbevölkerung stoßen, wenn die Betroffenen dadurch keine unmittelbaren Vorteile haben (Kirschner und Lanzendorf 2020; Lanzendorf et al. 2023). Zu einem ähnlichen Ergebnis kommt auch eine bundesweite Haushaltsbefragung, wo mehr als die Hälfte der Befragten einer Erhöhung von Kosten für das Parken in Innenstädten ablehnend gegenübersteht (Andor et al. 2020).

Demgegenüber trifft die Umwandlung von Parkplätzen für andere Zwecke (z. B. Grünflächen, Fahrradwege oder Sitzgelegenheiten) auf deutlich höhere Zustimmung und auch Maßnahmenpakete, die eine Kombination aus Parkgebühren, Anwohnendenparken sowie eine Umwandlung von Parkraum für andere Nutzungen umfassen, werden häufiger angenommen als reine Push-Maßnahmen (Tab. 1, ausführlich in Lanzendorf et al. 2023). Für die Einführung oder Erhöhung von Parkgebühren ist somit eine wesentlich größere Unterstützung durch die Bevölkerung zu erwarten, wenn gleichzeitig zusätzliche Maßnahmen umgesetzt werden, von denen die Bevölkerung im Gegenzug profitiert (Steg 2003; Kirschner und Lanzendorf 2020).

3.2 Umwandlung von Pkw- in Fahrradspuren

Um das Radfahren in Städten zu fördern bzw. die Autonutzung zu verringern, werden vielerorts Strategien diskutiert und umgesetzt, die Veränderungen von Infrastrukturen, Regulierungen und Marketing-Konzepten umfassen (Blitz et al. 2020). Diese reichen von baulichen Interventionen bis hin zu Verkehrskontrollen und Tempolimits sowie speziellen Förder- und Bildungsprogrammen (Pucher et al. 2010). Ein konkretes Beispiel ist die Umwandlung von Pkw- in Fahrradspuren entlang von Hauptverkehrsstraßen. Neben der Stärkung der Fahrradmobilität erfolgt auch eine Einschränkung der Fahrfläche für den Pkw-Verkehr und somit ebenfalls eine Kombination von Push- und Pull-Maßnahmen. Mit der Implementation der Maßnahme gehen in vielen Fällen auch eine farbliche Markierung der Fahrspuren und Kreuzungen, neue Beschilderungen sowie bauliche Abgrenzungen zu den verbleibenden Autospuren einher. Die Maßnahme ist ein gut sichtbarer Teil zahlreicher Maßnahmenpakete zur Förderung des Fahrradverkehrs, die in vielen Städten nach Auftreten gesellschaftlich breit gestützter Initiativen zu Radentscheiden eingeführt wurden. Empirische Ergebnisse zeigen, dass diese Maßnahme auf eine große Unterstützung durch die urbane Bevölkerung stößt. So sprechen sich z. B. in Frankfurt zwei Drittel der Befragten für eine Umwandlung von weiteren Pkw- in Fahrradspuren in ihrem Wohnviertel aus (Tab. 1).

3.3 Umgestaltung von Hauptverkehrsstraßen in Innenstadtnähe

Die Umgestaltung von Hauptverkehrsstraßen in zentralen innerstädtischen Lagen mit einer zumindest temporären Sperrung für den privaten Pkw-Verkehr ist ebenfalls eine Maßnahme zur Transformation urbaner Räume, die in einer Vielzahl von Städten in den letzten Jahren ergriffen wurde (z. B. in Hamburg-Ottensen oder Berlin-Friedrichstraße, Oltmanns et al. 2022). Kernidee ist die Reduzierung des

Tab. 1 Zustimmungswerte verkehrspolitischer Maßnahmen nach Einflussfaktoren

	Wohnviertel				Mobilitätspraktiken[1]				Bereitschaft zur Verhaltensänderung[2]			
	innenstadtnah		innenstadtfern									
	Altstadt/ Sachsen-hausen	Nordend	Eschers-heim	Bonames/ Nieder-Eschbach	MIV	Bus, Bahn	Fahrrad	zu Fuß	Stufe 1: Prä-Kontemplation	Stufe 2/3: Kontemplation/ Präparation	Stufe 4: Aufrecht-erhaltung	**Gesamt**
Parken im Wohnumfeld												
Gebühren für alle Parkplätze	26 %	31 %	10 %	6 %	13 %	20 %	26 %	20 %	7 %	14 %	26 %	19 %
Umwandlung Parkplätze in Grünflächen	62 %	62 %	40 %	44 %	41 %	59 %	64 %	55 %	25 %	42 %	67 %	52 %
Umwandlung Parkplätze in Fahrradwege	62 %	64 %	55 %	53 %	48 %	62 %	78 %	61 %	27 %	56 %	73 %	59 %
Maßnahmenpaket Parken	66 %	66 %	50 %	36 %	45 %	62 %	69 %	59 %	30 %	45 %	71 %	56 %
Radspuren												
Umwandlung Autospuren in Radwege	67 %	73 %	66 %	60 %	57 %	71 %	85 %	69 %	30 %	61 %	84 %	67 %
Mainkai-Sperrung für Autos												
komplett für den Autoverkehr gesperrt	44 %	54 %	43 %	35 %	34 %	52 %	55 %	46 %	17 %	33 %	58 %	45 %
mehr Platz für Fußgänger/innen	57 %	71 %	66 %	61 %	56 %	70 %	73 %	67 %	35 %	57 %	77 %	64 %
mehr Platz für Radfahrer/innen	71 %	72 %	66 %	59 %	60 %	69 %	84 %	70 %	36 %	62 %	82 %	68 %
mehr Grünflächen	72 %	79 %	72 %	67 %	64 %	78 %	81 %	75 %	47 %	72 %	84 %	73 %
mehr Sitzgelegenheiten	66 %	73 %	70 %	69 %	61 %	76 %	74 %	71 %	45 %	66 %	80 %	69 %

Zustimmung (%) zu verkehrspolitischen Maßnahmen nach Einflussfaktoren (Angabe jeweils % gültiger Antworten, die entweder voll oder eher zustimmen), [1] Regelmäßige Nutzung von Verkehrsmitteln (mindestens 1-mal pro Woche; Mehrfachnennungen möglich), [2] Zuordnung zu den unterschiedlichen Stufen der Verhaltensänderung des SSBC nach Bamberg 2013, N=821, zufällige Stichprobe in vier Frankfurter Wohnvierteln, vgl. ausführlicher Baumgartner et al. 2022, Quelle: Eigene Befragung (2020).

Verkehrsnetzes und des Flächenverbrauchs für den privaten Pkw-Verkehr („Push"), um die knappen innenstadtnahen Flächen mit anderen Verkehrsmitteln effizienter zu nutzen („Pull"). Zugleich können die zurückgewonnenen Flächen aber auch für andere, nicht-verkehrliche Zwecke genutzt werden, also z. B. zur Verbesserung der Aufenthaltsqualität oder zur Aufwertung städtischer Räume.

Die Umwandlung innerstädtischer Hauptverkehrsstraßen wird häufig kontrovers in den Medien diskutiert und zum Teil organisieren lokale Initiativen oder Verbände auch erheblichen Widerstand. Auch in Frankfurt am Main wurde die versuchsweise einjährige Sperrung des Nördlichen Mainkais zwischen Juli 2019 und August 2020 aufgrund des Widerstands einer Bürger*inneninitiative im Anschluss nicht fortgeführt, wie es ursprünglich die Absicht der Stadtratsmehrheit war. Die Bürger*inneninitiative argumentierte, dass durch die Straßensperrung ihr Stadtteil, der parallel an den Nördlichen Mainkai angrenzt, besonders stark von zusätzlichem Pkw-Verkehr belastet würde. Obwohl durch die polarisierten Positionen in der Kommunalpolitik die Mehrheit für eine dauerhafte Fortsetzung des Verkehrsversuchs verloren ging, soll zukünftig systematisch nach einem Aufenthalts- und Gestaltungskonzept für die Fläche gesucht werden, was bei dem ersten Verkehrsversuch nur ungenügend verfolgt wurde (Bündnis 90/Grüne et al. 2021). Das Ziel, den Pkw-Verkehr in der Innenstadt deutlich zu reduzieren, ist somit in Frankfurt wie in vielen deutschen Großstädten aktuell.

Die Bewohner*innen Frankfurts scheinen hinsichtlich der Frage einer Umgestaltung des Mainkais tief gespalten zu sein. Wenige Monate nach der abgebrochenen versuchsweisen Sperrung für den Autoverkehr zeigte sich, dass die Befürworter*innen und Gegner*innen der dauerhaften Sperrung der Straße für den Autoverkehr in etwa gleich groß sind. Mehr als zwei Drittel der Befragten sind jedoch der Meinung, dass es dort mehr Platz für Radfahrende, Fußgänger*innen, Grünflächen und Sitzgelegenheiten braucht. Die Ergebnisse legen nahe, dass der Umbaubedarf an diesem zentralen Ort der Stadt von einer überwiegenden Mehrheit der Bevölkerung geteilt wird. Umstritten bleibt jedoch, ob dazu der Autoverkehr in dieser Straße ausgeschlossen bzw. wie stark er reduziert werden sollte (Tab. 1).

Eine detaillierte Analyse dieser Daten zeigt auch die Polarisierung, die zwischen den beiden benachbarten innerstädtischen Stadtteilen Altstadt und Sachsenhausen-Nord bei der Diskussion über den Mainkai stattgefunden hat. So unterstützen 64 % der Bevölkerung aus der Altstadt, aber nur 32 % aus Sachsenhausen das Vorhaben, den Nördlichen Mainkai dauerhaft für den Autoverkehr zu sperren. Während die Altstadt zukünftig durch die Maßnahme profitieren würde (z. B. weniger Verkehrslärm und andere Immissionen), besteht in Sachsenhausen die Befürchtung, dass es zu einer stärkeren Belastung durch dorthin ausweichenden Autoverkehr kommt.

4 Befürwortung einer Neuaufteilung öffentlicher Räume in der Bevölkerung

Die Befürwortung verkehrspolitischer Maßnahmen hängt wesentlich von der individuellen Betroffenheit und von der Erwartung ab, ob die Maßnahmen zielführend zur Lösung der wahrgenommenen Probleme sind (Schuitema und Steg 2008).

Hinsichtlich der hier vorgestellten kommunalen Maßnahmen sind damit mindestens drei Einflussfaktoren relevant, die auch in den politischen Diskussionen vor Ort eine wesentliche Rolle spielen: (i) die unterschiedliche räumliche Lage und Struktur der Wohnviertel, (ii) die alltäglichen Mobilitätspraktiken sowie (iii) die individuelle Bereitschaft zur Verhaltensänderung.

4.1 Sozial-räumliche Struktur der Wohnviertel

Für die sozial-ökologische Transformation von Städten spielt die Aufteilung zwischen (Auto-)Verkehrsflächen und alternativen Flächennutzungen in Wohnvierteln eine zentrale Rolle. Diese stellt nicht nur einen entscheidenden Faktor für das Verkehrssystem und die Möglichkeit dar, Ziele auch ohne privaten Pkw erreichen zu können, sondern auch für die Aufenthaltsqualität in städtischen Räumen und somit die Gesundheit und das Wohlbefinden der Bewohner*innen. Zugleich interagieren Unterschiede in der gebauten Umwelt von Wohnvierteln auch mit unterschiedlichen Sozialstrukturen der Wohnbevölkerung (z. B. Bildung, Einkommen, vgl. Lanzendorf et al. 2023). So sind in urbanen Räumen bspw. häufig andere soziale Milieus mit jeweils abweichenden Einstellungen und Mobilitätsverhalten repräsentiert als in suburbanen oder ländlichen Räumen (Ruhrort et al. 2021; Dangschat 2017).

In dichter bewohnten städtischen Quartieren sind die Konflikte um die Flächennutzung ausgeprägter als in randstädtischen Quartieren. Dies interagiert auch mit entsprechenden sozialen Milieus, sodass es in innerstädtischen Quartieren häufig zu einer größeren Bereitschaft der Wohnbevölkerung zur Reduzierung von Flächen für den ruhenden Pkw-Verkehr im öffentlichen Raum kommt und die Umwandlung für vielfältige sonstige Flächennutzungen befürwortet wird (Kirschner und Lanzendorf 2020). Ähnlich werden auch die Vorteile einer Umwandlung von Auto- in Fahrradspuren für die Aufenthaltsqualität von Bewohner*innen innenstadtnaher Quartiere begrüßt (Lanzendorf et al. 2022). Auch das Beispiel der Einführung von Straßennutzungsgebühren in Stockholm zeigt, dass die Einführung einer solchen restriktiven Maßnahme in urbanen Wohnvierteln auf höhere Zustimmungswerte trifft als in suburbanen (Winslott-Hiselius et al. 2009; Eliasson und Jonsson 2011).

In Frankfurt am Main (Tab. 1) zeigen sich ebenfalls Unterschiede zwischen Wohnvierteln, die sich in der sozial-räumlichen Struktur unterscheiden. Es wird deutlich, dass auch in dieser Untersuchung sowohl Veränderungen im Parkraum-Management als auch die Umwandlung von Pkw- in Fahrradspuren in innenstadtnahen Wohnvierteln auf höhere Zustimmungswerte in der Bevölkerung treffen als in Wohnvierteln, die näher am Stadtrand liegen. Die Betroffenheit von Nutzungskonflikten um wertvolle städtische Flächen ist in den innerstädtischen Vierteln deutlich größer als in den anderen und z. B. das Anwohnendenparken privilegiert die Wohnbevölkerung auch gegenüber anderen Parkplatzsuchenden. Zudem sind dort Maßnahmen wie Parkgebühren bereits länger verbreitet, sodass entsprechende Maßnahmen eher befürwortet werden als in den anderen Quartieren, wo bisher kaum Regulierungen des ruhenden Verkehrs bestehen. So konnte in verschiedenen Untersuchungen aufgezeigt werden, dass die Zustimmung für Maßnahmen nach erfolgter Implementierung steigt, da sich die Befragten an den neuen Status Quo gewöhnten oder tatsächlich positiv von den Auswirkungen überrascht wurden (Winslott-Hiselius et al. 2009; Schuitema et al. 2010).

Die Befürwortung von Maßnahmen zur Umgestaltung der Hauptverkehrsstraße Mainkai lässt sich aufgrund der sozial-räumlichen Lage der Wohnviertel nicht vollständig erklären. Hier ist davon auszugehen, dass unterschiedliche Interessen, Einstellungen und Wertvorstellungen der Befragten einen Einfluss auf die Zustimmung haben, wie auch andere Studien nahelegen (Westin et al. 2016; Ejelöv und Nilsson 2020; Morton et al. 2021).

4.2 Mobilitätspraktiken und die individuelle Bereitschaft zur Verhaltensänderung

Die alltäglichen Mobilitätspraktiken sind ein weiterer wichtiger Faktor für die Befürwortung verkehrspolitischer Maßnahmen, weil dadurch die persönliche Betroffenheit von der urbanen Mobilitätswende und den damit einhergehenden Transformationsprozessen beeinflusst wird. So sind z. B. Personen, die regelmäßig einen Pkw nutzen oder einen Pkw besitzen, weniger mit der Reduzierung von Pkw-Parkflächen, höheren Parkgebühren, der Umwandlung von Parkplätzen für andere Nutzungen, der Einführung von Straßennutzungsgebühren oder der Ausweitung der Fahrrad-Infrastruktur einverstanden, während Personen, die keinen privaten Pkw besitzen, regelmäßig Fahrradfahrende oder Nutzer*innen des öffentlichen Personennahverkehrs diese Maßnahmen häufiger befürworten (Nilsson et al. 2016; Andor et al. 2020; Kirschner und Lanzendorf 2020). Auch in Frankfurt am Main zeigen regelmäßige Pkw-Nutzer*innen bei jeder der hier diskutierten Maßnahmen geringere Zustimmungswerte als die anderen Befragten (Tab. 1). Umgekehrt unterstützen regelmäßig Fahrradfahrende die vorgeschlagenen Maßnahmen überproportional häufig, vor allem solche, die die Bedingungen für den Radverkehr verbessern, wie bspw. die Umwandlung von Parkplätzen oder Autospuren in Fahrradwege.

Die Zustimmung für verkehrspolitische Maßnahmen ist jedoch nicht allein von den Mobilitätspraktiken abhängig. Vielmehr zeigt sich, dass die Bereitschaft zur Reduzierung der eigenen Pkw-Nutzung einen noch stärkeren Einfluss auf die Befürwortung verkehrspolitischer Maßnahmen ausüben kann, wenn die autobesitzenden Personen diesbezüglich weiter unterschieden werden (Kirschner und Lanzendorf 2020; Lanzendorf et al. 2023). Eine Möglichkeit, die Bereitschaft zur Verhaltensänderung zu operationalisieren, bietet das stage model of self-regulated behavioral change (SSBC, Bamberg 2013). Verhaltensänderungen werden hierbei als eine Abfolge von vier qualitativ unterschiedlichen Stufen konzeptualisiert: (i) Prä-Kontemplation, (ii) Kontemplation, (iii) Präparation/Test und (iv) Aufrechterhaltung (Abb. 1). In der Stufe Prä-Kontemplation besteht (noch) keine Intention, etwas am Verkehrsverhalten zu verändern. Entsteht die Absicht, die eigene Verkehrsmittelnutzung anzupassen und die Autonutzung zu reduzieren (Zielintention), so ist der

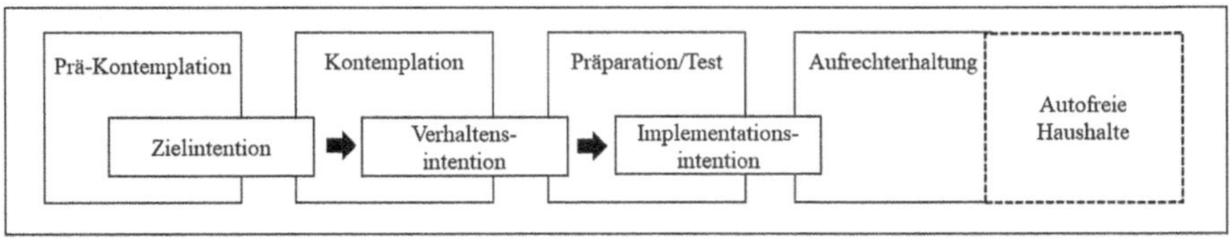

Abb. 1 Das Selbstregulationsmodell der Verhaltensänderung SSBC. (Stage model of self-regulated behavioral change, Bamberg 2013, eigene Darstellung)

Übergang in die Stufe Kontemplation vollzogen. Werden neue Verhaltensweisen gefunden, um die angestrebten Ziele zu erreichen (Verhaltensintention) – bspw. die Absicht, zukünftig das Fahrrad anstelle des Autos für alltägliche Wege zu nutzen –, so erfolgt der Übergang zur Stufe Präparation/Test. Hier wird das Vorhaben konkretisiert, bspw. indem eine Fahrradroute für den Arbeitsweg herausgesucht und festgelegt wird, wann die Strecke ausprobiert werden soll. Ist dies erfolgreich geschehen (Implementationsintention), so ist die Stufe Aufrechterhaltung erreicht, in der das Erreichte evaluiert und entschieden wird, ob das neue Handeln aufrechterhalten und nicht in vorherige Muster zurückgefallen wird.

Kirschner und Lanzendorf (2020) konnten unter Verwendung des SSBC den Einfluss der intendierten Verhaltensänderung auf die Befürwortung von Maßnahmen zur Umwandlung vorhandenen Parkraums nachweisen. Dabei zeigen die empirischen Ergebnisse eine überdurchschnittliche Unterstützung der Maßnahmen bei Personen, die bereits eine Reduzierung ihrer Pkw-Nutzung umgesetzt haben, also in der Stufe Aufrechterhaltung sind. Ähnlich haben auch die Befragten dieser Stufe des Frankfurter Fallbeispiels im Vergleich zu den anderen Befragten die höchsten Zustimmungswerte für die verkehrspolitischen Maßnahmen (Tab. 1). Personen aus der Stufe der Prä-Kontemplation, die ihre Pkw-Nutzung nicht hinterfragen (wollen), befürworten die untersuchten Maßnahmen demgegenüber deutlich seltener. In den beiden mittleren Stufen, in denen bereits darüber nachgedacht wird, die Pkw-Nutzung zu reduzieren, dies jedoch noch nicht umgesetzt wurde, liegen die Zustimmungswerte zwischen den beiden anderen Gruppen.

5 Diskussion und Fazit

Nachdem neue Technologien kennzeichnend für die Verkehrspolitik und -planung der vergangenen Jahrzehnte waren, scheint sich in der kommunalen Praxis und in der Wissenschaft mittlerweile weitgehend die Erkenntnis durchzusetzen, dass für eine sozial-ökologische Transformation von Mobilität soziale Innovationen entscheidend sind. Urbane Räume bieten für solche Veränderungsprozesse gute Voraussetzungen, da dort zum einen die (auto-)verkehrsbedingten Problemlagen (u. a. negative Folgen für Gesundheit und Lebensqualität) und zum anderen attraktive Alternativen zum automobilen System sichtbar werden. Allerdings sind Veränderungen der gebauten Umwelt und des Verkehrssystems in urbanen Räumen häufig heftig umstritten.

Ziel dieses Beitrages ist es, kommunale verkehrspolitische Handlungsspielräume aufzuzeigen, indem die Unterstützung der Bevölkerung für einzelne soziale Innovationen untersucht wurde: ein verstärktes Parkraum-Management mit Erhöhung von Preisen und Reduzierung von Parkflächen im öffentlichen Raum, eine Umwandlung von Pkw- in Fahrradspuren sowie die Sperrung einer innerstädtischen Hauptverkehrsstraße für den Pkw-Verkehr. Insgesamt zeigt sich eine große Unterstützung der Bevölkerung urbaner Gebiete zur Transformation ihrer Quartiere, wenn eine Umwandlung von bislang automobil genutzten Flächen für andere Nutzungen erfolgt, z. B. für nicht-motorisierte Mobilität, Grünflächen, Sitzgelegenheiten oder Aufenthaltsflächen. Dies gilt auch, wenn diese mit weniger beliebten – aber für eine urbane Transformation notwendigen – restriktiven Maßnahmen (z. B. die Einführung oder Erhöhung von Parkgebühren) kombiniert werden.

Bei allen drei untersuchten Maßnahmen hängt die Zustimmung der Bevölkerung von der Lage und Struktur des Wohnquartiers, der Bedeutung des Automobils für die alltäglichen Mobilitätspraktiken sowie von der individuellen Bereitschaft zur Reduzierung der eigenen Pkw-Nutzung ab. Insbesondere für die Umwandlung von Pkw-Spuren in Fahrradspuren gibt es eine breite Unterstützung der Bevölkerung. Das Parkraum-Management trifft dagegen in randstädtischen Lagen auf deutlich weniger Zustimmung als in innenstadtnäheren Wohngebieten. Die dritte Maßnahme dagegen, die Sperrung der innerstädtischen Hauptverkehrsstraße, zeigt, welche politischen Konflikte und Polarisierungen entstehen können, wenn restriktive Maßnahmen für den Pkw-Verkehr nicht genügend hinsichtlich ihrer Vorteile (z. B. neue attraktive Flächen für Aufenthalt und Verweilen) sichtbar und daraufhin Kontroversen medial angeheizt werden.

Die trotz dieser Einschränkungen insgesamt hohe Zustimmung zu den untersuchten verkehrspolitischen Maßnahmen kann als Zeichen für eine veränderte Bedeutung des Automobils in gegenwärtigen Gesellschaften gedeutet werden. Diese Veränderung zeichnet sich bereits seit einigen Jahren vor allem in urbanen Räumen ab und lässt sich beispielsweise auch in der abnehmenden Bedeutung des Automobils für Heranwachsende (Chatterjee et al. 2018), der Fridays-For-Future-Bewegung oder den Radentscheiden in deutschen Städten wiedererkennen. Trotzdem sind viele Merkmale der automobilen Mobilitätskulturen (Götz et al. 2016) weiterhin vorhanden als Persistenzen, z. B. in „Köpfen", Institutionen oder gebauten Strukturen der Mobilitätsplanung und -politik. Bei einer Mobilitätswende geht es daher nicht nur um das Aufbrechen bestehender Routinen und die Veränderung des Verkehrshandelns einzelner Individuen, sondern auch um die Entwicklung neuer Denkweisen, Zielsetzungen, Strukturen und Institutionen in der Verkehrsplanung selbst. Die Reduzierung der Fläche für den automobilen Verkehr in Städten bedeutet einen fundamentalen Wandel des Planens von Verkehr und Mobilität und widerspricht bspw. derzeit (noch) zahlreichen Vorgaben in den standardisierten Planwerken.

Weiterhin besteht im Bereich der Verkehrsplanung seit langer Zeit ein Defizit zur Abwägung zwischen lokalen und übergeordneten Interessen. Lokale Expertise in Beteiligungen zu nutzen, um für alle Seiten bessere Ergebnisse zu erzielen, wird eine der wichtigsten Aufgaben der Mobilitäts- und Verkehrsplanung in Zukunft sein. Bausteine hierfür sind auch Kommunikations- und Partizipationsmaßnahmen, um eine möglichst breite Unterstützung für die angestrebten Veränderungen zu finden. Dabei ist eine zentrale Herausforderung – sowohl für die Wissenschaft als auch für die Praxis – nicht nur auf die Bedürfnisse besonders „lauter" und gut organisierter Interessengruppen einzugehen, sondern auch marginalisierte Gruppen in Transformationsprozesse urbaner Mobilität einzubinden. Reallabore, in denen verkehrspolitische Maßnahmen getestet und evaluiert sowie relevante Fragestellungen weiterentwickelt und diskutiert werden, bieten auch für partizipative Transformationsprozesse gute Voraussetzungen.

Literatur

Andor, M.A., M. Frondel, M. Horvath, T. Larysch, und L. Ruhrort. 2020. Präferenzen und Einstellungen zu vieldiskutierten verkehrspolitischen Maßnahmen: Ergebnisse einer Erhebung aus dem Jahr 2018. *List Forum für Wirtschafts- und Finanzpolitik* 45:255–280. https://doi.org/10.1007/s41025-019-00184-x.

Bamberg, S. 2013. Applying the stage model of self-regulated behavioral change in a car use reduction intervention. *Journal of Environmental Psychology* 33:68–75. https://doi.org/10.1016/j.jenvp.2012.10.00.

Baumgartner, A., N. Klinner, M. Kraus, und M. Mösle. 2022. Methodenbericht zur Akzeptanzuntersuchung verkehrspolitischer Maßnahmen zur Neuaufteilung öffentlicher Räume in Frankfurt am Main. *Arbeitspapiere zur Mobilitätsforschung* Nr. 32: Frankfurt a. M.

Becker, S. 2019. *Individuelles Rebound-Verhalten in der Pkw-Mobilität: Das Wechselspiel von Effizienzverbesserung und Nachfragesteigerung*. Wiesbaden: Springer Fachmedien.

Becker, U.J. 2016. *Grundwissen Verkehrsökologie: Grundlagen, Handlungsfelder und Maßnahmen für die Verkehrswende*. München: Oekom.

Bertolini, L. 2020. From "streets for traffic" to "streets for people": Can street experiments transform urban mobility? *Transport Reviews* 40(6): 734–753. https://doi.org/10.1080/01441647.2020.1761907.

Blitz, A., A. Busch-Geertsema, und M. Lanzendorf. 2020. More cycling, less driving? Findings of a cycle street intervention study in the Rhine-Main metropolitan region, Germany. *Sustainability* 12(3): 805. https://doi.org/10.3390/su12030805.

Bündnis90/Grüne, SPD, FDP, Volt. 2021. Ein neues Frankfurt gestalten: Koalitionsvertrag für Frankfurt 2021–2026. https://dynamic.faz.net/download/2021/Koalitionsvertrag_2021_2026.pdf. Zugegriffen am 02.12.2022.

Busch-Geertsema, A., T. Klinger, und M. Lanzendorf. 2015. Wo bleibt eigentlich die Mobilitätspolitik? Eine kritische Auseinandersetzung mit Defiziten und Chancen der deutschen Politik und Forschung zu Verkehr und Mobilität. *Informationen zur Raumentwicklung* 2:471–484.

Chatterjee, K., P. Goodwin, T. Schwanen, B. Clark, J. Jain, S. Melia, J. Middleton, A. Plyushteva, M. Ricci, G. Santos, und G. Stokes. 2018. Young people's travel: What's changed and why? Review and analysis. Report to Department for Transport. UWE Bristol, UK. https://www.gov.uk/government/publications/young-peoples-travel-whats-changed-and-why. Zugegriffen am 02.12.2022.

Circella, G., F. Matson, F. Alemi, und S. Handy. 2019. Panel study of emerging transportation technologies and trends in California: Phase 2 data collection. https://escholarship.org/uc/item/35x894mg. Zugegriffen am 02.12.2022.

Dangschat, J. 2017. Soziale Milieus in der Mobilitätsforschung. In *Praxis der Sinus-Milieus*, Hrsg. B. Barth, B.B. Flaig, N. Schäuble, und M. Tautscher, 139–153. Wiesbaden: Springer VS.

Deutsches Institut für Urbanistik – Difu. 2017. Was ist eigentlich … Parkraummanagement? Begriffe aus der kommunalen Szene – einfach erklärt. https://difu.de/11408. Zugegriffen am 02.12.2022.

Ejelöv, E., und A. Nilsson. 2020. Individual factors influencing acceptability for environmental policies: A review and research agenda. *Sustainability* 12:2404. https://doi.org/10.3390/su12062404.

Eliasson, J., und L. Jonsson. 2011. The unexpected "yes": Explanatory factors behind the positive attitudes to congestion charges in Stockholm. *Transport Policy* 18:636–647. https://doi.org/10.1016/j.tranpol.2011.03.006.

Eriksson, L., J. Garvill, und A.M. Nordlund. 2006. Acceptability of travel demand management measures: The importance of problem awareness, personal norm, freedom, and fairness. *Journal of Environmental Psychology* 26:15–26. https://doi.org/10.1016/j.jenvp.2006.05.003.

Fleischer, T., und J. Schippl. 2018. Automatisiertes Fahren: Fluch oder Segen für nachhaltige Mobilität? *TATuP – Zeitschrift für Technikfolgenabschätzung in Theorie und Praxis* 27(2): 11–15. https://doi.org/10.14512/tatup.28.2.11.

Gärling, T., und P. Loukopoulos. 2007. Effectiveness, public acceptance, and political feasibility of coercive measures for reducing car traffic. In *Threats from car traffic to the quality of urban life*, Hrsg. T. Gärling und L. Steg, 313–324. Bingley: Emerald Group Publishing Limited.

Gehrke, S.R., A. Felix, und T.G. Reardon. 2019. Substitution of ride-hailing services for more sustainable travel options in the greater Boston region. *Transportation Research Record* 2673(1): 438–446. https://doi.org/10.1177/0361198118821903.

Götz, K., J. Deffner, und T. Klinger. 2016. Mobilitätsstile und Mobilitätskulturen: Erklärungspotentiale, Rezeption und Kritik. In *Handbuch Verkehrspolitik*, Hrsg. O. Schwedes, W. Canzler, und A. Knie, 2. Aufl., 781–804. Wiesbaden: Springer VS.

Haefeli, U. 2016. Entwicklungslinien deutscher Verkehrspolitik im 19. und 20. Jahrhundert. In *Handbuch Verkehrspolitik*, Hrsg. O. Schwedes, W. Canzler, und A. Knie, 2. Aufl., 97–115. Wiesbaden: Springer VS.

Harms, S., und J. Probst. 2008. Nachhaltiger Stadtverkehr: Änderung der Verkehrsmittelwahl durch Push- und Pull-Maßnahmen. *Umweltpsychologie* 12(1): 80–100.

Hassel, A., M. Prenzel, J. Römer, B. Wolff, und C. Woopen. 2019. Soziale Innovationen: Ein Impulspapier für das Hightech-Forum. https://www.hightech-forum.de/wp-content/uploads/hightech-forum_impulspapier_soziale_innovationen-4.pdf. Zugegriffen am 02.12.2022.

Hebsaker, J. 2020. *Städtische Verkehrspolitik auf Abwegen: Raumproduktionen durch ÖPNV-Infrastrukturmaßnahmen in Frankfurt am Main.* Wiesbaden: Springer Fachmedien.

Hendzlik, M., M. Lange, P. Klöckner, M. Lambrecht, K. Frey, K. Dziekan, M. Dross, und M. Schmied. 2022. Bausteine für einen klimagerechten Verkehr. *Internationales Verkehrswesen* 17(1): 13–22.

Howaldt, J., und M. Schwarz. 2022. Soziale Innovationen und gesellschaftliche Transformationsprozesse. In *Soziale Innovationen im Kontext: Beiträge zur Konturierung eines unscharfen Konzepts*, Hrsg. E. Schüll, H. Berner, M.L. Kolbinger, und M. Pausch, 7–30. Wiesbaden: Springer VS.

Kirschner, F., und M. Lanzendorf. 2020. Support for innovative on-street parking policies: empirical evidence from an urban neighborhood. *Journal of Transport Geography* 85:102726. https://doi.org/10.1016/j.jtrangeo.2020.102726.

Kolb, E. 2021. Does the Sustainable Urban Mobility Plan (SUMP) of the European Union guarantee successful citizen participation? *Arbeitspapiere zur Mobilitätsforschung* Nr. 27. Frankfurt a. M.

Lanzendorf, M., C. Scheffler, L. Trost, und S. Werschmöller. 2022. Implementing bicycle-friendly transport policies: Examining the effect of an infrastructural intervention on residents' perceived quality of urban life in Frankfurt, Germany. *Case Studies on Transport Policy* 10(4): 2476–2485.

Lanzendorf, M., A. Baumgartner, und N. Klinner. 2023. Do citizens support the transformation of urban transport? Evidence for the acceptability of parking management, car lane conversion and road closures from a German case study. *Transportation.* https://doi.org/10.1007/s11116-023-10398-w.

Manderscheid, K. 2014. Formierung und Wandel hegemonialer Mobilitätsdispositive: Automobile Subjekte und urbane Nomaden. *Zeitschrift für Diskursforschung* 2(1): 5–31.

Mögele, M. 2022. *Regionale Automobilkulturen zwischen (Re)Produktion und Wandel*. Doktorarbeit. LMU.
Morton, C., G. Mattioli, und J. Anable. 2021. Public acceptability towards Low Emission Zones: The role of attitudes, norms, emotions, and trust. *Transportation Research Part A* 150:256–270. https://doi.org/10.1016/j.tra.2021.06.007.
Nilsson, A., G. Schuitema, C. Jakobsson Bergstad, J. Martinsson, und M. Thorson. 2016. The road to acceptance: Attitude change before and after the implementation of a congestion tax. *Journal of Environmental Psychology* 46:1–9. https://doi.org/10.1016/j.jenvp.2016.01.011.
Oltmanns, A., J. Knieling, und N. Kretschmann. 2022. Die Transformationskraft von Realexperimenten für die Mobilitätswende in der Stadt: Wie temporär autofreie Zonen Innenstädte nachhaltig und klimagerecht verändern. *GAIA – Ecological Perspectives for. Science and Society* 31(2): 103–110. https://doi.org/10.14512/gaia.31.2.7.
Pucher, J., J. Dill, und S. Handy. 2010. Infrastructure, programs, and policies to increase bicycling: An international review. *Preventive Medicine* 50:106–125. https://doi.org/10.1016/j.ypmed.2009.07.028.
Ruhrort, L. 2019. *Transformation im Verkehr: Erfolgsbedingungen für verkehrspolitische Schlüsselmaßnahmen*. Wiesbaden: Springer Fachmedien.
Ruhrort, L., F. Zehl, und A. Knie. 2021. Untersuchung von Einstellungen gegenüber einer Neuaufteilung öffentlicher Räume zulasten des Autoverkehrs: Ergebnisse einer repräsentativen Befragung im Berliner Bezirk Friedrichshain-Kreuzberg sowie einer Straßenbefragung in Kreuzberg. *Discussion Paper*, SP III 2021-602. Wissenschaftszentrum Berlin für Sozialforschung.
Rupprecht Consult. 2019. Guidelines for implementing and developing a sustainable urban mobility plan: Second edition. https://www.eltis.org/sites/default/files/sump-guidelines-2019_mediumres.pdf. Zugegriffen am 08.12.2022.
Schäpke, N., M. Bergmann, F. Stelzer, D.J. Lang, und G. Editors. 2018. Labs in the real world: Advancing transdisciplinary research and sustainability transformation: Mapping the field and emerging lines of inquiry. *GAIA – Ecological Perspectives for Science and Society* 27(1): 8–11. https://doi.org/10.14512/gaia.27.S1.4.
Schmöcker, J.-D., P. Pettersson, und S. Fujii. 2012. Comparative analysis of proximal and distal determinants for the acceptance of coercive charging policies in the UK and Japan. *International Journal of Sustainable Transportation* 6(3): 156–173. https://doi.org/10.1080/15568318.2011.570856.
Schneidemesser, D. von 2021. Öffentliche Mobilität und neue Formen der Governance: Das Beispiel Volksentscheid Fahrrad. In *Öffentliche Mobilität,* Hrsg. O. Schwedes, 139–163. Wiesbaden: Springer Fachmedien.
Schuitema, G., und L. Steg. 2008. The role of revenue use in the acceptability of transport pricing policies. *Transportation Research Part F: Traffic Psychology and Behaviour* 11:221–231. https://doi.org/10.1016/j.trf.2007.11.003.
Schuitema, G., L. Steg, und S. Forward. 2010. Explaining differences in acceptability before and acceptance after the implementation of a congestion charge in Stockholm. *Transportation Research Part A* 44:99–109. https://doi.org/10.1016/j.tra.2009.11.005.
Schwedes, O. 2016. Verkehrspolitik: Ein problemorientierter Überblick. In *Handbuch Verkehrspolitik*, Hrsg. O. Schwedes, W. Canzler, und A. Knie, 2. Aufl., 3–32. Wiesbaden: Springer VS.
Steg, L. 2003. Factors influencing the acceptability and effectiveness of transport pricing. In *Acceptability of transport pricing strategies*, Hrsg. J. Schade und B. Schlag, 187–202. Oxford: Elsevier Science. https://doi.org/10.1108/9781786359506-012.
Stickler, A. J., S. Dangschat, und I. Banerjee. 2021. Automatisiertes und vernetztes Fahren im Kontext einer nachhaltigen Verkehrs- und Mobilitätswende. In *AVENUE21. Politische und planerische Aspekte der automatisierten Mobilität*, Hrsg. M. Mitteregger, E. M. Bruck, A. Soteropoulos, A. Stickler, M. Berger, J. S. Dangschat, R. Scheuvens, und I. Banerjee, 17–24. Berlin/Heidelberg: Springer Vieweg. Synthese- und Vernetzungsprojekt Zukunftsstadt (SynVer*Z), Hrsg. 2022. Reallabore für urbane Transformation: Methoden, Akteure und Orte

experimenteller und ko-produktiver Stadtentwicklung am Beispiel der BMBF-Zukunftsstadtforschung. Berlin: Gröschel Branding GmbH.

Tirachini, A. 2020. Ride-hailing, travel behaviour and sustainable mobility: An international review. *Transportation* 47(4): 2011–2047. https://doi.org/10.1007/s11116-019-10070-2.

Umweltbundesamt. 2022. Verkehrsinfrastruktur und Fahrzeugbestand. https://www.umweltbundesamt.de/daten/verkehr/verkehrsinfrastruktur-fahrzeugbestand. Zugegriffen am 13.03.2023.

Westin, J., J.P. Franklin, S. Proost, P. Basck, und C. Raux. 2016. Achieving political acceptability for new transport infrastructure in congested urban regions. *Transportation Research A: Policy and Practice* 88:286–303. https://doi.org/10.1016/j.tra.2016.04.009.

Winslott-Hiselius, L., K. Brundell-Freij, Å. Vagland, und C. Byström. 2009. The development of public attitudes towards the Stockholm congestion trial. *Transportation Research Part A: Policy and Practice* 43(3): 269–282. https://doi.org/10.1016/j.tra.2008.09.006.

Wissenschaftlicher Beirat Globale Umweltveränderungen – WBGU. 2016. *Der Umzug der Menschheit: Die transformative Kraft der Städte*. Berlin: Wissenschaftlicher Beirat der Bundesregierung Globale Umweltveränderungen.

Teil IV

Mobilität und Alltag

Mobilitätspraktiken in der Automobilgesellschaft: Zur Wechselwirkung von räumlichen, zeitlichen und verkehrlichen Strukturen

Katharina Manderscheid

Inhalt

Zusammenfassung

Das eigene Auto ist ein fester Bestandteil des Alltags der Gegenwart im globalen Norden. Die automobil zurückgelegten Distanzen sowie die Zahl der zugelassenen Autos steigen nach der Covid-19-Pandemie weiterhin, obwohl der spürbare Klimawandel die Notwendigkeit unterstreicht, die Treibhausgasemissionen drastisch zu reduzieren. Aus mobilitätssoziologischer Sicht ist das Auto nicht einfach ein Fahrzeug zur Distanzüberwindung, sondern ist tief in die Gesellschaft und den Alltag der Menschen eingelassen. Ein Verständnis der Integration des Autos in die Gesellschaft und der Verkehrspraktiken in den Alltag stellt eine Voraussetzung für eine mögliche Abkehr von der automobilen Verkehrsordnung dar. Durch die andauernde Befahrung der Straßen und automobilen Infrastrukturen durch Autos, durch die Affizierung, Unterscheidung und Hierarchisierung von Fortbewegungsarten, die Reproduktion und Aktualisierung des automobilen Wissens erhält sich Automobilität als normale Fortbewegungsart der Gegenwart. In diesen automobilen Praktiken werden die Elemente des Automobilitäts-Dispositivs verbunden: Verkehrsinfra- und Siedlungsstrukturen zusammen mit den individuellen sozialen Netzwerken bzw. gesellschaftlichen Einbindungen geben

K. Manderscheid (✉)
Fakultät für Wirtschafts- und Sozialwissenschaften, Universität Hamburg, Hamburg, Deutschland
E-Mail: Katharina.Manderscheid@uni-hamburg.de

W. Canzler et al. (Hrsg.), *Handbuch Mobilität und Gesellschaft*,
https://doi.org/10.1007/978-3-658-37557-7_8

die Geographen des Alltags, also die Orte und Beziehungen vor, die wiederkehrend miteinander verbunden werden. Mobilitätspraktiken können entsprechend nur unzureichend als Ergebnis individueller Entscheidungen oder Wahlmöglichkeiten verstanden werden, vielmehr sind diese gesellschaftlich und räumlich vorgespurt. Für die Politik der Verkehrswende bedeuten diese Überlegungen, dass die Hegemonie des Automobils auf der Ebene der gesellschaftlichen Normalität, d. h. auf der Ebene der gebauten Umwelt und der sozialen Strukturen, der gesellschaftlichen Wissensvorräte, der Subjektivierungen und Identitäten sowie auf der Ebene der Praktiken des Alltags zunächst verstanden werden muss, um sie dann systematisch und jeweils praktikenspezifisch aufzubrechen. Eine sozial-ökologische Verkehrs- oder Mobilitätswende hätte entsprechend weitreichende Implikationen auf die weitere Alltagsorganisation, das Selbstverständnis, Konsumpraktiken, Vorstellungen über das „gute Leben“ und gesellschaftlich erforderliche Kompetenzen der Individuen.

Schlüsselwörter

Automobilitätsdispositiv · Verkehrswende · Soziale Praktiken · Individualisierung · Infrastrukturen

1 Einleitung

Das eigene Auto ist ein fester Bestandteil des Alltags der Gegenwart im globalen Norden. Allein in Deutschland sind mit Stand Januar 2024 49,1 Mio. Personenkraftwagen zugelassen, was einem Motorisierungsgrad von 585 Pkw pro 1000 Einwohner*innen bzw. durchschnittlich fast 1,2 Autos pro Haushalt entspricht (Kraftfahrt-Bundesamt 2024). In Österreich und der Schweiz sind die Zahlen ähnlich mit 566 (Statistik Austria 2024) und 540 (BfS 2024) Pkw pro 1000 Einwohner*innen. Der private Pkw-Bestand ist jedoch räumlich und sozial ungleich verteilt: in ländlichen Regionen und in den wohlhabenden Haushalten sind zwei und mehr Autos keine Seltenheit, während in innerstädtischen Quartieren lebende Personen, die häufig eher jung und kinderlos sind, ebenso wie einkommensarme Haushalte deutlich seltener über ein Auto verfügen (Nobis und Kuhnimhof 2018, S. 35). Im Alltag werden durchschnittlich 57 % aller Wege und drei Viertel der Distanzen[1] mit dem Auto zurückgelegt, überwiegend als Fahrer*in, seltener als Bei- oder Mitfahrer*in (ebda., S. 3). Die automobil zurückgelegten Distanzen sowie die Zahl der zugelassenen Autos steigen auch nach der Covid-19-Pandemie weiter an, obwohl der spürbare Klimawandel die Notwendigkeit unterstreicht, die Treibhausgasemissionen und damit den fossil motorisierten Verkehr drastisch zu reduzieren. Insgesamt ist der motorisierte Autoverkehr für rund 13 % der Treibhausgasemissionen verantwortlich (UBA 2022b). Bislang zeitigen jedoch weder technologische Effizienzsteigerungen

[1] Die Zahlen beziehen sich auf 2017 und damit auf die Zeit vor der Pandemie. Da sich Verkehr und Mobilität im Zuge der Pandemie fortwährend ändern, wird darauf zurückgegriffen.

im Bereich der Antriebe, steigende Spritpreise oder Parkraumbewirtschaftungen noch politische Appelle an das Umweltbewusstsein Effekte in Richtung einer Abkehr vom Auto, vielmehr stagnieren die Emissionen aus dem motorisierten Verkehr auf dem Niveau von 1995 (UBA 2022a).

Die Notwendigkeit, den Blick auf die Verkehrspraktiken und insbesondere die Nutzung des Autos zu erweitern, wird von (mobilitäts)soziologischen Arbeiten betont, die herausarbeiten, dass das Auto nicht einfach ein technisches Vehikel zur Distanzüberwindung darstellt, sondern tief in die Gesellschaft und den Alltag der Menschen eingelassen ist (Burkart 1994).

Automobilität als Begriff enthält eine doppelte Bedeutung: Als Wortbildungselement meint ‚*Auto*' ‚ohne fremdes Zutun' und bezieht sich auf das menschliche Selbst, beispielsweise in Autobiografie, Autodidaktin, Autonomie oder Autogramm. Anderseits meint ‚*Auto*', dass Gegenstände oder Maschinen die Fähigkeit haben, sich zu bewegen, beispielsweise im Sinn von Automatik oder Automat (Urry 2006, S. 18). Diese doppelte Bedeutung schwingt in Automobilität mit: das autonom steuernde mobile menschliche Subjekt in Verbindung mit einer automatischen Maschine.

Arbeiten der Mobilitätsforschung (Sheller und Urry 2006) legen nahe, dass Praktiken der Verkehrsmittelnutzungen und Alltagsmobilität[2] nicht nur funktionalen und rationalen Kriterien folgen und als Ergebnis individueller Entscheidungen zu verstehen sind. Die Verfügung über und die Nutzung des eigenen Autos ist vielmehr Bestandteil und Element der gesellschaftlichen Ordnung und Normalität, eingelassen in Siedlungsstrukturen, Verkehrswege und politische Institutionen, aber auch in kulturelle Bilder, Werbung, Lebensplanungen und Orientierungsmuster. Entsprechend sind die Form und der Umfang der Verkehrspraktiken nicht nur durch Kosten- und Zeiteffizienz erklärbar, sondern auch durch persönliche und kollektive Erfahrungen, Emotionen, Identitäten sowie symbolische und kulturelle Bedeutungen geprägt (u. a. Urry 2004; Paterson 2007; Mattioli et al. 2020; Sattlegger und Rau 2016; Manderscheid 2014). Der Besitz eines eigenen Autos beinhaltet immer auch das Versprechen, jederzeit spontan und selbstgesteuert mobil sein zu können. Entsprechend meint also *Automobilität* eine spezifische hegemoniale Form der Bewegung und räumlichen Sortierung von Individuen in Gesellschaften des globalen Nordens, die sich im Verlauf des 20. Jahrhunderts entwickelt hat. Sie ist gekennzeichnet durch den privaten Zugang zu den Fahrzeugen, mit denen die Fahrer*innen und Mitfahrer*innen auf dafür öffentlich bereit gestellten Straßen individuellen Zielen und Zwecken sowie individuellen Zeitplänen folgend unterwegs sein können. Diese Einbettung des Autos in die gesellschaftliche Ordnung wird in der Literatur unter anderem mit den Begriffen des „Systems" (Urry 2004; Kent 2022b), „Regimes" (Paterson 2007; Kemp et al. 2012), „Dispositivs" (Man-

[2] Zwar werden im Alltag *Mobilität* und *Verkehr* häufig synonym verwendet, bezeichnen jedoch nicht genau dasselbe: Während mit Verkehr die kollektive Ortsveränderung innerhalb eines Systems (Bahn-, Schiff-, Straßenverkehr) gemeint ist, bezeichnet Mobilität als Eigenschaft von Menschen, Dingen, Bildern und Informationen eine Möglichkeit der Bewegung (vgl. Manderscheid 2022, S. 27 ff.).

derscheid 2012) oder „Apparatus“ (Packer 2010) gefasst. Die Konzepte heben hervor, dass Verkehrsmittelnutzungen, die Organisation von Wegen und Mobilitätspraktiken eben nicht nur von handelnden Individuen bestimmt werden, sondern immer auch gesellschaftlich und räumlich prä-strukturiert und mit Bedeutung aufgeladen sind. Der Einbezug der gesellschafts-, siedlungsstrukturellen und lebensweltlichen Aspekte in die Analyse der Mobilitätspraktiken ist hilfreich, um die Beharrungskräfte der Automobilität zu verstehen und Ansatzpunkte für eine Verkehrs- und Mobilitätswende (vgl. Manderscheid 2020) zu identifizieren.

2 Gesellschaftliche Ursachen für Verkehr und Mobilität

Die durchschnittlich zurückgelegten Distanzen von Menschen nehmen im Laufe der Geschichte kontinuierlich zu und lagen in Deutschland vor der Pandemie bei 39 km pro Tag (Nobis und Kuhnimhof 2018, S. 3). Die Zunahme der Verkehrsleistungen kann jedoch nur bedingt mit den verfügbaren Verkehrsmitteln und deren zunehmender Geschwindigkeit erklärt werden, denn Wege und Verkehrsmittelnutzungen finden nur selten als Selbstzweck statt. Vielmehr werden im Alltag Wege zurückgelegt, um an einem Ort außerhalb der eigenen Wohnung bzw. in Entfernung zum ursprünglichen Standort etwas zu tun. Die zurückgelegten Distanzen hängen also sowohl mit den Alltagspraktiken, als auch mit den Geographien der Orte dieser Praktiken zusammen.

In der standardisierten Verkehrsforschung werden Wege zusammen mit *Wegezwecken* abgefragt. Diese Zwecke werden als gegebene Bedürfnisse bzw. Erfordernisse des Alltags verstanden, von denen sich dann Verkehr und Wege ableiten. Je nach Differenzierungsgrad werden bis zu 13 verschiedene Zweck-Kategorien erfasst. Die Standardwegezwecke beinhalten (Erwerbs-)Arbeit, dienstliche Wege, Ausbildung, Einkauf, Erledigungen, Begleitung (z. B. von Kindern) und Freizeit (Gerike 2015). Vor der Pandemie wurden etwa 23 % der Wege und 25 % der Distanzen zurückgelegt, um zur Arbeits- oder Ausbildungsstätte zu gelangen. Zu den arbeitsbezogenen Zwecken kommen außerdem Dienstwege, die 11 % der Wege und 17 % der Distanzen ausmachen. Diese beschäftigungsbezogenen Wege, insbesondere das Pendeln, dominieren die verkehrspolitischen und öffentlichen Debatten, worin sich die gesellschaftliche Bedeutung von Erwerbstätigkeiten spiegelt, die in modernen Gesellschaften bislang typischerweise außerhalb der eigenen Wohnung stattfindet. Ein weniger thematisierter, anteilsmäßig jedoch ähnlich wichtiger Grund, um unterwegs zu sein, ist jedoch die Freizeit mit 28 % der Wege und einem Drittel der Distanzen (Nobis und Kuhnimhof 2018, S. 61). Während der Begriff des Freizeitverkehrs nahelegt, es handle sich um gesellschaftlich nachrangige Wege, zeigen beispielsweise die Arbeiten von Ettema und Schwanen (2012) und Strömblad et al. (2022), dass es bei Freizeitwegen vor allem um soziale Einbindungen und die Aufrechterhaltung von Beziehungsnetzwerken geht (vgl. Larsen et al. 2006). Ein besseres Verständnis von Wegen entsteht also, wenn die Praktiken, mit denen sie zusammenhängen sowie die Orte, die aufgesucht werden, ihre Erreichbarkeit und ihre soziale Bedeutung mit in den Blick genommen werden. Eine solche Perspektive auf Verkehrspraktiken nehmen sozialwissenschaftliche Mobilitätsforschungen ein, die Wege des Alltags insgesamt als *Elemente sozialer Beziehungen* verstehen und nicht nur als Effekt individueller Bedürfnisse. Insbesondere in funktional differenzierten und individualisierten Gesellschaften wird der Alltag in wechselnden sozialen Zusammenhängen und damit korrespondierend an verschiedenen Orten verbracht (vgl. Rammler 2008; Urry 2007). In dieser Sichtweise geht es bei Mobilität also primär um die gesellschaftlichen Relationen und nicht um das Unterwegssein an sich:

> „What we really want is to regroup. From the group we're a part of at breakfast – our family, let's say – we might want to join a work team, crew, gang, committee, cohort, jury, class, board, panel, etcetera, in time for the start of the workday. Before returning to the group we began with, we might have joined audiences, choirs, class reunions, sports teams, or any of hundreds of possible groupings. Many groupings, of course, involve only two people: a server and a diner, a doctor and a patient, a customer and a shop assistant, or simply two friends." (Fleming 2021, S. 221)

Im Zentrum stehen hier nicht im Individuum verankerte Bedürfnisse sondern gesellschaftliche Einbindungen in räumlich verteilte soziale Netzwerke, die über die Bewegungen im Alltag – erstmal unabhängig von der Art des Verkehrsmittels – hergestellt werden. Die räumliche und soziale Differenzierung der Gesellschaften der Gegenwart bedeuten, dass sich die Aktivitäten des Alltags potenziell auf immer weiter auseinander liegende Orte verteilen können als dies in weniger differenzierten und weniger verkehrstechnisierten Gesellschaften zu früheren Zeiten der Fall war (vgl. Rosenbaum 2014, S. 545). Wege und Verkehr im allgemeinen sind also nicht primär eine individuelle Wahl oder eine bewusste Entscheidung, sondern hängen mit der sozialen und räumlichen Struktur der Gesellschaft zusammen. Das bedeutet auch, dass Mobilität in der Gegenwart entsprechend nicht nur eine Möglichkeit, sondern auch eine Notwendigkeit oder einen Zwang darstellt.

3 Individualisierung, Modernisierung und Mobilität

In der soziologischen Diskussion werden räumliche Mobilität und Verkehr auch in den Kontext von *Modernisierung und Individualisierung* gestellt (vgl. Canzler 2000; Manderscheid 2022; Rammler 2008). Damit ist eine Entwicklung gemeint, in der sich die Individuen tendenziell weniger an traditionellen Bindungen wie Familie, Religionsgemeinschaft, Herkunftsregion, sozialer Schicht oder Nachbarschaft ausrichten, sondern sich ihre Orientierungen im Verlauf ihres Lebens immer wieder neu selbst suchen. Dieser Prozess der Individualisierung, die Herauslösung von Individuen aus gegebenen sozialen und räumlichen Bindungen und die Pluralisierung der Lebensformen, wird in der Soziologie schon früh von Georg Simmel, Émile Durkheim oder Ferdinand Tönnies für den Beginn des 20. Jahrhunderts beobachtet und als Kennzeichen der Modernisierung, Industrialisierung und Urbanisierung verstanden. Der britische Soziologe Anthony Giddens beschreibt diese „Entbettung" als Erfahrung der Menschen, dass die Wirklichkeit ein zu entfaltender Gestaltungsraum sei, der über die Gegenwart und den lokalen Ort hinausreiche (Giddens 1995, 33 ff.). Der Soziologe Ulrich Beck (1986) konstatiert einen weiteren Schub dieser Entwicklung und spricht von der „Zweiten Moderne", die in den 1970er-Jahren ihren Ausgangspunkt nimmt. Insbesondere durch residenzielle Mobilität, also Wohnungsumzüge, und abnehmende Ortsbindungen diversifizieren sich die sozialen Kontakte räumlich. Im Rahmen von Ausbildung, Studium und von Arbeitsverhältnissen sowie im Kontext von Freizeitaktivitäten und Reisen werden Kontakte zu Menschen an verschiedenen Orten geknüpft. Norbert Elias (1999) beschreibt allgemeiner die Geschichte moderner Gesellschaften als einen Prozess der Verlängerung der „Interdependenzketten", d. h. der Einbindung des Einzelnen in überlokale, regionale und globale ökonomische Prozesse, politische Zusammenhänge und soziale Bezüge. Die Aufrechterhaltung dieser Beziehungen führt dann wiederum zu räumlicher Mobilität und Verkehr. Diesen Zusammenhang bezeichnet Stephan Rammler (2011, S. 37 f.) als „Wahlverwandtschaft zwischen moderner Gesellschaftsentwicklung und Mobilitätswachstum" (vgl. Manderscheid 2022).

Soziale Netzwerke haben sich nicht nur im Vergleich zu früher räumlich immer weiter ausgedehnt, sondern entstehen jeweils im individuellen Lebenslauf beispielsweise durch den Wegzug nahestehender Personen, durch eigene Umzüge aus Beziehungs-, Ausbildungs- oder Arbeitsplatzgründen, durch temporäre Aufenthalte im Ausland oder Reisen. Solche geografisch ausgedehnten sozialen Netzwerke werden sowohl mittels Kommunikationstechnologien (Post, Telefon, Email, Social Media, Textnachrichten), als auch durch wiederkehrende physische Treffen vor Ort gepflegt und aufrechterhalten. Die Möglichkeit dieser ausgedehnten sozialen Beziehungen basiert entsprechend auf dem Vorhandensein von und dem Zugang zu gebauten Infrastrukturen der Kommunikation und des Verkehrs. Die Räumlichkeit sozialer Netzwerke und Verkehrsinfrastrukturen können also als ko-emergent verstanden werden (vgl. Wellman 1979). Dabei ist zu berücksichtigen, dass Infrastrukturen, und die im weiteren interessierenden Verkehrsinfrastrukturen, sich jedoch nicht einfach naturwüchsig oder nach Maßgabe der effizientesten Organisation entwickeln. Genauso wenig sind *Verkehrsinfrastrukturen* neutrale Gegebenheiten, sondern geformt in politischen Aushandlungsprozessen und dadurch immer auch durch gesellschaftliche Machtbeziehungen. An dieser Stelle lässt sich eine materielle Dimension von Automobilität herausarbeiten.

4 Verkehrsinfrastrukturen und materielle Automobilität

Die Hegemonie des Autos als dominantes Verkehrsmittel im Alltag lässt sich nicht ausreichend mit dessen Attraktivität erklären. Als technisches Artefakt konnte das Auto historisch erst innerhalb einer entsprechend gestalteten räumlichen Umwelt gesellschaftlich Bedeutung gewinnen. Das heißt zunächst, dass *Straßen und Verkehrswege* planerisch auf den Autoverkehr ausgerichtet wurden, dass also der Straßenbelag entsprechend gestaltet und der Straßenraum von anderen Nutzungen befreit wurde. Beide Kriterien führten zu einer historisch umstrittenen Unterordnung anderer Nutzungen unter den motorisierten Individualverkehr (vgl. Norton 2008).

Noch zu Beginn des 20. Jahrhunderts waren Straßen öffentliche Räume, in denen Kinder spielten, Menschen und Dinge standen oder in verschiedene Richtungen unterwegs waren und die nicht ausschließlich dem fließenden Verkehr vorbehalten waren (vgl. Bonham 2006; Muchow und Muchow 2012). Die Zahl der durch Zusammenstöße mit Autos verletzten oder getöteten Personen, insbesondere Kinder, führte beispielsweise in den USA zu massiven Protesten und regelmäßigen Demonstrationen (Norton 2008). In England durften Autos bis 1896 nur im Schritttempo und mit vorausgehender Warnperson mit roter Flagge fahren (Burkart 1994, S. 222; Flink 1988). Dass dem Auto im weiteren Verlauf der Verkehrsgeschichte die Vorfahrt eingeräumt wurde, muss, so zeigen verschiedene Arbeiten zur Geschichte der Automobilität (Kuhm 1995; Norton 2008; Paterson 2007; Peters 2006), als Ergebnis aktiver Einflussnahme von verschiedenen Interessensgruppen zu Beginn des 20. Jahrhunderts gesehen werden, die die Umgestaltung der städtischen Straßenräume zu Autoverkehrsstraßen aktiv und strategisch vorantrieben (vgl. Wolf 1992). So lässt sich beispielsweise nachzeichnen, dass der Rückbau des öffentlichen Schienenverkehrs, der lange das dominante Verkehrsmittel in den Städten darstellte, primär Ergebnis politischer Entscheidungen und nicht das Bedienen der tatsächlichen Nachfrage war. Beispielsweise entschied der Berliner Senat Anfang der 1960er-Jahre, die Straßenbahn in Westberlin, mit der zu diesem Zeitpunkt mehr Menschen als mit allen anderen Verkehrsmitteln zusammen befördert wurden, abzuschaffen, noch bevor Autos zum Massenverkehrsmittel geworden waren (Knie 2006, S. 51). In Hamburg, das eines der größten Straßenbahnnetze in Deutschland hatte, wurde die letzte Linie 1978 stillgelegt. Diese politischen Entscheidungen waren das Ergebnis einer Antizipation einer automobilen Zukunft, die damit genau dieser Zukunft die Straßen gebahnt haben. Mit anderen Worten wurde die Hegemonie des Autoverkehrs der Gegenwart durch das Handeln der öffentlichen Verkehrsplanung und -politik in der Vergangenheit aktiv mit hergestellt und durch den Unterhalt und die Weiterentwicklung der Verkehrsinfrastrukturen fortwährend aktualisiert.

Das Funktionieren des Verkehrs wird zudem durch die Straßenverkehrsordnung (StVO) und das Straßenverkehrsgesetz (StVG) gesichert, die die Nutzungen der Verkehrswege und die hierarchischen Beziehungen der Fahrzeuge untereinander regelt und den flüssigen Verkehr des Auto- und Lastwagenverkehrs über andere Verkehrsarten und Ziele setzt. Diese rechtliche Absicherung steht gegenwärtig regelmäßig politischen Plänen einer Neuordnung des Straßenverkehrs im Weg. Aber auch Bauvorschriften für Wohnungen, die die Bereitstellung von Parkplätzen vorschreiben, stabilisieren weiterhin die automobile Hegemonie (vgl. Taylor 2021). Zur materiellen Dimension von Automobilität können neben Fahrzeugen, Straßen und Parkplätzen auch *weitere Infrastrukturen* wie Tankstellen, Motels, Drive-Ins etc. hinzugezählt werden. Noch grundsätzlicher sind die *Siedlungsstrukturen*, wie sie in den letzten hundert Jahren geplant und gebaut wurden, als Teil der automobilen Materialität zu verstehen. Extreme Beispiele sind viele US-amerikanischen Städte, die quasi nur mit dem Auto bewohnbar sind, da andere Möglichkeiten der Fortbewegung nicht vorgesehen und aufgrund der Straßengestaltung ohne Fuß- oder Fahrradwege praktisch kaum durchführbar sind. Aber auch europäische Städte wurden und werden – in unterschiedlichem Ausmaß – für den Autoverkehr und um das Auto herum geplant und organisiert. Fuß-, Fahrrad- und öffentliche Verkehrswege sind, abgesehen von Ausnahmen (beispielsweise Venedig), als ergänzend und flächenmäßig deutlich nachgeordnet und zweitrangig angelegt. Einfamilienhaussiedlungen am Stadtrand oder in ländlichen Gegenden mit Gartenflächen, die durch eine im Verhältnis zur Innenstadt geringe Bewohner*innendichte und geringe Ausstattung mit Infrastrukturen des täglichen Bedarfs aufweisen, gehen vom Auto als Hauptverkehrsmittel der Bewohner*innen aus. Die mit dem Auto entstandene Möglichkeit, Wohnen im Grünen mit den Angeboten der Stadt zu verbinden, führen in ihrer massenhaften Wahrnehmung zum Zwang, mit dem Auto zu leben.[3]

> „Man kann sich die Gesellschaft auch wie einen ‚Streckenplan' vorstellen, auf dem eine unentwirrbare, aber gleichwohl nicht kontingente Fülle von Verbindungen räumlich miteinander verflochten ist. Verkehrswege – Straßen – und Fahrzeuge – Automobile – besitzen darin nicht allein Ermöglichungs-, sondern auch Aufforderungscharakter für die vergesellschafteten Individuen, die im Verkehrssystem vergegenständlichten Verbindungen zu nutzen." (Kuhm 1997, S. 10)

In der Automobilgesellschaft stabilisieren die gebaute Umwelt, die Verkehrswege zusammen mit den Regularien und der Politik die Ausrichtung auf das Auto. Um im Alltag an der Gesellschaft teilzuhaben bestehen also, je nach Siedlungsstruktur, Quartier und Wohnort, Notwendigkeiten, größere Distanzen zurückzulegen. Während gerade in innerstädtischen Quartieren inzwischen eine Vielzahl alternativer Verkehrsmöglichkeiten zur Verfügung stehen – ÖPNV, Aktivverkehr, Sharing-Fahrzeuge – reduzieren sie sich am Stadtrand und in ländlichen Räumen immer noch fast ausschließlich auf das private Auto. Aber nicht nur in der materiellen Struktur der Gesellschaften der Gegenwart ist das Auto verankert, auch in den gesellschaftlichen Vorstellungswelten und *Wissensvorräten* bestehen vielfältige positive Konnotationen und Selbstverständlichkeiten der Automobilität.

5 Mobilität und Freiheit – automobiles Wissen

In den *Wissensbeständen* moderner Industriegesellschaften und deren Nachfolgerinnen, den postindustrielle Gesellschaften der Zweiten Moderne (Beck 1986), ist eine positive Bedeutung von Mobilität allgemein fest verankert. Mit Wissensbeständen sind die mit Gegenständen und Aktivitäten mittransportierten geteilten Bedeutungen und selbstverständliche Begründungen gemeint, die häufig implizit bleiben oder als selbstevident bzw. natürlich angesehen werden.

[3] Mit der inzwischen häufigeren Option, von Zuhause aus zu arbeiten, ist ein weiterer Schub der Suburbanisierung bzw. des Auseinanderfallens von Wohn- und Arbeitsort möglich. Ohne den parallelen Ausbau von öffentlichen Verkehrsangeboten ist zu erwarten, dass damit auch der automobile Alltag erneut stabilisiert wird (vgl. Grubbauer et al. 2023).

Mobilität steht beispielsweise für *Fortschritt*, nicht nur in technischer Hinsicht, sondern auch gesellschaftlich und individuell. Beweglichkeit, Flexibilität und Veränderungsbereitschaft gelten individuell und gesellschaftlich als Bedingung für die Sicherung des Erreichten, das Weiterkommen und, noch grundsätzlicher, für das soziale und wirtschaftliche Überleben. Für die Individuen stellt sich bildlich und praktisch das Leben als Weg dar, auf dem es um ein Weiterkommen geht, darum, Ziele zu erreichen oder auch Dinge hinter sich zu bringen. Wie Tim Cresswell schreibt: „We are always trying to get somewhere. No one wants to be stuck or bogged down“ (Cresswell 2010, S. 21). Analog finden sich in Politik und Wirtschaft viele Verweise auf die Notwendigkeit von Bewegung, Veränderung und Entwicklung bei gleichzeitigen Warnungen vor Stillstand, Bewahrung und Zurückbleiben. Mobilität ist dabei eng verbunden mit *linearer Zeitlichkeit* und einer Ausrichtung auf die Zukunft. Dass diese positive Konnotation von Mobilität jedoch kontingent ist, wird im historischen Vergleich deutlich: In vormoderne Gesellschaften mit einem zyklischen Zeitbegriff stand Mobilität für den Ausschluss aus territorial verankerten Gemeinschaften. Nur wenige Menschen wie Adlige, Kirchenvertreter, Pilger, Händler,[4] Heiler*innen, Tagelöhner*innen und Fahrende waren mobil (Bonß und Kesselring 2001, S. 182). Gleichzeitig war die Sozialstruktur der vormodernen Gesellschaften kaum durchlässig und soziale Positionen waren qua Geburt vorgegeben (Rammler 2008, S. 60).

In den Gesellschaften der Gegenwart wird das private Auto quasi als Inbegriff einer *selbstgesteuerten Freiheit* und *individuellen Flexibilität* gesehen. Diese Verknüpfung zeigt sich unter anderem in der Werbung, beispielsweise in einer menschenleeren Landschaft oder vor einem offenen Horizont (vgl. Conley 2016).[5] Aber auch in der Kulturproduktion tauchen diese Narrative auf, beispielsweise in Roadmovies oder in der Popmusik. In ähnlicher Weise wird in der wiederkehrenden politischen Diskussion um Geschwindigkeitsbeschränkungen auf Autobahnen in Deutschland von Gegner*innen das Argument einer illegitimen Einschränkung der Freiheit (auf individuelle Beschleunigung und Geschwindigkeit) vorgebracht.

Neben Freiheit ist jedoch in Bezug auf das Auto auch *Sicherheit* ein zentrales Motiv. Das Durchqueren von Räumen im Auto verspricht gerade den Bevölkerungsgruppen, die als schutzbedürftig angesehen werden – Frauen, Alten und Kindern –, einen Schutzraum oder auch einen „Reizschutzpanzer“ (Rammler 2001, S. 56; Schwedes et al. 2021, S. 7) innerhalb einer potenziell als gefährlich wahrgenommenen verkehrlichen und städtischen Welt. Während der Corona-Pandemie kam der Schutz vor möglicherweise virenverbreitenden Menschen hinzu. Besonders augenfällig ist die Sicherheitsdimension bei den SUVs, den Sport Utility Vehicles, einer Mischung aus Geländewagen und Limousine. Der Anteil der SUVs an den in Deutschland neuzugelassenen Autos rangiert zwischen 20 und 25 % (Brandt 2021)

[4] So gut wie ausschließlich Männer.

[5] Auch wenn diese Bilder nicht einfach „geglaubt“ werden, spiegelt doch beispielsweise die Renaissance der Camperbusse und Wohnmobile (vgl. Graefe 2023) diese Sehnsucht nach selbstgesteuerter Unabhängigkeit wider.

und verzeichnet immer noch Wachstumsraten. Der Innenraum dieser Fahrzeuge wirkt wie eine Art Gegenentwurf zu einer als feindlich wahrgenommenen Umgebung. Aber auch kleinere Autos werden als geschützte Cocoons (vgl. Urry 2006; Wells und Xenias 2015), als Wohnraum auf Rädern dargestellt und vermarktet – beheiz- und klimatisierbar, das Design der Sitze kann bei Neuwagen dem persönlichen Geschmack entsprechend gewählt werden, hochwertige Musik- und Unterhaltungselektronik gehören zur Standardausstattung und für Kinder gibt es integrierte Bildschirme für das Abspielen von Filmen, Fenster lassen sich elektrisch öffnen und schließen und das Licht individuell anpassen. Gleichzeitig sorgen technisches Equipment wie Airbags, Anschnallgurte und immer häufiger diverse automatisierte Sensoren für ein sicheres Fahrverhalten des Autos (Sachs 1984, S. 152–161; Hildebrand und Sheller 2018).

Diese gesellschaftlichen Bedeutungen des Autos sind spezifizierte und differenzierte Elemente der *Alltagswissensbestände* der Subjekte. Man kann diese im Sinne eines generativen Prinzips des von Bourdieu entwickelte Habituskonzeptes (Bourdieu 1997; Krais und Gebauer 2002) verstehen, das Denken, Wahrnehmungen und Praktiken strukturiert. Diese (auto-)mobilen Wertigkeiten bilden den Rahmen des Normalen, des Vorstellbaren und des Machbaren. Weert Canzler bezeichnet die verinnerlichte Selbstverständlichkeit der Automobilität in der Gesellschaft der Gegenwart als „das Auto im Kopf" (Canzler 2000). Dieses schlägt sich beispielsweise in kollektiv geteilten und immer wieder wiederholten Begründungen für die Wahl des Autos als Verkehrsmittel nieder. Diese kollektiven Selbstverständlichkeiten bezeichnet Malene Freudendal-Pedersen (2007) als „structural stories". Deren Funktion besteht darin, alltägliche Entscheidungen mit dem Verweis auf offensichtliches Wissen zu begründen. Zu solchen Structural Stories der Automobilität gehört, dass man ein Auto brauche, wenn man Kinder hat und dass der öffentliche Personenverkehr prinzipiell unzuverlässig sei. Dieses automobile Kollektiv- und Alltagswissen ist größtenteils ein vorreflexives, vorbewusstes und verinnerlichtes Wissen, das, weil es nur bedingt für Argumente zugänglich ist und selten mit belastbaren Daten geprüft wird, schwer veränderbar ist. Hingegen wird es fortwährend bestätigt durch die selektive Wahrnehmung und Erinnerung von Erlebnissen, wie sie sich beispielsweise in abendfüllenden Anekdoten von chaotischen Verspätungen auf Bahnreisen zeigen.

6 (Auto)Mobile Identitäten und Subjektivierungen

Die Art und Weise, wie Menschen unterwegs sind, welches Verkehrsmittel sie wählen und wohin sie sich bewegen, ist eng mit ihrer *Identität* bzw. *gesellschaftlichen Subjektivierungen* (vgl. Keller et al. 2012; Opitz 2014) verwoben. Die Figur des automobilen und selbstgesteuert mobilen Subjekts ist eingelassen in die realexistierende kapitalistische Wirtschafts- und Vergesellschaftungsform – Menschen werden hier als einzelne Individuen adressiert, die sich selbst steuern, ihre Möglichkeiten wahrnehmen und unabhängig von anderen bildlich und geografisch ihren eigenen Weg gehen. Identitäten und Formen der Subjektivierung sind dabei unterschiedlich eng mit Automobilität als Verkehrsmittel verknüpft. Dabei ist weder von einer beliebig wählbaren noch irgendwie natürlichen Zuordnung von Identitäten und Verkehrsmitteln auszugehen, es handelt sich vielmehr um eine Dimension einer prinzipiell kontingenten, gesellschaftlich stabilisierten symbolischen Ordnung der Lebensstile, die individuell verinnerlicht und kollektiv für selbstverständlich gehalten wird (vgl. Bourdieu 1993; Götz et al. 2016; Klinger und Lanzendorf 2016; Mögele und Rau 2020).

Die tiefe Verankerung des Automobils in den Gesellschaften der Gegenwart lässt sich auch daran ersehen, dass lange Zeit allgemein und auf dem Land immer noch der Erwerb des Führerscheins und damit die Erlaubnis und Fähigkeit, sich selbstgesteuert in der Gesellschaft zu bewegen, quasi selbstverständlich und bedeutungsvoll am Beginn des Erwachsenseins stand bzw. steht. Zum Autofahren gehören neben der Steuerung des Fahrzeugs auch Kompetenzen wie der Umgang mit Risiken in der Planung von Fahrten und ein entsprechendes Zeitmanagement. Dabei handelt es sich nicht nur um Kompetenzen für die Teilnahme am Autoverkehr, sondern um grundsätzliche Techniken in der Selbstführung moderner Subjekte (Bröckling 2000; Elias 1999).

Die Konstitutionen der modernen automobilen Identitäten und Selbstverhältnisse kann dabei abgegrenzt werden von anderen mobilen Figuren wie Fußgänger*innen, Radfahrer*innen oder ÖPNV-Nutzer*innen. Die Verwobenheit von Identitäten, Lebensstilen, Selbst- und Fremdzuschreibungen mit Formen der Verkehrsteilnahme lässt sich fast schon klischeehaft mit Figuren wie studentische Radfahrer*innen, junge, urbane, klimabewusste Familien mit Lastenfahrrad, Oldtimer-Fahrer*innen oder Business-Reisende in der ersten Klasse des ICEs illustrieren. Insbesondere in den urbanen Zentren finden sich in der sogenannten Creative Class hochmobile Lebensstile, die innerstädtisch mit Singlespeed und Falträdern sowie interurban mit Hochgeschwindigkeitszügen und Flugzeugen, vor allem aber mit digitalen Informations- und Kommunikationstechnologien stärker verwoben sind als mit privaten Autos (vgl. Mancinelli 2020; Manderscheid 2012, S. 166 f.).

Obwohl autoalternative Formen der Verkehrsteilnahme gerade in innerstädtischen Milieus häufig die primäre Form der Fortbewegung darstellen, bildet das automobile Subjekt im Sinne der Auto-Kompetenz und der Selbststeuerung nach wie vor die gesellschaftliche Normalität. Immer noch sind andere Verkehrsteilnehmer*innen in Politik und Planung fast durchweg dem automobilen Subjekt nachgeordnet und auf speziell gekennzeichnete Flächen der Straße verwiesen. Doch kann die Emotionalität in Diskussionen um Parkplätze, Radwege und Geschwindigkeitsbegrenzungen auch als Ausdruck eines teilweisen Infragestellens dieser Selbstverständlichkeiten gesehen werden.

7 Verkehrspraktiken und Automobilität

Das hier dargestellte Automobilitäts-Dispositiv wird fortwährend aktualisiert und reproduziert in den alltäglichen Verkehrspraktiken der Individuen, die immer noch zu großen Anteilen mit dem eigenen Auto unterwegs sind. Nur durch die andauernde

Befahrung der Straßen und automobilen Infrastrukturen durch Autos, durch die Affizierung, Unterscheidung und Hierarchisierung von Fortbewegungsarten, die Reproduktion und Aktualisierung des automobilen Wissens, erhält sich Automobilität als normale Fortbewegungsart der Gegenwart.

Dabei ist jedoch noch einmal zu betonen, dass Menschen im Alltag selten Auto fahren, um Auto zu fahren, sondern dies vielmehr Teil von Alltagspraktiken ist. *Praktiken* werden in den aktuellen Praxistheorien als Routinen beschrieben, die über Zeit und Raum stabil sind (Shove und Pantzar 2016, S. 95). Obwohl die einzelne Ausführung einer Praktik sehr individuell sein kann, ist für andere an der Anordnung von Dingen und Bedeutungen innerhalb eines gegebenen Kontextes erkennbar, dass es sich um eine spezifische soziale Praktik – beispielsweise Frühstücken, Einkaufen oder Studieren – handelt. Das Zurücklegen von Wegen wird in dieser Perspektive auch als eine *verstreute Praktik* („dispersed practice" – im Gegensatz zu *integrativen Praktiken* („integrative practices", Schatzki 1996, S. 98)) verstanden (vgl. Shove 2002; Cass und Faulconbridge 2017; Selzer und Lanzendorf 2022; Kent 2022c). Verstreute Praktiken sind also Mikroaktivitäten, die alltäglich und im Kontext von sehr verschiedenen anderen Praktiken in verschiedenen Bereichen des sozialen Lebens zu finden sind. Ihre Bedeutung, Funktion und affektive Aufladung ist in diesem Zusammenhang zu sehen (Schatzki 1996, S. 91; Cass und Faulconbridge 2017, S. 100 f.; Kent 2015). Autofahren kann beispielsweise ein Element von Erwerbstätigkeit sein und in diesem Zusammenhang als geschützter raumzeitlicher Übergang zwischen Arbeit und Privatleben fungieren, der beispielsweise mit Musik den eigenen Vorstellungen entsprechend gestaltet wird. Diese affektive Dimension des automobilen Pendelns geht über die Überwindung einer räumlichen Distanz in einer bestimmten Zeit hinaus und begründet das emotionalisierte Festhalten an dieser Fortbewegungsart trotz hoher Kosten, schädlicher Emissionen und verfügbarer ähnlich schneller alternativer Verkehrsmittel.

Auto-, Fahrrad- oder Bahnfahren kann also, je nachdem, ob es ein Element von Pendeln, Freizeit oder Care-Arbeit ist, individuell unterschiedlich erlebt und aufgeladen sein. Zudem ist die Einbettung der Verkehrsmittelnutzung in eine Praktik unterschiedlich eng. Wie beispielsweise Mattioli et al. (2016) zeigen, sind Begleitwege im Kontext der Care-Arbeit besonders eng mit Autonutzung verbunden (auch: Manderscheid 2019). Hierzu gehören Bringen und Holen von Kindern von Kita, Schule und Freizeiteinrichtungen (vgl. Kent 2022a). Um dies zu verstehen, können verschiedene Dimensionen herangezogen werden. Zunächst ist die materielle Siedlungs- und Verkehrsstruktur zu betrachten, innerhalb derer Wohnung und Ziele verortet sind. Die affektive Aufladung der Praktiken der „Elterntaxis" speist sich beispielsweise aus verschiedenen Subjektivitäten, unter anderem aus Vorstellungen von guter Elternschaft (vgl. Knauf 2019), dem Bedürfnis, das Kind in einer gefährlichen Umwelt schützen zu wollen, sowie der Zeit, die Eltern(teil) und Kind im Privatraum des Autos ungestört zusammen sein können (Kullman 2014). Darüber hinaus erlaubt diese Praktik möglicherweise einem in Vollzeit erwerbstätigen Elternteil, sich ebenfalls an der Care-Arbeit zu beteiligen dadurch, dass der Weg zur Schule mit dem eigenen Arbeitsweg verbunden wird. Die aus diesen vielfältigen Aspekten entstehende gesellschaftliche Normalität, dass Kinder mit dem Auto gebracht und geholt werden, stabilisiert diese Praktik der Elterntaxis. Gleichzeitig vermittelt sie selbst eine gesellschaftliche Normalität, d. h. hier werden Erfahrungen und das gesellschaftliche Wissen reproduziert, wie etwas gemacht wird.

Allerdings findet in vielen Großstädten die alternative Praxis des Transportierens von kleineren Kindern mit Lastenrädern gegenwärtig zunehmend Verbreitung. Das heißt, auch hier lassen sich gegenwärtig alternative Mobilitätspraktiken beobachten, die möglicherweise dabei sind, aus einer Nische herauszutreten und weitere Praktiker*innen zu rekrutieren (vgl. Shove und Pantzar 2016; Geels et al. 2012).

In den immer noch dominierenden automobilen Praktiken werden die dargestellten Elemente des Automobilitäts-Dispositivs verbunden: Verkehrsinfra- und Siedlungsstrukturen zusammen mit den individuellen sozialen Netzwerken bzw. gesellschaftlichen Einbindungen geben die Geographien des Alltags, also die Orte und Beziehungen vor, die wiederkehrend aufgesucht werden. Hinzu kommen eine Vielzahl weiterer Wissensvorräte, Subjektivierungen, materielle und soziale Strukturen aus anderen Feldern des Sozialen, wie dem Familien-, dem Erwerbsleben oder anderen Bereichen der Vergesellschaftung. Aus diesen komplexen materiellen, strukturellen und symbolischen Verbindungen in Alltagspraktiken lassen sich Verkehrsmittel, insbesondere das Auto, nicht folgenlos herauslösen. Eine sozial-ökologische Verkehrswende hätte hingegen weitreichende Implikationen auf die weitere Alltagsorganisation, das Selbstverständnis, Konsumpraktiken, Vorstellungen über das „gute Leben" und gesellschaftlich erforderliche Kompetenzen der Individuen.

Für die Politik ebenso wie für die wissenschaftliche Forschung zur Verkehrswende bedeuten diese Überlegungen, dass der Autoverkehr breiter problematisiert werden muss. Die Hegemonie des Automobils ist nicht hinreichend als Summe individueller Entscheidungen zu verstehen, sondern Teil der gesellschaftlichen Normalität, d. h. der gebauten Umwelt und der sozialen Strukturen, der gesellschaftlichen Wissensvorräte, der Subjektivierungen und Identitäten sowie der Praktiken des Alltags. Ein praktikenspezifisches Aufbrechen dieser Hegemonie muss jeweils all diese Elemente systematisch einbeziehen. Einige alternative Praktiken rekrutieren gegenwärtig bereits in zunehmendem Umfang neue Träger*innen, was durch Veränderungen der Verkehrsinfrastrukturen (Radwege), neue Zugänge (49 € Ticket, On-Demand Fahrzeuge, Ride-Hailing Systeme) und Fahrzeuge (Lastenräder, E-Bikes) ermöglicht wurde. Rein technische Ansätze werden für eine Antriebswende ebensowenig zur notwendigen Reduktion der Emissionen beitragen wie eine alleinige Verantwortungsübertragung der Veränderung von Verkehrspraktiken auf die Individuen, wenn die gesellschaftliche Ordnung in ihren skizzierten Aspekten nicht ebenfalls verändert wird. Neben den materiellen Dimensionen wären dafür auch die gesellschaftlichen Wissensbestände, Orientierungen ebenso wie Identitäten und Subjektivierungen einer kritischen Reflexion und Re-Formierung zu unterziehen.

> „It is a problem of the 20th century, when powerful high carbon path dependent systems were set in place, locked in through various economic and social institutions. And as the century unfolded those lock-ins meant that the world was left a high and growing carbon

legacy. Electricity, the steel-and-petroleum car, and suburban living and associated consumption are three of those locked-in legacies. The 20th century is reaping its revenge upon the 21st century and massively limiting the choices and opportunities available within the new century. And to slow down, let alone reverse, increasing carbon emissions and temperatures requires the reorganization of social life, nothing more and nothing less." (Urry 2009, S. 88 f.)

Literatur

Beck, Ulrich. 1986. *Risikogesellschaft. Auf dem Weg in eine andere Moderne*. Frankfurt a. M.: Suhrkamp.

Bonham, Jennifer. 2006. Transport: Disciplining the body that travels. In *Against automobility*, Hrsg. Steffen Böhm, Jones Campbell, Chris Land, und Matthew Paterson, 57–74. Malden/Oxford: Blackwell.

Bonß, Wolfgang, und Sven Kesselring. 2001. Mobilität am Übergang von der Ersten zur Zweiten Moderne. In *Die Modernisierung der Moderne*, Hrsg. Ulrich Beck und Wolfgang Bonß, 177–190. Frankfurt a. M.: Suhrkamp.

Bourdieu, Pierre. 1993. Strukturen, Habitusformen, Praktiken. In *Sozialer Sinn. Kritik der theoretischen Vernunft*, 97–121. Frankfurt a. M.: Suhrkamp.

———. 1997. Über die symbolische Macht. *Österreichische Zeitschrift für Geschichtswissenschaft* 8(4): 556–564.

Brandt, Mathias. 2021. SUV-Anteil steigt 2021 wieder. https://de.statista.com/infografik/19572/anzahl-der-neuzulassungen-von-suv-in-deutschland/. Zugegriffen am 10.01.2022.

Bröckling, Ulrich. 2000. Totale Mobilmachung. Menschenführung im Qualitäts- und Selbstmanagement. In *Gouvernementailität der Gegenwart. Studien zur Ökonomisierung des Sozialen*, Hrsg. Ulrich Bröckling, Susanne Krasmann, und Thomas Lemke, 131–167. Frankfurt a. M.: Suhrkamp.

Bundesamt für Statistik (BfS). 2024. Strassenfahrzeuge – Bestand, Motorisierungsgrad. https://www.bfs.admin.ch/bfs/de/home/statistiken/mobilitaet-verkehr/verkehrsinfrastruktur-fahrzeuge/fahrzeuge/strassenfahrzeuge-bestand-motorisierungsgrad.html#-1769822228. Zugegriffen am 10.01.2022.

Burkart, Günter. 1994. Individuelle Mobilität und soziale Integration. Zur Soziologie des Automobilismus. *Soziale Welt* 45(2): 216–241. https://doi.org/10.2307/40878013.

Canzler, Weert. 2000. Das Auto im Kopf und vor der Haustür. Zur Wechselbeziehung von Individualisierung und Autonutzung. *Soziale Welt* 51(2): 191–208.

Cass, Noel, und James Faulconbridge. 2017. Satisfying everyday mobility. *Mobilities* 12(1): 97–115.

Conley, Jim. 2016. Automobile advertisements: The magical and the mundane. In *Car troubles*, Hrsg. Jim Conley und Arlene Tigar McLaren, 51–72. Aldershot: Routledge.

Cresswell, Tim. 2010. Towards a politics of mobility. *Environment and Planning D: Society and Space* 28(1): 17–31. https://doi.org/10.1068/d11407.

Elias, Norbert. 1999. Über den Prozess der Zivilisation. In *Soziogenetische und psychogenetische Untersuchungen. Zweiter Band Wandlungen der Gesellschaft. Entwurf zu einer Theorie der Zivilisation*. Frankfurt a. M.: Suhrkamp.

Ettema, Dick, und Tim Schwanen. 2012. A relational approach to analysing leisure travel. *Journal of Transport Geography* 24:173–181. https://doi.org/10.1016/j.jtrangeo.2012.01.023.

Fleming, Steven. 2021. Against the Driverless City. In *AVENUE21. Politische und planerische Aspekte der automatisierten Mobilität*, Hrsg. Mathias Mitteregger, Emilia M. Bruck, Aggelos Soteropoulos, Andrea Stickler, Martin Berger, Jens S. Dangschat, et al., 221–236. Berlin/Heidelberg: Springer.

Flink, James J. 1988. *The automobile age*. Cambirdge: MIT Press.

Freudendal-Pedersen, Malene. 2007. Mobility, motility and freedom: The structural story as an analytical tool for understanding the interconnection. *Schweizerische Zeitschrift für Soziologie* 33(1): 27–43.

Geels, Frank W., René Kemp, Geoff Dudley, und Glenn Lyons, Hrsg. 2012. *Automobility in transition? A socio-technical analysis of sutstainable transport*. New York/Oxon: Routledge.

Gerike, Regine. 2015. Wegezweck. In *Methoden-Lexikon für die Sozialwissenschaften*, Hrsg. Rainer Diaz-Bone und Christoph Weischer, 435–436. Wiesbaden: Springer VS.

Giddens, Anthony. 1995. *Konsequenzen der Moderne*. Frankfurt a. M.: Suhrkamp.

Götz, Konrad, Jutta Deffner, und Thomas Klinger. 2016. Mobilitätsstile und Mobilitätskulturen – Erklärungspotentiale, Rezeption und Kritik. In *Handbuch Verkehrspolitik*, Hrsg. Oliver Schwedes, Weert Canzler, und Andreas Knie, 781–804. Wiesbaden: Springer Fachmedien.

Graefe, L. 2023. Monatliche Neuzulassungen von Caravans und Reisemobilen in Deutschland bis 2022. Hrsg. v. Statista. https://de.statista.com/statistik/daten/studie/259104/umfrage/neuzulassungen-von-caravans-und-reisemobile-in-deutschland/. Zugegriffen am 19.08.2024.

Grubbauer, Monika, Mattis Helmrich, Katharina Manderscheid, und Charlotte Niewerth. 2023. 8. Konsequenzen ortsflexibler Arbeit für Praxen des Wohnens und der Alltagsorganisation in Hamburg. In *Wohnen in Hamburg: Akteure, Instrumente und Konfliktfelder*, Hrsg. Monika Grubbauer, Bd. 6, 143–162. Bielefeld: transcript.

Hildebrand, Julia M., und Mimi Sheller. 2018. Media ecologies of autonomous automobility. *Transfers* 8(1): 64–85. https://doi.org/10.3167/TRANS.2018.080106.

Keller, Reiner, Werner Schneider, und Willy Viehöver. 2012. Theorie und Empirie der Subjektivierung in der Diskursforschung. In *Diskurs – Macht – Subjekt*, Hrsg. Reiner Keller, Werner Schneider, und Willy Viehöver, 7–20. Wiesbaden: VS Verlag für Sozialwissenschaften.

Kemp, René, Frank W. Geels, und Geoff Dudley. 2012. 1. Introduction. Sustainability transitions in the automobility regime and the need for a new perspective. In *Automobility in transition? A socio-technical analysis of sutstainable transport*, Hrsg. Frank W. Geels, René Kemp, Geoff Dudley, und Glenn Lyons, 3–28. New York/Oxon: Routledge.

Kent, Jennifer. 2022a. Sustainable family transport: A research agenda. *Urban Policy and Research* 40(4): 290–303. https://doi.org/10.1080/08111146.2022.2108393.

Kent, Jennifer L. 2015. Still feeling the car – The role of comfort in sustaining private car use. *Mobilities* 10(5): 726–747. https://doi.org/10.1080/17450101.2014.944400.

———. 2022b. The inevitability of automobility: How private car use is perpetuated in a greenfield housing estate. *Journal of Transport and Land Use* 15(1): 271–293. https://doi.org/10.5198/jtlu.2022.2091.

———. 2022c. The use of practice theory in transport research. *Transport Reviews* 42(2): 222–244. https://doi.org/10.1080/01441647.2021.1961918.

Klinger, Thomas, und Martin Lanzendorf. 2016. Moving between mobility cultures: What affects the travel behavior of new residents? *Transportation* 43(2): 243–271. https://doi.org/10.1007/s11116-014-9574-x.

Knauf, Helen. 2019. Die intensive Elternschaft als neues Paradigma für die Erziehung in Familien? *Soziale Passagen* 11(1): 175–190. https://doi.org/10.1007/s12592-019-00315-3.

Knie, Andreas. 2006. Ergebnisse und Probleme sozialwissenschaftlicher Mobilitäts- und Verkehrsforschung. In *Handbuch Verkehrspolitik*, Hrsg. Oliver Schöller, Weert Canzler, und Andreas Knie, 43–60. Wiesbaden: VS Verlag für Sozialwissenschaften.

Kraftfahrt-Bundesamt. 2024. Zahlen zum 1. Januar 2024 im Überblick. https://www.kba.de/DE/Statistik/Fahrzeuge/Bestand/bestand_node.html. Zugegriffen am 18.04.2024.

Krais, Beate, und Gunter Gebauer. 2002. *Habitus*. Bielefeld: transcript.

Kuhm, Klaus. 1995. *Das eilige Jahrhundert. Einblicke in die automobile Gesellschaft*. Hamburg: Junius.

———. 1997. Moderne und Asphalt. In *Die Automobilisierung als Prozeß technologischer Integration und sozialer Vernetzung*. Pfaffenweiler: Centaurus.

Kullman, Kim. 2014. Children, urban care, and everyday pavements. *Environment and Planning A* 46(12): 2864–2880. https://doi.org/10.1068/a46260.

Larsen, Jonas, John Urry, und Kay W. Axhausen. 2006. *Mobilities, networks, geographies*. Hampshire: Ashgate.

Mancinelli, Fabiola. 2020. Digital nomads: Freedom, responsibility and the neoliberal order. *Information Technology & Tourism* 22(3): 417–437. https://doi.org/10.1007/s40558-020-00174-2.

Manderscheid, Katharina. 2012. Automobilität als raumkonstituierendes Dispositiv der Moderne. In *Die Ordnung der Räume*, Hrsg. Henning Füller und Boris Michel, 145–178. Münster: Westphälisches Dampfboot.

———. 2014. The movement problem, the car and future mobility regimes: Automobility as dispositif and mode of regulation. *Mobilities* 9(4): 604–626. https://doi.org/10.1080/17450101.2014.961257.

———. 2019. Auto-logische Koppelung: eine quantitativ-praxistheoretische Perspektive auf Mobilität. *Schweizerische Zeitschrift für Soziologie* 45(2): 161–183. https://doi.org/10.2478/sjs-2019-0008.

———. 2020. Antriebs-, Verkehrs- oder Mobilitätswende? In *Baustelle Elektromobilität*, Hrsg. Achim Brunnengräber und Tobias Haas, 37–68. Bielefeld: transcript.

———. 2022. *Soziologie der Mobilität*, 1. Aufl. Bielefeld: transcript (Einsichten. Themen der Soziologie).

Mattioli, Giulio, Jillian Anable, und Katerina Vrotsou. 2016. Car dependent practices: Findings from a sequence pattern mining study of UK time use data. *Transportation Research Part A: Policy and Practice* 89:56–72. https://doi.org/10.1016/j.tra.2016.04.010.

Mattioli, Giulio, Cameron Roberts, Julia K. Steinberger, und Andrew Brown. 2020. The political economy of car dependence: A systems of provision approach. *Energy Research & Social Science* 66:101486. https://doi.org/10.1016/j.erss.2020.101486.

Mögele, Michael, und Henrike Rau. 2020. Cultivating the "car state": A culturally sensitive analysis of car-centric discourses and mobility cultures in Southern Germany. *Sustainability: Science, Practice and Policy* 16(1): 15–28. https://doi.org/10.1080/15487733.2020.1756188.

Muchow, Martha, und Hans Heinrich Muchow. 2012. In *Der Lebensraum des Großstadtkindes*, Hrsg. Imbke von Behnken und Michael-Sebastian Honig. Weinheim/Basel: Belz Juventa.

Nobis, Claudia, und Tobias Kuhnimhof. 2018. *Mobilität in Deutschland – MiD Ergebnisbericht. Studie von infas, DLR, IVT und infas 360 im Auftrag des Bundesministers für Verkehr und digitale Infrastruktur*. Bonn/Berlin: Bundesministerium für Verkehr und digitale Infrastruktur (BMVI) Infas. https://www.mobilitaet-in-deutschland.de.

Norton, Peter D. 2008. *Fighting traffic. The dawn of the motor age in the American city*. Cambirdge/London: MIT Press.

Opitz, Sven. 2014. Subjektivierung. In *DiskursNetz. Wörterbuch der interdisziplinären Diskursforschung*, 393. Frankfurt a. M.: Suhrkamp.

Packer, Jeremy. 2010. Automobility and apparatuses: Commentary on Cotten Seiler's Republic of Drivers. *History and Technology* 26(4): 361–368. https://doi.org/10.1080/07341512.2010.528619.

Paterson, Matthew. 2007. *Automobile politics. Ecology and cultural political economy*. Cambridge: Cambridge University Press.

Peters, Peter Frank. 2006. *Time, innovation and mobilities. Travel in technological cultures*. London/New York: Routledge.

Rammler, Stephan. 2001. Mobilität in der Moderne. Geschichte und Theorie der Verkehrssoziologie. Zugl.: Berlin, Techn. Univ., Diss., 2000. Berlin: Ed. Sigma.

Rammler, Stephan. 2011. Verkehr und Gesellschaft. In *Verkehrspolitik. Eine interdisziplinäre Einführung*, Hrsg. Oliver Schwedes, 37–55. VS Verlag für Sozialwissenschaften.

———. 2008. The Wahlverwandtschaft of modernity and mobility. In *Tracing mobilities. Towards a cosmopolitan perspective*, Hrsg. Weert Canzler, Vincent Kaufmann, und Sven Kesselring, 57–75. Aldershot: Ashgate.

Rosenbaum, Wolf. 2014. Alltagsmobilität: Eine soziale Herausforderung für die Verkehrspolitik. In *Handbuch Verkehrspolitik*, Hrsg. Weert Canzler, Andreas Knie, und Oliver Schwedes, 543–567. Wiesbaden: Springer Fachmedien.

Sachs, Wolfgang. 1984. *Die Liebe zum Automobil. Ein Rückblick in die Geschichte unserer Wünsche*. Reinbek bei Hamburg: Rohwolt.

Sattlegger, Lukas, und Henrike Rau. 2016. Carlessness in a car-centric world: A reconstructive approach to qualitative mobility biographies research. *Journal of Transport Geography* 53:22–31.

Schatzki, Theodore R. 1996. *Social practices: A Wittgensteinian approach to human activity and the social*. Cambridge University Press.

Schwedes, Oliver, Sina Wachholz, und David Friel. 2021. *Sicherheit ist Ansichtssache. Subjektive Sicherheit: Ein vernachlässigtes Forschungsfeld*. Berlin: Technische Universität Berlin, Fachgebiet Integrierte Verkehrsplanung. (IVP-Discussion Paper). http://hdl.handle.net/10419/229189.

Selzer, Sina, und Martin Lanzendorf. 2022. Car independence in an automobile society? The everyday mobility practices of residents in a car-reduced housing development. *Travel Behaviour and Society* 28:90–105.

Sheller, Mimi, und John Urry. 2006. The new mobilities paradigm. *Environment and Planning A* 38(2): 207–226.

Shove, Elizabeth. 2002. Rushing around: Coordination, mobility and inequality. http://www.lancs.ac.uk/fass/sociology/papers/shove-rushing-around.pdf. Zugegriffen am 18.08.2024.

Shove, Elizabeth, und Mika Pantzar. 2016. Rekrutierung und Reproduktion Karrieren und Träger von Digitalfotografie und Floorball. In *Praxistheorie*, Hrsg. Hilmar Schäfer, 95–113. Bielefeld: transcript. http://www.degruyter.com/view/books/9783839424049/9783839424049-005/9783839424049-005.xml.

Statistik Austria. 2024. Kfz-Bestand. https://www.statistik.at/statistiken/tourismus-und-verkehr/fahrzeuge/kfz-bestand. Zugegriffen am 05.04.2024.

Strömblad, Emma, Lena Winslott Hiselius, Lena Smidfelt Rosqvist, und Helena Svensson. 2022. Characteristics of everyday leisure trips by car in Sweden – Implications for sustainability measures. *PROMTT* 34(4): 657–672. https://doi.org/10.7307/ptt.v34i4.4039.

Taylor, Elizabeth. 2021. Free parking for free people: German road laws and rights as constraints on local car parking management. *Transport Policy* 101:23–33.

Umweltbundesamt (UBA). 2022a. Emissionen des Verkehrs. Dessau-Roßlau. https://www.umweltbundesamt.de/daten/verkehr/emissionen-des-verkehrs#pkw-fahren-heute-klima-und-umweltvertraglicher. Zugegriffen am 25.07.2022.

———. 2022b. Klimaschutz im Verkehr. Rolle des Verkehrs bei den Treibhausgasemissionen in Deutschland. Umweltbundesamt (UBA). https://www.umweltbundesamt.de/themen/verkehr-laerm/klimaschutz-im-verkehr#rolle. Zugegriffen am 19.08.2024.

Urry, John. 2004. The 'System' of automobility. *Theory, Culture & Society* 21(4/5): 25–39.

———. 2006. Inhabiting the car. *Sociological Review* 54(1_suppl): 17–31. https://doi.org/10.1111/j.1467-954X.2006.00635.x.

———. 2007. *Mobilities*. Cambridge: Polity.

———. 2009. Sociology and climate change. *Sociological Review* 57(2_suppl): 84–100. https://doi.org/10.1111/j.1467-954X.2010.01887.x.

Wellman, Barry. 1979. The community question: The intimate networks of East Yorkers. *American Journal of Sociology* 84:1201–1231.

Wells, Peter, und Dimitrios Xenias. 2015. From 'freedom of the open road' to 'cocooning': Understanding resistance to change in personal private automobility. *Environmental Innovation and Societal Transitions* 16:106–119. https://doi.org/10.1016/j.eist.2015.02.001.

Wolf, Winfried. 1992. *Eisenbahn und Autowahn. Personen- und Gütertransport auf Schiene, Straße, in der Luft und zu Wasser. Geschichte, Bilanz, Perspektiven*. Hamburg/Zürich: Rasch und Röhring.

Mobilitätspraktiken im Alltag: Konzepte, Methoden und empirische Einblicke

Henrike Rau

Inhalt

Zusammenfassung

Dieser Beitrag betrachtet die Rolle von Mobilität im Alltag und die damit verbundenen Bedeutungen, Kompetenzen und materiellen Bedingungen. Dabei erfahren praxistheoretische Zugänge sowie die Mobilitätsbiographienforschung (MBF) besondere Beachtung. Diese konzeptionell und methodisch innovativen Ansätze haben erheblich zum besseren Verständnis von Alltagsmobilität als Kombination von mehr oder weniger ressourcenintensiven und dynamischen sozial-räumlichen Praktiken beigetragen. Empirische Studien zu Themen wie Nichtradfahrende, Mobilität im Lebensverlauf und Mobilitätskulturen liefern konkrete Beispiele für inhaltliche, konzeptionelle und methodische Trends und Entwicklungen in der sozialwissenschaftlichen und interdisziplinären Mobilitätsforschung und verdeutlichen deren hohe politische und planungspraktische Relevanz.

Schlüsselwörter

Mobilität · Nachhaltigkeit · Praxistheorie · Mobilitätsbiographienforschung · Mobilitätskulturen · Qualitative und quantitative Methoden

H. Rau (✉)
Department für Geographie, Ludwig-Maximilians-Universität München, München, Deutschland
E-Mail: Henrike.Rau@lmu.de

W. Canzler et al. (Hrsg.), *Handbuch Mobilität und Gesellschaft*,
https://doi.org/10.1007/978-3-658-37557-7_9

1 Einleitung

Die Erforschung von Mobilitätspraktiken im Alltag, deren Veränderungsdynamiken sowie deren teilweise sehr starke Routinisierung und damit verbundene Beharrungstendenzen bildet einen zentralen Baustein sozialwissenschaftlicher Mobilitätsforschung und trägt wesentlich zum Verständnis von Nachfrageaspekten, Änderungsresistenzen und Innovationspotenzialen im Verkehrs- und Mobilitätssektor bei (vgl. Kent 2022; Rau und Scheiner 2022; Manderscheid 2022). Beabsichtigte oder zufällige Veränderungen von Mobilitätspraktiken und das daraus entstehende Transformationspotenzial erfahren dabei zunehmend Beachtung (z. B. Adjei und Behrens 2023), unter anderem weil diese einen wichtigen Schritt in Richtung nachhaltige ‚Mobilitätswende' und der damit verbundenen Reduktion umweltschädlicher und sozial und ökonomisch unverträglicher Auswirkungen aktueller Mobilitätspraktiken darstellen können (Kent 2022). Sozialwissenschaftliche Arbeiten zu Unterbrechungen von routinisierten Mobilitätspraktiken durch einschneidende Veränderungen im Umfeld (z. B. Baustellen, Proteste und Streiks, Naturkatastrophen, Corona-Pandemie), Lebensereignisse (z.B. Familienzuwachs, Umzug) oder gezielte politische Maßnahmen (z. B. kommunale Förderung des Rad- und Fußverkehrs) und der daraus folgenden Neuausrichtung der Alltagsmobilität liefern wichtige Erkenntnisse für die Verkehrspolitik und -praxis. Die Rolle von Mobilitätspraktiken als Bindeglied zwischen Alltagspraktiken wie Wohnen, Arbeiten und Einkaufen ist dabei von zentraler Bedeutung (Dowling et al. 2018; Kent 2022). Detaillierte Studien zu den kurz- bis mittelfristigen Effekten von Radverkehrsförderungsmaßnahmen während der Corona-Pandemie (z. B. die Einrichtung temporärer Fahrradwege) belegen dies eindrücklich (Rérat et al. 2022 für Genf und Lausanne; Becker et al. 2022 für Berlin).

Veränderungen im Lebensverlauf im Hinblick auf die Aneignung und Ausführung von Mobilitätspraktiken verdienen dabei besondere Beachtung (Scheiner und Rau 2020). Diese geschehen u. a. aufgrund von einschneidenden Lebensereignissen (z. B. Geburt des ersten Kindes, Jobwechsel), ‚Mobilitätsmeilensteinen' (Rau und Manton 2016) wie der Führerscheinerwerb, Störungen im Verkehrssystem (z. B. Baustellen) oder bewusst eingeführten Interventionen (z. B. betriebliches Mobilitätsmanagement). Die wissenschaftlich dokumentierte Relevanz derartiger Ereignisse wirft die Frage auf, ob und wie diese als mögliche ‚Gelegenheitsfenster' für mehr oder weniger tiefgreifende Veränderungen in den Mobilitätspraktiken fungieren und deshalb gegebenenfalls auch in der politischen Steuerung von Mobilität in Richtung Nachhaltigkeit Verwendung finden könnten. So spielen in der Radverkehrsförderung derartige Überlegungen eine zentrale Rolle (z. B. Bonham und Wilson 2012; Aldred et al. 2019; Becker et al. 2022; Popp et al. 2024).

Soziologische bzw. inter- und transdisziplinär ausgerichtete sozialwissenschaftliche Betrachtungen von Mobilität haben seit den 2000er-Jahren größere Resonanz und Sichtbarkeit erfahren. Besonders die von englischsprachigen Soziologinnen und Soziologen aus Großbritannien und Nordamerika vorangetriebene Weiterentwicklung des von Mimi Sheller und John Urry geprägten Konzepts des ‚neuen Mobilitätsparadigmas' (*new mobilities paradigm*) hat einen wesentlichen Beitrag dazu geleistet (Sheller und Urry 2006; vgl. auch Rau 2010; Manderscheid 2022). Die damit einhergehende Betrachtung sozialer Beziehungen und gesellschaftlicher Verhältnisse als untrennbar verbunden mit verschiedenen Formen von Mobilität (*mobilities*) hat die bis dahin dominante Darstellung gesellschaftlicher Strukturen als räumlich stationär und ‚gesetzt' grundlegend infrage gestellt. Auf dem Gebiet der sozialwissenschaftlichen Radverkehrsforschung haben diese Entwicklungen u. a. zu zahlreichen interessanten Studien zur Verknüpfung von Fahrradmobilität, sozialer Teilhabe und bürgerschaftlicher Beteiligung und Identität geführt (z. B. Aldred 2010). Gleichzeitig hat die ‚Mobilisierung' der Soziologie auch den Blick für bestehende Formen von Immobilität und deren gesellschaftliche Bedeutung geschärft (z. B. Hannam et al. 2006; Adey et al. 2021).

Dieser Beitrag betrachtet praxistheoretische und mobilitätsbiographische Ansätze der sozialwissenschaftlichen Mobilitätsforschung und diskutiert deren konzeptionelle und forschungsmethodische Überschneidungen und Divergenzen. Es wird gezeigt, dass ein Fokus auf Mobilitätspraktiken, deren Verbreitung im Alltag und in verschiedenen Mobilitätskulturen sowie deren Veränderungen im Lebensverlauf zahlreiche Möglichkeiten bietet, den in vielen Bereichen der Verkehrs- und Mobilitätsforschung bisher vorherrschenden konzeptionellen und methodischen Individualismus durch praxisbezogene, relationale und biographische Perspektiven sowie (pseudo-)längsschnittliche und retrospektive Methoden zu ergänzen. Beispiele aus der angewandten Radverkehrsforschung liefern empirische Belege für die Vorteile einer praxeologisch-biographischen Mobilitätsforschung.

2 Praxistheoretische Perspektiven auf Alltagsmobilität

Der vielfach dokumentierte ‚practice turn' in den Sozialwissenschaften hat auch die soziologische Mobilitätsforschung ab den 2000er-Jahren beeinflusst. Dies hat sich u. a. in Untersuchungen zur Mobilität im Alltag bemerkbar gemacht, wenngleich später als in anderen (umwelt)soziologischen Themenfeldern wie dem häuslichen Energieverbrauch oder der Ernährung (Heisserer und Rau 2017; Kent 2022). Die damit einhergehende Fokussierung auf (teilweise stark) routinisierte Praktiken hat zweifellos den Blick für die Ausprägungen und Deutungen alltäglicher Mobilität (z. B. regelmäßiges Pendeln vom Wohnort zum Arbeitsplatz, Verkehrsmittelwahl) sowie deren Einfluss auf andere Alltagspraktiken wie Wohnen und Arbeiten geschärft. So ist beispielsweise die wachsende Popularität des Radfahrens in verschiedenen europäischen Städten, Regionen und Ländern und die damit einhergehende Bedeutungsaufwertung dieser niedrigschwelligen und ressourcenschonenden Alltagspraktik immer wieder Gegenstand sozialwissenschaftlicher Mobilitätsforschung (z. B. Aldred und Jungnickel 2014; Cox 2015; Psarikidou et al. 2020).

Praktiken werden in der soziologischen Literatur als sozial ausgehandelte Verbindungen aus Gesagtem (*sayings*) und Getanem (*doings*) verstanden, die sich teilweise sehr stark routinisieren und aufgrund dessen über lange Zeiträume hinweg Bestand haben. Mit anderen Worten haben Praktiken aufgrund ihrer starken gesellschaftlichen Verankerung oftmals eine ausgeprägte Beharrungskraft und überdauern in vielen Fällen Generationen von Menschen. Einzelpersonen fungieren dabei als ‚Träger' von Praktiken (Reckwitz 2002) und tragen zu deren (Re-)produktion bei. Sozialwissenschaftliche und verkehrshistorische Studien zur Genese des Radfahrens als Alltagspraktik seit dem 19. Jahrhundert belegen diese Beharrungskraft eindrücklich (vgl. Cox 2019).

Prinzipiell stellen Praktiken ein komplexes Geflecht aus sozialen und materiellen Aspekte dar. Die von Elisabeth Shove konzipierte Basisstruktur von Praktiken sieht beispielsweise drei Kernelemente vor: 1) soziale Bedeutungen, 2) Kompetenzen und Fähigkeiten, die für die Ausübung der Praktik erforderlich sind, und 3) materielle Grundlagen (vgl. Shove et al. 2012). Bezogen auf das Radfahren bedingt eine praxistheoretische Perspektive ein Verständnis von Radfahren als inhärent soziale Praktik, die zusätzlich zu bestimmten Fertigkeiten (z. B. kompetent Radfahren können, Verkehrsregeln verstehen und anwenden) auch eine Vielzahl gesellschaftlich ausgehandelter Normen, Bedeutungszuschreibungen und Handlungsanleitungen umfasst. Letztere sind dabei nicht nur auf Mobilität bezogen, sondern betreffen auch weitere Aspekte wie Gesundheit, Freizeitgestaltung oder Bürgerschaft (vgl. z. B. Rachel Aldreds (2010) Studie zum Thema ‚cycling citizenship' oder Betrachtungen von Horton et al. (2016) zur Verflechtung von gesellschaftlichen Wandlungsprozessen und Fahrradmobilität).

Gleichzeitig ist das Radfahren (wie viele andere Mobilitätspraktiken) stark abhängig von der Bereitstellung adäquater Infrastruktur (teilweise in gemeinsamer Nutzung mit dem Fuß- und Autoverkehr) sowie weiterer materieller Bestände wie Fahrräder, Reparaturequipment und -möglichkeiten etc. (vgl. Virág et al. 2022 zur Verknüpfung von infrastrukturellen Beständen (*material stocks*) und Mobilitätspraktiken). Praxistheoretische Zugänge thematisieren explizit diese materiellen Grundlagen und leisten damit einen wichtigen Beitrag zur Weiterentwicklung umweltsoziologischer Perspektiven auf Mobilität. Tatsächlich erfährt die ausgeprägte Infrastrukturabhängigkeit zahlreicher Mobilitätspraktiken (z. B. Straßen für den Auto-, Bus- und Radverkehr, baulich getrennte Radwege, Schienen für den ÖPNV sowie gebaute und digitale Infrastruktur für multimodale Mobilitätsdienstleistungen) in praxistheoretischen Betrachtungen viel stärker Beachtung als in anderen Erklärungsansätzen. Das ermöglicht wiederum interessante interdisziplinäre sozial-ökologische Perspektiven auf Mobilität, die Bestände wie Infrastruktur und deren Nutzung (*stocks and flows*) mit den sich daraus ergebenden Dienstleistungen (*services*) bzw. Möglichkeiten zur Ausführung bestimmter Praktiken (*practices*) in Beziehung setzen (Haberl et al. 2021; Virág et al. 2022). Die derzeit in Deutschland rasch wachsende Konzentration der Radverkehrsförderung auf den Ausbau von Radinfrastruktur, der damit verbundene bzw. materiell zum Ausdruck gebrachte Bedeutungswandel sowie auch die daraus entstehenden Debatten und Konflikte um die gerechte Verteilung des öffentlichen (Straßen-)raums verdeutlichen diese sozio-materiellen Verschränkungen in der Praxis.

Gleichzeitig gibt es auch immer wieder Belege für die Änderungsresistenz von Mobilitätspraktiken, die u. a. in der Persistenz von Verkehrsinfrastruktur sowie in der Langlebigkeit verschiedener verkehrspolitischer Maßnahmen begründet liegt. Letzteres zeigt sich beispielsweise im Umgang mit dem ruhenden Autoverkehr in

Städten. So reflektiert das aktuelle Regelwerk zur Errichtung und Nutzung von Parkflächen für private PkW (z. B. Stellplätze, Garagen) in Österreich und Deutschland teilweise noch automobilzentrierte Denkweisen aus den 1930er-Jahren, mit weitreichenden Folgen für den Flächenverbrauch und die Verwendung öffentlicher und privater Flächen für alternative Verkehrsmittel wie z. B. für Fahrradabstellmöglichkeiten (z. B. Glotz-Richter 2013).

2.1 Mobilitätskulturen und -praktiken

Auch der Einfluss kultureller Werte, Normen und Handlungsanleitungen auf mobilitätsbezogene Alltagspraktiken erfährt zunehmende Beachtung in der sozialwissenschaftlichen Mobilitätsforschung. Besonders der Begriff der ‚Mobilitätskulturen' hat sich diesbezüglich etablieren können und findet Anwendung in empirischen Studien, u. a. zur Mobilität in Städten (z. B. Haustein und Nielsen 2016; Mögele und Rau 2020; Greene et al. 2022). So liefern Greene et al. (2022) innovative Vorschläge zur Verknüpfung von kultur- und praxistheoretischen Ansätzen zur Erforschung von urbanen Mobilitätspraktiken in Irland, den USA und Norwegen. In dieser Studie wird Mobilitätskultur als spezifische und kontextabhängig Konstellation von Praktiken verstanden, die raum- und zeitspezifische soziale und materielle Gegebenheiten gleichzeitig bedingen und widerspiegeln (Greene et al. 2022, S. 483). Dieses Verständnis lehnt sich eng an die Arbeiten von Mögele (2022) und Mögele und Rau (2020) an, die für eine kultursensitive Mobilitätsforschung und gegen eine ‚kulturblinde' Mobilitätspolitik argumentieren und sich dabei auf frühere sozialwissenschaftliche Studien zu Mobilitätskulturen beziehen (z. B. Jensen 2006, 2009; Deffner et al. 2006; Götz et al. 2016; Klinger 2017; Mögele und Rau 2020). So belegen Mögeles (2022) diskursanalytische Untersuchungen die komplexe Entstehungsgeschichte von ‚Autokulturlandschaften' in Süddeutschland sowie deren bis heute anhaltende kulturelle Verankerung auch in Bereichen außerhalb der Mobilitätsdomäne. Diese starke kulturelle Verankerung verursacht u. a. erhebliches Konfliktpotenzial, beispielsweise wenn im Kontext von ‚Verkehrswende'-Debatten verschiedene Mobilitätskulturen aufeinanderprallen und um Dominanz ringen. Dieses Konfliktpotenzial wird wie bereits erwähnt im Rahmen von Maßnahmen zur Förderung des Radverkehrs wie z. B. die Umwandlung von Fahrspuren in Schutzstreifen oder baulich getrennte Radwege immer wieder deutlich. Eine Konfliktperspektive auf Mobilitätskulturen könnte hier neue Erkenntnisse liefern, u. a. mit Blick auf vorherrschende Akteurskonstellationen (z. B. Lokalpolitik und -verwaltung, Bürgerschaft, Auto- und Fahrradlobby), und damit einhergehende Machtverhältnisse und Interessenskonflikte. Auch die ungleiche Verteilung von mobilitätsbezogenen Chancen und Risiken (z. B. bezogen auf Geschlecht, Herkunft oder Einkommen) und die damit verbundene Privilegierung bestimmter Bevölkerungsgruppen spielen eine wichtige Rolle (z. B. Rozynek et al. 2022; Rozynek und Lanzendorf 2023; Wadud et al. 2022).

Interessanterweise sind mobilitätskulturelle Unterschiede zwischen Ländern bisher kaum systematisch untersucht worden. Eine nennenswerte Ausnahme stellt die Studie von Haustein und Nielsen (2016) dar, die den Begriff der Mobilitätskulturen mit verschiedenen Mobilitätsstilen verknüpft und diese Verbindung mithilfe quantitativer Daten näher beleuchtet. Der von Haustein und Nielsen angestellte Vergleich von Eurobarometer-Daten aus 28 europäischen Ländern ergibt sechs Ländercluster, die sich bezüglich ihrer Mobilitätskultur und den daran gekoppelten Mobilitätsstilen (mehr oder weniger) stark unterscheiden und die außerdem abgrenzbare räumliche Cluster oder Regionen innerhalb der EU bilden. Diese Ergebnisse sind zweifellos relevant für aktuelle und zukünftige europaweite Bemühungen in Richtung nachhaltiger Mobilität. Gleichzeit belegen sie die mobilitätskulturelle Vielfalt in Europa, welche sowohl Chancen als auch Herausforderungen birgt. So zeigt sich immer wieder, dass Maßnahmen zur Radverkehrsförderung nur bedingt zwischen Ländern bzw. Städten übertragbar sind und dass stattdessen eine Anpassung solcher Maßnahmen an lokale Bedingungen dringend erforderlich ist. Die Idee, dass urbane Radverkehrsförderung problemlos ‚kopenhagenisiert‘[1] werden kann, hat sich vielerorts als Illusion erwiesen. Stattdessen sind kontext- und zielgruppenspezifische Maßnahmen erforderlich, die u. a. lokale oder regionale mobilitätskulturelle Besonderheiten beachten und bei der Umsetzung einbeziehen.

2.2 Praxeologische Mobilitätsforschung: Vor- und Nachteile

Die Vor- und Nachteile des ‚practice turn‘ in den Sozialwissenschaften sind bereits vielfach dokumentiert worden und können hier aus Platzgründen nicht näher erläutert werden (vgl. aber Schäfer 2016, 2019). Auch der Erkenntnisgewinn durch praxeologische Mobilitätsforschung ist bereits ausführlich behandelt worden (z. B. Kent 2022). Gleichzeitig lässt eine kritische Betrachtung praxistheoretisch begründeter Mobilitätsstudien jedoch auch verbleibende konzeptionelle Lücken bezüglich der konkreten Rolle von Individuen in der (Re-)produktion von Praktiken als auch blinde Flecken bezüglich der gezielten Behandlung von politischen Machtstrukturen und divergierenden sozialen Interessen und Positionen erkennen. Letzteres scheint besonders im Hinblick auf Mobilität von zentraler Bedeutung, da deren überdurchschnittliche Infrastrukturabhängigkeit (zumindest in den Bereichen Automobilität und ÖPNV) politische Interventionen und umfangreiche öffentliche Investitionen erforderlich macht.

Zusätzlich erfordert ein expliziter Fokus auf Alltagspraktiken und die damit einhergehende Betrachtung von Einzelpersonen als ‚Träger‘ von Praktiken ein methodisches Umdenken. Der besonders auch in der sozialwissenschaftlichen Mobilitätsforschung vorherrschende methodische Individualismus, der die Erhebung und Analyse von Einstellungen, Werten und Handlungen einzelner Personen um-

[1] Der Begriff ‚Kopenhagenisierung‘ beschreibt die Idee, die in der dänischen Hauptstadt erfolgreich umgesetzten Maßnahmen zur Radverkehrsförderung mehr oder weniger unverändert auf andere Städte zu übertragen.

fasst, muss aufgrund des ‚practice turn' durch neue methodische Zugänge flankiert werden. Besonders relationale Methoden der qualitativen Mobilitätsforschung haben sich hier als vielversprechend erwiesen (vgl. Sattlegger und Rau 2016 für ein Beispiel einer qualitativen mobilitätsbiographischen Studie zum Thema Autolosigkeit).

3 Meilensteine der Mobilitätsbiographienforschung

Die Frage inwieweit bestimmte (Lebens)ereignisse die Infragestellung und praktische Veränderung routinisierter Mobilitätspraktiken begünstigen, hat weitreichende erkenntnistheoretische und praktische Konsequenzen. Zum einen trägt die Einsicht, dass Veränderungen von Alltagspraktiken tatsächlich durch einschneidende Ereignisse gefördert werden können, zur Neubewertung traditioneller Perspektiven auf Gewohnheiten und Routinen bei. Empirische Belege für teilweise radikale und langfristig wirkende Veränderungen in den Mobilitätspraktiken aufgrund von Veränderungen in der Familienkonstellation (z. B. Geburt eines Kindes – vgl. Lanzendorf 2010) oder des Arbeitsortes (von Behren et al. 2018; Rau et al. 2019) belegen eindrücklich die potenzielle Wandlungsfähigkeit von Alltagsmobilität. Andererseits verhindern ausgeprägte Beharrungskräfte einen möglichen Wandel stark routinisierter Mobilitätspraktiken, mit Folgen für die dringend notwendige Transformation in Richtung Nachhaltigkeit. Auch hier können sozialwissenschaftliche Studien zu den Dynamiken von Mobilitätspraktiken im Lebensverlauf wichtige Erkenntnisse liefern.

Die Genese der europäischen und internationalen Mobilitätsbiographienforschung (MBF) und deren Bezüge zur sozialwissenschaftlichen Lebenslauf- und Biographienforschung lassen sich im Rahmen dieses Beitrags nur stark verkürzt darstellen. Trotzdem sind einige zentrale Entwicklungen sicherlich erwähnenswert (für ausführlichere Darstellungen vgl. Müggenburg et al. 2015; Scheiner und Rau 2020; Viry 2020; Rau und Scheiner 2022). So lassen sich beispielsweise Bezüge zur bahnbrechenden entwicklungspsychologischen Längsschnittforschung von Glen Elder und anderen erkennen, besonders hinsichtlich der konzeptionellen Entwicklung der MBF. Gleichzeitig basiert die bisherige MBF häufig auf einem linearen Verständnis von Lebensverläufen als Serie von mehr oder weniger abgrenzbaren Lebensphasen und unterscheidet sich damit von alternativen Perspektiven, die einen nicht-linearen, multidirektionalen Blick auf Biographien betonen (vgl. Viry 2020). Außerdem stehen Veränderungen im Lebensverlauf im Zentrum der Betrachtungen. Müggenburg et al. (2015) zufolge hat der Mobilitätsbiographien-Ansatz das Potenzial, wichtige Fragen zur Stabilität bzw. Veränderbarkeit von Verkehrsverhalten zu beantworten, u. a. weil er die zentrale Rolle von Routinen anerkennt. Demzufolge lag bzw. liegt der Schwerpunkt mobilitätsbiographischer Studien oftmals auf der Erhebung und Bewertung des Einflusses signifikanter Lebensereignisse auf das individuelle Verkehrsverhalten bzw. auf die Verbreitung bestimmter sozial ausgehandelter Mobilitätspraktiken (vgl. Manderscheid 2022). Umzüge, Jobwechsel oder die Geburt eines Kindes stellen wichtige Wendepunkte in der Mobilitätsbiographie vieler Menschen dar, genau wie Mobilitätsmeilensteine wie der Erwerb eines Führerscheins oder einer Jahreskarte für öffentliche Verkehrsmittel (z. B. 49-Euro-Ticket in Deutschland, Klimaticket in Österreich; cf. Rau and Manton 2016). Müggenburg et al. 2015 betonen außerdem die interdisziplinäre Natur der MBF, die sozialwissenschaftliche Disziplinen wie Soziologie, Humangeographie oder Psychologie auf vielfältige Weise miteinander verbindet.

Dieses lineare und auf eindeutig identifizierbare Lebensereignisse ausgerichtete Verständnis von Mobilitätsbiographien gerät zunehmend in die Kritik und ist teilweise bereits alternativen Erklärungsansätzen gewichen (Rau und Scheiner 2022). Zum einen wird die Priorisierung von klar abgrenzbaren und damit auch leichter erkenn- und messbaren Lebensereignissen häufiger in Frage gestellt, u. a. auch weil sie den Einfluss gradueller gesellschaftlicher Veränderungen wie ein kultureller Wandel oder die Einführung von politischen Steuerungsmaßnahmen übersieht. So ist es immer noch sehr schwierig bis unmöglich, langfristige Wirkungen verkehrspolitischer Maßnahmen wie z. B. der lokalen Förderung des Radverkehrs am Wohnstandort auf die Mobilitätspraktiken und -biographien der Bürger*innen zuverlässig nachzuweisen. Auch der erhebliche Einfluss des sozialen Umfelds, besonders der Familie und des Freundeskreises, auf die Bereitschaft von Personen, das Fahrrad als praktisches Verkehrsmittel anzuerkennen und zu nutzen, bleibt oft unerkannt (Popp et al. 2024).

Ein weiterer wichtiger Kritikpunkt an traditionellen Ansätzen der MBF bezieht sich auf die Annahme, dass Veränderungen im Verkehrsverhalten bzw. in den Mobilitätspraktiken *nach* dem Lebensereignis eintreten müssen. Mobilitäts- und konsumbiographische Studien widerlegen dies auf anschauliche Weise (z. B. Schäfer et al. 2012; Adjei und Behrens 2023). So hat eine in den 2010er-Jahren in Deutschland durchgeführte Interventionsstudie gezeigt, dass signifikante Veränderungen in hochgradig routinisierten Alltagspraktiken bereits vor dem Lebensereignis – hier Umzug bzw. Geburt des ersten Kindes – eintreten können (Schäfer et al. 2012). Eine in Südafrika durchgeführte Studie von Adjei und Behrens (2023) zur Entstehung von sogenannten ‚Gelegenheitsfenstern' für Entscheidungen zur Veränderung von Mobilitätsgewohnheiten bestätigt dies. Die Ergebnisse belegen, dass Phasen des bewussten Hinterfragens von Mobilitätsroutinen bereits *vor* einschneidenden Lebensereignissen wie einem privaten Umzug oder einem Unternehmensumzug beobachtbar sind. Hier ist wichtig zu betonen, dass der explizit längsschnittliche Ansatz der MBF derartige Erkenntnisse überhaupt erst ermöglicht, u. a. weil viele konventionelle Mobilitätsstudien nur die kurz- bis mittelfristige Wirkung von Interventionen oder Ereignissen betrachten. Außerdem können damit die Dynamiken von Mobilitätspraktiken im Lebensverlauf sowohl theoretisch als auch empirisch erfasst werden (Shove et al. 2012).

4 Methoden zur Erforschung von Mobilitätspraktiken und -biographien

Empirische Arbeiten zu Mobilitätspraktiken und -biographien weisen inzwischen eine große methodische Vielfalt auf. Trotzdem lassen sich Trends in der methodischen Ausrichtung erkennen. Die Erforschung von Mobilitätspraktiken und deren stark routinisierte Umsetzung im Alltag wird immer noch sehr häufig mittels qualitativer Methoden bewerkstelligt. Die Erforschung von Mobilitätsbiographien ist hingegen immer noch stark von quantitativen Ansätzen geprägt. Multimethodische Studien bleiben in beiden Forschungsfelder die Ausnahme, obwohl es inzwischen eine kleine Zahl interessanter Beispiele gibt. Diese Trends werden im Folgenden näher beleuchtet.

Mobilitätspraktiken im Fokus: Methodische Ansätze

Die sozialwissenschaftliche Forschung zu Mobilitätspraktiken bedient sich häufig verschiedener qualitativer Methoden, was sich u. a. durch den starken Forschungsfokus auf Bedeutungszuschreibungen und nur bedingt verbalisierbare Routinen und die damit verbundenen Fähigkeiten und Kompetenzen erklären lässt. So finden oftmals Beobachtungen und leitfadengestützte Interviews Anwendung. Die systematische Quantifizierung von Mobilitätspraktiken in ihrer Gesamtheit (d. h. Bedeutungen, Kompetenzen und Fähigkeiten sowie auch materielle Element) steht hingegen noch ganz am Anfang.

Auch die Erforschung von Mobilitätspraktiken im Alltag mittels multimethodischer Ansätze ist immer noch selten, besonders, wenn man nach Studien sucht, die qualitative und quantitative Methoden explizit miteinander verbinden. Das 2022 abgeschlossene Projekt RadAktiv, welches sich mit Perspektiven, Alltagspraktiken und Mobilitätsbiographien von Nichtradfahrenden in Deutschland beschäftigt, ist hier beispielhaft zu nennen. In diesem Projekt wurden qualitative Interviews mit Expert*innen und Nichtradfahrer*innen mit einer bevölkerungsrepräsentativen Umfrage kombiniert. Dabei flossen zentrale Erkenntnisse aus den qualitativen Interviews unmittelbar in das Fragebogendesign für die Umfrage sowie deren Auswertung ein (Rau et al. 2020).

Weiterhin hat der ‚practice turn' in der sozialwissenschaftlichen Umweltforschung allgemein, und in der Mobilitätsforschung im Besonderen, den Blick auf die Rolle von Mobilitätspraktiken als ‚verbindende Praktiken' (in räumlicher, zeitlicher und gesellschaftlicher Hinsicht) und deren zentrale Rolle in der (Re)produktion sozialer Beziehungen gelenkt (z. B. Sattlegger und Rau 2016; Greene et al. 2022; Kent 2022); Rau und Matern 2024). Daraus ergeben sich interessante forschungskonzeptionelle und methodische Chancen und Herausforderungen, die unter anderem den Einsatz relationaler Methoden nahelegen. So verdeutlicht die bereits erwähnte Studie von Sattlegger und Rau (2016) das Zusammenspiel verschiedener Mobilitätsbiographien in einem Haushalt, die Vernetzung verschiedener Alltagspraktiken durch Mobilitätspraktiken sowie die damit einhergehende Komplexität von Entscheidungsprozessen in Richtung freiwilliger Autolosigkeit. Hier wurde entsprechend der Fokus der empirischen Arbeit auf diese Beziehungen und Zusammenhänge gelegt.

Der oben aufgeführte Fokus auf Mobilitätskulturen eröffnet ebenso interessante Möglichkeiten für methodische Innovationen in der sozialwissenschaftlichen Mobilitätsforschung. So könnten beispielsweise etablierte kulturvergleichende Methoden aus der Soziologie und aus sozialwissenschaftlichen Nachbardisziplinen in Zukunft verstärkt Anwendung finden (vgl. auch Greene et al. 2022). Besonders im Hinblick auf die wachsende Bedeutung supranationaler Mobilitätsinitiativen wie z. B. die in der im April 2024 verabschiedeten *European Declaration on Cycling*[2] verankerte Förderung des Radverkehrs in der EU lässt eine stärkere Ausrichtung auf eine explizit komparative Mobilitätsforschung sinnvoll erscheinen. Nur so können beispielsweise zu erwartende nationale und regionale Unterschiede in der Auslegung, Umsetzung und Akzeptanz derartiger Initiativen sowie in den damit verbundenen Veränderungen etablierter und kulturell stark verankerter Mobilitätspraktiken besser untersucht und verstanden werden.

Methoden der Mobilitätsbiographienforschung

Die in den vergangenen zwei Jahrzehnten entstandene internationale mobilitätsbiographische Forschungslandschaft konzentriert sich stark auf quantitative Studien zum Einfluss einschneidender Lebensereignisse (Lanzendorf 2010; Schoenduwe et al. 2015; Rau und Manton 2016; Rau und Scheiner 2022). Bei der Datenerhebung spielen oftmals retrospektive Methoden eine große Rolle, die Studienteilnehmer*innen gezielt auffordern, sich an bestimmte Wendepunkte in der Biographie und damit verbundene Veränderungen in der Alltagsmobilität zu erinnern. So finden beispielsweise verschiedene Modelle von Lebensverlaufkalendern in der MBF Verwendung (Schoenduwe et al. 2015). Analysen auf der Basis von echten Längsschnitt- und Paneldatensätzen ergänzen das Bild, sind aber aufgrund ihrer aufwendigen und kostenintensiven Erhebung sowie ihrer begrenzten Verfügbarkeit für Sekundäranalysen seltener (Müggenburg 2021).

Digitalisierungsprozesse sowie der zunehmende Einsatz von *machine learning* und künstlicher Intelligenz (KI) eröffnen zweifellos neue Möglichkeiten für die Sammlung und Auswertung quantitativer Mobilitätsdaten. Gerade die für die Mobilitätsbiographienforschung benötigten Längsschnittdaten zu Themen wie Verkehrsmittel- und Routenwahl, Autobesitz oder mobilitätsbezogene Zeitverwendung könnten zukünftig automatisch gesammelt und ausgewertet werden und damit bisherige Hürden im Hinblick auf echte Längsschnittforschung (z. B. finanzieller und zeitlicher Aufwand) zumindest teilweise überwinden helfen. Die inhaltlichen und methodischen Grenzen quantitativer Mobilitätsforschung wie z. B. die geringe Beachtung von gesellschaftlich ausgehandelten Bedeutungszuschreibungen und mobilitätskulturellen Normen und Handlungsanleitungen lassen sich damit aber nur bedingt adressieren. Hingegen bieten qualitative und multimethodische Vorgehen Alternativen zu konventionellen Techniken der quantitativen Datenerhebung und -auswertung.

Obwohl qualitative Ansätze in der MBF bisher immer noch eine untergeordnete Rolle spielen, zeichnet sich diesbezüglich eine Trendwende ab (Sattlegger und Rau 2016; Greene und Rau 2018; Rau und Scheiner 2022; Scheiner und Rau 2020; vgl. auch Loyola et al. 2023 für interessante Betrachtungen bezüglich der Bedeutung von sinnstiftenden Erzählungen (Narrativen) in der Verkehrsforschung). Diese lässt sich u. a. anhand von Studien feststellen, die einen Fokus auf Alltagspraktiken mit einem mobilitätsbiographischen Zugang kombinieren. Sattlegger und Rau (2016) untersuchen Phasen freiwilliger Autolosigkeit im Lebensverlauf am Beispiel aus-

[2] https://transport.ec.europa.eu/system/files/2023-11/European_Declaration_on_Cycling_en_0.pdf.

gewählter Haushalte im Großraum Wien. Durch den gezielten Einsatz qualitativer Interviews im Rahmen eines rekonstruktiv-interpretativen Ansatzes zeigt diese Studie die Bedeutungsvielfalt, die mit der bewussten Abkehr der Interviewpartner*innen von der dominanten Automobilitätskultur einhergeht. Gleichzeitig wird deutlich, dass die Mobilitätsbiographien einzelner Personen immer auch deren soziale Beziehungen sowie vorherrschende gesellschaftliche Bedingungen widerspiegeln. Dies erfordert wiederum ein verändertes Verständnis von Mobilitätsbiographie, welches sich über lineare und auf einzelne einschneidende Lebensereignisse konzentrierte Perspektiven hinwegsetzt und die Komplexität und Nichtlinearität mobilitätsbiographischer Entwicklungen würdigt.

Bewusstes oder unbewusstes Vergessen und fehlerhaftes Erinnern sind zentrale Eigenschaften menschlichen Erinnerungsvermögens und spielen eine wichtige Rolle sowohl in der quantitativen als auch in der qualitativen MBF. Vorsätzliches Vergessen und kollektives Leugnen können außerdem den Umgang mit kognitiven Dissonanzen und negativen Erfahrungen steuern, zum Beispiel, wenn traumatische Ereignisse wie Kriege oder Naturkatastrophen kollektiv ‚falsch' erinnert werden, um deren negative Auswirkungen abzuschwächen (vgl. Kari Marie Norgaards (2011) bahnbrechende soziologische Betrachtungen zum kognitiven und emotionalen Umgang mit dem Klimawandel). Kritik an den methodischen Verfahren der MBF beziehen sich deshalb häufig auf die Verwendung retrospektiver Methoden und die damit einhergehenden Probleme bezüglich der (Un)zuverlässigkeit des menschlichen Gedächtnisses (cf. Müggenburg 2021). Der Umgang mit derartigen ‚Gedächtnislücken' ist dabei stark von der methodischen Ausrichtung abhängig. Besonders in der quantitativen MBF werden Versuche unternommen, zuverlässiges Erinnern zu fördern, beispielsweise durch den gezielten Einsatz zeitlicher und thematischer Orientierungshilfen (Müggenburg 2021). In der qualitativen MBF kann die Verwendung bestimmter Erhebungsmethoden wie dem ereigniszentrierten Interview das detaillierte Erinnern begünstigen.

Echte Längsschnittbefragungen bieten zweifellos zahlreiche Vorteile gegenüber pseudo-längsschnittlichen und retrospektiven Methoden bezüglich der Zuverlässigkeit der Angaben zu Einstellungen und Verhalten. Gleichzeitig können die mit Längsschnittstudien verbundenen Kosten erheblich sein. Haustein und Kroesen (2022) nutzten eine Längsschnittbefragung über einen Zeitraum von 2,5 Jahren, um verschiedene Mobilitätsklassen zu identifizieren sowie Übertritte von Personen aus einer in eine andere Mobilitätsklasse und damit zusammenhängende Lebensereignisse darzustellen. Durch die Anwendung einer Latent Transition Analysis gelingt es den Autor*innen, Kontinuitäten und Brüche in den Einstellungen zu Mobilitätsthemen sowie im berichteten Mobilitätsverhalten aufzudecken. Die Studie belegt sehr anschaulich, dass der Mobilitätsmeilenstein Autobesitz und die damit einhergehende Aneignung autozentrierter Mobilitätsstile eine Rückkehr zu autofreien oder -reduzierten Mobilitätsstilen unwahrscheinlich macht. Die daraus entstehende Änderungsresistenz wird durch Einflüsse wie die gebaute Umwelt und die Verkehrsinfrastruktur am Wohn- bzw. Arbeitsort zusätzlich zementiert, was wiederum nur durch das verwendete Längsschnittdesign empirisch belegbar wurde.

5 Fazit

Eine soziologische Auseinandersetzung mit Mobilität im Alltag und den damit verbundenen Bedeutungen, Kompetenzen und materiellen Bedingungen erfordert konzeptionelle und methodische Alternativen zu konventionellen sozialwissenschaftlichen Denk- und Forschungsweisen. Praxistheoretische Zugänge haben ein neues Verständnis von Alltagsmobilität als komplexes Zusammenspiel von mehr oder weniger ressourcenintensiven sozial-räumlichen Praktiken ermöglicht und damit zweifellos wichtige Impulse für die Weiterentwicklung der sozialwissenschaftlichen Mobilitätsforschung geliefert. Das zeigt sich u. a. anhand sozialwissenschaftlicher Radverkehrsstudien, die Mobilität als zentralen Baustein eines komplexen Geflechts routinisierter Alltagspraktiken begreifen und deren Bedeutung für soziale Beziehungen und gesellschaftliche Teilhabe betonen. Mobilitätsbiographische Studien haben wiederum den Blick für die Wandelbarkeit von Mobilitätspraktiken im Lebensverlauf und den Mehrwert (pseudo)längsschnittlicher Daten geschärft. Dabei hat sich besonders der Fokus auf einschneidende Lebensereignisse und Mobilitätsmeilensteine und die damit einhergehende Unterbrechung stark routinisierter Mobilitätspraktiken als überaus gewinnbringend erwiesen. Zusätzlich haben praxistheoretische und mobilitätsbiographische Ansätze die methodische Weiterentwicklung und Ausdifferenzierung sozialwissenschaftlicher Mobilitätsforschung stark begünstigt und neue Wege für multimethodische Ansätze aufgezeigt. Bestehende konzeptionelle und methodische Grenzen und Lücken wie die teilweise überwältigende Komplexität von praxistheoretisch begründeten Betrachtungen zu Alltagspraktiken und deren Zusammenspiel, der fehlende Fokus auf weniger einschneidende oder langsam voranschreitende Lebensereignisse in mobilitätsbiographischen Studien oder die eingeschränkte Zuverlässigkeit retrospektiv erhobener Daten können sicherlich durch innovative Weiterentwicklungen der hier behandelten Forschungsfelder zukünftig adressiert werden. Bereits gewonnene Erkenntnisse aus praxistheoretischen und mobilitätsbiographischen Studien sind außerdem für die zukünftige Entwicklung und Umsetzung politischer und praktischer Maßnahmen zur Förderung nachhaltiger Mobilitätspraktiken wie dem Radfahren oder der Nutzung öffentlicher Verkehrsmittel von zentraler Bedeutung. Besonders der Blick auf die verbindende Rolle von Mobilitätspraktiken im Alltag vieler Menschen und die damit einhergehende Beharrungskraft und Bedeutungsvielfalt eröffnet hier neue Möglichkeiten der Einflussnahme und Veränderung und ebnet damit den Weg für weitere Schritte in Richtung einer sozial verträglichen und kulturell akzeptablen Mobilitätswende.

Literatur

Adey, P., K. Hannam, M. Sheller, und D. Tyfield. 2021. Pandemic (im) mobilities. *Mobilities* 16(1): 1–19.

Adjei, E., und R. Behrens. 2023. Breaking commuter mode-use habits: An exploration of deliberative decision-making windows and their implications for travel demand management. *Journal of Urban Mobility* 3:100041.

Aldred, R. 2010. 'On the outside': Constructing cycling citizenship. *Social & Cultural Geography* 11(1): 35–52.

Aldred, R., und K. Jungnickel. 2014. Why culture matters for transport policy: The case of cycling in the UK. *Journal of Transport Geography* 34:78–87.

Aldred, R., J. Croft, und A. Goodman. 2019. Impacts of an active travel intervention with a cycling focus in a suburban context: One-year findings from an evaluation of London's in-progress mini-Hollands programme. *Transportation Research Part A: Policy and Practice* 123:147–169.

Becker, S., D. von Schneidemesser, A. Caseiro, K. Götting, S. Schmitz, und E. von Schneidemesser. 2022. Pop-up cycling infrastructure as a niche innovation for sustainable transportation in European cities: An inter-and transdisciplinary case study of Berlin. *Sustainable Cities and Society* 87:104168.

Behren, S. von, M. Puhe, und B. Chlond. (2018). Office relocation and changes in travel behavior: Capturing the effects including the adaptation phase. *Transportation Research Procedia* 32:573–584.

Bonham, J., und A. Wilson. 2012. Bicycling and the life course: The start-stop-start experiences of women cycling. *International Journal of Sustainable Transportation* 6(4): 195–213.

Cox, P., Hrsg. 2015. *Cycling cultures*. Chester: University of Chester.

———. 2019. *Cycling: A sociology of vélomobility*. London: Routledge.

Deffner, J., K. Götz, S. Schubert, C. Potting, G. Stete, A. Tschann, et al. 2006. *Entwicklung eines integrierten Konzepts der Planung, Kommunikation und Implementierung einer nachhaltigen, multioptionalen Mobilitätskultur*. Frankfurt: Schlussbericht.

Dowling, R., S. Maalsen, und J.L. Kent. 2018. Sharing as sociomaterial practice: Car sharing and the material reconstitution of automobility. *Geoforum* 88:10–16.

Glotz-Richter, M. 2013. Städtebau, Lifestyle und Mobilität. *Stadt – Mobilität – Logistik: Perspektiven, Konzepte und Modelle* 63:76.

Götz, K., J. Deffner, und T. Klinger. 2016. Mobilitätsstile und Mobilitätskulturen – Erklärungspotentiale, Rezeption und Kritik. In *Handbuch Verkehrspolitik*, 781–804. Wiesbaden: Springer VS.

Greene, M., und H. Rau. 2018. Moving across the life course: A biographic approach to researching dynamics of everyday mobility practices. *Journal of Consumer Culture* 18(1): 60–82.

Greene, M., K. Ellsworth-Krebs, J. Volden, E. Fox, und M. Anantharaman. 2022. Practic-ing culture: Exploring the implications of pre-existing mobility cultures on (post-)pandemic practices in Norway, Ireland, and the United States. *Sustainability: Science, Practice and Policy* 18(1): 483–499.

Haberl, H., M. Schmid, W. Haas, D. Wiedenhofer, H. Rau, und V. Winiwarter. 2021. Stocks, flows, services and practices: Nexus approaches to sustainable social metabolism. *Ecological Economics* 182:106949.

Hannam, K., M. Sheller, und J. Urry. 2006. Mobilities, immobilities and moorings. *Mobilities* 1(1): 1–22.

Haustein, S., und M. Kroesen. 2022. Shifting to more sustainable mobility styles: A latent transition approach. *Journal of Transport Geography* 103:103394.

Haustein, S., und T. A. S. Nielsen. 2016. European mobility cultures: A survey-based cluster analysis across 28 European countries. *Journal of Transport Geography* 54:173–180.

Heisserer, B., und H. Rau. 2017. Capturing the consumption of distance? A practice-theoretical investigation of everyday travel. *Journal of Consumer Culture* 17(3): 579–599.

Horton, D., P. Rosen, und P. Cox, Hrsg. 2016. *Cycling and society*. London: Routledge.

Jensen, O. B. 2006. 'Facework', flow and the city: Simmel, Goffman, and mobility in the contemporary city. *Mobilities* 1(2): 143–165.

———. 2009. Flows of meaning, cultures of movements–urban mobility as meaningful everyday life practice. *Mobilities* 4(1): 139–158.

Kent, J. L. 2022. The use of practice theory in transport research. *Transport Reviews* 42(2): 222–244.

Klinger, T. 2017. *Städtische Mobilitätskulturen und Wohnumzüge*. Wiesbaden: Springer VS.

Lanzendorf, M. 2010. Key events and their effect on mobility biographies: The case of childbirth. *International Journal of Sustainable Transportation* 4(5): 272–292.

Loyola, M., J. D. Nelson, G. Clifton, und D. Levinson. 2023. Narratives in transport research: A thematic and functional analysis. *Transportation Research Interdisciplinary Perspectives* 17:100754.

Manderscheid, K. 2022. *Soziologie der Mobilität*. Bielefeld: transcript.

Mögele, M., und H. Rau. 2020. Cultivating the "car state": A culturally sensitive analysis of car-centric discourses and mobility cultures in Southern Germany. *Sustainability: Science, Practice and Policy* 16(1): 15–28.

Mögele, Michael Jakob. 2022. *Regionale Automobilkulturen zwischen (Re)Produktion und Wandel: eine kultursensitive Perspektive auf Süddeutschland*. Dissertation, LMU München: Fakultät für Geowissenschaften.

Müggenburg, H. 2021. Beyond the limits of memory? The reliability of retrospective data in travel research. *Transportation Research Part A: Policy and Practice* 145:302–318.

Müggenburg, H., A. Busch-Geertsema, und M. Lanzendorf. 2015. Mobility biographies: A review of achievements and challenges of the mobility biographies approach and a framework for further research. *Journal of Transport Geography* 46:151–163.

Norgaard, K. M. 2011. *Living in denial: Climate change, emotions, and everyday life*. Cambridge, MA: MIT Press.

Popp, M., H. Rau, und J. Mahne-Bieder. 2024. Auf dem Weg zum Fahrradland – Barrieren von Nicht-Radfahrer*innen identifizieren und überwinden. *Standort – Zeitschrift für Angewandte Geographie*. https://link.springer.com/article/10.1007/s00548-023-00903-9. Zugegriffen am 22.11.2024.

Psarikidou, K., D. Zuev, und C. Popan. 2020. Sustainable cycling futures: Can cycling be the future? *Applied Mobilities* 5(3): 225–231.

Rau, H. 2010. (Im) mobility and environment – society relations: Arguments for and against the 'mobilisation' of environmental sociology. In *Environmental sociology*, 237–254. Dordrecht: Springer Netherlands.

Rau, H., und R. Manton. 2016. Life events and mobility milestones: Advances in mobility biography theory and research. *Journal of Transport Geography* 52:51–60.

Rau, H., und A. Matern 2024. Mobility practices in a changing climate: Understanding shifts in car ownership and use across the life course. *Mobilities* 19(5): 869–888.

Rau, H., und J. Scheiner. 2022. Understanding mobility biographies: Conceptual and empirical advancements and practical innovation. In *Innovations in transport*, 68–88. Cheltenham: Edward Elgar Publishing.

Rau, H., M. Popp, P. Namberger, und M. Mögele. 2019. Short distance, big impact: The effects of intra-city workplace relocation on staff mobility practices. *Journal of Transport Geography* 79:102483.

Rau, H., M. Popp, und J. Mahne-Bieder. 2020. Quality and quantity in mobility biographies research: experiences from a mixed method study of non-cyclists in Germany. In *Mobility and travel behaviour across the life course*, Hrsg. J. Scheiner und H. Rau, 33–49. Cheltenham: Edward Elgar Publishing.

Reckwitz, A. 2002. Toward a theory of social practices: A development in culturalist theorizing. *European Journal of Social Theory* 5(2): 243–263.

Rérat, P., L. Haldimann, und H. Widmer. 2022. Cycling in the era of Covid-19: The effects of the pandemic and pop-up cycle lanes on cycling practices. *Transportation Research Interdisciplinary Perspectives* 15:100677.

Rozynek, C., und M. Lanzendorf. 2023. How does low income affect older people's travel practices? Findings of a qualitative case study on the links between financial poverty, mobility and social participation. *Travel Behaviour and Society* 30:312–324.

Rozynek, C., S. Schwerdtfeger, und M. Lanzendorf. 2022. The influence of limited financial resources on daily travel practices. A case study of low-income households with children in the Hanover Region (Germany). *Journal of Transport Geography* 100:103329.

Sattlegger, L., und H. Rau. 2016. Carlessness in a car-centric world: A reconstructive approach to qualitative mobility biographies research. *Journal of Transport Geography* 53:22–31.

Schäfer, H., Hrsg. 2016. *Praxistheorie: ein soziologisches Forschungsprogramm*. Bielefeld: transcript.

———. 2019. *Die Instabilität der Praxis*. Weilerswist: Velbrück Wissenschaft.

Schäfer, M., M. Jaeger-Erben, und S. Bamberg. 2012. Life events as windows of opportunity for changing towards sustainable consumption patterns? Results from an intervention study. *Journal of Consumer Policy* 35:65–84.

Scheiner, J., und H. Rau, Hrsg. 2020. *Mobility and travel behaviour across the life course: Qualitative and quantitative approaches*. Cheltenham: Edward Elgar.

Schoenduwe, R., M.G. Mueller, A. Peters, und M. Lanzendorf. 2015. Analysing mobility biographies with the life course calendar: A retrospective survey methodology for longitudinal data collection. *Journal of Transport Geography* 42:98–109.

Sheller, M., und J. Urry. 2006. The new mobilities paradigm. *Environment and Planning A* 38(2): 207–226.

Shove, E., M. Pantzar, und M. Watson. 2012. *The dynamics of social practice: Everyday life and how it changes*. Los Angeles: Sage.

Virág, D., D. Wiedenhofer, W. Haas, H. Haberl, G. Kalt, und F. Krausmann. 2022. The stock-flow-service nexus of personal mobility in an urban context: Vienna, Austria. *Environmental Development* 41:100628.

Viry, G. 2020. Life course and mobility. In *Handbook of urban mobilities*, 174–182. Abingdon: Routledge.

Wadud, Z., M. Adeel, J. Anable, und K. Lucas. 2022. A disaggregate analysis of 'excess' car travel and its role in decarbonisation. *Transportation Research Part D: Transport and Environment* 109:103377.

Berufsbezogene Mobilität zwischen Virtualisierung und Beschleunigung

Mascha Will-Zocholl

Inhalt

Zusammenfassung

Im Kontext der Corona-Pandemie ist die berufsbezogene Mobilität vermehrt zum Gegenstand der öffentlichen Debatte geworden. Zentral ist die Ersetzung physischer durch digitale Mobilität, um Zeit, Emissionen und Ressourcen einzusparen. Basis dafür ist die zunehmende Verfügbarkeit von Arbeitsgegenständen in digitaler Form und die Möglichkeit virtueller Zusammenarbeit. Der Beitrag behandelt entlang aktueller Studienergebnisse, welche Konsequenzen die Herausbildung eines „Informationsraums" für die räumliche Rekonfiguration von Arbeit birgt und geht Hinweisen nach, inwiefern physisch-räumliche Mobilität durch digitale Technologien ersetzt werden kann.

Schlüsselwörter

Berufsbedingte Mobilität · Informationsraum · Home Office · Virtualisierung · Telearbeit

M. Will-Zocholl (✉)
Hochschule für öffentliches Management und Sicherheit (HöMS), Wiesbaden, Deutschland
E-Mail: Mascha.Will-Zocholl@hoems.hessen.de

W. Canzler et al. (Hrsg.), *Handbuch Mobilität und Gesellschaft*,
https://doi.org/10.1007/978-3-658-37557-7_10

1 Einleitung

Spätestens seit der Corona-Pandemie ist die Debatte um räumliche Rekonfigurationen von Arbeit in einer breiteren Öffentlichkeit angekommen. Hierbei stand das Arbeiten von zu Hause (*Home Office*) im Fokus, wodurch sich einerseits die berufsbedingte Mobilität auf ein Minimum reduzieren und andererseits das Aufeinandertreffen in physischen Arbeitsräumen verhindert werden sollte. Dabei lief in vielen Bereichen das Arbeiten überwiegend produktiv weiter.[1] Dies lässt Raum für Visionen, die schon länger für eine stärkere Ersetzung physischer durch digitale Mobilität plädieren und daran ansetzen, dass die Arbeitswelt vermehrt durch Virtualisierungstendenzen bestimmt wird. So werde eine Beschränkung des morgendlichen Pendelverkehrs auf ein Minimum jener ermöglicht, die aufgrund der physischen Beschaffenheit ihrer Arbeit zu einer bestimmten Zeit an einem bestimmten Ort arbeiten müssen. Geschäftliche Reisen würden ebenfalls weitgehend durch virtuelle Formate ersetzt, angefangen bei Videokonferenzen, über die Nutzung von Augmented- oder Artificial Reality-Technologien bis hin zu einer Verlagerung der Geschäftstätigkeit ins „Metaverse". Beschäftigte sparten Pendel- und Reisezeiten ein und nutzen diese, um Sport zu treiben oder sich anderweitig um ihre Gesundheit zu kümmern oder sich verstärkt gesellschaftlich zu engagieren. Das eingesparte Mobilitätsgeld könnte in die Bildung der Kinder oder in nachhaltige Energien investiert werden oder es müsste sogar weniger gearbeitet werden. Ländliche Regionen würden aufgrund des höheren Freizeitwerts und der günstigeren Bedingungen attraktiver. In den Städten ließe der Druck auf dem Wohnungsmarkt nach, der morgendliche Stau gehöre der Vergangenheit an und schließlich verbessere sich die Luftqualität für jene, die in der Stadt bleiben erheblich. So oder so ähnlich lassen sich die vielfäligen Phänomene imaginieren, die mit diesen Visionen einhergehen.

Doch was sind in diesem Kontext realistische Szenarien, was lässt sich mit Blick auf frühere Diskussionen lernen, was aus der Entwicklung während und nach der Corona-Pandemie und was sind Herausforderungen, die dabei zutage treten? Um sich diesen Fragen zu nähern wird nach einer begrifflichen Klärung der theoretische Hintergrund skizziert, der den Rahmen bildet für eine Übersicht der aktuellen Studienergebnisse zu berufsbedingter Mobilität, um abschließend das Entwicklungspotenzial zu bewerten.

2 Begriffbestimmung und Theorien räumlicher Rekonfigurationen

Berufsbezogene oder berufsbedingte Mobilität sind Sammelbegriffe für eine Reihe unterschiedlicher Formen der Mobilität, die im Zusammenhang mit Arbeit stehen. Diese lassen sich grundlegend unterscheiden in Formen, die im Zusammenhang mit

[1] Mit den Einschränkungen und Problematisierungen, die auch in den ersten Auswertungen der Corona-Pandemie schon thematisiert werden (Emmler/Kohlrausch 2021; Knie et al. 2021).

dem Aufsuchen der Arbeitsstätte stehen und die innerhalb der Ausübung der Tätigkeit notwendig werden. „Zirkuläre Mobilität“ (Gather et al. 2008) beschreibt eine tägliche oder wöchentliche Pendelbewegung zwischen Wohnort und Arbeit, residenzielle Formen umfassen dagegen den Umzug aus beruflichen Gründen. Hinzu kommen Formen der Mobilität, die in direktem Zusammenhang mit der Ausübung der Tätigkeit stehen, wie Mobilität im Kontext von Geschäftsreisen, die sich in ihrer Häufigkeit, Dauer und Distanz differenzieren lassen. Aber auch „mobile Arbeit“ (Kesselring und Vogel 2010), bei der Mobilität ein dauerhaftes Kennzeichen der Arbeitsaufgabe ist. Vertrieb und Service fallen beispielsweise darunter, aber ebenso neuere Arbeitsformen der „digitalen Nomaden“ oder der Verbindung von Urlaub und Arbeit in Form der „workation“.[2] Insgesamt hat dieses Thema über die vergangenen 20 Jahre sowohl in der sozialwissenschaftlichen Mobilitätsforschung als auch in der Arbeits- und Wirtschaftsforschung zunehmend an Bedeutung gewonnen. Dabei stehen Diagnosen einer Zunahme berufsbedingter Mobilität im Spannungsfeld sich verändernder Organisation von Arbeit und der Individualisierung von Lebensformen (z. B. Kesselring und Vogel 2010; Schneider et al. 2016).

In Bezug auf die Reorganisation von Arbeit lassen sich räumliche Rekonfigurationen zum einen in den Diskussionszusammenhang der „Entgrenzung von Arbeit“ (Kratzer 2003) und zum anderen in Verbindung mit der Entstehung eines globalen „Informationsraums“ (Baukrowitz und Boes 1996) einbetten. Ersterer thematisiert die Herauslösung von Arbeit aus traditionellen Bedingungen und Kontexten und ist seit den späten 1990er-Jahren in der Debatte um einen Wandel von Arbeit und Organisation ein zentrales Thema. Darunter werden verschiedene Entgrenzungsdimensionen erfasst. Gemeinsam ist den Ansätzen, dass sie sich auf eine Veränderung der institutionellen Verfasstheit von Arbeit beziehen, die bis zu diesem Zeitpunkt als typische Kennzeichen tayloristischer und fordistischer Organisationsprinzipien galten: Standardisierte, formalisierte und abgrenzbare Strukturen und Prozesse und eine örtliche und räumliche Einbettung und Eingrenzung von Arbeit (für einen umfassenden Überblick s. Kratzer 2003, S. 38–48).

Der zweite Diskussionszusammenhang ist jener, der sich explizit mit der Veränderung von Raumbezügen in der Arbeit befasst. Dieser geht zurück auf allgemeinere Überlegungen zum Raum-Zeit-Verständnis, die sich aufgrund der weiteren Beschleunigung beim Überwinden physischer Distanzen entspannen und u. a. als „time-space-compression“ (Harvey 1989) beschrieben werden. Dabei war die physische Überwindung geografischer Distanzen nur vordergründig Gegenstand. Vor allem bezog sich die „Vernichtung des Raums durch die Zeit“ (Marx 1983 [1857/58], S. 430) auf die globale Ausbreitung des Kapitals, das immer weniger durch zeitliche und räumliche Aspekte eingeschränkt werde.

Mit der Entwicklung moderner Informations- und Kommunikationstechnologien (IuK-Technologien) verstärkte sich diese Entwicklung und „Beschleunigung“ rückte stärker in den Fokus. So erwartete Virilio (1980) eine Aufhebung der Grenzen bzw. eine Verschmelzung von Raum und Zeit, die zu einer Beschleunigung des Lebens

[2] Damit ist gemeint, dass man zumindest zeitweise von Urlaubsdestinationen aus arbeitet.

führe (Stichwort: Geschwindigkeitsgesellschaft). Rosa (2005) differenzierte diesen Ansatz weiter aus und unterscheidet verschiedene Beschleunigungstypen. Diese seien nicht nur technisch oder ökonomisch zu betrachten, sondern als gesamtgesellschaftliches Phänomen zu verstehen, das Folgen für Werteverständnis und Lebensweisen hat. Er verweist weiter auf den Zusammenhang von kapitalistischer Wachstumslogik und Beschleunigung als Lebensweise, die weitreichende gesellschaftliche Konsequenzen habe.

Im Zusammenhang mit der Entstehung der IuK-Technologien entstehen weitere räumlich orientierte Paradigmen wie die „Netzwerkgesellschaft" (Castells 1996) und der „Informationsraum" (Baukrowitz und Boes 1996). Letzterer ensteht auf Basis der Infrastruktur des Internets und wird zu einer neuen Bezugsebene in der Reorganisation von Arbeit. Der Informationsraum legt den Fokus nicht auf technische Infrastruktur oder „Datenautobahnen", sondern auf das Verständnis des Informationsraums als sozialem Handlungsraum, der jeweils in der Zusammenarbeit und der Kommunikation zwischen Menschen entsteht und den Umgang, die Speicherung oder den Austausch von Informationen und Informationsobjekten möglich macht und eine Echtzeit-Kooperation über geografische Distanzen hinweg ermöglicht (Boes und Kämpf 2010).

Nicht zufällig fällt die Thematisierung des Informationsraums in die erste Hochphase der Debatte um „Telearbeit", stellt sich doch unter den seit den 1970er-Jahren entstehenden Bedingungen die Frage nach der räumlichen Reorganisation von Arbeit, aber auch der Rekonfiguration von Arbeitsräumen, neu. Mit der Verbreitung des Autos als individuelles Verkehrsmittel hatten die täglichen Pendelstrecken stark zugenommen. Die Trennung zwischen Arbeiten (in der Stadt) und Peripherie (Wohnen) war weiter fortgeschritten, die Innenstädte waren nach dem Vorbild der „autogerechten Stadt" weiterentwickelt worden (Bernhardt 2017). Trotzdem waren die Städte vielerorts nicht in der Lage, mit den zunehmenden Verkehrsströmen umzugehen und so wurde das berufliche Pendeln bereits seit den 1970er-Jahren als – vor allem verkehrspolitisches – Problem identifiziert. Die Städte verstopften vom steigenden Individualverkehr und die öffentlichen Verkehrsmittel kamen ebenfalls an ihre Grenzen.

In dieser Gemengelage gerieten die Entwicklungen der Informationstechnik in den Blick. Der Personalcomputer etablierte sich zunehmend und es wurde Potenzial darin gesehen, die berufsbedingte Mobilität einzuschränken. Ausgangspunkt der ersten umfassenderen Debatte um eine Rückverlagerung der Arbeit (aus den Büros) in die privaten Wohnstätten oder zumindest in die Nachbarschaft unter dem Begriff der „Telearbeit" (international: Telecommuting; exempl. Huws et al. 1990; Graham und Marvin 1995) war eine erste Krise der Versorgung mit Treibstoff in der Ölkrise zu Beginn der 1970er-Jahre. In Kombination mit dem drohenden „Verkehrsinfarkt" in vielen Städten wurde nun verstärkt über Einsparpotenziale beim Benzinverbrauch und über eine Verringerung des Verkehrs diskutiert.

Der Schwerpunkt lag auf der Frage, ob angesichts der neuen technischen Möglichkeiten wirklich alle Menschen, die auf Büroarbeitsplätzen arbeiteten, ins Büro pendeln müssen oder nicht. Es wurde sowohl die Verkürzung von Wegstrecken durch die Bündelung von Arbeitskräften in „Satellitenbüros" oder Bürogemeinschaften mit anderen Unternehmen an gut erreichbaren Standorten als auch der Wegfall von Pendelstrecken ins Büro durch Arbeit zu Hause erwogen. Modellrechnungen für Deutschland versprachen Einsparungen beim Pendelverkehr durch den Einsatz von Telekommunikationssystemen von 12 bis 14 % (Voß 1998).

Während die Debatte um „Telearbeit" einen ersten diskursiven Höhepunkt erreichte, blieb in der Praxis die Verbreitung gering. Trotz hoher Steigerungsraten lag die Anzahl der Telearbeiter*innen in Deutschland um die Jahrtausendwende bei ca. 2,1 Mio., die Quote an der Gesamtbeschäftigung bei 5,54 %[3] (exempl. Empirica 2000). Auch international sah man die Entwicklung eher zurückhaltend (Korte et al. 1994). Die Umsetzung von Telearbeit war zu diesem Zeitpunkt technisch noch stark eingeschränkt. Es mussten Daten auf Datenträgern gesichert und Unterlagen in größerem Umfang in der Regel mittransportiert werden. Außerdem waren ergebnisorientierte Führungsmethoden kaum verbreitet, sodass sich damals keine der verschiedenen Formen von Telearbeit in der Breite durchsetzen konnte. Zumal sich im Kontext der Studien herauskristallisierte, das die eigentlich zu favorisierende Form der „alternierenden Telearbeit",[4] die eine regelmäßige Anwesenheit im Büro sicherstellte, ökonomisch die geringsten Vorteile bringen sollte, denn der Einspareffekt hinsichtlich der Büroarbeitsplätze war eher gering. So blieb die Verbreitung von Telearbeit zunächst überschaubar und hatte dementsprechend keinen messbaren Effekt auf die Pendelbewegungen in den 1990er-Jahren und den frühen 2000ern. Erst nach und nach stiegen die Telearbeitsquoten langsam an. Mit Blick auf die Berufsverkehrsproblematik setzte sich hingegen eine zeitliche Flexibilisierung des Arbeitsanfangs und -endes durch (exempl. Bosch et al. 2005).

Mit der fortschreitenden technischen Entwicklung rückte seit den 2010er-Jahren die „Digitalisierung von Arbeit" in den Mittelpunkt. Darunter wird der zunehmende Einsatz digitaler Technologien im Zusammenhang mit der Entstehung neuer Berufs- und Arbeitsfelder, neuer Geschäftsmodelle sowie neuer Kompetenz- und Qualifikationsanforderungen gefasst. Außerdem verändern sich Beschäftigung und Arbeitsinhalte und -bedingungen und vor allem die räumliche Konfiguration von Arbeit in lokalem und globalem Maßstab (Stichwort: internationale Arbeitsteilung). Die Nutzung moderner IuK-Technologien und das Arbeiten im Informationsraum sind auf die Verfügbarkeit digitaler und digitalisierter Arbeitsmittel und -gegenstände angewiesen.

Digitalisierungsprozesse sind dabei Ermöglichung und Folge zugleich. Zum einen setzt Digitalisierung Prozesse der Informatisierung voraus, die weit älter als Digitalisierungstechnologien sind (Boes und Kämpf 2010). Zum anderen hatte sich schon in den Dekaden zuvor, insbesondere im Zuge des Mauerfalls (1989) und der damit verbundenen wirtschaftlichen Öffnung vieler Staaten sowie sinkender Logis-

[3] Die Zahlen auch in Bezug auf weitere Merkmale wie Geschlecht oder Alter waren zudem je nach Studienzuschnitt und Definition der Telearbeit sehr unterschiedlich.

[4] Dabei handelte es sich um eine Variante, bei der die Beschäftigten in variablen Anteilen zu Hause arbeiteten, entweder tageweise zu Hause blieben oder nur stundenweise am Tag (z. B. am Vormittag im Büro und am Nachmittag zu Hause).

tikkosten durch das Wegfallen von Zöllen und Einfuhrbeschränkungen und durch den Einsatz größerer Transportmittel, eine neue Phase der „Globalisierung" entwickelt. Diese ist mit einer steigenden beruflichen Mobilität (Dangschat 2020) und der Veränderung „betrieblicher Mobilitätsregime" (Kesselring 2012) verbunden. Letztere sind gekennzeichnet von einem Wandel von Arbeit und der Reorganisation der Wertschöpfung. Damit war zunächst vor allem eine Verlagerung von Produktionstätigkeiten ins Ausland verbunden. In der Folge entwickelten sich in Deutschland (und anderen westlichen Industrienationen) Tätigkeiten weg von handwerklichen (Produktions-)Tätigkeiten hin zu „Wissensarbeit" oder „Kopfarbeit", also indirekter, häufig akademisierter Tätigkeiten, die vorwiegend am Computer verrichtet werden. Im Zuge der sich mit fortschreitender Informatisierung und Digitalisierung verschärfenden Rationalisierung dieser Tätigkeiten nimmt auch hier die Arbeitsteilung zu, verbunden mit mehr kooperativen Arbeitsformen. Zunächst geschah das lokal begrenzt und mit der zunehmenden Verlagerung des Arbeitsgegenstands in den Informationsraum auch in einem globalen Kontext. Am Anfang noch auf zahlen- oder textbasierte Arbeitsgegenstände beschränkt, entwickelte sich das Potenzial mit den neuen Technologien ständig weiter. Die Gruppe derjenigen, für die der Informationsraum eine relevante Bezugsebene in ihrer Arbeit ist, differenziert sich dabei stetig aus. Mittlerweile ist die Entwicklung ganzer Fahrzeuge oder eine Steuerung von Produktionsanlagen über den Informationsraum möglich. Zudem zeigte die Corona-Pandemie, dass sich zumindest Teile verschiedener Berufsfelder in den Informationsraum verlegen lassen, die vorher wenig thematisiert wurden: Schulunterricht, ärztliche Beratung, psychologische Therapie oder Beratungen des Job-Centers.

Der Informationsraum symbolisiert in diesem Kontext stärker als zuvor die „geschrumpfte Distanz", indem es möglich ist, in Echtzeit verteilt an verschiedenen Orten zusammen zu arbeiten. Die Virtualisierung ist dabei eine doppelte: einerseits unterliegen Arbeitsgegenstände einer Virtualisierung, die zuvor physisch an einen Ort gebunden waren, wie z. B. virtuelle Prototypen, die das physische Objekt weitgehend ersetzen. Andererseits verweist der Begriff „virtuell" auf ein Auseinanderfallen von Raum und Ort (Will-Zocholl et al. 2019), z. B. in virtuellen Teams, gemeinsam an einem Thema von verschiedenen Standorten einer Organisation weltweit verteilt.

Nicht alle Tätigkeiten, deren Arbeitsgegenstand weitgehend informatisiert und digital(isiert) ist, gelten als hoch qualifizierte oder wissensintensive Tätigkeiten. Darunter fallen auch einfache Tätigkeiten, die als sogenannte „Clickwork" oder „Microwork" Eingang in die Debatte um Plattformarbeit gefunden haben. Tatsächlich hat die Organisation von Arbeit über „Plattformen" auch neue Formen lokaler berufsbedingter Mobilität (auf Abruf) geschaffen, wie sie z. B. für Lieferdienste kennzeichnend ist.

Neben der Reorganisation von Arbeit gilt als weiterer zentraler Bezugspunkt der Debatte um berufsbedingte Mobilität die Veränderung der Lebensweisen, insbesondere der unter „Individualisierung" (Giddens 1990) diskutierten Aspekte. Darunter werden Prozesse verstanden, in denen sich das Individuum zunehmend von traditionellen sozialen Bindungen, Normen und Institutionen löst und stattdessen mehr Autonomie, Selbstbestimmung und Selbstverwirklichung anstrebt. Das hat u. a.

Konsequenzen für die Lebensstile, die stärker durch Persönlichkeit und individuelle Entscheidungen und Präferenzen geprägt sind, was sich z. B. darin ausdrückt, nicht einfach den Beruf der Eltern zu ergreifen, sondern eigene Stärken, Bedürfnisse und Ziele in den Mittelpunkt zu stellen. Dies führt dazu, dass auch eher in Kauf genommen wird, aus beruflichen Gründen umzuziehen oder auch Pendeln in Erwägung zu ziehen, wenn die Passung zwischen beruflicher Qualifikation oder Vorstellungen sinnvoller Arbeit und Job besser harmonieren (z. B. Schneider et al. 2016).

Die Berufstätigkeit von Frauen hat ebenfalls stark zu Veränderungen berufsbedingter Mobilität beigetragen. Anfang der 1990er-Jahre lag diese nur bei etwas mehr als 50 % und stieg zuletzt bis auf 73,6 % an (Destatis 2024). In diesem Kontext veränderte sich auch die familiale Arbeitsteilung, die ebenfalls Auswirkungen auf berufsbedingte Mobiltät haben kann (wenn beispielsweise längere Pendelstrecken einem Umzug vorgezogen werden). Schließlich spielen auch qualifikatorische Aspekte eine Rolle. Denn die breite Höherqualifizierung von Beschäftigten auf zuletzt über 10 Mio. Akademiker*innen (BfA 2021) steht ebenfalls in Verbindung mit Veränderungen berufsbezogener Mobilität (z. B. Rüger et al. 2012).

Welche konkreten Auswirkungen der gesellschaftlichen Veränderungen sich nun in den empirischen Studien zu berufsbedingter Mobilität – nicht zuletzt im Kontext der Corona-Pandemie – finden lassen, ist Gegenstand des folgenden Abschnitts.

3 Entwicklung berufsbedingter Mobilität vor, in und nach der Corona-Pandemie

Im Fokus der Betrachtung berufsbedingter Mobilität stehen hier vor allem Formen zirkulärer Mobilität und diese war bis zur Corona-Pandemie ständig gestiegen und zwar sowohl hinsichtlich der regelmäßigen Pendelbewegungen als auch der geschäftlichen Reisen. So nahm die Zahl der regelmäßigen Pendler*innen im Kontext insgesamt gestiegener Erwerbstätigenzahlen von 14,9 Mio. im Jahr 2000 auf 18,6 Mio. im Jahr 2019 zu (Destatis 2021). Die Anzahl der Geschäftsreisenden erreichte nach 8 Mio. in 2003 im Jahr 2019 ein Allzeithoch von 13 Mio. (VDR 2020; Canzler 2021). Die Anzahl der Geschäftsreisen stieg im gleichen Zeitraum von 147,4 Mio. Reisen mit leichten Schwankungen auf 195,4 Mio. Geschäftsreisen (VDR 2005, 2020). Unterbrochen wurde dieser Aufwärtstrend durch einen Einbruch während der Finanzkrise 2008/2009, als die Zahl binnen eines Jahres von 163 Mio. Geschäftsreisen auf 145. Mio. Geschäftsreisen sank.

Kaum erfasst werden dagegen andere Formen berufsbedingter Mobilität, u. a. auch „digitaler" Mobilität, d. h. inwieweit Menschen mehr und örtlich weiter entfernt sowohl innerhalb von Unternehmen als auch als Selbstständige (Stichwort: Plattformarbeit) mit anderen Menschen oder Unternehmen zusammenarbeiten. Ein erster Mapping-Versuch für Deutschland ergab, dass das Ausmaß wohl größer ist als erwartet (Serfling 2018), aber differenzierte Daten fehlen noch.

Der intensivere Blick auf die Struktur der berufsbezogenen Mobilität zeigt ein heterogenes Bild: Pendler*innen verdienen häufig mehr bzw. ein höheres Gehalt ist ein Grund für das Pendeln (Dauth und Haller 2018; Wöhrmann et al. 2020). Gerade die längeren Pendelstrecken werden häufig von Personen mit höherem Bildungs- und Qualifikationsniveau in Kauf genommen. Zudem erzwingen spezialisierte Arbeits- und Wohnortstandorte häufig eine Form von berufsbedingter Mobilität (Dauth und Haller 2018). Darüber hinaus wird auch versucht, den Vorteil des Arbeitens in der Stadt (höhere Gehälter) und des Wohnens in der Peripherie (geringere Kosten, mehr Platz, eigenes Haus oder ruhigere, naturnahe Umgebung) auszunutzen, was allerdings nur dann funktioniert, wenn die Kosten für das Pendeln nicht die Gehaltsdifferenz übersteigen und die zeitliche Investition nicht zu hoch ist (Pfaff 2013). Das ist eher für höher qualifizierte Tätigkeiten umsetzbar, hier ist auch der Anteil der Home-Office-Tätigkeiten höher. Zudem lohnt sich das Pendeln eher für Vollzeit- als für Teilzeitstellen (Wöhrmann et al. 2020; Dauth und Haller 2018).

Da Frauen häufiger Teilzeitstellen innehaben, sind sie im Durchschnitt weniger mobil als Männer. Auch in Bezug auf das Alter zeigen sich Unterschiede (Schneider et al. 2016; Wöhrmann et al. 2020). Allerdings gibt es beim Pendeln insgesamt starke regionale Unterschiede zwischen Ost und West sowie zwischen urbanen und ländlichen Regionen (BBSR 2022; Jost 2020). So ist die Pendelbewegung von Osten (Wohnen) nach Westen (Arbeiten) konstant höher als umgekehrt und es unterscheidet sich auch die Struktur des Pendelns, weil im Osten, außer um Berlin herum, zwar Großstädte, aber keine Ballungszentren existieren (BfA Statistik 2021). Zudem sind die Pendelzeiten und -wege hier länger als im Durchschnitt der westlichen Bundesländer (Jost 2020). Insgesamt sind in ländlichen Regionen die Pendelwege länger und auch Menschen mit niedrigerer Qualifikation und Einkommen nehmen zunehmend längere Strecken in Kauf (BBSR 2019). Die Ergebnisse der letzten ausführlichen berufs- und qualifikationsbezogenen Auswertung von Pendelbewegungen auf Basis der Daten von 2014 zeigen, dass die größten Zuwächse in der Länge der Pendeldistanz im verarbeitenden Gewerbe (plus 27 % zwischen 2000 und 2014) liegen. Außerdem stiegen die Pendelstrecken bei einfachen und qualifizierten Tätigkeiten um 22 bzw. 19 %, sie wiesen damit ähnliche Steigerungsraten auf wie in der Gruppe der Manager*innen mit 25 %. Deren Strecke war im Median um 6 km länger. Berücksichtigt man, dass die Manager*innen-Gruppe (Anteil 3,6 %) viel kleiner ist als jene, die einfache (39,6 %) und qualifizierte (52,6 %) Tätigkeiten ausüben, wird deutlich, dass der Effekt auf die gesamte Pendelbewegung durch die Zunahme im Bereich der einfachen und qualifizierten Tätigkeiten deutlich größer ist (Dauth und Haller 2018).

Weitere Bereiche berufsbedingter Mobilität, die von geringen Löhnen und wenig Verhandlungsmacht geprägt sind, sind Formen der Arbeits- bzw. Pendelmigration, die das Lohn- und Lebenshaltungskostengefälle zwischen einzelnen Ländern ausnutzen, wie es in der häuslichen Pflege oder der Saisonarbeit häufig vorkommt. Diese ungleiche Verteilung von Ausmaß, Chancen und Risiken berufsbezogener Mobilität ist eingebettet in einen gesamtgesellschaftlichen Diskurs, der von einer Aufwertung von Mobilität (nicht nur) im beruflichen Kontext geprägt ist. Die Rede ist von einem „Mobilitätsimperativ" (Kesselring 2012). Waren es früher vor allem Unternehmensleitungen, die geschäftlich reisten, und Menschen mit sehr spezifischen oder eher mittleren Qualifikationen, die auf „Montage" arbeiteten, hat sich dieses Phänomen sowohl diskursiv als auch quantitativ messbar ausgeweitet. So sind die gestiegenen Zahlen – neben der allgemeinem Zunahme von Erwerbstätigen in Deutschland – ein Indikator für dahinterliegende Veränderungen „betrieblicher Mobilitätsregime" (Kesselring 2012), die in engem Zusammenhang mit der Reorganisation von Arbeit, Wertschöpfungsketten und Unternehmen stehen. Seit den 1990er-Jahren zeigt sich eine parallele Entwicklung stetig zunehmender Virtualisierung von Arbeit und einem kontinuierlichem Anstieg berufsbedingter Mobilität. Das liegt vor allem an der gestiegenen Vernetzung von Arbeit und der Einbettung in komplexe (verteilte) Organisationszusammenhänge und damit einer zunehmenden Anzahl an betroffenen Berufen. Weitere Gründe sind veränderte Lebenszusammenhänge wie z. B. in der familialen Arbeitsteilung, hohe Miet- und Kaufkosten in der Stadt, höhere Bildungs- und Qualifikationsabschlüsse von Frauen etc. sowie nicht zuletzt die bereits angesprochene Aufwertung von Mobilität als Lebensform.

Die beständige Zunahme der berufsbedingten Mobilität wurde erst durch die Corona-Pandemie unterbrochen. Durch angeordnete Maßnahmen wie die Home-Office-Pflicht im Rahmen der Corona-Arbeitsschutzverordnung, zeitweise Grenzschließungen für Pendler*innen und Grenzkontrollen, Geschäftsschließungen sowie Ausgangssperren wurde die Mobilität insgesamt auf ein Minimum reduziert. Das machte sich auch im Bereich berufsbedingter Mobilität bemerkbar. So zeigen die Zahlen von 2020 einen Rückgang der Geschäftsreisen von 194,5 Mio. Reisen in 2019 auf 32,7 Mio. in 2020 oder von 13 Mio. Geschäftsreisenden auf 3,3 Mio. in 2020 (VDR 2021). Hinsichtlich des Pendelns sind die Zahlen nicht so eindeutig, die Anzahl der Pendler*innen hat sich in der Corona-Pandemie erhebungstechnisch nicht verringert, weil die statistische Erfassung nach den grundsätzlichen Strukturen der Arbeitstätigkeit fragt, nämlich ob man am Wohnort arbeitet bzw. wie lang die Pendelwege sind und mit welchem Verkehrsmittel sie üblicherweise zurückgelegt werden (s. z. B. Deutschlandatlas). Diese Lücke versuchte das Projekt MOBICOR zu schließen, indem es das Mobilitätstracking via App mit Befragungs- und Interviewdaten kombinierte. Hier zeigte sich, dass sich die arbeitsbezogenen Wege (Pendeln und dienstliche Wege) im Mai 2020 im Vergleich mit Daten aus 2017 deutlich verringert hatten (40 vs. 68 Mio. Wege), diese sich allerdings im Oktober 2020 bereits wieder auf 56 Mio. Wege erhöhten. Ein ähnliches Niveau wies auch der Mai 2021 mit 57 Mio. Wegen auf (Knie et al. 2021).

Gleichzeitig konnten mehr Menschen als zuvor die Erfahrung machen, dass ihre Tätigkeiten, zumindest nicht in vollem Umfang, vom Arbeitsplatz in der Organisation abhängig sind. Eine Folge war, das Auseinanderfallen von physischer Kopräsenz an einem Ort und Arbeit zunehmend als Normalität zu begreifen und stärker über eine Reduktion physisch-räumlicher Mobilität nachzudenken. Allerdings zeigen die Daten aus der Corona-Pandemie auch, dass diese Möglichkeit nicht gleich verteilt ist. In höher qualifizierte Berufen konnte Home Office viel häufiger genutzt werden als in in geringer qualifizierten Berufen. Auch in der Geschlechterperspektive zeigten sich Unterschiede, Männer konnten häufiger Home Office in Anspruch nehmen als Frauen und Menschen mit höherem Einkommen eher als jene mit geringem Einkommen (Blom und Möhring 2021; Knie et al. 2021). Letzteres hängt damit zusammen, dass Menschen mit geringerem Einkommen häufig auch eine geringere Qualifikation vorweisen und häufiger in Bereichen tätig sind, in denen physische Arbeit geleistet wird. In dieser Gruppe ist auch der Anteil der migrantischen Beschäftigten höher, sodass sie seltener von den Möglichkeiten digitaler Mobilität profitieren können, da hier nach wie vor die Grenze entlang kognitiver Arbeit (Wissensarbeit) vs. physische Arbeit verläuft.

Diejenigen, die Home Office nutzen konnten, bewerteten das aber – trotz der sonstigen Widrigkeiten, die die Umstände der Pandemie mit sich brachten („Home-Schooling", geschlossene Kindertagesstätten etc.) – insgesamt eher positiv. So ermittelte das WSI 2021 eine Quote von rund 50 % der Beschäftigten, die in gleichem Umfang im Home Office weiterarbeiten wollten, und ein weiteres Drittel, das zwar weniger, aber weiterhin auch im Home Office arbeiten möchte. Das heißt, rund 85 % wollen weiter im Home Office arbeiten. Dieser Trend blieb – trotz Beendigung der Pandemie – sehr stabil, denn auch in 2023 sprachen sich 75 % derer, die in der Corona-Pandemie das Home Office als Möglichkeit kennengelernt hatten, für eine mindestens teilweise Tätigkeit im Home Office aus (Emmler 2023). Auch wurde ein gesetzlicher Anspruch auf Home Office positiv gesehen (mit zeitweise über 70 % Zustimmung) (Stürz et al. 2022).

Ein Blick auf die aktuellen Zahlen zeigt aber auch, dass nicht alle diese Absicht einlösen können. Insgesamt hat sich die Zahl derer, die zumindest gelegentlich im Home Office arbeiten, bei rund 24,2 % (2022) der Erwerbstätigen eingependelt. Sie ist damit nur geringfügig niedriger als in 2021, allerdings höher als in 2020 (21 %). Im Vergleich zu 2018 ist es sogar eine Verdopplung (Destatis 2023). Die Werte sind zwischen verschiedenen Wirtschaftsbereichen sehr ungleich verteilt. Während es bei IT-Dienstleistern einen Anteil von 76 % der teilweise im Home Office Tätigen gibt, sind es im Gesundheitswesen nur 6,6 % (Destatis 2023). Es wird erwartet, dass die Quote derer, die zumindest teilweise von zu Hause arbeiten, höher bleiben wird als vor der Pandemie und perspektivisch weiter moderat ansteigt (s. a. Suckow und George 2023). Sogar die Quote derer, die ausschließlich und überwiegend von zu Hause arbeiten, hat sich vom Höchststand in der Pandemie (April 2020) mit 27 % auf 15 % im Jahr 2021 eingependelt, was dennoch fast einer Vervierfachung im Vergleich zum Anteil vor der Pandemie entspricht (4 %) (HBS 2021). Hier stehen neuere Zahlen noch aus, ein zumindest leichter Rückgang ist zu erwarten.

Ob damit ein Beitrag zur Reduzierung der beruflich bedingten Mobilität geleistet werden kann, hängt allerdings von mehreren Faktoren ab. Zunächst ist das Potenzial zu ermitteln, das in der Vermeidung von Pendelstrecken steckt, z. B. wie viele Beschäftigte von den 68 %, die 2020 mit dem Auto zur Arbeit fuhren, durch (mehr) Home Office ihre Fahrten verringern könnten (Destatis 2021). Knapp jede*r zweite Beschäftigte fährt weniger als 10 km zur Arbeit, somit liegt das größere Potenzial für spürbare Einsparungen eher im Bereich der längeren Pendelwege der anderen 50 % der Beschäftigten. Allerdings sind die Prognosen, wie sich die Wegstrecken von und zur Arbeit entwickeln werden, bisher eher pessimistisch, was Einsparungen angeht. Denn im Zuge einer Verstetigung des Home Offices wird davon ausgegangen, dass die einzelnen Strecken eher zunehmen könnten oder Investitionen in emissionsärmere Fahrzeuge entfallen. So könnte es sein, dass zwar an weniger Tagen, aber dafür auf längeren Strecken gependelt wird, weil die Anfahrt eine geringere Rolle bei der Auswahl des Arbeitsplatzes spielt oder die Menschen aufgrund der angespannten Lage auf dem Wohnungsmarkt eher in die Peripherie ziehen (Marz 2022). Ob der ländliche Raum außerhalb der „Speckgürtel“ der Ballungszentren davon profitieren kann, ist derzeit noch unklar. Es gibt aber Akteure, die hier eine Entwicklungsperspektive für strukturell benachteiligte Regionen sehen und bereits in kommunale Coworking-Spaces und schnelles Internet investieren, um die Attraktivität zu erhöhen (BMEL 2022).

Weiter ist zu berücksichtigen, dass während der Corona-Pandemie die öffentlichen Verkehrsmittel und die Sharing-Angebote stark gelitten haben, weil sie infektionstechnisch als Risiko galten (Knie et al. 2021). Zwar zeigten Untersuchungen im Rahmen des Aktionszeitraums des Neun-Euro-Tickets, dass es gelungen ist, mehr Menschen für den ÖPNV zu gewinnen (Follmer et al. 2023). Wie nachhaltig diese Entwicklung ist, lässt sich derzeit noch nicht abschätzen, denn zum einen sind die Kosten für das Ticket mit 49 € heute deutlich höher und zum anderen ist noch nicht klar, ob und zu welchen Konditionen das bundesweit gültige Ticket auch künftig angeboten wird. Zudem spielt eine Rolle, ob sich dieses oder andere Formen des Job-Tickets bei einem selteneren Aufsuchen der Arbeitsstätten überhaupt noch lohnen und nicht dann doch eher auf das Auto zurückgegriffen wird. Und selbst wenn sie das nicht tun, ist offen, ob die Beschäftigten ihre persönlichen Routinen dahingehend ändern, tatsächlich die Kombination von Home Office und Arbeiten im Büro zu wählen, die am meisten Fahrstrecken einspart (Weber 2020).

Am Ende der Pandemie ließ sich jedenfalls beobachten, dass die zirkulären Pendelbewegungen wieder zugenommen haben, nach 19,6 Mio. Pendler*innen in 2021 wurde im Jahr 2022 ein neuer Höchststand mit 20,3 Mio. verzeichnet. Dieser wird u. a. mit der erneut gestiegenen Zahl an Erwerbstätigen insgesamt erklärt. Auch die durchschnittliche Pendeldistanz stieg zuletzt um 0,3 km. Es wird aber ebenso angenommen, dass sich möglicherweise die Häufigkeit des Pendelns verringert hat (BBSR 2022). Darauf deuten auch die Daten aus dem MOBICOR-Projekt hin, in dem auch im September 2022 noch eine moderat verringerte Anzahl an Personenkilometern gemessen wurde (Suckow und George 2023).

Die längsten Strecken werden im Kontext von Dienst- bzw. Geschäftsreisen zurückgelegt, somit liegt hier das größte Potenzial für Einsparungen. Und auch hier sind die Tendenzen bisher nicht ganz eindeutig. Zwar liegen sie noch immer auf einem eher niedrigen Niveau. So nahmen die Geschäftsreisen wieder zu, auf 8,4 Mio. Geschäftsreisende mit 75,1 Mio. Geschäftsreisen in 2022 (VDR 2023). Verglichen mit 2019 waren es rund 35 % weniger Geschäftsreisende als 2019 und hinsichtlich der Anzahl der Geschäftsreisen 62 % weniger. In den Zahlen von 2022 sollen sich Corona-bedingte Nachholbedarfe niederschlagen. Gleichzeitig erklären Unternehmen, dass sie zukünftig – auch aus Kostengründen – mehr Reisen durch virtuelle Treffen ersetzen wollen (ifo 2020). Ob sich damit eine Reduzierung der Geschäftsreisen als allgemeiner Trend verstetigt, bleibt abzuwarten. Denn schon frühere Prognosen überschätzten das Potenzial für „Telekooperation“ und erwiesen sich im Nachhinein als falsch. So verzeichnen die Umfragen des VDR bereits eine abnehmende Zustimmung zu einem langfristigen Rückgang der geschäftsbedingten Reisen (VDR 2023).

Weitere Analysen zeigten, dass mit der Nutzung des Home Office in der Pandemie auch eine Entwicklung zur Nutzung klimaneutralerer Verkehrsmittel nachgezeichnet werden konnte, allen Vermeidungsverlusten im ÖPNV zum Trotz. Doch wie nachhaltig diese Tendenz ist, bleibt zunächst umstritten (Knie et al. 2021) und muss ebenfalls weiter beobachtet werden. Die letzten Erhebungen im September 2022 zeigen eine Erholung der Nutzung des ÖPNV und eine „selektivere und entfernungsintensivere" (8) Nutzung des Autos (Suckow und George 2023).

Ein Aspekt, der in den bisherigen Diskussionen um die Entwicklung berufsbedingter Mobilität wenig thematisiert wurde, ist die Zunahme der Pendelstrecken in Berufsgruppen mit einfachen Tätigkeiten (Dauth und Haller 2018). Hier handelt es sich überwiegend um physisch dominierte Tätigkeiten (einscannen, bewachen, bauen, montieren etc.), bei denen nicht oder zumindest nicht kurzfristig ein großer Digitalisierungs- und Automatisierungsschub zu erwarten ist (Krzywdzinski et al. 2022). Es wird davon ausgegangen, dass der Haupttreiber der Verlängerung der Pendelstrecken dieser Gruppe die permanent steigenden Mieten in den Städten und der stadtnahen Peripherie sind (Dauth und Haller 2018). Wenn sich die vor Corona ausgewiesenen Steigerungsraten in der Länge der Wegstrecke in dieser Gruppe fortsetzen, könnten die Einsparungen durch das Home Office anderer Beschäftigtengruppen aufgezehrt werden. Das gilt im Grunde auch für eine weitere Zunahme der Gesamtbeschäftigung.

4 Ausblick

Es stellt sich also die Frage nach den nachhaltigen Effekten des Coronabedingten Lernprozesses hinsichtlich der Arbeit im Informationsraum. Das erzwungene Home Office hat gezeigt, dass es möglich ist, physisch-räumliche Mobilität durch digitale Technologien zu ersetzen. Und dass dies in vielen Bereichen besser funktioniert als erwartet. Einen wichtigen Beitrag dazu leisteten die Videokonferenzplattformen, die eine synchrone Kommunikation für viele unkompliziert ermöglichten und damit einen großen Teil der persönlichen Treffen kompensieren konnten. Das gilt auch für diejenigen Arbeitsbereichen, in denen die Umsetzung virtueller Formen bisher wenig verbreitet war. In der Folge ist eine weitere Ausweitung digitaler und virtueller Arbeitsformen sowie eine Ausdifferenzierung von Tätigkeiten in Abhängigkeit ihrer Bindung an physische Präsenz zu erwarten. Gleichzeitig werden die Grenzen der Substitution deutlich. So sind neben den schon bekannten Aspekten der Isolation (bei dauerhafter Tätigkeit im Home Office), der fehlenden sozialen Kontakte, der asynchronen Kommunikation (in Chats oder per Email), des Einflusses auf die Karriereoptionen, der höheren Anforderung an die Selbstorganisation und der Abgrenzung von Familie und Arbeit und auch der Herausforderungen für die kollektive Interessenvertretung oder hinsichtlich der Arbeitsplatzpräferenzen der Beschäftigten weitere Erkenntnisse gewonnen worden. Dabei wurden auch Grenzen der Eignung der schon erwähnten Videoplattformen deutlich. Denn manche Tätigkeiten, z. B. Verhandlungen aus dem Home Office heraus, verliefen weniger gut als in Präsenz vor Ort (Voeth et al. 2022). Auch schränkt die Strukturiertheit der Videositzungen – trotz sich ständig erweiternder Funktionen – informellen Austausch ein, der ansonsten nebenbei passiert (Hove und Watson 2022). Insgesamt kann durch ein Zuviel an körperlicher Abwesenheit auch die Bindung zum Unternehmen und zu den Kolleg*innen leiden (Kellner und Albrecht 2020).[5]

Aus Sicht der Beschäftigten sind mit räumlichen Rekonfigurationen nicht nur wünschenswerte Entwicklungen verbunden. Die Herstellung von „Ortlosigkeit" (Flecker und Schönauer 2016) ist für die Individuen mit Herausforderungen nicht nur an ihre eigene Arbeitsroutine verbunden. Eine stärkere globale Vernetzung und eine internationalere Arbeitsteilung führen auch zu neuer Konkurrenz. Schon in der Vergangenheit wurde die Konstruktion von „Ortslosigkeit" als strategische Komponente zur Rechtfertigung des Abbaus von fest zugewiesenen Arbeitsplätzen oder um innerhalb der Belegschaft Druck zwischen verschiedenen (globalen) Standorten aufzubauen eingesetzt. Darüber hinaus verändert sich im Zuge der „Aufbereitung" von Tätigkeiten für eine Virtualisierung und Umsetzung im Informationsraum die Arbeit selbst (Will-Zocholl 2021). Die Gefahr einer „Industrialisierung der Wissensarbeit" (Boes und Kämpf 2010) wird gesehen, indem Teile der Arbeit standardisiert, Handlungsmöglichkeiten eingeschränkt und Kontrolle verschärft werden. Auch das Beschleunigungsmoment, das sich aus dem Wegfall von Wegezeiten und der Terminierung von mehr (und komplexeren) Besprechungsterminen in kürzerer Zeit in Form von Videokonferenzen ergibt, stellt Beschäftigte vor Herausforderungen (Soucek und Voss 2020). Die Verdichtung der räumlichen Organisation von Arbeit und Freizeit wird als möglicher weiterer Belastungsfaktor angesehen (Quehenberger et al. 2021), der mehr „Grenzmanagement" (Roth-Ebner 2015) von den Beschäftigten einfordert.

Bezugnehmend zur Ausgangsfrage lässt sich festhalten, dass ähnlich der berufsbezogenen Mobilität insgesamt auch die „digitale Mobilität" bzw. die Möglichkeit im Informationsraum zu arbeiten, ungleich verteilt ist (Blom und Möhring 2021; Suckow und George 2023). Die Ersetzbarkeit physisch-räumlicher Mobilität ist zwar grundsätzlich gegeben. Dabei handelt es sich aber weniger um eine technische als um eine gesellschaftliche Frage. Bisher gilt berufsbedingte Mobilität als statusrelevant, zumindest in den mittel- und höherqualifizierten Tätigkeitsbereichen, diese könnte durch eine höhere Wertschätzung digitaler Mobilität ersetzt werden. Denn strukturell ist digitale Mobilität bereits ein Distinktionsmerkmal, weil sich dafür nur bestimmte Tätigkeiten eignen. Auch Unternehmen können dazu einen Beitrag leisten, indem sie Nutzen und Notwendigkeit von Dienstreisen kritischer und ernsthaft unter Nachhaltigkeitsaspekten betrachten. Allerdings ist es für einen nachhaltigen Wandel wichtig, ein Bewusstsein für die Reduktion des eigenen Emissionsausstoßes und Ressourcenverbrauchs zu schaffen, damit nicht weniger berufsbedingte Mobilität durch ein Mehr an privater Mobilität kompensiert wird. Dazu ist es wichtig, diese Zusammenhänge im Blick zu behalten und Daten zu erheben, die das Verständnis für die Konsequenzen berufsbedingter Mobilität fördern, insbesondere, was eine zunehmende digitale Mobilität oder virtuelle Zusammenarbeit (z. B. im Metaverse) bedeuten Denn auch digitale Formen sind mit Emissionen

[5] Ein Effekt des gestiegenen Interesses an der Arbeit im Home Office ist eine schiere Flut an Studien zu diesem Thema, deren Darstellung den Rahmen dieses Beitrags sprengen würde.

verbunden (s. die Diskussion um den Energieverbrauch von Datenzentren). Dazu ist eine Erweiterung der bisherigen Forschung notwendig, die nicht nur Verkehrsströme und Pendelbewegungen misst und veranschaulicht, sondern auch den Ressourcenverbrauch und entstehende Emissionen, die damit in Verbindung stehen (s. z. B. der Exkurs in Follmer et al. 2023). Die empirischen Ergebnisse zur berufsbedingten Mobilität zeigen immer wieder Lücken auf, nicht zuletzt, dass die letzte tätigkeits- bzw. qualifiaktionsbezogene Auswertung der Pendlerdaten bereits zehn Jahre zurückliegt. Gerade hier ist eine kontinuierliche Bebachtung wichtig, um Ansatzpunkte für eine Anreizgestaltung in Richtung Emissionsvermeidung zu erhalten, aber auch Herausforderungen und Probleme digitaler Mobilität umfassend zu adressieren.

Literatur

Baukrowitz, Andrea, und Andreas Boes. 1996. Arbeit in der „Informationsgesellschaft". In *Virtuelle Arbeitswelten. Arbeit, Produktion und Subjekt in der „Informationsgesellschaft"*, Hrsg. Rudi Schmiede, 129–158. Berlin: edition sigma.

Bernhardt, Christoph. 2017. Längst beerdigt und doch quicklebendig: Zur widersprüchlichen Geschichte der „autogerechten Stadt". *Zeithistorische Forschungen* 14(3): 526–540.

Blom, Annelies G., und Katja Möhring. 2021. Soziale Ungleichheit in der Beschäftigungssituation während der frühen Phase der Coronakrise. In *Datenreport 2021,* Hrsg. Statistisches Bundesamt (Destatis), Wissenschaftszentrum Berlin WZB, Bundesinstitut für Bevölkerungsforschung (BiB), 476–483. Bonn: bpb.

Boes, Andreas, und Tobias Kämpf. 2010. Arbeit im Informationsraum: Eine neue Qualität der Informatisierung als Basis einer neuen Phase der Globalisierung. In *Internationale Arbeitsräume. Unsicherheiten und Herausforderungen*, Hrsg. Esther Ruiz Ben, 19–54. Freiburg: Centaurus.

Bosch, Gerhard, Sebastian Schief, und Marc Schietinger. 2005. *Trends in der Arbeitszeitpolitik. Zur Diskussion um Dauer und Flexibilisierung der Arbeitszeit sowie der Insolvenzsicherung von Arbeitszeitguthaben*. Berlin: FES.

Bundesagentur für Arbeit (BfA). 2021. Gemeindedaten der sozialversicherungspflichtig Beschäftigten nach Wohn- und Arbeitsort – Deutschland, Länder, Kreise und Gemeinden (Jahreszahlen). Zugegriffen am 02.04.2024.

Bundesinstitut für Bau-, Stadt- und Raumforschung (BBSR). 2022. Neue Arbeitswelten. Wie wir in Zukunft arbeiten. In *Informationen zur Raumentwicklung* (2019)6. https://www.bbsr.bund.de/BBSR/DE/veroeffentlichungen/izr/2019/6/downloads/izr-6-2019-komplettdl.pdf;jsessionid=340A4B6E0BCC05399DFAC6374BFF1FFD.live21303?__blob=publicationFile&v=2. Zugegriffen am 07.10.2024.

———. 2022. Länge der Arbeitswege unterscheidet sich regional erheblich. Bericht auf der Webseite des BBSR. Zugegriffen am 02.04.2024.

Bundesministerium für Ernährung und Landwirtschaft (BMEL), CoWorkLand, Hrsg. 2022. Coworking auf dem Land. Wie es gelingt und was es dafür braucht. Berlin: BMEL. Zugegriffen am 20.04.2024.

Canzler, Weert. 2021. Räumliche Mobilität: (noch) schneller und weiter. In *Datenreport 2021,* Hrsg. Statistisches Bundesamt (Destatis), Wissenschaftszentrum Berlin WZB, Bundesinstitut für Bevölkerungsforschung (BiB), 449–454. Bonn: bpb.

Castells, Manuel. 1996. *The rise of the network society: The information age – Economy, society and culture I.* Oxford: Blackwell.

Dangschat, Jens S. 2020. Gesellschaftlicher Wandel. In *Raumbezug und Mobilität, In Wechselwirkungen von Mobilität und Raumentwicklung im Kontext gesellschaftlichen Wandels*, Hrsg. Ulrike Reutter, Christian Holz-Rau, Janna Albrecht, und Martina Hülz, 32–75. Hannover: Verlag der ARL.

Dauth, Wolfgang, und Peter Haller. 2018. Berufliches Pendeln zwischen Wohn- und Arbeitsort. Klarer Trend zu längeren Pendeldistanzen. In *IAB-Kurzbericht 10/2018*. Nürnberg: IAB.

Emmler, Helge, und Bettina Kohlrausch. 2021. Homeoffice: Potentiale und Nutzung. In *Policy Brief WSI Nr. 52*. Düsseldorf: Hans-Böckler-Stiftung.

Emmler, Helge. 2023. *WSI-Erwerbspersonenbefragung, Welle X: Fragebogen und Codebuch. WSI-Datenreport 02/2023*. Düsseldorf: WSI.

Empirica. 2000. *ECaTT Final Report: Benchmarking progress on new ways of working and new forms of business across Europe*. Heidelberg.

Flecker, Jörg, und Annika Schönauer. 2016. The production of 'placelessness': Digital service work in global value chains. In *Space, place and global digital work*, Hrsg. Jörg Flecker, 11–30. London: Palgrave.

Follmer, Robert, Marc Schelewsky, Justin Treutlein, und Franziska Kern. 2023. Alles wie vorher? Die Verkehrswende zwischen 9-Euro-Ticket und alten Herausforderungen. In *Mobilitätsreport 07*. Ausgabe 01.02.2023. Bonn: infas.

Gather, Matthias, Andreas Kagermeier, und Martin Lanzendorf. 2008. *Geographische Mobilitäts- und Verkehrsforschung*. Berlin/Stuttgart: Borntraeger.

Giddens, Anthony. 1990. *The consequences of modernity*. Stanford: University Press.

Graham, Steve, und Simon Marvin. 1995. *Telecommunications and the city: Electronic spaces, urban places*, 1. Aufl. London: Routledge.

Hans-Böckler-Stiftung (HBS). 2021. Erwerbstätigenbefragung Home Office. Düsseldorf. https://www.boeckler.de/de/auf-einen-blick-17945-Auf-einen-Blick-Studien-zu-Homeoffice-und-mobiler-Arbeit-28040.htm. Zugegriffen am 07.10.2024.

Harvey, David. 1989. *The condition of post-modernity. An enquiry into the origins of cultural change*. Oxford: Blackwell.

Hove, Dani, und Benjamin Watson. 2022. The shortcomings of video conferencing technology, methods for revealing them, and emerging XR solutions. *PRESENCE: Virtual and Augmented Reality* 31:283–305.

Huws, Ursula, Werner B. Korte, und Simon Robinson. 1990. *Telework: Towards the elusive office*. Chichester: Wiley.

Ifo Institut (ifo). 2020. Unternehmen planen auch nach Corona weniger Dienstreisen Pressemitteilung vom 23.06.2020. Zugegriffen am 02.04.2024.

Jost, Ramona. 2020. Persistence of commuting habits: Context effects in Germany. In IAB Discussion Paper 14/2020. Nürnberg: IAB. Zugegriffen am 02.04.2024.

Kellner, Theresa, und Tosca Albrecht. 2020. *Ergebnisbericht zur Umfrage und Tagebuchstudie „Wie arbeitest du heute?" Veränderungen von Arbeits- und Organisationsstrukturen durch die Einführung von Home-Office in Zeiten der Covid-19 Pandemie*. Lemgo: TH OWL.

Kesselring, Sven. 2012. Betriebliche Mobilitätsregime. Zur sozio-geografischen Strukturierung mobiler Arbeit. *Zeitschrift für Soziologie* 41(2): 83–100.

Kesselring, Sven, und Gerlinde Vogel. 2010. *Betriebliche Mobilitätsregime. Die sozialen Kosten mobiler Arbeit*. Berlin: edition sigma.

Knie, Andreas, Franziska Zehl, und Marc Schelewsky. 2021. Bleibt alles anders? Alltagsmobilität im zweiten Corona-Jahr. In *Mobilitätsreport 05*, Ausgabe 16.08.2021. Bonn/Berlin: Infas/WZB/Motiontag.

Korte, Werner B., Norbert Kordey, und Simon Robinson. 1994. *Telework penetration, potential and practice in Europe*. TELDET Report No. 11. Bonn: Empirica.

Kratzer, Nick. 2003. *Arbeitskraft in Entgrenzung. Grenzenlose Anforderungen, erweiterte Spielräume, begrenzte Ressourcen*. Berlin: edition sigma.

Krzywdzinski, Martin, Florian Butollo, Jana Flemming, Christine Gerber, David Wandjo, Nina Delicat, Lorena Herzog, Marc Bovenschulte, und Michael Nerger. 2022. Wachsende Kluft zwischen Vorreiterunternehmen und Nachzüglern. Digitalisierung, Automatisierung und organisatorischer Wandel in Folge der COVID-19-Krise. In *Weizenbaum Series 24*. Berlin: Weizenbaum-Institut für die vernetzte Gesellschaft.

Marx, Karl. 1983 [1957/58]. Grundrisse der Kritik der Politischen Ökonomie. In *Institut für Marxismus-Leninismus beim Zentralkommittee der SED*, Hrsg. Marx-Engels-Werke (MEW), 47–768. Berlin: Dietz.

Marz, Waldemar. 2022. Reduziert mehr Home Office die Emissionen im Verkehr? *Ifo Schnelldienst* 75(5): 15–18.

Pfaff, Simon. 2013. *Pendeln oder umziehen? Ursachen und Folgen berufsbedingter räumlicher Mobilität in Deutschland*. Karlsruhe: KIT.

Quehenberger, Julia, David Lätsch, Tim Tausendfreund, Silvia Gavez, und Thomas Gabriel. 2021. *Arbeit und Familienleben an einem Ort. Eine Studie zur digitalen Transformation in Zeiten der Corona-Pandemie*. Zürich: zhaw.

Rosa, Hartmut. 2005. *Beschleunigung. Die Veränderung der Zeitstrukturen in der Moderne*. Frankfurt a. M.: Suhrkamp.

Roth-Ebner, Caroline. 2015. *Der effiziente Mensch. Zur Dynamik von Raum und Zeit in mediatisierten Arbeitswelten*. Bielefeld: transcript.

Rüger, Heiko, Michael Feldhaus, Katharina S. Becker, und Monika Schlegel. 2012. Zirkuläre berufsbezogene Mobilität in Deutschland: Vergleichende Analysen mit zwei repräsentativen Surveys zu Formen, Verbreitung und Relevanz im Kontext der Partnerschafts- und Familienentwicklung. *Comparative Population Studies – Zeitschrift für Bevölkerungswissenschaft* 36(1): 193–220.

Schneider, Norbert F., Heiko Rüger, und Silvia Ruppenthal. 2016. Mobilität und mobile Lebensformen. In *Handbuch Bevölkerungssoziologie*, Hrsg. Yasemin Niephaus, Michaela Kreyenfeld, und Reinhold Sackmann, 501–525. Wiesbaden: Springer.

Serfling, Oliver. 2018. *Crowdworking Monitor Nr. 1 für das Verbundprojekt "Crowdworking Monitor"*. Berlin: BMAS. Zugegriffen am 02.04.2024.

Soucek, Roman, und Amanda Voss. 2020. Arbeitsverdichtung: Ursachen, Formen und Folgen. In *ASU Zeitschrift für medizinische Prävention*, Ausgabe 9/2020.

Statistisches Bundesamt (Destatis). 2021. 68 % der Erwerbstätigen fuhren 2020 mit dem Auto zur Arbeit. Pressemitteilung Nr. 054 vom 15.09.2021. Zugegriffen am 02.04.2024.

———. 2023: Knapp ein Viertel aller Erwerbstätigen arbeitete 2022 im Home Office. Pressemitteilung. Wiesbaden. Zugegriffen am 24.04.2024.

———. 2024. Erwerbstätigenquoten 1991 bis 2023. Wiesbaden. Zugegriffen am 24.04.2024.

Stürz, Roland, Antonia Schlude, Hannes Putfarken, und Christian Stumpf. 2022. Digitalisierung durch Corona? Homeoffice im September/Oktober 2021. BiDT, München. https://www.bidt.digital/publikation/digitalisierung-durch-corona-homeoffice-imseptemberoktober-2021/. Zugegriffen am 07.10.2024.

Suckow, Silvio, und Sarah George. 2023. Homeoffice und digitale Mobilität als das Neue Normal – Ergebnisse von Panel-Befragungen zur Mobilität. In *Mobilitätsreport 08*, Ausgabe 26.05.2023. Bonn/Berlin: Infas/WZB.

Verband Deutsches Reisemanagement (VDR). 2005. *Geschäftsreiseanalyse 2004*. Frankfurt: VDR. Zugegriffen am 20.04.2024.

———. 2020. *Geschäftsreiseanalyse 2019*. Frankfurt: VDR. Zugegriffen am 20.04.2024.

———. 2021. *Geschäftsreiseanalyse 2020*. Frankfurt: VDR. Zugegriffen am 20.04.2024.

———. 2022. *Geschäftsreiseanalyse 2021*. Frankfurt: VDR. Zugegriffen am 20.04.2024.

———. 2023. *Geschäftsreiseanalyse 2022*. Frankfurt: VDR.

Virilio, Paul. 1980. *Esthétique de la disparition*. Paris: Balland.

Voeth, Markus, Uta Herbst, Yannick Urbitsch, und Michael Oryl. 2022. Wie verhandeln deutsche Manager nach der Pandemie? In *Working Paper No. 4*. Potsdam und Hohenheim: Negotiation Academy/Universität Hohenheim.

Voß, G. Günter. 1998. Die Entgrenzung von Arbeit und Arbeitskraft. Eine subjektorientierte Interpretation des Wandels der Arbeit. In *Mitteilungen aus der Arbeitsmarkt- und Berufsforschung*, Bd. 31, 3. Nürnberg: IAB.

Weber, Patrick. 2020. Home-Office. Eine Chance für die Verkehrswende. Blog Digitale Mobilität am WZB. https://digitalemobilitaet.blog.wzb.eu/2020/12/21/homeoffice-eine-chance-fuer-die-verkehrswende/. Zugegriffen am 07.10.2024.

Will-Zocholl, Mascha. 2021. Information space(s). In *Workplace Theories. A handbook of theories on designing alignment between people and the office environment*, Hrsg. Rianne Appel-Meulenbroek und Vitalija Danivska, 82–93. London: Routledge.

Will-Zocholl, Mascha, Jörg Flecker, und Philipp Schörpf. 2019. Zur realen Virtualität von Arbeit. Raumbezüge in digitalisierter Wissensarbeit. *AIS-Studien* 12(1): 36–54.

Wöhrmann, Anne M., Nils Backhaus, Anita Tisch, und Alexandra Michel. 2020. *BAuA-Arbeitszeitbefragung: Pendeln, Telearbeit, Dienstreisen, wechselnde und mobile Arbeitsorte*. Dortmund/Berlin/Dresden: BAuA.

Teil V

Mobilität und Sozialstruktur

Der Einfluss räumlicher Ungleichheit auf nachhaltige Alltagsmobilität am Beispiel formal Höhergebildeter

Sarah George und Katja Salomo

Inhalt

Zusammenfassung

Um den Klimawandel effektiv zu bekämpfen, ist es von großer Bedeutung, die Bevölkerung zu umweltfreundlichem Verhalten zu motivieren. Dies schließt die Alltagsmobilität ein. Sie zählt zu den größten Quellen von Treibhausgasemissionen. Bisherige Forschungsergebnisse deuten darauf hin, dass Personen mit höherem Bildungsniveau tendenziell umweltfreundlichere Mobilitätsmuster aufweisen, was in der Regel mit einem stärkeren Umweltbewusstsein erklärt wird. Wir untersuchen, inwieweit diese Verhaltensweisen durch sozial-räumliche Faktoren beeinflusst werden. Zum anderen gehen wir belastbaren Hinweisen auf Verhaltensänderungen zugunsten klimaschonender Mobilität nach. Dazu verwenden wir Daten zur Alltagsmobilität aus den Jahren 2002 und 2017, die eine repräsentative Stichprobe der deutschen Bevölkerung im Alter von 18 bis 65 Jahren umfassen. Mithilfe von Mehrebenen-OLS- und logistischen Regressionen sowie fractional multinomial logit-Modellen analysieren wir Veränderungen im Mobilitätsverhalten von Personen mit hohem Bildungsniveau über die Zeit. Unsere Ergebnisse zeigen, dass Hochschulabsolventen nicht nur häufiger in Metropolregionen leben, sondern auch in den zentralen Vierteln dieser Regionen, was zu kürzeren täglichen Pendelstrecken führt. Folglich benötigen sie weniger Reisezeit und können langsamere und

S. George (✉) · K. Salomo
Wissenschaftszentrum Berlin für Sozialforschung (WZB), Berlin, Deutschland
E-Mail: sarah.george@wzb.eu; katja.salomo@wzb.eu

W. Canzler et al. (Hrsg.), *Handbuch Mobilität und Gesellschaft*,
https://doi.org/10.1007/978-3-658-37557-7_11

nachhaltigere Verkehrsmittel für ihre Arbeitswege, Besorgungen und Freizeitaktivitäten nutzen, ohne dabei höhere Zeitkosten für ihre Alltagsmobilität als andere soziale Gruppen zu haben. Diese Ergebnisse unterstreichen die Notwendigkeit, sozial-räumliche Ungleichheiten zu bekämpfen, um einer breiteren Bevölkerung einen nachhaltigen Lebensstil zu ermöglichen.

Schlüsselwörter

Nachhaltigkeit · Alltagsmobilität · Sozialräumliche Ungleichheit · Bildung · Metropolregionen

1 Einleitung

Mobilität ist im Wandel. Angetrieben von der Wachstums- und Konsumlogik kapitalistischer Gesellschaften steigen Mobilitätsbedürfnisse kontinuierlich an (vgl. Rammler 2008). Zwischen 1991 und 2019 hat sich die Verkehrsleistung des Personenverkehrs um fast 34 % erhöht (vgl. Umweltbundesamt 2022a). Multilokales Wohnen, örtliche Ungebundenheit sowie globalisiertes Arbeiten und Wirtschaften bringen neue Lebensstile hervor, die die Bereitschaft erfordern, weite Strecken zurückzulegen und stets räumlich flexibel zu sein. Räumliche Mobilität folgt demnach der Logik des „immer schneller und weiter" (vgl. Canzler 2021). Die eigene Mobilität muss also stetig erhöht werden, um den Anschluss an gesellschaftliche Standards zu wahren (vgl. Rosa 2014). Problematisch ist dieses Mobilitätssystem, da es erhebliche Auswirkungen auf das Klima hat und zugleich soziale Ungleichheiten verstärkt. Durch die hohe Anzahl täglich zurückgelegter Kilometer und der Dominanz des motorisierten Individualverkehrs verursacht das Verkehrssystem 26 % aller CO_2-Emissionen in Europa (Statistisches Bundesamt 2022b). Alltagsmobilität steht außerdem an dritter Stelle der monatlichen Haushaltsausgaben (Statista 2020) und ist damit besonders für untere Einkommensschichten mit großen finanziellen Belastungen verbunden. Nicht alle sozialen Gruppen können sich hohe und potenziell steigende Mobilitätskosten, weder finanziell noch zeitlich, leisten. Eine Transformation des Mobilitätssystems, die nachhaltige Verkehrsmittel fördert und die Abhängigkeit vom motorisierten Individualverkehr verringert, muss daher umfassend ansetzen. Um Veränderungen mobiler Verhaltensweisen und Lebensstile zu bewirken, gilt es auch sozialräumliche Ungleichheit zu bekämpfen.

Die Frage, ob und wie sich unsere Gesellschaft weniger Verkehr leisten kann, stellt sich darum im Kontext sozialer Ungleichheitsforschung. Welche sozialen Gruppen können unter welchen Bedingungen zu einer umweltverträglicheren Alltagsmobilität übergehen? Inwiefern bleibt eine Transformation bestimmten Gruppen vorbehalten? Studien zeigen, dass insbesondere formal Höhergebildete sich bereits mit nachhaltigeren Mobilitätsformen im Alltag fortbewegen, wie beispielsweise dem Fahrrad (Hudde 2022). Darüber hinaus stimmen formal Höhergebildete öfter Nachhaltigkeitsmaßnahmen im Allgemeinen zu (El-Menouar und Unzicker 2021) und sind bereit, ihr Leben dementsprechend anzupassen. Dieser Beitrag will aufzeigen, inwiefern die sozialräumliche Position mitbestimmend für das individuelle Mobilitätsverhalten sein kann.

Im Folgenden werden wir den Forschungsstand zur sozialen Ungleichheit in der Mobilität darlegen, um aufzuzeigen, welche sozialen Gruppen sich unter welchen sozialräumlichen Bedingungen fortbewegen können. Im Anschluss zeigen wir anhand einer Analyse der Daten der Studie „Mobilität in Deutschland", dass insbesondere formal Höhergebildete in deutschen Metropolregionen aufgrund ihrer Position im Raum ein hohes Transformationspotenzial für eine nachhaltigere und langsamere Form der Mobilität mitbringen.

1.1 Forschungsstand

Mobilität ist eine soziale Praktik, die in sozial-räumliche Kontexte eingebettet ist. Somit bestimmt die räumliche und soziale Position mit, welche Mobilitätsoptionen jeder einzelnen Person zur Verfügung stehen. Studien zeigen, dass einkommensärmere Menschen sowie Frauen öfter öffentliche Verkehrsmittel (ÖV) nutzen, seltener ein Auto besitzen und insgesamt kürzere Wege zurücklegen (Do Carmo et al. 2017; Delclòs-Alió und Miralles-Guasch 2018). Die Gründe dafür sind vielschichtig. Einkommensärmere Menschen können sich oftmals aus finanziellen Gründen kein Auto leisten. Frauen hingegen haben aufgrund der ihnen von der Gesellschaft zugeschriebene Positionen eine kleinteiligere Wegestruktur, wodurch sie öfter mit dem ÖV fahren oder zu Fuß gehen (Women in Mobility 2021). Hinzu kommt, dass der öffentliche Nahverkehr insbesondere im Vergleich zum Auto oft langsamer ist und teilweise doppelt so lang für die gleiche Strecke braucht (Liao et al. 2020). Die häufigere Nutzung des öffentlichen Nahverkehrs von marginalisierten Bevölkerungsgruppen führt dazu, dass sie langsamer unterwegs sind und mehr Zeit in ihre Mobilität investieren müssen (Do Carmo et al. 2017). Das hat weitreichende Folgen. Der größere zeitliche Aufwand von unteren Einkommensgruppen für ihre Mobilität führt zu Zeitarmut (Turner und Grieco 2000). Da Zeit in kapitalistischen Gesellschaften eine wichtige Ressource ist, ist Zeitmangel ein Ungleichheits-relevanter Faktor und benachteiligt niedrigere Statusgruppen, die sich weniger schnell im Raum fortbewegen können (Mullens und Glorieux 2020).

Urbane Zentren können diesen Ungleichheiten entgegenwirken, da sie bessere Mobilitätsoptionen anbieten. Durch einen gut ausgebauten öffentlichen Nahverkehr und verringerte Mobilitätsbedürfnisse, da Arbeitsmöglichkeiten und andere Alltagsziele in kurzer Distanz zu erreichen sind, können sich unter anderem einkommensarme Menschen auch ohne Auto besser fortbewegen (Do Carmo et al. 2017, S. 45). In weniger zentralen Nachbarschaften oder ländlichen Gebieten hingegen gibt es oft keinen Zugang zum öffentlichen Verkehr oder zu geeigneter Radinfrastruktur, sodass man auf die Nutzung des Autos angewiesen ist, auch beschrieben als „forced car ownership" (Mattioli 2017). In einem autoabhängigen Transportsystem führt der Mangel eines privaten Pkw, sei es aus finanziellen oder anderen Gründen, ferner zu Mobilitätsarmut, also der eingeschränkten Möglichkeit sich fortbewegen zu können, was die Optionen zur sozialen Teilhabe maßgeblich einschränkt (Mattioli 2021).

Gentrifizierung führt dazu, dass einkommensarme Menschen aus den gut angebundenen Innenstadtlagen verdrängt werden und besonders häufig in weniger gut angebundenen Gebieten leben (Dohnke et al. 2012). Durch den Zuzug von höheren Statusgruppen und ansteigenden Mietpreisen sowie einer Aufwertung vieler innenstadtnaher Viertel können sich einkommensarme Menschen die Mietpreise und Lebenserhaltungskosten nicht mehr leisten. Meist müssen sie an den Stadtrand ziehen, wo die Verkehrsmitteloptionen eingeschränkter sind als in zentralen Innenstadtlagen (Hochstenbach und Musterd 2018). Diese Veränderungen der sozialen Komposition des Raumes wird in der Segregationsforschung genauer betrachtet. Dort wird die räumliche Verteilung von verschiedenen sozialen Gruppen untersucht. Man spricht dann von Segregation, wenn eine Gruppe in einem Gebiet überrepräsentiert und in anderen dafür unterrepräsentiert ist. Empirische Befunde für deutsche Kleinstädte zeigen, dass einkommensarme Menschen immer ungleicher im Raum verteilt wohnen. Zwischen 2005 und 2014 ist der Segregationsindex[1] von Personen mit Bezug von Leistungen nach dem Sozialgesetzbuch II (SGB-II Bezieher*innen) um 10,5 % gestiegen und befindet sich im Jahr 2014 auf einem Niveau von 26,6 % (vgl. Helbig und Jähnen 2019a S. 28). Das bedeutet, dass 26,6 % der SGB-II Bezieher*innen umziehen müssten, um eine räumlich gleiche Verteilung zu erreichen. Diese Tendenz hat sich in den letzten Jahren kontinuierlich verstärkt. Ferner sind die Nachbarschaften, die einen hohen Anteil an einkommensarmen Menschen aufweisen, mit einer schlechteren lokalen Infrastruktur ausgestattet. Sie leiden unter Gebäudeverfall sowie einer stärkeren Umweltverschmutzung und weiteren gesundheitlichen Belastungen (vgl. Farwick 2012). Studien zeigen, dass Stadtteile, in denen vermehrt einkommensarme Menschen wohnen, zusätzlich schlechter an den öffentlichen Nahverkehr angebunden sind. Die Bewohner*innen dort haben einen schlechteren Zugang zum Arbeitsmarkt und zu höheren Bildungseinrichtungen als diejenigen in Stadtteilen, in denen höhere Statusgruppen wohnen (Hernandez 2018; Siqueira-Gay et al. 2019). Daher kann sich die Wohngegend mitunter stärker auf das Mobilitätsverhalten auswirken als sozio-ökonomische Faktoren an sich (Lucas et al. 2018).

Demgegenüber wohnen höhere Statusgruppen, darunter insbesondere formal höhergebildete Menschen, zunehmend in den zentralen Innenstadtlagen beziehungsweise in den Metropolen und haben damit einen besseren Zugang zu den wichtigen Orten des Alltags wie Einkaufsmöglichkeiten oder gute Schulen (Lopez-Gay et al. 2020). Höhere Einkommensgruppen sind im Allgemeinen mobiler und bewegen sich mehr und schneller fort (vgl. Nobis und Kuhnimhof 2018, S. 27 ff.). Zudem hat die Corona-Pandemie gezeigt, dass höhere Statusgruppen in ihrer Mobilität flexibel sind und insofern bessere Voraussetzungen für eine gelingende Transformation mitbringen. So konnten die höheren Statusgruppen, die vor der Pandemie den öffentlichen Nahverkehr genutzt haben, auf andere Transportmittel wie das Fahrrad oder das Auto ausweichen, um trotz der Infektionslage mobil zu bleiben (Brough et al. 2021). Doch das Mobilitätsverhalten höherer Statusgruppen differenziert sich

[1] Der Segregationsindex (vgl. Duncan und Duncan 1955) wird berechnet, indem das zu untersuchende Gebiet in kleinere Teilräume untergliedert und die räumliche Verteilung bestimmter sozialer Gruppen über diese Teilgebiete hinweg untersucht wird. Der Index mit Werten zwischen 0 und 100 gibt den Grad der Ungleichverteilung an. Ein Wert von 100 bedeutet eine vollständige Ungleichverteilung, das heißt. die untersuchte Gruppe wohnt in nur einem der untersuchten Teilgebiete.

weiter aus. Während höhere Einkommensgruppen tendenziell das Auto bevorzugen, zeigen neue empirische Befunde, dass in Deutschland Personen mit höherer Bildung, unabhängig von ihrem Einkommen, vermehrt das Fahrrad als Verkehrsmittel wählen (Hudde 2022). Diese Erkenntnis ist von Bedeutung, da sie darauf hinweist, dass der Bildungsstatus eigenständige Auswirkungen auf die Wahl des Verkehrsmittels hat, die unabhängig von finanziellen Ressourcen sind. Formal Höhergebildete in deutschen Städten haben ihre Fahrradnutzung zwischen 1990 und 2018 verdoppelt, sie nutzen das Fahrrad zu zwei Dritteln häufiger als Menschen mit geringerer Bildung (ebenda). Das liegt unter anderem daran, dass in Städten die meisten Zielorte aufgrund kürzerer und gut ausgebauter Wege besser mit dem Fahrrad erreichbar sind (Schwanen et al. 2004). Das gilt vor allem tagsüber und in Zeiten hoher Verkehrsdichte. Auch eine Parkraumbewirtschaftung kann es unattraktiver machen, mit dem Auto zu fahren (Kirschner und Lanzendorf 2020). Menschen mit höherer formaler Bildung bewegen sich dort, wo die genannten Vor- und Nachteile zusammenkommen. Wenn sie also nachhaltigere Verkehrsmittel nutzen und sich weniger mit dem Auto fortbewegen, dann ist das die Gunst ihrer Wohnlage (und nicht zwingend ein im Zuge höherer Bildungsabschlüsse erworbenes höheres Nachhaltigkeitsbewusstsein).

Diese Befunde zeigen, dass soziale und räumliche Ungleichheiten auch Folgen für die Mobilitätsforschung haben. Raum, Zeit und Mobilität blieben in der Ungleichheitsforschung lange unbeachtet (Manderscheid 2009). Im Folgenden soll aufgezeigt werden, welche Möglichkeiten die Mobilitätsforschung hat, sich dem Thema sozial-räumlicher Ungleichheiten zu widmen. Anhand des Bildungsabschlusses wird gezeigt, welchen Einfluss Wohnverhältnisse auf das Transformationspotenzial hin zu einer klimafreundlicheren Form der Mobilität haben können.

2 Methode und Daten

Die vorliegende Analyse stützt sich auf die Daten der bundesweiten Erhebung „Mobilität in Deutschland“ (MiD) aus den Jahren 2002 und 2017, die im Auftrag des Bundesministeriums für Verkehr und digitale Infrastruktur (BMVI) durchgeführt wurden.[2] Diese Erhebung gilt als die größte und umfassendste Studie zum Mobilitätsverhalten und zur alltäglichen Verkehrsnutzung von deutschen Haushalten. Die Datenerhebung erfolgte mittels einer repräsentativen Personenstichprobe, bei der sowohl telefonische als auch schriftliche Interviews zum Einsatz kamen. Im Rahmen dieser Befragung wurden alle Teilnehmer*innen aufgefordert, ein Wegeprotokoll nach dem Stichtagsprinzip auszufüllen, um eine detaillierte und räumlich differenzierte Erfassung des Alltagsmobilitätsverhaltens zu ermöglichen.

Die vorliegende Stichprobe konzentriert sich auf die erwerbsfähige Bevölkerung zwischen 18 und 65 Jahren in Metropolregionen. Sie umfasst für das Jahr 2002 insgesamt 2646 Haushalte, 4902 Personen und 17.975 Wege. Für das Jahr 2017 sind

[2] Die Daten wurden von der Clearingstelle Verkehr zur Verfügung gestellt und umfassen die MiD-Basisstichprobe des Zeitreihendatensatzes ohne regionale Aufstockungen.

es 17.313 Haushalte, 29.618 Personen und 107.783 Wege. Um eine angemessene Repräsentativität zu gewährleisten, wurden die Daten anhand von Gewichtungsfaktoren in Bezug auf Bundesland, Erwerbsstatus, Bildungsstand, Haushaltsäquivalenzeinkommen und Alter adjustiert. Aufgrund dieser Gewichtungsfaktoren stellen die Ergebnisse eine repräsentative Abbildung der skizzierten Bevölkerungsgesamtheit dar. Zur statistischen Auswertung wurden multivariate lineare und logistische Mehrebenenregressionen verwendet.

Im Zeitraum zwischen den beiden Vergleichszeitpunkten der MiD-Erhebungen, 2002 und 2017, haben sich die sozio-demografischen Merkmale Deutschlands signifikant verändert. Dies betrifft unter anderem die Gesamtbevölkerung (+ 10 %), die Anzahl der Erwerbstätigen (+ 12 %) sowie die Gesamtanzahl der Haushalte (+ 8 %) (vgl. Bäumer et al. 2019, S. 10). Diese Veränderungen müssen bei jeder Längsschnittanalyse berücksichtigt werden, um eine angemessene Betrachtung der gesamtdeutschen Bevölkerung zu gewährleisten. Darüber hinaus ist anzumerken, dass sich der Anteil der Personen mit Hochschulabschluss von 20,78 % im Jahr 2002 auf 32,65 % im Jahr 2017 erhöht hat. Diese Veränderungen stehen im Zusammenhang mit einem allgemeinen Anstieg des Bildungsniveaus in Deutschland in den vergangenen Jahrzehnten (vgl. Statistisches Bundesamt 2022a).

Für die vorliegende Analyse konzentrieren wir uns ausschließlich auf Metropolregionen, da das Mobilitätsverhalten stark von unterschiedlichen Raumtypen abhängt. Eine räumlich differenzierte Analyse ist daher unverzichtbar. Zudem ist zu beachten, dass Menschen mit einem Hochschulabschluss überwiegend in Metropolregionen leben. Daher beschränken wir uns in unserer Betrachtung auf diese spezifischen Gebiete.

Die Tab. 1 zeigt die Auswahl der abhängigen Variablen, der Kontrollvariablen sowie die Operationalisierung der zentralen unabhängigen Variable des Bildungsstandes.[3] Alle abhängigen Variablen werden in jeweils getrennten Modellen für das Jahr 2002 und 2017 sowie getrennt für die jeweiligen Wegzwecke untersucht. Bei den Wegezwecken wird zwischen Wegen zur Arbeit, für Freizeitzwecke,[4] Erledigungen (bspw. Begleitung von Kindern oder Erwachsenen, andere Besorgungen) und Einkäufen unterschieden.

3 Ergebnisse

Die Analyse zeigt, dass der Bildungsabschluss im Jahr 2017 in allen Modellen für Fahrtdistanz, -zeit und -geschwindigkeit signifikante Unterschiede aufweist und sich der Einfluss des Bildungsstands auf das Mobilitätsverhalten im Zeitverlauf der

[3] Die drei abhängigen Variablen Kilometeranzahl, Zeitaufwand und Geschwindigkeit wurden logarithmiert, um eine Normalverteilung herzustellen und den Anstieg der Kilometer- sowie Minutenanzahl sinnvoll miteinander vergleichen zu können.

[4] Bei den Freizeitwegen sei erneut angemerkt, dass es sich bei dieser Analyse nur um die Alltagsmobilität handelt und dementsprechend Urlaubs- und Flugreisen nicht berücksichtigt wurden.

Tab. 1 Variablen

Wege
Fahrtstrecke in Kilometern
Fahrtzeit in Minuten
Fahrtgeschwindigkeit in Kilometer pro Stunde
Hauptverkehrsmittel
1. Auto
2. Fahrrad oder zu Fuß
3. Öffentlicher Nahverkehr (ÖV)
Personen
Bildungsstand
1. Kein Abschluss oder Hauptschulabschluss
2. Mittlere Reife
3. Abitur
4. Hochschulabschluss
Ökonomischer Status des Haushalts
1. Sehr niedrig
bis
5. Sehr hoch
Geschlecht (Männlich/Weiblich)
Alter (18–65)
Berufstätigkeit
Haushalt mit Kindern

Untersuchung erhöht hat.[5] Das bedeutet, dass, auch unabhängig vom Einkommen, der Bildungsabschluss einen entscheidenden Einfluss auf das Mobilitätsverhalten hat. Insbesondere die Gruppe der Menschen mit Hochschulabschluss weist signifikante Unterschiede hinsichtlich der täglich zurückgelegten Wege in Metropolregionen auf. Die zurückgelegte Fahrtdistanz, -zeit und -geschwindigkeit haben sich bei den formal Höhergebildeten in Metropolregionen zwischen 2002 und 2017 wie folgt entwickelt.

1. ***Kürzere Wege für Hochschulabsolvent*innen***

Die Abb. 1 zeigt, dass Menschen mit Hochschulabschluss im Vergleich zu Menschen mit niedrigeren Bildungsabschlüssen einen kürzeren Weg zu Freizeitaktivitäten, Einkaufsmöglichkeiten und Erledigungen haben. Dieser Unterschied der Wegelänge zwischen den verschiedenen Bildungsgruppen kommt vor allem dadurch zustande, dass sich die Wege der niedrigeren Bildungsgruppen im Zeitverlauf verlängern. Menschen mit Hochschulabschluss können ihre Wegelänge für Einkäufe und Freizeitaktivitäten zwischen 2002 und 2017 hingegen relativ konstant halten oder sogar verringern. Für diese Wegezwecke verzeichnen sie einen geringeren

[5] Die vollständigen Modelle werden auf Anfrage von den Autorinnen zur Verfügung gestellt.

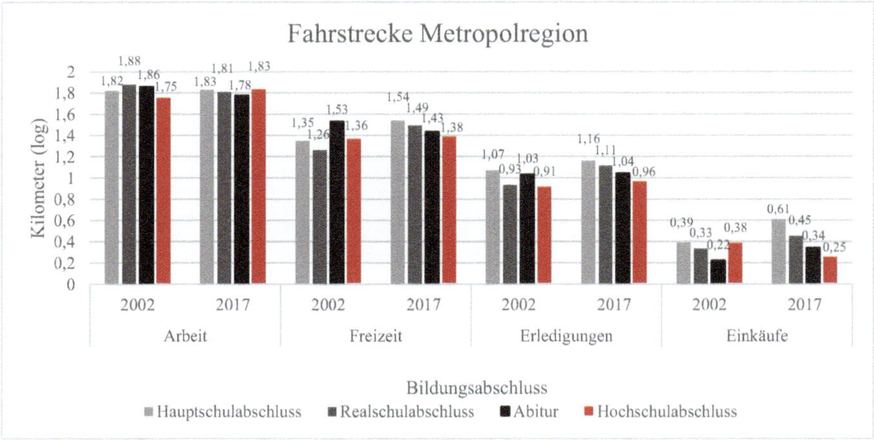

Abb. 1 Predictive Margins der Fahrtdistanz nach Wegezweck

Anstieg der Wegelänge als Personen mit niedrigeren Bildungsabschlüssen. Gleichzeitig konnten wir feststellen, dass dies nicht für die Arbeitswege der formal Höhergebildeten gilt. Dort weisen Hochschulabsolvent*innen keine signifikanten Unterschiede zu Personen mit niedrigeren Bildungsabschlüssen auf.

2. ***Mehr zu Fuß, mit dem Fahrrad und dem ÖPNV durch bessere Wohnortslage***

Formal Höhergebildete weisen im Vergleich zu anderen Bildungsgruppen eine geringere Nutzung des Autos auf. Auch im Vergleich zu anderen sozialen Gruppen, wie höheren Einkommensgruppen, fahren sie seltener mit dem Auto. Während bei Menschen mit hohem Einkommen kaum ein Unterschied zwischen den Jahren 2002 und 2017 hinsichtlich ihrer Autonutzung zu verzeichnen ist, fahren Menschen mit Hochschulabschluss im Jahr 2017 weitaus seltener mit dem Auto, was deutlich zeigt, dass die unterschiedliche Nutzungshäufigkeit des privaten Pkw ein bildungsspezifisches Phänomen ist. Weitaus häufiger bewegen sich Menschen mit Hochschulabschluss mit dem Fahrrad, dem öffentlichen Verkehr oder zu Fuß fort. Dieses Nutzungsverhalten gilt für alle Wegezwecke einschließlich Arbeitswege, die trotz der längeren Strecke häufiger mit dem Fahrrad oder dem öffentlichen Nahverkehr zurückgelegt werden.

3. ***Nachhaltigere und langsamere Mobilität ohne höhere Zeitkosten***

Außerdem zeigt sich, dass sich Hochschulabsolvent*innen im Vergleich zu den anderen Bildungsgruppen infolge ihrer nachhaltigeren Mobilitätswahl mit der geringsten Geschwindigkeit fortbewegen. Für die Arbeitswege bleibt ihre Geschwindigkeit zwischen 2002 und 2017 konstant und auch die Fahrtgeschwindigkeit der anderen Bildungsgruppen nähern sich diesem Niveau an. Für Freizeitzwecke sind

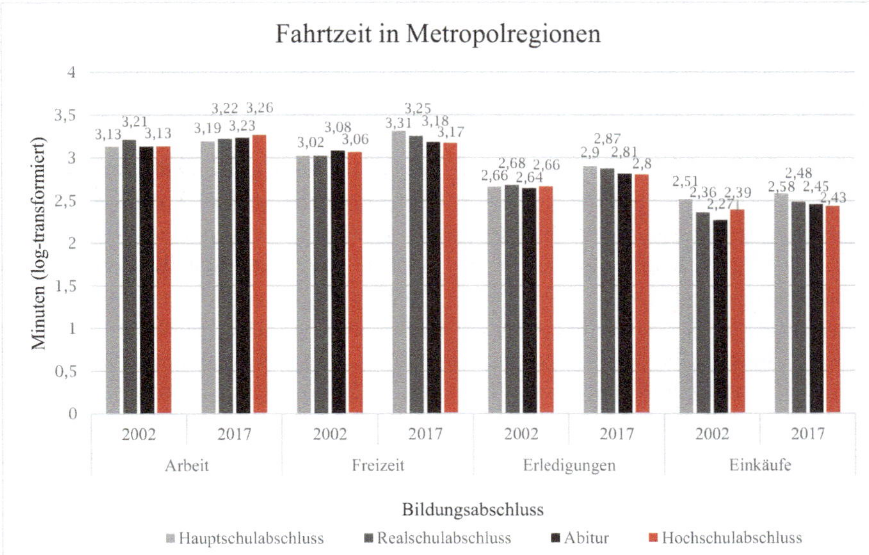

Abb. 2 Predictive Margins der Fahrtdauer nach Wegezweck

Hochschulabsolvent*innen im Jahr 2017 sogar langsamer unterwegs als im Jahr 2002. Ähnliche Entwicklung bei den Wegen zum Einkaufen und für Erledigungen zu beobachten. Insgesamt weisen Menschen mit Hochschulabschluss also die langsamste Alltagsmobilität auf.

Gleichzeitig müssen sie trotz ihrer langsameren Mobilität nicht mehr Zeit für ihre Wege aufwenden, da die Wegstrecken kürzer sind. Die Abb. 2 verdeutlicht die Fahrtzeit der unterschiedlichen Bildungsgruppen. Obwohl sich Menschen mit Hochschulabschluss mit nachhaltigeren Verkehrsmitteln am langsamsten bewegen, investieren sie nicht mehr Fahrtzeit für Freizeit, Erledigungen und Einkäufe.

Lediglich für die Arbeitswege müssen Menschen mit Hochschulabschluss etwas mehr Zeit aufwenden.

Insgesamt verdeutlichen unsere Ergebnisse, dass Menschen mit Hochschulabschluss eine langsamere und nachhaltigere Form der Mobilität haben, ohne dass ihnen höhere Zeitkosten entstehen. Da ihre Wege vergleichsweise kurz sind, können sie dadurch ihre langsamere Fortbewegung ausgleichen.

4 Der Wohnort bestimmt das Transformationspotenzial in der Alltagsmobilität mit

Vor dem Hintergrund zunehmender Wohnortsegregation und Gentrifizierung in deutschen Metropolregionen geben die kürzeren Wege und eine langsamere Fortbewegung einen Hinweis darauf, dass sich formal Höhergebildete anders im Raum positionieren (können): Räumlich nah an allen für die Alltagsbedürfnisse wichtigen Orten und Institutionen, wofür sie längere Arbeitswege in Kauf nehmen.[6] Die kurzen Wege für Erledigungen erlauben ihnen ferner, mehr Zeit und Ressourcen in ihren Arbeitsweg zu investieren, was ihnen zusätzliche Möglichkeiten in der Berufswahl eröffnet. Diese zentrumsnahe Wohnortwahl von Höhergebildeten erlaubt ihnen außerdem eine „entschleunigtere" (vgl. Rosa 2014) Form der Mobilität, die sich den modernen Zwängen des „schneller und weiter" entzieht. In Anlehnung an das „slow movement", aus der unter anderem das Konzept des „slow travel" (vgl. Oliveira 2020) stammt, ist es sowohl gesünder als auch ressourcenschonender, sich langsamer und weniger zu bewegen. Damit entsteht ein weiterer Vorteil.

Insgesamt lässt sich festhalten, dass das Transformationspotenzial der Mobilität von Höhergebildeten vor allem auf ihre Wohnortwahl zurückzuführen ist. Die strukturellen Voraussetzungen für Transformationsprozesse sind ausschlaggebend und müssten allen Menschen gleichermaßen zur Verfügung gestellt werden, um eine gesamtgesellschaftliche Transformation der Mobilität zu ermöglichen. Die Segregationsforschung zeigt allerdings, dass diese strukturellen Voraussetzungen nicht für alle vorhanden sind und sich räumliche Ungleichheiten zunehmend verschärfen. So können sich einkommensärmere Menschen seltener Wohnraum in den guten Innenstadtlagen leisten, um eine langsamere Form der Mobilität zu realisieren.

5 Fazit und Ausblick

Dieser Beitrag wirft einen Blick auf die Transformation der Mobilität, den nur die sozialwissenschaftliche Ungleichheitsforschung leisten kann. Die Voraussetzungen, um die eigene Mobilität nachhaltig verändern zu können, hängen eng mit sozialräumlichen Ungleichheiten zusammen. Mobilität ist keine Charaktereigenschaft von Individuen, sondern eingebettet in sozial-räumliche Kontexte. So ist die Wohnortwahl von formal Höhergebildeten entscheidend für ihre langsameren und kürzeren Wege. Ihre Wohnlagen erlauben es ihnen, sich mit nachhaltigen Verkehrsmitteln und langsamer fortzubewegen, ohne dabei einen höheren Zeitaufwand zu haben. Sie können sich eine nachhaltigere und langsamere Mobilität „leisten", da sie mutmaßlich näher an ihren Alltagszielen wohnen. Diese strukturellen Voraussetzungen sind ausschlaggebend für eine gelingende Transformation der Mobilität.

Basierend auf diesen Ergebnissen lassen sich folgende weiterführende Forschungsfragen formulieren, um den Zusammenhang von sozial-räumlichen Strukturen und Mobilität weiter zu untersuchen: Zum einen kann vermutet werden, dass durch den unterschiedlichen Zugang zu verschiedenen Mobilitätsformen Ungleichheiten in der Mobilität und im Raum weiter verschärft werden. Andere Studien haben bereits gezeigt, dass Menschen mit hohem ökonomischen Status während der

[6] Für Deutschland gibt es noch keine empirischen Arbeiten zur Wohnortssegregation von höher Gebildeten oder höheren Einkommen (vgl. Helbig und Jähnen 2019b), sodass dieser Zusammenhang nur eine Vermutung ist.

Pandemie überdurchschnittlich häufig im Homeoffice arbeiten (vgl. Knie et al. 2021, S. 25 ff.). Zugleich hat sich gezeigt, dass die Wege zur Arbeit besonders kilometer- und zeitintensiv sind. Wenn diese Strecken nun auch noch hinsichtlich der Fahrtstrecke und -dauer an einigen Tagen eingespart werden können, heißt das, dass sich formal Höhergebildete durch die Corona-Pandemie besonders gut positionieren beziehungsweise ihre Mobilitätszeitkosten noch weiter verringern konnten.

Zum zweiten stellt sich die Frage, inwiefern Menschen mit Hochschulabschluss ihre privilegierte Stellung im Raum nutzen können, um zusätzlich Emissionen einzusparen. Im Kontext des Klimawandels und der Einhaltung der Sektorziele müssen weitreichende Einsparungen der CO_2-Emissionen im Verkehrssystem erzielt werden (vgl. Umweltbundesamt 2022b). Dabei steht vor allem die Nutzung des privaten Automobils im Zentrum der Kritik, da bei der Nutzung sowie in seiner Herstellung viel CO_2 entsteht. Der hohe Flächenverbrauch des Autoverkehrs führt zudem zur Versiegelung von Böden. Es konnte gezeigt werden, dass formal Höhergebildete seltener das Auto und öfter das Fahrrad oder den öffentlichen Nahverkehr nutzen. Daher liegt die Vermutung nahe, dass auch ihre verkehrlichen CO_2-Emissionen relativ gering sind. Bezieht man jedoch den Flugverkehr und Urlaubsreisen mit ein, gibt es Hinweise aus der Erhebung der MiD aus dem Jahr 2008, dass Menschen der höchsten Bildungsgruppe neben hohen Einkommensgruppen den meisten CO_2-Ausstoß produzieren. Durch die Reisemobilität werden Einsparungen beim CO_2-Ausstoß in Folge der Alltagsmobilität von Hochgebildeten mehr als kompensiert.

Weiterführende Forschungsfragen ergeben sich daraus, dass die Transformationsbedingungen von Mobilität in komplexe sozial-räumliche Strukturen eingebettet sind. Es ist wichtig, die strukturellen Bedingungen für Transformationspotenziale besser zu verstehen, damit auch einkommensärmere Menschen am notwendigen Wandel unseres Mobilitätssystems teilhaben können.

Literatur

Bäumer, M., R. Follmer, T. Kuhnimhof, und C. Nobis. 2019. *Mobilität in Deutschland – Zeitreihenbericht 2002 – 2008 – 2017. Studie von infas, DLR, IVT und infas 360 im Auftrag des Bundesministeriums für Verkehr und digitale Infrastruktur.* Berlin: Bonn.

Brough, R., M. Freedman, und D.C. Phillips. 2021. Understanding socioeconomic disparities in travel behavior during the COVID-19 pandemic. *Journal of Regional Science* 61:753–774.

Canzler, W. 2021. *Datenreport 2021: Räumliche Mobilität: (noch) schneller und weiter* [Online]. Bundeszentrale für politische Bildung. https://www.bpb.de/kurz-knapp/zahlen-und-fakten/datenreport-2021/umwelt-energie-und-mobilitaet/330355/raeumliche-mobilitaet-noch-schneller-und-weiter/. Zugegriffen am 03.08.2022.

Delclòs-Alió, X., und C. Miralles-Guasch. 2018. A Relational perspective on everyday mobility in the Barcelona Metropolitan region: Individual and household-related differences in daily travel time. *Tijdschrift voor Economische en Sociale Geografie* 109:561–574.

Do Carmo, R.M., S. Santos, und D. Ferreira. 2017. 'Unequal Mobilities' in the Lisbon metropolitan area: Daily travel choices and private car use. *Finisterra-Revista Portuguesa De Geografia* 52:29–48.

Dohnke, J., A. Seidel-Schulze, und H. Häußermann. 2012. *Segregation, Konzentration, Polarisierung. Sozialräumliche Entwicklung in deutschen Städten 2007–2009*. Berlin: Deutsches Institut für Urbanistik.

Duncan, O.D., und B. Duncan. 1955. A methodological analysis of segregation indices. *American Sociological Review* 20(2): 210–217.

El-Menouar, Y., und K. Unzicker. 2021. *Klimawandel, Vielfalt, Gerechtigkeit. Wie Werthaltungen unsere Einstellungen zu gesellschaftlichen Zukunftsfragen bestimmen*. Gütersloh: Bertelsmann Stiftung.

Farwick, A. 2012. *Segregation*. Wiesbaden: VS Verlag für Sozialwissenschaften.

Helbig, M., und S. Jähnen. 2019a. *Wie brüchig ist die soziale Architektur unserer Städte? Trends und Analysen der Segregation in 74 deutschen Städten*. Berlin: WZB Discussion paper.

———. 2019b. Wo findet „Integration" statt? Die sozialräumliche Verteilung von Zuwanderern in den deutschen Städten zwischen 2014 und 2017. (Discussion Paper No. P 2019–003)

Hernandez, D. 2018. Uneven mobilities, uneven opportunities: Social distribution of public transport accessibility to jobs and education in Montevideo. *Journal of Transport Geography* 67:119–125.

Hochstenbach, C., und S. Musterd. 2018. Gentrification and the suburbanization of poverty: Changing urban geographies through boom and bust periods. *Urban Geography* 39:26–53.

Hudde, A. 2022. The unequal cycling boom in Germany. *Journal of Transport Geography* 98:103244.

Kirschner, F., und M. Lanzendorf. 2020. Support for innovative on-street parking policies: Empirical evidence from an urban neighborhood. *Journal of Transport Geography* 85:102726.

Knie, A., F. Zehl, und M. Schelewsky. 2021. *Mobilitätsreport 05. Ergebnisse aus Beobachtungen per repräsentativer Befragung und ergänzendem Mobilitätstracking bis Ende Juli*. Bonn/Berlin.

Liao, Y., J. Gil, R.H.M. Pereira, S. Yeh, und V. Verendel. 2020. Disparities in travel times between car and transit: Spatiotemporal patterns in cities. *Scientific Reports* 10:4056.

Lopez-Gay, A., A. Andujar-Llosa, und L. Salvati. 2020. Residential mobility, gentrification and neighborhood change in spanish cities: A post-crisis perspective. *Spatial Demography* 8:351–378.

Lucas, K., I. Philips, C. Mulley, und L. Ma. 2018. Is transport poverty socially or environmentally driven? Comparing the travel behaviours of two low-income populations living in central and peripheral locations in the same city. *Transportation Research Part A-Policy and Practice* 116:622–634.

Manderscheid, K. 2009. Integrating space and mobilities into the analysis of social inequality. *Distinktion: Scandinavian Journal of Social Theory* 10:7–27.

Mattioli, G. 2017. 'Forced Car Ownership' in the UK and Germany: Socio-spatial patterns and potential economic stress impacts. *Social Inclusion* 5:147–160.

———. 2021. Chapter Four – Transport poverty and car dependence: A European perspective. In *Advances in transport policy and planning*, Hrsg. R.H.M. Pereira und G. Boisjoly. United Kingdom: Academic Press.

Mullens, F., und I. Glorieux. 2020. Not enough time? Leisure and multiple dimensions of time wealth. *Leisure Sciences* 45:1–21.

Nobis, C., und T. Kuhnimhof. 2018. *Mobilität in Deutschland – MiD Ergebnisbericht. Studie von infas, DLR, IVT und infas 360 im Auftrag des Bundesministers für Verkehr und digitale Infrastruktur*. Bonn/Berlin.

Oliveira, C.S. 2020. My trip in my words: Subjectivities, time(s) and mobilities in slow travel blogs. *Time & Society* 29:223–255.

Rammler, S. 2008. The Wahlverwandtschaft of modernity and mobility. In *Tracing mobilities. Towards a cosmopolitan perspective*, Hrsg. W. Canzler, V. Kaufmann, und S. Kesselring. Aldershot: Ashgate.

Rosa, H. 2014. *Beschleunigung: die Veränderung der Zeitstrukturen in der Moderne*. Frankfurt a. M.: Suhrkamp.

Schwanen, T., M. Dijst, und F.M. Dieleman. 2004. Policies for urban form and their impact on travel: The Netherlands experience. *Urban Studies* 41:579–603.

Siqueira-Gay, J., M.A. Giannotti, und M. Sester 2019. Learning about spatial inequalities: Capturing the heterogeneity in the urban environment. *Journal of Cleaner Production* 237:117732.
Statista. 2020. *Durchschnittliche Höhe der Konsumausgaben je Haushalt[1] im Monat in Deutschland nach Verwendungszweck im Jahr 2020.* https://de.statista.com/statistik/daten/studie/164774/umfrage/konsumausgaben-private-haushalte/. Zugegriffen am 06.09.2022.
Statistisches Bundesamt. 2022a. *Anzahl der Studierenden an Hochschulen in Deutschland in den Wintersemestern von 2002/2003 bis 2021/2022.* https://de.statista.com/statistik/daten/studie/221/umfrage/anzahl-der-studenten-an-deutschen-hochschulen/. Zugegriffen am 02.08.2022.
———. 2022b. *Straßenverkehr: EU-weite CO_2 – Emissionen seit 1990 um 29 % gestiegen. Pkw verursachen den größten Anteil.* https://www.destatis.de/Europa/DE/Thema/Umwelt-Energie/CO2_Strassenverkehr.html. Zugegriffen am 06.09.2022.
Turner, J., und M. Grieco. 2000. Gender and time poverty: The neglected social policy implications of gendered time, transport and travel. *Time & Society* 9:129–136.
Umweltbundesamt. 2022a. *Fahrleistungen, Verkehrsleistung und „Modal Split".* https://www.umweltbundesamt.de/daten/verkehr/fahrleistungen-verkehrsaufwand-modal-split#anmerkung. Zugegriffen am 04.08.2022.
———. 2022b. *Klimaschutz im Verkehr.* https://www.umweltbundesamt.de/themen/verkehr-laerm/klimaschutz-im-verkehr#ziele. Zugegriffen am 17.10.2022.
Women in Mobility. 2021. *Female Mobility: 10 Fakten.* https://www.womeninmobility.org/femalemobility. Zugegriffen am 27.02.2024.

Die Konzeptualisierung von Mobilität in den Sozialwissenschaften

Vincent Kaufmann

Inhalt

Zusammenfassung

Das Konzept der Mobilität in den Sozialwissenschaften hat ein enormes Potenzial, wenn es gelingt, die räumliche, zeitliche und soziale Dimension des Phänomens in einem breiten und großzügigen Ansatz zu integrieren. Das sozialwissenschaftliche Mobilitätskonzept bietet einen ganzheitlichen Ansatz für die Analyse zeitgenössischer Gesellschaften. Es fungiert als Analyserahmen, der es ermöglicht, die Verflechtung verschiedener Mobilitätsformen zu untersuchen. Ein solcher Rahmen muss Bewegungen zwischen den verschiedenen Bereichen der Sozialwissenschaften sowie zwischen ihren unterschiedlichen Terrains und Themen erfassen können. So kann es gelingen, die großen Herausforderungen zu verstehen, mit denen moderne Gesellschaften konfrontiert sind, einschließlich des Klimawandels, der Globalisierung des Handels und des Anstiegs der Ungleichheiten.

Schlüsselwörter

Konzeptualisierung von Mobilität · Mobilitätswende · Motilität · Soziale Norm · Hypermobilität

V. Kaufmann (✉)
EPFL, Lausanne, Lausanne, Schweiz
E-Mail: vincent.kaufmann@epfl.ch

W. Canzler et al. (Hrsg.), *Handbuch Mobilität und Gesellschaft*,
https://doi.org/10.1007/978-3-658-37557-7_12

1 Einleitung

Die Mobilität nimmt in den Sozialwissenschaften seit langem eine paradoxe Stellung ein, indem sie einerseits zentraler Gegenstand der empirischen Forschung ist, andererseits jedoch aufgrund ihrer fragmentierten Betrachtung in spezifischen Disziplinen theoretisch am Rand steht. Im Folgenden wird für eine prioritäre Aufmerksamkeit der Sozialwissenschaften für das Phänomen der Mobilität aufgrund ihrer strukturierenden Rolle in den aktuellen Transformationen westlicher Gesellschaften plädiert.[1]

2 Eine kleine sozialwissenschaftliche Genealogie der Mobilität

Der Begriff „Mobilität" fand in den 1920er-Jahren durch die Forschungen der *Chicago School* (of Sociology) Eingang in die Terminologie der Sozialwissenschaften. Mobilität, sei es bezogen auf den eigenen Wohnsitz oder im alltäglichen Leben, wurde als integraler Bestandteil der städtischen Lebensweise angesehen. Die Chicago School untersuchte die subjektive Erfahrung der Stadt anhand sozialer oder beruflicher „Typen" oder „Figuren", wie beispielsweise der „Ausländer" oder der „Landstreicher", die alle auf das „bewegungsbegabte" Individuum verweisen (Grafmeyer und Joseph 1984). Jedoch „gleicht die Stadt eher einem Mosaik sozialer Welten, zwischen denen der Übergang abrupt erfolgt" (Wirth 1938, S. 4), wobei die herausragende Eigenschaft der am mobilsten agierenden Individuen darin besteht, diese sozialen Grenzen zu überschreiten. Die Originalität dieses Ansatzes liegt in der Betrachtung von Mobilität als Faktor der Desorganisation oder Störung eines Gleichgewichts, folglich als Träger des Wandels.

Parallel dazu entstand in den USA die Verkehrswissenschaft. Sie begründete eine neue Tradition der Analyse städtischer Mobilität, die sich ausschließlich auf die Bewegungen im geografischen Raum konzentrierte und sich rasch von den soziologisch geprägten Mobilitätskonzepten der Chicagoer Forscher abgrenzte. Das Aufkommen der Verkehrswissenschaft korrelierte mit der zunehmenden Individualisierung des motorisierten Verkehrs, die in den 1910er- und 1920er-Jahren in den Vereinigten Staaten begann und sich nach dem Zweiten Weltkrieg in Europa fortsetzte. Die Verkehrswissenschaft wurde in der Gesellschaft unverzichtbar, als die Verkehrsströme erheblich anwuchsen und eine dringende Notwendigkeit zur Regulierung bestand. Sie legte den Grundstein für Instrumente und Modelle zur Simulation von Verkehrsströmen, wie sie heute auch in der Verkehrswirtschaft eingesetzt werden.

Zu Beginn des Zweiten Weltkriegs war das Forschungsfeld der Mobilität bereits in zwei Strömungen geteilt: die soziologische Forschung, die Mobilität hauptsäch-

[1] Dieses Kapitel greift Argumente auf, die zuvor in den folgenden Veröffentlichungen entwickelt wurden: Kaufmann und Audikana 2020 und Kaufmann 2021.

lich als Mittel des sozialen Wandels definierte, und die Verkehrswissenschaft, die sie als Bewegung im Raum betrachtete. Seit der Nachkriegszeit haben sich geografische Ansätze zur Mobilität entwickelt, die sich auf vier Dimensionen der räumlichen Mobilität konzentrieren: Alltagsmobilität, Reisen, Wohnmobilität und Migration. Diese werden nach ihrer Dauer (lang- oder kurzfristig) und dem geografischen Bereich, in dem sie stattfinden (innerhalb oder außerhalb des Wohngebiets), unterschieden. Jede dieser vier Dimensionen ist Gegenstand einer umfangreichen Literatur und entwickelt ihre eigenen Konzepte, Arenen und Begutachtungsverfahren, was sie zu eigenen Forschungsfeldern macht.

Das Konzept der Mobilität vereint alle vier Bereiche, in dem Sinne, dass es sich um eine Bewegung zwischen einem Ausgangspunkt und einem Ziel handelt. Dieser Ansatz impliziert eine Definition von Mobilität als Raumüberwindung und verknüpft sie mit einer Definition als Veränderung. Es postuliert eine Verbindung dieser beiden Phänomene.

Die Unterteilung der Analyse der räumlichen Mobilität in vier Bereiche hat zu bedeutenden wissenschaftlichen Fortschritten geführt. Aufgrund der Autonomie der einzelnen Forschungsbereiche war es jedoch nicht möglich, alle ihre Verbindungen zu behandeln. Ein transdisziplinäres Instrument aus der Mobilitätsforschung ist die „Zahavi-Vermutung", die als Mechanismus zur Regulierung der Alltagsmobilität fungiert und zahlreiche Forschungsprojekte inspiriert hat. Die „Zahavi-Vermutung" postuliert, dass die Alltagsmobilität eine Funktion der Reisegeschwindigkeit über ein Zeitbudget von durchschnittlich etwa einer Stunde ist (Zahavi und Talvitie 1980), und dass diese Durchschnittszeit in Zeit und Raum stabil ist. Obwohl die „Zahavi-Vermutung" wortwörtlich nie verifiziert werden kann, zeigt sie dennoch einen anregenden Mechanismus für die Beziehung zwischen Reisedauer, Raumüberwindung und Reisegeschwindigkeit auf. Dies hat dazu geführt, dass sie in verschiedenen Disziplinen, insbesondere in der Stadt- und Regionalplanung, wohlwollend aufgegriffen wird und auch Anwendung findet.

Seit Anfang der wird 2000er-Jahre wurden zahlreiche Überlegungen zur Mobilität im Rahmen des Konzepts „Mobilitätswende" angestellt. Diese Überlegungen zielen darauf ab, eine integrierte Definition des Phänomens zu entwickeln, um ein umfassendes Verständnis zu erlangen. Dabei geht es um das theoretische Verständnis der Mobilität (Cresswell 2006; Urry 2007), die Erfahrung von Mobilität (Merriman 2012), die Rolle von Mobilität bei der Formung des modernen Individuums (Kellerman 2006) sowie ihre historische Entwicklung. In diesen Arbeiten wird hervorgehoben, dass die Durchquerung des geophysikalischen Raums in der Regel ein Mittel zum Zweck ist und nicht der eigentliche Zweck. Daher ist es von entscheidender Bedeutung, die Art dieses Zwecks zu untersuchen, um die treibenden Kräfte und Motivationen der Mobilität zu verstehen. In ihrem Buch „*Mobilité spatiale*" legen Michel Bassand und Marie-Claude Brulhardt (1980) die Grundlagen für einen solchen Ansatz. Sie betrachten Mobilität als eine umfassende soziale Realität im Sinne von Marcel Mauss (Kasuga 2010), d. h. als ein Phänomen, das Einblicke in die verschiedenen Facetten sozialer Beziehungen einer Gesellschaft bietet. In dieser Perspektive definieren Bassand und Brulhardt Mobilität als sämtliche Bewegungen, die mit einer Zustandsveränderung des betrachteten Akteurs oder Systems einhergehen. Durch diese Definition erhält Mobilität eine doppelte räumliche und soziale Qualität, die sie reicher macht als rein räumliche Ansätze.

3 Drei Dimensionen der Mobilität

Ein integrativer Ansatz zur Mobilität ermöglicht es, sich mit ihren verschiedenen Facetten auseinanderzusetzen, insbesondere mit dreien davon: Mobilität (1) als sozialräumliches Phänomen, (2) als analytischer Indikator und schließlich (3) als soziale Norm. Diese drei Facetten des Mobilitätskonzepts sind sowohl spezifisch als auch komplementär.

Diese Dimensionen werden nun nacheinander genauer betrachtet, beginnend mit der Mobilität von Personen, die zudem erweitert wird, um die Mobilität von materiellen und immateriellen Gegenständen sowie von Kapital zu beschreiben.

3.1 Mobilität als sozialräumliches Phänomen

„Mobil sein" bezieht sich sowohl auf die Fähigkeit, sich im Raum zu bewegen und den Standort zu wechseln, als auch darauf, sich während der Bewegung zu verändern. Diese beiden Fähigkeiten sind eng miteinander verbunden (Mincke und Kaufmann 2017). In modernen Gesellschaften, die durch die Globalisierung des Handels gekennzeichnet sind, wird Mobilität häufig als wichtige Voraussetzung für soziale Integration dargestellt, insbesondere im Hinblick auf den Zugang zu Arbeitsplätzen und Karrieren. Zum Beispiel kann eine berufliche Aufstiegsmobilität innerhalb eines Unternehmens, die mit einem höheren Einkommen verbunden ist, die Wahl des Urlaubsziels und generell die Freizeitmobilität beeinflussen. Ein weiteres Beispiel ist der Wechsel des Arbeitsplatzes und damit des Arbeitsortes, was sich wiederum auf die Mobilitätsmuster auswirkt (längere/kürzere tägliche Wege, berufsbedingte Fahrten, bevorzugte Verkehrsmittel).

In den 1980er-Jahren begannen Autor:innen die Tatsache hervorzuheben, dass die räumliche Mobilität für Berufsbiografien zunehmend an Bedeutung gewinnt. Manuel Castells (1996) und später Zygmunt Bauman (2000) stellten fest, dass das Ausmaß der Verbindung eines Individuums mit der lokalen Welt, in der es lebt, je nach seinem beruflichen Status variiert und ein wesentliches Merkmal seines Potenzials für soziale Mobilität darstellt. Michel Bassand und Marie-Claude Brulhardt (1980) zeigen, dass der berufliche Aufstieg je nach Herkunftsgebiet (zentral oder peripher) eine spezifische räumliche Mobilität erfordert. Gil Viry und seine Kolleg:innen (Viry und Kaufmann 2015) gehen noch weiter und stellen fest, dass es im Rahmen des Wettbewerbs auf dem Arbeitsmarkt ein Gebot zur räumlichen Mobilität gibt. In jüngerer Zeit werden verstärkt sowohl soziale Ungleichheiten beim Zugang zur Transportgeschwindigkeit als auch die Folgen für individuelle Lebensrhythmen problematisiert, die sich aus der Norm der Mobilität ergeben (Drevon 2019; Mincke und Montulet 2019).

3.2 Mobilität als Indikator

Die zweite Dimension der Mobilität kann als analytischer Indikator zur Messung der sozialen Realität betrachtet werden. In diesem Zusammenhang kann die Erfassung von Mobilität beispielsweise dazu dienen, die Dynamik innerhalb von Familien zu verstehen. Sie kann auch dazu beitragen, den chronischen Zeitdruck zu erkennen, dem insbesondere Frauen mit kleinen Kindern ausgesetzt sind, sowie die täglichen Herausforderungen bei der Vereinbarkeit von Familie, Gesellschaft und Beruf aufzuzeigen.

Die Betrachtung von Mobilität als analytischer Indikator umfasst drei Aspekte (Kaufmann 2011):

- Das Feld der Möglichkeiten: Jedes Umfeld bietet spezifische Möglichkeiten sich zu bewegen, die durch das Vorhandensein oder Fehlen bestimmter Netzwerke und Infrastrukturen geprägt sind. Diese sind von Institutionen und Gesetzen definiert und werden auch von wirtschaftlichen Möglichkeiten und der lokalen Dynamik beeinflusst.
- Motilität, definiert als die Fähigkeit, sich zu bewegen: Jeder Einzelne oder Akteur zeichnet sich durch die Fähigkeit aus, das Feld der Möglichkeiten zu nutzen. Ihre Beweglichkeit ermöglicht es ihnen, die Potenziale zu nutzen, die ein bestimmter wirtschaftlicher oder sozialer Kontext bietet.
- Bewegung als Fortbewegen im Raum: Es bezieht sich auf die Bewegung von Objekten oder Personen im Raum – oder präziser beschrieben: auf das, was in der Nähe ist, was verbunden ist und was sich bewegt.

Diese drei Dimensionen zusammen ergeben das Konzept der Mobilität. Es ist jedoch wichtig, nicht von einer festen Verbindung zwischen ihnen auszugehen: Ein breites Spektrum an Möglichkeiten bedeutet nicht zwangsläufig ein bestimmtes Ausmaß ihrer Nutzung. Ebenso kann ein hohes Maß an Motilität in einer Bevölkerung damit einhergehen, dass die Menschen eher in ihrem Gebiet verankert sind, anstatt sich zu verändern. Motilität kann auch latent bleiben und nicht aktiviert werden. Eine Bevölkerung, die viel reist, muss nicht unbedingt vielfältige Reiseoptionen auch verwirklichen.

Eine empirische Analyse der Mobilität als analytischer Indikator betont einen wichtigen Punkt: Die moderne Welt ist durch eine zunehmende reversible Mobilität gekennzeichnet (Viry und Kaufmann 2015). Reversible Mobilitäten sind Hin- und Rückreisen über große Entfernungen in kurzer Zeit. Dies steht im Gegensatz zu irreversiblen Mobilitäten, bei denen eine Rückkehr entweder nicht unmittelbar oder überhaupt nicht vorgesehen ist. Ein Beispiel für irreversible Mobilitäten ist die Migration. Obwohl Reversibilität und Irreversibilität als idealtypische Konzepte betrachtet werden können, da Mobilitätsformen nie rein reversibel oder irreversibel sind, stellen sie die beiden Extreme eines Kontinuums dar, das die verschiedenen Mobilitätspraktiken umfasst.

Zu den sehr schwer umkehrbaren Formen der Mobilität gehören spezifische Arten von internationaler Migration. Diese ist fast zwangsläufig mit Veränderungen verbunden – kulturell, sprachlich, institutionell usw. –, die nicht einfach rückgängig gemacht werden können. Eine erzwungene residenzielle Mobilität wie die Einlieferung in ein Gefängnis gehört zu einem anderen Bereich der unumkehrbaren Mobilität für den Gefangenen (Mincke und Montulet 2019). Die Verurteilung zu einer Haftstrafe prägt zweifellos die Identität eines Menschen, nicht zuletzt, weil Vorstrafen ihn für den Rest seines Lebens begleiten. Irreversible Mobilitätsformen werden jedoch nicht zwangsläufig als Beschränkung empfunden. Während die Unumkehrbarkeit eine deutliche Veränderung des Kontextes und der Identität des Einzelnen bedeutet, können diese Veränderungen auch als Entdeckungsreise oder bewusste Neuausrichtung erlebt und genossen werden.

Reversible Mobilität hingegen ist eine soziale Erfahrung, die leichter unterbrochen werden kann und das Leben des Einzelnen nur wenig verändert, jedoch selbst auch schwer zu ändern ist. Die meisten reversiblen Mobilitäten sind repetitiv und routinemäßig und fallen in die Kategorie der „Nicht-Ereignisse". Pendeln und Geschäftsreisen sind gute Beispiele für alltägliche Formen der beruflichen Mobilität. Man sollte also nicht davon ausgehen, dass diese Formen reversibler Mobilität keine Auswirkungen auf die Identität haben, nur weil eine Person jeden Tag zur Arbeit pendelt und sich nicht an die Details jeder Reise erinnert oder weil jemand, der oder die im internationalen Beratungsgeschäft oft lange Geschäftsreisen unternimmt, Einzelheiten der Tripps kaum rekapitulieren kann. Im Gegenteil strukturiert der repetitive Charakter der Bewegung oft die Identität des Einzelnen, sowohl für ihn selbst als auch für externe Beobachter:innen (Familie, Freund:innen, Kolleg:innen usw.). Andererseits ändert sich das Leben der betroffenen Personen wenig, wenn diese Routine aufhört, zumindest weniger als in Fällen irreversibler Mobilität.

In der Forschung helfen die Konzepte der Reversibilität und Irreversibilität, verschiedene Phänomene der Mobilität und der Verkehrspolitik besser zu verstehen (Ravalet et al. 2015):

- Reversible Mobilität scheint in der aktuellen Verkehrs- und Mobilitätspolitik einen hohen Stellenwert zu haben. Zum Beispiel hat sich die europäische Politik bislang darauf konzentriert, reversible Mobilität zu fördern, indem sie große Infrastrukturprojekte wie ein europaweites Netzwerk von Hochgeschwindigkeitszügen und Autobahnen sowie Investitionen in Flughafendrehkreuze vorantreibt. In der vorherrschenden Vorstellung wird Mobilität mit der Förderung von Reversibilität gleichgesetzt.
- Die Vorstellung von Umkehrbarkeit wird jedoch nicht von allen geteilt, wie der wachsende Wunsch nach Entschleunigung und nach einem stärker lokal verankerten Leben zeigt. Einige nehmen in Kauf, sich zu trennen oder gar zu entwurzeln, um an anderer Stelle wieder Fuß zu fassen. Die Folge sind neue Mobilitätsmuster, die wiederum in der Tendenz irreversibel sind. Ein Beispiel hierfür sind Menschen, die sich entscheiden umzuziehen, anstatt lange Pendelfahrten auf sich zu nehmen, um einen Arbeitsplatz weit weg von ihrem Zuhause zu erreichen. Sie empfinden den Lebensstil, der von schnellen, häufigen und langen Pendelfahrten geprägt ist, als stressig und möchten diesen Stress vermeiden.

- Mit dem Konzept der Reversibilität lassen sich schließlich auch Ungleichheiten in der Mobilität erklären, insbesondere die Ungleichheit, die mit dem Zugang zu verschiedenen technischen Systemen wie schnellem Transport und Fernkommunikation sowie mit dem Besitz bestimmter Fähigkeiten verbunden ist. Tatsächlich ist das Potenzial zur Reversibilität der Akteure ein geeigneter Indikator für Ungleichheiten in der Mobilität. In der Forschung zum Zugang zur Beschäftigung stößt man beispielsweise häufig auf Situationen, in denen eine Person auf die Aufnahme eines Arbeitsplatzes verzichten muss, weil sie keinen Zugang zu einem Auto hat, weil ein Führerschein oder ein verfügbares Fahrzeug fehlen oder eine mögliche Bahnverbindung aus Zeit- oder Kostengründen ausscheidet (siehe Vincent-Geslin et al. 2016).

3.3 Mobilität als soziale Norm

Die dritte Dimension besteht darin, dass Mobilität in den gegenwärtigen westlichen Gesellschaften zu einer starken sozialen Norm geworden ist (Mincke und Montulet 2019), insbesondere basierend auf einer Vorstellung, die schnelles Reisen und Fernreisen – und generell reversible Mobilität – mit dem Prozess der Demokratisierung von Mobilität verknüpft. Die Möglichkeit, große Entfernungen mit hoher Geschwindigkeit zurückzulegen, erlaube es, gewünschte Kontakte ohne räumliche oder zeitliche Barrieren zu knüpfen. Damit ist die Suggestion verbunden, dass diejenigen, die am ehesten bereit sind, sich einer Logik uneingeschränkter Flexibilität anzupassen, die begehrtesten sozialen Positionen einnehmen. Zu dieser Ideologie gehört die Annahme, dass Mobilität im physischen Raum eine gerechte Verteilung der Individuen innerhalb der Gesellschaft begünstigt. Es wird also angenommen, dass die Förderung der räumlichen Zugänglichkeit ausreicht, um soziale Gleichheit zu schaffen. In dieser Perspektive wird die signifikante Entwicklung der reversiblen, schnellen und weiträumigen Mobilität, die die globalen Gesellschaften derzeit erleben, als ein klares Indiz für eine Entwicklung hin zu einer gerechteren Welt bewertet.

Das Aufkommen der reversiblen Mobilität verdeutlicht, dass in den heutigen Gesellschaften bestimmte Mobilitätsformen allmählich zu einer Norm geworden sind, zu einer Vorschrift, der sich der oder die Einzelne unterwerfen muss. Schnelles, häufiges und weites Reisen wird somit als anzustrebende Form des Reisens betrachtet. Dieses Gebot erstreckt sich zwar auf alle Bereiche, aber es ist besonders stark in der Arbeitswelt ausgeprägt. Es ist erforderlich, schnell, oft und weit zu reisen, um einen Arbeitsplatz zu erhalten und zu behalten oder den Arbeitsplatz zu wechseln, Ziel müsse es seine, internationale Arbeitserfahrungen zu sammeln (Le Breton 2005). Mit anderen Worten: die soziale Norm, reversible Mobilität zu praktizieren, hat sich zu einem Imperativ entwickelt.

In der Arbeitswelt hat dieser Imperativ zu einem Anstieg der Reisen geführt (Pendeln, berufsbedingte Reisen, Besuche bei Kunden oder Kollegen usw.). Aufgrund der steigenden Geschwindigkeit der Verkehrsmittel und flexibler Arbeitszeiten in bestimmten Berufen sowie der Wahl des Wohnorts, die nicht selten zu langen Fahrtzeiten von 2–3 h pro Tag führt, wird der Pendelverkehr immer weiter ausgedehnt. Geschäftsreisen nehmen zu, diese Reisen beschränken sich nicht nur auf das Topmanagement und die Vertriebsmitarbeiter:innen, sie werden in großen Unternehmen verstärkt auch vom mittleren Management erwartet.

Zugleich sind mehr Arbeitsplätze entstanden, die keinen festen Ort haben und daher strukturell mobil sind (Dubois et al. 2021). Mit dem explosionsartigen Wachstum des Straßenverkehrs- und Logistiksektors, einschließlich viel mehr Fahrer:innen und Lieferpersonal, nimmt die Anzahl mobiler Arbeitsplätze zu. Diese Kategorie mobiler Arbeitsplätze umfasst nicht nur „mobile Arbeitnehmer:innen", die beispielsweise auf Jahrmärkten arbeiten und in anderen Branchen saisonabhängig beschäftigt sind, sondern auch Arbeitnehmer:innen in permanenten Beschäftigungsverhältnissen.

So wird die „Hypermobilität" derjenigen zur Norm, die für ihre Arbeit schnell, weit und oft umziehen: Jede:r zweite Arbeitnehmer:in in Europa muss diesen Lebensstil irgendwann in der Karriere akzeptieren (Ravalet et al. 2015). Studien zur beruflichen Mobilität zeigen, dass eine hohe Bereitschaft zur Mobilität und entsprechende Praktiken helfen können, einen Arbeitsplatz zu finden oder zu behalten: 80 % der hochmobilen spanischen Arbeitnehmer:innen, die im Rahmen eines europäischen Forschungsprojekt 2012 nach der Krise 2008 befragt wurden, gaben an, dass die hohe Mobilitätsbereitschaft entscheidend dafür war, ihren Arbeitsplatz zu behalten oder einen neuen besetzen zu können (ebda.).

4 Die Förderung der reversiblen Mobilität und ihre Folgen

Die verschiedenen vorgestellten Dimensionen des Begriffs Mobilität verdeutlichen seine Plastizität und seine Rolle als eines der grundlegenden Handlungsweisen in modernen Gesellschaften. Ein klassisches und berühmtes Beispiel ist die Figur des kreativen Neo-Nomaden, der in der Digital- oder Designbranche arbeitet und von einem Flughafen zum nächsten reist. Diese Entwicklungen deuten eindeutig auf einen Paradigmenwechsel hin: Mobilität, einst mit Bewegungsfreiheit verbunden, wird zunehmend als Verpflichtung und soziale Norm betrachtet, die mit Reversibilität einhergeht, und an die es sich anzupassen gilt.

Tim Cresswell (2006) hat sich ausführlich mit der Frage der Mobilität als Norm beschäftigt. Er betrachtet Mobilität als ein soziales Konstrukt, das als Verflechtung von physischen Bewegungen, Bedeutungen und Praktiken in einem Machtkontext verstanden werden muss. In seiner Arbeit zeigt er, dass die Bilder, Erzählungen und Werte, die mit Reisen und Bewegung verbunden sind, mit Bezug zu den Raum- und Zeitvorstellungen einer bestimmten Gesellschaft variieren. Im 19. Jahrhundert wurde die Mobilität der Arbeiter:innen als gefährlich und als potenzielle Quelle öffentlicher Unruhen angesehen. Daher wurde versucht, sie zu kontrollieren. Heutzutage hingegen wird die Bewegungsfreiheit der Arbeitnehmer:innen innerhalb der EU hoch geschätzt. Gleichzeitig wird jedoch innerhalb einer Gesellschaft der Freizügigkeit ein unterschiedlicher Stellenwert beigemessen. Während die Mobilität von

Webnomaden hoch angesehen ist, wird die Mobilität von Einwanderern gefürchtet, was sich in Metaphern wie „Überschwemmung" oder „Überflutung" zeigt.

Trotz aller Mobilitätssteigerungen sehen wir keine ungehinderten Ströme, wie von Manuel Castells (1996) behauptet wurde. Im Gegenteil, in der Welt der Mobilität gibt es ständige Reibungen und Turbulenzen. Laut Castells sind diese Turbulenzen kein Resultat des Scheiterns der technischen Mobilitätssysteme, sondern eine inhärente und unvorhersehbare Dimension der Mobilität, die sich auf Tempo, Geschwindigkeit und Routenwahl auswirkt. Die nicht zuletzt aus der Beschleunigung entstehenden Turbulenzen betreffen das tägliche Leben der Menschen, indem sie sie unter kontinuierlichen Druck setzt und in einen Zustand chronischen Stresses versetzt. Dabei spielen auch Einkommensunterschiede bei der Abschwächung (oder Nichtabschwächung) der Auswirkungen dieser Turbulenzen eine bedeutende Rolle. Zum Beispiel kann die Möglichkeit, ein Taxi zu nehmen, wenn öffentliche Verkehrsmittel ausfallen, oder einen Babysitter zu engagieren, um Kinder von der Schule abzuholen, einen erheblichen Unterschied in der individuellen Lebensqualität ausmachen.

5 Motilität als Kapital

Die Ausweitung unserer Mobilität und die allmähliche Normalisierung reversibler Mobilität sind Teil eines umfassenden gesellschaftlichen Wandels. Mobilität ist zu einem entscheidenden Faktor für wirtschaftliche und soziale Integration geworden, insbesondere die Fähigkeit zur Bewegung, die als Motilität bezeichnet wird.

Die Beweglichkeit, wie in Abschnitt 3,2 kurz erwähnt, kann als das Gesamtbild der Eigenschaften definiert werden, die es einem Akteur ermöglichen, mobil zu sein oder nicht und in welchem Ausmaß. Sie umfasst daher: (1) die sozialen Zugangsbedingungen, das heißt die Bedingungen, unter denen Akteure das Verkehrsangebot im weiteren Sinne nutzen können, (2) die Kenntnisse und Fähigkeiten, die zur Nutzung des Verkehrsangebots erforderlich sind, und (3) die Einstellungen und Ansprüche gegenüber der Mobilität. Das Konzept der Motilität wurde in den letzten zwei Jahrzehnten in der Literatur ausführlich diskutiert (Kesselring 2006; Söderström und Crot 2010; Jensen 2006; Nowicka 2006; Sheller 2011; Merriman 2012).

In einer Welt, die durch die Norm reversibler Mobilitäten geprägt ist, ist Mobilität zu einer essenziellen Ressource geworden, zu einer Art „Kapital" für sich. Durch die Unterscheidung verschiedener Kapitalformen – ökonomisch, kulturell und sozial – illustriert Bourdieu (1986) die zahlreichen Mechanismen, die die ungleiche Verteilung von Ressourcen und ihre soziale Reproduktion regeln. Während er die zentrale Rolle des ökonomischen Kapitals in der Dynamik der sozialen Strukturierung anerkennt, ermöglicht es die Betrachtung der komplementären Kapitalformen, dem „Ökonomismus" zu widerstehen, ohne die „spezifische Effizienz" des ökonomischen Kapitals zu ignorieren. Bourdieus Analyse bietet somit ein genaues und umfassendes Verständnis dafür, wie verschiedene Kapitalarten akkumulieren und verschmelzen können, indem sie aufzeigt, dass letztlich alle Kapitalformen auch in ökonomisches Kapital umgewandelt werden können.

Dieses „Kapital" übersteigt jedoch die bloße Kombination aus Einkommen (ökonomisches Kapital), Bildung (kulturelles Kapital) und sozialen Netzen (soziales Kapital). Bis in die 1970er-Jahre hinein beruhte der berufliche Werdegang auf den traditionellen Formen des wirtschaftlichen, kulturellen und sozialen Kapitals. Heutzutage beinhaltet eine Karriere auch die Fähigkeit, mit dem Raum zu interagieren und ihn zu beherrschen, insbesondere in Form von Beweglichkeit. Die Beweglichkeit scheint den Menschen dabei zu helfen, andere Arten von Kapital zu aktivieren und somit als „dynamisches Relais" zu fungieren. In vielen Bereichen ist es unabdingbar geworden, berufliche Erfahrungen im Ausland zu sammeln. Für Menschen mit beruflichen Ambitionen sind Erfolg und Motilität wie die Planung und Durchführung der Reisen selbst untrennbar miteinander verbunden.

Die grundlegende Frage ist daher, unter welchen Bedingungen und mit welchen Mitteln die Mobilität zum allgemeinen Prozess der Kapitalisierung beiträgt und langfristig die Dynamik der sozialen Integration oder des Ausschlusses begünstigt. Bourdieu (1993) selbst führt die Frage der Mobilität als charakteristischen Faktor im Akkumulationsprozess ein, indem er feststellt, dass die Nutzung von Gütern und Dienstleistungen, die in einem bestimmten Raum verteilt werden, sowohl vom Kapital der Akteure als auch von der „physischen Entfernung zu diesen Gütern" abhängt (ebd.: 161). Er betont auch die zeitliche Dimension, indem er darauf hinweist, dass aufgrund der physischen Entfernungen „die Macht, die das Kapital in seinen verschiedenen Formen dem Raum verleiht, auch … eine Macht in der Zeit ist" (ebd.: 164). Diese Analysen, die den Zusammenhang zwischen den „Strukturen des sozialen Raums" und den „Strukturen des physischen Raums" zu klären versuchen – im Gegensatz zu einem „substantialistischen" Denken von Orten (ebd.: 159) –, betrachten den Raum jedoch nicht als eigenständigen Analysegegenstand oder unabhängige Variable. Die Verteilung des Kapitals bestimmt die räumliche Konfiguration. Der Ökonomismus, die Vorstellung, dass die Welt auf Geld reduziert werden kann, weicht dem Soziologismus, der Vorstellung, dass die Welt auf soziale Beziehungen reduziert werden kann.

Die Mobilität steht somit im Mittelpunkt des Kampfes um die Aneignung des Raums, wenn der Raum nicht nur als Kulisse, sondern als eigenständiges Thema verstanden wird. Obwohl der Analyse von Mobilitätspraktiken und -darstellungen viel Aufmerksamkeit gewidmet wurde, scheint die Mobilitätsforschung die politische Bedeutung der Mobilität nicht systematisch untersucht zu haben. Sheller und Urry weisen darauf hin, dass es nicht darum geht, eine „mobile Subjektivität" zu privilegieren, sondern vielmehr darum, die Macht der Mobilitätsdiskurse und -praktiken bei der Schaffung von Bewegung und Stillstand zu verfolgen. Einige Forscher:innen räumen ein, dass „die Rolle der Macht in der Mobilität" „immer noch (eine) sehr offene Frage" ist. Söderström et al. schlagen vor, dass es zur Erforschung des „kritischen Potenzials von Mobilitätsstudien" notwendig ist, „die Interaktion zwischen Mobilität und Macht explizit anzusprechen" (2010). Bærenholdt argumentiert, dass es ein „vorherrschendes Interesse, ja sogar eine Faszination für die Mikrosoziologie und Phänomenologie mobiler Praktiken und nicht für Makrofragen" gibt, und kommt zu dem Schluss, dass „Mobilitätsstudien, wenn es um Fragen der Macht, Hegemonie und sozialen Ordnung geht, eher vage sind" (2012).

Swyngedouw (1993) vertritt die Auffassung, dass die Akkumulation von Wirtschaftskapital mit dem Prozess seiner Zirkulation korreliert und dass die Kontrolle des Raums bei dieser Dynamik keine abhängige Variable ist, sondern eine Schlüsselrolle spielt:

> „Für jeden Einzelnen ist eine erhöhte Mobilität unerlässlich, um soziale, wirtschaftliche, politische und/oder kulturelle Machtpositionen zu erhalten, während wir uns umgekehrt einem Zustand nähern, in dem die Erhöhung der Mobilitätskapazität eines Einzelnen die Mobilität aller anderen verringern kann". (ebd.: 320)

Swyngedouw zeigt, dass sich Prozesse der wirtschaftlichen und sozialen Strukturierung „in" und „durch" die Neukonfiguration des Raums und die damit verbundenen Muster von Transport, Kommunikation und Mobilität entwickeln. Indem er Mobilität sowohl als Ware als auch als Fähigkeit betrachtet, kommt Swyngedouw (ebd.: 323) zu dem Schluss, dass die Mobilität selbst eine der Arenen ist, in denen der Kampf um die Macht stattfindet: „Soziale Macht kann nicht mehr von der Macht oder der Fähigkeit, sich schnell durch den Raum zu bewegen, abgekoppelt werden (falls sie das jemals konnte)." Oosterlynck und Swyngedouw zeigen, wie auf eine Kontroverse um das Flugverkehrsmanagement am Brüsseler Flughafen eine starke lokale Opposition folgte, die die von der Verwaltung verfolgte konsensuale Managementstrategie außer Kraft setzte. In diesem Beispiel wird eine Kontroverse um das Flugverkehrsmanagement zu einem Thema für ein „angemessenes politisches Engagement", das darauf abzielt, Ungleichheiten bei der Produktion und dem Konsum von Mobilität auszugleichen.

Die Betrachtung der Mobilität als Kapital entspricht daher nicht nur einem Bedürfnis nach empirischer Präzision hinsichtlich der Akkumulationsdynamik, sondern betont auch die zunehmend dominante, ja sogar diskriminierende Rolle dieser Dimension bei der Versorgung anderer Kapitalien (mobil sein, um Geld zu verdienen, sich selbst zu kultivieren oder soziale Netzwerke zu erhalten/auszubauen).

In diesem Zusammenhang ist es von grundlegender Bedeutung, der Mobilität aufgrund ihres strukturierenden und sektorübergreifenden Charakters in den Sozialwissenschaften vorrangige Aufmerksamkeit zu schenken: „Es kann kaum ein Zweifel daran bestehen, dass Mobilität eine der wichtigsten Lebensressourcen des 21. Jahrhunderts ist und dass es die unterschiedliche Verteilung dieser Ressource ist, die heute einige der deutlichsten Unterschiede hervorbringt" (Cresswell 2010, S. 22).

6 Schlussfolgerung

Zu Beginn dieses Beitrages wurde der periphere Charakter der sozialwissenschaftlichen Arbeiten zur Mobilität betont, welche häufig eine begrenzte theoretische Fundierung aufweisen. Es wurde bedauert, dass das Potenzial der Mobilität nicht vollständig ausschöpft wird und sie oft auf spezifische Bereiche beschränkt bleibt, wobei es schwierig ist, die räumlichen, zeitlichen und sozialen Dimensionen des

Phänomens in einen umfassenden und großzügigen Ansatz zu integrieren. Vor diesem Hintergrund war es die Absicht, die Entwicklung eines solchen umfassenden Ansatzes zu fördern.

Das beschriebene sozialwissenschaftliche Konzept der Mobilität schafft einen ganzheitlichen Ansatz für die Analyse zeitgenössischer Gesellschaften. Es fungiert als analytisches Werkzeug, um die Verschränkung verschiedener Mobilitätsformen zu betrachten und ermöglicht die Navigation zwischen verschiedenen Bereichen der Sozialwissenschaften sowie zwischen unterschiedlichen Themen und Untersuchungsfeldern. Eine präzise Dimensionierung innerhalb dieses breiten Mobilitätsbegriffs ist entscheidend. Auch wenn Reversibilität und Motilität in diese Richtung weisen, bedarf es weiterführender konzeptioneller Arbeit. Ein präziser und gut dimensionierter begrifflicher Apparat ist unerlässlich, um Handlungsoptionen aufzuzeigen, die es uns ermöglichen, die großen Herausforderungen des Klimawandels, der Globalisierung des Handels und der wachsenden Ungleichheiten anzugehen.

Literatur

Baernholdt, J. 2012. Governmobility: The Power of Mobility. *Mobilities* 8(1): 20–34. https://doi.org/10.1080/17450101.2012.747754.

Bauman, Z. 2000. *Liquid Modernity*. Cambridge: Polity Press.

Bassand, M., und M.-C. Brulhardt. 1980. *Mobilité Spatiale*. St-Saphorin: Georgi.

Bourdieu, P. 1986. The forms of capital. In *Handbook of theory and research for the sociology of education*, Hrsg. J.G. Richardson, 241–258. New York: Greenwood.

———., Hrsg. 1993. *La misère du monde*. Paris: Seuil.

Castells, M. 1996. *The rise of the network society – the information age*. Oxford: Blackwell.

Cresswell, T. 2006. *On the move. Mobility in the Modern Western World*. London: Routledge.

Cresswell, T. 2010. Towards a politics of mobility. *Environment and Planning D: Society and Space* 28(1): 17–31. https://doi.org/10.1068/d11407.

Drevon, G. 2019. *Proposition pour une rythmologie de la mobilité et des sociétés contemporaines*. Alphil: Neuchâtel.

Dubois, T., Ch. Gay, V. Kaufmann, und S. Landriève. 2021. *Pour en finir avec la vitesse*. La Tour d'Aigues: Éditions de l'Aube.

Grafmeyer, Y., und I. Joseph. 1984. *L'école de Chicago. Naissance de l'écologie urbaine*. Paris: Aubier.

Jensen, O.B. 2006. 'Facework', flow and the city: Simmel, Goffman, and mobility in the contemporary city. *Mobilities* 2:143–165.

Kasuga, N. 2010. Total Social Fact: Structuring, Partially Connecting, and Reassembling. *Revue du MAUSS* 2010/2(36): 101–1120.

Kaufmann, V. 2011. *Rethinking the city*. London/Lausanne: Routledge/EPFL Press.

———. 2021. Histoire de la notion de mobilité. *Mobile Lives Forum*. https://forumviesmobiles.org/dictionnaire/13605/histoire-de-la-notion-de-mobilite. Zugegriffen am 18.04.2024.

Kaufmann, V., und A. Audikana. 2020. Mobility capital and motility. In *Handbook of urban mobilities*, 41–47. London: Routledge.

Kellerman, A. 2006. *Personal mobilities*. London: Taylor & Francis.

Kesselring, S. 2006. Pioneering mobilities: New patterns of movement and motility in a mobile world. *Environment and Planning A* 38:269–279.

Le Breton, E. 2005. *Bouger pour s'en sortir. Mobilité quotidienne et intégration sociale*. Paris: Armand Colin.

Merriman, P. 2012. *Mobility, space and culture*. London/New York: Routledge.

Mincke, Ch., und V. Kaufmann. 2017. Changing mobilities, intricate mobilities. *EspacesTemps.Net Electronic Journal of Humanities and Social Sciences*, March. https://www.espacestemps.net/en/articles/mobilites-changeantes-mobilites-intriquees/. Zugegriffen am 18.04.2024.

Mincke, Ch., und B. Montulet. 2019. *La société sans répit: la mobilité comme injonction*. Paris: Editions de la Sorbonne.

Nowicka, M. 2006. *Transnational Professionals and their Cosmopolitan Universes*. Frankfurt: Campus.

Ravalet, E., S. Vincent-Geslin, V. Kaufmann, G. Viry, und Y. Dubois. 2015. *Grandes mobilités liées au travail: perspective européenne*. Paris: Economica.

Sheller, M. 2011. *Mobility*. Sociopedia.isa.

Söderström, O., und L. Crot. 2010. *The mobile constitution of the society: Rethinking the mobility society nexus*, Working Paper. University of Neuchâtel.

Swyngedouw, E. 1993. Communication, mobility and the struggle for power over space. In *Transport and communications innovation in Europe*, Hrsg. G.A. Giannopoulos und A.E. Gillespie, 305–325. London: Belhaven Press.

Urry, J. 2007. *Mobilities*. London: Polity.

Vincent-Geslin, S., E. Ravalet, A. Rode, und V. Kaufmann. 2016. *La motilité pour l'insertion professionnelle et sociale, Report, Mobiles Lives Forum*. Lyon.

Viry, G., und V. Kaufmann, Hrsg. 2015. *High mobility in Europe: Work and personal life*. Houndmills, Basingstoke Hampshire: Palgrave Macmillan.

Wirth, L. 1938. Urbanism as a way of life. *American Journal of Sociology* 44(1): 1–24.

Zahavi, Y., und A. Talvitie. 1980. Regularities in travel time and money expenditure. *Transportation Research Record* 750.

Mobilität und Geschlecht: Geschlechtsspezifische Unterschiede in der Mobilität

Ines Kawgan-Kagan

Inhalt

Zusammenfassung

Nachhaltige Mobilität umfasst neben ökologischen und ökonomischen Aspekten auch die soziale Dimension, um Mobilität möglichst für alle nutzbar zu machen und niemanden kategorisch auszuschließen. Insbesondere das Geschlecht einer Person hat einen signifikanten Einfluss auf den Alltag und damit auch auf die Mobilität. In diesem Beitrag werden Handlungsoptionen sowohl für die wissenschaftliche Arbeit als auch für die Praxis aufgezeigt, um Geschlechtergerechtigkeit in der sozialwissenschaftlichen Verkehrs- und Mobilitätsforschung und -praxis zu fördern und Diskriminierungen zu vermeiden.

Schlüsselwörter

Gender · Geschlecht · Gendertypisches Mobilitätshandeln · Soziale Nachhaltigkeit · Chancengleichheit

I. Kawgan-Kagan (✉)
AEM Institute, Berlin, Deutschland
E-Mail: ines.kawgan@aem-institute.de

W. Canzler et al. (Hrsg.), *Handbuch Mobilität und Gesellschaft*,
https://doi.org/10.1007/978-3-658-37557-7_13

1 Was hat Geschlecht mit Mobilität zu tun?

Eine nachhaltige Mobilität umfasst neben der ökologischen und ökonomischen ebenso die soziale Verträglichkeit. Dennoch sind häufig nur die ökologischen Aspekte im Diskurs zu finden, wobei technische Details und mathematische Berechnungen zur Verkehrssimulation im Vordergrund stehen, anstelle der Mobilität von Individuen mit ihren Bedürfnissen (Bersch und Osswald 2021). Häufig wird der Frage nachgegangen, was der nächste technische Prototyp für unsere Gesellschaft an Nutzen bringen kann und wie dieser von der Allgemeinheit angenommen werden könnte. Der Nachhaltigkeitsdiskurs ist daher viel zu oft eine reine Debatte über Technik – ein eher männlich konnotierter Themenbereich (Bain und Rice 2006; Kawgan-Kagan 2015), was auch auf ein traditionell männlich dominiertes Arbeitsfeld rund um Verkehr und Mobilität zurückzuführen ist. Die Diskussion über soziale Aspekte in Bezug auf nachhaltige Mobilität oder sogar aus einer feministischen Perspektive ist zwar wünschenswert, jedoch in der praktischen Umsetzung oft marginalisiert. Eine feministische Perspektive in diesem Kontext richtet ihren Fokus auf individuelle Erfahrungen und beleuchtet Bedürfnisse in einer inklusiven Art und Weise. Ziel ist es, zu verstehen, wie das Mobilitätsverhalten nachhaltiger gestaltet werden kann. In diesem Zusammenhang bedeutet eine feministische Inklusivität, die Lebensrealität aller Bevölkerungsgruppen zu erfassen, zu verstehen und in die Planung und Forschung im Bereich Mobilität einzubeziehen, und geht über den bloßen Bezug zu Menschen mit Behinderungen hinaus. Ein Wandel hin zu nachhaltiger Mobilität kann nur erreicht werden, wenn wir den Blickwinkel ändern und das Wissen auch um geschlechtstypische Mobilitätsausprägungen berücksichtigen und adressieren. Es müssen Anforderungen verschiedener Personengruppen und deren gesellschaftliche Hintergründe verstanden werden, um eine nachhaltige und damit auch sozial gerechte Mobilität zu ermöglichen.

Das Geschlecht stellt eine Kategorie der Ungleichheit dar, wobei andere Faktoren wie Alter, Einkommen oder Bildung bei dieser Betrachtungsweise nicht außen vor gelassen werden dürfen (Intersektionalität).[1] In vielen Köpfen teilt der Faktor Geschlecht die Gesellschaft immer noch in zwei Teile – männlich und weiblich (Heteronormativität). Auch wenn diese dichotomen Geschlechterkategorien längst nicht mehr ausreichen, um unsere Gesellschaft abzubilden, ist es weiterhin legitim, sie für wissenschaftliche Untersuchungen heranzuziehen. Diese Legitimität ergibt sich allein aus der Tatsache, dass wir in vielen Bereichen Phänomene wie die geschlechtertypische Aufgabenverteilung im Alltag vorfinden, die auf der Zweigeschlechtlichkeit einer Gesellschaft beruhen (Kawgan-Kagan 2021).

Besonders die weibliche Mobilität wurde aufgrund der männlichen Dominanz in der Mobilitätsplanung lange vernachlässigt, obwohl geschlechtstypische Unter-

[1] Intersektionalität beschreibt das Zusammenspiel verschiedener Diskriminierungsdimensionen, die sich gegenseitig beeinflussen und zumeist verstärken können. Eine Frau mit Behinderung kann eine andere Art der Diskriminierung im Alltag erfahren als ein Mann mit Behinderung oder eine Frau ohne Behinderung.

schiede seit Jahrzehnten bekannt sind (Bersch und Osswald 2021). Der Blick auf unsere Mobilität und den Verkehr unterliegt einem Genderbias und hat somit blinde Flecken in der Forschung nach sich gezogen, obwohl es unzählige geschlechtstypische Unterschiede in der Mobilität gibt. Dieser Artikel erläutert Hintergründe, warum wir geschlechtergerechte Maßnahmen für eine nachhaltige Mobilität brauchen. Das Ziel ist Geschlechtergerechtigkeit in der sozialwissenschaftlichen Verkehrs- und Mobilitätsforschung und in der Praxis zu fördern und Diskriminierung zu vermeiden.

2 Was verstehen wir unter dem Begriff Geschlecht und welche Bedeutung hat dieser in unserer Gesellschaft und in der Forschung?

Um die Effekte, die die Kategorie Geschlecht auf die alltägliche Mobilität hat, einordnen zu können, ist es wichtig, ein klares Verständnis dieses Begriffes zu haben. Oft kommt das Gefühl beim Lesen von Studien auf, dass *Gender* oder *Geschlecht* standardmäßig und mit Blick auf die Bedeutung unhinterfragt in die Erhebung aufgenommen werden (Kawgan-Kagan 2023). Gender wird dabei häufig als Synonym für das biologische Geschlecht mit zwei gegenpoligen Ausprägungen verwendet (Cameron und Stinson 2019), was wissenschaftlich gesehen nicht ausreichend ist (Kawgan-Kagan 2023). Daher soll hier ein kurzer Abriss folgen, wie *Geschlecht* verstanden werden kann und wie es verwendet wird.

2.1 Heteronormativität

Die Zweigeschlechtlichkeit und auf Gegensätzlichkeit aufbauende Vorstellung von Geschlecht wird als Heteronormativität bezeichnet (Degele 2005). Vermeintlich stehen *Mann* und *Frau* sich gegenüber wie schwarz und weiß, gut und böse, das eine oder eben das andere und ergänzen sich in einer Beziehung. Durch diese Unterteilung der Menschen in *männlich* und *weiblich* wird sofort unbewusst eine Erwartungshaltung an die Person gestellt (Hagemann-White 1988; Butler 2004): Eine weinende Frau löst eine andere Bewertung aus als ein weinender Mann. Diese Erwartungen an die sozialen Rollen erlernen wir von klein auf, wobei nicht die Eltern allein für die Sozialisation verantwortlich sind (Niederbacher und Zimmermann 2011). Vielmehr ist es ein gesellschaftlich konstruiertes Bild, was als *normal* internalisiert und selten ohne einen konkreten Anlass reflektiert wird (West und Zimmerman 1987; Gildemeister 2010; Scott 1994). Leider folgen viele Studien und Erhebungen noch immer der heteronormativen Vorstellung von Mann und Frau als Gegenpole (Döring 2013; Kawgan-Kagan 2023). Dennoch zeigt sich langsam ein Umdenken hin zu mehr als zwei Ausprägungen, „weiblich", „männlich" und zunehmend wird die zusätzliche Ausprägung „divers" genutzt, um das Geschlecht über zwei gegensätzliche Kategorien hinaus zu erfassen (Kawgan-Kagan 2023) (Abb. 1).

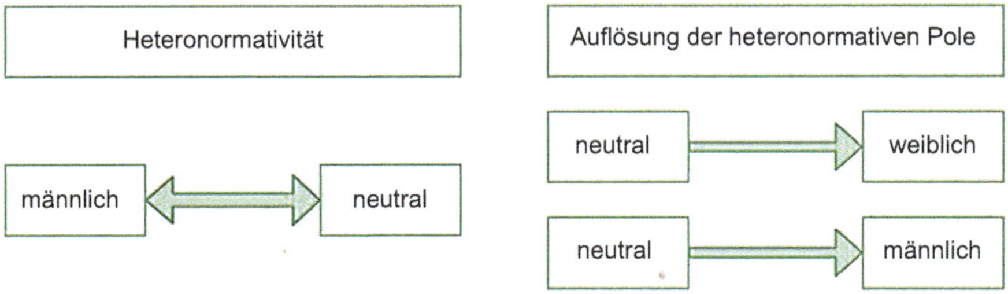

Abb. 1 Unterschiedliche Ansätze des Zusammenhangs von „männlich" und „weiblich", eigene Darstellung

2.2 Geschlecht als mehrdimensionale Variable

Unter dem Begriff Geschlecht verstehen viele jeweils etwas anderes und auch werden verschiedene Dimensionen im Diskurs um Geschlechtergerechtigkeit herangezogen. Die bekannteste Differenzierung ist jene zwischen biologischem und sozialem Geschlecht (Ebeling 2006; Butler 2004). Das soziale Geschlecht – Gender – manifestiert sich aufgrund gesellschaftlich konstruierter sozialer Rollen und wirkt sich (nicht nur) auf die Alltagsaufgaben und -aktivitäten aus, sondern auch auf die individuelle Mobilität.

Eine weitere häufige Assoziation mit dem Begriff Gender ist wohl die Überlegung, ob eine Person Männer oder Frauen sexuell attraktiv findet (Youdell 2005). Dabei wird das Geschlecht einer Person darüber definiert, wen oder was sie sexuell anziehend findet. Diese Reduktion auf Sexualität ist jedoch problematisch, weil sie den Blick auf das lenkt, was ein Individuum als anziehend empfindet (*desire*) und das eigentliche zu betrachtende Individuum vernachlässigt. Vielmehr ist für das Verhalten einer Person die eigene Identität relevant, also das eigene Selbstverständnis und den zugeschriebenen Erwartungen daran. Dazu zählt auch, aber eben nicht ausschließlich die Sexualität. Für die Wahrnehmung anderer Personen und somit die externe Erwartungshaltung ist die äußerliche Erscheinung und das Auftreten von Bedeutung (Hagemann-White 2002). Dies kann kurzfristig – durch Aussehen und Verhalten – und längerfristig durch Zuschreibung zu einem biologischen Geschlecht (bei der Geburt oder durch geschlechtsangleichende Maßnahmen) beeinflusst werden. Ob eine Person zum Beispiel durch eine nicht-heteronormative Beziehung auffällt, spielt gerade in der Sicherheitsfrage im öffentlichen Raum und im öffentlichen Personenverkehr eine wichtige Rolle (Sanschagrin 2011). Daher kann Geschlecht für die sozialwissenschaftliche Mobilitätsforschung in ein selbst wahrgenommenes (Wie sehe ich mich?) und in ein fremd wahrgenommenes Geschlecht (Wie sehen mich andere?) differenziert werden (Abb. 2).

Im Verlauf dieses Beitrags ist dann die Rede von *Geschlecht*, wenn beide – also biologische und soziale Unterschiede gemeint sind. *Gender* als das soziale Geschlecht wird im weiteren Verlauf explizit dann verwendet, wenn nur sozial konstruierte und eben nicht biologisch bedingte Unterschiede gemeint sind.

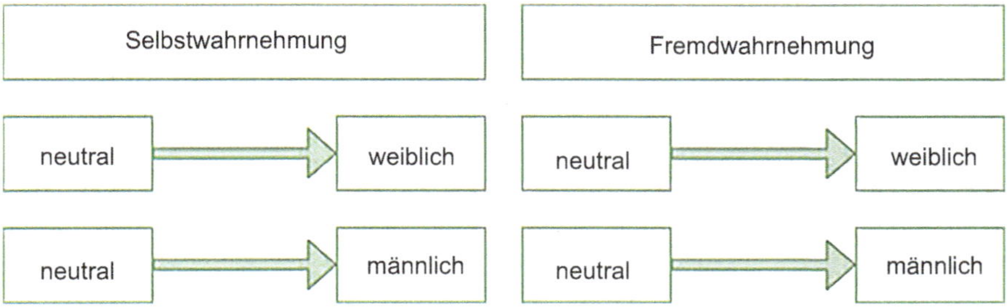

Abb. 2 Selbst- und Fremdwahrnehmung individueller Zuordnung von „männlich" und „weiblich", eigene Darstellung

3 Ursachen für Gender-Biases in der sozialwissenschaftlichen Verkehrs- und Mobilitätsforschung

Obwohl Wissenschaft den Anspruch hat, objektiv zu sein, können unbewusste Vorurteile und stereotype Rollenvorstellungen zu Ergebnissen führen, die nur für eine bestimmte Gruppe gelten sollten, aber in der Praxis als universell gültig betrachtet werden.

Eichler, Fuchs, und Maschewsky-Schneider (2000) haben drei ‚Gender Biases' (geschlechtsspezifische Verzerrungseffekte) im Bereich der Medizin formuliert, in denen potenzielle gendertypische Vorurteile vielfach deutlich werden: Androzentrismus, Genderinsensibilität und unterschiedliche Bewertungsmaßstäbe. Daneben lassen sich zwei weitere Punkte hinzufügen (Kawgan-Kagan 2023) – I-Methodology und Unterrepräsentation von Frauen –, was zu insgesamt fünf ‚Gender Biases' führt, wobei sie auch alle miteinander verbunden sind:

3.1 Androzentrismus

Androzentrismus beschreibt die Annahme eines männlichen Standards, dessen Übertragbarkeit nicht hinterfragt wird (Bailey et al. 2019). Androzentrismus bedeutet auch, dass Frauen als Sonderfall betrachtet oder mit Menschen mit Behinderung und älteren Menschen zu einer *vulnerablen Personengruppe* zusammengefasst werden, obwohl Frauen fast die Hälfte der Bevölkerung ausmachen.

3.2 Genderinsensibilität

Genderinsensibilität bedeutet die Leugnung, dass es notwendig sein könnte, gendertypische Unterschiede zu untersuchen. In der Folge können auch keine gendertypischen Unterschiede festgestellt werden.

3.3 Doppelter Bewertungsmaßstab

Die Wahrnehmung einer Person oder ihrer Handlungen kann sich je nach Geschlecht unterscheiden. Das folgende Beispiel zeigt die unterschiedliche Wahrnehmung von Verhalten beim Parkvorgang: Wenn eine Frau oder weiblich gelesene Person Probleme beim Einparken eines Autos hat, werden der Person oftmals mangelnde Fahrkünste zugeschrieben (*typisch Frau* oder *Frau am Steuer!*). Wenn Männer hingegen Probleme beim Einparken haben, wird dies leichter toleriert. Es gibt also eine klare Zuordnung von Fahrfähigkeit zur Maskulinität (Özkan und Lajunen 2006).

3.4 I-Methodology

Oudshoorn, Rommes und Stienstra (2004) beschreiben die Auswirkungen einer egozentrischen Perspektive auf die Nutzenden einer Technologie, die davon ausgeht, dass sie sich selbst ähnlich sind. Andere Nutzende oder Anwendungsfälle werden dabei nicht berücksichtigt, was zu einem Design führt, das viele Nutzende ausschließt. Dieses Problem tritt insbesondere in männerdominierten Bereichen wie dem Verkehrswesen auf und führt zu Produktdesigns, die für (einige) Männer geeigneter sind als für Frauen (Duchène 2011; Polk 2009; Stiewe und Krause 2012). Diese Problematik gilt nicht nur für Technologien, sondern lässt sich auch auf die Mobilitäts- und Verkehrsforschung übertragen: Der Blick auf ein Forschungsthema und die zu stellenden Fragen kann stark verzerrt sein, wenn eine Person ihre Realität als allgemeingültig betrachtet und die Nutzenden nicht in ihrer ganzen Vielfalt berücksichtigt (Stiewe und Krause 2012).

3.5 Unterrepräsentation von Frauen

All diesen Fällen liegt ein gemeinsames Problem zugrunde: Mobilität und Verkehr sind traditionell männerdominierte Berufsfelder, was dazu führt, dass die weibliche Perspektive auf die Themen fehlt. Wichtig hierbei ist, dass das Thema nicht automatisch Beachtung findet und berücksichtigt wird, wenn mehr Frauen im Team sind, es gehört auch mehr Bildung zu geschlechtertypischer Mobilität dazu, um das Thema umfassend berücksichtigen zu können.

4 Theoretische Herleitung von Geschlechterunterschieden

Das Geschlecht wirkt sich auf alle Bereiche in unserem Leben aus (Minton und Clark 2018; Schneebaum und Mader 2013). Um jedoch einen Bezug zur Verkehrs- und Mobilitätsforschung herzustellen, möchte ich das Gendered Daily Mobility Framework von Robin Law von 1999 heranziehen (Abb. 3, siehe Abschn. 4.5).

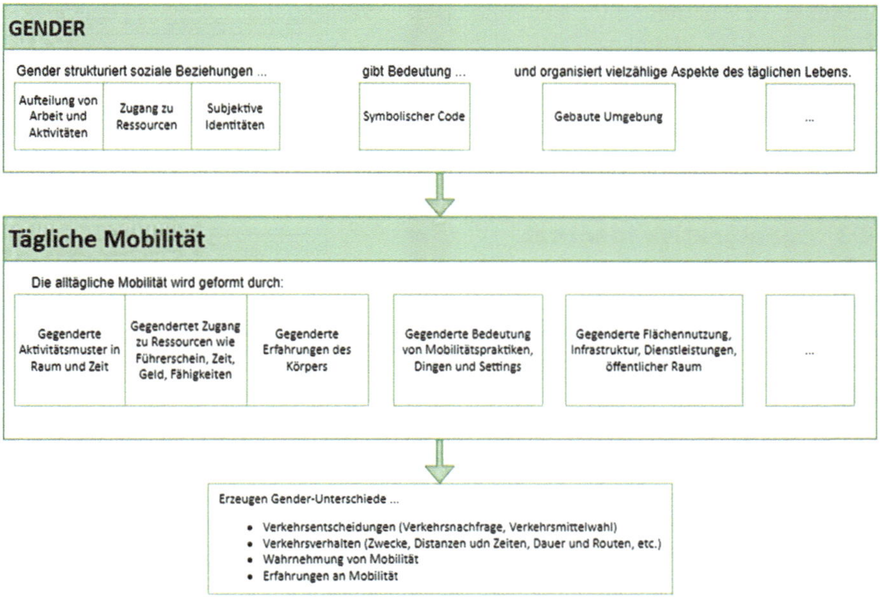

Abb. 3 Framework nach Law 1999, eigene Darstellung

Darin zeigt sich umfassend, wieso sich Geschlecht auf unseren Alltag und somit auf die Mobilität auswirkt.

4.1 Arbeits- und Aufgabenteilung

Das Geschlecht wirkt sich auf unsere Arbeits- und Aufgabenteilung und somit auf Aktivitäten im Alltag aus: Frauen übernehmen auch 2022 noch sehr viel häufiger die Betreuung von Kindern, aber auch die von pflegebedürftigen Angehörigen und die Versorgungsaufgaben für die Haushaltsführung (BMFSJ 2022). Neben dieser unbezahlten Care-Arbeit bleibt oft weniger Zeit für bezahlte Tätigkeiten (Finke 2011; Statistisches-Bundesamt 2018). Die Teilzeitquote lag 2023 in Deutschland bei Frauen bei 50 % und bei Männern bei 13 %, wobei diese Mehrfachbelastung von Care- und Lohnarbeit somit ein typisch weibliches Erwerbsmodell ist (Statistisches Bundesamt 2024). Gleichzeitig wird von Frauen erwartet, finanziell für sich selbst zu sorgen und erwerbstätig zu sein, aber zusätzlich gendertypische Aufgaben, für die sie früher ausschließlich verantwortlich waren, weiterhin zu übernehmen.

4.2 Ressourcenzugang

Ebenso ist der Zugang zu Ressourcen ungleich verteilt. Ein geringeres Einkommen (und auch Vermögen) von Frauen kann auf die höhere Teilzeitquote sowie die häufigere Beschäftigung im Niedriglohnsektor zurückgeführt werden (Zhang et al. 2022; Fan 2017; Weinkopf 2012). Neben dem Zugang zu finanziellen Ressourcen zeigt sich auch ein Unterschied im Zugang zur Ressource Auto, der nach Bauhardt (1999) auf einem traditionellen Machtgefälle innerhalb der Haushalte in Bezug auf die Verfügbarkeit der Autos beruht.

4.3 Subjektive Identität

Ein weiterer wichtiger Punkt ist die subjektive Erfahrung von Individuen in Abhängigkeit vom jeweiligen Geschlecht. So ist Sicherheit ein größeres Thema für Frauen (Zhang et al. 2022; Ceccato et al. 2022). Hintergrund ist, dass Mädchen unbewusst oder bewusst beigebracht wird, dass sie ständig potenziell *Opfer* sind, wenn sie nicht selbst aufpassen und bestimmte Orte und/oder Uhrzeiten nicht meiden (van Eijk 2017). Hier zeigt sich auch, dass es Sinn macht, die verschiedenen Dimensionen von Geschlecht (Selbst- oder Fremdwahrnehmung) genauer zu betrachten: *Opfer* zu sein hat viel mit der Außenwirkung zu tun. Personen, die typisch weiblich aussehen oder wirken, sind häufiger mit *Catcalling*[2] oder sexuellen Übergriffen konfrontiert (Gardner et al. 2017) –unabhängig davon, ob sie biologisch weibliche Geschlechtsorgane haben oder nicht.

4.4 Symbolischer Code

Aus einer weit weniger offensichtlichen Betrachtung der Kategorie Geschlecht in der Mobilität folgt ein weiterer – in meinen Augen sehr wichtiger und immer noch stark vernachlässigter – Bereich, den Law (1999) als symbolischen Code bezeichnet. Hierunter fallen all die Assoziationen, die wir Dingen zuordnen. So haben wir häufig eine Debatte vom *männlichen* PKW und *weiblichen* ÖPNV (Kawgan-Kagan und Popp 2018; Bauhardt 1999). Diese Zuordnungen von Dingen zu einem Geschlecht, aber auch die Bewertung von Personen meinen eben symbolische und oft heteronormative Bedeutungen (Blumenberg et al. 2022).

4.5 Gebaute Umwelt

Als letzten Bereich nennt Law unsere raum-physikalische, also infrastrukturelle Umgebung, die durch die Kategorie Geschlecht beeinflusst wird. Der öffentliche Raum hatte und hat eine männliche Konnotation, da er von Männern für Männer geplant wurde. Der öffentliche Raum stand den Männern zu und dort waren sie

[2] *Catcalling* bezeichnet eine Form der sexuellen Belästigung ohne Körperkontakt, meist das Hinterherrufen von Anzüglichkeiten von Männern gegenüber Frauen.

sichtbarer als Frauen (Ringer 2012). Den Bedürfnissen und Anforderungen von Frauen wurde lange Zeit nicht Rechnung getragen, was es nun aufzuholen gilt.

Laws Framework ist nicht als abschließend zu verstehen und besonders im Bereich *Governance* gibt es einige blinde Flecken im verkehrspolitischen und -planerischem Kontext in Bezug auf Ursachen und Wirkungen bei der Transition zu nachhaltiger Mobilität, die dem Framework hinzugefügt werden sollten.

5 Wie wirkt sich Geschlecht auf unsere Mobilität aus?

Das Geschlecht wirkt sich in verschiedenen Bereichen der Mobilität aus. Eine diese Auswirkungen ist die Bildung sogenannter Wegeketten, also die Aneinanderreihung mehrerer, aber kürzerer Wege, um verschiedene Alltagsaufgaben zu kombinieren (Rosenbloom 1998; Scheiner und Holz-Rau 2017; Kawgan-Kagan 2017). Durchschnittlich sind die einzelnen Wege (Konrad 2016) wie auch die zurückgelegte Tagesstrecke von Frauen mit 33 Kilometern kürzer als die von Männern mit 46 Kilometern (Abb. 4). Es zeigt sich, dass die mit dem Pkw zurückgelegte Strecke dabei den größten Unterschied ausmachen. Arbeitswege sind durchschnittlich länger als solche mit anderen Zwecken, wobei es eher schwierig ist, bei Personen mit Betreuungsaufgaben klar abzugrenzen, was genau der reine Arbeitsweg ist, wenn zusätzliche Wegezwecke hinzukommen und mit anderen Teilstrecken dann längere Wegeketten gebildet werden (Kawgan-Kagan und Popp 2018). Besonders Versor-

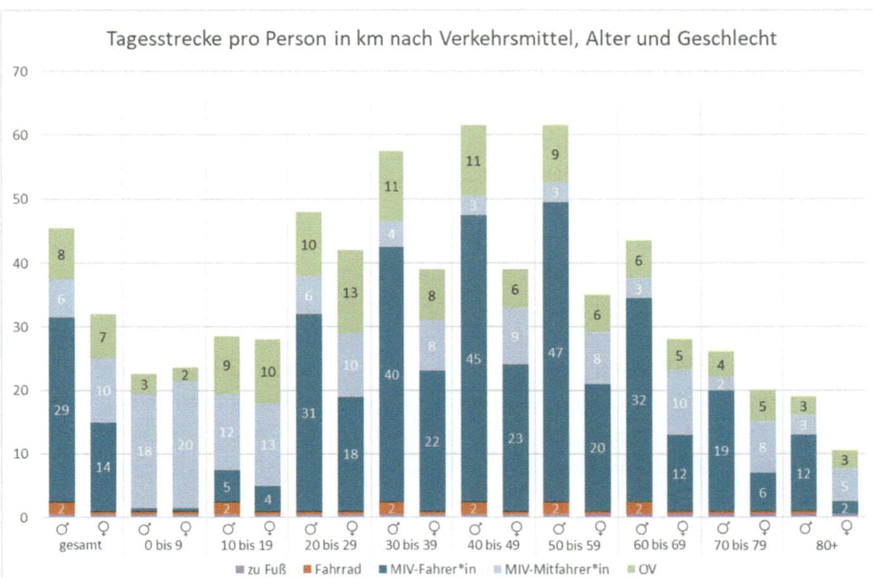

Abb. 4 Tagesstrecke pro Person in km nach Verkehrsmittel, Alter und Geschlecht, aus MiD 2017, eigene Darstellung

gungswege für die Deckung des täglichen Bedarfs sind in der Regel kürzer, da die entsprechenden Orte eher in Wohnortnähe liegen, wie der Supermarkt um die Ecke. Diese Unterschiede bei den Versorgungs- oder Betreuungsaufgaben in Form der Wegeketten zeigen sich besonders stark, sobald Kinder im Haushalt leben (Lee 2017; Mechakra-Tahiri et al. 2012; Nobis und Lenz 2005; Best und Lanzendorf 2005).

Diese Unterschiede in der Erwerbsarbeit führen darüber hinaus auch zu unterschiedlichen finanziellen Ressourcen und beeinflussen somit auch den Zugang zu kostenverursachender Mobilität (Carruthers et al. 2005). Auch wirkt die traditionelle Diskrepanz beim Führerscheinbesitz noch nach (Konrad 2016; Kawgan-Kagan 2021): historisch war das Autofahren eher Aufgabe des Mannes (Blumenberg et al. 2022; Scharff 1992), worauf die nach wie vor bestehende Schere bei den Führerscheinbesitzraten zwischen Frauen und Männern in den höheren Altersgruppen verweist (infas 2018; Konrad 2016).

Frauen sind häufiger als Beifahrerin im privaten PKW unterwegs: 42 % der im PKW zurückgelegten km von Frauen wurden als Beifahrerin gefahren, wohingegen der Anteil bei Männern bei nur 17 % lag (eigene Berechnung, MID 2017). Darüber hinaus nutzen Frauen den ÖPNV häufiger als Männer. Dafür können drei Gründe genannt werden: Frauen sind erstens besonders im Alter eher auf den ÖPNV angewiesen, da ihre Führerscheinbesitzrate traditionsbedingt nach wie vor geringer ist (Kawgan-Kagan 2020; Konrad 2016). Zweitens steht das Auto im Haushalt in den meisten Fällen dem Mann zur Verfügung und erst der Zweitwagen kann von der Frau genutzt werden (Konrad 2016). Und drittens sind Frauen in Bezug auf Mobilität umweltbewusster eingestellt (Kawgan-Kagan 2021).

Gendertypische Unterschiede in der Mobilität lassen sich jedoch nicht nur mit den typischen Wegeketten erklären, die mit der Rolle als Mutter zusammenhängen. Vielmehr entstehen sie auch aus der sozialen Rolle und zeigen sich auch dann, wenn keine Kinder im Haushalt zu betreuen und versorgen sind. Nicht nur das gendertypische Verhalten (interne Rollenzuschreibung), sondern auch die Anforderungen und Bewertungen (externe Rollenzuschreibung) führen zu Unterschieden in der Mobilität: Frauen erleben und bewerten Mobilität und Verkehr anders als Männer (Kawgan-Kagan 2021). Unterschiede im subjektiven Sicherheitsempfinden, die besonders im ÖPNV für Frauen eine viel größere Rolle spielen als für Männer, finden sich ebenso in zahlreichen Studien (Ceccato et al. 2022; Vick 2003; Yavuz und Welch 2010). Dazu zählt neben der Fahrgastsicherheit in den Fahrzeugen auch die an den Haltestellen und den Zuwegen, insbesondere auf der sogenannten letzten Meile. Männer (besonders junge Erwachsene) weisen ein risikoreicheres Verkehrsverhalten auf und verunglücken sehr viel häufiger als Frauen; daneben haben sie auch häufiger die Hauptschuld an Pkw-Unfällen (Statistisches Bundesamt 2022).

Besonders in Bezug auf die Nutzung bzw. das Interesse an innovativen Mobilitätsangeboten zeigt sich, dass der überwiegende Teil der Nutzenden männlich ist: Beim stationslosen Carsharing liegt das Verhältnis zwischen Männern und Frauen international fast konstant bei 80-20 (Kawgan-Kagan 2021) und beim Fahrradverleih oder E-Tretrollersharing bei 75-25 (Laa und Leth 2020; Abasahl et al. 2018).

Auch die Nutzung und der Besitz von Elektroautos ist heute männlich konnotiert (Kawgan-Kagan 2015; Sovacool et al. 2018), obwohl in den Anfängen der Automobilität das Elektroauto eher als Frauenauto gelabelt und Automobile mit Verbrennungsmotor den Männern zugeschrieben wurden (Scharff 1992). Die Bedeutungen von bestimmten Mobilitätspraktiken sind daher also kaum als genderneutral zu bezeichnen.

Mittlerweile gibt es viele Studien, die in verschiedensten Bereichen der Verkehrs- und Mobilitätsforschung gendertypische Unterschiede identifiziert haben. Dennoch sind viele Ergebnisse mit Vorsicht zu genießen, da bei der Datenerhebung in Fragebögen häufig Fragen und Antwortoptionen nicht der typischen Lebensrealität von Frauen entsprechen. So ist ein oft genanntes Beispiel, dass es nur einen einzigen Wegezweck geben kann und Wegeketten nicht erfasst werden, was der Komplexität gerade von Personen mit Betreuungs- und Versorgungsaufgaben in Kombination mit einer Erwerbstätigkeit nicht gerecht wird. Darüber hinaus sind gerade bei Befragungen zum Thema Mobilität eher Männer interessengetrieben, so entstehen Studien, die z. B. 96 % Männer im Sample aufweisen (Kawgan-Kagan und Popp 2018; Wappelhorst et al. 2013).

6 Wie kann gendersensible Verkehrs- und Mobilitätsforschung umgesetzt werden?

Die bisherigen Überlegungen, die in diesem Beitrag diskutiert wurden, sollen mit konkreten Thesen ergänzt werden, wie die Nachhaltigkeitsdebatte für eine Mobilitätswende gestaltet werden muss, um die soziale Komponente dieser Nachhaltigkeit nicht als Randthema stehen zu lassen. Denn eine Transformation des Mobilitätssystems zu einer rein ökologischen Nachhaltigkeit kann nicht funktionieren, ohne – neben ökonomischen – auch soziale Aspekte zu berücksichtigen und Mobilität inklusiv zu gestalten.

6.1 Gendersensible Verkehrs- und Mobilitätsforschung

Um Biases zu umgehen und Forschungsprozesse gendersensibel zu gestalten, sollten u. a. folgende Aspekte berücksichtigt werden (Kawgan-Kagan 2023):

- Reflektion zu potenziell stereotypischen Konnotationen von Forschungsthemen und Forschungsmethoden
- Einbindung verschiedener Perspektiven durch diverse Teams
- Gendergerechte Samplezusammensetzung inklusive Berücksichtigung von Intersektionalität
- Verwendung eines (selbst) klar definierten Geschlechter-Begriffs
- Berücksichtigung gendertypischer Lebensrealitäten

- Betrachtung verschiedener Personengruppen ohne Durchschnittswerte für alle
- Reflektierte Interpretation von Ergebnissen und Empfehlungen für die Praxis

6.2 Transfer von genderspezifischem Wissen in den praktischen Kontext

Das männlich dominierte Berufsfeld der Verkehrs- oder Raumplanung verfolgt aufgrund der fehlenden Diversität in den seltensten Fällen einen feministischen Ansatz (Bauhardt 2007). Ein feministischer Ansatz schließt hingegen die Berücksichtigung aller Menschen ein und nicht, wie häufig vermutet, ausschließlich die Bedürfnisse von Frauen. Dennoch sollte der Fokus auf einer inklusiven Planung und Umsetzung unter Berücksichtigung der Intersektionalität liegen, um eben keine Personengruppen kategorisch auszuschließen. An dieser Stelle macht es Sinn, sich der englischen Begriffe *Equality* (Gleichstellung), *Equity* (Chancengleichheit) und *Social Justice* (soziale Gerechtigkeit) zu bedienen, um Maßnahmen zu kategorisieren.

Beim Equality-Ansatz ist der Grundgedanke, dass alle Menschen gleich zu behandeln sind und niemand bevorzugt respektive benachteiligt werden darf. Dieser Ansatz liegt beispielsweise der Quotenregelung zugrunde, wobei bisweilen das Gegenargument angebracht wird, dass das Geschlecht keine Rolle spielen sollte, sondern nur die Eignung. Interessanterweise ist das genau, was das übergeordnete Ziel einer Quotenregelung ist, dass das Geschlecht eben keine Rolle spielen sollte. Faktisch spielt es jedoch eine erhebliche Rolle, wie auch die vorherigen Kapitel gezeigt haben. Geschlecht ist eine Ungleichheitskategorie, die es in der Realität gibt. Dennoch gibt es wichtige Maßnahmen, die darauf abzielen, die Unterschiede zwischen den Geschlechtern abzubauen und ihre Chancen anzugleichen.

Gerade die Themen Mobilität und Verkehr könnten mit diesem Ansatz genderneutral konnotiert werden, um die Betrachtungsweise weniger *männlich* zu gestalten. Beispiele wären:

- Diversere Teams in Forschung und Entwicklung, Planung, Entscheidungsprozessen
- Gendergerechte Sprache und gendersensible, inklusive Kommunikation
- Genderneutrale Mobilitätssozialisation, damit „nicht nur Jungs mit Autos spielen“
- Ein stärkerer Diskurs über Mobilität und weniger über Verkehr[3]

In einem gesellschaftlichen Idealbild haben alle Menschen die gleichen Voraussetzungen und somit die gleichen Chancen. Das entspricht jedoch nicht der Realität und Veränderungsprozesse zum Loslösen von sozialen Rollenbildern sind nicht kurzfristig erreichbar. Solange es noch Unterschiede gibt, müssen also auch andere

[3] Verkehr meint die tatsächliche Ortveränderung von Personen, Gütern oder Informationen, wohingegen Mobilität den Möglichkeitsraum zur räumlichen Veränderung meint (Canzler 2013).

Maßnahmen getroffen werden, um Chancengleichheit durch Nachteilsausgleiche herbeizuführen. Beim *Equality*-Ansatz wird Individuen die Unterstützung gegeben, die ihren jeweiligen ungleichen Voraussetzungen entsprechen:

- Verbesserung der Bedingungen des Fußverkehrs
- Verbesserung des öffentlichen Personennahverkehr
- Gendergerechte und -sensible Produkt- und Angebotsgestaltung
- Geschlechtssensible Sicherheitstests
- Beachtung von Sicherheit bei der Gestaltung von Haltestellen und Stationen (Ausstattung mit Personal, ausreichende Beleuchtung usw.)
- Fahrtrainings für Frauen und Mädchen, um aktives Fahrradfahren in der Stadt zu fördern

Gerade bei Maßnahmen, die einen Nachteilsausgleich darstellen, ist es wichtig, keine gendertypischen Rollenbilder zu rekreieren und zu zementieren. Vielmehr sollte ein Bündel an Maßnahmen gefunden werden, welches nicht nur ein Geschlecht anspricht. Universell gültige Standards, die individuelle Unterschiede berücksichtigen, sollten geschaffen werden, sodass inklusive Mobilität ermöglicht werden kann.

Der *Social-Justice*-Ansatz ist weiter gefasst und nicht auf das Individuum gerichtet. Er beinhaltet infrastrukturelle und gesellschaftliche Umstände, sodass eine Diskriminierung einzelner Gruppen gar nicht erst entsteht und eine inklusive Mobilität von vornherein ermöglicht wird (Cook und Butz 2018). Dieser Ansatz lässt sich mit der Debatte um Inklusion anstelle von Integration erläutern: Bei der Integration wird eine einzelne Person so gefördert, dass sie mit den anderen mithalten kann. Bei der Inklusion geht es andererseits darum, die Rahmenbedingungen so zu gestalten, dass jede Person mithalten kann, egal welche Voraussetzungen sie mitbringt. Zu den konkreten Maßnahmen aus diesem Ansatz zählen zum Beispiel:

- Geschwindigkeitsbegrenzungen in Wohnorten
- Protected Bike Lanes
- Autofreie Zonen
- Verbote von LKW im Innenstadtbereich
- Verbesserung des ÖPNV im ländlichen Raum

Um Mobilität und Verkehr inklusiv und gendersensibel zu gestalten, kann es im Moment nicht ausreichen, nur einen Ansatz zu verfolgen. Ein Bündel aus verschiedenen Maßnahmen unterschiedlicher Ansätze ist demnach nötig. Mittlerweile gibt es einige Tools und Methoden, die auch speziell im Mobilitäts- und Verkehrsbereich herangezogen werden können, um den Einfluss von Projekten auf die Geschlechtergerechtigkeit hin beurteilen und gegebenenfalls nachsteuern zu können. Ein Werkzeug ist z. B. das *Gender Impact Assessment*, um die Wirkung auf die Geschlechtergerechtigkeit eines Vorhabens systematisch zu bewerten (Verloo und Roggeband 1996). In mehreren Schritten wird zunächst die derzeitige Situation als auch eine Folgenabschätzung untersucht. Dabei sollte das *Gender Impact Assessment* prinzipiell in die bestehenden Prozesse eingebettet werden, auch um das Thema für alle Beteiligten sichtbar zu machen. Obwohl in einigen Ländern bereits integrierter Bestandteil von Bewertungsverfahren auf nationaler Ebene, gibt es eine solche Vorgabe in Deutschland nicht. Die Bewertung erfolgt dazu ex-ante, kommt also entsprechend spät in Planungsprozessen zum Einsatz.

7 Fazit

Zusammenfassend lässt sich festhalten, dass die Kategorie Geschlecht in der sozialwissenschaftlichen Verkehrs- und Mobilitätsforschung reflektiert verwendet werden muss, um eine wirklich nachhaltige und somit inklusive Mobilität zu gewährleisten. Bei der Datenerhebung sollte Geschlecht nicht außen vor gelassen und die verschiedenen Lebensumstände realitätsnah erfasst werden und eine entsprechende Interpretation und Berücksichtigung der Ergebnisse erfolgen. Geschlecht als Kategorie von Ungleichheit umfasst viele Dimensionen, die – mit unterschiedlichen Ursachen-Auswirkungen auf unseren Alltag und unsere Mobilität haben und starke Interdependenzen aufweisen.

Der Transfer von wissenschaftlichen Erkenntnissen um die Hintergründe und Auswirkungen gendersensibler Verkehrs- und Mobilitätsforschung muss bei denen ankommen, die Entscheidungen für die Mobilität von morgen für alle treffen und umsetzen. Geschlechtergerechtigkeit ist Teil einer inklusiven Verkehrspolitik und für die Praxis bedeutet dies, Nachteile auszugleichen bzw. allen Menschen die gleichen Chancen einzuräumen. Die Vorteile bei geschlechtstypisch weiblicher Mobilität wie das erhöhte Umweltbewusstsein oder eine weniger emotionale Diskussion rund ums Auto bieten viel Potenzial für eine nachhaltige Mobilität. Maßnahmen sollten daher auch die Vorteile bestärken und nicht nur die Nachteile im Fokus der Diskussion haben. Daneben bedeutet gendersensible Verkehrs- und Mobilitätsforschung auch, die Hintergründe und Auswirkungen von Männlichkeit zu adressieren und nicht nur Frauen in den Fokus zu stellen. Der gesellschaftliche Druck, dem männlichen Rollenbild zu entsprechen, z. B. die Familie zu ernähren oder risikoreicher zu fahren, sollte ebenso Beachtung finden. Auch hier sollten Maßnahmen ansetzen, um unsere Zukunft nachhaltig zu gestalten. Denn es gibt Ansätze, um dies zu erreichen. Wissenschaft und Praxis sollten gendersensibel gestalten werden, sodass evidente Ungleichheit Beachtung findet, um diese zu beheben und nicht etwa zu verlängern.

Genaueres Augenmerk sollte zukünftig auch auf das Wirkungsgefüge von Geschlecht, Arbeit und Mobilität gerichtet werden. Während der Pandemie und speziell während der Lockdowns sind problematische Unterschiede in Bezug auf Möglichkeiten zum Homeoffice und die Notwendigkeit des Homeschooling zwischen den Geschlechtern deutlich geworden. Weiterhin darf eine Gleichstellungsdebatte nicht viktimisieren und Frauen ständig als potenzielle Opfer im öffentlichen Raum und Personenverkehr betrachten. Nicht dem männlichen Standard zu entsprechen, bedeutet auch mehr als ein geringerer Zugang zu bestimmten Ressourcen. Es bedeutet unter anderem weniger riskantes Verkehrsverhalten, eine geringere Technikorientierung bei der Verkehrsmittelnutzung und aufgrund der Übernahme von Betreuungsaufgaben auch die Gestaltung der Mobilität von anderen. Dieses Potenzial sollte genutzt werden, um eine echte Mobilitätswende zu erzielen.

Literatur

Abasahl, F., K.B. Kelarestaghi, und A. Ermagun. 2018. Gender gap generators for bicycle mode choice in Baltimore college campuses. *Travel Behaviour and Society* 11:78–85. https://doi.org/10.1016/j.tbs.2018.01.002.

Bailey, A.H., M. LaFrance, und J. F. Dovidio. 2019. Is man the measure of all things? A social cognitive account of androcentrism. *Personality and Social Psychology Review* 23(4): 307–331.

Bain, Connie D., und Margaret L. Rice. 2006. The influence of gender on attitudes, perceptions, and uses of technology. *Journal of Research on Technology in Education* 39(2): 119–132. https://doi.org/10.1080/15391523.2006.10782476.

Bauhardt, Ch. 1999. Bürgersteige und Straßenbahnen für die Frauen – den Männern ICE und Transrapid? In *Technik,, Politik, Geschlecht*, Hrsg. Sabine Collmer, Peter Döge, und Brigitte Fenner. Bielefeld: Kleine Verlag.

Bauhardt, Ch. 2007. Feministische Verkehrs- und Raumplanung. In *Handbuch Verkehrspolitik*, Hrsg. O. Schöller, W. Canzler, und A. Knie, 301–319. Wiesbaden: VS Verlag für Sozialwissenschaften.

Bersch, A. K., und L. Osswald. 2021. An alle gedacht?! Frauen, Gender, Mobilität-Wie kommen wir aus der Debatte in die Umsetzung? IVP-Discussion Paper.

Best, Henning, und M. Lanzendorf. 2005. Division of labour and gender differences in metropolitan car use: An empirical study in Cologne, Germany. *Journal of Transport Geography* 13(2): 109–121. https://doi.org/10.1016/j.jtrangeo.2004.04.007.

Blumenberg, E., A. Schouten, und A. Brown. 2022. Who's in the driver's seat? Gender and the division of car use in auto-deficit households. *Transportation Research Part A: Policy and Practice* 162:14–26. https://doi.org/10.1016/j.tra.2022.05.017.

BMFSJ. 2022. *4. Atlas zur Gleichstellung von Frauen und Männern in Deutschland*, Hrsg. von Senioren Bundesministerium für Familie, Frauen und Jugend. Berlin.

Butler, J. 2004. *Undoing gender*. New York: Psychology Press.

Cameron, J. J., und D. A. Stinson. 2019. Gender (mis) measurement: Guidelines for respecting gender diversity in psychological research. *Social and Personality Psychology Compass* 13(11): e12506.

Canzler, W. 2013. Verkehr und Mobilität. In *Handwörterbuch zur Gesellschaft Deutschlands*, Hrsg. S. Mau und N. M. Schöneck, 922–935. Wiesbaden: Springer Fachmedien.

Carruthers, R., M. Dick, und A. Saurkar. 2005. Affordability of public transport in developing countries (No. TP-3).

Ceccato, V., N. Gaudelet, und G. Graf. 2022. Crime and safety in transit environments: a systematic review of the English and the French literature, 1970–2020. *Public Transport* 14(1): 105–153. https://doi.org/10.1007/s12469-021-00265-1.

Cook, N., & D. Butz. 2018. Moving toward mobility justice. In *Mobilities, mobility justice and social justice*, 3–21. Routledge.

Degele, N. 2005. Heteronormativität entselbstverständlichen. *Freiburger FrauenStudien: Zeitschrift für interdisziplinäre Frauenforschung* 11(17): 15–39.

Döring, N. 2013. Zur operationalisierung von geschlecht im fragebogen: probleme und lösungsansätze aus sicht von mess-, umfrage-, gender-und queer-theorie. *GENDER – Zeitschrift für Geschlecht, Kultur und Gesellschaft* 5(2): 17–18.

Duchène, C. 2011. Gender and transport. In *Discussion paper 2011-11*, Hrsg. International Transport Forum. Leipzig.

Ebeling, K. S. 2006. De/Konstruktion von Geschlecht und Sexualität. In *Geschlechterforschung und Naturwissenschaften – Einführung in ein komplexes Wechselspiel*, Hrsg. K. S. Ebeling und S. Schmitz, 281–296. Wiesbaden: VS Verlag für Sozialwissenschaften.

Eichler, M., J. Fuchs, und U. Maschewsky-Schneider. 2000. Richtlinien zur Vermeidung von Gender Bias in der Gesundheitsforschung. *Zeitschrift für Gesundheitswissenschaften* 8(4): 293–310.

Eijk, G. van. 2017. Between risk and resistance: Gender socialization, equality, and ambiguous norms in fear of crime and safekeeping. *Feminist Criminology* 12(2): 103–124. https://doi.org/10.1177/1557085115605905.

Fan, Y. 2017. Household structure and gender differences in travel time: Spouse/partner presence, parenthood, and breadwinner status. *Transportation* 44(2): 271–291. https://doi.org/10.1007/s11116-015-9637-7.

Finke, C. 2011. Verdienstunterschiede zwischen Männern und Frauen. Eine Ursachenanalyse auf der Grundlage der Verdienststrukturerhebung 2006. *Wirtschaft und Statistik* 1(2011): 36–48.

Gardner, N., J. Cui, und E. Coiacetto. 2017. Harassment on public transport and its impacts on women's travel behaviour. *Australian Planner* 54(1): 8–15. https://doi.org/10.1080/07293682.2017.1299189.

Gildemeister, R. 2010. Doing Gender. In *Handbuch Frauen- und Geschlechterforschung*, Hrsg. R. Becker und B. Kortendiek. Wiesbaden: VS Verlag für Sozialwissenschaften. https://doi.org/10.1007/978-3-531-92041-2_17.

Hagemann-White, C. 1988. Wir werden nicht zweigeschlechtlich geboren. In *Frauen Männer Bilder. Männer und Männlichkeit in der feministischen Diskussion*, Hrsg. Carol Hagemann-White und Maria Rerrich, 224–235. Bielefeld: AJZ-Verlag.

———. 2002. Geschlechtertheoretische Ansätze. In *Handbuch Kindheits- und Jugendforschung*, Hrsg. H.-H. Krüger und Cathleen Grunert, 143–163. Wiesbaden: VS Verlag für Sozialwissenschaften.

infas. 2018. *Mobilität in Deutschland- Kurzreport - Verkehrsaufkommen – Struktur – Trends*. Bonn: infas Institut für angewandte Sozialwissenschaft GmbH.

Kawgan-Kagan, I. 2015. Early adopters of carsharing with and without BEVs with respect to gender preferences. *European Transport Research Review* 7(4): 1–11. https://doi.org/10.1007/s12544-015-0183-3.

———. 2017. *Gendered sustainable urban mobility – A gender analysis of preferences for shared e-mobility using a quantitative sociological approach*. Oslo: Gendering Smart Mobility in the Nordic Regions.

———. 2020. Are women greener than men? A preference analysis of women and men from major German cities over sustainable urban mobility. *Transportation Research Interdisciplinary Perspectives* 8:100236.

———. 2021. *Gender inequality of innovative and sustainable mobility solutions: Development of measures to bridge the gender mobility gap to overcome socially constructed gender-typical obstacles by means of free-floating e-carsharing in urban areas*. TU Berlin.

———. 2023. The gender data gap in mobility – A systematic guide to understanding gender-sensitive data in mobility research. *Umweltpsychologie* 1(2023) (Diversity of minds and people – Perspektivenvielfalt in der Umweltpsychologie): 34–51.

Kawgan-Kagan, I., und M. Popp. 2018. Sustainability and gender: A mixed-method analysis of urban women's mode choice with particular consideration of e-carsharing. *Transportation Research Procedia* 31:146–159. https://doi.org/10.1016/j.trpro.2018.09.052.

Konrad, K. 2016. *Mobiler Alltag im Wandel des Geschlechterverhältnisses, Studien zur Mobilitäts- und Verkehrsforschung*. Wiesbaden: Springer VS.

Laa, B., und U. Leth. 2020. Survey of E-scooter users in Vienna: Who they are and how they ride. *Journal of Transport Geography* 89:102874. https://doi.org/10.1016/j.jtrangeo.2020.102874.

Law, R. 1999. Beyond 'women and transport': Towards new geographies of gender and daily mobility. *Progress in Human Geography* 23(4): 567–588.

Lee, A. 2017. Gender, everyday mobility, and mass transit in Urban Asia. *Mobility in History* 8(1): 85–94.

Mechakra-Tahiri, S. D., E. E. Freeman, S. Haddad, E. Samson, und M. V. Zunzunegui. 2012. The gender gap in mobility: A global cross-sectional study. *BMC Public Health* 12(1): 1–8.

Minton, J., und J. Clark. 2018. Driving segregation: Age, gender and emerging inequalities. In *Geographies of transport and ageing*, 25–50. Springer.

Niederbacher, A., und P. Zimmermann. 2011. *Grundwissen sozialisation*. Dortmund: VS Verlag für Sozialwissenschaften GmbH.

Nobis, C., und B. Lenz. 2005. Gender differences in travel patterns. *Research on women's issues in transportation* 114. Chicago.

Oudshoorn, N., E. Rommes, und M. Stienstra. 2004. Configuring the user as everybody: Gender and design cultures in information and communication technologies. *Science, Technology, & Human Values* 29(1): 30–63.

Özkan, T., und T. Lajunen. 2006. What causes the differences in driving between young men and women? The effects of gender roles and sex on young drivers' driving behaviour and self-assessment of skills. *Transportation Research Part F: Traffic Psychology and Behaviour* 9(4): 269–277. https://doi.org/10.1016/j.trf.2006.01.005.

Polk, M. 2009. Gendering climate change through the transport sector. *Kvinder, Køn & Forskning* 3–4: 73–78.

Ringer, N. 2012. Zwischen kulturellem Ausdruck und Repräsentation von Macht; Straßennamen in Wien, ihr Einfluss auf die Produktion des öffentlichen Raumes, und ihre Bedeutung für die Gender-Thematik.

Rosenbloom, S. 1998. Trends in women's travel patterns. Baltimore: *Women's travel issues second national conference*.

Sanschagrin, E. L. 2011. The LGBT community and public space: A mixed methods approach.

Scharff, V. 1992. *Taking the wheel: Women and the coming of the motor age*. UNM Press.

Scheiner, J., und C. Holz-Rau. 2017. Women's complex daily lives: A gendered look at trip chaining and activity pattern entropy in Germany. *Transportation* 44(1): 117–138.

Schneebaum, A., und K. Mader. 2013. The gendered nature of intra-household decision making in and across Europe. In *Department of economics working paper series*, Hrsg. WU Vienna University of Economics and Business. Vienna.

Scott, J. W. 1994. Gender: eine nützliche Kategorie der historischen Analyse. In *Selbst Bewußt: Frauen in den USA*, 27–75. Leipzig: Reclam.

Sovacool, B. K., J. Kester, L. Noel, G. Zarazua, und de Rubens. 2018. The demographics of decarbonizing transport: The influence of gender, education, occupation, age, and household size on electric mobility preferences in the Nordic region. *Global Environmental Change* 52:86–100. https://doi.org/10.1016/j.gloenvcha.2018.06.008.

Statistisches Bundesamt, (Destatis). 2022. Verkehrsunfälle – Unfälle von Frauen und Männern im Straßenverkehr 2020.

Statistisches-Bundesamt. 2018. Ergebnisse der Bevölkerungsfortschreibung auf Grundlage des Zensus 2011. Wiesbaden.

Statistisches Bundesamt. 2024, April 26. Teilzeitquote erneut leicht gestiegen auf 31 % im Jahr 2023 [Pressemeldung]. https://www.destatis.de/DE/Presse/Pressemitteilungen/2024/04/PD24_N017_13.html

Stiewe, M., und L. Krause. 2012. Geschlechterverhältnisse und Mobilität – Welchen Beitrag leisten Mobilitätserhebungen? Schwechat.

Verloo, M., und C. Roggeband. 1996. Gender impact assessment: The development of a new instrument in the Netherlands. *Impact Assessment* 14(1): 3–20.

Vick, M. 2003. Danger on roads: Masculinity, the car, and safety. *Youth Studies Australia* 22(1): 32.

Wappelhorst, S., A. Graff, J. Steiner, und D. Hinkeldein. 2013. New car sharing offers and customer groups: Implications for a growing and diversifying market. *European transport conference 2013*, Frankfurt, Germany.

Weinkopf, C. 2012. Hat Niedriglohn ein Geschlecht? Niedrig-und Mindestlöhne aus der Gender-Perspektive. EKfG-Vortragsreihe „Forschungsforum Gender", Essen.

West, C., und Don H. Zimmerman. 1987. Doing gender. *Gender & Society* 1(2): 125–151.

Yavuz, N., und E. W. Welch. 2010. Addressing fear of crime in public space: Gender differences in reaction to safety measures in train transit. *Urban Studies* 47(12): 2491–2515.

Youdell, D. 2005. Sex-gender-sexuality: How sex, gender and sexuality constellations are constituted in secondary schools. *Gender and Education* 17(3): 249–270.

Zhang, M., P. Zhao, und X. Tong. 2022. Constructing women's immobility: Fear of violence and Women's constricted nocturnal travel behaviour. *Travel Behaviour and Society* 26:178–192. https://doi.org/10.1016/j.tbs.2021.10.002.

Teil VI

Mobilität und Technik

Historische Entwicklung von Mobilitätssystemen: Vom Eisenbahnzeitalter zur Automobilgesellschaft

Ueli Haefeli

Inhalt

Zusammenfassung

Der Beitrag skizziert die Entwicklung der Verkehrs- und Mobilitätsgeschichte (West-)Deutschlands seit dem 19. Jahrhundert. Es wird gezeigt, dass bereits die Verkehrsmittel vor dem Auto (vor allem Eisenbahn, Dampfschiff und Fahrrad) Deutschland einen großen Wohlstandsgewinn gebracht haben. Die Analyse betont die verkehrsmittelunabhängige und kontinuierliche Zunahme der Verkehrsleistungen seit dem 19. Jahrhundert. Bezüglich der Verkehrswende könnte die historische Perspektive neue Akzente setzen: So wenig die Verkehrspolitik weiterhin das Auto bevorzugen sollte, so falsch wäre es, die Verkehrswende lediglich an einem veränderten Verhältnis zum Auto zu messen. Dies macht gerade die enorme Zunahme des Flugverkehrs deutlich. Zu adressieren wäre vielmehr, inwiefern unser Verhältnis zur Mobilität weiterhin vor allem durch „schneller" und „weiter" geprägt sein soll.

Schlüsselwörter

Verkehrsgeschichte · Mobilitätsgeschichte · Verkehrswende · 19. und 20. Jahrhundert · Deutschland

U. Haefeli (✉)
Universität Bern, Bern, Schweiz
E-Mail: haefeli@interface-pol.ch

W. Canzler et al. (Hrsg.), *Handbuch Mobilität und Gesellschaft*,
https://doi.org/10.1007/978-3-658-37557-7_14

1 Einleitung

„Deutschland ist Autoland“ (Radkau 2008, S. 314; Kagermann 2019). Das Narrativ hat sich in unseren Köpfen festgesetzt, verfestigt wohl schon, als in den 1960er-Jahren die „Freie Fahrt für freie Bürger“[1] – die Bürgerinnen fehlten, sie waren auch nicht wirklich mitgedacht – abseits politischer Schattierungen zum übermächtigen Leitmotiv der deutschen Verkehrspolitik wurde. Alles klar demnach, ein Deutschland ohne Autodominanz nicht vorstellbar? Als Sozialwissenschaftler*innen sollten uns solche festgefahrenen Ansichten stutzig machen, ein periodisches Hinterfragen vor dem Hintergrund der laufenden Forschung und neuer gesellschaftlicher Entwicklung scheint jedenfalls angebracht. Der vorliegende Beitrag macht sich deshalb auf, aus historischer Perspektive die Verkehrs- und Mobilitätsgeschichte Deutschlands seit dem 19. Jahrhundert zu skizzieren, dies bewusst auch provokativ im Sinne eines „Bürsten wider den Strich“. Dabei wird der Blick immer wieder auch von außen auf Deutschland gerichtet, in erster Linie aus der Schweiz, die sich selber gerne als „Eisenbahnland“ sieht, aber letztlich ähnlich vom Auto dominiert wird wie Deutschland. Der Beitrag will aus dieser historisch vergleichenden Perspektive helfen, die Ansatzpunkte für eine Verkehrswende zu schärfen. Nach einigen grundlegenden Ausführungen zum Verhältnis von Mobilität und Verkehr werden in der gebotenen Kürze und mit einem Fokus auf dem Personenverkehr zentrale Prozesse der deutschen Verkehrsentwicklung seit dem 19. Jahrhundert skizziert, dies immer wieder auch im Vergleich zur benachbarten Schweiz.

2 Verkehrsentwicklung und Mobilität

Die Grundzüge der Verkehrsentwicklung der letzten beiden Jahrhunderte lassen sich in wenigen, einfachen Stichworten skizzieren: Der Verkehr wurde schneller und vor allem pro zurückgelegtem Kilometer enorm viel billiger (vgl. grundlegend dazu: Merki 2008). Die dadurch eingesparten Kosten wurden mehrheitlich nicht für andere Lebenssphären verwendet, sondern die zurückgelegten Distanzen wuchsen und die immer luxuriöseren Verkehrsmittel machten das Reisen bequemer und sicherer. Am Anfang dieser Entwicklungen stehen die Eisenbahn und das Dampfschiff, danach die Individualverkehrsmittel Fahrrad und Auto, letzteres wird rasch zum dominierenden Verkehrsmittel. Wenig später kommt wieder ein (weitgehend) kollektives Verkehrsmittel dazu, das Flugzeug. Die Entwicklung der letzten zwei Jahrhunderte präsentiert sich in weiten Teilen als Geschichte zunehmender Handlungsoptionen. Neue Angebote auf dem Markt haben die bestehenden im Sinne von Edgertons „Shock of the old“ (2006) nur selten ganz verdrängt, sondern lediglich neu positioniert und zusätzliche Handlungsoptionen geschaffen.

So viel in aller Kürze zur Verkehrsentwicklung. Wird der Begriff „Mobilität“ vom Begriff „Verkehr“ unterschieden, wie das seit den 1990er-Jahren gerade von den

[1] So der Titel von Dietmar Klenkes nach wie vor wegweisendem Buch (Klenke 1995).

deutschen Sozialwissenschaften mit guten Argumenten propagiert wird (Canzler und Knie 1998; Buhr et al. 1999), sieht die langfristige Entwicklung durchaus anders aus und weniger eindeutig als im obigen, rein verkehrshistorischen Kontext. Ein so verstandener Mobilitätsbegriff umfasst nicht nur realisierte Ortsveränderungen, sondern darüber hinaus auch die individuellen Potenziale zur Bewegung. Er adressiert die Zugänge zum Mobilitätssystem, die Mobilitätskompetenzen, die Zwecke und Aneignungsformen. Qualität und Entwicklungsstand eines Mobilitätssystems messen sich in diesem Sinn nicht nur an den Verkehrs- und Transportleistungen, sondern auch an der Art und Weise, wie die individuellen Mobilitätsbedürfnisse befriedigt werden können, wie die Mobilitätschancen, aber auch die unerwünschten Nebenwirkungen der Mobilität, innerhalb der Gesellschaft verteilt sind. Mobilität ist in diesem Sinne ein zentrales Phänomen unseres Alltags. „Sie ist existentielles Bedürfnis, kulturelle Praxis, hedonistischer Konsum. Unterwegssein ist anthropologische Notwendigkeit, sie ist Erfahrung, Welterschliessung, Risiko, Lust und Last zugleich. Mobilität ist vielschichtig in ihren Rhythmen, den ihr zugrundeliegenden Motiven und in ihren Wegemustern. Mobilitätshandeln ist zweckgebunden, mehr oder weniger routiniert, manchmal bewusst inszeniert, oft wenig reflektiert oder spontan und nicht weiter begründbar“ (Haefeli 2022, S. 9).

Die hohe Emotionalität verkehrspolitischer Debatten in Deutschland und anderswo – etwa um ein Tempolimit auf Autobahnen – lassen sich aus einem solchen differenzierten Verständnis von Mobilität und Verkehr besser nachvollziehen als aus einer rein „rational“ verkehrsbezogenen Perspektive. Auf der Autobahn möglichst schnell zu fahren, dürfte beispielsweise selten ausschließlich der Reisezeitverkürzung dienen, sondern ist immer auch Ausdruck einer spezifischen kulturellen Praxis und oft auch einfach das Resultat nicht hinterfragter Verhaltensroutinen. Viel spricht deshalb für eine integrierte Behandlung von mobilitäts- und verkehrspolitischen Aspekten in der dringend notwendigen Debatte um eine Verkehrswende.

3 Die Eisenbahn befeuert die Industrialisierung

Nähern wir uns den Dingen nun aus einer diachronen Perspektive: Die vielleicht wichtigste Verkehrsinnovation seit der Erfindung des Rads war die Motorisierung des Verkehrs, zunächst durch die Dampfmaschine, später durch den Elektro- und den Explosionsmotor (Radkau 2008; Fremdling 1975; Roth 2005; Ziegler 1996; Wolf 1992). Vor dem Ersten Weltkrieg waren es vor allem die Eisenbahn und das Dampfschiff, ab dem Ende des 19. Jahrhunderts auch das Fahrrad, der Omnibus und die Straßenbahn, welche parallel, und in sich ständig aufschaukelnder Wechselwirkung mit vielfältigen Entwicklungen außerhalb des Verkehrssektors, die rasante Industrialisierung Deutschlands vorantrieben und die historisch höchsten Wachstumsraten der städtischen Bevölkerung ermöglichten. Der enorme Stellenwert der Erreichbarkeit durch immer schnellere Verkehrsmittel hat sich mit der Eisenbahn verfestigt und wurde damit zu einem Eckpfeiler jeder Vorstellung von Modernität. Eng verbunden war damit eine hohe Wertschätzung ständig wachsender individueller Aktionsräume. Beispielsweise forderte der Bund der Landwirte schon kurz vor 1900, dass zukünftig kein Punkt in Deutschland weiter als eine halbe deutsche Meile – knapp vier Kilometer – vom nächsten Bahnhof entfernt liegen dürfe. Das Ziel wurde nicht erreicht, die Richtung späterer Verkehrs- und Mobilitätspolitik aber war damit bereits vorgegeben. 1910 verfügte Deutschland mit 60.000 Schienenkilometern über das längste Streckennetz Europas. Damit lässt sich als erster Befund schon festhalten, dass auch ohne Autos bedeutender Wohlstand möglich wurde.

Wie in den meisten Ländern standen sich auch in der deutschen Eisenbahnpolitik zwei gegensätzliche Paradigmen gegenüber: Die eine Position betrachtete die Eisenbahn aus einer betriebswirtschaftlichen Optik, verpflichtet der Aufgabe, ihre Kosten selbst zu tragen oder gar Gewinne zu erzielen. Die zweite Position stellte die Eisenbahn in den Dienst gesamtgesellschaftlicher Ziele und verband damit volkswirtschaftliche, aber auch vielfältige sozialpolitische Intentionen. Die Bahn wurde als „Daseinsvorsorge" (Gegner und Schöller 2005) gesehen und nicht selten und gerade in Deutschland auch als Möglichkeit staatlicher Beschäftigungspolitik. In der Praxis haben sich die beiden paradigmatischen Haltungen fast überall vermischt, allerdings mit unterschiedlichen Akzenten.

Während beispielsweise in der Schweiz trotz der 1902 realisierten Verstaatlichung vieler Privatbahnen in den Schweizerischen Bundesbahnen SBB viele betriebswirtschaftliche Elemente erhalten blieben, sah Deutschland die Bahn lange Zeit viel stärker im Kontext gesamtstaatlicher Ziele. Der Versuch, mit der 1924 gegründete „Deutschen Reich-Gesellschaft" (DRG) unternehmensähnliche Strukturen einzuführen, brachte zwar zunächst einige Impulse, scheiterte letztlich aber erstens an der Beharrungskraft der Bahnkader, die sich weiterhin als Reichsbeamte sahen und zweitens am fehlenden Willen der Politik, die Bahn aus der direkten Führung durch den Verkehrsminister zu entlassen. Das Scheitern der DRG mag auch damit zusammenhängen, dass sie von den Alliierten von außen aufgezwungen war oder zumindest so wahrgenommen wurde und dass sie im Rahmen der Versailler Verträge Gewinne als Reparationszahlungen abführen musste. Vor allem aber beschäftige die Bahn aus arbeitsmarktpolitischen Gründen in der Zwischenkriegszeit und darüber hinaus viel mehr Personal als sie eigentlich gebraucht hätte. Nach der Machtübernahme durch die Nationalsozialisten verlor die gerne als „Dawes-Bahn" diskreditierte DRG weiter an Bedeutung und wurde 1937 offiziell aufgelöst, die Bahn wurde wieder direkt dem Verkehrsminister unterstellt (Kopper 2007, S. 423–437; Gottwald 2009, S. 77–114). Selbst die Niederlage im Zweiten Weltkrieg führte zu keiner Neustrukturierung, auch weil die Alliierten in der Beamtenschaft der Bahn keine personellen Neubesetzungen forderten. Der Apparat blieb aufgebläht, gemäß Christoph Kopper beschäftige die Bahn noch Mitte der 1950er-Jahre etwa 45.000 Arbeitskräfte mehr, als sie benötigte (Kopper 2007, S. 437). Es war wohl nicht einfach die Last der Reparationszahlungen, welche die Bahn – nach den verheißungsvollen Entwicklungen bis zum Ersten Weltkrieg – seit der Zwischenkriegszeit lähmte, vielmehr zeigt sich eine landestypische Industriepolitik, welche älter war als die Konkurrenz durch das Auto, die aber dessen Siegeszug letztlich erleichtert hat.

Die längst überfällige Modernisierung der Bahn, nicht zuletzt die Elektrifizierung, wurde in dieser Zeit verhindert, was die Bedeutung der Bahn in Deutschland für viele Jahrzehnte, letztlich bis in die Gegenwart, geschmälert hat (Haefeli 2016,

S. 103–104). Noch 1961 erbrachte die deutsche Bahn erst 22 % der Zugförderleistung mit elektrischer Traktion, der Anteil des Diesels betrug 24 %, derjenige des Dampfs 54 % (Voigt 1965, S. 603). Die Schweizer Bundesbahn SBB beispielsweise hatte sich dagegen schon vor dem Zweiten Weltkrieg weitgehend elektrifiziert, dies sicher auch, weil die Schweiz anders als Deutschland über keine grossen Vorräte an preiswerter Kohle verfügte (Haefeli 2022, S. 23). Und nicht nur technisch verloren die deutschen Eisenbahnen an Boden, auch die überfällige Modernisierung des Selbstverständnisses, von einer staatlichen Anstalt der Daseinsvorsorge hin zu einem kundenorientierten Mobilitätsdienstleister, ist bis heute trotz unstrittiger Erfolge im Bereich des Hochgeschwindigkeitsverkehrs noch zu wenig gelungen (Gegner und Schöller 2005, S. 63). Die deutsche Bahn geriet im Vergleich zu ausländischen Bahnen – die prominentesten Beispiele sind Japan und die Schweiz – ins Hintertreffen. Vor allem aber ebnete die in weiten Teilen gescheiterte Modernisierung der Bahn dem Auto den Weg zur Dominanz ab der Mitte des 20. Jahrhunderts.

4 Massenmotorisierung als „politikfreier" Prozess

Damit sind wir bei der Massenmotorisierung der Nachkriegsjahrzehnte. West-Deutschland ist diesbezüglich unabhängig von den oben geschilderten Prozessen kein Einzelfall in Europa (Merki 2002; Mom 2015). Im Gegenteil verlief diese überall in Westeuropa ähnlich. Das Auto passte einfach zu gut zu den gesellschaftlichen Leitbildern der „Trentes Glorieuse", der Verherrlichung von Individualismus und bürgerlicher Kleinfamilie im Zeichen des „American Way of Life"; und die wachsende Kaufkraft der Haushalte tat ihr Übriges (Lutz 1989). Die Massenmotorisierung kann damit als gesellschaftspolitisch wohl begründet gelten und sie wurde in West-Deutschland politisch noch konsequenter gefördert als in den meisten anderen westeuropäischen Ländern. Der Slogan „Wohlstand kommt auf guten Straßen", welcher die Deutsche Straßenliga selbstbewusst dem 3. Deutschen Straßentag von 1957 voranstellte (Klenke 1995, S. 31), wurde in den kommenden Jahren zum Mantra der Deutschen Straßenlobby, welches seine Magie bis heute nicht ganz verloren hat. Das Auto wurde zum gesellschaftlichen Aufstiegsziel par excellence stilisiert. Für die Zeit bis in die 1970er-Jahre hat Dietmar Klenke überaus treffend von einem „politikfreien Automatismus" in Richtung Autodominanz gesprochen, denn Opposition gab es weder von rechts noch von links. Es wurden Pfadabhängigkeiten geschaffen, welche sich auch nach einer gewissen Entzauberung des Autos im Gefolge der Umweltwende der letzten Jahrzehnte nicht mehr rückgängig machen ließen.

Ein Beispiel für solche Pfadabhängigkeiten ist die höchst folgenreiche und konzeptionell wenig durchdachte Einführung der Pendlerpauschale 1955, welche ursprünglich primär sozial- und regionalpolitisch motiviert war; weder die Autolobby noch das Verkehrsministerium hatten sich an vorderster Front dafür stark gemacht. Die Pauschale war zudem mit 50 Pfennig pro Kilometer sehr hoch und sie konterkariert bis in die Gegenwart die raumordnungspolitischen Ziele auf das Schärfste

(Klenke 1995, S. 36). Ein zweites Beispiel ist das in den 1960er-Jahren eingeführte Gemeindeverkehrsfinanzierungsgesetz als Subventionspolitik des Bundes für eine „modernisierte" städtische ÖPNV-Infrastruktur. Diese lockte die Kommunen mit Subventionen bis zu 90 % und führte den ÖPNV in vielen Städten wegen überdimensionierten U-Bahnen oder unterirdischen Straßenbahnen an den Rand des Ruins, während sie gleichzeitig dem Auto an der Oberfläche zusätzlichen Raum schuf, was dessen Dominanz letztlich nochmals erhöhte. Die Förderung des öffentlichen Nahverkehrs wurde denn auch häufig damit gerechtfertigt, dass sein Ausbau unter Tage zugleich der Entlastung der Straße diene (Haefeli 2010, S. 149–158).

Die langfristig prägenden Folgen des Gemeindeverkehrsfinanzierungsgesetzes werden besonders im Vergleich zur Entwicklung in der Schweiz deutlich. Auch die Schweizer Städte planten in den 1960er-Jahren große unterirdische Netze des öffentlichen Verkehrs und Stadtautobahnen, die Parallelen zu Deutschland sind offensichtlich. Jedoch waren weder die Kantone noch der Bund Willens oder in der Lage, diese ÖPNV-Infrastrukturen in einem nennenswerten Ausmaß zu subventionieren, weshalb die Städte ihre Projekte nicht weiterverfolgen konnten. In der Folge wandten sie sich zuerst eher widerwillig, aber nach der umweltpolitischen Wende um 1970 immer überzeugter einer inkrementalistischen, aber letztlich vergleichsweise erfolgreichen Förderung des öffentlichen Verkehrs zu. Langfristig wurden damit in der Schweiz auch volkswirtschaftlich günstigere Lösungen gefunden (Haefeli 2005, S. 193–214).

Bei den Stadtautobahnen hätten auch in der Schweiz Subventionsmöglichkeiten bestanden, hier scheiterten die Projekte im direktdemokratischen System der Schweiz am lokalen Widerstand, den es in Deutschland nach 1970 durchaus auch gab, der sich im dortigen politischen Kontext aber nicht durchsetzen konnte. Im Stadtverkehr fielen so in den 1960er-Jahren zentrale Entscheide in der Schweiz anders aus als in Deutschland, jedoch weniger auf Grund reflektierter verkehrspolitischer Konzeptionen, denn als Folge politisch-institutioneller Unterschiede zwischen den beiden Ländern. Nimmt man noch die oben erwähnte erfolgreiche Modernisierung der Schweizer Bahn im Fernverkehr hinzu, wird deutlich, wieso sich der öffentliche Verkehr in der Schweiz auch im Zeichen des Automobilismus viel besser behaupten konnte als in West-Deutschland. Dass die Schweiz durchaus mit einem gewissen Recht ein überdurchschnittlich gut funktionierendes Verkehrssystem für sich behaupten kann, wurzelt also stark in Entscheidungen, die vor 1970 gefallen sind und die nicht primär das Resultat verkehrspolitischer Analysen waren (Haefeli 2008, S. 289–296).

Die deutsche Entwicklung war aber – und der Hinweis darauf dürfte wichtig sein – letztlich wie oben schon angetönt demokratisch recht gut abgestützt. Widerstände gegen neue Verkehrsinfrastrukturen gab es vor 1970 nur vereinzelt und sie blieben weitgehend wirkungslos. Dies auch aufgrund einer selten großen Übereinstimmung der wichtigen politischen Akteure: Die Politik der CDU-Verkehrsminister und diejenige der SPD-Vertreter hat sich seit der Mitte des 20. Jahrhunderts nicht entscheidend unterschieden. Die hohe Wertschätzung von Mobilität und Verkehrswachstum, die sich bereits in der Eisenbahnpolitik des 19. Jahrhunderts manifestiert hatte, wurde auch im Zeitalter des Autos nicht hinterfragt, ganz im

Gegenteil. Es veränderten sich einfach die Verkehrsmittel. Legendär ist in diesem Zusammenhang die Forderung im „Verkehrspolitisches Programm für die Jahre 1968 bis 1972" (nach dem damaligen sozialdemokratischen Verkehrsminister Georg Leber auch Leber-Plan genannt), wonach allen Deutschen ein Autobahnanschluss in höchsten 25 km Distanz von ihrem Wohnort zu gewährleisten sei. Die Demokratisierung des Autos wurde damit endgültig zu gesellschaftspolitischen Maxime (vgl. Canzler 2016).

Die deutsche Verkehrspolitik wurde also eher in aller Öffentlichkeit am Stammtisch als in den finsteren Hinterzimmern der Auto- und Baulobby geschrieben. Und sie lässt sich gewiss nicht aus einer rein verkehrsbezogenen Optik verstehen, sondern nur, wenn die oben skizzierten vielfältigen Bedeutungszusammenhänge von Mobilität mitberücksichtigt werden. Die autodominierte Aufbruchstimmung im Nachkriegsboom ist zweifellos neben den bahnspezifischen Weichenstellungen der Zwischenkriegszeit ein zweiter zentraler Strang der deutschen Verkehrspolitik mit Einfluss bis heute. Langfristig selbstverstärkende Mechanismen bewirkten für viele eine Art systemischen Zwangs zur Autohaltung, auch nach einer gewissen Entzauberung des Autos nach 1970 im Zeichen wachsender Sorgen um den Zustand der Umwelt (Sachs 1984; Kuhm 1997; Köhler 2018). Der Topos vom „Autoland" Deutschland sollte trotzdem relativiert werden. Dies erstens mit einem Blick auf die Motorisierungsraten in Europa im Jahr 2021: Die Motorisierungsrate Deutschland (580 Autos pro 1000 Personen) liegt nicht weit über dem EU-Durchschnitt (567) und andere große Länder wie Italien (675) weisen deutlich höhere Raten auf.[2] Selbst die Motorisierung im „Eisenbahnland" Schweiz (546) liegt nur wenig unter der derjenigen Deutschlands. Die Massenmotorisierung ist also abseits von nationalen Sonderwegen eher als übergreifendes Phänomen der Entwicklung seit dem Zweiten Weltkrieg zu sehen. Die Rede vom Autoland Deutschland hängt zweitens stark mit der Bedeutungszuschreibung der Automobilwirtschaft zusammen. Die Denkfigur, wonach die Automobilwirtschaft als Leitsektor der deutschen Volkswirtschaft zu sehen sei, hat sich in den Jahrzehnten nach dem Zweiten Weltkriege verfestigt, ihre Vorherrschaft scheint ungebrochen. Im Zeichen des Wirtschaftswunders schien eine solche Einschätzung auch wohl begründet, die Automobilindustrie hat zweifellos Wohlstand geschaffen und den Ruf Deutschlands als „Exportweltmeister" verfestigt. Die Lesart könnte aber auch hier eine ganz andere sein: Wenn erstens heute vier Prozent der Erwerbstätigen eng mit der Automobilwirtschaft verbunden sind,[3] so sind dies 96 %, also fast alle, nicht. Zweitens gilt es, die Bedeutung der deutschen Automobilwirtschaft auch im internationalen Vergleich einzuordnen. In der Schweiz gibt die offizielle Statistik den Anteil des Autosektor mit etwa 4,4 % an, denn die Zulieferindustrie gerade für die deutschen Autobauer

[2] Vgl. für 2021: https://ec.europa.eu/eurostat/statistics-explained/images/3/34/Motorisation_rate%2C_2021_v2.png. Zugegriffen: 12.12.2023.

[3] https://www.destatis.de/DE/Presse/Pressemitteilungen/2019/04/PD19_139_811.html, Zugegriffen: 12.12.2023. Neben den 880.000 Erwerbstätigen in der eigentlichen Automobilindustrie umfasst diese Zahl auch die Produktion von Vorleistungen sowie alle die Erwerbstätigen bei automobilnahen Dienstleistern.

spielt in der Schweizer Wirtschaft eine bedeutende Rolle.[4] Auch wenn solche länderübergreifenden Statistiken immer mit einer gewissen Vorsicht zu lesen sind, relativiert dieser Befund doch einiges.

Drittens scheint eine kontrafaktische Betrachtung des Automobilismus in Anlehnung an die klassische Studie von Robert Fogel (1964) zum – seiner Meinung nach überschätzten – Beitrag der Eisenbahn zur Industrialisierung in den USA interessant. Fogels Analysen mögen in Vielem aus heutiger Sicht hinterfragt werden (Winiwarter und Martin 2007, S. 230–233), aber immerhin hat er ein heuristisches Werkzeug entwickelt, das im Prinzip auch die Wachstumseffekte des Automobilismus zu erfassen erlaubt. Im Zentrum einer solchen Argumentation stünde der Gedanke, dass die Wirkung des Automobils nur beurteilen könne, wer eine kontrafaktische Vorstellung davon habe, wie sich eine Wachstumsgesellschaft ohne sie entfaltet hätte. Wie würde Deutschland demnach aussehen, wäre die Autodominanz seit der Mitte des 20. Jahrhunderts weniger entschieden umgesetzt worden? Für die Schweiz haben Eisinger und Siegenthaler (2008) dies versucht, mit einem Fokus auf räumliche Entwicklungen. Bezüglich dieser kontrafaktischen Realität einer autolosen Entwicklung stellen sie zunächst die Frage, ob die Eisenbahn nicht zu ähnlichen Ergebnissen hätte führen können? Insgesamt kommen sie zum plausiblen Schluss, dass der Einfluss auf die Siedlungsentwicklung sich ohne Auto kaum in ähnlichem Maße in die Fläche verlagert hätte. Städte und stadtnahe Gebiete wären verdichtet worden, ausgestattet mit einem gut ausgebauten öffentlichen Nahverkehrsnetz. Also genau die Entwicklung, welche die Raumordnungspolitik heute mühevoll und mit beschränktem Erfolg anstrebt. Ob die Massenmotorisierung in ihrer heutigen Form für alle Zukunft als alternativlos zu gelten hat, lässt sich vor dem Hintergrund solcher Überlegungen mit Fug und Recht anzweifeln (Canzler et al. 2018, S. 32).

Die Frage nach einen kontrafaktischen Entwicklungspfad ist damit selbstverständlich keineswegs vollständig beantwortet, nicht für die Schweiz und auch nicht für Deutschland. Sie scheint aber reizvoll und könnte die Diskussion um die Verkehrswende aus einer ergänzenden Perspektive befruchten. In der Summe der Argumente lässt sich jedenfalls in Frage stellen, ob die Rede vom Autoland Deutschland das Verhältnis der deutschen Bevölkerung zur Mobilität nicht mehr verschleiert als erklärt. Gerade der hier anschließende Blick auf das Flugzeug könnte eine solche Argumentation stützen.

5 Fernreiseboom dank billigen Flugreisen

Die Anfänge der deutschen Luftfahrt reichen bis an den Beginn des 20. Jahrhunderts zurück. Wie auch andernorts ist in dieser Phase der enge Zusammenhang zwischen militärisch getriebener Entwicklung und ziviler Nutzung der neuen Optionen cha-

[4] Gemäß der Automobilindustrie waren es 2019 226230 Mitarbeitende (https://www.agvs-sg.ch/de/autogewerbe/wirtschaftliche-zahlen). Zugegriffen: 12.12.2023.) bei gut 5 Mio. Erwerbstätige https://www.bfs.admin.ch/bfs/de/home/statistiken/arbeit-erwerb/erwerbstaetigkeit-arbeitszeit/erwerbsbevoelkerung/arbeitsmarktstatus.html. Zugegriffen: 12.12.2023.

rakteristisch. Fliegen blieb aber über fast das ganze 20. Jahrhundert das Privileg reicher Eliten, was sich erst gegen Ende des 20. Jahrhunderts grundlegend ändern sollte. Flugreisen wurden seit der Jahrtausendwende zunehmend von einem sorgfältig geplanten Highlight zu einer routinemäßig unternommenen Alltagspraxis. Gleichzeitig zeigt sich zumindest bei urbanen Eliten in der Schweiz, dass der Autoverkehr immer mehr zu einem bewusst eingesetzten Element eines multimodalen Mobilitätskonzepts wird (Haefeli et al. 2020). Fliegen und Autofahren gleichen sich demnach als soziale Praktiken mehr und mehr an.

Drei Faktoren spielten dabei die entscheidende Rolle. Erstens und vor allem sind es auch hier die Preise. In der zweiten Hälfte des 20. Jahrhunderts sanken die Kosten des Fliegens pro Tonnenkilometer dank technischem Fortschritt enorm. Zweitens führte die Liberalisierung des Luftverkehrs im EWG-Raume zwischen 1989 und 1993 zur Etablierung neuer Billigfluglinien und einem teilweise ruinösen Preiskampf, in dem viele Staaten nicht davon zurückscheuten, ihre Flag-Carriers mit massiven direkten und indirekten Subventionen zu stützen. Diese Subventionen lassen sich gut in den Kontext der Forderungen um gute Bahnanschlüsse für alle vor 1900 sowie in die Zielsetzungen des Leber-Plans einordnen: Mobilität und Verkehrswachstum rechtfertigen staatliche Eingriffe in den Markt ganz offensichtlich unabhängig vom Verkehrsmittel. Insgesamt sanken die Ticketpreise für die Passagiere zwischen etwa 1950 und dem Ende des Jahrhunderts inflationsbereinigt um 97 % (Meyer 2016, S. 92). Drittens verfügten die Nachfragenden über wachsende finanzielle Ressourcen und mehr Ferientage. Das Hauptsegment der Flugpassagiere verlagerte sich in der Folge vom Geschäfts- zum Freizeitverkehr (Spode 2004; Fabian 2016). Dieser dritte Faktor wird in der verkehrswissenschaftlichen Forschung in seiner Bedeutung gerne unterschätzt, was zu einer latenten Überschätzung der Steuerungsmöglichkeiten klassischer Verkehrspolitik führt: Gestiegene Verkehrsleistungen sind eben immer auch und wahrscheinlich vor allem die Folge und nicht bloß die Ursache von Wirtschaftswachstum.

Bezeichnend für die deutsche Infrastrukturpolitik der ersten Nachkriegsjahrzehnte ist die Entwicklung der terrestrischen Infrastruktur des Fliegens. Die in den 1960er-Jahren neugebauten Flughäfen verfügten über gute Autobahn-, aber über keine Bahnanschlüsse (Dienel 1998, S. 115). Umgesteuert wurde diesbezüglich in Deutschland relativ spät, etwa mit dem Anschluss des Flughafens Frankfurt/Main an den Hochgeschwindigkeitseisenbahnverkehr im Jahr 1999.

Die stürmische Entwicklung des Flugverkehrs der letzten Jahrzehnte hatte aus Sicht einer Verkehrswende gravierende Folgen, die in den aktuellen Debatten immer noch eher stiefmütterlich behandelt werden. Gerade aus der Perspektive des Klimawandels lässt sich die Bedeutung des Flugverkehrs nicht mehr kleinreden, und sie muss in den Diskussionen um die Verkehrswende künftig zwingend eine größere Rolle spielen. Allerdings ist die Datenlage schlecht, was ja häufig auf ein fehlendes Problembewusstsein hindeutet. Die großen nationalen Erhebungen zum Mobilitätsverhalten in Deutschland berücksichtigen die Flugreisen nur bis zur Landesgrenze, was selbstredend eine groteske Verzerrung mit sich bringt. Welche gesellschaftlichen Gruppen im Rahmen welcher Mobilitätskonzepte wieviel fliegen, bleibt so letztlich im Dunkeln.

Etwas besser ist die Datenlage (ausnahmsweise) in der Schweiz: Gemäß dem Mikrozensus Mobilität und Verkehr legte eine durchschnittliche Person 2015[5] etwa 25.000 Km pro Jahr zurück, davon je etwa 9000 mit dem Auto und mit dem Flugzeug.[6] Die Klimawirkungen des Fliegens sind pro Kilometer bekanntlich deutlich höher als im terrestrischen Verkehr. Das UBA rechnet mit mittleren Emissionsfaktoren von für das Auto 154 g CO_2/Pkm, und für das Flugzeug (im Inland): 214 g CO_2/Pkm.[7] Demnach übersteigen die spezifischen Klimawirkungen des Fliegens diejenigen des Autos in der Schweiz bereits 2015 um gut 40 %. Daraus ließe sich gewiss ein politischer Auftrag ableiten.[8] Auch wenn Daten fehlen, gibt es wenig Grund für die Annahme, dass in den reichen Gebieten Europas („blaue Banane"), zu denen unter anderem auch Süddeutschland gehört, weniger geflogen wird als in der Schweiz.

6 Fazit: Kontinuitäten und wachsende Widersprüche

Das 19. und das 20. Jahrhundert sind in Deutschland insgesamt von einem beispiellosen Wirtschaftswachstum geprägt, allen Krisen und Verwerfungen zum Trotz. Der Blick auf die langfristigen Prozesse macht dabei deutlich: Dieser Wohlstand ist nicht erst auf guten Straßen gekommen, er ist schon im 19. Jahrhundert mit der Eisenbahn eingefahren und landet heute mit den Billigflügen auf unseren Flughäfen. Und er ist immer auch in erster Linie das Resultat gesamtgesellschaftlicher Entwicklung. Wer nach den langfristigen Trends unseres Verkehrsverhaltens fragte, sollte also den Blick auf das große Ganze nicht verlieren, zentral sind dann nicht einzelne Verkehrsmittel, sondern die Kontinuität wachsender Verkehrsleistungen. Die Wachstumsorientierung oder je nach Sichtweise der Wachstumszwang als konstitutives Merkmal der Moderne zeigt sich im Verkehrsbereich besonders ungebrochen: Schneller und weiter, darum ging es in erster Linie (Sieber 2021). Dass das gesellschaftspolitisch gewollt war und über den eigentlichen Wachstumsbeitrag des Verkehrssystems hinaus gefördert wurde, belegen die vielfältigen Subventionen, von staatlichen Vorleistungen in große Infrastrukturen (Eisenbahnen. Straße, Flughäfen) bis zu direkten und indirekten Betriebssubventionen aller Art (von der Pendlerpauschale über die Nutzung von Geschäftsautos für private Zwecke bis zur steuerlichen Bevorzugung des Kerosins).

Dieser „Steigerungslauf" wachsender Verkehrsleistungen ist einerseits zweifellos ungebrochen, er stößt aber andererseits zunehmend an Grenzen. Die ungewollten

[5] Die neuste Erhebung hat sich coronabedingt verzögert.

[6] https://www.are.admin.ch/are/de/home/mobilitaet/grundlagen-und-daten/mzmv.html. Zugegriffen: 12.12.2023.

[7] https://www.umweltbundesamt.de/bild/vergleich-der-durchschnittlichen-emissionen-0, Zugegriffen: 12.12.2023vgl. dazu auch: Neu 2021.

[8] Dies auch, wenn Hochrechnungen darauf hindeuten, dass die Pro-Kopf-Flugkilometer in Deutschland deutlich unter denjenigen in der Schweizer liegen dürften (Frick und Grimm 2014). Dies wohl aufgrund von Einkommenseffekten und einer in Deutschland etwas höheren Autoaffinität.

negativen Nebenwirkungen des Verkehrs drängen immer stärker in den Vordergrund und manifestieren sich in der Klimapolitik, im Kampf um den öffentlichen Raum, um saubere Luft, ruhige Nachbarschaften und unberührte Landschaften. Die Repolitisierung der Verkehrspolitik ist jedenfalls offensichtlich. Für viele wird dabei immer deutlicher, dass sich eine gelingende und befriedigende Mobilität nicht einfach nur am Tempo und der zurückgelegten Anzahl von Kilometern messen lassen darf.

Die Geschichtswissenschaft kann also helfen, die Analyse der Verkehrsprobleme zu schärfen. Kann sie aber auch Lösungsansätze einbringen? Bescheidenheit ist angebracht, Lehren aus der Geschichte lassen sich in aller Regel nicht so ohne weiteres in die Zukunft projizieren. Anregungen sind aber vielleicht möglich. Den aus einer historischen Perspektive erklärbaren, aber trotzdem verzerrten Blick auf das Auto zu korrigieren, könnte einige Akzente neu setzen: So wenig die Verkehrspolitik einseitig das Auto protegieren sollte, so falsch ist es ebenso, die dringend benötigte Verkehrswende lediglich an einem neuen Verhältnis zum Auto zu messen oder gar einfach dessen Elektrifizierung als Allheilmittel zu fordern. Gerade die enorme Zunahme des Flugverkehrs wäre stärker zu adressieren.

Darüber hinaus kann die vorliegende Skizze der historischen Entwicklung im Sinne des in diesem Text eingeführten Verständnisses von Mobilität als Plädoyer für eine Mobilitätspolitik verstanden werden, die weit über die traditionelle Verkehrspolitik hinausgreift.

Literatur

Buhr, Regina, et al. 1999. *Bewegende Moderne. Fahrzeugverkehr als soziale Praxis*. Berlin: Edition Sigma.

Canzler, Weert. 2016. *Automobil und moderne Gesellschaft: Beiträge zur sozialwissenschaftlichen Mobilitätsforschung*. Berlin: LIT.

Canzler, Weert, und Andreas Knie. 1998. *Möglichkeitsräume: Grundrisse einer modernen Mobilitäts- und Verkehrspolitik*. Wien: Böhlau.

Canzler, Weert, et al. 2018. *Erloschene Liebe? Das Auto in der Verkehrswende Soziologische Deutungen*. Bielefeld: transcript.

Dienel, Hans-Liudger. 1998. Lufthansa. Two German airlines. In *Flying the flag: European commercial air transport since 1945*, Hrsg. Hans-Liudger Dienel und Peter Lyth, 87–117. Basingstoke: Macmillan Press.

Eisinger, Angelus, und Hansjörg Siegenthaler. 2008. Zur Wirkungsgeschichte des motorisierten Individualverkehrs in der Schweiz im 20. Jahrhundert. *Traverse, Zeitschrift für Geschichte* 1(2008): 94–118.

Fabian, Sina. 2016. *Boom in der Krise: Konsum, Tourismus, Autofahren in Westdeutschland und Grossbritannien 1970–1990*. Göttingen: Wallstein Verlag.

Fogel, Robert W. 1964. *Railroads and American economic growth. Essays in econometric history*. Baltimore: Johns Hopkins University Press.

Fremdling, Rainer. 1975. *Eisenbahnen und deutsches Wirtschaftswachstum 1840–1879*. Dortmund: Gesellschaft für Westfälische Wirtschaftsgeschichte.

Frick, Roman, und Bente Grimm. 2014. *Langstreckenmobilität. Aktuelle Trends und Zukunftsperspektiven*. München: IFMO Institut für Mobilitätsforschung.

Gegner, Martin, und Oliver Schöller. 2005. Der Verkehr des Leviathans – Zur Genese des städtischen Verkehrs im Rahmen der Daseinsvorsorge. In *Öffentliche Mobilität. Perspektiven für eine nachhaltige Verkehrsentwicklung*, Hrsg. Oliver Schöller, 44–68. Wiesbaden: VS Verlag für Sozialwissenschaften.

Gottwald, Alfred. 2009. *Dorpmüllers Reichsbahn.Die Ära des Reichsverkehrsministers Julius Dorpmüller 1920–1945*. Freiburg i. Brg.: EK-Verlag.

Haefeli, Ueli. 2005. Public Transport in Bielefeld (Germany) and Bern (Switzerland) since 1950: A comparative analysis of effiency, effectivenes and political background. *European Journal for Transport and Infrastructure* 5(3): 193–214.

———. 2008. *Verkehrspolitik und urbane Mobilität. Deutsche und Schweizer Städte im Vergleich 1950–1990*, Beiträge zur Stadtgeschichte und Urbanisierungsforschung, Bd. 8. Stuttgart: Franz Steiner.

———. 2010. Die Zukunft der Vergangenheit. Verkehrspolitik in der Bundesrepublik der Nachkriegszeit im Vergleich zur Entwicklung in der Schweiz. In *Urbanität gestalten. Stadtbaukultur in Essen und im Ruhrgebiet 1900 bis 2010*, Hrsg. Museum Folkwang, 149–158. Essen: Göttingen Ed. Folkwang/Steidl 2010.

———. 2016. Entwicklungslinien deutscher Verkehrspolitik im 19. Und 20. Jahrhundert. In *Handbuch Verkehrspolitik*, 97–115. Wiesbaden: Springer.

———. 2022. *Mobilität im Alltag in der Schweiz seit dem 19. Jahrhundert. Unterwegs sein können, wollen und müssen*, Verkehrsgeschichte Schweiz, Bd. 4. Zürich: Chronos.

Haefeli, Ueli, et al. 2020. *Autolose Haushalte in der Stadt Zürich*. Zürich: Energieforschung Stadt Zürich. Bericht Nr. 60, Forschungsprojekt FP-1.25.

Kagermann, Henning. 2019. *Deutschland ist Autoland*. Online. https://www.zeit.de/mobilitaet/2019-02/henning-kagermann-tempolimit-andreas-scheuer-verkehrspolitik. Zugegriffen am 12.12.2023.

Klenke, Dietmar. 1995. *„Freie Fahrt für freie Bürger". Die Geschichte der bundesdeutschen Verkehrspolitik 1949–1994*. Darmstadt: Wissenschaftliche Buchgesellschaft.

Köhler, Ingo. 2018. *Auto-Identitäten. Marketing, Konsum und Produktbilder des Automobils nach dem Boom*. Göttingen: Vandenhoeck & Ruprecht.

Kopper, Christopher. 2007. *Die Bahn im Wirtschaftswunder. Deutsche Bundesbahn und Verkehrspolitik in der Nachkriegsgesellschaft*. Frankfurt a. M.: Campus.

Kuhm, Klaus. 1997. *Moderne und Asphalt. Die Automobilisierung als Prozess technologischer Integration und sozialer Vernetzung*, Stadt, Raum und Gesellschaft 9. Pfaffenweiler: Centaurus-Verlagsgesellschaft.

Lutz, Burkart. 1989. *Der kurze Traum immerwährender Prosperität: eine Neuinterpretation der industriell-kapitalistischen Entwicklung im Europa des 20. Jahrhunderts*. Frankfurt a. M.: Campus.

Merki, Christoph Maria. 2002. *Der holprige Siegeszug des Automobils 1895–1930. zur Motorisierung des Strassenverkehrs in Frankreich, Deutschland und der Schweiz*. Wien/Köln/Weimar: Böhlau.

———. 2008. *Verkehrsgeschichte und Mobilität*. Stuttgart: UTB.

———. 2016. Verkehrsträger. In *Handbuch Verkehrspolitik*, 77–95. Wiesbaden: Springer.

Mom, Gijs. 2015. *Atlantic automobilism: The emergence and persistence of the car, 1895–1940*. New York/Oxford: Berghahn Books.

Neu, Urs. 2021. *Die Auswirkungen der Flugverkehrsemissionen auf das Klima*. Swiss Academies Communications 16(3), 2. Aufl. (online). https://scnat.ch/de/uuid/i/81d6af2e-432d-5dff-b961-b50e788704e8-Die_Auswirkungen_der_Flugverkehrsemissionen_auf_das_Klima. Zugegriffen am 12.12.2023.

Radkau, Joachim. 2008. *Technik in Deutschland: vom 18. Jahrhundert bis heute*. Frankfurt a. M.: Campus.

Roth, Ralf. 2005. *Das Jahrhundert der Eisenbahn. Die Herrschaft über Raum und Zeit 1814–1914*. Ostfildern: Jan Thorbecke.

Sachs, Wolfgang. 1984. *Die Liebe zum Automobil. Ein Rückblick in die Geschichte unserer Wünsche*. Reinbek b. Hamburg: Rowohlt.

Sieber, Markus. 2021. *Schneller, weiter, billiger, mehr? Verkehr und Mobilität seit 1918*, Verkehrsgeschichte Schweiz 3. Zürich: Chronos.

Spode, Hasso. 2004. Let us fly where the sun is: Air travel and tourism in historical perspective. In *Airworld*, Hrsg. Jochen Eisenbrand und Alexander von Vegesack. Vitra Design Museum: Weil.

Voigt, Fritz. 1965. *Verkehr. Die Entwicklung des Verkehrssystems*, Bd. 2. Berlin: Duncker & Humblot.

Winiwarter, Verena, und Knoll Martin. 2007. *Umweltgeschichte. Eine Einführung*. Stuttgart: UTB.

Wolf, Winfried. 1992. *Eisenbahn und Autowahn. Personen- und Gütertransport auf Schiene und Straße. Geschichte, Bilanz, Perspektiven*. Hamburg/Zürich: Rasch und Röhring.

Ziegler, Dieter. 1996. *Eisenbahnen und Staat im Zeitalter der Industrialisierung*, = Vierteljahrschrift für Sozial- und Wirtschaftsgeschichte. Beiheft 127. Stuttgart: Franz Steiner.

Transformation des Verkehrssystems: Konflikte und Komplexität

Jens S. Dangschat und Wladimir Sgibnev

Inhalt

Zusammenfassung

Die Transformation des Mobilitätssystems ist mehr als eine Antriebswende, die lediglich lokale Emissionsfreiheit anstrebt und damit verbundene Probleme des Extraktivismus ausblendet. Die Transformation ist notwendigerweise komplex, multiskalar und konfliktreich. Daher werden in diesem Kapitel die globale Verwobenheit und historische und kulturelle Einbettung von Mobilität thematisiert und Analogien zu anderen grundlegenden sozialen und ökonomisch-technischen Umwälzungen gezogen. Abschließend wird dafür plädiert, die dominante Automobilität als Voraussetzung für eine wirksame Transformation des Verkehrssystems zu überwinden.

Die Autoren bedanken sich beim ARL-Arbeitskreis „Mobilität, Erreichbarkeit und soziale Teilhabe“ für Vernetzung und Inspiration, die maßgeblich waren für die Entstehung dieses Kapitels.

J. S. Dangschat
Institut für Raumplanung, FB Soziologie, Technische Universität Wien, Wien, Österreich
E-Mail: jens.dangschat@tuwien.ac.at

W. Sgibnev (✉)
Leibniz-Institut für Länderkunde, Leipzig, Deutschland
E-Mail: w_sgibnev@leibniz-ifl.de

W. Canzler et al. (Hrsg.), *Handbuch Mobilität und Gesellschaft*,
https://doi.org/10.1007/978-3-658-37557-7_15

Schlüsselwörter

Verkehrs- und Mobilitätswende · Extraktivismus · Automobilität · Sozial-ökologische Transformation · Komplexität

1 Einleitung

Moderne Gesellschaften sind mit vielfältigen technologischen, ökologischen, sozioökonomischen und soziokulturellen Dynamiken konfrontiert. Die Transformation des Mobilitätssystems kann daher nur durch die Anerkennung der Konflikthaftigkeit, Komplexität und Multiskalarität dieser Dynamiken (Miörner und Binz 2021), ihrer globalen Verwobenheit und historischen und kulturellen Einbettung gelingen. Daher wollen wir im vorliegenden Kapitel die strukturellen Bedingtheiten (Ross 2023) von Mobilität und Mobilitätstransformationen hervorheben und Analogien zu anderen grundlegenden sozialen und ökonomisch-technischen Transformationsprozessen ziehen. Der zunehmende Druck durch den Klimawandel und gesellschaftliche Meta-Prozesse wie Pluralisierung und Digitalisierung spielen ebenso eine Rolle wie Fragen (globaler) Gerechtigkeit, die wir im Rahmen dieses Kapitels jedoch nur selektiv ansprechen können.

Mobilität unter Transformationsgesichtspunkten zu diskutieren bedeutet, auch die praktische Umsetzbarkeit und die damit verbundenen Konflikte zu berücksichtigen: Unter welchen gesellschaftlichen Bedingungen wird eine Transformation des Mobilitätssystems politisch möglich und akzeptiert? Und umgekehrt gefragt: Unterstützen gesellschaftliche Wandlungsprozesse wie Pluralisierung und Digitalisierung grundsätzlich eine Transformation des Verkehrssystems? Und wenn ja, wird dieser Wandel tatsächlich zu ökologischer Nachhaltigkeit führen?

Für den Verkehrssektor sind neben den wettbewerbs-üblichen automobilbezogenen technologischen Veränderungen (Digitalisierung, Ausstieg aus fossilen Antrieben, schrittweise Automatisierung und Vernetzung) insbesondere Herausforderungen durch den Klimawandel relevant (Bormann et al. 2018; Kuhnert et al. 2017). Anlass sind vor allem die steigenden umwelt- und klimaschädigenden Emissionen. Im Gegensatz zu wissenschaftlich fundierten Forderungen und politischen Selbstverpflichtungen, die Erderwärmung auf 2° Celsius, günstigstenfalls auf 1,5° Celsius zu beschränken, befinden wir uns jedoch weltweit auf einem Entwicklungspfad, der zu einer Erderwärmung von 3° Celsius führen würde (APCC 2022; EfK 2024, S. 9; IPCC 2023).

Die Verkehrs- und Mobilitätswende werden vor allem mit disruptiven technologischen Innovationen zu lösen versucht. Das „ob“, „wie“, die Dringlichkeit und die notwendigen Technologien sind jedoch zwischen politischen Parteien, aber auch innerhalb der Gesellschaft höchst umstritten. Parallel dazu, und dadurch verstärkt, findet ein erheblicher Wertewandel statt, der die Auseinandersetzung über die technologischen, ökologischen und gesellschaftlichen Herausforderungen überlagert, große Teile der Bevölkerung verunsichert und die Auseinandersetzungen darüber polarisierend verstärkt (siehe etwa die Debatten über das „Verbrenner-Aus“ oder das „Heizungsgesetz“). Zusätzlich wird der Wertewandel durch krisenhafte Ereignisse – Migrationskrisen, Pandemiefolgen, Kriege in der Ukraine und anderswo – überlagert, was zu weiteren multiplen Polarisierungen führt.

Aus Sicht kritischer Sozialwissenschaften lassen sich globale Herausforderungen nur im Rahmen einer umfassenden sozial-ökologischen Transformation lösen (Brand 2018; Haas 2021), nicht durch Teillösungen, sondern mit einem breiten systemischen Zugang, mit dem auch soziale und sozialräumliche Ungleichheiten und Ungerechtigkeiten abgebaut werden (Geels 2012). In diesem Zuge können Technologien nicht als „wertfrei“ und als außerhalb der Gesellschaft angesehen werden, sondern als interessensgeleiteter, machtbezogener und potenziell Ungleichheiten vergrößernder Bestandteil gesellschaftlicher Transformation.

Offensichtlich läuft der notwendige gesellschaftliche Wertewandel nicht so disruptiv ab wie große Teile des technologischen Wandels, zumal da das Auto als Statussymbol und als Freiheitsversprechen als Teil der „Automobilität“ tief im Denken und Handeln der Menschen verwurzelt ist (Featherstone et al. 2005; Geels et al. 2012; Manderscheid 2012; Mattioli und Colleoni 2016; Sheller und Urry 2000; Sovacool und Axsen 2018; Urry 2004). Durch die unterschiedliche Dynamik der Anpassungsbereitschaft sozialer Gruppen an die notwendige Transformation des Verkehrssystems entstehen weitere gesellschaftliche Kontroversen (Neckel 2020). Vor diesen Erkenntnissen stellt eine überwiegend technik-zentrierte, marktgläubig disruptions-orientierte Perspektive auf die Mobilitätswende, wie sie etwa aus Industrie- und Politik-Kreisen zu hören ist (Elektrifizierung, Automatisierung oder E-Fuels als Heilsbringer), keine adäquate Lösung dar. Eine Überschätzung von Technologie und Märkten läuft darüber hinaus Gefahr, die sozial-historische Situiertheit von Transformationsprozessen aus dem Blick zu verlieren.

Es reicht aus Sicht kritischer Sozialwissenschaften nicht aus, Ansätze zur Verkehrs- und Mobilitätswende lediglich einzuordnen, erwartbare Vor- und Nachteile zu beschreiben und Details zu verbessern, denn die Veränderungen müssen in eine breite und tiefgreifende sozial-ökologische Transformation eingebettet sein (Brand 2017; Dangschat 2025; Kanger et al. 2018). Dazu muss erkannt werden, wie die Entwicklung von Gesellschaften weltweit in das System der Automobilität und der „Selbstverständlichkeit“ des Extraktivismus des Globalen Nordens eingebunden und wie diese retardierend wirksam ist.

Im folgenden Abschnitt wird die Verkehrs- und Mobilitätswende in die sozial-ökologische Transformation eingeordnet und hinsichtlich unterschiedlicher räumlicher Auswirkungen dargestellt. Im dritten Abschnitt wird für die Betrachtung gesellschaftlicher Prozesse der Blickwinkel einer Multiskalarität eingenommen und der Bezug zum Extraktivismus hergestellt. Im vierten Abschnitt geht es darum, dass eine Transformation im Verkehrssektor nur erreicht werden kann, wenn die „Automobilität“ als Narrativ der Moderne in Frage gestellt und zumindest in Ansätzen überwunden wird. Im abschließenden Kapitel werden bislang kaum beantwortete Fragen aufgeworfen und erste Hinweise gegeben, welche Herausforderungen die Transformation des Verkehrssektors für Politik, Raum- und Verkehrsplanung erkennbar sind.

2 Verkehrs- und Mobilitätswende als sozial-ökologische Transformation im Zeichen des sozial-räumlichen Wandels

„Transformation“ ist ein umfassender politischer, technologischer, sozioökonomischer und soziokultureller Veränderungsprozess von einem bekannten, postulierten Ausgangspunkt zu einer von bestimmten Akteuren avisierten anderen, zukünftigen Konstellation. In der Regel geht diese mit einem unterschiedlich dynamischen Wertewandel einher, der wiederum den gesellschaftlichen Zusammenhalt herausfordert.

Im Diskurs zur sozial-ökologischen Transformation wird sich sehr häufig auf Polanyi und dessen ‚Great Transformation‘ bezogen (Polanyi 1957). Polanyi hatte am Beispiel Großbritanniens verdeutlicht, wie industrielle, technologische, politische und gesellschaftliche Veränderungen ineinander verschränkt wirksam sind und völlig neue Konstellationen erzeugen. Auch schärfte Polanyi den sozialwissenschaftlichen Blick für das Zusammenspiel von Markt- und Gesellschaftskräften („marketisation“ vs. „social embeddedness“) bei der Ausbildung gesellschaftlicher Phänomene und ihrer Transformationsprozesse – was aktuell auch für Debatten zu Rahmenbedingungen und gesellschaftlichen Auswirkungen der notwendigen sozial-ökologischen Transformation herangezogen wird (Brand und Wissen 2017; Brand 2018; Manderscheid 2014b; Rekhviashvili und Sgibnev 2020).

Die unterschiedlichen, parallel sich verstärkenden „Wenden“[1] (Verkehrs-, Mobilitäts-, Energie- und Ernährungswende) ergeben in ihrer Gesamtheit die „Große Transformation“. Damit ist der umfassende Umbau von Technik, Ökonomie, Politik und Gesellschaft gemeint, um mit den sozial-ökologischen Herausforderungen umzugehen. Was es dafür braucht, sei eine „Zukunftskunst“ (Schneidewind 2018). Damit ist die Fähigkeit gemeint,

- Zukunftsvisionen im Rahmen eines Wertewandels zu entwickeln,
- eine kluge Politik zu entwickeln, welche entsprechende Leitplanken für eine nachhaltige Entwicklung setzt,
- ein neues Wirtschaften, das in stärkerem Maße an Zielen der Nachhaltigkeit orientiert ist (Kreislaufwirtschaft, Entkoppeln der Produktion vom Ressourcenverbrauch etc.) und
- innovative Technologien, um Dekarbonisierung zu unterstützen und den Zugriff auf begrenzte Rohstoffe zu minimieren.

Der Begriff der „Großen Transformation“ ist vom Wissenschaftlichen Beirat der Bundesregierung Globale Veränderungen aufgegriffen worden: Die Bundesregierung solle einen Gesellschaftsvertrag für eine globale Große Transformation hin zu einer klimaverträglichen, post-fossilen Gesellschaft umzusetzen (WBGU 2011).

[1] Schneidewind (2018) versteht darunter: Die Wohlstands- und Konsumwende, die Energiewende, die Ressourcenwende, die Mobilitätswende, die Ernährungswende, die urbane Wende und die industrielle Wende.

Um die entsprechende Transformation durchzuführen, müsse ein Gesellschaftsvertrag zur Innovation durch einen neuartigen Diskurs zwischen Regierungen und Bürger:innen innerhalb und außerhalb der Grenzen des Nationalstaats geschlossen werden.

Das bedeutet dreierlei: Einen Wertewandel hin zu genügsameren Lebensweisen (Suffizienz: Huber 1995), kompromissbereitere Politikstile und letztlich eine Reform des bestehenden Kapitalismus (Brand und Wissen 2018). Schwedes (2017, S. 31) bringt es auf den Punkt: Wenn man „die negativen Folgen der Verkehrsentwicklung verurteilt, (müsse man) … sich mit dem Kapitalismus auseinandersetzen".

Schneidewind betont vor allem die Bedeutung des Wertewandels: „Auch wenn Technologien, Geschäftsmodelle und Politik wichtig sind, am Ende verändern Ideen und neue Wertvorstellungen die Welt" (Schneidewind 2018, S. 42). Um neue Ideen zu verwirklichen, geht es vor allem um „Pioniere des Wandels", die die Transformation antreiben, die er allerdings weniger in den bestehenden Institutionen vermutet. Wenn man allerdings auf das eigene Auto angewiesen ist und/oder es als Statussymbol ansieht, dann fällt die Verkehrs- und Mobilitätswende schwer.

Institutionelle, soziale und morphologische Transformationen vollziehen sich mit unterschiedlichen Geschwindigkeiten und unterschiedlichen Raum-Konfigurationen zwischen sozialen Gruppen, zwischen Zentren und Peripherien und zwischen einzelnen Stadtgebieten (Sykora und Bouzarovski 2012, S. 44 f.). Sie sind oftmals mit Verlust-Erfahrungen und Verlust-Erwartungen verbunden, welche sich wiederum auf die Ausrichtung und Geschwindigkeit und damit auf die Konsequenzen von Transformationsprozessen auswirken.

Die Verkehrs- und Mobilitätswende[2] beinhalten Transformationsprozesse, die in der (Partei-)Politik und der Öffentlichkeit breit diskutiert werden. Wir gehen hier – angelehnt an Manderscheid (2020) – von einem dreigeteilten Zugang aus:

- *Die Antriebswende*: Darunter ist der Ausstieg aus fossilen Antriebsarten gemeint, welche aktuell den Verkehrssektor dominieren. Für alle Mitgliedsstaaten der EU wurde ein Verkaufsstopp klassischer „Verbrenner" als Bestandteil des ‚Green Deals' ab dem Jahr 2035 vereinbart und eine Orientierung an der E-Mobilität empfohlen. Dieses wurde nachträglich von der FDP mit dem Argument einer Technikoffenheit auch auf die Anwendung von E-Fuels erweitert.[3] Aktuell gehen konservative und rechtspopulistische Parteien davon aus, diesen Beschluss nach der Europawahl 2024 kippen zu können. Auf der anderen Seite gibt es auch gegen

[2] Im politischen, aber auch fachlichen Diskurs gibt es keine klare Abgrenzung zwischen den beiden Begriffen.

[3] Nach Berechnungen des Verkehrsclubs Österreich (VCÖ 2023, S. 10) sind synthetische Kraftstoffe aufgrund der mehrfachen Umwandlung erstens sehr teuer und zweitens nicht effektiv (Wirkungsgrad von nur 14 %); sie sollten daher nur für industrielle Zwecke und für schwere Verkehrsmittel (Flugzeuge, Schiffe, Eisenbahnen) verwendet werden. Sie haben zudem einen hohen Strombedarf, was das ohnehin knappe Angebot an „grünem Strom" weiter verknappen würde.

die E-Mobilität massive Vorbehalte aufgrund der Bedingungen, unter denen Rohstoffe weltweit gewonnen und gehandelt werden (politische Abhängigkeiten und mit dem Extraktivismus verbundenen soziale und ökologische Schäden; s. Kap. 3)

Die Verkehrswende (im engeren Sinne): Damit ist die Strategie der „drei V" gemeint.

- Vermeiden von Wegen, überwiegend durch Telekommunikation (Homeoffice, distant learning, Telemedizin, etc.) und virtuelle Mobilität;

  Verlagern des Verkehrs von der Straße auf die Schiene und das Wasser (Güterverkehr) resp. vom Autoverkehr zum „Umweltverbund" (öffentlicher Personenverkehr, Fahrrad fahren und zu Fuß gehen) und zur Micro-Mobilität für die „letzte Meile". Notwendige Investitionen sind hoch (Arndt und Schneider 2023) und allenfalls mittelfristig wirksam (Stein 2021)

  Verbessern: Dieser Aspekt betrifft sehr unterschiedliche Aspekte des Verkehrssystems – aus Sicht der Ingenieure: effizientere Fahrzeuge (Gewicht, Fahrtwiderstände), effizientere Nutzung des Energieeinsatzes; aus Sicht von Raum- und Verkehrsplaner:innen: verbesserte Angebote für Multimodalität über ‚mobility hubs' und Apps, aber auch Ansätze der 15-Minuten-Stadt und des Superblocks (Lyndon und Garcia 2015; Stevens und Dovey 2022; vgl. auch den EU-Ansatz ‚New European Bauhaus')

  Trotz aller Beteuerungen wird in Deutschland noch immer deutlich mehr in den Ausbau der Straßen als in den der Schienen investiert. Zudem benötigt die Umsetzung einen langen Zeitraum, auch wenn hier seitens der Bundespolitik schon schnellere Verwaltungsabläufe angestoßen wurden – allerdings häufig auch zu Lasten von Umweltschutzprüfungen und Beteiligungsprozessen.
- *Die Mobilitätswende*: Hierunter ist zum einen die Veränderung des Mobilitätsverhaltens der Bürger:innen zu verstehen und zum anderen die der Stakeholder in Politik, planender Verwaltung und der Wirtschaft, welche die Rahmenbedingungen (push und pull) sowie die Marktbedingungen setzen. Genau hier zeigt sich aber, dass Maßnahmen der sozial-ökologischen Transformation vor allem dann Widerstand erzeugen, wenn diese Folgen für den jeweiligen Alltag haben und mit tatsächlichen oder vermeintlichen Nachteilen verbunden sind. Die Fülle und Stärke erforderlicher Transformationen überfordert große Teile der Bevölkerung und führt zu einer grundlegenden Skepsis gegenüber Politik (und insbesondere gegenüber den Parteien, die Maßnahmen gegen den Klimawandel vorsehen) und planender Verwaltung.

Zukunftsvorstellungen beziehen sich nicht nur auf den physischen Fortbestand einst vorhandener Strukturen (also auch den materiellen Besitz des eigenen Autos), sondern auch auf die Interpretationen dieser Vergangenheit (Wakefield 2018). Möglichkeitsräume entstehen durch Aushandlung, sind also bedingt durch die Konflikthaftigkeit von Transformationsprozessen. Parker (2004, S. 164) orientiert sich an Lefebvre und dessen Begriff der „Transduktion": diese sei mehr als die „Umgestaltung des urbanen Raums, um den Erfordernissen der Nutzer gerecht zu werden", sondern eine Aushandlung der Möglichkeiten der Raumproduktion.

Beispielsweise verliefen die Anpassung der Infrastruktur an die demografische Schrumpfung der Städte, der Rückbau der Industrie und die Verschiebung von Wohn- und Mobilitätsmustern im Post-Sozialismus parallel zur massiven Konzentration von Kapital in den stetig wachsenden Hauptstädten (Bănică et al. 2017; Kremer et al. 2019), die wiederum zeitgleich mit Prozessen der Demokratisierung, Privatisierung und (neuen) Ausgrenzungen, der Nation-Building und geopolitischen (Neu-)Orientierungen liefen und von (neuen) Abhängigkeiten begleitet wurden.

In post-sozialistischen Gesellschaften wurde in Folge dessen ein „Versagen zugrunde liegender Systeme" und eine Wissenskrise festgestellt, „die sich direkt auf das Selbstverständnis auswirkte" (Alexander et al. 2007, S. 3). Waren diese mit handfesten sozioökonomischen Abstiegs- und Verlusterfahrungen verbunden, rief dies Widerstände hervor und verhinderte eine gemeinschaftliche und gemeinwohlorientierte Steuerung dieser Prozesse. Eine krisenhafte „profound ontological and epistemological uncertainty" (Alexander et al. 2007, S. 2) beförderte daher allenfalls einen Minimalkonsens für kosmetische institutionelle Reformen, stärkte die Persistenz hergebrachter sozialer Praktiken und untergrub die Fähigkeit von Gesellschaften, selbstbestimmt Zukunftsentwürfe zu diskutieren.

Die Forschung zu den leidvollen und tiefgreifenden sozio-ökonomischen Transformationsprozessen infolge des Zusammenbruchs der UdSSR hat dafür den Begriff der „Liminalität" geprägt – ein Übergang ins Unbekannte, bestehend aus „mehrfachen Trennungen, Übergängen und Wiedereingliederungen" (Czepczyński 2010, S. 18), der auch für die Analyse anders gelagerter Transformationsprozesse sinnvoll angewendet werden kann. Das unterstreicht die zeitliche und räumliche Situiertheit von Transformationsprozessen. Im Rückgriff auf Polanyi können wir so etwa die massenhafte Verbreitung informeller Minibus-Verkehre in den 1990 Jahren als Zusammenspiel von Markt-Ordnungskräften und sozialen Beziehungen interpretieren (Rekhviashvili und Sgibnev 2020).

Hier zeigen sich Parallelen zur zögerlichen Umsetzung der Verkehrs- und Mobilitätswende im Kontext multipler-Krisen. In diesem Kontext wird für viele Menschen ihr Mobilitätsverhalten in Frage gestellt (Neckel 2020). Die Diskussion um die „Zukunft des Verbrenners" wird von vielen Menschen insbesondere in peripheren Regionen und von traditionellen Milieus als unzulässiger Eingriff in ihre Alltagsabläufe angesehen und mit Verlustängsten beantwortet. Konservative und rechtspopulistische politische Parteien nehmen das zum Anlass, im „weiter-so-" zu verharren (Rücknahme des Stopps des Verkaufs von fossil angetriebenen Fahrzeugen), resp. machen sich mit dem Plädoyer für „Technikoffenheit" einen „schlanken Fuß". Die Strategie wird häufig mit der Diskriminierung des zur Bekämpfung des Klimawandels Nötigen als „ideologie-getrieben" verbunden. Im Ergebnis führt das zu einem weiteren Einbremsen der notwendigen sozial-ökologischen Transformation. Das wiederum führt dazu, dass die selbst gesteckten Ziele der Reduktion der Emissionen nicht erreicht werden und dass eine verzögert umgesetzte Verkehrswende extrem teuer wird (Agora Verkehrswende 2024).

3 Mobilität und Extraktivismus: Komplexität und Multiskalarität der Mobilitätssysteme

Vor dem Hintergrund des globalen Klimawandels kennzeichnen gesellschaftliche Meta-Prozesse von Pluralisierung und Digitalisierung, aber auch Beschleunigung, Rationalität, Wettbewerb und Freizügigkeit Prozesse der gesellschaftlichen Modernisierung und formen Mobilitätssysteme. Für ein besseres Verständnis ihrer komplexen und multiskalaren globalen Verflechtungen (Miörner und Binz 2021) ist ein Blick auf die Verquickung von Mobilität und Extraktivismus sinnvoll. Diese Verquickung hat ein ausbeuterisches Wirtschaftssystem entstehen lassen, das zur Zerstörung von Böden, der Atmosphäre, von Lebensräumen und Gesellschaften geführt hat und in der heutigen Klimakrise gipfelt (Beck 2016; Manderscheid 2012). Extraktivismus und Mobilität sind auf diese Weise untrennbar miteinander verbunden – und genau diese Verbindung ist konstitutiv für die kapitalistische Weltwirtschaft.

Um die extraktivistischen Beziehungen zwischen den Menschen sowie zwischen Menschen und Natur zu überwinden – ein Zustand, in welchem „both humans and nonhuman nature (are reduced) to ‚resources' whose value is calculated solely in economic (or latterly, biopolitical) terms" (Wenzel 2016, S. 10) – müssen nicht nur die Verwobenheit von Extraktivismus und Mobilität aufgelöst und die Mobilitätsmuster verändert werden, die den Extraktivismus untermauern, ermöglichen und fördern. Auch die Mobilitätswende muss als eine Überwindung extraktiver Mobilitäts-Praktiken konzipiert werden.

Ausgehend von diesem ganzheitlichen Verständnis von Mobilität sind Extraktivismus und Mobilität zweifach miteinander verwoben. Erstens ist Mobilität ein entscheidender Ermöglicher des Extraktivismus, indem sie Arbeitskräfte für extraktive Industrien mobilisiert und Orte der Extraktion mit Orten des Konsums und der Kapitalakkumulation verbindet. Wir bezeichnen dies als *Mobilitäten des Extraktivismus.* Zweitens erzeugt Mobilität selbst einen Bedarf an Extraktion und produziert ausgedehnte und vernetzte Landschaften der Extraktion im Dienst von immer weiter expandierenden mobilitätsbezogenen Industrien, Infrastrukturen und Fahrzeugen der *extraktivistischen Mobilitäten.*

Diese vielschichtigen Verflechtungen von Extraktivismus und Mobilität führen zu sich gegenseitig verstärkenden negativen Ergebnissen, vor allem im Hinblick auf negative Auswirkungen auf das Klima: Massentourismus geht einher mit außerordentlichen Externalitäten von Kurz- und Langstreckenflügen. Die automobilen Alltagskulturen des globalen Nordens sind auf die Gewinnung fossiler Brennstoffe angewiesen, was auf der ganzen Welt schwere Auswirkungen auf das Klima, die biologische Vielfalt und die lokalen Arbeitsbedingungen hat. Dieses wird insbesondere bei der Transformation zu batteriebetriebenen Fahrzeugen bewusst ausgeblendet und stattdessen die lokale Emissionsfreiheit des Fahrens betont.

Das Aufkommen batteriebetriebener Elektrofahrzeuge, Hyperloops und wasserstoffbetriebener Kreuzfahrtschiffe sind also nur auf den ersten Blick eine mögliche Lösung der Verkehrswende. Weder stellt die *Antriebswende* durch elektrisch angetriebene Fahrzeuge das Primat des privaten Automobils auf der Mobilitätsseite der Gleichung in Frage, noch lösen sie die extraktivistischen Probleme, die mit der

Produktion von Batteriezellen und der Stromerzeugung verbunden sind. Extraktivistische Verhältnisse in Bezug auf die Nutzung und den Missbrauch von städtischem Raum, Parkplätzen und Zersiedelung tragen ebenso zum Problem wie sozial ungleiche Umverteilungspolitiken zugunsten der Ober- und Mittelschicht (Subventionen zum Kauf von Elektroautos; Dienstwagenprivileg) bei.

In Deutschland sinken weder die CO_2-Emissionen des Verkehrssektors, noch werden sonstige Externalitäten wie Flächenversiegelung, Lärm- und Feinstaubbelastung geringer. Das bedeutet, dass der grundlegend extraktivistische Charakter der Mobilität trotz aller Ankündigungen nicht infrage gestellt wird. Eine Mobilitätswende muss daher auf eine Entkopplung der Mobilität von extraktivistischen Verflechtungen, wirtschaftlichem Wachstum und wachsenden Verkehrsbelastungen abzielen, und kann sich nicht in einer *Antriebswende* erschöpfen, die diese problematischen Verbindungen verschleiert, perpetuiert und tendenziell ausweitet (Dangschat 2022; Manderscheid 2020).

4 Überwindung der Automobilität als Ziel der Mobilitätswende

Nach Sennett (1998) wird in der Moderne eine uneingeschränkte individuelle Beweglichkeit als ein „Grundrecht" für alle BürgerInnen aufgefasst, das in der Regel als Verfügbarkeit über ein eigenes Auto verstanden wird. Mit der Transformation des Verkehrssektors muss jedoch eine weitgehend autofreie Mobilität sichergestellt werden.

Trotz der beschriebenen negativen ökologischen und sozialen Auswirkungen hat sich dennoch in modernen Gesellschaften die „Automobilität" nahezu uneingeschränkt herausbilden können. Diese extraktivistische, „imperiale Lebensweise" (Brand und Wissen 2017) wird zudem zunehmend von den Ober- und Mittelschichten in den Schwellenländern übernommen.

Automobilität ist jedoch mehr als nur die Benutzung des eigenen Autos. Sie ist – vor dem Hintergrund extraktivistischer globaler Verflechtungen – ein komplexes, sich selbst verstärkendes soziomaterielles System aus technologischen und kulturellen Prozessen, Politiken, Normen und Praktiken. Moderne Gesellschaften sind demnach unabänderlich in die Benutzung (fossil angetriebener) Autos, deren langlebige Infra- und suburbane Siedlungsstrukturen sowie in die Politik der Unterstützung traditioneller Industrien sowie in die kulturellen Erwartungen und Erfahrungen mit der Organisation des Alltages in Raum und Zeit eingebunden (Manderscheid 2022).

Manderscheid (2014a) und Haas (2023) betrachten Automobilität als eine wirkmächtige Hegemonie, welche die Transformation zu einem nachhaltigeren Verkehrssystem grundsätzlich erschwert. Nach Urry (2004, S. 26–27) ist sie ein System aus dem Zusammenspiel von sechs Komponenten, welche den „spezifischen Charakter der Dominanz" ausmachen (vgl. auch Dangschat 2021, S. 410):

1. das Auto als Fahrzeug, das von den „ikonischen" Unternehmen des wichtigsten Sektors der Industrialisierung im 20. Jahrhundert hergestellt wird,

2. welches nach dem Wohnen das wichtigste Konsumgut ist und den Nutzenden bzw. den Besitzenden durch seine symbolische Aufladung einen Status vermittelt.
3. Durch die technischen und sozialen Verbindungen mit den Industrien entsteht ein mächtiger Komplex von Infrastrukturen, Reparatur- und Freizeitbetrieben, welcher über den Städtebau und die Stadtplanung hergestellt wird.
4. Das Auto verkörpert die globale Form einer „quasi-privaten" Mobilität, welche das berufliche und private Leben gestaltet und dabei andere Formen der Mobilität dominiert und zurückdrängt.
5. Das Auto definiert eine Kultur des guten Lebens und der angemessenen bürgerlichen Mobilität.
6. Durch die verwendeten Materialien, die Energie und den Raum bei der Produktion der Fahrzeuge, die Kosten und den Raum der Straßen, der Infrastrukturen sowie durch die Emissionen und die gesundheitlichen und die sozialen Folgekosten ist das Auto der größte Verbraucher natürlicher Ressourcen.

Die Mobilitätswende wird nur mit einer gezielten politisch-planerischen Steuerung zu weiteren nachhaltigen Trends beitragen. Dabei muss vor allem über Transformationen jenseits technischer Lösungen nachgedacht werden, zumal durch Lobbyismus und Medien die Politik und planenden Verwaltungen unter Sachzwangsdruck allenfalls zu Kompromisslösungen kommen werden.

Diese Kompromisslösungen zeigen sich in der halbherzigen Umsetzung der Verkehrs- und Mobilitätswende (Canzler 2020). Erste Überlegungen gehen zwar bis in die 1980er-Jahre zurück (Hesse 2018), dennoch bleibt ihre Umsetzung hinter der Notwendigkeit und Dringlichkeit der Veränderungen zurück. Politische Entscheidungen und gesellschaftliche Debatten drehen sich in erster Linie um die *Antriebswende*. Die *Verkehrswende* im eigentlichen Sinne (Verkehrsverlagerung, ÖPNV-, Fahrrad und Fußwege-Ausbau) erfährt durchaus Aufmerksamkeit und es gibt auch zunehmende Investitionen, die aber nicht ausreichen werden. Zudem werden die Kosten der Verkehrswende umso höher, je später die Maßnahmen zum Klimaschutz umgesetzt werden (Agora Verkehrswende 2024).

Wenn die Verkehrswende zu einer tiefergreifenden Transformation beitragen soll, dann müssen die grundlegenden strukturellen Wirkfaktoren im System der Automobilität verstanden und gesellschaftspolitisch zur Sprache gebracht werden (Dangschat 2022). Das ist deshalb besonders wichtig, weil bei Themen, welche die Identität prägen oder den Alltag von Menschen beeinträchtigen, besonders emotional reagiert wird. Es ist daher notwendig, die Strategie der Verkehrswende auch unter kommunikativen und partizipativen Gesichtspunkten zu betrachten (Agora Verkehrswende 2019). Um die treibenden Kräfte hinter der technologischen Umsetzung der Verkehrswende einordnen zu können, muss analysiert werden, ob und wie sie sich in das System oder Dispositiv der Automobilität als neues Narrativ einbettet (Endres et al. 2016; Freudendal-Pedersen et al. 2017; Manderscheid 2012, 2014a, b; Mincke 2016; Sheller und Urry 2006; Urry 2004).

Aufgrund der tief verwurzelten wirtschaftlichen und politischen „Normalitäten" sind in der aktuellen historischen Situation die Aussichten auf eine Entkopplung von Mobilität und Extraktivismus nicht günstig. Hegemoniale Entwicklungspläne konzentrieren sich vielmehr auf groß angelegte Vernetzungsinfrastrukturen, die neue Landschaften der Extraktion erschließen und sie an die urbanen Zentren der Kapitalakkumulation anbinden. Politische Lösungen für Klimakrisen sind langsam, verstreut und wenig koordiniert und werden dem Ausmaß der laufenden und prognostizierten ökologischen und sozialen Krisen kaum gerecht. Die bestehenden dominanten Lösungen zielen eher darauf ab, das System mit vermeintlich nachhaltigeren Lösungen zu optimieren, um das Produktions- und Konsumniveau beizubehalten oder weiter auszubauen, anstatt die bestehenden Mobilitätsmuster des Extraktivismus und extraktivistischer Mobilitäten zu unterbrechen und zu beenden.

Es ist daher notwendig, die Wirkungsweise einer (neuen) Politik zur Automobilität, die eng mit der Moderne verbundenen ist, entsprechend einer Policy-Transfer-Perspektive (Dangschat 2021; Evans und Davies 1999; Künkel 2015; McCann und Ward 2013) in unterschiedlichen Kontexten zu analysieren und insbesondere auf die ‚structural stories' (Freudendal-Pedersen 2005) der Verfestigung der Automobilität zu achten.

Diese facettenreichen und vielfältigen skalaren Verbindungen zwischen Mobilität und Extraktivismus anzuerkennen, ist entscheidend, um technische und – was noch wichtiger ist – politische Lösungen und Wege für transformatives soziales Handeln zu finden (Cass & Manderscheid 2018). Nachhaltige Mobilitäten müssen notwendigerweise nicht-extraktiv sein. Die Proteste im Jahr 2021 gegen die Beteiligung von Siemens an der Beschaffung von Eisenbahnsignalen für ein neu zu errichtendes australisches Kohlebergwerksprojekt sind ein Beispiel dafür, wie entscheidend Mobilitätsinfrastrukturen für extraktivistische und damit CO_2-lastige Volkswirtschaften und Gesellschaften sind. Auch wenn es nur um einen kleinen Teil des Bergbauvorhabens ging und die Proteste letztlich erfolglos blieben, machten sie einmal mehr deutlich, dass der Kohlebergbau zwangsläufig auf Häfen und Anschlussbahnen angewiesen ist. Das Hauptproblem ist also eine Entkopplung von Mobilität und Extraktivismus. Die Perspektive der *Transitional Justice* (Sheller 2018) könnte dazu beitragen, die ökologische und soziale Relevanz (Sovacool und Axsen 2018) des öffentlichen Verkehrs und des Schienengüterverkehrs, des Zu-Fuß-Gehens und des Radfahrens, der lokalisierten Produktion und des Konsums sowie die Anerkennung (Kesselring 2008) marginalisierter Stimmen und Erfahrungen (Jehlička und Jacobsson 2021) zu bewerten und verschiedene wirtschaftliche Praktiken aufzudecken, die im Widerspruch zu motorisierten Gesellschaften stehen. Diese Öffnung der Perspektive ist notwendig, um ein komplexes und multiskalares Verständnis von Automobilität und ihrer Überwindung zu unterstützen.

5 Fazit und Ausblick

Die Verkehrs- resp. Mobilitätswende wird aktuell von Teilen der Politik, planender Verwaltung, Gewerkschaften, Verbänden, lokalen Initiativen und seitens der Wissenschaft massiv eingefordert (Haas 2023). Wer aber was genau darunter versteht, ist zum einen häufig unklar, wird selten hinsichtlich der zu erreichenden Ziele genau definiert und bislang kaum evaluiert. Zudem verbergen sich hinter den Forderungen unterschiedliche Interessen und Schwerpunktsetzungen. Aktuell werden aktionistisch im lokalen Maßstab verbleibende Strategien erarbeitet (Pop-up Radwege, Verkehrsberuhigung, Umbau des Straßenraumes), Ressourcen für den ÖPNV mobilisiert, Marketing-Maßnahmen eingesetzt, Aktionen und Mobilisierungen durchgeführt und partizipative Verfahren eingeleitet. Diese lokal sicherlich sinnvollen Maßnahmen sind jedoch meist so platziert, dass sichergestellt wird, dass die Treiber der Automobilität unangetastet bleiben.

Die bisherigen Erfahrungen der Transformation des Mobilitätssystems sind ein guter Beleg für die Konflikthaftigkeit von Transformationsprozessen: die Ideen der Verkehrs- und Mobilitätswende (neben anderen Modernisierungsschüben) führen standardmäßig zu Lagerbildung – so etwa politisch mit „grün" gegen „konservativ", oder „Stadt" gegen „ländlicher Raum", die sich gegenseitig in einer Art Religionskrieg mit wechselseitigen Ideologie-Vorwürfen bedenken (Haas 2023). Neben den unterschiedlichen Interessen besteht eine große Diskrepanz zwischen der in Umfragen gemessenen hohen Zustimmung zum Umwelt- und Klimaschutz und der Ablehnung, wenn die traditionelle Nutzung des Pkw mit Verbrenner in Frage gestellt und damit in den Alltag vieler Menschen eingegriffen wird.

Mobilitätspolitiken, seien sie Automobil- oder ÖPNV-orientiert, werden nach wie vor im Sinne eines kapitalistischen extraktiven Systems gedacht: als Faktoren von Wettbewerbsfähigkeit und Wirtschaftswachstum, um das Pendeln zur Arbeit und die Reproduktion von Arbeitskraft zu ermöglichen. Vor diesem Hintergrund ist die Debatte über die Internalisierung der externen Kosten der Auto-Mobilität zwar richtig, greift aber zu kurz, da sich die extraktivistischen Grundlagen unseres derzeitigen Mobilitätssystems nicht quantifizieren lassen, sondern notwendigerweise auf vergangene, aktuelle und zukünftige Ungerechtigkeiten verweisen. Damit kann eine transformative *Mobilitätswende* schnell als unrealistisch abgetan werden, da sie notwendigerweise grundlegende gesellschaftliche Funktionsweisen infrage stellt.

Eine ‚autonomobility' (Cass und Manderscheid 2018) wird nur möglich, wenn Politik und planende Verwaltung nicht im Sinne der Optimierung technischer Machbarkeit, kurzfristig orientierter Sicherung von Arbeitsplätzen oder betriebswirtschaftlicher Ziele von beliebigen Mobilitätsanbietern handeln, sondern sich an zivilgesellschaftlichen Interessen einer verbesserten, gerechteren und nachhaltigen Mobilität orientieren (Agora Verkehrswende 2021; Brand und Wissen 2017, S. 125–146; Dangschat und Stickler 2022). Diese aktuelle Herausforderung einer disruptiven Veränderung, trifft jedoch auf auseinanderstrebende sozioökonomische, soziodemografische, soziokulturelle und sozialräumliche Dimensionen gesellschaftlicher Entwicklung, welche zu einem pluralen Wertewandel mit zunehmend gegensätzlichen Positionen und partikularen Interessen führt (Dangschat 2020a).

Wie kann eine gesellschaftspolitische Perspektive jenseits einer unbegrenzten, ausbeuterischen und Ungleichheiten erzeugenden räumlichen Mobilität aussehen? Wenn wir uns aus Klimaschutzgründen weniger und vor allem anders bewegen und die Freiheiten des Autos begrenzen müssen, funktioniert dann noch das soziale Integrationsmodell? Wieviel „Bewegungslosigkeit" ist gesellschaftlich verkraftbar? Die Schwierigkeit liegt auf der Hand, eine transformative Mobilitätswende als technologiegetriebenes System in einer Gesellschaft zu verwirklichen, das zum einen im Kontext globaler Zusammenhänge (auf der Makro-Ebene) steht und zum anderen sich aus innovativen Nischen angetrieben (Mikro-Ebene) weiterentwickelt.

Weil (disperse) Siedlungsstrukturen Verkehr erzeugen, müssen Raum- und Verkehrsplanung stärker in nachhaltige Siedlungsentwicklungsstrategien integriert werden (Berger et al. 2020; Schwedes und Hoor 2019). In diesem Kontext müssen traditionelle top-down organisierte technokratische mit partizipativen Verfahren unterlegt werden und Platz für Experimentierräume lassen (pop-up Rad- und Fußwege, Aktionen im Rahmen des tactical urbanism) (Canzler und Knie 2019; Lyndon und Garcia 2015; Stevens und Dovey 2022). Das bedeutet auch, dass Raum- und Verkehrsplanung und -politik auf gesellschaftliche Ausdifferenzierungen und Brüche der Linearität reagiert, wie es in der Zweiten Moderne diskutiert wird (Dangschat 2020b; Kesselring 2020). Dazu ist ein grundlegender Paradigmenwechsel in Politik und planender Verwaltung notwendig (Holzapfel 2020; Wolff 2016).

Neben einem revidierten Planungsverständnis lokaler Projekte und Verhaltensänderungen auf der individuellen Ebene darf die Einbindung in das übermächtige Regime der Automobilität und die ökonomische Logik des Extraktivismus nicht ausgeblendet werden. Daraus ergeben sich eine Reihe offener (Forschungs-)Fragen: Wie werden diese Zielsetzungen und Maßnahmen der Stärkung der Automobilität als (visionäre) ‚structural stories' (beispielsweise im Feld der Automatisierung und Vernetzung) begründet und umgesetzt? Welche Schwerpunkte werden gesetzt (technologische Innovation, Investments der öffentlichen Hand oder Verhaltensänderungen)? Wie werden sich diese räumlich und sozial auswirken? Und schließlich: welche Alternativen bestehen, um aktuelle ausbeuterische automobile Mobilitätssysteme zu überwinden? Wie ergeben sich Optionen für zivilgesellschaftliche Gruppen mittels politischem Protest Möglichkeitsräume zu eröffnen, um selbstbestimmte Formen einer nachhaltigen Mobilität zu entwickeln?

Gerade hier müsste kritische Sozialforschung – orientiert am *policy transfer* resp. den *policy mobilities* – ansetzen, um die machtvollen Strukturen und Interessen-Konstellationen offenzulegen. Auch die Forschungslandschaft muss sich ändern. Seit zwei Jahrzehnten wird die dominante technologie- und ingenieurwissenschaftliche Dominanz der Verkehrsforschung durch sozialwissenschaftliche Mobilitätsforschung ergänzt. Wenn man die Ergebnisse falsch angelegter Modellrechnungen nicht mehr als Rebound-Effekte interpretieren, sondern das individuelle Mobilitätsverhalten als subjektive *best practice* verstehen würden, benötigt man sozial und sozialräumlich differenziertere sozialwissenschaftliche Analysen, die auch den Raum für Visionen für selbstbestimmte ressourcenarme Mobilitätsformen eröffnen (Lyons 2010).

Von zentraler Bedeutung ist ebenfalls, die Mobilitätswende als eine Problemkonstellation mit globalen Maßstäben zu verstehen. Dies bezieht sich (1) auf ein notwendiges gesellschaftliches Bewusstsein für multiskalare Ungleichheiten – so etwa für die erwähnten Zusammenhänge von Mobilität und Extraktivismus, sowie transformativen Wegen zu ihrer Überwindung (i.S. von Sheller's *Transitional Justice* (2018); sowie (2) auf einen erweiterten epistemologischen Blick auf die Transformationen von Verkehrssystemen, welcher sich für transformative Erfahrungen an anderen Orten und zu anderen Zeiten offen zeigt – so etwa für postsozialistische

Erfahrungen und die Lehren, die wir daraus für heutige Transformationsprozesse ziehen können (Tuvikene et al. 2024).

Die aktuelle Situation zeigt schon jetzt sehr deutlich, dass die Transformation des Verkehrssektors zu erheblichen gesellschaftlichen Spannungen führt, die durch jeweilige Interessensverbände, politische Parteien und Medien zudem noch geschürt werden. Aktuell übertönt der rückwärtsgewandte Populismus die Debatte über die Verkehrs- und Mobilitätswende, indem unter dem Vorwand einer Technikoffenheit am traditionellen Verbrenner festgehalten wird. Die Institutionen und Organisationen, welche beide Transformationen beschleunigen wollen, werden hingegen in eine „ideologische Ecke" gestellt. Dabei wird unterstellt, dass den „normalen Bürgern" und den „armen Rentnern" das Auto und Einfamilienhaus, d. h. die Möglichkeiten, taktisch auf die Hegemonien zu reagieren, genommen werden sollen.

Das „ideale Rezept" zur Umsetzung einer solchen Mobilität gibt es daher noch nicht. Das Aushandeln des „Wie" der Umsetzung wird ein konfliktreicher Prozess sein und folglich auch das „Ob", „Wann" und „Wo" bestimmen. Daher ist entscheidend, welche AkteurInnen mit ihren Interessen in welchem Umfang dabei mitbestimmen können.

Literatur

Agora Verkehrswende. 2019. *Neue Wege in die Verkehrswende. Impulse für Kommunikationskampagnen zum Behaviour Change*, 2. Aufl. Berlin.

———. 2021. *Vier Jahre für eine Fairkehrswende. Empfehlungen für eine Regierungs-Charta mit Kurs auf Klimaneutralität und soziale Gerechtigkeit im Verkehr in der 21.* Legislaturperiode (2021–2025). Berlin: Agora.

———. 2024. *Verkehrswende als Mehrwert. Warum es sich volkswirtschaftlich lohnt, schnell in die Reduzierung von Treibhausgasemissionen in Deutschlands Verkehrssektor zu investieren*. Berlin: Agora.

Alexander, Catherine, Victor Buchli, und Caroline Humphrey, Hrsg. 2007. *Urban life in post-Soviet Asia*. London: University College London Press.

APCC (Austrian Panel on Climate Change). 2022. *APCC Special Report: Strukturen für ein klimafreundliches Leben – Technische Zusammenfassung*, Kapitel 6: Mobilität, 23–26. Wien: APCC.

Arndt, Wulf-Holger, und Stefan Schneider. 2023. *Investitionsbedarfe für ein nachhaltiges Verkehrssystem. Schwerpunkt kommunale Netze*, Difu Impulse 7/2023. Berlin: Deutsches Institut für Urbanistik.

Bănică, Alexandru, Marinela Istrate, und Ionel Muntele. 2017. "Challenges for the resilience capacity of Romanian shrinking cities." *Sustainability* 9(12): 2289.

Beck, Ulrich. 2016. *The metamorphosis of the world. How climate change is transforming our concept of the world*. Cambridge: Polity.

Berger, Martin, Vanessa Sodl, Linda Dörrzapf, Christoph Kirchberger, und Aggelos Soteropoulos. 2020. Herausforderung Mobilitäts- und Verkehrswende – Stärkung einer integrierten Betrachtung von Raum und Verkehr sowie Wissenschaft und Praxis. In *50 Jahre Raumplanung an der TU Wien. Studieren – Lernen – Forschen. Jahrbuch Raumplanung 2020*, Hrsg. Thomas Dillinger, Michael Getzner, Arthur Kanonier, und Sibylla Zech, 258–273. Wien: Neuer Wissenschaftlicher Verlag.

Bormann, René, Philipp Fink, Helmut Holzapfel, Stephan Rammler, Thomas Sauter-Servaes, Heinrich Tiemann, Thomas Waschke, und Boris Weirauch. 2018. *Die Zukunft der deutschen*

Automobilindustrie. Transformation by Disaster oder by Design? WiSo Diskurs 03/2018. Bonn: Friedrich-Ebert-Stiftung.

Brand, Karl-Werner, Hrsg. 2017. *Die sozial-ökologische Transformation der Welt. Ein Handbuch*. Frankfurt a. M.: Campus.

———. 2018. Disruptive Transformationen. Gesellschaftliche Umbrüche und sozial-ökologische Transformationsdynamiken kapitalistischer Industriegesellschaften – ein zyklisch-struktureller Erklärungsansatz. *Berliner Journal für Soziologie* 28:479–509.

Brand, Ulrich, und Markus Wissen. 2017. *Imperiale Lebensweise. Zur Ausbeutung von Mensch und Natur in Zeiten des globalen Kapitalismus*. München: oekom Verlag.

———. 2018. *The limits to capitalist nature: Theorizing and overcoming the imperial mode of living*. Rowman & Littlefield.

Canzler, Weert. 2020. Die Verkehrswende – ein dickes Brett: Das Automobil in der modernen Gesellschaft. In *Mobilität, Erreichbarkeit, Raum – (Selbst-)kritische Perspektiven aus Wissenschaft und Praxis*, Hrsg. Alexandra Appel, Joachim Scheiner, und Mathias Wilde, 15–28. Wiesbaden: VS Verlag für Sozialwissenschaften.

Canzler, Weert, und Andreas Knie. 2019. *Autodämmerung: Experimentierräume für die Verkehrswende, Strategiepapier*. Berlin: Heinrich-Böll-Stiftung. https://doi.org/10.25530/03552.4.

Cass, Neil, und Katharina Manderscheid. 2018. The autonomobility system: mobility justice and freedom under sustainability. In *Mobilities, mobility justice and social justice*, Hrsg. Nancy Cook und David Butz, 114–128. London: Routledge.

Czepczynski, Mariusz. 2010. "Interpreting post-socialist icons: from pride and hate towards disappearance and/or assimilation." *Human Geographies* 4(1): 67.

Dangschat, Jens S. 2020a. Gesellschaftlicher Wandel, Raumbezug und Mobilität. In *Wechselwirkungen von Mobilität und Raumentwicklung im Kontext des gesellschaftlichen Wandels*. Forschungsberichte der ARL 14, Hrsg. Ulrike Reutter, Christian Holz-Rau, Jana Albrecht, und Martina Hülz, 32–75. Hannover: Akademie für Raumentwicklung in der Leibniz-Gemeinschaft (ARL).

———. 2020b. Raumplanung in der Zweiten Moderne. In *50 Jahre Raumplanung an der TU Wien. Studieren – Lehren – Forschen. Jahrbuch Raumplanung 2020*, Hrsg. Thomas Dillinger, Michael Getzner, Arthur Kanonier, und Sybilla Zech, 426–447. Wien: Neuer Wissenschaftlicher Verlag.

———. 2021. Automatisierter und vernetzter Verkehr in der soziotechnischen Transformation. In *AVENUE21. Politische und planerische Aspekte der automatisierten Mobilität*, Hrsg. Mathias Mitteregger, Emilia M. Bruck, Aggelos Soteropoulos, Andrea Stickler, Martin Berger, Jens S. Dangschat, Rudolf Scheuvens, und Ian Banerjee, 403–439. Heidelberg: Springer Vieweg.

———. 2022. Verkehrswende – sozial und räumlich ausgewogen. *Journal für Mobilität und Verkehr – Soziale Aspekte der Mobilität* 14:2–10.

———. 2025. Die Verkehrs- und Mobilitätswende – zentraler Baustein der sozial-ökologischen Transformation. In *Die sozial-ökologische Transformation der Welt – Ein Handbuch*, Hrsg. Basil Bornemann und Karl-Werner Brand. Frankfurt a. M.: Campus. Im Druck.

Dangschat, Jens S., und Andrea Stickler. 2022. Does automation strengthen the 'system of automobility'? Critical considerations and alternatives to connected and automated vehicles. *Applied Mobilities*. https://doi.org/10.1080/23800127.2022.2087136.

EfK (Expertenrat für Klimafragen). 2024. *Gutachten zur Prüfung der Treibhausgas-Projektionsdaten 2024. Sondergutachten gemäß § 12 Abs. 4 Bundes-Klimaschutzgesetz*. Berlin: EfK.

Endres, Marcel, Katharina Manderscheid, und Christophe Mincke. 2016. Discourses and ideologies of mobility: An introduction. In *The mobilities paradigm. Discourses and ideologies*, Hrsg. Marcel Endres, Katharina Manderscheid, und Christophe Mincke, 1–7. Milton Park: Routledge.

Evans, Mark, und Jonathan Davies. 1999. Understanding policy transfer. A multi-level, multidisciplinary perspective. *Public Administration* 77(2): 361–385.

Featherstone, Michael, Nigel Thrift, und John Urry, Hrsg. 2005. *Automobilities*. London: Sage.

Freudendal-Pedersen, Malene. 2005. Structural stories, mobility and (un)freedom. In *Social perspectives on mobility*, Hrsg. Thyra Uth Thomsen, Lise Drewes Nielsen, und Henrik Gudmunsson, 29–46. London: Ashgate.

Freudendal-Pedersen, Malene, Katrine Hartmann-Petersen, Aslak Kjæulff, Drewes Nielsen, und Lise. 2017. Interactive environment planning: Creating utopias and storylines within a mobilities planning project. *Journal of Environmental Planning and Management* 60(6): 941–958.

Geels, Frank W. 2012. A socio-technical analysis of low-carbon transitions: Introducing the multi-level perspective into transport studies. *Journal of Transport Geography* 24:471–482.

Geels, Frank W., René Kemp, Geoff Dudley, und Glenn Lyons, Hrsg. 2012. *Automobility in transition? A socio-technical analysis of sustainable transport*. London: Routledge.

Haas, Tobias. 2021. Die Mobilitätswende als Auslöser einer tief greifenden Transformation des „Modell Deutschland"? *Politische Vierteljahresschrift* 62(1): 149–170.

———. 2023. Verkehrspolitik als Hegemoniefrage. Eine Analyse der Auseinandersetzungen um die Mobilitätswende in Deutschland. In *Renaissance der Verkehrspolitik. Politik- und mobilitätswissenschaftliche Perspektiven*, Hrsg. Detlef Sack, Holger Straßheim, und Karsten Zimmermann, 187–210. Wiesbaden: Springer VS.

Hesse, Markus. 2018. 25 Jahre Verkehrswende. Ein Rückblick auf die Zukunft. *Ökologisches Wirtschaften* 22(3): 16–18.

Holzapfel, Hartmut. 2020. *Urbanismus und Verkehr. Beitrag zu einem Paradigmenwechsel in der Mobilitätsorganisation*, 3. Aufl. Wiesbaden: VS – Verlag für Sozialwissenschaften.

Huber, Joseph. 1995. *Nachhaltige Entwicklung. Strategien für eine Ökologische und Soziale Erdpolitik*. Berlin: Sigma.

IPCC (Intergovernmental Panel on Climate Change). 2023. *Synthesis Report of the IPCC Sixth Assessment Report (AR6) Summary for Policymakers*. New York: UN.

Jehlička, Petr, und Kerstin Jacobsson. 2021. The importance of recognizing difference: Rethinking Central and East European environmentalism. *Political Geography* 87. https://doi.org/10.1016/j.polgeo.2021.102379.

Kanger, Laur, Frank W. Geels, Benjamin Sovacool, und Johan Schot. 2018. Technological diffusion as a process of societal embedding: Lessons from historical automobile transitions for future electric mobility. *Transportation Research, Part D – Transport and Environment* 71(June): 47–66.

Kesselring, Sven. 2008. The mobile risk society. In *Tracing mobilities. Towards a cosmopolitan perspective*, Hrsg. Weert Canzler, Vincent Kaufmann, und Sven Kesselring, 77–102. Aldershot/Burlington: Ashgate.

———. 2020. Reflexive Mobilitäten. In *Das Risiko – Gedanken über und ins Ungewisse. Interdisziplinäre Aushandlungen des Risiko-Phänomens im Lichte der Reflexiven Moderne. Eine Festschrift für Wolfgang Bonß*, Hrsg. Helga Pelizäus und Ludwig Nieder, 155–193. Wiesbaden: Springer VS.

Kremer, P., A. Haase, und D. Haase. 2019. The future of urban sustainability: Smart, efficient, green or just? Introduction to the Special Issue. *Sustainable Cities and Society* 51, 101761. https://doi.org/10.1016/j.scs.2019.10176.

Kuhnert, Felix, Christoph Stürmer, und Alex Koster. 2017. Five trends transforming the Automotive Industry. PricewaterhouseCoppers (PwC). https://pwc-five-trends-transforming-the-automotive-industry.pdf. Zugegriffen am 15.02.2024.

Künkel, Jenny. 2015. Urban policy mobilities versus policy transfer. *sub/urban. zeitschrift für kritische Stadtforschung* 3(1): 7–24.

Lyndon, Mike, und Anthony Garcia. 2015. *Tactical urbanism: Short-term action for long-term change*. Washington, DC: Island Press.

Lyons, Glenn. 2010. Visions for the future and the need for a social science perspective in transport studies. In *Automobility in transition? A socio-technical analysis of sustainable transport*, Hrsg. Frank W. Geels, René Kemp, Geoff Dudley, und Glenn Lyons, 29–48. London: Routledge.

Manderscheid, Katharina. 2012. Automobilität als raumkonstituierendes Dispositiv der Moderne. In *Die Ordnung der Räume. Geographische Forschung im Anschluss an Michel Foucault*, Hrsg. Henning Füller und Boris Michel, 145–178. Münster: Westfälisches Dampfboot.

———. 2014a. The movement problem, the car and future mobility regimes: Automobility as dispositif and mode of regulation. *Mobilities* 9(4): 604–626.

———. 2014b. Formierung und Wandel hegemonialer Mobilitätsdispositive: Automobile Subjekte und urban Nomaden. *Zeitschrift für Diskursforschung* 2(1): 5–31.
———. 2020. Antriebs-, Verkehrs- oder Mobilitätswende? Zur Elektrifizierung des Automobilitätsdispositivs. In *Baustelle Elektromobilität. Sozialwissenschaftliche Perspektiven auf die Transformation der (Auto-)Mobilität*, Hrsg. Achim Brunnengräber und Tobias Haas, 37–68. Bielefeld: transcript.
———. 2022. *Soziologie der Mobilität*. Bielefeld: transcript.
Mattioli, Giulio, und Matteo Colleoni. 2016. Transport disadvantages, car dependence, and urban form. In *Understanding mobilites for designing contemporary cities*, Hrsg. Paola Pucci und Matteo Colleoni, 171–190. Heidelberg et al.: Springer Cham.
McCann, Eugene, und Kevin Ward. 2013. A multi-disciplinary approach to policy transfer research. Geographies, assemblages, mobilities and mutations. *Policy Studies* 34(1): 2–18.
Mincke, Christophe. 2016. From mobility to its ideology: When mobility becomes an imperative. In *The mobilities paradigm. Discourses and ideologies*, Hrsg. Marcel Endres, Katharina Manderscheid, und Christophe Mincke, 11–33. Milton Park: Routledge.
Miörner, Johan, und Christian Binz. 2021. Towards a multi-scalar perspective on transition trajectories. *Environmental Innovation and Societal Transitions* 40:172–188. https://doi.org/10.1016/j.eist.2021.06.004.
Neckel, Sighard. 2020. Der Streit um die Lebensführung. Nachhaltigkeit als sozialer Konflikt. *Mittelweg 36. Zeitschrift des Hamburger Instituts für Sozialforschung* 29(6): 82–100.
Parker, Simon. 2004. *Urban theory and the urban experience: Encountering the city*. London: Routledge.
Polanyi, Karl. 1957. *The great transformation*. Boston: Beacon Press.
Rekhviashvili, Lela, und Wladimir Sgibnev. 2020. Theorising informality and social embeddedness for the study of informal transport. Lessons from the marshrutka mobility phenomenon. *Journal of Transport Geography* 88. https://doi.org/10.1016/j.jtrangeo.2019.01.006.
Ross, Lauren N. 2023. What is social structural explanation? A causal account. *Noûs* 00:1–17. https://doi.org/10.1111/nous.12446.
Schneidewind, Uwe. 2018. *Die große Transformation. Eine Einführung in die Kunst gesellschaftlichen Wandels*. Frankfurt a. M.: Fischer.
Schwedes, Oliver. 2017. *Verkehr im Kapitalismus*. Münster: Westfälisches Dampfboot.
Schwedes, Oliver, und Maximilian Hoor. 2019. Integrated Transport Planning: From Supply- to Demand-Oriented Planning. Considering Benefits. *Sustainability* 11:5900.
Sennett, Richard. 1998. *Der flexible Mensch. Die Kultur des neuen Kapitalismus*. München: Siedler.
Sheller, Mimi. 2018. *Mobility justice. The politics of movement in an age of extremes*. London/New York: Verso.
Sheller, Mimi, und John Urry. 2000. The city and the car. *International Journal of Urban and Regional Research* 24(4): 737–757.
———. 2006. The new mobilities paradigm. *Environment and Planning A – Economy and Space* 38(2): 207–226.
Sovacool, Benjamin K., und Jonn Axsen. 2018. Functional, symbolic and societal frames for automobility: Implications for sustainability transitions. *Transportation Research Part A – Policy and Practice* 118:730–746.
Stein, Axel. 2021. Zeit für die Verkehrswende. *vhw Forum Wohnen und Stadtentwicklung* 3:115–119.
Stevens, Quentin, und Kim Dovey. 2022. *Temporary and tactical urbanism: Reassembling urban space*. London: Routledge.
Sýkora, Luděk, und Stefan Bouzarovski. 2012. "Multiple transformations: Conceptualising the post-communist urban transition." *Urban studies* 49(1): 43–60.
Tuvikene, Tauri, Wladimir Sgibnev, und Carola S. Neugebauer. 2024. Post-socialist urban infrastructures: Learning from systems of less. In *Handbook of infrastructures and cities*. Research handbooks in urban studies series, Hrsg. O. Coutard und D. Florentin, 386–399. Cheltenham: Edward Elgar Publishing Ltd.

Urry, John. 2004. The 'System' of automobility. *Theory, Culture & Society* 21(4/5): 25–39.

VCÖ (Verkehrsclub Österreich). 2023. Energiewende im Verkehr voranbringen. *Mobilität mit Zukunft 1/2023*. Wien: VCÖ. https://vcoe.at/files/vcoe/uploads/Archiv%20Downloadbereich/2023-01%20VC%C3%96-Publikation%20Energiewende%20im%20Verkehr%20voranbringen.pdf. Zugegriffen am 15.02.2024.

Wakefield, Stephanie. 2018. Infrastructures of liberal life: From modernity and progress to resilience and ruins. *Geography Compass*. https://doi.org/10.1111/gec3.12377.

WBGU (Wissenschaftlicher Beirat der Bundesregierung Globale Umweltveränderungen). 2011. *Welt im Wandel – Gesellschaftsvertrag für eine Große Transformation*. Berlin: WBGU.

Wenzel, Jennifer. 2016. Improvement and overburden. *Postmodern Culture* 26(2): 2016.

Wolff, Pauline. 2016. From the urban planning discourse to a circulation dispositif: An epistemological approach to the mobility turn. In *The mobilities paradigm. Discourses and ideologies*, Hrsg. Marcel Endres, Katharina Manderscheid, und Christophe Mincke, 202–223. Milton Park/New York: Routledge.

Zukunftsbilder und Imaginaries der Mobilität

Alexander Wentland

Inhalt

Zusammenfassung

Dieser Beitrag erörtert die Rolle von Technikzukünften und deren Einfluss auf moderne Gesellschaften, insbesondere im Mobilitätssektor. Aus Sicht der Science and Technology Studies (STS) und des Konzepts der soziotechnischen Imaginaries wird untersucht, wie kollektive Visionen einer wünschenswerten Zukunft durch Fortschritte in Wissenschaft und Technik geformt und gestützt werden. Dabei werden sowohl die Dynamik technologischer Entwicklungen als auch die Kontinuität bestehender Systeme beleuchtet, um zu verstehen, wie Gesellschaften ihre Mobilitätszukünfte konzipieren und realisieren.

Schlüsselwörter

Mobilitätszukünfte · Technikzukünfte · Soziotechnische Imaginaries · Innovation · Science and Technology Studies

A. Wentland (✉)
Department of Science, Technology, and Society, Technische Universität München, München, Deutschland
E-Mail: alexander.wentland@tum.de

W. Canzler et al. (Hrsg.), *Handbuch Mobilität und Gesellschaft*,
https://doi.org/10.1007/978-3-658-37557-7_16

1 Einleitung

Zukunftsbilder sind allgegenwärtig: Sie finden sich auf den Zeichentischen von Ingenieurbüros, in den Geschäftsplänen von Unternehmen und in jedem Parteiprogramm. Diese Zukunftsbilder skizzieren oft spezifische Bereiche, wie den der Mobilität, von denen angenommen wird, sie werden sich grundlegend wandeln, sodass die bekannte Ordnung bald der Vergangenheit angehört. Die Formulierung „Zukunft der Mobilität" beispielsweise ist im politischen und medialen Diskurs omnipräsent. Noch verbreiteter sind Bezüge auf spezifische Innovationen wie die Elektromobilität oder autonomes Fahren, denen zugeschrieben wird, unser Leben, die Wirtschaft und das soziale Gefüge tiefgreifend zu transformieren. Die Kultur- und Sozialwissenschaften widmen sich systematisch der Frage, wie sich moderne Gesellschaften ihre Zukunft vorstellen und welche Rolle dabei technischer Fortschritt spielt.

Dieser Handbuchartikel liefert einen Beitrag zur Diskussion über die Gestaltung zukunftsfähiger Mobilitätssysteme und betont die Wichtigkeit der Reflexion über vorhandene und potenzielle Mobilitätszukünfte. Denn heutige Zukunftsvorstellungen prägen nicht nur unsere gegenwärtige Wahrnehmung von Technik und Fortschritt, sondern kreieren auch zukünftige Pfadabhängigkeiten. Indem sie bestimmte Visionen von Mobilität bevorzugen und andere vernachlässigen, kanalisieren Zukunftsvorstellungen Ressourcen, Aufmerksamkeit und Entwicklungsrichtungen, die wiederum die Bandbreite an Möglichkeiten für eine Mobilitätswende einengen oder erweitern. Die bewusste Auseinandersetzung mit Diskursen und Praktiken der Zukunftsformierung ist daher entscheidend, um demokratische Gestaltungsspielräume aufzuzeigen und damit die Bedingungen für eine inklusive, nachhaltige und technologisch vielfältige Mobilität herzustellen.

Der Artikel beginnt mit einem kurzen Überblick über verschiedene Zukunftsbegriffe in den Sozialwissenschaften und fokussiert danach auf die Konzeption von Technikzukünften als soziotechnische Imaginaries. Diese analytische Linse aus den Science and Technology Studies (STS) bietet eine umfassende theoretische Grundlage, die Verflechtung von Gesellschaft, Technologie und Zukunftsvisionen zu verstehen. Anschließend werden spezifische Fallbeispiele aus der Mobilitätsforschung beleuchtet, um die praktische Anwendung des Imaginaries-Konzeptes aufzuzeigen. Diese Beispiele illustrieren, wie Imaginaries die Richtung technologischer Entwicklungen und politischer Entscheidungen beeinflussen und welche Folgen dies für die Gestaltung zukünftiger Mobilität hat. Der Artikel schließt mit einer kritischen Reflexion über die Bedeutung dieser Erkenntnisse für die Realisierung einer Abkehr von bestehenden dysfunktionalen Strukturen und Praktiken.

2 Begriffsgeschichtliche Einführung

Die sozialwissenschaftliche Forschung zu Technikzukünften erlebt einen anhaltenden Aufschwung, was sich in der Entstehung spezialisierter interdisziplinärer Fachzeitschriften und Konferenzen widerspiegelt. Innerhalb dieser existiert eine Vielfalt an Begrifflichkeiten und Interpretationsansätzen nebeneinander (McNeil et al. 2017;

Bazzani 2023), die im Folgenden nur exemplarisch angedeutet werden kann. Während sich einige Teildisziplinen mit Prognosen und Vorhersagen beschäftigen, interessieren sich interpretative Ansätze dafür, wie unsere Erwartungen an die Zukunft das Handeln von Akteuren in der Gegenwart prägen (Grunwald 2012; Lösch et al. 2019). Dabei lassen sich sozialtheoretisch enger und weiter gefasste Konzepte unterscheiden. Enger gefasst wird der Zukunftsbegriff in der weitestgehend auf den deutschsprachigen Raum beschränkten Leitbildforschung (Dierkes et al. 1992). Eine Vielzahl empirischer Arbeiten hat sich vor allem mit der Genese und (ausbleibenden) Durchsetzung neuer Technologien auseinandergesetzt, beispielsweise des Elektroantriebs (Sauter-Servaes 2011). In der „Soziologie der Erwartungen" (Borup et al. 2006) geht es vor allem darum, wie das Wechselspiel von Zukunftsversprechen und -enttäuschungen neue Innovationsfelder strukturiert, wie im Fall der bereits vielfach prognostizierten, aber bisher gescheiterten Durchsetzung der Brennstoffzelle (Budde und Konrad 2019).

In den letzten Jahren hat sich in den internationalen Kultur- und Sozialwissenschaften das Konzept der „Imaginaries" etabliert, das auch im Deutschen in seiner englischen Wortschöpfung verwendet wird. Hier konkurrieren zwei ähnlich klingende Begriffe miteinander, die allerdings unterschiedliche Ansätze verfolgen: „Technoscientific Imaginaries" (Marcus 1995) verweisen auf die Orientierungen von Wissenschaftlerinnen und Wissenschaftlern, die sich zunehmend mit einer komplexen Welt konfrontiert sehen, deren moralischen Ansprüchen sie gerecht werden müssen. Die Perspektive der „soziotechnischen Imaginaries" (Jasanoff und Kim 2015) bietet dagegen eine umfassende Sicht auf langfristige Entwicklung moderner Gesellschaften, in denen sich kaum ein soziales Phänomen finden lässt, welches nicht von wissenschaftlichem Wissen und Technik durchdrungen wird. Die STS-Denkfigur der sozio-*materiellen* Stabilisierung ist in der Imaginaries-Perspektive nach Jasanoff fest verankert und stellt ein wesentliches Alleinstellungsmerkmal gegenüber anderen kulturalistischen Deutungsangeboten dar, die sich primär auf die Analyse von Sprache, Symbolen, Diskursen und Ideologien spezialisieren.

Solche interpretativen Betrachtungen treffen keine Annahmen darüber, was die Zukunft tatsächlich bringt, sondern untersuchen, welche Vorstellungen den Diskurs dominieren (Tidwell und Tidwell 2018), wie diese Vorstellungen kollektive Sinnhorizonte schaffen (Kuchler und Stigson 2024), welche Akteure bestimmte Deutungsangebote vorantreiben und welche konkurrierenden Zukünfte auf der Strecke bleiben (Jasanoff und Simmet 2021). Der hier umrissene Forschungszweig spricht bewusst von Zukünft*en* im Plural und betont damit, dass Zukunft ein vielfältiges, sozial geformtes Phänomen darstellt – ein Kontrast zum herkömmlichen Verständnis der Zukunft als Summe aller Ereignisse, die noch kommen werden.

3 Soziotechnische Imaginaries: Definition und Anwendung

Dieser Beitrag konzentriert sich im Folgenden auf das sozialtheoretisch weiter gefasste Theorieangebot der soziotechnischen Imaginaries und skizziert, welche analytischen Leitlinien und Denkfiguren zur empirischen Erforschung von Mobilitätszukünften aus ihm hervorgehen. Doch zunächst ist zu fragen: Mit was für einer sozialwissenschaftlichen Perspektive haben wir es zu tun? Das Konzept stammt aus den Science & Technology Studies (STS), einer zunehmend einflussreichen Strömung in den Sozialwissenschaften, die auf ein besseres Verständnis der Verflechtung von Politik, Wirtschaft, Kultur und Alltagsleben mit wissenschaftlichem Wissen und technischen Artefakten abzielt. Durch die Betrachtung von Innovation als in Gesellschaft und Materialität verankerte Praxis eröffnen die STS und speziell das Konzept der soziotechnischen Imaginaries neue Wege, um unsere gegenwärtigen Mobilitätsräume zu verstehen. Mobilität kann hier – grob vereinfacht – beschrieben werden als Bewegung mittels technischer Hilfsmittel entlang komplexer Infrastrukturen, die Ergebnis wissenschaftlich fundierter Planungs- und Gestaltungsprozesse sind.

Soziotechnische Imaginaries sind definiert als, „kollektiv getragene, institutionell gefestigte und öffentlich vorgetragene Visionen einer wünschenswerten Zukunft, die durch ein gemeinsames Verständnis von Formen des sozialen Lebens und der sozialen Ordnung belebt werden, die durch Fortschritte in Wissenschaft und Technologie erreichbar sind und diese unterstützen" (Jasanoff 2015, S. 4, eigene Übersetzung). Anders als Fiktionen, Versprechen oder Ideen einzelner Personen sind Imaginaries kollektiv und beständig. Sie müssen in institutionellen Strukturen verankert sein. Trotz dieser Operationalisierung ist davon abzuraten, Imaginaries zu verdinglichen. Bei der Beantwortung konkreter Forschungsfragen zeigen Imaginaries den größten Mehrwert, wenn sie als sensibilisierendes Konzept oder analytische Linse verstanden werden.

In der Mobilitäts- und Verkehrsforschung hat diese neue Perspektive breiten Eingang gefunden, vor allem in empirischen Studien, die sich mit den Imaginaries gegenwärtiger technologischer Entwicklungen befassen. Zu nennen sind hier Arbeiten zu postfossiler Mobilität (Mutter und Rohracher 2022), der Elektromobilität (Wentland 2020), dem autonomen Fahren (Graf und Sonnberger 2020) und digital vernetzter Infrastrukturen (Sadowski und Bendor 2019). Doch auch abseits von technischen Innovationen reicht das thematische Spektrum der Fachliteratur von Fahrrad-Utopien (Nikolaeva und Nello-Deakin 2019) bis hin zu Visionen interplanetarer Fortbewegung (Tutton 2018). Besondere Beachtung finden zudem Imaginaries verantwortungsvoller Governance und Regulierung, beispielsweise in Reallaboren (Engels et al. 2019) im Spannungsfeld ökonomischer Interessen (Sadowski und Bendor 2019) und mit besonderem Blick auf Machtasymmetrien im Globalen Süden (Ghosh und Arora 2022).

Eine Stärke des Ansatzes ist es, einerseits die Dynamik technischen Wandels besser zu verstehen, andererseits auch die bemerkenswerte Kontinuität bestehender Arrangements zu erklären. So ist eines der zentralen Puzzles der Mobilitätsforschung die Frage, wie der Status Quo der Auto-zentrierten Gesellschaft seit Jahrzehnten scheinbar mühelos reproduziert werden kann, während dasselbe System gleichzeitig durch massive ökologische Krisen und soziale Neuorientierungen grundlegend erschüttert zu werden scheint (Urry 2004). In diesem Sinne betrachtet eine Imaginaries-Analyse das Neue immer im Kontext anhaltender historischer Prozesse und kultureller Prägungen. Umgekehrt kann gezeigt werden, wie auch vermeintlich unverrückbare Strukturen kontinuierlich erneuert werden müssen, um ihre Wirkmächtigkeit nicht zu verlieren. Kurzum, Imaginaries richten den Blick darauf, wie Gesellschaften ihre Vergangenheit, Gegenwart und Zukunft sinnhaft zusammenbringen.

Auch wenn in der Definition zunächst von erstrebenswerten Zukünften gesprochen wird, räumt Jasanoff ein, dass diese auch immer mit ihrem Gegenteil einhergehen: Angst vor dem Neuen, aber auch Angst, dass die Fortschrittsversprechen der Vergangenheit das Leben für zukünftige Generationen bedrohen. Diese Spannung zeigt sich in den Auseinandersetzungen um die Zukunft der Mobilität. Unternehmen wie Tesla versprechen eine glänzende, klimaneutrale, prosperierende Zukunft. Soziale Bewegungen wie die „Letzte Generation" fordern einen radikalen Umbau der Gegenwart, um eine lebenswerte Zukunft überhaupt plausibel zu halten. Auf der anderen Seite stehen Beharrungskräfte, gekoppelt an die Imaginaries unbegrenzten Wachstums und fossiler Wertschöpfung, die kulturell tief verankert sind, wie sich bei aufgeladenen Debatten um das Auslaufen des Dieselmotors oder bei den politischen Widerständen gegen die Einführung von Fahrverboten und Tempolimits zeigt.

Obwohl der Dialog zwischen der Mobilitätsforschung und den STS vielversprechende Ansätze zeigt, befindet sich diese interdisziplinäre Verbindung noch in einem Anfangsstadium. Im Folgenden wird angestrebt, die gemeinsamen Berührungspunkte mit einem Schwerpunkt auf soziotechnische Imaginaries zu erhellen. Ziel ist es, ein grundlegendes Verständnis für die für STS typischen Konzepte und Denkansätze im Bereich der Mobilitäts- und Verkehrsforschung zu etablieren.

3.1 Kollektive und räumliche Verankerung

Im Gegensatz zu den spezifischen Zukunftsvisionen einzelner Personen oder gesellschaftlicher Gruppen repräsentieren Imaginaries stabile Interpretationsrahmen innerhalb einer Gesellschaft. Von einem Imaginary lässt sich sprechen, wenn eine bestimmte Art und Weise, die moderne Gesellschaft zu organisieren und zu interpretieren, zur Selbstverständlichkeit wird. Das Ideal der automobilen Gesellschaft wird traditionell mit technischem Fortschritt, Mittelschichtzugehörigkeit und einem angenehmen Lebensstandard für einen Großteil der Bevölkerung gleichgesetzt (Sachs 1984; Rammler 2008). Entsprechend spiegeln viele Visionen zukünftiger Mobilität die Fortführung existierender sozialer Normen wider. Innovationen wie die Elektrifizierung und Automatisierung des Verkehrs werden als die Zukunft der Mobilität betrachtet, die für viele einen Bruch mit dem bisherigen Status quo darstellt. Dennoch zeigt sich eine signifikante Kontinuität zu etablierten Idealbildern wie der Kernfamilie mit Eigenheim und Privatfahrzeug. Obwohl dieses Imaginary nie vollständig der Lebensrealität der Mehrheit entsprochen hat, bleibt es eng verbunden mit Vorstellungen von Bürgerlichkeit, Erfolg und Wohlstand, kurz: dem „guten Leben" (Voy et al. 1991). Selbst futuristische Werbekampagnen von Unternehmen wie Tesla oder BMW transportieren diese traditionellen Motive und Werte in die Zukunft.

Dies trifft ebenso auf die Verknüpfung von Technologie und nationaler Identität zu. Trotz zunehmender Individualisierung und gleichzeitiger Globalisierung in der modernen Welt bleiben gemeinsame kollektive Bezugspunkte bestehen, selbst in Gemeinschaften, deren Umfang für den Einzelnen ungreifbar wird. Diese werden daher als „imaginierte Gemeinschaften" beschrieben (Anderson 2006). Der Mobilität fällt dabei eine zentrale Rolle zu: Erst die Möglichkeit, Menschen, Waren und Ideen zu bewegen und zu transportieren, verleiht der Vorstellung einer verbundenen Welt Glaubwürdigkeit. Gleichzeitig schaffen politische Grenzziehungen, Regulierungen und Handelskonflikte eine Vorstellungswelt, die ebenso zersplittert und potenziell konfliktgeladen ist (Appadurai 2008).

In Deutschland ist die Automobilität tief mit dem Konzept der nationalen Identität verwoben. Die Verbindung zwischen marktwirtschaftlicher Demokratie und dem Automobilsektor ist hier historisch besonders stark ausgeprägt (Radkau 2008). Der Nachkriegsaufschwung der Automobilindustrie trug wesentlich dazu bei, Deutschlands Stellung als friedliebende Handels- und Technologienation auf der internationalen Bühne wiederherzustellen. Marken wie Mercedes, BMW, Volkswagen und Porsche leisten einen bedeutenden Beitrag zur nationalen Wirtschaft und prägen das Selbstverständnis der Nation. In der globalen Landschaft, die von kapitalistischen Symbolen geprägt ist, stehen diese Marken als stereotype, doch einflussreiche Repräsentanten Deutschlands. Dieses Imaginäre ist sowohl im politischen Diskurs als auch im kollektiven Bewusstsein der Bevölkerung verankert (Wentland 2017). Trotz wachsender ökologischer Bedenken und kritischer Stimmen gegenüber globalen Ausbeutungsmechanismen wird es in den Medien täglich reproduziert und als selbstverständlicher Teil der nationalen wie globalen Ordnung wahrgenommen (Lessenich 2016; Brunnengräber und Haas 2018).

Neben der traditionellen Konzentration auf Nationalstaaten richtet sich das Forschungsinteresse vermehrt auf die Untersuchung sub- und transnationaler Imaginaries, eine Entwicklung, die in der aktuellen Klima- und Umweltpolitik besonders relevant wird (Chateau et al. 2021; Mutter und Rohracher 2022). Fragen nach verlässlichem Wissen, gemeinsamen Werten und Pfaden soziotechnischer Transformationen sind nur im Zusammenspiel zu lösen. Regionen und Städte erweisen sich in der Mobilitätsforschung als zentrale Analyseeinheiten, da hier die Mehrzahl der planerischen und implementierenden Entscheidungen fällt (Karvonen 2020). Zudem lässt sich kollektives Handeln auf lokaler Ebene leichter initiieren. In diesem Rahmen können Imaginaries formuliert werden, die sich gegen vorherrschende nationale Erzählungen stellen (Smith et al. 2016). Barcelona bietet mit seinen „Superblocks", die nicht nur tiefgreifende verkehrspolitische Innovationen darstellen, sondern auch starke lokale Gemeinschaften fördern, ein prägnantes Beispiel. Trotz anfänglicher Widerstände haben viele Anwohnende diese autofreien Zonen für sich als neue Identifikationspunkte entdeckt (Wentland und Jung 2021).

3.2 Institutionelle and sozio-materielle Stabilisierung

Imaginaries können sich nur etablieren und über längere Zeit wirksam werden, wenn sie sich in den institutionellen Konstellationen einer Gesellschaft widerspiegeln. Die ersten Imaginaries-Analysen nahmen (staatliche) Politik als Ausgangspunkt ihrer

Betrachtung (Jasanoff und Kim 2009), was sich auf die Mobilitätsforschung produktiv übertragen lässt. Die Formulierung „Zukunft der Mobilität“ steht vielfach für wirtschaftlich relevante und politisch potenziell brisante Entwicklungen wie autonomes Fahren, die Ablösung fossiler Antriebssysteme oder die Umverteilung von städtischen Verkehrsflächen. Institutionen der politischen und wirtschaftlichen Governance entscheiden darüber, welche Visionen für eine Gesellschaft auf nationaler Ebene forciert werden und welche gar nicht erst auf die Agenda kommen (Pfotenhauer et al. 2019). Die Imaginaries-Perspektive regt dazu an zu fragen, wessen Zukunft auf welche Art verhandelt werden soll, welche Gruppen und Vorstellungen dabei unsichtbar bleiben und wie Akteurskonstellationen verschiedene miteinander konkurrierende Imaginaries zu ihren Gunsten mobilisieren, beispielsweise wenn es um die Entscheidung geht, welche alternative Antriebstechnologie im öffentlichen Nahverkehr eingesetzt werden soll (Mutter 2019). Gerade bei Mobilitätsfragen zeigt sich, wie Entscheidungen von heterogenen Akteuren über verschiedene Ebenen der Governance ausgehandelt werden, obwohl die Gesetzgebung und Strategien einer Bundesregierung oft entscheidende Parameter abstecken.

Ein aufschlussreiches Beispiel in Deutschland ist die institutionelle Stabilisierung des Imaginaries der Elektromobilität. Laut früheren Aussagen der Bundesregierung sollte die Elektrifizierung des Verkehrssektors eine weitreichende gesellschaftliche Veränderung einläuten, die unter anderem eine gesteigerte Multimodalität, den Ausbau von Sharing-Angeboten und die Nutzung von Autobatterien als dezentrale Speicher für erneuerbare Energien umfasst. Die Realisierung dieser Visionen erscheint bislang jedoch wenig wahrscheinlich, was auch auf die institutionellen Rahmenbedingungen zurückzuführen ist. Eine der ersten Handlungen der Bundesregierung war 2009 die Gründung der Nationalen Plattform Elektromobilität (NPE), ein Koordinierungsgremium, das Stakeholder aus Politik, Wirtschaft, Wissenschaft und Zivilgesellschaft bis 2018 vereinte. Durch die frühzeitige Einbindung potenziell gegensätzlicher Interessengruppen, wie Gewerkschaften und NGOs, gemäß dem kooperativen Governance-Modell der deutschen Industriepolitik wurde eine technokratische und bemüht konfliktfreie Umsetzung der Verkehrswende forciert. Dieses Vorgehen des Staates sicherte dem Projekt von Beginn an politische Legitimität und gesellschaftliche Akzeptanz, die radikaleren Visionen fehlten jedoch (Wentland 2020, S. 76–77).

Die Imaginaries-Perspektive betont die signifikante Rolle der Technologie, die eine Art quasi-institutioneller Stabilisierungseffekt mit sich bringt. Nach Jasanoff werden Technologien zu institutionalisierten Instrumenten, die dazu dienen, bestimmte soziale Ordnungen zu reproduzieren und andere auszuschließen. Dies geschieht beispielsweise, wenn staatliche Instanzen die Definitionsmacht über vorherrschende Energie-Imaginaries innehaben und dabei jene Gruppen an den Rand drängen, die nicht über vergleichbare Machtressourcen oder materielle Mittel verfügen (Jasanoff und Simmet 2021, S. 4). Entscheidend ist nicht allein, wie Imaginaries rechtliche Rahmenbedingungen und Entscheidungsprozesse formen, sondern auch inwiefern sie durch ihre Verankerung in alltäglichen Gegenständen als selbstverständlich hingenommen werden – eine Art von kollektiver Betriebsblindheit. Ein markantes Beispiel hierfür ist die Automobilität, eine Technologie aus dem frühen 20. Jahrhundert, die weiterhin bevorzugt, subventioniert und normalisiert wird. So werden alternative Fortbewegungsmethoden wie Fahrradfahren oder Bahnreisen in Teilen der Gesellschaft als abweichend wahrgenommen. Das Imaginary einer automobilen Gesellschaft basiert somit auf einer gegenseitigen Verstärkung von technischen Systemen rund um das Automobil und der institutionellen Struktur in Politik, Wirtschaft, Verwaltung, Wissenschaft und Verkehrsplanung.

Ein weiterer Aspekt bei der Betrachtung von Mobilitätszukünften ist ihre soziomaterielle Stabilisierung. Die Imaginaries-Perspektive geht hier über andere interpretative Ansätze hinaus, die vorrangig Sprache, Symbole, Diskurse und Ideologien analysieren. Vielzitierte Beispiele für Soziomaterialität verweisen explizit auf Mobilität und ihre Infrastrukturen (Latour 1990; Winner 1980). Die Entwicklungen im New Yorker Verkehrssystem unter der Leitung des Stadtplaners Robert Moses demonstrieren eindrucksvoll die Verflechtung sozialer und materieller Welten. Moses, der die Stadt- und Verkehrsplanung New Yorks über Jahrzehnte hinweg prägte, hinterließ insbesondere durch die Gestaltung des Verkehrsnetzes auf Long Island einen bleibenden Eindruck. Die konstruktive Ausführung der Brücken, zu niedrig für Busse, suggerierte eine Absicht, der afroamerikanischen Gemeinschaft den Zugang zu den Stränden Long Islands zu erschweren, eine Gruppe, die damals besonders auf öffentliche Verkehrsmittel angewiesen war. Doch wichtiger als die Unterstellung rassistischer Motive bei Moses ist das Erkennen der langfristigen Einflüsse solcher und ähnlicher baulicher Entscheidungen (Winner 1980, S. 113). Laut Winner sollten Artefakte als eine Form politischer Institutionalisierung betrachtet werden. Sozialwissenschaftliche Mobilitätsforschung muss die Gestaltung unserer materiellen Umwelt in ihren sozialen Konsequenzen ernst nehmen, unabhängig davon, ob die ursprünglichen Absichten bekannt sind oder nicht.

3.3 Performativität und Experimentalismus

Imaginaries entfalten ihre Wirkmacht erst, wenn sie öffentlich dargeboten werden. Die Analyse dieser öffentlichen Darbietung fokussiert, neben dem Inhalt der Zukunftsbilder selbst, vor allem darauf, wie Versprechen über die Zukunft in sozialen Prozessen und Praktiken anschlussfähig gemacht werden (Oomen et al. 2022). Dieser Ansatz stützt sich auf die Erkenntnisse der „Soziologie der Erwartungen“ (Borup et al. 2006), in der das dynamische Verhältnis zwischen neuen Erfindungen und verschiedenen gesellschaftlichen Akteuren, einschließlich Wirtschaft, Medien und Politik, untersucht wird. Es wurde festgestellt, dass Hypes und Zukunftserwartungen zu „kulturellen Apparaten“ werden, die „die Zukunft in der Gegenwart mobilisieren“ (Brown 2003, S. 5). Somit sind Erwartungen weniger informierte Spekulationen über technische und gesellschaftliche Entwicklungen, sondern vielmehr die Erschaffung sozialer Realitäten. Da die Zukunft unbekannt ist, müssen Erwartungen nicht zwangsläufig der Realität entsprechen, doch spielen sie eine entscheidende Rolle im Innovationsprozess. Besonders in der Anfangsphase einer neuen Technologie erleben wir ein Pendeln zwischen Begeisterung und Enttäuschung, lange bevor Akteure beginnen, den versprochenen Nutzen an realen Ergebnissen zu messen (van Lente 1993).

Die Muster von Hype und darauffolgender Enttäuschung wurden für Mobilitätsinnovationen ausgiebig erforscht. Es hat sich gezeigt, dass es Akteuren trotz offensichtlicher physikalischer und ökonomischer Einschränkungen wiederholt gelungen ist, überzeugende Visionen einer post-fossilen Zukunft zu schaffen, die ihren Aussagen und Prognosen von Wasserstoffantrieben und Brennstoffzellen Glaubwürdigkeit verliehen (Bakker und Budde 2012). Sobald sich diese Prognosen als unrealistisch herausstellten, wurde oft die Hoffnung auf zukünftige technologische Durchbrüche gesetzt, deren zeitliche und finanzielle Realisierbarkeit jedoch ungewiss blieb. Analog dazu fokussieren Diskussionen um die Alltagstauglichkeit der Elektromobilität häufig auf das Problem der begrenzten Reichweite, das angeblich nur durch die Entwicklung völlig neuer Batteriesysteme zu bewältigen sei. Ähnlich war die Geschichte der Elektromobilität seit Thomas Edison vom Narrativ der „Wunderbatterie" geprägt (Mom 2016), welches den Blick auf nahe liegende, pragmatische post-fossile Mobilitätszukünfte verstellt hat.

Neben der Performativität von Erwartungen fokussiert die Imaginaries-Perspektive auf die Orte, an denen bestimmte Zukunftsvorstellungen erprobt und enaktiert werden (Wentland 2016). In der Mobilitätsforschung werden solche Räume oft als Reallabore oder Testfelder bezeichnet. Einige Untersuchungen, die sich auf das Konzept der Imaginaries stützen, legen dar, dass in Reallaboren nicht nur neue Technologien getestet werden. Vielmehr werden primär gesellschaftliche Reaktionen auf neue Technologien, Visionen der Zukunft und die dazugehörigen Steuerungsmechanismen untersucht (Engels et al. 2019).

Reallabore, die sich der „Zukunft der Mobilität" widmen, haben sowohl in der wissenschaftlichen Forschung als auch in der politischen Landschaft eine große Bedeutung erlangt. Der durch politische Initiativen geförderte Experimentalismus hat sich zu einem gesellschaftlichen Phänomen entwickelt. In Deutschland existieren hunderte solcher Reallabore, und das Bundesministerium für Bildung und Forschung (BMBF) vergibt jährlich einen Preis für die „innovativsten" unter ihnen. Zu unterscheiden ist jedoch zwischen aktivistisch orientierten Reallaboren, die auf eine Änderung des Mobilitätsverhaltens abzielen, und solchen, die technologiebasierte Ansätze wie autonome Fahrzeuge, digitale Infrastrukturen oder mobile Anwendungen in den Mittelpunkt stellen. Technikfokussierte Pilotprojekte bergen das Risiko, signifikante Blindstellen zu erzeugen: In ersten großflächigen Versuchen mit autonomen Fahrzeugen in Großbritannien zeigte sich eine limitierte Vorstellung davon, wie Autos und andere Verkehrsteilnehmende miteinander interagieren sollen. Obwohl das Ziel einer automatisierten, nahtlosen und vollständig integrierten Mobilität propagiert wurde, basieren diese öffentlichen Experimente oft auf stereotypen Vorstellungen von Verkehrsflüssen, Nutzerverhalten und städtischem Leben. Dies suggeriert, dass Menschen ihr Verhalten an die Technologie der autonomen Fahrzeuge anpassen müssen, statt dass die Technologie auf die Bedürfnisse der Menschen zugeschnitten wird (Marres 2020).

4 Schlussbetrachtung

In diesem Beitrag wurden verschiedene interpretative Zugänge zur Rolle imaginierter Mobilitätszukünfte aufgezeigt sowie einige analytische Richtlinien für die empirische Forschung aus der Perspektive soziotechnischer Imaginaries umrissen. Dieser

Ansatz genießt gegenwärtig große Popularität in den Science and Technology Studies (STS) und kommt in der Mobilitätsforschung zunehmend und gewinnbringend zum Einsatz. Dabei dient das Konzept der Imaginaries als analytische Linse, deren Mehrwert in der Anwendung für die Erklärungsarbeit innerhalb der empirischen Forschung liegt. Jasanoff beschreibt Imaginaries als „Voyaging Concept" (Jasanoff und Kim 2015, S. 321), als einen Kompass, der in unerforschte Gebiete der Sozialtheorie navigiert, um Fragen nach kollektiven Identitäten in einer von Wissenschaft und Technik durchdrungenen Moderne neu zu formulieren. Imaginaries ermöglichen eine kritische Reflexion darüber, warum Gesellschaften bestimmte Pfade beschreiten, was sie dorthin geführt hat und warum alternative Wege unerreichbar scheinen. Sie beleuchten Herausforderungen in der Struktur sozialer Ordnungen, indem sie Wissensobjekte und Technologien als gleichwertige Elemente in die Analyse von Institutionen und Machtstrukturen integrieren.

Die Beharrlichkeit der automobilen Gesellschaft lässt sich aus Imaginaries-Perspektive gut erklären: Es zeigt sich, dass durch die Entpolitisierung der Zukunft, die Stabilisierung vorgestellter Lebensweisen und die Fortschreibung nationaler Selbstbilder eine wechselseitige Ko-Produktion einer potenziell offenen Mobilitätszukunft und der festgefahrenen automobilen Gegenwart stattfindet. Von der befürchteten globalen Klimakatastrophe über die Verkehrsüberlastung in den Städten bis hin zur Desillusionierung mit der Automobilindustrie – Beschwerden über den Status Quo sind ebenso präsent wie die Annahme seiner scheinbaren Alternativlosigkeit.

Konzeptionell als auch empirisch wurde gezeigt, wie politische Gemeinschaften ihre Vergangenheit, Gegenwart und Zukunft in einem soziomateriellen Kontext sinnvoll miteinander verknüpfen. Denn das Konzept der Imaginaries fokussiert nicht ausschließlich auf futuristische oder disruptive Innovationen. Obwohl Technikzukünfte einen integralen Bestandteil der empirischen Untersuchung darstellen, liegt der analytische Mehrwert vielmehr in der Betrachtung dieser Visionen innerhalb bestehender Strukturen. Dies ermöglicht es, gegenwärtige Trends zu erklären, die nicht nur im Mobilitätssektor, sondern auch in anderen technischen und innovativen Bereichen zu beobachten sind. Dazu zählen die wachsende Enttäuschung über das Fortschrittsversprechen der Moderne sowie die intensiven Debatten über kollektive Innovationskraft und Zukunftsfähigkeit.

Literatur

Anderson, Benedict. 2006. *Imagined communities: Reflections on the origin and spread of nationalism*, Rev. Aufl. London: Verso.

Appadurai, Arjun, Hrsg. 2008. *Modernity at large: Cultural dimensions of globalization*, 8. Nachdr., Bd. 1. Public worlds. Minneapolis: University of Minnesota Press.

Bakker, Sjoerd, und Björn Budde. 2012. Technological hype and disappointment: Lessons from the hydrogen and fuel cell case. *Technology Analysis & Strategic Management* 24(6): 549–563. https://doi.org/10.1080/09537325.2012.693662.

Bazzani, Giacomo. 2023. Futures in action: Expectations, imaginaries and narratives of the future. *Sociology* 57(2): 382–397. https://doi.org/10.1177/00380385221138010.

Borup, Mads, Nik Brown, Kornelia Konrad, und Harro van Lente. 2006. The sociology of expectations in science and technology. *Technology Analysis & Strategic Management* 18(3–4): 285–298. https://doi.org/10.1080/09537320600777002.

Brown, Nik. 2003. Hope against hype – accountability in biopasts, presents and futures. *Science & Technology Studies* 16(2): 3–21. https://doi.org/10.23987/sts.55152.

Brunnengräber, Achim, und Tobias Haas. 2018. Vom Regen in die Traufe: Die sozial-ökologischen Schattenseiten der E-Mobilität. *GAIA – Ecological Perspectives for Science and Society* 27(3): 273–276. https://doi.org/10.14512/gaia.27.3.4.

Budde, Björn, und Kornelia Konrad. 2019. Tentative governing of fuel cell innovation in a dynamic network of expectations. *Research Policy* 48(5): 1098–1112. https://doi.org/10.1016/j.respol.2019.01.007.

Chateau, Zoé, Patrick Devine-Wright, und Jane Wills. 2021. Integrating sociotechnical and spatial imaginaries in researching energy futures. *Energy Research & Social Science* 80:102207. https://doi.org/10.1016/j.erss.2021.102207.

Dierkes, Meinolf, Ute Hoffmann, und Lutz Marz, Hrsg. 1992. *Leitbild und Technik: Zur Entstehung und Steuerung technischer Innovationen*. Berlin: Edition Sigma.

Engels, Franziska, Alexander Wentland, und Sebastian M. Pfotenhauer. 2019. Testing future societies? Developing a framework for test beds and living labs as instruments of innovation governance. *Research Policy* 48(9): 103826. https://doi.org/10.1016/j.respol.2019.103826.

Ghosh, Bipashyee, und Saurabh Arora. 2022. Smart as (un)democratic? The making of a smart city imaginary in Kolkata, India. *Environment and Planning C: Politics and Space* 40(1): 318–339. https://doi.org/10.1177/23996544211027583.

Graf, Antonia, und Marco Sonnberger. 2020. Responsibility, rationality, and acceptance: How future users of autonomous driving are constructed in stakeholders' sociotechnical imaginaries. *Public Understanding of Science* 29(1): 61–75. https://doi.org/10.1177/0963662519885550.

Grunwald, Armin. 2012. *Technikzukünfte als Medium von Zukunftsdebatten und Technikgestaltung*, Karlsruher Studien Technik und Kultur, Bd. 6. Karlsruhe: KIT Scientific Publishing.

Jasanoff, Sheila. 2015. Future imperfect: Science, technology, and the imaginations of modernity. In *Dreamscapes of modernity: Sociotechnical imaginaries and the fabrication of power*, Hrsg. Sheila Jasanoff und Sang-Hyun Kim, 1–33. Chicago/London: The University of Chicago Press.

Jasanoff, S., und S.-H. Kim. Hrsg. 2015. *Dreamscapes of modernity: sociotechnical imaginaries and the fabrication of power*. Chicago/London: The University of Chicago Press.

Jasanoff, Sheila, und Sang-Hyun Kim. 2009. Containing the atom: Sociotechnical imaginaries and nuclear power in the United States and South Korea. *Minerva* 47(2): 119–146. https://doi.org/10.1007/s11024-009-9124-4.

Jasanoff, Sheila, und Hilton R. Simmet. 2021. Renewing the future: Excluded imaginaries in the global energy transition. *Energy Research & Social Science* 80:102205. https://doi.org/10.1016/j.erss.2021.102205.

Karvonen, Andrew. 2020. Urban techno-politics: Knowing, governing, and imagining the city. *Science as Culture* 29(3): 417–424. https://doi.org/10.1080/09505431.2020.1766011.

Kuchler, Magdalena, und Gubb Marit Stigson. 2024. Unravelling the 'collective' in sociotechnical imaginaries: A literature review. *Energy Research & Social Science* 110:103422. https://doi.org/10.1016/j.erss.2024.103422.

Latour, Bruno. 1990. Technology is society made durable. *The Sociological Review* 38(1_suppl): 103–131. https://doi.org/10.1111/j.1467-954X.1990.tb03350.x.

Lente, Harro van. 1993. *Promising technology: The dynamics of expectations in technological developments*. Enschede: Faculteit Wijsbegeerte en Maatschappijwetenschappen.

Lessenich, Stephan. 2016. *Neben uns die Sintflut: Die Externalisierungsgesellschaft und ihr Preis*. München: Hanser Berlin.

Lösch, Andreas, Armin Grunwald, Martin Meister, und Ingo Schulz-Schaeffer, Hrsg. 2019. *Socio-technical futures shaping the present*. Wiesbaden: Springer Fachmedien Wiesbaden. https://doi.org/10.1007/978-3-658-27155-8.

Marcus, George E. 1995. *Technoscientific imaginaries: Conversations, profiles, and memoirs*. Bd. 2. Späte Ausgabe: cultural studies for the end of the century. Chicago/London: University of Chicago Press.

Marres, Noortje. 2020. Co-existence or displacement: Do street trials of intelligent vehicles test society? *The British Journal of Sociology* 71(3): 537–555. https://doi.org/10.1111/1468-4446.12730.

McNeil, Maureen, Michael Arribas-Ayllon, Joan Haran, Adrian Mackenzie, und Richard Tutton. 2017. Conceptualizing imaginaries of science, technology, and society. In *The handbook of science and technology studies*, Hrsg. Ulrike Felt, Rayvon Fouché, Clark A. Miller, und Laurel Smith-Doerr, 4. Aufl., 435–464. Cambridge: The MIT Press.

Mom, Gijs. 2016. Inventing the miracle battery: Thomas Edison and the electric vehicle. *History of Technology Volume 20*:17.

Mutter, Amelia. 2019. Mobilizing sociotechnical imaginaries of fossil-free futures – Electricity and biogas in public transport in Linköping, Sweden. *Energy Research & Social Science* 49:1–9. https://doi.org/10.1016/j.erss.2018.10.025.

Mutter, Amelia, und Harald Rohracher. 2022. Competing transport futures: Tensions between imaginaries of electrification and biogas fuel in Sweden. *Science, Technology, & Human Values* 47(1): 85–111. https://doi.org/10.1177/0162243921996052.

Nikolaeva, Anna, und Samuel Nello-Deakin. 2019. Exploring velotopian urban imaginaries: where Le Corbusier meets Constant? *Mobilities* 148(4): 1–16. https://doi.org/10.1080/17450101.2019.1694300.

Oomen, Jeroen, Jesse Hoffman, und Maarten A. Hajer. 2022. Techniques of futuring: On how imagined futures become socially performative. *European Journal of Social Theory* 25(2): 252–270. https://doi.org/10.1177/1368431020988826.

Pfotenhauer, Sebastian M., Joakim Juhl, und Erik Aarden. 2019. Challenging the "deficit model" of innovation: Framing policy issues under the innovationimperative. *Research Policy* 48(4): 895–904. https://doi.org/10.1016/j.respol.2018.10.015.

Radkau, Joachim. 2008. *Technik in Deutschland: Vom 18. Jahrhundert bis heute*, Umfassend überarb. u. Akt. Ausg. Frankfurt/New York: Campus.

Rammler, Stephan. 2008. „The Wahlverwandtschaft of Modernity and Mobility". In *Tracing Mobilities: Towards a Cosmopolitan Perspective*, Hrsg. Weert Canzler, Vincent Kaufmann, und Sven Kesselring, 57–76. Transport and Society. Aldershot England/Burlington VT: Ashgate.

Sachs, Wolfgang. 1984. *Die Liebe zum Automobil: Ein Rückblick in die Geschichte unserer Wünsche*, 1. Aufl. Reinbek bei Hamburg: Rowohlt.

Sadowski, Jathan, und Roy Bendor. 2019. Selling smartness: Corporate narratives and the smart city as a sociotechnical imaginary. *Science, Technology, & Human Values* 44(3): 540–563. https://doi.org/10.1177/0162243918806061.

Sauter-Servaes, Thomas. 2011. Technikgeneseleitbilder der Elektromobilität. In *Das Elektroauto. Bilder für eine zukünftige Mobilität*, Hrsg. Stephan Rammler und Marc Weider, 25–40. Berlin: Lit.

Smith, J.M., A.S. Tidwell, Jessica M. Smith, und Abraham Sd Tidwell. 2016. The everyday lives of energy transitions: Contested sociotechnical imaginaries in the American West: Contested sociotechnical imaginaries in the American West. *Social Studies of Science* 46(3): 327–350. https://doi.org/10.1177/0306312716644534.

Tidwell, Jacqueline Hettel, und Abraham S.D. Tidwell. 2018. Energy ideals, visions, narratives, and rhetoric: Examining sociotechnical imaginaries theory and methodology in energy research. *Energy Research & Social Science* 39:103–107. https://doi.org/10.1016/j.erss.2017.11.005.

Tutton, Richard. 2018. Multiplanetary imaginaries and Utopia. *Science, Technology, & Human Values* 43(3): 518–539. https://doi.org/10.1177/0162243917737366.

Urry, John. 2004. The ‚system' of automobility. *Theory, Culture & Society* 21(4–5): 25–39. https://doi.org/10.1177/0263276404046059.

Voy, Klaus, Werner Polster, und Claus Thomasberger, Hrsg. 1991. *Gesellschaftliche Transformationsprozesse und materielle Lebensweise: Beiträge zur Wirtschafts- und Gesellschaftsgeschichte der Bundesrepublik Deutschland (1949–1989)*. Marburg: Metropolis.

Wentland, Alexander. 2016. Imagining and enacting the future of the German energy transition: Electric vehicles as grid infrastructure. *Innovation: The European Journal of Social Science Research* 29(3): 285–302. https://doi.org/10.1080/13511610.2016.1159946.

———. 2017. An automobile nation at the crossroads: Reimagining Germany's car society through the electrification of transportation. In *Imagined futures in science, technology and society.*

Routledge Studies in Science, Technology and Society, Hrsg. Gert Verschraegen, Frédéric Vandermoere, Luc Braeckmans, und Barbara Segaert, Bd. 34, 137–165. London: Routledge.

———. 2020. Warum elektrische Utopien festgefahren sind: Das Imaginary Automobilität als Grenze der Verkehrswende am Beispiel der Elektromobilität in Deutschland. *Behemoth: A Journal on Civilization* 13(1): 70–82. https://doi.org/10.6094/behemoth.2020.13.1.1037.

Wentland, Alexander, und Manuel Jung. 2021. Der asynchrone Weg zur urbanen Mobilitätswende. *TATuP – Zeitschrift für Technikfolgenabschätzung in Theorie und Praxis* 30(1): 23–28. https://doi.org/10.14512/tatup.30.1.23.

Winner, Langdon. 1980. Do artifacts have politics? *Daedalus* 109(1): 121–136.

Mobilitätskrisen und Große Technische Systeme

Jörg Potthast

Inhalt

Zusammenfassung

Kommt eine Verkehrsverlagerung auf die Schiene nicht zustande, dann werden sich im Zuge weiterer Erderhitzung zunehmend umfassende Mobilitätskrisen ereignen. Forschungen zum Umgang mit bisherigen Mobilitätskrisen – zu Unfällen, Unterbrechungen, Störungen, oder temporären Außerbetriebnahmen – rücken daher in den Mittelpunkt des Interesses. Im Anschluss an Forschungen über *Große Technische Systeme* (GTS) lassen sich im Umgang mit Störungen Muster identifizieren, die weiträumig und langfristig auf die Entwicklung dieser Infrastrukturen zurückwirken.

Schlüsselwörter

Mobilitätskrisen · Große Technische Systeme · Schienenverkehr · Straßenverkehr · Klimafolgen

---

J. Potthast (✉)
Seminar für Sozialwissenschaften, Universität Siegen, Siegen, Deutschland
E-Mail: potthast@soziologie.uni-siegen.de

W. Canzler et al. (Hrsg.), *Handbuch Mobilität und Gesellschaft*,
https://doi.org/10.1007/978-3-658-37557-7_17

1 Einleitung

DAC4EU, ein vom deutschen Digital- und Verkehrsministerium beauftragtes Projektkonsortium, erprobt seit 2020 eine „[D]igitale [A]utomatische [K]upplung" [für] den [EU]ropäischen Schienengüterverkehr. Wird eine Zulassung erreicht, so verspricht diese technische Neuerung eine Steigerung des schienengebundenen Güterverkehrs, einen höheren Anteil der Schiene am *Modal Split* und damit eine Reduktion von CO_2-Emissionen (BMDV et al. 2022; Laser 2023). Damit entsprechend umgerüstete Güterzüge eines Tages nicht mehr manuell gekuppelt werden müssen, hat das Ministerium per Forschungsauftrag 13 Mio. € bereitgestellt. Eine sozialwissenschaftliche Begleitung des Vorhabens hat das geförderte Konsortium abgelehnt. Wie wird die beabsichtigte Transformation im Güterverkehr praktisch vorangetrieben? Wie genau geht welche „grüne" Wirkung auf welchen „digitalen" Einsatz zurück? Inwiefern erweist sich „Digitalisierung" gar als ein maßgeblicher Faktor für eine Verlagerung auf weniger klimaschädliche Verkehrsmittel? Im erwähnten Fall müssen diese Fragen zur Arbeit an einem besseren *Modal Split* vorerst zurückgestellt werden.[1]

Kommt eine Verkehrsverlagerung auf die Schiene nicht zustande, dann werden sich im Zuge weiterer Erderhitzung zunehmend umfassende Mobilitätskrisen ereignen. Forschungen zum Umgang mit bisherigen Mobilitätskrisen – Unfällen, Unterbrechungen, Störungen, sicherheitsrelevanten temporären Außerbetriebnahmen – rücken daher in den Mittelpunkt des Interesses. Allerdings handelt es sich dabei um eher mikroanalytisch fundierte Beiträge (Bee 2022; Röhl 2022), die sich einer makrohistorisch ambitionierten Perspektive nicht unmittelbar zuführen lassen. Gleichwohl lassen sich im Anschluss an Forschungen über Große Technische Systeme (GTS) im Umgang mit Störungen Muster identifizieren, die weiträumig und langfristig auf die Entwicklung dieser Infrastrukturen zurückwirken. Bei übergreifender Betrachtung fallen dabei zunächst Effekte einer Normalisierung ins Auge. Im hier betrachteten Feld der Mobilität gilt es, auch Kontraste zu schärfen: Welche Umgangsformen mit Störungen haben sich über die Zeit im Schienenverkehr *im Unterschied zu* welchen dafür im Straßenverkehr typischen Mustern verfestigt?

Da sich angesichts des Klimawandels die Frage nach der Verlagerung nicht ignorieren lässt, sind solche, im Zuge der Vorgeschichte verfestigten Unterschiede höchst relevant. Mobilitätskrisen sind, so betrachtet, keineswegs Ereignisse ohne Vorzeichen: Maßgeblich für ihren Verlauf sind vielmehr die Reaktionsmuster, die sich im Umgang mit unzähligen Präzedenzfällen herausgebildet haben. Diese gegenüber einer herkömmlichen Betrachtung gewendete Sichtweise macht auch eine

[1] Für den Personenverkehr in Ballungsräumen wurde bereits in den 1980er-Jahren eine „immaterielle Kupplung" an einem Prototyp getestet. Eine im Modus eingebetteter Forschung entstandene Studie gibt präzise darüber Aufschluss, unter welchen Umständen diese Versuche abgebrochen wurden (Latour 2018). Diese Arbeit hat über Expertinnen und Eisenbahnliebhaber hinaus ein breites Fachpublikum auf Kupplungen als für die Architektur Großer Technischer Systeme neuralgischen Punkt aufmerksam gemacht. Indessen wurde eine Begleitstudie zu einem vergleichbaren Vorzeigeprojekt (DAC4EU) – mit Absageschreiben vom 08.03.2022 – auf unbestimmte Zeit vertagt.

definitorische Umstellung notwendig. Statt von „Ausfällen", „Betriebsunterbrechungen" oder „Störungen" zu sprechen, die sich äußeren Ursachen zuschreiben lassen, wird von „Mobilitätskrisen" die Rede sein, in denen multiple Mobilitätspraktiken durcheinandergeraten. Wenn eine entsprechende Umstellung der Nomenklatur in die dokumentarischen Standards des Berichtens über Störungen Eingang findet, wirkt dies einer ansonsten unerschütterlichen Normalisierung entgegen.

Das im Folgenden adjustierte analytische Instrumentarium geht auf eine interdisziplinäre Diskussion zurück, die sich angeboten hat, langfristige Entwicklungen Großer Technischer Systeme konzeptuell zu fassen und, vornehmlich im Energie-, Verkehrs- und Kommunikationssektor, empirisch vergleichend zu erforschen (Mayntz und Hughes 1988; La Porte 1991; Summerton 1994; Coutard 1999). Wann immer die nach „Großen Technischen Systemen" (GTS) auch benannten Forschungen seither aufgegriffen (Edwards 2003; Geels 2004) und explizit auch auf Transformationsbedingungen hin befragt wurden (Geels und Schot 2007), ging es um deren irreduzibel „soziotechnischen" Charakter. Ein solches, grundlegend praxeologisches Verständnis von Infrastrukturen wird durch die hier beabsichtigte Konzentration auf den Umgang mit Störungen bzw. Mobilitätskrisen gestärkt. Im Einklang mit den Gründungstexten der GTS-Forschung wird zudem eine (bislang nur selten eingelöste) Vergleichsperspektive empfohlen.

Der Beitrag beginnt mit einer schrittweise einführenden Darstellung der GTS-Forschung zu den Bereichen Schiene und Straße, einschließlich einer Würdigung des politischen Einflusses, den die auf diesem Weg erarbeitete Expertise gewonnen hat. Dass dieser Einfluss sehr beschränkt blieb, lässt sich dabei auch auf verschiedene Kampagnen zurückführen, die die soziotechnische Realität großer Infrastrukturen – etwa im Namen vermeintlicher „Dematerialisierung und Immaterialisierung [...] vor allem telekommunikativer Technik" (Braun und Joerges 1994, S. 36) – radikal leugnen. Im Fazit schlägt der vorliegende Beitrag vor, aus einer praxeologisch aufmerksamen Lektüre der Forschung zu GTS und ihren Störungen Konsequenzen für die Berichterstattung über Mobilitätskrisen zu ziehen. Ein erneuertes Berichtsformat wird sich auf Größen- und Systemwettbewerbe zwischen Schiene und Straße zugunsten Öffentlicher Verkehrsmittel auswirken und Initiativen zur Verlagerung unterstützen.

2 GTS, GTs, gTS

Randscharf hat die sozialwissenschaftliche Erforschung Großer Technischer Systeme von vornherein nicht fixiert, wie „groß" und „systemisch" zu definieren sind. Was ein System ausmacht, sei historisch variabel und könne darum einer bündigen wissenschaftlichen Definition nicht genügen (Hughes 1983, S. 5; Van der Vleuten 2006). Auch in der Folge haben die an der Prägung dieses Kompositums Beteiligten eine konzeptuelle Auseinandersetzung nicht gescheut. Aber daraus ist weder ein eindeutiger Begriff noch eine ausdrückliche Bezugnahme auf eine bestimmte konzeptuelle Tradition hervorgegangen. Es blieb also bei einem dünnen Begriff, unscheinbar genug, um im Namen einer produktiven und gegenstandsangemessenen

Diskussion konzeptuelle Differenzen zu überbrücken – aber doch analytisch distanziert genug, um sich von einer alltäglichen Verwendung abzuheben.

Insbesondere die folgende Abgrenzung vom alltagssprachlichen Gebrauch ist hervorzuheben: Die Forschungen zu „Large Technical Systems" (Thomas Hughes), zu „großtechnischen Systemen" (Renate Mayntz) oder zu „technischen Makrosystemen" (Alain Gras) beschäftigen sich damit, wie Infrastrukturen Energie, Mobilität oder Kommunikation über ausgedehnte Gebiete zur Nutzung bereitstellen. Dabei sind sie auf die Expertise dafür spezialisierter Fachleute angewiesen, übernehmen aber nicht deren territoriale und sektorale, in Teilen amtlich befestigte Zuständigkeiten. Denn auch wenn die Vorstellung, technische Netzwerke und Territorien seien deckungsgleich, noch so suggestiv erscheine, liege eine solche „Konvergenz" praktisch nie vor (Offner und Pumain 1996).

Im Verkehrsbereich sind *Große* Technische Systeme zum Beispiel nicht synonym mit einer für Verkehrsträger üblichen Kategorie für große Ausdehnung. Im Bahnverkehr heißt „groß" also nicht „Fernverkehr" (im Unterschied zu „Regionalverkehr"), im Straßenverkehr bemisst sich Größe nicht an der Anzahl von Fahrbahnen pro Fahrtrichtung oder ihrer Widmung für eine bestimmte Geschwindigkeit und/oder einen bestimmten Fahrzeugtyp. Vielmehr verweist „groß" auf ein „Momentum" (Hughes 1987, S. 56–57), also eine dynamische Größe, die in ihrer Richtung festgelegt ist (Trägheit, Pfadabhängigkeit). Gegenüber Kategorien, die Zuständigkeit, Steuerung und Regierbarkeit reklamieren, verhält sich dieses Momentum derart indifferent, dass die Frage nach einer Umkehrung der Machtverhältnisse – „Wie uns Netzwerke regieren?" (Gariépy und Marié 1997) – gar nicht abwegig erscheint.

„Systemisch" bezieht sich dagegen auf das für GTS grundlegende Merkmal der Beobachtung eigener Zustände mittels Informationstechnologie (Gras 1993, S. 18). Besonders anschaulich wird dies am Beispiel von Kontrollzentren im Flugverkehr (ebd.).[2] Der Ausbau von Vorrichtungen zur Selbstbeobachtung erfolgt nicht kontinuierlich, sondern oft schubweise, nämlich in Folge dramatischer und medial stark beachteter Aus- oder Unfälle. Bereits hier deutet sich an, dass beide Merkmale, „G" und „S", Verschränkungen eingehen: Während Entwicklungssprünge angesichts der Trägheit *Großer* Technischer Systeme unwahrscheinlich erscheinen, kann in Folge

[2]Auf die Flugsicherung beziehen sich neben Alain Gras (1993) und Todd La Porte (1988), beide dem engeren Kreis der GTS-Forschung zuzurechnen, auch Diane Vaughan und Charles Perrow. Beide äußern sich zur Sperrung des US-amerikanischen Luftraums am Tag der Terroranschläge auf New York City und Washington (Perrow 2005, S. 99; Vaughan 2021, S. 395–443). In diesen Würdigungen der Flugsicherung treffen sich die Sensibilität für Abläufe in Hochrisiko-Organisationen und jene für flächendeckende Infrastrukturen (GTS). Vaughan und Perrow waren zwischenzeitlich mit Mandaten in Unfallkommissionen betraut, die sich, wie unten ausgeführt, als Scharnierstellen für die sozialwissenschaftliche Forschung erwiesen haben. Perrow hat an den ersten Treffen der GTS-Community teilgenommen (Joerges 1995, S. 161). Auch wenn Hochrisikoforschung nicht im Mittelpunkt der ersten Konferenz stand (ebd.), haben seine Arbeiten erkennbaren Einfluss auf die konzeptuelle Einführung des Konferenzbands genommen (Joerges 1988). Wiederum im Kontext des Flugverkehrs hat sich Perrow als Vorreiter einer praxeografischen Risikoforschung herausgestellt (Potthast 2007, S. 59–63).

von Unfällen politischer Druck entstehen und Anlass dafür geben, die Selbstbeobachtungskompetenz Großer Technischer *Systeme* zu steigern. Diese Steigerung kann umgekehrt dem Momentum von GTS sowohl zu- als auch abträglich sein. Daraus ergeben sich Fragen, die empirisch und vorzugsweise vergleichend zu untersuchen sind. „Systemisch" und „groß" gehen also nicht ineinander auf, sondern sind in ihrem Verhältnis zu klären. Sie bezeichnen unterschiedliche Vektoren für in der Kombination nicht immer absehbare Entwicklungen. Für ihr Zusammenwirken hat Thomas Hughes im Rückgriff auf eine militärstrategische Analogie folgenden Befund herausgestellt: Als charakteristisch für die Entwicklung von GTS könne gelten, dass Kompetenzen zur Selbstbeobachtung nur sehr beschränkt wirksam werden. Sie resultieren in punktuellen Ausbesserungen jener Komponente, die als *Reverse Salient* (Hughes 1987, S. 73–75) ausgemacht werde – jener Stelle also, die sich im Zuge einer Gesamtschau des Frontverlaufs als die schwächste lokalisieren lasse.

Diese Beobachtung macht plausibel, wie sich GTS in einer Logik inkrementeller Innovation verfangen und dabei gegenüber Impulsen aus dem politischen Diskurs („Verkehrswende") ebenso verschließen wie gegenüber Nischeninnovationen (Geels und Schot 2007). Dass Größe und Systemcharakter, zwei für sich betrachtet dynamische Vektoren, einander ausbremsen, bleibt dennoch paradox und weiterhin erklärungsbedürftig. Im Zusammenhang mit der ausbleibenden Verkehrsverlagerung (von der Straße auf die Schiene) ist diese Frage in einem vergleichenden Rahmen zu klären. Dafür sind Querbezüge zwischen Forschungen unabdingbar, die sich bisher eher entweder dem GTS Schiene oder dem GTS Straße zugewandt haben. Um eine stärkere Verschränkung zu erreichen und das Potenzial einer vergleichenden Perspektive auszuschöpfen, ist die Geschichte der Eisenbahn und des Straßenwesens systematisch auf Gemeinsamkeiten und Unterschiede im Umgang mit Störungen hin zu befragen.

3 Der gewandelte Umgang mit Störungen als Schlüssel zur Geschichte des Schienenverkehrs

Im Fall der Eisenbahn hängt der Aufbau von Selbstbeobachtungskompetenz in doppelter Hinsicht mit dem Ausbau von Telegrafenleitungen zusammen. Zum einen bieten diese Leitungen die Möglichkeit, den Betrieb in Echtzeit zu kontrollieren, ohne Verzögerung auf Unregelmäßigkeiten aufmerksam zu werden und somit Unfälle zu vermeiden. Zum anderen erzeugen sie ein sektorübergreifendes Momentum (Gugerli 1996, S. 140). Einer streng sektoral ansetzenden Betrachtung bliebe das Zusammenspiel von Größenwachstum und Systemsteigerung verborgen.

Zum außerordentlich dynamischen Ausbau des Eisenbahnnetzes im 19. Jahrhundert hat jedoch nicht nur die Telegrafie beigetragen. Diesem war auch förderlich, dass entlang der Linien die Tagespresse Verbreitung fand (Richards und MacKenzie 1986, S. 301–302), während an den Bahnhöfen Dienstleistungsbetriebe entstanden, die Reisende mit Unterkünften (Oldenziel und Hård 2013, S. 104–107), Gepäckdiensten, Fundbüros und nicht nur Reisende mit (Bahnhofs-)Literatur und kulinarischen Angeboten versorgten (Richards und MacKenzie 1986, S. 291–303). Knotenpunkte in diesem Prozess eines wechselseitig bedingten Aufschwungs waren jedoch nicht nur Bahnhöfe, sondern z. B. auch Schlachthöfe: Der Ausbau der Bahninfrastruktur ging einher mit einer keineswegs selbstverständlichen Umstellung der Fleischverarbeitung und des Fleischkonsums in den um diese Zeit rasant wachsenden Metropolen (Cronon 1991). Dieses Momentum machte sich (über Gleisanschlüsse) bis weit in den ländlichen Raum bemerkbar (Kassung 2020, S. 57–73); es betrifft die Geschichte kooperativer Medien (Fahrpläne) ebenso wie die Kulturgeschichte der Metropolenbildung samt völlig neuen Konsumgewohnheiten. Dieser Nexus lässt sich auch im Nachhinein aus entsprechend breiten „Redeströmen" (Gugerli 1996) rekonstruieren. Während sich professionelle Darstellungen eher an administrative Zuständigkeiten und disziplinäre Abgrenzungen halten, geben populäre Darstellungen, wie stärker kulturwissenschaftlich orientierte Arbeiten herausgestellt haben, interessante Aufschlüsse über die *Größe* von GTS (Braun und Joerges 1994).

Ohne gesteigerte Selbstbeobachtung wäre der rasante Ausbau der Eisenbahn zu einem GTS nicht zustande gekommen. Umgekehrt wurde in Folge von Unfällen, die sich bei intensiver Berichterstattung zu größeren Medienereignisse auswachsen konnten, in Kapazitäten zur Selbstbeobachtung investiert (Caron 1998, S. 870–871).[3] Dies schloss die Aufgabe ein, im kontinentalen Maßstab eine Standardisierung der Zeit zu erwirken (Zerubavel 1982). Die Arbeit an der Selbstrepräsentation hat sich auch lokal fortgesetzt. Wie schon an der Architektur der Anlagen erkennbar, wurden im Fall der Eisenbahn vielfach Kontrollzentren eingerichtet. Die Verfügbarkeit einer mehr oder weniger vollständigen und mehr oder weniger in Echtzeit dargebotenen Repräsentation betrieblicher Abläufe bot die Möglichkeit, im Störfall rasch zu intervenieren. Mit diesem zentralisierten Management wurde die Eisenbahn für viele andere Industriezweige zum Modell (Chandler 1965). Dass diese Kontrollzentren ihrerseits störanfällig sind, wurde eindrücklich belegt (Perrow 1987). Wenn dieser Befund als unbestreitbar gilt, liegt dies allerdings auch daran, dass seither nur wenige vergleichende Untersuchungen hinzugekommen sind.

4 Der fragmentierte Umgang mit Störungen als Schlüssel zur Geschichte des Straßenverkehrs

Die Geschichte des Straßenverkehrs kennt großmaßstäbliche Visionen: Erste Entwürfe von Autobahnnetzen standen auf beiden Seiten des Nordatlantiks im Zusammenhang mit dem militärischen Ziel der Landesverteidigung. In Deutschland wurde für umfangreiche Ausbauvorhaben nach 1990 die Stärkung nationaler „Einheit"

[3] Unfälle im Schienenverkehr werden einschließlich dazu anzufertigender Untersuchungen zentral registriert („Untersuchungspflicht"; vgl. EU-Richtlinie 2016/798, Art. 20). Diese Berichte sind in Deutschland über die Bundesstelle für Eisenbahnunfälle (eisenbahn-unfalluntersuchung.de) öffentlich zugänglich. Im Straßenverkehr gibt es dafür keine Entsprechung.

bemüht. Diese Beschwörungen von Größe kommen ohne Bezug zur GTS-Forschung aus. Sie reichen aber nicht hin, die enormen Investitionen verständlich zu machen, die insgesamt angestrengt wurden. Schwerer ins Gewicht als Großentwürfe dürften daher, über die Lebensdauer von Straßennetzen gerechnet, allemal Baumaßnahmen fallen, die sich als Lückenschließungen darbieten. Dieses Schema – eine gesteigerte Selbstbeobachtung trägt dazu bei, einen Engpass (*Reverse salient*) aufzuspüren und dann zu beseitigen – hat sich in einer unerbittlich auf inkrementelle Verbesserung festgelegten Logik wieder und wieder bestätigt.

Im Unterschied zum Schienenverkehr, bei dem Infrastruktur und Betrieb oft in einer Hand liegen, hat es die Regulierung von Risiken im Straßenverkehr mit mehreren Parteien zu tun. Sie richtet sich gegen vielfältige Risiken und, per Implikation, an ganz unterschiedliche Adressatinnen. Um einige Beispiele für meist im nationalen Maßstab betriebene Kampagnen aus den vergangenen Jahrzehnten zu nennen: Für eine Erziehung zur „Selbstkontrolle" (Nowak 2016), für weitgehend „narrensichere" Fahrzeuge (Stieniczka 2006), gegen Alkohol am Steuer (Gusfield 1981) oder für eine automatisierte Kontrolle und Sanktionierung von Geschwindigkeitsüberschreitungen (Wells 2012). Jede dieser Kampagnen stützte sich auf jeweils unterschiedliche Maßnahmen, Messgeräte und Labortechniken.

Zudem verschob sich mit der jeweils entscheidenden Messgröße immer wieder auch die vorrangige Bezugsdisziplin. Mal war erziehungswissenschaftliche, mal ingenieurwissenschaftliche, mal verwaltungswissenschaftliche Expertise gefragt. Im englischen Sprachraum wird die Heterogenität dieser Wissensbestände durch eine Alliteration heruntergespielt: *Education, Engineering, Enforcement*. Der jeweils relevante Ort der Wissensproduktion hat sich mit jeweils unterschiedlich ausgelegten Testverfahren und den ihnen zugrunde liegenden Konventionen mehrmals verschoben (Potthast 2012). Historische Aufbereitungen geben Aufschluss über diese Beweglichkeit (Leonardi 2012). Mit der Vorstellung einer kontinuierlichen Kontrollsteigerung ist das nicht vereinbar. Unbenommen regulatorischer Bemühungen, die sich im Rückblick als innovationsfördernd herausgestellt haben (Vinsel 2019), bleibt der Straßenverkehr hochgradig fragmentiert (Grundmann 1994).

Der Straßenverkehr entwickelt sich insofern als Großes Technisches System mit kleinem „s" (GTs). In Bezug auf den Straßenbau ist das hinlänglich bekannt: Überlastete oder unfallträchtige Teile der Infrastruktur werden identifiziert und entschärft. In diesem Modus der Problembearbeitung stabilisiert sich das oben benannte Muster selbst (Gopakumar 2020). Es sorgt dafür, dass in der Problembeschreibung schon die Lösung benannt wird (Harvey und Knox 2015, S. 113–114). Davon weitgehend unberührt, aber nach ähnlichem Muster wurde und wird der Fuhrpark überarbeitet. Kraftfahrzeuge wurden als Beteiligte am Unfallgeschehen wahrgenommen und daraufhin, angefangen bei „Knautschzonen", mit einer stetig länger werdenden Liste von Sicherheitskomponenten nachgerüstet (Stieniczka 2006, S. 286). Eine Systemperspektive, die eine in anderen Fällen (paradigmatisch bei der Eisenbahn) diagnostizierte Aufwärtstransformation möglich und notwendig macht, kam nicht zustande. Der Straßenverkehr bleibt, von Kohäsionszwängen weitgehend unbehelligt, zerklüftet.

5 Der Beitrag der GTS-Forschung zu einer vergleichenden Perspektive

Im Sommer 2022 wurden Straßen-, Schienen- und Flugverkehr von massiven Störungen erschüttert. Auch wenn sich diese Vorfälle nicht auf Deutschland beschränkten, rief die *Süddeutsche Zeitung* zum Ferienbeginn eine „Republik des Stillstands" aus (Markus Balser u. a., 02.07.2022). Der Beitrag beschreibt, wie schlecht es um die Mobilität bestellt ist. Zugleich dokumentiert er eine geschärfte Wahrnehmung für Störungen und dadurch ausgelöste Staus. Er bespricht die Verkehrsträger und ihre Störfälle der Reihe nach, versäumt es jedoch, Fragen nach Zusammenhängen zu stellen. Insofern werden Eigenheiten der Verkehrsträger zwar erwähnt, bleiben aber der Analyse äußerlich. Weil eine vergleichende Analyse des Umgangs mit Störungen nicht stattfindet, bestätigt auch die dramatisierende Darstellung nur ein schon bekanntes Muster: *Infrastrukturen sind unsichtbar – es sei denn, es gibt ein Problem*. Die Vorstellung, ein solches Muster komme unterschiedslos zum Tragen, ist mit Verweis auf erkennbar unterschiedliche historische Verläufe (siehe z. B. Abschn. 3 und 4) zurückzuweisen. Gerade die GTS-Forschung ist darum zu verpflichten, den Umgang mit Störungen konsequenter in den Blick zu nehmen – und zwar, mit Verweis auf ihre eigene, bisher selten eingelöste Programmatik, vergleichend.

Untersuchungen, die so ansetzen, verfangen sich nicht im Gegensatz objektiver vs. subjektiver Krisenrepräsentation, indem sie einen dritten, praxisbasierten Zugang wählen: Sie zeichnen nach, wie Störungen *problematisiert*, aber auch *normalisiert* werden (Röhl 2022). Dafür strengen sie unter anderem verlaufsorientierte Medienanalysen an (Vardi 2012; te Brömmelstroet 2020). Dass ein landesweiter und alle Verkehrsträger betreffender „Stillstand" einer *synchronen* Steigerung von Größe und Systemcharakter zugutekommt, ist dabei ebenso wenig plausibel wie das Szenario eines geordneten *Nacheinanders* von Größen- und Systemsteigerungen. Eher ist von einem Zusammenspiel beider Dimensionen auszugehen.

Die Prämissen könnten nicht unterschiedlicher und darum für eine vergleichende Erkundung (Hughes 1983, S. 7) nicht günstiger sein. Hier das GTs Straße, stark fragmentiert – dort das GTS Schiene, mangels Momentum zwischenzeitlich zu einem gTS zurückgeschrumpft und seit längerem ohne den Glanz eines auf andere Sektoren übertragbaren Modells für eine revolutionäre Steigerung systemischer Kontrolle (Beniger 1986). Wenn eine Mobilitätswende eine massive Verkehrsverlagerung auf die Schiene notwendig voraussetzt, dann zeichnet sich hier eine eigenständige Erklärung dafür ab, warum sie immer weiter außer Reichweite gerät. Dennoch bietet eine entsprechend aufbereitete Vorgeschichte Anhaltspunkte dafür, wie der Straßenverkehr eine Systemtransformation (zu einem großen ‚S') durchlaufen und woher der Schienenverkehr ein neues Momentum (hin zu einem größeren ‚G') beziehen könnte. Schon mit einem flüchtigen Blick auf die jüngere mediale und politische Aktualität zeigt sich, dass es für beide Entwicklungen Anlässe und Gelegenheiten gab: Wird die Umgehung von Abgasnormen („Dieselgate") eine systemische Aufwärtstransformation im Straßenverkehr nach sich ziehen? Inwiefern stärken „Stuttgart 21", ein „Deutschlandtakt" oder das „9-Euro-Ticket" symbiotische Beziehungen und verhelfen dem Schienenverkehr zu neuer Größe?

Eine entsprechend aufbereitete Dokumentation könnte sicherstellen, dass sich diese Fragen nicht in punktuellen Kontroversen verlieren. Stattdessen ließe eine synoptische Darstellung des Umgangs mit Störungen im Zeitverlauf Muster zu Tage treten. Damit böten sich einer Transformation (zum „S" beim Straßenverkehr, zum „G" beim Schienenverkehr) Anhaltspunkte, ohne sogleich den Vorbehalt zu nähren, bloß einer partikularen Position „das Wort zu reden". Eine solche Dokumentation könnte dann ihrerseits neue Forschungen inspirieren, die entlang gemeinsamer Bezugspunkte GTS-Konzepte weiterentwickeln oder herausfordern.[4] Der Vorschlag, die GTS-Forschung in konzertierter Weise über den Nexus von Disruption und Normalisierung weiterzuführen, ist noch ein Desiderat. Er lädt, auch wenn hier nur das Feld von Mobilität und Verkehrsinfrastrukturen angesprochen ist, dazu ein, eine vergleichende Ambition dieses Forschungsprogramms wiederzuentdecken.

6 Nachfrage nach GTS-Expertise

Der politische Einfluss der GTS-Forschung ist, gemessen an den üblichen Kriterien, gering. Ein Studiengang, der in internationalem Maßstab Elitenzirkulation ankurbelt, kam über das Netzwerk nicht zustande. International und vergleichend angelegte Forschungen blieben die Ausnahme. Die Zahl einschlägiger Qualifikationsarbeiten hält sich in Grenzen. Die – ebenfalls kaum in nennenswerter Zahl vorgelegten – Beiträge in Buchlänge wurden nicht in andere Sprachen übersetzt. Für den Aufbau einer grenzüberschreitend wirksamen Expertise war das zu wenig. Dass von entsprechend qualifizierter Politikberatung wenig bekannt ist, kann darum nicht überraschen. Umso markanter heben sich mit Charles Perrow und Diane Vaughan zwei mit der GTS-Forschung affiliierte Personen ab, die jeweils ein Mandat in der Kommission zur Aufklärung der Katastrophe von *Three Mile Island* (28.03.1979) und des Absturzes der Raumfähre *Columbia* (01.02.2003) innehatten. Ihre Überlegungen zu „normalen Unfällen" (Perrow 1987) und zur „Normalisierung der Abweichung" (Vaughan 1996) haben sich nicht nur in Fachpublikationen, sondern auch in den Anforderungen an die jeweils folgenden Untersuchungen niedergeschlagen (Vaughan 2006).

Weitaus mehr Aufmerksamkeit als die Anstrengungen, den Umgang mit Störfällen zu rekategorisieren und darüber institutionelle Änderungen durchzusetzen, haben teils aggressive Abgesänge auf große Infrastrukturen gefunden. Noch gemäßigt nimmt sich ein Beitrag aus, den Thomas Hughes selbst dazu beigesteuert hat: Es sei merklich schwerer geworden, Technik im Stil von GTS durchsetzen, insofern das „Technische" gar nicht mehr im Vordergrund stehe. In größerem Maßstab seien Infrastrukturprojekte nur noch durchsetzbar, wenn sie perfekt postmodern orchestriert werden. Seine Diagnose, derzufolge „heterogenes Ingenieurwesen" (Hughes

[4] Eine dritte Welle der GTS-Forschung steht noch aus, nachdem ein auf die Untersuchung „europäischer Spannungen" ausgerichteter Forschungsverbund die erste GTS-Publikationsserie (vier Bände; 1988–1999) mit insgesamt sechs Bänden (2013–2019; makingeurope.eu/books, letzter Zugriff am 13.07.2023) erfolgreich beerbt (Unger 2021), die disziplinäre Breite der Gründungsphase allerdings auf kultur- und technikhistorische Beiträge eingeschränkt hat.

1998) unausweichlich geworden sei, nimmt viel von seither vorgelegten sozialwissenschaftlichen Gegenwartsdiagnosen vorweg. Der Anbruch eines „Informationszeitalters“ befeuere eine globale Innovationsdynamik, die nationalen Staaten, Standards, Tarifordnungen usw. enorm zusetze (Castells 1996). Der Kapitalismus transformiere sich nicht mehr unter dem Eindruck sozialer Fragen, sondern im Modus der Umarmung ästhetischer Kritik (Boltanski und Chiapello 2003). Ökonomien und Gesellschaften des Allgemeinen verdrängen ihre industriellen Grundlagen zugunsten einer Steigerung des „Singulären“ (Reckwitz 2017). Für diese Gegenwartsdiagnosen sind Infrastruktursysteme haltlos gewordene Versprechen. Einst mögen sie für militärische Sicherheit und sozialen Zusammenhalt gebürgt haben. Nun aber wirken sie wie aus der Zeit gefallen. Dass und wie sich GTS im Hinblick der Normalisierung von Ausfällen und Störungen unterscheiden, geriet darüber erst recht aus dem Blick. Das Fazit kommt hierauf zurück. Drei Hinweise mögen zuvor dazu beitragen, die gegen GTS gerichtete Polemik zu entschärfen und gegenüber unhaltbaren historiografischen Vereinfachungen Differenzierungen einfordern:

(1) Vordergründig geriet „Größe“ als territoriale Referenz in jenem Maß in Verruf, in dem sich digitalökonomische Gegenentwürfe als miniaturhafte Heilsbringer in Szene setzten. Öffentliche Ausgaben für technische Infrastrukturen sahen sich oft unverhohlen denunzierender Kritik ausgesetzt und waren nur mit Mühe zu rechtfertigen. Zwar mag die Erfindung von Größe als kulturelle Manipulation verwerflich erscheinen. Wenn sie jedoch mit dem Ausbau von Systemperspektive, Aufsicht und Zurechenbarkeit verbunden war, droht die Kritik daran, gleichsam das Kind (System) mit dem Bade (Größe) auszuschütten (Rochlin 2001). Schwindet das Unterscheidungsvermögen für Größe und Systemcharakter, dann lässt sich gezielten Verwechslungen und wirren Konvergenzforderungen nichts entgegensetzen. Eine noch so gut begründete Systemsteigerung (z. B. ein allgemeines Tempolimit) lässt sich dann unter Berufung auf nationale Größe und Zugehörigkeit („Freie Fahrt für freie Bürger“) blockieren.

(2) Wo sie zustande kommt, erzeugt die Konvergenz von Netzwerken und Territorien Inklusion, aber auch Exklusion. Darauf machen etwa Forschungen aufmerksam, die Mobilität und Migration in Abhängigkeit historischer Grenzregime betrachten (Vigneswaran 2013). Allerdings bleiben solche Bezüge zwischen der Mobilitätsforschung auf der einen und der Migrationsforschung auf der anderen Seite eher die Ausnahme. Statt das Nebeneinander einer durchlässigen Welt der Erreichbarkeit und einer durch schier unüberwindbare Grenzen gekennzeichneten Welt durch eine arbeitsteilig organisierte Forschung auch noch mit wissenschaftlicher Autorität festzuschreiben, ist an einem gemeinsamen konzeptuellen Bezugsrahmen zu arbeiten.

(3) Die Vorstellung, dass sich technische Netzwerke beschleunigt von territorialen Gebietskörperschaften entkoppeln (Castells 1996), blieb nicht unwidersprochen. Die empirische Mobilitätsforschung hat sich eher distanziert. Sie hat angemerkt, dass die Vorstellung einer solchen Entkopplung zu utopischen oder dystopischen Übertreibungen neigt. Sie hat sich gerade dort, wo nichts als extraterritoriale Ortlosigkeit zu erwarten wäre, daran gemacht, Effekte einer Re-Territorialisie-

rung nachzuweisen (Potthast 2007). Auch Prozesse grenzüberschreitender technischer Standardbildung sind mikrofundierten Analysen zugänglich. Deren Befunde sind ihrerseits vor überzogenen Generalisierungen zu bewahren. Auch wenn es im Zuge der Standardisierung der Zeit gelungen ist, Eisenbahnunfälle zu vermeiden (Zerubavel 1982), so ist die Schlussfolgerung, alle Probleme weitreichender Koordination seien gelöst, abwegig.

7 Fazit: Dokumentarische Standards für Mobilitätskrisenberichte

Gemessen an den durch öffentliche Haushalte verausgabten Summen nehmen sich mediale Berichterstattung und Diskussion über Verkehrsinfrastrukturen sehr wenig Raum. Auslöser sind in vielen Fällen Ereignisse, die Verkehrsstörungen bewirken. Mit diesen Unterbrechungen verschwinden jedoch auch die Infrastrukturen wieder aus dem Rampenlicht (Star 1999). Es verfestigt sich dann sogar der Eindruck, dass Störungen eben Ausnahmen sind und einen ansonsten regelhaften Betrieb bekräftigen (Wynne 1988). Wenn es zutrifft, dass im Straßen- und im Schienenverkehr unterschiedliche Muster der Normalisierung von Unterbrechungen am Werk sind, dann ist es einer Politik der Verlagerung bereits zuträglich, wenn diese Unterschiede dokumentiert werden. Um Krisen in einer gegen herkömmliche Varianten der Normalisierung resistenten Weise zu dokumentieren, bedarf es entsprechend robuster Berichtsformate.

Transformation setzt also einerseits voraus, dass Effekte der Normalisierung zur Sprache kommen, die den *Modal Split* ungünstig beeinflussen und darüber den Klimawandel beschleunigen. Dauerhaft schwächen lassen sich entlang von GTS stabilisierte Muster der Normalisierung aber nur, wenn andererseits gegenläufige Formate der Berichterstattung gestärkt werden. Um das Bemühen um eine Rekategorisierung deutlich zu machen, ist darum nicht von Störungen oder Betriebsausfällen, sondern von Mobilitätskrisen zu sprechen. Wie lassen sich Mobilitätskrisen in eine Darstellung bringen, die den Normalitätssinn nicht nur punktuell strapaziert, sondern in der politischen Aktualität bestehen kann (Boltanski und Esquerre 2022)? Wo finden sich Vorbilder und Prototypen für ein Berichtsformat, das sperrig genug ist, um einer Reduktion auf Störereignisse (die dann routiniert einer Normalisierung überlassen werden) zu entgehen? Hier ist vornehmlich ein Fundus ethnografischer Arbeiten zu nennen, die Mobilität und Sesshaftigkeit im Verbund untersuchen (Hochschild 2016; Coquard 2019). Eingehender noch als programmatische Schriften fordern sie eine Öffnung und Verflechtung oftmals separierter Gegenstandsbereiche von alltäglicher Mobilität bis zur grenzüberschreitenden Migration. Wie wichtig es ist, hier auf hohen dokumentarischen Standards zu beharren und d. h. nur mit empirisch abgesicherten Daten zu arbeiten, zeigen in populistischer Absicht getätigte Verknüpfungen zwischen Fluchtmigration und Tourismus (Markus Söder) bzw. Pendelmobilität (Friedrich Merz).

Schon die programmatische Forderung, auch gegen eingefahrene disziplinäre Gewohnheiten Mobilität „neu zu bedenken" (Kaufmann 2002), stützte sich auf solide empirische Belege. Konkret einlösbar wird sie, wie hier vorgeschlagen, durch einen systematischen Bezug auf *multiple Störungen*. Damit sind Störungen gemeint, die nicht nur ein einzelnes Segment von Mobilität betreffen, sondern sich mindestens auf zwei der folgenden Mobilitätspraktiken auswirken – und somit die üblichen Zuständigkeiten und Denkgewohnheiten durcheinanderbringen: (a) Wohnsitzwechsel (gewählt, erzwungen), (b) Fernreisen (beruflich, touristisch), (c) beruflich bedingte Alltagsmobilität (Pendeln), (d) alltägliche Freizeit- und Versorgungsmobilität (ebd.).

Studien über Saisonarbeit (Schmidt 2021) oder transnationale Pflegekräfte (Wirz 2021) bieten darüber Aufschluss, wie sich diese für gewöhnlich getrennt betrachteten Mobilitäten systematisch verknüpfen. Um die Relevanz revidierter Mobilitätskrisenberichte zu unterstreichen, die erfassen, was quer zu den gewohnten Kategorien liegt, sei exemplarisch auf eine Reportage über private Einsatzkräfte verwiesen, die nach Großschadensfällen zu Aufräumarbeiten gerufen werden (Stillman 2021). Entlang der oben genannten Kategorien (a = Wohnsitzwechsel, b = Fernreisen, c = Pendeln, d = alltägliche Freizeit- und Versorgungsmobilität) wäre dieses Beispiel wie folgt aufzubereiten: Wo Unwetter Schadensereignisse eintreten lassen, brechen alltägliche Mobilitätsformen (c, d) zusammen. Vor allem in touristischen Destinationen sind auch Fernreisen betroffen (b). Eine durch fossile Mobilität mitverursachte Klimakrise erweist sich zudem als Fluchtursache und Mobilitätsgenerator (a). Wo sich wie in den USA ein Geschäftsmodell für mobile Einsatzkräfte herausgebildet hat; wo *Rescue Workers* beruflich Katastrophen hinterherreisen, entsteht eine neuartige Form der Pendlermobilität (c). Rekrutiert wird dieses Personal vornehmlich über die Netzwerke von Migrantinnen und Migranten (a), die nur über einen prekären Aufenthaltsstatus verfügen und sich gegen ihre Ausbeutung sehr zögerlich zur Wehr setzen (ebd.).

Nach dem Hochwasser im Ahrtal (14.07.2021) absolvierten der Bundesverkehrsminister (am 07.10.2021) und sein Nachfolger (04.02.2022) Ortstermine. Seit dort zweifellos alle genannten Mobilitätspraktiken (a-b-c-d) betroffen waren, drängt sich die Frage nach ihren Zusammenhängen geradezu auf. Während an gleicher Stelle auch ein Kanzlerkandidat auftrat (und sich medial sehr geschadet hat), sind auch weitere Initiativen zu einer Repolitisierung der Mobilität ausgeblieben. *Einzelne* mögen sich gezwungen sehen, ihre Residenzentscheidung zu überdenken (a). Wer auf den Schienenverkehr oder öffentliche Verkehrsmittel angewiesen ist (c-d), muss *sich* seither weitgehend *selbst* mit Informationen über Ausweichrouten und Fahrplanänderungen versorgen. Der regionale Tourismusverband lässt erkennen, dass das Geschäft angeschlagen ist, und wirbt mit „ideenreichen Alternativkonzepten". Gästen empfiehlt er, mit dem ÖV anzureisen (b).[5] Damit dies nicht ein guter Vorsatz

[5] Vgl. ahrtal.de/fuer-dich-da; letzter Zugriff 11.07.2023. Ebenfalls seit März 2023 bewerben die Berliner Verkehrsbetriebe das Deutschlandticket mit Bildcollagen aus (großstädtischen) öffentlichen Verkehrsmitteln (cd) und (teils ländlichen) touristischen Destinationen in entfernten Bundesländern (b) (bvg.de/de/deutschlandticket; letzter Zugriff 13.07.2023). Dieser Kampagne voraus ging eine Berichterstattung, die das 9-Euro-Ticket ungewöhnlich ausdauernd und reflexiv begleitet hat. Einer ernsthaften Diskussion über eine multiple Krisenrealität kam dies sehr zugute.

bleibt, müssen auswärtige Fahrgäste (ohne Ortskenntnisse; mit Gepäck) über das übliche Maß (individualisiert und digital übermittelt) hinaus bei der Navigation unterstützt werden. Andernfalls bleibt auch in diesem Segment eine Normalisierung am Werk, die Risikoentscheidungen auf die Ebene individueller Nutzung abwälzt (Appadurai und Alexander 2023) und Forderungen nach „Mobilitätsgerechtigkeit" (Sheller 2018) ignoriert. Wenn sie nicht quer zu den gängigen Mobilitätsformen befragt wird, kommt die Katastrophe demnach ausgerechnet einer Politik der Duldsamkeit (Terpe 2009) zugute – einer Abwendung von fossiler Mobilität hingegen absehbar nicht. Sollte die politische Aktualität doch dazu zwingen, Krisenereignisse angemessen und d. h. in ihrer multiplen Qualität aufzuarbeiten, kann sie dafür, wie ausgeführt, auf die Expertise zu GTS zurückgreifen.

Literatur

Appadurai, Arjun, und Neta Alexander. 2023 [2019]. *Versagen – Scheitern im Neoliberalismus*. Berlin: Wagenbach.

Bee, Julia. 2022. „Das braucht ein Gesicht!" Medialität und Praxis des (Beinahe-)Unfalls im Radverkehr. *Navigationen – Zeitschrift für Medien- und Kulturwissenschaften* 22(2): 59–77.

Beniger, James R. 1986. *The control revolution. Technological and economic origins of the information society*. Cambridge: Harvard University Press.

BMDV, ermeva, GATX, Rail Cargo Group (ÖBB), SBB Cargo, und VTG. 2022. Digitale Automatische Kupplung (DAK) – Projektinformation (20 Folien).

Boltanski, Luc, und Eve Chiapello. 2003 [1999]. *Der neue Geist des Kapitalismus*. Konstanz: UVK.

Boltanski, Luc, und Arnaud Esquerre. 2022. *Qu'est-ce que l'actualité politique? Evénements et opinions au XXIe siècle*. Paris: Gallimard.

Braun, Ingo, und Bernward Joerges. 1994. Große technische Systeme – erzählt, gedeutet, modelliert. In *Technik ohne Grenzen*, Hrsg. Ingo Braun und Bernward Joerges, 7–49. Frankfurt a. M.: Suhrkamp.

Brömmelstroet, Marco te. 2020. Framing systemic traffic violence: Media coverage of Dutch traffic crashes. *Transportation Research Interdisciplinary Perspectives* 5:100109 (11 pages).

Caron, François. 1998. La naissance d'un système technique à grande échelle. Le chemin de fer en France (1832–1870). *Annales histoires, sciences sociales* 53(4–5): 859–885.

Castells, Manuel. 1996. *The rise of the network society: The information age: Economy, society, and culture*, Bd. I. Malden: Blackwell.

Chandler, Alfred D. 1965. The railroads: Pioneers in modern corporate management. *Business History Review* 39(1): 16–40.

Coquard, Benoît. 2019. *Ceux qui restent. Faire sa vie dans les campagnes en déclin*. Paris: Découverte.

Coutard, Olivier, Hrsg. 1999. *The governance of large technical systems*. London: Routledge.

Cronon, William. 1991. *Nature's Metropolis. Chicago and the Great West*. New York: Norton.

Edwards, Paul N. 2003. Infrastructure and modernity: Force, time, and social organization in the history of sociotechnical systems. In *Modernity and technology*, Hrsg. Thomas J. Misa, Philip Brey, und Andrew Feenberg, 185–225. Cambridge: MIT Press.

Gariépy, Michel, und Michel Marié, Hrsg. 1997. *Ces réseaux qui nous gouvernent?* Paris: Harmattan.

Geels, Frank W. 2004. From sectoral systems of innovation to socio-technical systems: Insights about dynamics and change from sociology and institutional theory. *Research Policy* 33(6): 897–920.

Geels, Frank W., und Johan Schot. 2007. Typology of sociotechnical transition pathways. *Research Policy* 36(3): 399–417.

Gopakumar, Govind. 2020. *Installing automobility: Emerging politics of mobility and streets in Indian cities*. Cambridge: MIT Press.

Gras, Alain. 1993. *Grandeur et dépendance. Sociologie des macro-systèmes techniques*. Paris: puf.

Grundmann, Reiner. 1994. Car traffic at the crossroads: New technologies for cars, traffic systems, and their interlocking. In *Changing large technical systems*, Hrsg. Jane Summerton, 265–289. Oxford: Westview.

Gugerli, David. 1996. *Redeströme. Zur Elektrifizierung der Schweiz 1880–1914*. Zürich: Chronos.

Gusfield, Joseph R. 1981. *The culture of public problems: Drinking-driving and the symbolic order*. Chicago: University of Chicago Press.

Harvey, Penny, und Hannah Knox. 2015. *Roads: An anthropology of infrastructure and expertise*. Ithaca: Cornell University Press.

Hochschild, Arlie Russell. 2016. *Strangers in their own land: Anger and mourning on the American right*. New York: New Press.

Hughes, Thomas P. 1983. *Networks of power. Electric supply systems in the US, England and Germany, 1880–1930*. Baltimore: Johns Hopkins University Press.

———. 1987. The evolution of large technological systems. In *The social construction of technological systems. New directions in the sociology and history of technology*, Hrsg. Wiebe E. Bijker, Thomas P. Hughes, und Trevor J. Pinch, 51–82. Cambridge: MIT Press.

———. 1998. *Rescuing Prometheus*. New York: Pantheon.

Joerges, Bernward. 1988. Large technical systems: Concept and issues. In *The development of large technical systems*, Hrsg. Renate Mayntz und Thomas P. Hughes, 9–36. Frankfurt a. M.: Campus.

———. 1995. Reden über große Technik: Beobachtungen zu GTS-Diskursen. In *Systemrationalität und Partialinteresse. Festschrift für Renate Mayntz*, Hrsg. Uta Gerhardt, Hans-Ulrich Derlien, und Fritz W. Scharpf, 453–490. Baden-Baden: Nomos.

Kassung, Christian. 2020. *Fleisch: Die Geschichte einer Industrialisierung*. Paderborn: Ferdinand Schöningh.

Kaufmann, Vincent. 2002. *Re-thinking mobility*. Aldershot: Ashgate.

La Porte, Todd R. 1988. The United States air traffic system: Increasing reliability in the midst of rapid growth. In *The development of large technical Systems*, Hrsg. Renate Mayntz und Thomas P. Hughes, 215–244. Frankfurt a. M.: Campus.

———., Hrsg. 1991. *Social responses to large technical systems*. Dordrecht: Kluwer.

Laser, Stefan. 2023. Obsoleszenz statt Transformation im Schienenverkehr. Über die Rolle der Bahn in der ökologischen Verkehrswende, eine Grüne Welle auf der Schiene und Hoffnungen in eine Kupplungsrevolution. *Working Paper Series Media of Cooperation* No. 25. https://doi.org/10.25819/ubsi/10201.

Latour, Bruno. 2018 [1992]. *Aramis: oder Die Liebe zur Technik*. Tübingen: Mohr Siebeck.

Leonardi, Paul M. 2012. *Car crashes without cars: Lessons about simulation technology and organizational change from automotive design*. Cambridge: MIT Press.

Mayntz, Renate, und Thomas P. Hughes, Hrsg. 1988. *The development of large technical systems*. Frankfurt a. M.: Campus.

Nowak, Kai. 2016. Teaching self-control. Road safety and traffic education in postwar Germany. *Historical Social Research/Historische Sozialforschung* 41(1): 135–153.

Offner, Jean-Marc, und Denise Pumain, Hrsg. 1996. *Réseaux et territoires, significations croisées*. La Tour d'Aigues: Editions de l'Aube.

Oldenziel, Ruth, und Mikael Hård. 2013. *Consumers, tinkerers, rebels: The people who shaped Europe*. Basingstoke: Palgrave.

Perrow, Charles. 1987 [1984]. *Normale Katastrophen. Die unvermeidbaren Risiken der Großtechnik*. Frankfurt a. M.: Campus.

———. 2005. Organizational or executive failures? *Contemporary Sociology* 34(2): 99–107.

Potthast, Jörg. 2007. *Die Bodenhaftung der Netzwerkgesellschaft. Eine Ethnografie von Pannen an Großflughäfen*. Bielefeld: transcript.

———. 2012. Politische Soziologie technischer Prüfungen. Das Beispiel Straßenverkehrssicherheit. *Leviathan* 40(4): 536–562.
Reckwitz, Andreas. 2017. *Die Gesellschaft der Singularitäten: Zum Strukturwandel der Moderne*. Berlin: Suhrkamp.
Richards, Jeffrey, und John M. MacKenzie. 1986. *The railway station: A social history*. Oxford: Oxford University Press.
Rochlin, Gene I. 2001. Networks and the subversion of choice: An institutionalist manifesto. *Journal of Urban Technology* 8(3): 65–96.
Röhl, Tobias. 2022. *Verteilte Zurechenbarkeit. Die Bearbeitung von Störungen im Öffentlichen Verkehr*. Frankfurt a. M.: Campus.
Schmidt, Judith. 2021. *Kalkulierte Mobilität. Ökonomische und biografische Perspektiven auf Saisonarbeit*. Frankfurt a. M.: Campus.
Sheller, Mimi. 2018. *Mobility justice: The politics of movement in the age of extremes*. London: Verso.
Star, Susan Leigh. 1999. The ethnography of infrastructure. *American Behavioral Scientist* 43(3): 377–391.
Stieniczka, Norbert. 2006. *Das „narrensichere" Auto. Die Entwicklung passiver Sicherheitstechnik in der Bundesrepublik Deutschland*. Darmstadt: Wissenschaftliche Buchgesellschaft.
Stillman, Sarah. 2021. Storm chasers. The exploited workers cleaning up after climate change. *The New Yorker* (Magazine), November 8, 32–43.
Summerton, Jane, Hrsg. 1994. *Changing large technical systems*. Oxford: Westview.
Terpe, Sylvia. 2009. *Ungerechtigkeit und Duldung. Die Deutung sozialer Ungleichheit und das Ausbleiben von Protest*. Konstanz: UVK.
Unger, Corinna R. 2021. Neue europäische Geschichte(n) wagen. *Comparativ* 31(1): 122–129.
Van der Vleuten, Erik. 2006. Understanding network societies: Two decades of large technical system studies. In *Networking Europe. Transnational infrastructures and the shaping of Europe, 1850–2000*, Hrsg. Erik van der Vleuten und Arne Kaijser, 279–314. Sagamore Beach: Science History Publications.
Vardi, Itai. 2012. *Normalizing accidents: Cars, carnage, and the disappearance of social problems*, 320. PhD dissertation, Boston University.
Vaughan, Diane. 1996. *The challenger launch decision. Risky technology, culture, and deviance at NASA*. Chicago: University of Chicago Press.
———. 2006. The social shaping of commission reports. *Sociological Forum* 21(2): 291–306.
———. 2021. *Dead reckoning: System effects, boundary work, and risk in air traffic control*. Chicago: University of Chicago Press.
Vigneswaran, Darshan. 2013. *Territory, migration, and the evolution of the international system*. Basingstoke: Palgrave.
Vinsel, Lee J. 2019. *Moving violations: Automobiles, experts, and regulations in the United States*. Baltimore: Johns Hopkins University Press.
Wells, Helen. 2012. *The fast and the furious: Drivers, speed cameras and control in a risk society*. Aldershot: Ashgate.
Wirz, Eugenie. 2021. *Care-Arbeit und Familie transnational: Rekonstruktionen sozialer Netzwerke ukrainischer Arbeitsmigrantinnen*. Wiesbaden: Springer.
Wynne, Brian. 1988. Unruly technology: Practical rules, impractical discourses and public Understanding. *Social Studies of Science* 18(1): 147–167.
Zerubavel, Eviatar. 1982. The standardization of time: A sociohistorical perspective. *American Journal of Sociology* 88(1): 1–23.

Teil VII

Mobilität und Politik

Möglichkeiten und Grenzen politischer Steuerung in der Verkehrspolitik

Kontext, Akteure und Maßnahmen

Detlef Sack, Holger Straßheim und Karsten Zimmermann

Inhalt

Zusammenfassung

Wir diskutieren in dem Beitrag die Möglichkeiten und Grenzen politischer Steuerung in der Verkehrspolitik. Dabei wird betont, dass sich diese nicht allein aus den Eigenschaften des Politikfeldes und aus den programmatischen Präferenzen konfligierender Akteure ergeben, sondern auch aus den normativen wie auch wissenschaftlichen Perspektiven, mit denen Verkehrspolitik untersucht wird. Das Politikfeld Verkehr ist wesentlich durch seinen Zweck bestimmt, die Mobilität und Logistik von Personen und Gütern zu organisieren bzw. die entsprechenden technischen und regulativen Voraussetzungen zu schaffen. Das Politikfeld ist durch die eminente Bedeutung von raumbezogenen Infrastrukturen, eine allgemeine gesellschaftliche, gleichwohl sozial differenzierte Betroffenheit ebenso geprägt wie durch seine institutionelle Mehrebenen-Struktur. Kompetenzen und Ressourcen verteilen sich auf die Europäische Union, den Bund, die

D. Sack (✉)
Fakultät für Human- und Sozialwissenschaften, Universität Wuppertal, Wuppertal, Deutschland
E-Mail: detlef.sack@uni-wuppertal.de

H. Straßheim
Fakultät für Soziologie, Unversität Bielefeld, Bielefeld, Deutschland
E-Mail: holger.strassheim@uni-bielefeld.de

K. Zimmermann
Fakultät Raumplanung, TU Dortmund, Dortmund, Deutschland
E-Mail: karsten.zimmermann@tu-dortmund.de

W. Canzler et al. (Hrsg.), *Handbuch Mobilität und Gesellschaft*,
https://doi.org/10.1007/978-3-658-37557-7_18

Länder und die Kommunen. Zudem ist das Politikfeld durch eine Vielzahl von Behörden und die Notwendigkeit gekennzeichnet, mit angrenzenden Politikfeldern zu interagieren. Der Beitrag gibt einen Überblick über die Akteure in der Verkehrspolitik und ihre programmatischen Überzeugungen. Er stellt ein Set an Push- und Pull-Maßnahmen in der Verkehrspolitik vor. Inhaltlich wird das Politikfeld mit seinen Möglichkeiten strukturiert. Programmatisch plädieren die Autoren für eine empirisch-analytische und auch strategische, gegenstandsbezogene Reflexion und Untersuchung der Möglichkeiten und Restriktion in der Verkehrspolitik.

Schlüsselwörter

Verkehrspolitik · Mobilität · Steuerung · Regulierung · Policy

1 Einleitung

Wenn es um die Frage nach den Möglichkeiten und Grenzen politischer Steuerung und Regulierung der Verkehrspolitik[1] geht, steht zunächst eine Ausgangsbeobachtung im Raum: Zu erklären ist nicht ein grundlegender Policy-Wandel, sondern die „nachhaltige Nicht-Nachhaltigkeit“ (Blühdorn 2020) der Mobilität und das Beharrungsvermögen des Motorisierten Individualverkehrs (MIV). Die Möglichkeiten und Grenzen der Verkehrspolitik sind nicht abstrakt und statisch zu bestimmen, sondern sie werden auf unterschiedliche Weise definiert. Macht-, Hegemonie-, historisch-materialistische oder diskurstheoretische Perspektiven (z. B. Schwedes 2021; Haas 2023; Manderscheid 2020; Plehwe 1997) setzen hier andere Akzente als institutionen- und akteursorientierte Policy-Analysen oder Policy-Design-Ansätze (für eine politikwissenschaftliche Perspektive: Bandelow et al. 2016; Bandelow und Kundolf 2018; Souris et al. 2023, für eine wirtschaftswissenschaftliche Public Choice-Perspektive: Fichert und Grandjot 2016, für eine soziologische Perspektive: Kesselring 2000; Rammler 2001). Die unterschiedlichen wissenschaftstheoretischen Prämissen der Ansätze in der Verkehrspolitik sind nicht trivial (Sack 2016). Gleichwohl können sie bei konkreten gegenstandsbezogenen Fragestellungen zur Erklärung und Bewertung verkehrspolitischer Maßnahmen integrierend und komplementär herangezogen werden. Die folgenden Erörterungen zu den Möglichkeiten und Grenzen der Mobilitätspolitik gehen in diesem Sinne integrierend vor. Zugleich ist eingangs auf eine wichtige Unterscheidung hinzuweisen, nämlich diejenige zwischen Politik und dem Politischen (Martinsen 2019), also einerseits der reflexiven Policy und Polity im Politikfeld Verkehr durch die Wahl von Instrumenten wie auch durch kollektiv bindende Entscheidungen und andererseits der kontingenten Gestalt- und Wandelbarkeit des Politischen, die etwa gravierende geo-strategische Dynamiken (Kriege und Sanktionen) ebenso beinhaltet wie das agonale „Aufbegehren“

[1] Mobilitätspolitik wird als umfassender als Verkehrspolitik verstanden, insbesondere bei der Darstellung von Institutionen und Akteuren begrenzen wir uns aber auf das Politikfeld Verkehr.

durch unterschiedliche Protestbewegungen. Ein eindrückliches Beispiel waren die „Gilets jaunes" 2018/19. Der vorliegende Beitrag bezieht sich eher auf Politik und Policy als auf politischen Protest in der Mobilitätspolitik.

Wir gehen in vier Schritten vor. (1) Zunächst skizzieren wir die Eigenschaften des Politikfeldes Verkehr. In diesem Zusammenhang diskutieren wir die Möglichkeiten und Grenzen der politischen Steuerung in diesem Politikfeld. Nach dem Überblick über den strukturierenden Kontext von Verkehrspolitik wenden wir uns (2) den Akteuren und ihren programmatischen Orientierungen zu. Daran schließt sich (3) ein Überblick über Maßnahmen und Instrumente der Steuerung, also über Policy-Design an. In der Konklusion (4) betonen wir, dass Analysen von Verkehrspolitik und mobilitätspolitischen Strategien zwar die Dynamik und Komplexität des strukturierenden Kontextes in Rechnung stellen, aber jeweils analytisch wie strategisch begründete Reduktionen vornehmen müssen. Der zentrale Mehrwert eines multiparadigmatischen Überblicks ist nicht allein das Auffächern des „Angebots", sondern die Erhöhung des Begründungsaufwandes für die Wahl von analytischen Designs und strategischen Optionen. Zugleich verdeutlicht unser Beitrag, welche Faktoren aus politikwissenschaftlicher Sicht einem grundlegenden Wandel des Politikfeldes Verkehr entgegenwirken.

2 Politikfeldeigenschaften und die Möglichkeiten der Verkehrspolitik

Das Politikfeld Verkehr ist durch den Zweck definiert, Mobilität und Logistik von Personen und Gütern zu organisieren, d. h. die infrastrukturellen Voraussetzungen zu schaffen und Wege- und Raumnutzungen regulatorisch zu ermöglichen und zu beschränken. Die Eigenschaften des Politikfeldes sind durch eine hohe technologische Komplexität und Prägung durch Infrastrukturen, die Konkurrenz von Verkehrsträgern, die Allgegenwart von Mobilität, deren positive Effekte und negative Externalitäten wie auch durch eine hohe vertikale und horizontale institutionelle Komplexität des Politikfeldes geprägt, d. h. eine ausgeprägte Multi-Level Governance (Europäisierung der föderalen Struktur) und – auf der horizontalen Ebene – eine Vielfalt von Agenturen und Behörden wie Schnittstellen zu anderen Politikfeldern.

Verkehrspolitik ist demzufolge vielfach restringiert und eingebettet (s. a. Ruhrort 2019). Zudem werden die entsprechenden Möglichkeiten und Restriktionen aus unterschiedlichen wissenschaftlichen Perspektiven je unterschiedlich diskutiert, gewichtet und kombiniert. Der kleinste gemeinsame Nenner ist, dass gestaltende Verkehrspolitik (zu welchen Graden auch immer) möglich ist. Relativ nahe an einem deterministischen Verständnis von Verkehrspolitik ist, erstens, der Blick auf *kapitalistische Akkumulation, Produktion, Logistik und Konsumtion*. Hier geht es um vorherrschende Akkumulations- und Produktionsmodelle, historisch eindrücklich (und weiterhin wirksam), wenn etwa vom „Fordismus" gesprochen wurde (Aglietta 1979). Bestimmte Industrien, Technologien, Raummuster oder Produkte setzen die Rahmenbedingungen für die Mobilität. Einzelwirtschaftliche Entscheidungen sind kaum politisch zu regulieren, noch dazu, wenn Standortkonkurrenzen in transnationalen Wertschöpfungsketten wirksam sind. „Neue“ Mobilität wird dann ermöglicht, wenn Oligopolisten auf technische Innovationen (automatisiertes Fahren, Canzler et al. 2019; Canzler und Knie 2023) setzen bzw. es gelingt, Nischeninnovation mit einem Akkumulationsmechanismus zu verbinden. *Nischeninnovationen, Ko-Produktion und sozio-technische Regime* zwischen Politik, Wissenschaft und Gesellschaft sind, zweitens, das große Thema der Science and Technology Studies (z. B. Geels 2002; Graf 2023). Restringiert wird Politik durch die zum Teil selbst geschaffene Pfadabhängigkeit (z. B. Lock-in-Effekte) von Infrastrukturen und großtechnischen Systemen, wie zum Beispiel eines prohibitiven Kapitaleinsatzes für alternative Netze (Mayntz und Hughes 1988). Technologische Innovationen, aber auch die Rekombination bestehender Infrastrukturnetze, etwa die Sektorenkoppelung im Bereich der E-Mobilität, sind aber durchaus Objekte der politischen Förderung, Standardisierung und politischer wie rechtlicher Regulierung. Wie verhält es sich nun drittens mit Diskursen? Nicht von ungefähr wird in neo-gramscianischen Perspektiven kapitalistische Akkumulation mit der kulturellen Produktion von Leitbildern und Narrativen verbunden (Haas 2023; Manderscheid 2020). Diese beinhalten Deutungsmuster über angemessene Mobilität, alltägliche „Selbstverständlichkeiten“, aber auch die Akzeptanz politischer Regulierung. Sie restringieren dort, wo sie den eingeschlagenen Mobilitätspfad rechtfertigen und reproduzieren. Sie ermöglichen, wo sie in Erzählungen anderer (neuer, innovativer) Mobilität münden bzw. den Raum für die Steuerung durch Überzeugung öffnen. Über Alltagspraktiken sind Diskurse eng mit, viertens, den Mobilitätsstilen sozialer Milieus verknüpft und deren Positionen bei Erwerbsarbeit und (genderdifferenten) Care-Tätigkeiten, deren Gesellungsstile und deren Schutzbedürfnisse angesichts körperlicher Beschränkungen einerseits und gruppenbezogener Menschfeindlichkeit (etwa gegen PoC, LGBTQ, Obdachlose) andererseits.

Kapitalismus, Raumstrukturen, Technologieentwicklung, Diskurse und Milieus mit ihren Mobilitätspräferenzen strukturieren Mobilität und Verkehrspolitik. Deren Möglichkeiten und Grenzen sind jedoch, fünftens, durch Macht- und Kompetenzanordnungen innerhalb des Funktionssystems der Politik geprägt. Dazu gehört im Rahmen der Europäischen Union, dass die Verkehrspolitik ein ausgesprochen europäisiertes Politikfeld geworden ist, weil Verkehrs- und Transportinfrastrukturen als Voraussetzung des Europäischen Binnenmarktes gesehen werden (Héritier et al. 2001; Plehwe 1997). Je nach Legislativakt (Verordnungen, Richtlinien, Empfehlungen) ist Raum für eine „eigene“ sub-europäische Mobilitätspolitik gegeben. Diese institutionelle Strukturierung durch übergeordnete Ebenen wiederholt sich im deutschen Föderalismus durch Kompetenzverteilung zwischen Bund und Ländern (GG Art. 70–91e) bzw. die föderale Finanzstruktur (GG Art. 104a–115) und für die Städte, Kreise und Gemeinden wiederum durch die Kommunalverfassungen. Die finanziellen Möglichkeiten der Länder für eigene mobilitätsorientierte Förderprogramme sind von der jeweiligen Finanzkraft abhängig. Die Quoren für die Einleitung von Radwegeentscheidungen differieren je nach Bundesland. Zudem differieren Schwerpunktsetzungen und politische Handlungsbereitschaft. So wurde die durch Änderung von Bundesrecht eröffnete Option der Erhöhung der Bewohnerparkgebühren von den Ländern zu unterschiedlichen Zeitpunkten und von einigen gar nicht umgesetzt. Zu den institutionellen Komplexitäten gesellt sich eine hohe Zahl von Behörden und Agenturen für die Organisation und Regulierung der Infrastrukturnetze (Flyvbjerg 2007; Fink und Koch 2016; Döhler 2019; Koch et al. 2023; Sack 2023).

Sechstens sind die Möglichkeiten und Grenzen politischer Regulierung der Verkehrspolitik durch Entwicklungen in anderen Politikfeldern bestimmt. Dazu gehört prominent die Raumplanungs-, Siedlungs- und Wohnungsbaupolitik. Diese strukturiert die Wegeplanungen zwischen Arbeits-, Wohn-, Einkaufs- und Freizeitorten sozialer Netzwerke ebenso wie die Güterlogistik zwischen Gewerbegebieten, Autobahnen und Innenstädten. Die Energiepolitik bestimmt mit dem (räumlich unterschiedlichen Angebot) die Möglichkeiten und Grenzen der Dekarbonisierung des Verkehrs. Die Familien- und Sozialpolitik wirkt durch Ganztagsangebote bei Kitas, Schulen, aber auch in der Altenpflege auf eine Alltagslogistik, in der Care-Aktivitäten und Erwerbsarbeit Bewegungsprofile (in einer ausgesprochen genderdifferenten Weise) bestimmen.

Schließlich und siebtens weisen Politikfelder bestimmte etablierte Governance-Regimes auf, d. h. etablierte Muster der Handlungskoordinierungen durch Wettbewerb, Hierarchie, Gemeinschaft und Verhandlung. Diese Governance-Regime sind mehr als die Kompetenzverteilung in einem Regierungssystem (Lijphart 2012), weil sie a.) auf eine Gesamtheit der kompetenten Organisationen im Feld (etwa Bundesnetzagentur, DB, Verkehrsbehörden) ebenso abstellen wie auf b.) etablierte Muster der Koordination, die nicht zwingend legislativ abgesichert sind, wie etwa regelmäßige Konsultationen, Verhandlungen oder Auftragsvergaben. Und mitunter – wie beim „Dieselgate" (2015) offenbar wurde – wird von formaler Hierarchie (Kontrolle durch das Kraftfahrzeugbundesamt) auf informelle Gemeinschaft (Corpsgeist deutscher Automobilingenieure) umgestellt. Ein solcher Corpsgeist steht in keinem Gesetz, ist aber dennoch eine ermöglichende und begrenzende Handlungskoordination in der Verkehrspolitik.

3 Akteure und programmatische Orientierung

3.1 Akteure

Insofern Verkehrspolitik dadurch bestimmt ist, dass sie Mobilität zu gewährleisten hat und diese gesellschaftlich ubiquitär ist, erstreckt sich das Feld der Akteure eben auch über viele unterschiedliche Bereiche. Die produzierende Seite wird durch Großunternehmen wie etwa Siemens, VW AG, Bosch oder die DB AG ebenso abgedeckt wie durch Fahrradwerkstätten, der Transport durch die großen logistischen Unternehmen wie etwa Schenker, Kühne und Nagel, Amazon oder Pizzabringdienste. Auch Groß- und Einzelhandel sind von dieser Logistik abhängig. Die unterschiedlichen Unternehmensinteressen werden individuell oder kollektiv artikuliert, etwa im Verband der Automobilindustrie oder im Verband deutscher Verkehrsunternehmen. Die jeweiligen Beschäftigten sind in Gewerkschaften (z. B. der IGM) organisiert. Verbraucher:innen und Nutzer:innen artikulieren ihre Interessen etwa über den ADAC, ProBahn oder den ADFC. Für den öffentlichen Verkehr sind die kommunalen Verkehrsunternehmen, Verkehrsverbünde und Aufgabenträger eine wichtige Akteursgruppe, die den Kommunen und Landkreisen zugeordnet werden kann. Jedoch zeigen gerade in Ballungsräumen Verkehrsverbünde aufgrund ihrer Größe ein gewisses Maß an programmatischer und operativer Eigenständigkeit.

Das Politikfeld Verkehr, in dem Mobilitätspolitik vor allem angesiedelt ist, offenbart also eine Vielzahl unterschiedlicher Akteure mit unterschiedlichen Funktionen für die gesellschaftliche Mobilität (Produktion, Handel, Logistik, Infrastruktur, Planung, Mobilitätsnutzung). Das Politikfeld wird zudem durch seine europäisierte und föderale Mehrebenenstruktur unübersichtlich. Wesentliche politische Entscheidungen und Regulierungen erfolgen in der Europäischen Union (Plehwe 1997; Bandelow et al. 2014; Sack 2016), Bund und Länder haben ebenfalls je eigene Planungskompetenzen und Verwaltungskapazitäten (Schwedes und Ruhrort 2016); auch in den Städten, Kreisen und Gemeinden wird um die Verkehrspolitik gerungen. Auf Seiten der Exekutive sind es eben nicht allein die Ministerien, die einen wesentlichen Einfluss auf die Mobilitätspolitik haben, sondern auch Agenturen (für die Schieneninfrastruktur etwa die BNetzAG, für den Bundesfernstraßenbau die Autobahn AG, Sack 2023) und Behörden (nicht zuletzt auf Landesebene auch Straßenbaubetriebe wie Straßen.NRW oder Hessen Mobil). Politische Parteien und Interessengruppen sind größtenteils ebenfalls entlang dieser Mehrebenenstruktur organisiert. Zudem operieren Wissensnetzwerke von staatlichen, wirtschaftlichen und zivilgesellschaftlichen Akteuren in funktional getrennten gesellschaftlichen Teilsystemen (etwa Wirtschaft, Wissenschaft, Politik) und über unterschiedliche gebietskörperschaftliche Ebenen und ökonomisch-soziale Räume hinweg (Straßheim et al. 2023). Allein schon der Blick auf diese strukturellen Konstellationen verdeutlicht, warum die angesichts von Klimaschutz- und Gesundheitszielen vielfach angemahnte Transformation der Verkehrspolitik nicht das notwendige „Momentum“ zu entwickeln scheint (vgl. Ruhrort 2019, S. 1; Ruhrort 2023).

Nicht zuletzt sind zivilgesellschaftliche Akteure und soziale Bewegungen zu berücksichtigen, die sich auf unterschiedlichen Ebenen anlassbezogen organisieren. Das Spektrum reicht von Klimaprotesten im Kontext von Infrastrukturplanungen bis zu den Radentscheiden auf kommunaler Ebene. Verkehrspolitik hat ein zunehmendes Mobilisierungs- und Konfliktpotenzial. Eine Untersuchung der handlungsleitenden Frames (im Sinne von Snow 2013) oder der *political opportunity structures* (im Sinne von Meyer 2004) liegt für den Verkehrsbereich unseres Wissens nicht vor.

3.2 Programme und Überzeugungen

Ein Konzept, um die Vielfalt der Akteure im Politikfeld zu überblicken, ist das „Advocacy Coalition Framework“ (Jenkins-Smith et al. 2018; Weible et al. 2020).[2] Dieses versucht in Kern die Akteursvielfalt dadurch zu ordnen, dass Akteure entlang ihrer programmatischen Ausrichtung zu Befürworter-Koalitionen zusammengefasst

[2] Eine vollständige Darstellung des Ansatzes ist aus Platzgründen nicht möglich.

werden. Der „Kitt" dieser Koalitionen sind grundlegende Wertüberzeugungen („deep core beliefs"), politikfeldspezifische Überzeugungen („policy core beliefs") und eher instrumentelle Orientierungen („secondary beliefs"). Unbenommen der Kritik an der analytischen Leistungsfähigkeit des Ansatzes ist er für unsere Zwecke (Navigieren in der Akteursvielfalt des Politikfeldes Verkehr) hilfreich. Es bedarf jedoch einer spezifischen Ergänzung durch verkehrspolitische Programmatiken („policy core beliefs").[3]

Eine entsprechende Typologie hat O. Schwedes vorgelegt (Schwedes 2018, S. 4–13, s. a. Thiele et al. 2018). Hier wird innerhalb des Nachhaltigkeitsdreiecks zwischen einer ökonomischen, sozialen und ökologischen Orientierung unterschieden. In diesem lassen sich anhand der „Ausprägungen des integrierenden Nachhaltigkeitsdreiecks" (Schwedes 2018, S. 4) Akteure wiederum graduell und differenziert anordnen, etwa im Sinne einer rein ökologisch, vorwiegend ökologisch, ökonomisch-ökologisch oder sozial-ökologisch ausgerichteten Verkehrspolitik. Schwedes sortiert hier Unternehmen, Interessengruppen, Stiftungen und Think Tanks in nachvollziehbarer Weise an, sodass Befürworter-Koalitionen sichtbar werden. Ob kongruente Policy-Präferenzen sich dann bei konkreten verkehrspolitischen Entscheidungen in Form einer Befürworter-Koalitionen artikulieren, ist eine empirische Frage.

Auch Parteien lassen sich (zumindest teilweise) diesem Nachhaltigkeitsdreieck zuordnen. Die Parteienforschung stellt diesbezüglich – und dies ist auch für die Verkehrspolitik zu konstatieren – die Bedeutung der Parteiendifferenz für politische Entscheidungen zwar nicht grundsätzlich in Frage, aber relativiert sie (Wenzelburger und Zohlnhöfer 2015). Diese Relativierung geht auch darauf zurück, dass Parteien aus wählertaktischen Gründen zur „Mitte" tendieren, das heißt für programmatische Präferenzen in der Verkehrspolitik, dass Klimawandel, Dekarbonisierung und die Hinwendung zur E-Mobilität mittlerweile weithin anerkannt sind und die Konflikte sich eher bei der Wahl konkreter Maßnahmen zeigen. Insofern lässt sich also ein bestimmtes Spektrum von Parteien in dem programmatischen Nachhaltigkeitsdreieck verorten. Die Grenzen sind aber auch offenkundig: Das rechtsextreme/-populistische Parteien- und Bewegungsspektrum stellt sich programmatisch gegen jede Nachhaltigkeitspolitik, damit werden beispielsweise die AfD, aber auch neurechte Stiftungen nicht erfasst. Für alle Akteure gilt, dass eine Differenz zwischen programmatischem „talk" und tatsächlicher „action" eher die Regel als die Ausnahme sind. Schließlich ist zu konstatieren, dass verkehrspolitische Programme mit lebensweltlichen Mobilitätsstilen korrespondieren (können), die dazu führen, dass einzelne Maßnahmen symbolisch und identitätspolitisch aufgeladen sind und dadurch Gegnerschaften im Politikfeld zu finden sind, deren Intensität über das Konfliktniveau programmatischer Differenzen hinausgeht.[4]

---

[3] Zu mobilitätsorientierten Leitbildern Ruhrort 2023.

[4] Dies hat im Übrigen auch Folgen für die Konstruktion von Zielgruppen, die als „deserving" oder „undeserving" kategorisiert werden können.

4 Regulierung und Instrumente

Bei der Nutzung von Instrumenten in der Verkehrspolitik ist ein Vorschlag, zwischen einem liberal-wettbewerblichen und einem distributiv-hierarchischen Ansatz zu unterscheiden (vgl. Fichert und Grandjot 2016, S. 152). Ersterer setzt auf Deregulierung, Anreize durch Bepreisung und Angebote, letzter auf koordinierende Planung wie auch auf die finanzielle Förderung von Technologien, Transportträgern und Personengruppen. Eine zweite bekannte Unterscheidung ist mittlerweile diejenige zwischen Push- und Pull-Maßnahmen (z. B. Gertz und Holz-Rau 2020), denen sich bestimmte Steuerungsprinzipien zuordnen lassen (Braun und Giraud 2014; Wenzelburger und Zohlnhöfer 2015, Tab. 1).

Die Literatur zu Policy-Design und -Packages (Scheer et al. 2022; Zimmermann 2023) erweitert die Perspektive auf die Gestaltung von Verkehr und die Instrumentenwahl. Das Konzept des Policy-Designs orientiert sich an bestimmten Komponenten der verkehrspolitischen Steuerung. Während Schneider und Ingram in einem breiteren Zugang eine ganze Reihe von Elementen des Policy-Designs unterscheiden (1994), die auch Regelsysteme sowie die Konstruktion von Zielen und Zielgruppen berücksichtigen, ist im Mainstream der Implementationsforschung eine Einteilung der Maßnahmen gemäß ihrer Wirkprinzipien üblich. Dabei werden häufig in Anlehnung an Hood (1986) vier Gruppen von Instrumenten unterschieden (Howlett 2019; Hood und Margetts 2007). Für die folgende Darstellung wird im Sinne von Howlett nicht nur auf die Möglichkeit der Verhaltensänderung durch Steuerungsmedien wie Recht, Geld oder Persuasion abgehoben, sondern ein breiteres Portfolio an Elementen berücksichtigt, das auch die Steuerungsfähigkeit der Kommune in den Blick nimmt (Zimmermann 2023).

Regulative und restriktive Maßnahmen: Dies betrifft i. d. R. Gesetze oder Verordnungen, mit denen ein Gesetzgeber Individuen, Organisationen oder nachgeordnete Ebenen der Implementation (Kommunen, Landkreise) reguliert oder entsprechende Bedingungen für einen verändertes Verhalten schafft. Es kann sich dabei um regulierte Wettbewerbe bei der Vergabe von ÖPNV Dienstleistungen handeln oder aber auch ganz profan um Fahrverbote oder Geschwindigkeitsbegrenzungen.

Tab. 1 Push- und Pull-Maßnahmen in der Verkehrspolitik

Push-Maßnahmen	Pull-Maßnahmen
• Restriktive Regulierungen (Verbote, Verknappung von Raumangeboten, z. B. Umweltzonen, Tempolimits, Parkraumreduzierung) • Veränderung von Eigentums- und Nutzungsrechten (Gemeingebrauch) • Erhöhung von Preisen und Gebühren (Ordnungsgelder, Parkgebühren)	• Transport-und Infrastrukturangebote/-bereitstellung • Subventionen, (materielle) Anreize, Förderprogramme • Verbesserung der Verkehrssicherheit • Überzeugung, Aufklärung und Nudging Wissensproduktion und Deliberation (Netzwerke, Reallabore, Planungszellen) • Angebot von Experimentierräumen („regulatory sandboxes“)

Finanzielle Maßnahmen: Diese basieren in ihrer Wirkung auf Anreizen, die eine Verhaltensänderung belohnen oder Förderprogramme und Zuschüsse, die die Umsetzung verkehrspolitisch wünschenswerter Maßnahmen erleichtern (wenn nicht erst ermöglichen). Auch das weite Feld der Abgaben (Parken, Nutzungsgebühren für Autobahnen, City-Maut) und Steuererleichterungen ist hier einzuordnen.

Information und Wissen, Persuasion: Neben Aufklärungs- und Überzeugungsstrategien und Kampagnen wird in jüngeren Veröffentlichungen auch das Nudging thematisiert (Graf 2019). In einem weiteren Verständnis können Umfragen (Haushaltsbefragungen) sowie der Zugang zu Daten für Bürger (open data), Monitoring und Evaluation, wie überhaupt die Verwendung von Indikatoren zu diesem Interventionsbereich gezählt werden. Obwohl fast in allen Konzeptionen zum Policy-Design Evaluation, Wirkungskontrolle und Monitoring Erwähnung finden, wird dieser Aspekt der reflexiven Politikentwicklung selten als eigenständiges Element gesehen.

Organisatorische Maßnahmen beziehen sich auf verwaltungsinterne Veränderungen, neue Aufgabenzuschnitte von Behörden oder Dienststellen, die instrumentelle Bildung von Netzwerken, Review-Gremien oder Koordinationsrunden oder die Schaffung von Agenturen der Implementation. Als Konsequenz verlagert sich die Politikentwicklung in Organisationsfelder. Städtenetzwerke können als organisatorische Mittel verstanden werden. Auch Mobilitätsbeauftragte (Schwedes 2021) gehören dazu.

Während also durchaus ein „Werkzeugkasten" verkehrspolitischer Instrumente vorliegt, stellt sich immer auch die Frage nach dem angemessenen Mix, also dem Zusammenwirken der Maßnahmen und Instrumente. *Policykohärenz* ist dann gegeben, wenn sich diese komplementär ergänzen, im besten Fall einen Verstärkungseffekt mit sich bringen, etwa wenn räumliche Restriktionen und Tempolimits mit Angeboten für neue Wege und Transportmittel einhergehen. Zu beobachten sind jedoch dysfunktionale Effekte, etwa wenn zeitaufwendige Verhandlungs- und Koordinationsprozesse für intermodale Angebote dadurch obsolet werden, weil gleichzeitig Wettbewerbs- und Vergabeverfahren (von anderen Gebietskörperschaften) installiert werden, durch die sich grundsätzliche finanzielle Bedingungen verändern (Sack 2011).

5 Fazit

Die Möglichkeiten und Grenzen der Steuerung der Verkehrspolitik ergeben sich aus einer vielgestaltigen Strukturierung von Mobilität einerseits und dem Arsenal an Instrumenten programmatischer Akteure andererseits. Allerdings werden Bedingungen und strategische Spielräume von Verkehrspolitik aus unterschiedlichen politikwissenschaftlichen Perspektiven a.) inhaltlich je unterschiedlich thematisiert und b.) die Ermöglichung von Politik graduell jeweils anders abgestuft. Wir haben uns im vorliegenden Beitrag nicht für einen spezifischen politikwissenschaftlichen Ansatz entschieden.

Dem wäre entgegen zu halten, dass ein „anything goes" unbefriedigend bleiben könnte. Das ist aber nicht unsere Position. Verkehrspolitik ist (ebenso wie ihre

Funktion der Mobilitätsgewährleistung) vielfach strukturell wie institutionell eingebettet, wird von unterschiedlichen Akteuren vorangetrieben und weist einen hochgradig diversifizierten Instrumentenkasten auf. Damit sind politische Spielräume gegeben. Der zentrale Mehrwert eines multiparadigmatischen Überblicks zu Institutionen wie auch Akteuren und Instrumenten ist das Auffächern des analytischen „Angebots" und damit die Öffnung der wissenschaftlichen wie auch politischen Perspektiven. Damit lassen sich nicht nur Beharrungsfaktoren identifizieren, sondern auch mögliche Quellen des Wandels in der Verkehrspolitik. Wir beobachten eine recht dynamische Vervielfältigung des Akteursspektrums, etwa auf der kommunalen Ebene, aber auch auf der Ebene regionenübergreifender, interorganisatorischer Netzwerke. Damit können neue Optionen für Koalitionsbildungen erschlossen werden, wobei dies auch neue Diskurskoalitionen und damit Möglichkeiten der transformationspolitischen Umdeutung einschließt. Begünstigt wird die auch durch eine wachsende Politisierung, die mit vorher nicht gekannten Möglichkeiten der Profilierung durch Verkehrspolitik einhergeht.

Für analytische Forschungsdesigns wie auch verkehrspolitische Strategien öffnet diese multiparadigmatische Perspektive den Blick für konzeptuell wie empirisch vielfältig ansetzende, an den jeweiligen konkreten Problemlagen orientierte Untersuchungen und Strategien. Sie ermöglicht diesen, sich jeweils neu auszurichten und durch die wechselseitige Befruchtung von Ansätzen auch solche Perspektiven auszuloten, bei denen anhand des konkreten Untersuchungsgegenstands die Einflüsse strukturierender Kontexte, Machtartikulationen und Instrumentenkonstellationen analytisch kombiniert werden (Sil 2000). Multiperspektivität stützt zudem (auch in Abgrenzung zu mobilitätsorientierter Identitätspolitik) deliberative Formate der Wissensproduktion (Bandelow et al. 2023). Pragmatisch sind bei der Wahl von analytischen Designs und strategischen Optionen Entscheidungen zu treffen und Komplexität zu reduzieren. Ein multiparadigmatischer Überblick soll dies nicht unmöglich machen, sondern mit der Öffnung des Blicks lediglich den Begründungsaufwand für die Wahl erhöhen und damit die Reflexivität in der Verkehrspolitik steigern. Damit ist der Ausgangspunkt benannt für alle analytischen wie auch praktisch-politischen Bemühungen, die Erfolgsbedingungen für eine Transformation der Verkehrspolitik zu erschließen.

Literatur

Aglietta, M. 1979. *A theory of capitalist regulation. The US experience*. London/New York: Verso.

Bandelow, N.C., und S. Kundolf. 2018. Verkehrspolitische Entscheidungen. In *Verkehrspolitik: Eine interdisziplinäre Einführung*, Hrsg. O. Schwedes, 163–180. Wiesbaden: Springer VS.

Bandelow, N.C., S. Kundolf, und K. Lindloff. 2014. *Agenda Setting für eine nachhaltige EU-Verkehrspolitik. Akteurskonstellationen, Machtverhältnisse und Erfolgsstrategien*. Berlin: edition sigma.

Bandelow, N.C., K. Lindloff, und S. Sikatzki. 2016. Governance im Politikfeld Verkehr: Steuerungsmuster und Handlungsmodi in der Verkehrspolitik. In *Handbuch Verkehrspolitik*, Hrsg. O. Schwedes, W. Canzler, und A. Knie, 165–187. Wiesbaden: Springer VS.

Bandelow, N.C., I. Schröder, und M.O. Löwner. 2023. Virtuelle Bürgerbeteiligung beim Schienenbau. Katalysator für Konfliktentwicklungen? In *Renaissance der Verkehrspolitik. Politik- und mobilitätswissenschaftliche Perspektiven*, Hrsg. D. Sack, H. Straßheim, und K. Zimmermann, 355–382. Wiesbaden: Springer.

Blühdorn, I., Hrsg. 2020. *Nachhaltige Nicht-Nachhaltigkeit. Warum die ökologische Transformation der Gesellschaft nicht stattfindet*. Bielefeld: transcript.

Braun, D., und O. Giraud. 2014. Politikinstrumente im Kontext von Staat, Markt und Governance. In *Lehrbuch der Politikfeldanalyse*, Hrsg. K. Schubert und N.C. Bandelow, 179–207. Berlin: De Gruyter. https://doi.org/10.21203/rs.3.rs-2120380/v1.

Canzler, W., und A. Knie. 2023. The Next Big Thing: Autonome Shuttles als neuer öffentlicher Nahverkehr. Perspektiven und Probleme der Implementierung. In *Renaissance der Verkehrspolitik. Politik- und mobilitätswissenschaftliche Perspektiven*, Hrsg. D. Sack, H. Straßheim, und K. Zimmermann, 383–404. Wiesbaden: Springer.

Canzler, W., A. Knie, und L. Ruhrort. 2019. *Autonome Flotten. Mehr Mobilität mit weniger Fahrzeugen*. München: oekom.

Döhler, M. 2019. Wag the dog: Governing German rail from a principal-agent perspective. *European Policy Analysis* 5(2): 210–231. https://doi.org/10.1002/epa2.1049.

Fichert, F., und H.H. Grandjot. 2016. Akteure, Ziele und Instrumente in der Verkehrspolitik. In *Handbuch Verkehrspolitik*, Hrsg. O. Schwedes, W. Canzler, und A. Knie, 137–163. Wiesbaden: Springer VS. https://doi.org/10.1007/978-3-658-04693-4_7.

Fink, S., und F.J. Koch. 2016. Agiert die Bundesnetzagentur beim Netzausbau als Agent oder als Treuhänder? *dms – der moderne staat* 9(2): 277–288.

Flyvbjerg, B. 2007. Policy and planning for large-infrastructure projects: Problems, causes, cures. *Environment and Planning B: Planning and Design* 34(4): 578–597.

Geels, F.W. 2002. Technological transitions as evolutionary reconfiguration processes. A multi-level perspective and a case-study. *Research Policy* 31(8–9): 1257–1274. https://doi.org/10.1016/S0048-7333(02)00062-8.

Gertz, C., und C. Holz-Rau. 2020. Ziele, Strategien und Maßnahmen einer integrierten Verkehrsplanung. In *Wechselwirkungen von Mobilität und Raumentwicklung im Kontext gesellschaftlichen Wandels. Forschungsberichte der ARL 14*, Hrsg. U. Reutter, C. Holz-Rau, J. Albrecht, und M. Hülz, 18–31. Hannover: ARL.

Graf, A. 2023. Entkoppeltes, fragmentiertes und relatives Wissen: Fahrverbote aus Sicht der Koproduktion. In *Renaissance der Verkehrspolitik. Politik- und mobilitätswissenschaftliche Perspektiven*, Hrsg. D. Sack, H. Straßheim, und K. Zimmermann, 265–292. Wiesbaden: Springer.

Graf, R. 2019. Nudging before the nudge? Behavioural traffic safety regulation and the rise of behavioural economics. In *Handbook of behavioural change and public policy*, Hrsg. H. Straßheim, und S. Beck, 23–37. Cheltenham: Edward Elgar Publishing.

Haas, T. 2023. Verkehrspolitik als Hegemoniefrage. Eine Analyse der Auseinandersetzungen um die Mobilitätswende in Deutschland. In *Renaissance der Verkehrspolitik*, Hrsg. D. Sack, H. Straßheim, und K. Zimmermann, 187–209. Wiesbaden: Springer VS.

Héritier, A., D. Kerwer, C. Knill, D. Lehmkuhl, M. Teutsch, und A.-C. Douillet, Hrsg. 2001. *Differential Europe. The European Union impact on national policymaking*. Oxford: Rowman & Littlefield Publishers, Inc.

Hood, C. 1986. *The tools of government*. London: Chatham House Publishers.

Hood, C., und H.Z. Margetts. 2007. *The tools of government in the digital age*. London: Palgrave Macmillan.

Howlett, M. 2019. *The policy design primer: Choosing the right tools for the job*. London: Routledge.

Jenkins-Smith, H.C., D. Nohrstedt, C.M. Weible, und K. Ingold. 2018. The advocacy coalition framework: An overview of the research programs. In *Theories of the policy process*, Hrsg. C. M. Weible, und P.A. Sabatier, 135–172. London: Routledge.

Kesselring, S. 2000. *Mobile Politik. Ein soziologischer Blick auf Verkehrspolitik in München*. Berlin: Sigma.

Koch, F.J., J. Rademann, und S. Fink. 2023. Politische Steuerung von Infrastrukturpolitik. Die Rolle des Bundestages beim Bau von Schienenwegen. In *Renaissance der Verkehrspolitik. Politik- und mobilitätswissenschaftliche Perspektiven*, Hrsg. D. Sack, H. Straßheim, und K. Zimmermann, 17–47. Wiesbaden: Springer.

Lijphart, A. 2012. *Patterns of democracy: Government forms and performance in thirty-six countries*, 2. Aufl. New Haven: Yale University Press.

Manderscheid, K. 2020. Antriebs-, Verkehrs- oder Mobilitätswende? Zur Elektrifizierung des Automobilitätsdispositivs. In *Elektromobilität. Sozialwissenschaftliche Perspektiven auf die Transformation der (Auto-)Mobilität*, Hrsg. A. Brunnengräber und T. Haas, 37–68. Bielefeld: transcript. https://doi.org/10.14361/9783839451656-003.

Martinsen, F. 2019. „Politik und Politisches." Radikale Demokratietheorie. *Ein Handbuch* 583–592.

Mayntz, R., und T.P. Hughes. 1988. *The development of large technical systems*. Frankfurt a. M.: Campus.

Meyer, D.S. 2004. Protest and political opportunities. *Annual Review of Sociology* 30:125–145.

Plehwe, D. 1997. Eurologistik, „Europäische" Verkehrspolitik und die Entwicklung eines transnationalen (Güter-)Transportsystems. *PROKLA Zeitschrift für kritische Sozialwissenschaft* 27:217–243. https://doi.org/10.32387/prokla.v27i107.880.

Rammler, S. 2001. *Mobilität in der Moderne. Geschichte und Theorie der Verkehrssoziologie*. Berlin: Sigma.

Ruhrort, L. 2019. *Transformation im Verkehr. Erfolgsbedingungen für verkehrspolitische Schlüsselmaßnahmen*. Wiesbaden: Springer VS.

———. 2023. Streit um den Gemeingebrauch im Verkehrsrecht. Aktuelle Aushandlungsprozesse über die Nutzungsbedingungen öffentlicher Räume. In *Renaissance der Verkehrspolitik. Politik- und mobilitätswissenschaftliche Perspektiven*, Hrsg. D. Sack, H. Straßheim, und K. Zimmermann, 211–236. Wiesbaden: Springer.

Sack, D. 2011. Governance failures in integrated transport policy. On the mismatch of 'co-optition' in multi-level systems. *German Policy Studies* 7(2): 43–70.

———. 2016. Mehrebenenregieren in der europäischen Verkehrspolitik. In *Handbuch Verkehrspolitik*, Hrsg. O. Schwedes, W. Canzler, und A. Knie, 2. Aufl., 189–210. Wiesbaden: Springer VS.

———. 2023. Institutioneller Wandel ohne Politikwandel. Die Reform der deutschen Autobahnverwaltung (2017–2021). In *Renaissance der Verkehrspolitik. Politik- und mobilitätswissenschaftliche Perspektiven*, Hrsg. D. Sack, H. Straßheim, und K. Zimmermann, 107–133. Wiesbaden: Springer.

Scheer, D., M. Schmidt, M. Dreyer, L. Schmieder, und A. Arnold. 2022. Integrated Policy Package Assessment (IPPA): A problem-oriented research approach for sustainability transformations. *Sustainability* 14(3): 1218. https://doi.org/10.3390/su14031218.

Schneider, A., und H. Ingram. 1994. Social constructions and policy design: Implications for public administration. *Research in Public Administration* 3:137–173.

Schwedes, O. 2018. Verkehrspolitik als Gesellschaftspolitik. In *Verkehrspolitik: Eine interdisziplinäre Einführung*, Hrsg. O. Schwedes, 3–24. Wiesbaden: Springer VS.

———., Hrsg. 2021. *Öffentliche Mobilität. Voraussetzungen für eine menschengerechte Verkehrsplanung*. Wiesbaden: Springer VS.

Schwedes, O., und L. Ruhrort. 2016. Länderverkehrspolitik. Die Politik der Bundesländer. In *Zwischen Föderalismusreform und Schuldenbremse*, Hrsg. A. Hildebrandt und F. Wolf, 2. Aufl., 209–232. Wiesbaden: Springer.

Sil, Rudra. 2000. The foundations of eclecticism: The epistemological status of agency, culture, and structure in social theory. *Theoretical Politics* 12(3): 353–387.

Snow, D.A. 2013. Framing and social movements. In *The Wiley-Blackwell encyclopedia of social and political movements*, Hrsg. D.A. Snow, D. Della Porta, B. Klandermans, und D. McAdam. Malden: Wiley-Blackwell. https://doi.org/10.1002/9780470674871.wbespm434.

Souris, A., C. Stecker, und A. Jungjohann. 2023. Tempolimit, Bußgelder und Verkehrswende: Parteipolitik und Blockademacht im Bundesrat. In *Renaissance der Verkehrspolitik*, Hrsg. D. Sack, H. Straßheim, und K. Zimmermann, 49–75. Wiesbaden: Springer VS.

Straßheim, H., R.-L. Freudl, und J. Haus. 2023. Mobilität im Nexus. Zur Vernetzung der Verkehrspolitik. In *Renaissance der Verkehrspolitik*, Hrsg. D. Sack, H. Straßheim, und K. Zimmermann, 161–186. Wiesbaden: Springer VS.

Thiele, J., U. Hartung, und J. Tosun. 2018. Wer steuert die Verkehrswende? Eine Analyse von Parteipositionen und Regierungshandeln. *Zeitschrift für Umweltpolitik und Umweltrecht* 41:365–384.

Weible, C.M., K. Ingold, D. Nohrstedt, A.D. Henry, und H.C. Jenkins-Smith. 2020. Sharpening Advocacy Coalitions. *Policy Studies Journal* 48(4): 1054–1081. https://doi.org/10.1111/psj.12360.

Wenzelburger, G., und R. Zohlnhöfer, Hrsg. 2015. *Handbuch Policy-Forschung*. Wiesbaden: Springer VS.

Zimmermann, K. 2023. Entwicklungsmuster lokaler Verkehrspolitik. Die Perspektive des Policy Design. In *Renaissance der Verkehrspolitik. Politik- und mobilitätswissenschaftliche Perspektiven*, Hrsg. D. Sack, H. Straßheim, und K. Zimmermann, 237–263. Wiesbaden: Springer.

Mobilität und Daseinsvorsorge zwischen Staat und Markt

Martin Gegner

Inhalt

Zusammenfassung

In diesem Beitrag wird die Relation von Daseinsvorsorge und Verkehr nachgezeichnet: Von den Anfängen der begrifflichen Fassung der Daseinsvorsorge in den 1930er-Jahren über die Karriere des Konzepts in der alten Bundesrepublik und über den Versuch der konzeptionellen Harmonisierung mit dem französischen *service public* in der Europäischen Gemeinschaft/Union bis hin zu ihrer *Renaissance* in verschiedenen sozial- und wirtschaftspolitischen Kontexten im Angesicht von multiplen Krisen zu Beginn der 2020er-Jahre. Dabei wird argumentiert, dass eine begriffliche und inhaltliche Neufassung des Konzepts notwendig ist, um einerseits das existenzialphilosophische und politisch belastete Erbe des Begriffs abzuschütteln. Anderseits soll eine Neufassung unter dem Dach eines Existenzvorsorgegesetzes den aktuellen sozial- und krisenpolitischen Rahmenbedingungen besser gerecht werden und die verschiedenen Aspekte von Verkehr, digitaler Mobilität, sicherer Energieversorgung und Gesundheitspolitik aufeinander abgestimmt bündeln. Damit soll ein gesetzlicher Rahmen der wirtschaftlichen und politischen Kopplung der genannten Sektoren vorgegeben werden.

M. Gegner (✉)
Wissenschaftszentrum Berlin für Sozialforschung (WZB), Berlin, Deutschland
E-Mail: martin.gegner@wzb.eu

W. Canzler et al. (Hrsg.), *Handbuch Mobilität und Gesellschaft*,
https://doi.org/10.1007/978-3-658-37557-7_19

Schlüsselwörter

Daseinsvorsorge · Gewährleistungsstaat · Personenbeförderungsgesetz · Energiewirtschaftsgesetz · Existenzvorsorgegesetz · Sektorenkopplung

1 Einleitung

Seit ihrer begrifflichen Fassung im Jahr 1938 war die Daseinsvorsorge verbunden mit dem Verkehr bzw. der Verkehrspolitik. Das Daseinsvorsorgekonzept beruht auf einer philosophisch-soziologischen Herleitung und einer prägnanten begrifflichen Formulierung in einer spezifischen historischen Situation. Dies wird neben dem punktuellen Vergleich mit einem ähnlich gearteten französischen Konzept im ersten Abschnitt beschrieben. Im zweiten Abschnitt geht es um die konkrete Umsetzung des Daseinsvorsorgegedankens in der Verkehrspolitik der alten Bundesrepublik von 1949 bis 1990. Im dritten Abschnitt werden die Veränderungen in der Relation von Daseinsvorsorge und Verkehr in einer mit der Transformation der Europäischen Gemeinschaft in die Europäischen Union verbundenen neuen politisch-ökonomischen Konstellation betrachtet, in der das individuelle Mobilitätsbedürfnis neue Perspektiven von Politik und Planung erfordert. Schließlich wird versucht, die Herausforderungen zu benennen, die die digitale Revolution und sich zuspitzende Krisenphänomene im dritten Jahrzehnt des 21. Jahrhunderts an eine daseinsvorsorgliche Mobilitätspolitik stellen und Lösungsansätze zu skizzieren.

2 Die theoretische Konzeption *Daseinsvorsorge*

Ernst Forsthoff (1938) hat den Begriff *Daseinsvorsorge* in seiner Schrift „Die Verwaltung als Leistungsträger" entwickelt und damit – fast vierzig Jahre nach der Konzeptionierung des ähnlich gearteten *service public* in Frankreich durch Léon Duguit (1901)[1] – die Diskussion um die öffentlichen sozialpolitischen Aufgaben auf den Punkt gebracht (vgl. Tab. 1). Diese Diskussion wurde zwar auch in Deutschland seit Mitte des 19. Jahrhunderts geführt, hatte sich aber erst in der ersten deutschen Demokratie wissenschaftlich und juristisch manifestiert. Die Konzepte dieser Zeit (vgl. Niebuhr 1928; Saitzew 1930) beziehen sich unter anderem auf die vor 1900 diskutierten Ansätze des sogenannten Katheder- oder Munizipalsozialismus (vgl. Schäffle 1867; Wagner 1887). Der wichtigste intellektuelle und terminologische Beitrag zu Forsthoffs Konzept der Daseinsvorsorge stammt von dem existenzialistischen Philosophen Karl Jaspers (1931 [1971]). Letzterer spricht in „Die geistige Situation der Zeit" von Staat und Gesellschaft als technischen Apparaten zur Gewährleistung der „Daseinsfürsorge" (Jaspers 1931, S. 21). Jaspers konzipiert die

[1] Der Begriff *service public* wurde bereits seit 1873 im französischen Verwaltungsrecht benutzt (vgl. Hürlimann 2011).

Tab. 1 Mit der Daseinsvorsorge in Zusammenhang stehende Begriffe und Konzepte

Service public	Französisches Konzept der Organisation öffentlicher Dienste und Infrastrukturen auf gesamtstaatlicher Ebene (Duguit 1901), das 1938 Gesetzesrang erreichte
Daseinsfürsorge	Philosophisches Konzept zur solidarischen Daseinssicherung in der Massengesellschaft (Jaspers 1931)
Daseinsvorsorge	Rechtsethischer Kommentar zum *Energiewirtschaftsgesetz* und *Personenbeförderungsgesetz* von 1934 (Forsthoff 1938). In der Bundesrepublik Verwaltungskodex der kommunalen Leistungserbringung und -gewährleistung verschiedener Netzdienste
Universaldienste	Vorschlag der Europäischen Kommission (2000) zur Grundversorgung mit Netzdienstleistungen. Später justiziabel angewandt im Post- und Telekommunikationssektor
Existenzvorsorge	Vorschlag zur intersektoralen Neuregelung und Gesetzgebung existenzieller Netzdienste (Gegner 2024, in diesem Aufsatz)

Daseinsfürsorge als dezidiert demokratisches Konzept (vgl. Jaspers 1931, S. 33), Forsthoff autoritär-paternalistisch.

Zu Beginn der NS-Zeit hatte Forsthoff versucht, sich den neuen Machthabern mit rassistischen und antisemitischen Texten anzunähern. Er veröffentlicht unter dem Einfluss Carl Schmitts die Schrift „Der totale Staat" (Forsthoff 1933), in dem er den Staat als Institution konzipiert, die vor politischer Vereinnahmung zu schützen sei. Dies war nicht mit der Praxis und den Dogmen des NS-Regimes vereinbar. In der Folge stießen auch seine Überlegungen zur Daseinsvorsorge entweder auf ausdrückliche Kritik (vgl. Köttgen 1944) oder auf Desinteresse. Die Konzeption der Daseinsvorsorge in „Die Verwaltung als Leistungsträger" wird mitunter als Forsthoffs Abkehr von der NS-Ideologie verstanden (vgl. Rüthers 2004), obwohl er die Leistungen der Daseinsvorsorge „im strengsten Maße völkische[r] Gerechtigkeit" (Forsthoff 1938, S. 13) angewendet wissen wollte, was 1938 die Exklusion der jüdischen Bevölkerung und weiterer sozialer Gruppen bedeutete. Dieser Umstand verleitet dazu, „die emanzipative Aneignung des Begriffs der Daseinsvorsorge zu desavouieren" (Sack 2022, S. 17), wie in einigen Beiträgen bei Neu (2009) geschehen. Entgegen solch einer Interpretation ist Detlev Sack zuzustimmen, wenn er eine demokratische Aneignung des Begriffs einfordert, auch wenn Forsthoffs Idee von Sozialpolitik als „autoritär-identitär" (Sack 2022, S. 17), als staatsfrömmelnd und patriarchal bezeichnet werden muss.

Für Forsthoff liegt die Aufgabe des Staates in der Verantwortung für die Wirtschaft und der Minimierung der individuellen Risiken des modernen Lebens. Die „Appropriationschancen" (Forsthoff 1938, S. 5) – so nennt er in Anspielung auf Max Weber die Möglichkeiten gesellschaftlicher Teilhabe oder der Aneignung lebenswichtiger Güter – würden in wirtschaftsliberalen Systemen so ungerecht verteilt, dass gemeinsame Instanzen notwendig seien, um sie zu gewährleisten. „Der Einzelne sieht seine Existenzmöglichkeiten nur in der Solidarität der sozialen Gruppe gesichert" (Forsthoff 1938, S. 6). Der Staat sei Träger der politischen Verantwortung zur Sicherung der Daseinsvorsorge. Seine Motivation bestehe im Fortbestand innenpolitischer Stabilität. Eine vor grundlegenden Gefahren geschützte Bevölkerung sei weniger anfällig für (gewalttätige) politische Unruhen. Damit zielen Forsthoffs Gedanken auf eine „Formierung" (Opitz 1999, S. 13) der Gesellschaft ab, auf eine Einebnung von gesellschaftlichen Gegensätzen, letztendlich auf eine ‚kriegstüchtige' Volksgemeinschaft.

Auch Bürger in besseren wirtschaftlichen Verhältnissen müssten sich über den Weg der „bürokratischen Aneignung" (Forsthoff 1938, S. 5) Zugang zu lebensnotwendigen Gütern verschaffen. Deshalb sei die Daseinsvorsorge klar von der „Hilfe bei Armut, Krankheit und anderen Bedarfen" (Forsthoff 1938, S. 5) zu trennen. Dass die Trennung von *Daseinsvorsorge* und *Daseinsfürsorge* in Forsthoffs Konzept nicht konsequent durchgehalten wird, mag eine Ursache für die ihm später vorgeworfene Widersprüchlichkeit sein. Festzuhalten bleibt: In der Daseinsvorsorgekonzeption nimmt *Sicherheit* eine herausragende Rolle ein. Forsthoff erweitert das liberale Begriffsverständnis (Schutz privater Güter durch staatliches Gewaltmonopol) um die Verantwortung des Staates, den einzelnen Menschen existenzielle Sicherheit zu gewährleisten.

In Forsthoffs Entwurf werden Rahmenbedingungen der Moderne thematisiert und zu einem Konzept verschmolzen. Dasein wird als die Massenexistenz des Individuums in der Gesellschaft verstanden (vgl. Heidegger 1927), also als der Zustand, in dem das Individuum dem Weltgeschehen ausgeliefert und weitgehend seiner Autonomie beraubt ist. Dabei ist zu beachten, dass die existenzialistische Philosophie *Dasein* von *Existenz* unterscheidet. In letzterer handeln die Menschen als gesellschaftliche Akteure autonom. Sie seien nicht nur in der Welt (*Dasein*), sondern sie existieren bewusst in ihr (*bei-sich-sein*). Damit wird die in der deutschen Sprache mögliche linguistische Differenz von *Dasein* und *Existenz* – in anderen, z. B. den meisten romanische Sprachen, gibt es diese Differenz nicht – zu einem philosophischen Konzept hypostasiert. *Dasein* beschreibt philosophisch die Grundbedingungen des Lebens in der Moderne. Der andere Teilbegriff des Kompositums Daseinsvorsorge, *Vorsorge*, bezeichnet die Angst (= Sorge) vor möglichen Bedrohungen, welche Maßnahmen zu deren Abwehr von Bedrohungen erforderlich machen können (vgl. Schulze-Nieswandt 2010). Aus der Verbindung der beiden Wörter, *Dasein* und *Vorsorge*, ergibt sich eine komplexe sozialpolitische Position: Die Menschen müssen Vorsorge für ihre Existenzsicherung treffen; verantwortlich dafür ist der Staat, der im Hegelschen Sinne ideale Agent allgemeiner Interessen bzw. des „sittlichen Willens" (Hegel 1964, S. 329). Forsthoff verknüpfte diese Annahmen der rechtshegelianischen und existenzialistischen Philosophie mit soziologischen Erkenntnissen und leitete daraus ab, dass der Einzelne nur noch in der solidarischen Gesellschaft des modernen bürokratischen Systems vorsorgen könne. Dieser Zusammenhang ist so präzise formuliert, dass der Begriff Daseinsvorsorge in Deutschland auch heute noch als *Prinzip* des sozialpolitischen Handelns des Staates verstanden wird.

Als Beispiel der Daseinsvorsorge nennt Forsthoff „die Versorgung mit Wasser, Gas, Elektrizität und Bereitstellung von Verkehrsmitteln aller Art, Post, Telefon und Telegraf […]" (Forsthoff 1938, S. 7). Damit ist das Verkehrswesen als Teil der Daseinsvorsorge benannt. Und im Gegensatz zu den erstgenannten materiellen Substraten wie Wasser, Gas und Strom gilt in Deutschland zumindest der öffentliche

Nahverkehr (nicht aber der Fernverkehr) auch heute noch unbestritten als Gegenstand der Daseinsvorsorge. Als konkretes Projekt der Daseinsvorsorge in der Gesetzgebung nennt Forsthoff folgerichtig das *Gesetz über die Beförderung von Personen zu Land* (*PbefG*) und das *Energiewirtschaftsgesetz*, beide im Jahr 1935 in Kraft getreten. Darin wird die Verantwortung für den Verkehr und die Energieversorgung dem Staat beziehungsweise den Kommunen zugeschrieben. Forsthoff betont die Trennung zwischen staatlicher Planung und (privater) wirtschaftlicher Realisierung. Der Staat müsse keinesfalls alle Leistungen selbst erbringen, sondern könne Privatunternehmen mit der Bereitstellung nach staatlicher Maßgabe beauftragen. Dafür würden sich Konzessionsverträge anbieten. Wenn Monopolstellungen privater Unternehmen den Verbrauchern keine Wahlalternative lassen würden, müssten „öffentlichen Dienstleistungen" (Forsthoff 1938, S. 31) die „Autonomie der Privatwirtschaft" (Forsthoff 1938, S. 31), die grundsätzlich nicht in Frage gestellt wird, beschränken. Auf diese Weise würde der Staat die größtmögliche Integration widerstrebender Interessen und eine einheitliche Entwicklung im Staatsgebiet garantieren und den Wohlstand aller grundlegend sichern. Obwohl sich Forsthoff dezidiert auf den von Duguit (1911) initiierten *contrat de concession de service public*[2] (République Francaise 2022) bezieht, bestehen zwischen Daseinsvorsorge und *service public* große Unterschiede (vgl. Ambrosius 2000; Hellermann 2000). So werden in Frankreich öffentliche Aufträge, Dienste und Unternehmen viel mehr als Instrumente einer allgemeinen, sektoralen und regionalen Wirtschaftspolitik eingesetzt als in Deutschland. Zudem erreichte in Frankreich die Verpflichtung des Staates zum *service public* 1938 bereits Gesetzesrang (Conseil d'État 1938) und war in unveränderter Form bis zur Novelle 2004 gültig. In Deutschland sollte die Daseinsvorsorge niemals einen vergleichbaren Status erreichen.

Es bleibt festzuhalten: Mit der Daseinsvorsorge, verfasst als juristischer Kommentar zum PbefG (1934) und zum Energiewirtschaftsgesetz, formuliert Forsthoff einen ethischen Rechtskodex für das Aufgabenverständnis der Kommunalverwaltung. Dennoch gab und gibt es im deutschen Recht kein Gesetz zur Daseinsvorsorge. Vielmehr fungiert die Daseinsvorsorge auch als Legitimationsinstanz für das Sozialstaatsrecht (Art. 20 GG (1949)) und die Ausrichtung privater Interessen auf das Gemeinwohl (Art. 14 GG).

3 Die praktische Bedeutung der Daseinsvorsorge in der Bundesrepublik Deutschland

Nach dem Zweiten Weltkrieg wurde der Begriff Daseinsvorsorge in der bundesdeutschen Verwaltungswissenschaft schnell populär. Forsthoff wurde ‚entnazifiziert' und galt als einer der weniger ‚furchtbaren deutschen Juristen' (vgl. Müller 1987). Trotz seiner frühen Anbiederung an den Nationalsozialismus wurde die Verlangsamung seiner Karriere ab 1938 wohlwollend als politische Distanzierung vom NS-

[2] Konzessionsvertrag zwischen Staat und (privatem) Leistungserbringer (eigene Übersetzung, MG).

Regime gedeutet. In diesem politischen Klima des Vergessens und Verschweigens veröffentlichte Ernst Forsthoff 1950 ein Lehrbuch zum Verwaltungsrecht, das bald zum Standardwerk wurde und bis in die 1970er-Jahre mehrfache Neuauflagen erlebte. Ohne eine systematische Weiterentwicklung seines Konzepts zu liefern, leitete Forsthoff darin die Aufgaben der öffentlichen Verwaltung aus dem Gebot der Daseinsvorsorge ab. Bedeutende westdeutsche Juristen wie Roman Herzog (1963), Ernst Rudolf Huber (1975) und Dieter Grimm (1993) bezogen sich in ihren Schriften explizit auf den Terminus Daseinsvorsorge, um das fragile Verhältnis von staatlichen Aufgaben und individuellen Rechten zu diskutieren. Ein Konsens bestand darin, dass das Konzept weder ein festumrissenes Aufgabengebiet umschreibt noch eine konkrete Umsetzung festlegt. Daseinsvorsorge sei vielmehr ein soziologischer denn ein normativer Begriff, vor allem aber wird ihr politischer Charakter betont. Das weist auf das Dilemma hin, dass der Begriff Daseinsvorsorge interpretationsfähig, aber auch -bedürftig ist und erheblichen Konkretisierungsbedarf aufweist. In der Deutschen Demokratischen Republik (DDR) wurde Daseinsvorsorge als nazistischer Scheinbegriff für Sozialpolitik interpretiert und war Gegenstand polemischer Angriffe gegen die Bundesrepublik und ihre Juristen (vgl. Anders 1963).

Wie die Daseinsvorsorge im Zusammenhang mit dem Verkehr in der Bundesrepublik gesehen wird, unterliegt seit 1950 einer politischen Beurteilung. Es wird zwar durchaus darüber gestritten, *wie* dem Daseinsvorsorgegebot im Verkehr nachzukommen sei. *Dass* dieser ein besonderes Betätigungsfeld des Staates sei und sich dies aus dem Gedanken der Daseinsvorsorge ableite, bleibt bis in die 1990er-Jahre weitgehend unbestritten. Allerdings zeigt sich eine unterschiedliche gesellschaftliche Wertung von öffentlichem und individuellem Verkehr auch in der mehr oder weniger expliziten Bezugnahme auf dieses rechtsethische Prinzip. Während im Aufkommen des motorisierten Individualverkehrs (MIV) nicht selten ein Akt der individuellen Befreiung und der damit einhergehenden Demokratisierung gesehen wird (vgl. Burkart 1994), wird der öffentliche Verkehr als Sphäre staatlicher Leistungsverwaltung, als zwanghaftes System kollektiver Mobilität verstanden (vgl. Canzler und Knie 1998).

In der kommunal- und verkehrspolitischen Praxis der Bundesrepublik Deutschland wurde dem Daseinsvorsorgegebot in den 1950er- und 1960er-Jahren zumeist durch die Leistungserbringung in kommunalen Eigenbetrieben entsprochen. Selbst wenn, wie zunehmend seit den 1970er-Jahren, externe Unternehmen mit Busverkehrsdienstleistungen beauftragt wurden – wobei häufig die bundeseigene Bahn und in vielen ländlichen Gebieten die ebenfalls bundeseigene Post Busverkehre anboten – wurde der zunehmend defizitäre Betrieb aus den profitableren Sparten der kommunalen Eigenbetriebe, der Wasser-, Gas- und Stromversorgung quersubventioniert. Mit der Massenmotorisierung seit Mitte der 1960er-Jahre bedeutete der ÖPNV in kleineren Gemeinden und auf dem Land vor allem, den Schülerverkehr zu den weiterführenden Schulen in die Kreisstädte zu organisieren.

Steht zu Beginn der 1950er-Jahre in Zeiten des Wiederaufbaus der Infrastruktur zunächst der öffentliche Verkehr (ÖV) im Zentrum der daseinsvorsorglichen Verkehrspolitik, folgt ab Mitte des Jahrzehnts ein umfassendes Straßenbauprogramm sowie die fiskalische Förderung des privaten Automobilverkehrs durch die Einführung der Entfernungspauschale (umgangssprachlich: Pendlerpauschale). In den 1960er-Jahren werden die Stimmen derer lauter, die dem individuellen Privatverkehr den Vorrang bei der Sicherung der Mobilitätsbedürfnisse der Bevölkerung geben wollen. Bezeichnend dafür ist die im Zusammenhang mit der Diskussion des sogenannten ‚Leberplans' (vgl. Leber 1967) zur Reduktion des Güterkraftverkehrs auf der Straße vom SPD-Abgeordneten Seifriz im Bundestag gemachte Äußerung, der PKW-Individualverkehrs sei „Ausdruck der persönlichen Lebensentfaltung" (n. Klenke 1995, S. 83). „Der ‚Plan' wollte in erster Linie den Mobilitätsansprüchen des PKW-Fahrers genügen und knüpfte damit an der […] Motorisierungspolitik der fünfziger Jahre an" (ebd.). Mit der dynamischen Entwicklung des PKW-Verkehrs wird der öffentliche Verkehr zunehmend als *Daseinsfürsorge* für die ärmeren Bevölkerungsschichten gesehen, dessen seit Anfang der 1960 Jahre einsetzende Subventionierung im Schatten der Förderung des MIVs stand (vgl. ebda., S. 70, 77 f.). Die Auffassung, den Privatverkehr zu bevorzugen und den ÖV als Auslaufmodell zu betrachten, wird allerdings während der ersten Ölkrise 1973 erschüttert. Denn nun erweisen sich die öffentlichen Transportmittel als zweckmäßiges System in schwierigen Zeiten. In der Folge wird mit dem zunehmenden Einfluss der Ökologiebewegung ein Umlenken in der Verkehrspolitik gefordert, weg vom Individual- in Richtung zu mehr öffentlichem Verkehr. Hinter Formulierungen über den schonenden Umgang mit natürlichen Ressourcen tritt der Begriff der Daseinsvorsorge zurück, findet dann aber in veränderter Form im Nachhaltigkeitskonzept, das seit den 1990er-Jahren an Bedeutung gewinnt, eine thematische Fortführung. In der Folge wird der öffentliche Personennahverkehr in Landesgesetzen als Daseinsvorsorge bezeichnet. Im Raumordnungsgesetz des Bundes ist von „nachhaltiger Daseinsvorsorge" (ROG 2008, § 2 Abs. 2) die Rede. Seit Beginn des Jahrtausends wird zunehmend auf den demografischen Wandel in der Bundesrepublik verwiesen, also die strukturelle Alterung der Bevölkerung und deren Wegzug aus den peripheren Gebieten in Richtung der Metropolen (BMVBW 2005). In Folge dessen werden Forderungen laut, die im Grundgesetz verankerte „Gleichwertigkeit der Lebensverhältnisse im Bundesgebiet" zur „Wahrung der Rechts- oder Wirtschaftseinheit" (§ 72 GG)[3] aufzuweichen und die Raum- und Regionalplanung im Sinne zunehmender Regionalisierung zu gestalten, womit auch gern die Forderung nach „Vermarktlichung" (Canzler und Knie 2009, S. 107) des öffentlichen Verkehrs verbunden wird. Daseinsvorsorge fungiert einerseits als rechtsethische Legitimation von staatlichen Eingriffen in die Wirtschaft (also auch in den Verkehrssektor), wobei der Begriff jedoch juristisch nie näher definiert wurde als bei Forsthoff (1938) und damit nicht eindeutig justiziabel und einklagbar ist. Andererseits ist er ein diskursiver Schlüssel- und Streitbegriff über die Aufgaben(-trennung) von Wirtschaft und Staat.

4 Daseinsvorsorge im europäischen Kontext

Im Gründungsvertrag der Europäischen Gemeinschaft (EG 1957), den sogenannten *Römischen Verträgen,* ist unter Bezugnahme auf den französischen Begriff *services publics* von „Dienstleistungen von allgemeinem wirtschaftlichem Interesse" die

[3] Bis 1994 war im GG § 72 von „Einheitlichkeit der Lebensverhältnisse" die Rede.

Rede (Art. 86, § 2). Diese sind definiert als Marktdienstleistungen, die im öffentlichen Interesse erbracht werden und daher auf die Mitgliedstaaten bezogen sind, als spezifische Verpflichtungen für das allgemeine Wohl. Dazu gehören Bereiche, die im deutschen Kontext von der Daseinsvorsorge abgedeckt werden wie der Energie-, Post- und Transportsektor. Die Europäische Gemeinschaft betrachtete diese Sektoren als nationalstaatliche Angelegenheit. Im Zuge der Liberalisierungsbemühungen der Europäischen Kommission wurden 1996 (und im Jahr 2000 verbesserte) Vorschläge zur „Reorganisation öffentlicher Dienstleistungen oder Daseinsvorsorge" (Kommission der EU 2000, S. 8) gemacht. Darin definiert die Europäische Kommission Folgendes:

„Die Erbringung von Dienstleistungen von allgemeinem wirtschaftlichem Interesse unterscheidet sich von der ‚normalen' Dienstleistungserbringung dadurch, dass sie auf der Grundlage politischer Entscheidungen den Nutzen (die Dienstleistung) auch dann anbieten muss, wenn er nicht vom Markt garantiert oder von nicht zufriedenstellender Qualität ist. Sie unterscheiden sich auch von *Dienstleistungen von allgemeinem Interesse*" (Kommission der EU 2000, S. 9), zu denen gehören, „[…] Aufgaben, die an sich schon dem Staat vorbehalten sind, wie die Aufrechterhaltung der inneren und äußeren Sicherheit, die Rechts- und Justizverwaltung, die Pflege der Außenbeziehungen und andere Regierungsaufgaben […]" (Kommission der EU 2000, S. 13). Hinzu kommen Leistungen rund um das Bildungswesen und die Pflichtmitgliedschaft in Grundversorgungssystemen der öffentlichen Sicherheit. Problematisch an dieser Definition ist jedoch, dass der französische Begriff *service public* sowohl die Erbringung von Dienstleistungen von allgemeinem wirtschaftlichem Interesse als auch die Erbringung von Dienstleistungen von allgemeinem Interesse umfasst. Die Daseinsvorsorge hingegen umfasst ausschließlich Leistungen von allgemeinem wirtschaftlichem Interesse. Damit blieb der Vorschlag der EU-Kommission auch in seiner zweiten Fassung im Hinblick auf die französische und deutsche Rechtstradition inkohärent. Andere Vorschläge (sogenannte weiße oder grüne Bücher, siehe Kommission der EU 2003, 2004) bieten keine Lösungen für das Problem. Die unterschiedlichen Rechtskontexte von *service public* und Daseinsvorsorge lassen sich terminologisch und konzeptionell nicht harmonisieren. Zu den unterschiedlichen Bezugsbereichen von *service public* und Daseinsvorsorge kommt hinzu, dass die deutsche Daseinsvorsorge ein dezentrales Konzept darstellt, das die Kommunen als Dienstleister oder Aufgabenträger definiert, während der *service public* in Frankreich sowohl eine rechtliche als auch eine organisatorische Institution auf gesamtstaatlicher Ebene war und bleibt. Darüber hinaus artikuliert der Begriff *services publics industriels et commerciaux* auch eine wirtschaftliche Tätigkeit des Staates, die sich in Form unterschiedlicher rechtlicher Konstruktionen, wie etwa der ausschließlichen Beteiligung oder des Besitzes von Großunternehmen durch den Staat, manifestiert.

Folglich wurden die Wirtschaftsbereiche, die in Deutschland als Aufgabenbereiche der (kommunalen) Daseinsvorsorge galten, in Frankreich in großen Staatsunternehmen wie Gaz de France, Electricité de France, Eau de France organisiert. Nach der Liberalisierung in den 1990er-Jahren mutierten diese Unternehmen zu multinationalen, börsennotierten *global playern,* zum Teil unter anderen Namen. Die

Versorgungsunternehmen in Deutschland waren demgegenüber auf ihr von der Daseinsvorsorge definiertes Versorgungsgebiet fixiert. Auch der Versuch der Europäischen Kommission, eine Harmonisierung der deutschen und französischen Rechtstradition durch den Rechtsbegriff „*Universaldienste, services universelles*" (Kommission der EU 2005) (vgl. Tab. 1), zu erreichen, scheiterte an der Unbestimmtheit, ob es sich dabei um eine Grundversorgung (vgl. Cox 2000) oder um eine qualitativ hochwertige Dienstleistung mit dem Zweck der Befriedigung der Bürger/Kunden handelte (vgl. Ambrosius 2010). Zudem war weiterhin unklar, auf welcher Ebene die politische Entscheidung über die Erbringung von Dienstleistungen von öffentlichem wirtschaftlichem Interesse getroffen wird, auf EU-, Bundes-, Länder- oder kommunaler Ebene. Darüber hinaus war die Rechtsprechung der EU nicht kohärent und voller Ausnahmen. So garantierte die EU Metropolen (z. B. bei U- und S-Bahnsystemen) sowie kleinen Kommunen (in sogenannten Bagatellfällen) eine weitgehende Autonomie, wie die öffentlichen Verkehrsleistungen bestellt und erbracht werden, während mittlere und große Städte verpflichtet wurden, sie auszuschreiben (vgl. Kommission der EU 2000, 2005). Mehrere Rechtsfälle zu diesem Thema wurden vom Europäischen Gerichtshof mit unterschiedlichen Ergebnissen und Interpretationen behandelt. In der Folge drehte sich die juristische und sozialwissenschaftliche Diskussion um die Jahrtausendwende vor allem um die Vereinbarkeit der Daseinsvorsorge (§ 86 EGV) mit dem EU-Wettbewerbsrecht (§ 16 EGV) (vgl. Cox 2000; Hrbek und Nettesheim 2002; Schader-Stiftung 2001; Neu 2009). Ein weiterer Diskussionsstrang drehte sich in dieser Zeit um die Frage, was unter Gewährleistung der Daseinsvorsorge zu verstehen sei. Im Nachhinein kommen mehrere Autoren zu dem Schluss, dass die Gewährleistung der Daseinsvorsorge, also die politische Bestimmung bei nicht notwendigerweise Erbringung durch den Staat oder die Kommunen, gleichzusetzen sei mit Privatisierung und Deregulierung (Bieling und Möhring-Hesse 2021; Sack 2022). Im Verkehrssektor bedeutete dies ein *downscaling* der Netze und eine Verschlechterung bei der Versorgung mit Verkehrsdienstleistungen in Gebieten mit geringer Nachfrage.

Mit dem *Vertrag von Lissabon* (über die Arbeitsweise der Europäischen Union) (EU 2012), der 2007 ausgehandelt, 2009 in Kraft trat und 2012 letztmalig konsolidiert wurde, wurden die Daseinsvorsorgebestimmungen nur bedingt spezifiziert. In diesem Vertrag verpflichten sich die Vertragspartner zum „wirtschaftliche(n), soziale(n) und territoriale(n) Zusammenhalt" (EU 2012, S. 6). In diesem Vertrag werden die Kompetenzen der Einzelstaaten bei Gestaltung der „Dienste von allgemeinem wirtschaftlichen Interesse" (§ 14) gestärkt. Im Prinzip gelten auch für diese Dienste die Wettbewerbsregeln nach § 101 AUV. Allerdings können diese außer Kraft gesetzt werden, wenn „die Anwendung dieser Vorschriften […] die Erfüllung der ihnen übertragenen besonderen Aufgabe rechtlich oder tatsächlich verhindert" (§ 106 AUV (2), EU 2012, S. 77). Wann dies der Fall ist, entscheiden die Nationalstaaten selbst. Gleichzeitig engagiert sich die Union in der Struktur- und Regionalförderung sowie in der Netzpolitik, welche neben der Telekommunikation auch die Energie- und Verkehrsnetze umfasst, mit dem Ziel „die Zentren und die Peripherie angemessen zu verbinden" (Kersten 2009, S. 28) Dies setze die „Annahme eines gemeinsamen, minimalen Grundversorgungsstandards" (ebd., S. 29) voraus. Damit ist eine weitere Dezentralisierung bei der konkreten Ausgestaltung daseinsvorsorglicher Leistungen verbunden. Das von der EU geförderte Subsidiaritätsprinzip legitimiert nachträglich die in der Bundesrepublik 1993 beschlossene und 1996 in Kraft getretene Regionalisierung des Schienenpersonennahverkehrs inklusive seiner Klassifizierung als Aufgabe der Daseinsvorsorge.

5 Neueste Entwicklungen um die (digitale) Daseinsvorsorge

In jüngster Zeit hat die Anzahl der wissenschaftlichen und politischen Veröffentlichungen zum Thema Daseinsvorsorge stark zugenommen (Boll 2020; Domurath 2022; Schäfer und Rethmann 2020; Rottmann et al. 2019). Auffällig häufig taucht der Begriff in der Raumplanung auf (Dehne 2019; Milstein 2018; Mettenberger et al. 2021). In diesem Kontext sind Mobilität und Verkehr implizit mit angesprochen. Demografische Veränderungen und solche in Siedlungsstrukturen werden hierfür als Grund genannt. Seit 2018 gibt es mit *Kommunale Daseinsvorsorge und sozialraumorientiertes Altern* sogar eine regelmäßig erscheinende Fachzeitschrift. Im Allgemeinen konzentrieren sich die Arbeiten zur Daseinsvorsorge auf vier Themenfelder: Wie seit jeher wird erstens der Verkehr in Zusammenhang mit der Daseinsvorsorge gebracht. Dies geschieht zum einen in der Auseinandersetzung über gleiche Lebensverhältnisse in Stadt und Land, West und Ost. Hier wird darauf verwiesen, dass öffentlicher Verkehr auf dem Land anders zu organisieren sei als mit starren Fahrplänen in Bussen und immer weniger Bahnen (vgl. Neu 2009; Canzler und Knie 2009). Flexible *On-demand*-Modelle würden nicht nur mehr den Mobilitätsbedürfnissen der Bürger entsprechen, sie seien für den Staat auch kostengünstiger zu organisieren (vgl. Canzler und Knie 2023). Die Daseinsvorsorge könne außerdem kaum noch als Begründungszusammenhang für den Ausbau des bisherigen ÖPNV dienen, wenn sich Bürger bewusst für die Ansiedlung in strukturschwachen, nicht verdichteten Räumen mit schlechter öffentlicher Erreichbarkeit entschieden (vgl. Holz et al. 2010). Ihre Mobilität organisierten diese „Raumpioniere" (Oswalt und Faber 2013) ohnehin individuell motorisiert.

Ein zweites Themenfeld, in dem die Daseinsvorsorge seit einigen Jahren sehr präsent ist, ist die Versorgung der Bevölkerung mit digitalen Kommunikationsanschlüssen (vgl. Schliesky 2018). Hier geht es darum, öffentliche Zugänge zu schaffen und die Abhängigkeit von den großen privaten (Quasi-)Monopolen sowohl in Bezug auf die Netzinfrastruktur als auch in Bezug auf die Software zu verringern. In diesem Themenbereich muss die Verbindung zur Mobilität beachtet werden. Zum einen werden zeitgemäße *On-Demand*-Mobilitätsdienste nicht ohne eine ausreichend digitale Versorgung zu etablieren sein. Zum anderen lassen sich, so zumindest die Hoffnung, physische Mobilität und Verkehr beschränken, wenn die digitale Infrastruktur zunehmend Arbeiten im Homeoffice ermöglicht und somit Arbeitswege (also Dienstreisen) und Wege zur Arbeit eingespart werden können. In diesem Zusammenhang wird deshalb von der digitalen Mobilität gesprochen (Canzler und Knie 2024; George und Kellermann 2023). Eine Verbindung zur Daseinsvorsorge ergibt sich, wenn die Teilhabe der Individuen an der Gesellschaft, an Arbeit, öffentlichen Diensten und Diskursen nicht als Gegenstand privaten Gewinnstrebens betrachtet wird. Allerdings muss konstatiert werden, dass die öffentliche digitale Versorgung in den ersten dreißig Jahren ihres Bestehens verschlafen bzw. privaten Investoren überlassen wurde (vgl. Hofmann 2022). Sie ist zwar in urbanen Regionen durchaus zufriedenstellend, aber in ländlichen Regionen nach vor unzureichend. Die geringe Bevölkerungsdichte und damit die geringen Gewinnchancen (z. B. in großen Teilen Brandenburgs oder Mecklenburgs) hemmen offensichtlich die Investitionsbereitschaft der Telekomunternehmen, sodass hier von digitaler Mobilität nicht einmal ansatzweise gesprochen werden kann. Hier hätte der Staat dringend an seiner Daseinsvorsorgeverpflichtung zu arbeiten. Für nachträglich verstärktes staatliches Engagement in einem Sektor gibt es historische Beispiele, unter anderem aus dem Verkehrsbereich: Auch die Bereitstellung des öffentlichen Verkehrs mit Schienenfahrzeugen und Bussen war über 50 Jahre lang Privatangelegenheit, bevor zum Ende des 19. Jahrhunderts zunächst alle Eisenbahnen auf Länderebene verstaatlicht und dann 1920 zur Reichsbahn zusammengefasst wurden (vgl. Wolf 1986). Der städtische Bus- und Straßenbahnverkehr wurde in den 1920 Jahren angesichts einer systemischen Wirtschaftskrise ebenfalls nahezu flächendeckend kommunalisiert (vgl. Ambrosius 1984; Dienel und Schmucki 1997).

An dieser Stelle muss kurz der Zusammenhang von Gesundheit und Verkehr erwähnt werden. Jedes Jahr sterben in Deutschland nicht nur über 2000 Menschen bei Verkehrsunfällen (Destatis 2021),[4] Zehntausende werden durch die Folgen der Abgas- und Lärmbelastung des privaten Autoverkehrs schwer krank und verursachen dem fragilen, „durch Ökonomisierung, Privatisierung und Kommerzialisierung geschwächten Gesundheitssystem" (Butterwege 2022) zusätzliche Milliardenkosten (vgl. Wolf et al. 2020). Hier besteht eine Relation von Gesundheit und Verkehr bzw. Mobilität, welche die Daseinsvorsorge tangiert.

Schließlich wird angesichts einer seit längerem ausgerufenen Energiewende, die durch die in Folge des russischen Angriffs auf die Ukraine von der Bundesregierung und der EU beschlossenen Energiesparmaßnahmen eine weit größere Aktualität erfährt als sie ohnehin durch die Klimakrise hat oder hätte haben müssen, ein weiterer gesellschaftlicher Themenbereich wieder stärker mit dem Thema Daseinsvorsorge in Zusammenhang gebracht. Bereits Ernst Forsthoff hatte dies 1938 getan. Auch damals waren es – von den Nationalsozialisten wurde zu diesem Zeitpunkt kein Zweifel an einem kurz bevorstehenden militärischen Angriff auf Polen gelassen – Kriegsgründe, die eine gesicherte Versorgung der Wirtschaft und der Bevölkerung mit Energie zum Ziel hatten und die das Energiewirtschaftsgesetz (und seine Einstufung als Daseinsvorsorge durch Forsthoff) auf den Weg brachen. Angesichts ungeklärter zukünftiger fossiler Energiezufuhr aus dem Ausland und noch nicht hinreichend gesicherter nachhaltiger Energieproduktion im Inland, welche vor allem eine deutliche Preissteigerung zur Folge haben dürften, werden Energieproduktion

[4] Im Jahr 1970 starben in Deutschland (BRD und DDR) noch über 21.000 Menschen im Straßenverkehr (Destatis 2021). In den USA und Brasilien liegt die Zahl der Verkehrstoten aktuell immer noch in dieser Größenordnung (vgl. Statista 2022; Rodrigues 2012).

und -konsum wieder verstärkt als Gegenstand staatlicher Daseinsvorsorge betrachtet (vgl. VKU 2022). Zudem ist hier ist auf die Kopplung von Energie- und Verkehrswende hinzuweisen (Göhlich und Raab 2021), die beides in einen Zusammenhang mit der Daseinsvorsorge bringt.

Ein weiterer in der Literatur bisher unterbelichteter Aspekt der Daseinsvorsorge ist „die staatliche Gewährleistung sauberer Luft" (Nagel 2022, S. 53). Diese ist schließlich noch vor der Versorgung mit sauberem Wasser, mit Nahrung und einer (warmen respektive moderat gekühlten) Behausung als existenzielle und allumfassende Notwendigkeit für das individuelle menschliche Überleben zu nennen. In der bisherigen Diskussion um die Daseinsvorsorge wurde das öffentliche Gut *saubere Luft* stillschweigend vorausgesetzt. Angesichts der besonders vom Verkehr verursachten Luftverschmutzung mit weitreichenden negativen Folgen für die Gesundheit aller Bürgerinnen und Bürger (vgl. Nagel 2022) ist dieser Aspekt ebenfalls dringend in eine Neukonzipierung der Daseinsvorsorge aufzunehmen.

Diese Beispiele zeigen, dass die Daseinsvorsorge, ähnlich wie zu Ende der 1920er- und 1930er-Jahre bemüht wird, im Angesicht einer umfassenden Krise staatliche Eingriffe in die private Wirtschaftstätigkeit zu legitimieren. Abgesehen von der digitalen Infrastruktur sowie der Versorgung mit sauberer Luft, Wohnraum und Mikrokrediten sowie Basisbankdienstleistungen, welche zurzeit ebenfalls (wieder) im Zusammenhang mit der Daseinsvorsorge diskutiert werden (vgl. Domurath 2022; GiB 2019; Krings 2020; Wichterich 2015), handelt es sich um dieselben materiellen Versorgungsgegenstände, die Ernst Forsthoff und seine existenzialistischen Stichwortgeber bereits vor annähernd hundert Jahren unter der Daseinsvorsorge verstanden haben. Allerdings scheint heutzutage die intersektorale Verbindung der verschiedenen Anwendungsbereiche der Daseinsvorsorge, in Verkehr, digitaler Infrastruktur, Gesundheit und Energie- und Wohnungsversorgung ein neuer und weitreichender Aspekt zu sein. Trennte Forsthoff die Anwendungsgebiete fein säuberlich und sprach sich am Ende auch für kommunale und staatliche Monopole aus, so scheint die Problemlage in den genannten Bereichen heute eher Dezentralisierung und ein Empowerment lokaler Initiativen zu erfordern, ohne den Staat aus seiner Verantwortung zu entlassen. Zudem ist die Lenkungskompetenz des Staates mittels steuerlicher und zinspolitischer Maßnahmen gefordert. Wenn die Kritiker der Daseinsvorsorge im Verkehr sich vorwiegend auf die staatlichen Subventionen für den öffentlichen Verkehrs kaprizieren, vergessen sie, dass mit Dienstwagenprivileg, Pendlerpauschale und anderen Instrumenten seit Jahrzehnten weitaus größere Subventionen zur Förderung des privaten PKWs ausgeschüttet werden.

Das Problem mit der Daseinsvorsorge – nicht nur im Verkehr – ist, dass sie gleichgesetzt wird mit der Sozialfürsorge, also dem Aufkommen des Staates für die Mindestbedürfnisse seiner durch Krankheit und/oder Alter in Not geratenen Bürger. In der Folge kommt es dann zu wissenschaftlich nicht begründbaren, sondern mehr oder weniger willkürlich gemachten Unterscheidungen von „freiwilligen und pflichtigen Leistungen" (Schäfer und Rethmann 2020, S. 14). Als erstere werden „Grundangebote bei Kultur und Sport [..] oder der Betrieb einer Bibliothek" (ebd., S. 14) ausgemacht, was dann „vielerorts nach Kassenlage erbracht" werde, also in ärmeren Kommunen – und derer gibt es viele – mitunter gar nicht oder nur sehr rudimentär.

Dagegen stünde der Bereich der „existenziellen Daseinsvorsorge“ (ebd., S. 14), also der Bereich, der sich eher um die materiellen Bedürfnisse der Bürger in Bezug auf Gesundheit, Wasserver- und -entsorgung, Katastrophenschutz usw. kümmert. Ob die Versorgung mit Mobilitätsleistungen zum einen oder anderen Bereich gehört, ist nach wie vor umstritten. Dabei ist unverkennbar, dass die individuelle physische Mobilität eine Grundvoraussetzung für die gesellschaftliche Teilhabe sowohl im materiell-wirtschaftlichen als auch im kulturell-sozialen Sinne ist.

Wie in der bisherigen Geschichte des Verhältnisses von Daseinsvorsorge und Verkehr sind auch in der aktuellen Debatte zwei Diskussionsstränge zu unterscheiden. Einerseits kreist eine praktisch orientierte Diskussion der Auslegung der Daseinsvorsorge um die Vereinbarkeit mit dem EU-Wettbewerbsrecht. Zudem wird gefragt, ob dem Daseinsvorsorgegedanken im Verkehr mit der bisherigen vor allem auf dem Land höchst fragmentierten Bereitstellung von Mobilitätsdienstleistungen in Bussen und Bahnen gerecht wird, oder ob nicht eher ein Umdenken in Richtung kleinteiliger *On-Demand*-Verkehre erfolgen müsse (vgl. Canzler und Knie 2016). In einem anderen Diskussionszweig werden grundlegende Fragen der sozialen Organisation und der Gleichwertigkeit der Lebenschancen in Deutschland und Europa aufgeworfen. Diese Grundsatzdebatte bewegt sich im Feld der politischen Philosophie und kann uns hier nicht weiter beschäftigen (vgl. Gegner 2007). Nach Jahrzehnten der Liberalisierung und De-regulierung scheint es angesichts der mannigfaltigen derzeitigen Krise auch hier zu einer „Zeitenwende“ (Scholz 2022) zu kommen. Veränderte gesellschaftliche Rahmenbedingungen wie die demografische Entwicklung (zum Beispiel der unverminderte Zuzug von Kriegs- und Elendsflüchtlingen in die Zentren bei gleichzeitiger Entvölkerung des ländlichen Raumes), die Klimakrise und die Gefahr eines länger währenden europäischen Kriegs stellen die Daseinsvorsorge vor neue Herausforderungen. Angesichts dieser Problematik sind größere Anstrengungen, aber auch neue europäische Konzepte notwendig, um den politischen, territorialen, sozialen, wirtschaftlichen und kulturellen Zusammenhalt der einzelnen Staaten und ihre Integration in die Europäische Union zu gewährleisten.

Angesichts der Persistenz des Begriffs Daseinsvorsorge, der sich wohl aus seiner großen Offenheit, der Interpretationsbedürftig- aber auch -fähigkeit begründet, scheint eine begriffliche Neuausrichtung schwierig. Dennoch ist sie unumgänglich, um einerseits vom begrifflich und inhaltlich problematischen Duktus Forsthoffs wegzukommen und andererseits die „Staatsbedürftigkeit der Gesellschaft“ (Vogel 2007), auch für die vermeintlich „neue Mittelklasse“ (Reckwitz 2021, S. 33)[5] deutlich zu machen, deren kultureller Einfluss in der Gesellschaft nicht mit ökonomischer Sicherheit, sondern häufig mit Prekarität korrespondiert. Wenn statt von einer Gewährleistung minimaler Standards in einem zwischen Regionen asynchronen Verhältnis (vgl. Canzler und Knie 2009) ein qualitatives Angebot des Staats und der Kommunen zu Existenzsicherung breiter Bevölkerungsgruppen – auch der

[5] Vor nicht allzu langer Zeit wurden Angehörige der sogenannten *neuen Mittelklasse* als „Existenzgründer“ bezeichnet (vgl. Heuberger und Tänzler 1997).

kulturell dominanten kreativen Selbstständigen – in zunehmend unsicheren Zeiten gemeint ist, sollte eher von der *Existenzvorsorge* gesprochen werden (vgl. Tab. 1). Damit würde sich das Missverständnis aufheben, dass es sich bei der Daseinsvorsorge um sogenannte Sozialhilfe, also ein säkulares Almosen handeln. Stattdessen würde die Notwendigkeit einer Vorsorge in Pandemie-, Kriegs-, Klima- und Wirtschaftskrisenzeiten auch für die „wirtschaftlich besser Gestellten" (Forsthoff 1938, S. 5) deutlich werden, deren *Existenz* unter diesen Bedingungen genauso gefährdet ist wie das vermeintliche *Dasein* der Armen.

Umstritten bleibt weiterhin, wie der Daseinsvorsorgegedanke – wie immer er auch begrifflich gefasst wird – im Verkehr am besten zu *gewährleisten* sei. So vertreten Canzler und Knie (2022) bei schienengebundenen Systemen die Meinung, dass der Infrastrukturbetreiber (ergo die Deutsche Bahn) vom regionalen und überregionalen Marktteilnehmer mit Endkundenkontakt, also dem konkreten Anbieter von Mobilitätsdienstleistungen, zu trennen sei. Dies würde dem System Bahn neue Kunden erschließen und das Verkehrsangebot auch im Sinne der Daseinsvorsorge voranbringen. Dagegen argumentiert Wolf (2006), dass nur eine Wiederverstaatlichung der Deutschen Bahn und ihrer Untergliederungen ein bedarfsgerechtes Schienenverkehrsangebot zur Folge habe. Auch bei den nichtschienengebundenen regionalen und kommunalen Verkehrsträgern changieren die Einschätzungen der Daseinsvorsorgekompatibilität von Verkehrskonzepten zwischen der Forderung nach mehr Markt oder mehr Staat. Damit setzt sich auch im dritten Jahrzehnt des 21. Jahrhunderts eine Diskussion fort, die in ähnlicher Weise seit den 1950er-Jahren um den Zusammenhang von Daseinsvorsorge und Verkehr geführt wird.

6 Fazit

Angesichts multipler Krisen ist aus Bürger- (bzw. Verbraucher-)Sicht zu befürchten, dass in den kommenden Jahren, wie schon hundert Jahre zuvor, Marktversagen auf Staatsversagen trifft. Im Kontext einer von Ulrich Beck (1998) konstatierten „Weltrisikogesellschaft" ist daher ein gesellschaftspolitisches Konzept, das versucht, individuelle Unsicherheiten und Risiken zu minimieren, weiterhin höchst aktuell. Gesundheit, Energie, digitale Infrastruktur und Mobilität für alle Bürgerinnen und Bürger sollten in einem sozialen Rechtsstaat gesetzlich festgelegte politische Ziele sein. Daseinsvorsorge bleibt dabei auf absehbare Zeit der neuralgische Terminus der deutschen und europäischen Sozial- und Wirtschaftspolitik. Allerdings besteht bei der konkreten Ausgestaltung zweifellos Reform- und Innovationsbedarf. Eine Neuformulierung des Konzepts als *Existenzvorsorge* sollte nicht nur begrifflich Abstand von Forsthoffs Überlegungen nehmen, sondern auch die staatsgläubige und paternalistische zugunsten einer dezentralen und partizipativen Leistungserbringung eintauschen. Dabei entspricht die Verortung der *Existenzvorsorge* auf der kommunalen Ebene durchaus der deutschen Verwaltungspraxis und ließe sich um weitere deliberative Elemente erweitern. Allerdings müssten die Kommunen für die Durchführung durch den Bund mit hinreichenden Finanzmitteln ausgestattet werden. Dies sollte in einem dezidierten *Existenzvorsorgegesetz* geregelt werden.

Literatur

Ambrosius, Gerold. 1984. *Der Staat als Unternehmer*. Göttingen: Vandenhoeck & Ruprecht.

———. 2000. Services Publics, Leistungen der Daseinsvorsorge oder Universaldienste? Zur historischen Dimension eines zukünftigen Elements europäischer Wirtschaftspolitik. In *Daseinsvorsorge und öffentliche Dienstleistungen in der Europäischen Union*, Hrsg. Helmut Cox, 15–44. Baden-Baden: Nomos.

———. 2010. Europäische Gemeinwirtschaftlichkeit und die Integration von Infrastrukturen in der Europäischen Union. In *Internationale Politik und die Integration europäischer Infrastrukturen in Geschichte und Gegenwart*, Hrsg. Gerold Ambrosius, 255–274. Baden-Baden: Nomos.

Anders, Helmut. 1963. Der „Daseinssicherer des Monopolkapitals" und „Gehilfe des Führers" – Prof. Dr. Ernst Forsthoff. *Staat und Recht* 12:981–998.

Beck, Ulrich. 1998. Die Politik der Technik. Weltrisikogesellschaft und ökologische Krise. In *Technik und Sozialtheorie*, Hrsg. Werner Rammert, 261–293. Frankfurt a. M.: Campus.

Bieling, Hans-Jürgen, und Matthias Möhring-Hesse. 2021. Öffentliche Infrastrukturen: gesellschaftliche Konflikte und staatliche Gewährleistung. In *Öffentliche Infrastrukturen – Die politische Gestaltung der vernetzten Gesellschaft*, Hrsg. Landeszentrale für politische Bildung Baden-Württemberg, 4–11. Stuttgart: Eigenverlag.

BMVBW – Bundesministerium für Verkehr, Bau- und Wohnungswesen, Hrsg. 2005. *Öffentliche Daseinsvorsorge und demographischer Wandel. Erprobung und Anpassung von Entwicklungsstrategien in der Raumordnung*. Berlin.

Boll, David. 2020. *Zur politischen Ökonomie kommunaler Unternehmen: wirtschaftliche Betätigung zwischen Daseinsvorsorge und politischen Interessen*. Baden-Baden: Nomos.

Burkart, Günter. 1994. Individuelle Mobilität und soziale Integration. Zur Soziologie des Automobilismus. *Soziale Welt* 45:216–241.

Butterwege, Christoph. 2022. Sozialstaat: Daseinsvorsorge stärken. *Wirtschaftsdienst* 6:421.

Canzler, Weert, und Andreas Knie. 1998. *Möglichkeitsräume. Umrisse einer neuen Verkehrspolitik*. Köln/Wien: Böhlau.

———. 2009. Auf dem Weg zum Gewährleistungsstaat: Netzvermarktung und Infrastukturpolitik für die schrumpfende Gesellschaft. In *Daseinsvorsorge. Eine gesellschaftswissenschaftliche Annäherung*, Hrsg. Claudia Neu. Wiesbaden: VS Research.

———. 2016. *Die digitale Mobilitätsrevolution. Vom Ende des Verkehrs wie wir ihn kannten*. München: oekom.

———. 2022. Öffentlicher Verkehr. In *Handbuch Daseinsvorsorge*, Hrsg. Claudia Neu. München/Berlin: VKU.

———. 2023. The Next Big Thing: Autonome Shuttles als neuer öffentlichen Nahverkehr. Perspektiven und Probleme der Implementierung. In *Renaissance der Verkehrspolitik*. Politik- und mobilitätswissenschaftliche Perspektiven, Hrsg. Detlev Sack, Holger Straßheim, und Karsten Zimmermann, 383–404. Wiesbaden: Springer VS.

———. 2024. Automobilität nach der Pandemie und angesichts multipler Krisen. In *Soziologie und Nachhaltigkeit – Beiträge zur sozial-ökologischen Transformationsforschung, Sonderband 3 Beschleunigter Wandel oder nachhaltige Nicht-Nachhaltigkeit? Transformation von Mobilitätspraktiken im Kontext multipler Krisen*, 30–48.

Conseil d'État de la Republic Francaise. 1938. *Les lois du services publics* (ou *Loi de Rolland*). www.legifrance.gouv.fr/loda/article_lc/LEGIARTI000006404529/1993-09-01. Zugegriffen am 07.12.2023.

Cox, Helmut, Hrsg. 2000. *Daseinsvorsorge und öffentliche Dienstleistungen in der Europäischen Union*. Baden-Baden: Nomos.

Dehne, Peter. 2019. Perspektivwechsel in der Regionalpolitik: Daseinsvorsorge als gesellschaftliche Aufgabe. *Wirtschaftsdienst* 99:56–64. https://doi.org/10.1007/s10273-019-2433-9. Zugegriffen am 07.12.2023.

Destatis. 2021. *Getötete im Straßenverkehr nach ausgewählter Verkehrsbeteiligung und Ortslagen*. https://www.destatis.de/DE/Themen/Gesellschaft-Umwelt/Verkehrsunfaelle/_inhalt.html#sprg249316.

Dienel, Hans-Luidger, und Barbara Schmucki. 1997. *Mobilität für alle. Geschichte des öffentlichen Personennahverkehrs in der Stadt zwischen technischem Fortschritt und sozialer Pflicht*. Stuttgart: Steiner.

Domurath, Irina. 2022. Verbraucherkredit als Daseinsvorsorge? *Wirtschaftsdienst* 102:189–192. https://doi.org/10.1007/s10273-022-3132-5. Zugegriffen am 07.12.2023.

Duguit, Léon. 1901. *L'État, le droit objectif et la loi positive*. Paris: Albert Fontemoing.

———. 1911. *Traité de Droit constitutionnel*. Paris: Boccard.

EG – Europäische Gemeinschaft. 1957. *Vertrag zur Gründung der Europäischen Wirtschaftsgemeinschaft*. Rom.

EU – Europäische Union. 2012. *Vertrag über die Arbeitsweise der Europäischen Union* (Konsolidierte Fassung). Amtsblatt der Europäischen Union, 26.10.2012. https://eur-lex.europa.eu/legal-content/DE/TXT/PDF/?uri=CELEX:12012E/TXT&qid=1662646170750&from=DE

Forsthoff, Ernst. 1933. *Der totale Staat*. Hamburg: Hanseatische Verlagsanstalt.

———. 1938. *Die Verwaltung als Leistungsträger*. Stuttgart: Kohlhammer.

———. 1950. *Lehrbuch des Verwaltungsrechts*, Bd. 1, Allgemeiner Teil. München: C.H. Beck.

Gegner, Martin. 2007. Daseinsvorsoge und Verkehr. In *Handbuch Verkehrspolitik*, Hrsg. Oliver Schwedes, Weert Canzler, und Andreas Knie, 455–470. Wiesbaden: Springer VS.

George, Sarah und Robin Kellermann. 2023. *Synthesestudie zu Auswirkungen von COVID-19 auf das Mobilitätsverhalten in Deutschland. Einordnung und Vergleich von Kernbefunden der Mobicor-Studie im Kontext der deutschen Pandemieforschung*. WZB Discussion Paper SP III 2023-602. Berlin: WZB.

GG – Grundgesetz. 1949. Zuletzt geändert am 28.06.2022. https://www.gesetze-im-internet.de/gg/BJNR000010949.html. Zugegriffen am 01.07.2022.

GiB – Gemeingut in BürgerInnenhand e.V. 2019. *Daseinsvorsorge Wohnraum: Auswege aus der Wohnungskrise. Positionspapier mit Lösungsvorschlägen*. www.gemeingut.org/daseinsvorsorge-wohnraum-auswege-aus-der-wohnungskrise/. Zugegriffen am 30.06.2023.

Göhlich, Dietmar, und Andreas Raab. 2021. *Mobility2Grid – Sektorenübergreifende Energie- und Verkehrswende*. Berlin: Springer Link.

Grimm, Dieter. 1993. Der Staat in der kontinentaleuropäischen Tradition. In *Abschied vom Staat – Rückkehr zum Staat?* Hrsg. Rüdiger Voigt, 27–50. Baden-Baden: Nomos.

Hegel, Georg Wilhelm Friedrich. 1964. *Grundlinien der Philosophie des Rechts oder Naturrecht und Staatswissenschaft im Grundbegriffe. Mit einem Vorwort von Eduard Gans*. Hrsg. von Hermann Glockner. Bd. 7 in Sämtliche Werke, Jubiläumsausgabe in zwanzig Bänden. Stuttgart: Friedrich Frommann.

Heidegger, Martin. 1927. *Sein und Zeit*. Tübingen: Max Niemeyer.

Hellermann, Johannes. 2000. *Örtliche Daseinsvorsorge und gemeindliche Selbstverwaltung*. Tübingen: Mohr Siebeck.

Herzog, Roman. 1963. Subsidiaritätsprinzip und Staatsverfassung. *Der Staat 2(4)*: 399–423.

Heuberger, Frank, und Dirk Tänzler. 1997. Existenzgründer in Ostdeutschland. Pioniere einer neuen Wirtschaftskultur. In *Konfigurationen Lebensweltlicher Strukturphänomene*, Hrsg. Michael Wicke. Opladen: Leske & Budrich. https://doi.org/10.1007/978-3-322-96030-6_15. Zugegriffen am 30.07.2022.

Hofmann, Jeanette. 2022. Digitale Infrastrukturen im Wandel. In *Öffentliche Infrastrukturen – Die politische Gestaltung der vernetzten Gesellschaft*, Hrsg. Landeszentrale für Politische Bildung Baden-Württemberg, 56–62. Stuttgart: Eigenverlag.

Holz-Rau, Christian, Stephan Günthner, und Florian Krummheuer. 2010. Daseinsvorsorge ist keine Dortseinsvorsorge Hinweise zur Planung in dünn besiedelten Räumen. *Informationen zur Raumentwicklung* 2010(7): 489–503.

Hrbek, Rudolf, und Martin Nettesheim, Hrsg. 2002. *Europäische Union und mitgliedstaatliche Daseinsvorsorge*. Baden-Baden: Nomos.

Huber, Ernst Rudolf. 1975. *Bewahrung und Wandlung. Studien zur deutschen Staatstheorie und Verfassungsgeschichte*. Berlin: Paul List.

Hürlimann, Elisabeth. 2011. Service Public. In *Historisches Lexikon der Schweiz (HLS)*, Version vom 14.06.2011. https://hls-dhs-dss.ch/de/articles/049483/2011-06-14/. Zugegriffen am 05.02.2024.

Jaspers, Karl. 1931 [1971]. *Die geistige Situation der Zeit*, Zitiert nach dem siebenten Abdruck der im Sommer 1932 bearbeiteten, 5. Aufl. Berlin: Göschen.

Kersten, Jens. 2009. Wandel der Daseinsvorsorge – Von der Gleichwertigkeit der Lebensverhältnisse zur wirtschaftlichen, sozialen und territorialen Kohäsion. In Daseinsvorsorge, Hrsg. Claudia Neu. Wiesbaden: VS Verlag für Sozialwissenschaften. https://doi.org/10.1007/978-3-531-91876-1_2.

Klenke, Dietmar. 1995. *„Freier Stau für freie Bürger". Die Geschichte der bundesdeutschen Verkehrspolitik*. Darmstadt: WBV.

Kommission der Europäischen Gemeinschaft. 2000. *Mitteilung über die Daseinsvorsorge in Europa*, Kom (2000) 580 endgültig. Brüssel.

———. 2003. *Grünbuch zu Dienstleistungen von allgemeinem Interesse*, Kom (2003) 270 endgültig. Brüssel.

———. 2004. *Weißbuch zu Dienstleistungen von allgemeinem Interesse*, Kom (2004) 374. Brüssel.

———. 2005. *Vorschlag für eine Verordnung des europäischen Parlaments und des Rates über öffentliche Personenverkehrsdienste auf Schiene und Straße*, Kom (2005) 319 endgültig. Brüssel.

Köttgen, Arnold. 1944. *Deutsche Verwaltung*. Berlin: Vahlen.

Krings, Susanne. 2020. Doppelt relevant: Kritische Infrastrukturen der Daseinsvorsorge. *Raumforschung und Raumordnung* 78(6): 575–593.

Leber, Georg. 1967. *Programm zur Gesundung des deutschen Verkehrswesens*. Sonderdruck aus dem *Bulettin* des Presse- und Informationsamtes der Bundesregierung, Nr. 103/1967.

Mettenberger, Tobias, Julia Zscherneck, und Patrick Küpper. 2021. Wenn Neues aufs Land kommt. Entwicklung, Umsetzung und Verbreitung innovativer Lösungen zur digitalen Daseinsvorsorge. *Raumforschung und Raumordnung* 79(6): 543–556. https://doaj.org/article/7a9dca40b2f24876876b96f57ab93bcf. Zugegriffen am 13.08.2022.

Milstein, Alexander. 2018. Daseinsvorsorge. In *Handwörterbuch der Stadt- und Raumentwicklung*. Hrsg. ARL – Akademie für Raumforschung und Landesplanung, 361–373. Hannover. https://nbn-resolving.org/urn:nbn:de:0156-5599334. Zugegriffen am 13.08.2022.

Müller, Ingo. 1987. *Furchtbare Juristen*. München: Kindler.

Nagel, Melanie. 2022. Verkehr und saubere Luft: ziemlich beste Feinde. In *Öffentliche Infrastrukturen – Die politische Gestaltung der vernetzten Gesellschaft*, Hrsg. Landeszentrale für politische Bildung Baden-Württemberg, 50–55. Stuttgart: Eigenverlag.

Neu, Claudia. 2009. Daseinsvorsorge und territoriale Ungleichheit. In *Daseinsvorsorge. Eine gesellschafts-wissenschaftliche Annäherung*, Hrsg. Claudia Neu. Wiesbaden: VS Research.

Niebuhr, Heinrich. 1928. *Öffentliche Unternehmungen und Privatwirtschaft*. Leipzig: G.A. Gloeckner.

Opitz, Reinhard. 1999. Formierung. In *Liberalismus, Faschismus, Integration,* Hrsg. v. Ilina Fach, Roland Müller, und Reinhard Opitz, Bd. 3, II. Band, 13–140. Marburg: BdWi.

Oswalt, Phillipp, und Karin Faber. 2013. *Raumpioniere in ländlichen Regionen*. Dessau: Edition Bauhaus.

PBefG. 1934. *Personenbeförderungsgesetz*. In Bundesgesetzblatt Teil III 1961, 241 Sachgebiet: FNA 9240-1. Neugefasst durch Bekanntmachung v. 08.08.1990 I 1690, zuletzt geändert am 29.12.2003. Veröffentlicht vom Bundesministerium für Verkehr, Bau- und Wohnungswesen, Bonn. http://bundesrecht.juris.de/bundesrecht/pbefg/__22.html. Zugegriffen am 13.08.2022.

Reckwitz, Andreas. 2021. Auf der Suche nach der neuen Mittelklasse – Replik auf Nils Kumkar und Uwe Schimank. *Leviathan* 49(1): 33–61. https://doi.org/10.5771/0340-0425-2021-1-33. Zugegriffen am 13.08.2022.

République Francaise. 2022. *Code de la commande publique: Titre II: Contrats De Concession (Articles L1120-1 à L1122-1).* www.legifrance.gouv.fr/codes/section_lc/LEGITEXT000037701019/LEGISCTA000037703278/. Zugegriffen am 13.08.2023.

Rodrigues, Artur. 2012. Trânsito mata 42,2 mil pessoas no Pais e indice cresce 13,9% em um ano. *O Estado de São Paulo* 12. Mai, C6.

ROG. 2008. *Raumordnungsgesetz. Veröffentlicht vom Bundesministerium für Justiz.* www.gesetze-im-internet.de/rog_2008/BJNR298610008.html. Zugegriffen am 13.08.2022.

Rottmann, Oliver, André Grüttner, und Ludwig Gramlich. 2019. Zukunftsorientierte Daseinsvorsorge. *Wirtschaftsdienst* 99:789–794. https://doi.org/10.1007/s10273-019-2530-9.

Rüthers, Bernd. 2004. Überlebende und überlebte Vergangenheiten – Zwei Starjuristen einer Diktatur unter sich. *myops – Berichte aus der Welt des Rechts* 4:67–70.

Sack, Detlev. 2022. Öffentliche Infrastrukturen, Gewährleistungsstaat und die Zusammenarbeit zwischen Staat, Wirtschaft und Zivilgesellschaft. In *Öffentliche Infrastrukturen – Die politische Gestaltung der vernetzten Gesellschaft*, Hrsg. Landeszentrale für politische Bildung Baden-Württemberg, 12–18. Stuttgart: Eigenverlag.

Saitzew, Manuel. 1930. *Die öffentliche Unternehmung der Gegenwart.* Tübingen: Schriften des Vereins für Socialpolitik.

Schader-Stiftung, Hrsg. 2001. *Die Zukunft der Daseinsvorsorge. Öffentliche Unternehmen im Wettbewerb.* Darmstadt: Schader.

Schäfer, Michael, und Ludger Rethmann. 2020. *Öffentlich-Private Daseinsvorsorge (ÖPD) in Deutschland: gemischtwirtschaftliche Unternehmen auf kommunaler Ebene als strategischer Erfolgsfaktor.* Wiesbaden: Springer Gabler.

Schäffle, Albert. 1867. *Das gesellschaftliche System der menschlichen Wirtschaft.* Tübingen: Laupp'sche Buchhandlung.

Schliesky, Utz. 2018. *Digitale Räume als Teil der Daseinsvorsorge.* Kiel: Lorenz-von-Stein-Institut für Verwaltungswissenschaften an der Christian-Albrechts-Universität zu Kiel.

Scholz, Olaf. 2022. *Wir erleben eine Zeitenwende. Rede im Deutschen Bundestag am 27.02.2022.* www.bundestag.de/dokumente/textarchiv/2022/kw08-sondersitzung-882198. Zugegriffen am 13.08.2022.

Schulz-Nieswandt, Frank. 2010. Daseinsvorsorge und existenzielle Angst des Menschen. In *Methodenpluralismus in den Wirtschaftswissenschaften*, Hrsg. Uwe Jens und Hajo Romahn, 213–245. Marburg: Metropolis.

Statista. 2022. *Anzahl der Getöteten bei Straßenverkehrsunfällen in den USA von 2010 bis 2019.* https://de.statista.com/statistik/daten/studie/159555/umfrage/anzahl-verkehrsunfaelle-in-nordamerika/. Zugegriffen am 24.08.2022.

VKU – Verband Kommunaler Unternehmen. 2022. *Energiepreise und Grundversorgung – VKU-Landesgruppe Hessen zur aktuellen Situation.* VKU-Landesgruppe Hessen zur aktuellen Situation, Pressemitteilung vom 17.01.2022. Zugegriffen am 18.09.2022.

Vogel, Berthold. 2007. *Die Staatsbedürftigkeit der Gesellschaft.* Hamburg: Hamburger Edition.

Wagner, Adolph. 1887 [1948]. *Finanzwissenschaft und Staatssozialismus.* Frankfurt a. M.: Klostermann.

Wichterich, Christa. 2015. Mikrokredite, Rendite und Geschlecht. Von zuverlässigen armen Frauen und finanzieller Inklusion. *Peripherie – Politik, Ökonomie, Kultur* 35(3): 469–490. https://doi.org/10.3224/peripherie.v35i140.2299. Zugegriffen am 15.09.2022.

Wolf, Kathrin, et al. 2020. Nächtliche Verkehrslärmbelästigung in Deutschland: individuelle und regionale Unterschiede in der NAKO Gesundheitsstudie. *Bundesgesundheitsblatt* 63(3): 332–343. https://doi.org/10.1007/s00103-020-03094-y. Zugegriffen am 18.06.2022.

Wolf, Winfried. 1986. *Eisenbahn und Autowahn. Personen- und Gütertransport auf Schiene und Straße. Geschichte, Bilanz, Perspektiven.* Hamburg: Rasch und Röhrig, Hamburg.

———. 2006. *In den letzten Zügen – Bürgerbahn statt Börsenwahn.* Hamburg: VSA.

The Local Politics of Green Mobility in San Francisco and Copenhagen

How Political Ideology Shapes Mobility Transitions in Cities

Jason Henderson

Contents

Abstract

In this chapter I consider how local politics shapes policies that promote or impede green mobility, including walking, cycling, and public transport organized around compact, high-density, car free and car-lite urbanism. I refer to municipal or city-scale politics and examine two aspirational green mobility cities, Copenhagen, Denmark, and San Francisco, California to help understand why green mobility transitions have been slow to realize in even the most promising localities. Despite different governing structures and histories, the politics of green mobility in both cities is remarkably similar. In both cities there are three broad factions demonstrating ideological difference over green mobility. (1) A left/progressive political faction promotes green mobility as a public good that government should actively promote. (2) A neoliberal faction, sometimes labeled "moderate" in both San Francisco and Copenhagen, also promotes green mobility, but with a market-oriented, deregulated hue, especially on housing and real estate. (3) A right/conservative politics of mobility expresses skepticism towards green mobility transitions and seeks to preserve car access to city spaces. I highlight how each mobility ideology is operationalized through

J. Henderson (✉)
San Francisco State University, San Francisco, USA
e-mail: jhenders@sfsu.edu

W. Canzler et al. (Hrsg.), *Handbuch Mobilität und Gesellschaft*,
https://doi.org/10.1007/978-3-658-37557-7_20

debates over green mobility, including housing, in San Francisco and Copenhagen during 2022, two years after the Covid-19 Pandemic first locked-down cities.

Keywords

Green Mobility · Urban Transport · Politics of Mobility · Copenhagen · San Francisco

1 The Local Politics of Green Mobility in San Francisco and Copenhagen: How Political Ideology Shapes Mobility Transitions in Cities

In this chapter I consider how local politics in cities and municipalities shape policies that promote green mobility, including walking, cycling, and public transport organized around compact, high-density, car free and car-lite urbanism. Green mobility is critical for the decarbonization of urban transport and long-term continual emissions reduction requires that cities configure built environments in ways that expand green mobility (IPCC 2022; UNEP 2020, 2021). Cities and their local politics play a key role in climate mitigation, for example, through reallocating street space for cycling or public transport while removing spaces for private cars. Cities also control many land use decisions that can promote or discourage green mobility, such as density and zoning regulations. Climate change mitigation therefore involves understanding urban politics in order to identify and implement opportunities for green mobility.

In cities around the world green mobility transitions have been frustratingly slow. Even the most aspirational green mobility cities, such as Copenhagen, Denmark, or San Francisco, California, have backpedaled on green mobility goals (City of Copenhagen 2022; San Francisco Municipal Transportation Agency 2021). To help understand why green mobility transitions have been slow to realize in even the most promising localities, I consider how San Francisco and Copenhagen's green mobility agendas are supported or undermined in local political debates. Both cities have long been recognized as green mobility bellwethers (Giuliano and Hanson 2017; Pucher and Buehler 2012). These cities have a local political culture promoting green mobility and a political will to reallocate car spaces to green mobility, aligning with calls for rapid decarbonization of transport (Henderson 2013; Henderson and Gulsrud 2019). Each offers important lessons about the long-term viability of green mobility and it is timely to ask which lessons might be transferable across these cities and applicable worldwide.

By comparing San Francisco and Copenhagen it is also evident that, at least in the global north, each city's politics of mobility is neither exceptional nor unique. Rather, there are remarkably similar controversies, political issues, and political ideologies regarding cars and green mobility transitions in both cities. Both cities promote green mobility transitions but this is met with political pushback objecting to the reallocation of street space now dominated by automobiles. Both cities exhibit willingness to limit the spaces of cars but encounter interference at higher jurisdictions – with the State of California pre-empting municipal control in San Francisco and Denmark exercising authority over Copenhagen.

In what follows I identify three major ideological poles – left/progressive, neoliberal, and right/conservative – all three of which can be observed in both Copenhagen and San Francisco despite their historical and structural differences. In both cities a left/progressive political faction promotes green mobility and centrally-located affordable housing as a public good that government should actively promote (with the idea that centrally located housing reduced car dependency). A neoliberal faction, sometimes labeled "moderate" in San Francisco and Copenhagen, also promotes green mobility, but with a market-oriented, deregulated hue shaping mobility and housing, with government activity limited to policies that advance private profit, especially in real estate. A right/conservative politics of mobility expresses skepticism towards green mobility transitions and seeks to preserve car access to city spaces, often taking a populist tone. In both cities a neoliberal-right/conservative political alignment includes profit-oriented, de-regulated organization of transport that may result in an abandoned public realm, intensify precariousness in labor and austere governance, all the while installing a highly automated, optimally surveilled urban transport system in erstwhile livable but exclusive urban cores. This may have far-reaching consequences in shaping urban geographies of the future – not by transforming cities, but, rather, by intensifying and solidifying contemporary inequities and uneven geographies. Although variegated and with different inflection points, I suggest this politics of mobility is exhibited in cities throughout Europe and North America, where transport emissions per capita are highest. From Atlanta and Nashville in the Southeastern United States, to Berlin and Paris in Europe, cities are key locations of momentum for green mobility transitions but this can be impeded by ideologically-driven interference within local politics and by higher-levels of governance.

2 Green Mobility in San Francisco and Copenhagen

San Francisco has long stood out as a green mobility bellwether and has a political culture willing to challenge the car, with a "freeway revolt" in the 1960s and subsequent second freeway revolt in the 1990s (with some freeways canceled or removed), a transit first policy that prioritizes trams and buses on some city streets, leadership in reducing car parking spaces, and a lively local bicycle politics (Henderson 2013). Unique for the United States, San Francisco has a high number of car free households – about 30 percent – and many are car free by choice (US Census 2021). Urban planning policies in the city include reducing car dependency and reduced car travel is a goal in the state's climate policy, which requires cities to focus new housing and urban development around walkable transit-oriented development (CARB 2022). In 2018 the City adopted a citywide residential off-street parking minimum of zero and large swaths of the city have lower parking maximums, or caps, such that new housing is built without an adjacent parking space. Just before the Covid-19 Pandemic, in 2019 San Francisco's premier roadway – Market Street –

was converted to a transit and bicycle-only street while private cars were restricted. In November 2022, and after decades of political debate, the city's voters made car free spaces in Golden Gate Park permanent, suggesting strong political momentum for green mobility transitions in the post-Covid-19 pandemic period.

Copenhagen shows strong political momentum for green mobility transitions as well. The city also had a revolt against urban highways in the 1970s, built a comprehensive network of cycle tracks, and the region has bicycle-friendly commuter rail system and an emerging network of cycling "super highways" reaching into the suburbs (Carstensen et al. 2015; Colville-Andersen 2018; Henderson and Gulsrud 2019). In 2019 Copenhagen's new Metro Circle Line opened with higher-than expected ridership, and in 2022 car free housing was approved adjacent to the new line (Berlingske 2022). That same year Copenhagen's Mayor and the Danish Minister of Transport were observed cycling in Copenhagen regularly, and were among the many politicians committing to policies reducing car use and expanding green mobility. Many urban planning narratives in other European cities, such as Berlin, London, and Paris, have been influenced by Copenhagen's emphasis on cycling, and before the Covid-19 pandemic, over 60 percent of trips within the municipal boundary were on bicycles and Copenhagen had one of the lowest rates of car ownership (217 cars per 1000 persons) amongst peer cities in Europe (City of Copenhagen 2022).

Yet in both San Francisco and Copenhagen recent mode share data suggest that a green mobility transition is off track. Pre-Covid-19, driving made up less than half of daily trips in San Francisco, but by 2021 driving made up almost two thirds of trips, while public transport trips plummeted and cycling rates have languished (SFMTA 2021). The pandemic has no doubt impacted transit ridership, with remote work and public fear of crowded trains and buses still lingering. There is much uncertainty about the future of San Francisco's downtown office core, which, compared to other US cities, has been slowest to recover from the Covid-19 Pandemic (Chapple 2022). This remains the case in early 2024.

Before the pandemic San Francisco and the metropolitan Bay Area (population 8 million) were significantly off course from meeting green mobility transition targets meant to reduce driving and related greenhouse gas emissions (CARB 2022). Cycling rates are especially dismal, with only four percent mode share in the San Francisco municipality and a paltry one and one-half percent in the region and across the state of California (SFMTA 2021; Caltrans 2016). This low rate of cycling is despite the region having a favorable climate for cycling year-round, most destinations in the metropolitan area are in topographically-flat settings, and many car trips in the Bay Area are under three to five miles, meaning there is huge potential for cycling. Meanwhile in San Francisco, walking and cycling has become less physically-safe due to the proliferation of ride hail and car-oriented e-commerce delivery (third party drivers using a personal car to deliver food or groceries to a household or business). Ride hail and delivery cars are often driven recklessly and drivers routinely park in bike lanes, crosswalks, bus stops, with little to no traffic law enforcement. Pre-pandemic upwards of fifteen percent of car trips in San Francisco were ride hail while the city has no data on the impact of delivery cars (SFCTA 2017,

SFPD 2022a). Even as San Francisco exhibits continued low return rates in its downtown office core, by 2022 citywide congestion from private cars and commercial vehicles had reached the peak of 2019 (Cabanatuan 2022).

Copenhagen is also off-target. Like San Francisco, the city increased population in the decade before the pandemic struck, suggesting green mobility transition in a compact city was occurring. Yet population growth was accompanied by more household car ownership and more driving (City of Copenhagen 2022). Copenhagen had a climate plan goal of reducing car trips that either start or end in the city to twenty-five percent by 2025, but car trips were still above 30 percent in 2021. Cycling goals were off course as well, as cycling rates declined from 28 percent of all trips in 2019 to 21 percent in 2021 (the target for all trips either starting or ending in Copenhagen is 50 percent by 2025).

Tellingly, Copenhagen had failed to widen most of its cycle track network despite a goal to have three bicycle lane-widths on 80 percent of the city network by 2025. In 2022 Copenhagen's cycle track network looked very much as it did in 2018, with little expansion or improvement, but continued public dissatisfaction with crowding and safety (City of Copenhagen 2022). Moreover, the national government legalized small motorized mopeds in cycle tracks. In 2022 motorized moped-based delivery services plied the cycle tracks at uncomfortably higher speeds, recklessly passing pedal-powered cyclists. Alarmed about the deteriorating cycling situation, local officials and city planners convened a "Bicycle Summit" in June 2022 to declare commitments to reinvigorating cycling (City of Copenhagen 2022). Yet just two months later the pro-cycling mayor had reversed her commitment to remove substantial amounts of on-street car parking. Ostensibly, the parking was supposed to be removed in order to widen and expand cycle tracks.

Complicating San Francisco and Copenhagen's green mobility shortfalls, both cities have affordable housing crises. The housing crises undermine green mobility transition because low and middle-income households are displaced out of city centers where green mobility is more viable. Despite between 40,000 and 60,000 vacant housing units within the city limits, San Francisco is one of the most expensive cities to rent an apartment and is the second most expensive city in the United States to buy a home (San Francisco Budget and Legislative Analyst Office 2022; SFPD 2022b). The lack of adequate affordable housing stock results in dispersal of households into more car-dependent suburbs and the Bay Area has some of the longest average commute times by car with many workers displaced beyond the formal metropolitan boundary (Storper et al. 2015; Walker 2018). Although many real estate and development interests suggest a lack of adequate housing supply has led to inflated prices, high housing prices are not simply the result of a lack of supply. While making up roughly ten percent of the Bay Area workforce, the disproportionately high wages of technology workers escalate rents in the city and region, creating a bidding war for prime urban housing in San Francisco (Storper et al. 2015; Walker 2018)

Housing costs are pushing people away from Copenhagen as well and Copenhagen needs about 30,000–40,000 new affordable units by some estimates. Copenhagen was once a relatively affordable city for students, seniors, and lower wage workers. Now Copenhagen housing has become extremely expensive such that younger Danes cannot afford to live in Copenhagen. New apartments in the new Carlsberg Brewery redevelopment sell for $1.5 million and new apartments rent for $2100 to $2500 per month (in June, 2022). While the majority of the city council supports building social housing, costs are too high to purchase land. Large amounts of new housing are constructed in the new harbor redevelopment areas in the center of Copenhagen, but must be sold at market rate since sale of Harbor lands to private developers underwrites the Harbor infrastructure such as the Metro. Moreover, developers in the much-celebrated Harbor districts insist that car parking must be provided to attract more affluent residents, which makes market-rate redevelopment financially viable.

The nexus of a housing crisis coupled with green mobility suggests San Francisco and Copenhagen might be undergoing "carbon gentrification," which occurs when housing prices rise in centrally-located urban areas like San Francisco and Copenhagen in part because middle- and upper-income residents' preference for neighborhoods that offer the opportunity to walk, bike and ride transit in a mixed-use, dense urban environment, and as a means to lower their carbon footprint (Rice et al. 2019). Herein lies a conundrum for green mobility transitions. As affluent people seek out urban living near good cycling routes and public transit, the areas that are primed for cycling and new public transit schemes increase in market value, especially because of deregulation of housing through zoning exemptions or expedited permitting that overlooks environmental and social impacts (Stehlin 2019). Evictions and rent escalation in the housing market then push low and middle-class households out of the city (Schafran 2013; Urban Displacement Project 2022).

While lower-income residents might be displaced, many affluent new residents bring cars with them when moving into the city and demand more expensive housing with adjacent car parking. In San Francisco and other US cities this also involves increased use of private ride hail transportation network companies (TNCs) like Uber or Lyft, and frequent use of app-based gig workers using their personal cars for delivering food and other retail items once purchased at shops. Many of the drivers for ride hail and delivery apps do not reside in the city, aggravating congestion further. This leads to more cars in the City, more demand for space for cars, less space for housing, and can eventually add to the overall cost of building housing since parking provision escalates housing costs. Particularly, as the outward displacement of lower income households results in more car dependency, political resentment towards the central cities and green mobility escalates (Mullen and Marsden 2018; Sheller 2018).

In the next sections I consider how San Francisco and Copenhagen's green mobility agendas are supported or undermined in local political debates. I especially consider how political ideology is deployed to affect green mobility. Ideology, as broadly construed here, includes ideas about what the scope of government should be vis-à-vis green mobility transitions and policies shifting away from car dependency. Based on multi-year field-based, direct observation, interviewing, and other ethnographic methods in San Francisco (2005–2022) and Copenhagen (2015–2022), I propose that in both bellwether cities there is a three-way ideological struggle over

Table 1 Politics of green mobility and three ideological poles

Political ideology	Role of government	Mobility policy examples
Left/ Progressive	Regulate and challenge capitalist structure; **Actively** reduce car space/redistribute to green mobility & housing	Public regulation and ownership of mobility (bike hire, public transport) Leveling wages between worker and management of mobility systems Redistributive pricing of mobility (i. e. congestion charge funding public transport) Reduce parking requirements for housing, especially social housing
Neoliberal	Promote capitalist structure; Private, investor-driven mobility schemes with government **passively** accommodating car space and green mobility based on market coordination	Deregulation and private ownership of mobility (bike hire, public transport) Deregulate labor rules for mobility; "gig" workers Market coordination of pricing and parking policies
Right/ Conservative	Essentialize automobility **Actively** preserve car space/limit green mobility through government and market coordination	"***Secession***" from public realm (esp. public transport) Deregulate labor rules for mobility; "gig" workers Government minimizes pricing on cars and **requires** parking for cars (reduce car tax)

green mobility transitions: Left/progressive, neoliberal, and right/conservative. Table 1 below outlines some key examples of policies operationalized from these politics ideologies. Tables 2 and 3 display how some of this politics of mobility has been operationalized in the post-pandemic (2022) recovery in the two case study cities.

3 Left/Progressives and the Green Mobility Transition

In both San Francisco and Copenhagen there is a significant left/progressive faction in local politics promoting green mobility transitions (Henderson 2013; Henderson and Gulsrud 2019). This suggests there is political will to use an active government to reduce car spaces and to promote green mobility, through reallocating street space but also through various regulatory and finance policies that are redistributive in favor of green mobility, and for affordable housing.

The "left" in left/progressive refers to a distinctive articulation challenging the structure of capitalism, whether involving private property or corporate regulation, while "progressive" suggests belief in the ability of government and the public sector to work meaningfully for people and that public solutions should come

Table 2 Examples of the politics of mobility in Copenhagen

Political ideology	Politics of green mobility	More parking in new houses	Removal of street parking for cycle tracks
Left/ Progressive (Red/Green Alliance)	**Actively** reduce car space/redistribute to green mobility & housing	Oppose	Support
Neoliberal (Social Democrats/ Venstre)	Government **passively** accommodating car space and green mobility based on market coordination	Support	Weak support/ Oppose
Right/ Conservative Peoples Party/ Conservatives	**Actively** preserve car space/limit green mobility through government and market coordination	Support	Oppose

Table 3 Examples of the politics of mobility in San Francisco

Political ideology	Politics of green mobility	Limit cars in golden gate park (Passed Nov 2022)	Housing vacancy tax (Passed Nov 2022)
Left/ Progressive	**Actively** reduce car space/ redistribute to green mobility & housing	Support	Support
Neoliberal	Government **passively** accommodating car space and green mobility based on market coordination	Support	Oppose
Right/ Conservative	**Actively** preserve car space/limit green mobility through government and market coordination	Oppose	Oppose

before private. I emphasize left in this analysis because of a tendency, especially in the United States, to use the term "progressive" as a catch-all that obfuscates differences between left-leaning and neoliberal politics which might support cycling and public transit. For example, in the United States the political left and the neoliberals might both articulate a green mobility agenda of walkability, cycling, and public transit, but disagree about the extent of private sector involvement, labor politics, and pricing (Henderson 2013). In San Francisco and Copenhagen especially, the concept of progressive mobility has been articulated not just by the left, but market-oriented neoliberals who recognize green mobility is necessary for climate mitigation and sustaining land values in the urban core (Stehlin 2019; Henderson 2020). Left/progressives would endorse less private sector control, more leveling of wages and work conditions between labor and management, and redistributive forms of pricing.

Left/progressives believe that urban planning should be used to achieve social equity and that it is necessary to the orderly guidance of development; development cannot be left to the whims of capitalist speculation or be exclusively controlled by elites. Rather, there must be democracy in planning, and the right to the city must be shaped by democratic access to decisions about the value of land and who gets to live there. A hallmark of left/progressive mobility is that affordable and accessible housing is a form of green mobility, but that green mobility is a policy failure if accompanied by carbon gentrification. This aligns with broader notions of the right to the city whereby non-property-owning classes have the right to remain in cities that are becoming increasingly exclusive due to gentrification and displacement (Harvey 2012; Brenner et al. 2012; Beitel 2013). Essentially this translates into supporting affordable housing policies and social welfare programs that keep a range of different categories of people – unemployed or underemployed, artists, university students, lower-class service workers, renters, pensioners, and aspirational middle-class families seeking additional space in which to bring up their children – in the city and also include these people in decisions about the city.

San Francisco and Copenhagen both have a tradition of politically left/progressive politics and a citizenry that have critiqued and confronted capitalism. These include tenants' rights and housing justice organizations, labor unions and some environmental organizations. Left/progressives in San Francisco and Copenhagen oppose the neoliberal agenda of real estate developers, thereby making land use and transportation policy central to left/progressive politics. Historically, left/progressives battled developers over urban renewal in San Francisco's Western Addition and South of Market neighborhoods and were assertive in political debates over growth control and high-rises office buildings in downtown San Francisco (De Leon 1992; Hartman 2002). Beyond San Francisco, the Bay Area region had an environmental movement willing to challenge and critique capitalism and especially real estate developers (Walker 2007, 2018). In Copenhagen left/progressives critique the upscaling of housing in the city's Harbor Districts. Historically they also defended the city's well-built apartment building stock where the highest rates of cycling occur (Hansen et al. 2001; Larsen and Lund Hansen 2008; Andersen and Winther 2010; Baeten et al. 2015).

In San Francisco left/progressives held a majority on the city's legislative body, the San Francisco Board of Supervisors, until late 2022.[1] As will be discussed below, that changed after a controversial political redistricting process and the November 2022 election, and the left/progressive faction lost two seats on the Board of Supervisors to neoliberal and right/conservatives. Nonetheless green mobility did fare well on the ballot in the same election, notably a decades-long struggle over restricting car access in the city's Golden Gate Park prevailed, while a counter

[1] In San Francisco Democrats control almost every elected office in the city, including ten of the eleven members of the Board of Supervisors. The eleventh member is a Democratic Socialist, which to the left of Democrats. Within the Democratic establishment there are Left/Progressives, Neoliberals (Moderates) and one Conservative member.

measure to require car access in the park failed. The margin of the votes in favor of car free spaces was over 60 percent, reflecting that left/progressives voters aligned with the city's neoliberal faction, which also supported car free spaces, and reflecting neoliberal -left overlap on green mobility. Also noteworthy, a transportation finance measure received the necessary supermajority of voters at the ballot, promising a partial funding source for green mobility and also suggesting a left/progressive-neoliberal alignment on these green mobility measures (right/conservative voters opposed car free spaces and the tax increase, while many neoliberals and left/ progressive endorsed car free spaces and the transportation tax).

For San Francisco's left/progressives the most significant victory in 2022 was the voter approval of a vacancy tax on empty housing units, of which experts estimated between 40,000 and 60,000 existed in the city in 2022, the highest vacancy rate in the any major US city (San Francisco Budget and Legislative Analyst Office 2022; US Census ACS 2021). This was considered a pointed win for affordable housing advocates and opponents of the aforementioned carbon gentrification, but especially for the Democratic Socialists of America (DSA) and their political leader, who is also the furthest-left elected member on the Board of Supervisors. Known as Proposition M "the Empty Homes Tax," the measure was put on the ballot through grassroots signature gathering and targeted multi-unit housing that was presumably vacant because speculators anticipated higher income renters in the technology sector. The measure was put to the ballot because, despite a majority, the left/ progressive Board still had to contend with a neoliberal mayor who presumably would veto the measure if the Board approved it. In San Francisco it is difficult to overturn a mayor's veto, and mayors control city departments including transportation, planning, and housing. To circumvent this political roadblock, left/progressives put the Empty Homes Tax on the ballot.

The campaign showed how democratic plebiscites can maneuver around entrenched wealthy interests in urban politics. It was supported by an array of tenants and affordable housing organizations but spearheaded by the San Francisco chapter of the Democratic Socialists of America (DSA), a youthful, relatively new political party centered around right to the city narratives and labor politics. The Empty Homes Tax was opposed by the neoliberal mayor, the City's market rate apartment association, realtors, and neoliberal urban policy think tanks (San Francisco Department of Elections 2022a). While not explicitly transport, it resonated with the housing justice and carbon gentrification narratives that green mobility would be undermined if the city did not actively intervene with the housing market. The ballot measure's author, local municipal councilor Dean Preston, frequently points out that affordable housing in the city center (which tax revenues would fund) contributes to green mobility by reducing car dependency. It should also be noted that a neoliberal housing measure that sought to deregulated the zoning and permitting process and which focused on market rate housing, failed on the same ballot despite millions of dollars in tech and real estate campaign funding (San Francisco Department of Elections 2022b; San Francisco Ethics Commission 2022).

In Copenhagen the majority on the municipal council supported green mobility transitions in the summer of 2022. The Social Democrats, the largest of nine parties represented on the council, shifted leftwards after losing seats to the left/progressive Red-Green Alliance in 2021. Frederiksberg, which is a separate municipality encircled by Copenhagen but otherwise similar in density and built environment, elected a green mobility majority on the council for the first time, as the Conservative Party lost power. As in the San Francisco example, a democratic plebiscite potentially defeated entrenched interests that stood as a barrier to green mobility, and it was expected that this would result in better cycling infrastructure.

The Red-Green Alliance is the second largest party in Copenhagen, and campaigns on removing significant amounts of on street parking and reallocating the space to green mobility – especially cycling. Because the party has a solid second-place footing in Copenhagen's electoral process, the Red-Green Alliance has steered Copenhagen's Technical and Environmental Committee, the municipal agency that plans for cycling, car traffic, and how street space is allocated (City of Copenhagen 2018).

In April of 2022 the Social Democratic Mayor, Sophie Haestrup-Andersen, made what was considered a radical commitment to parking removal and more car free spaces in the city. She continued this line in support of green mobility during the June 2022 Bicycle Summit in Copenhagen, which was attended by an array of elected and non-elected government officials from the city, region, and national governments, and which centered cycling as a pillar of climate policy in Copenhagen (City of Copenhagen 2022, 2022).

A June 2022 Declaration ratified by participants in the summit explicitly recognizes how the bicycle can potentially help solve key societal challenges and meet UN sustainable development goals including climate mitigation (City of Copenhagen 2022). The declaration was meant to kickstart elevated cooperation among the Danish Ministry of Transport, municipalities, regional representatives, universities and non-government organizations in order to increase cycling in Denmark to 20 percent of all trips by 2030. It was a response to census data indicating a decline of cycling across Denmark except in Copenhagen. The June 2022 summit, which was meant to ratify the declaration, the left/progressive leader of the Red-Green Alliance party stressed that Copenhagen needed address the plateau in cycling rates in Copenhagen by alleviating crowding on the city's cycle tracks, widening much of the city network, creating more space or cyclists, and supporting more regional cycle superhighways (City of Copenhagen 2022).

The Social Democratic Mayor Haestrop-Anderson lamented how cars had overwhelmed Copenhagen in the 1950s to the 1980s, and displayed a suggestive photograph of protestors smashing a car during a pro-cycling demonstration in the late 1970s. She presented data from the city's newly-published *Annual Mobility Report* when showed how car space took most of the public space in the city, that car parking took more space than cycle tracks, stressed that families with children should be independent of cars, and that the city should restructure roads to make it easier to choose cycling and make cycling a "way of life" in Copenhagen (City of Copenhagen 2022). Yet as we shall see in the next two sections, neoliberal and conservative politics remain formidable obstacles for green mobility transitions in Copenhagen, as well as in San Francisco.

4 Neoliberal Mobility

While largely concurring with the progressive/left on the severity of the climate crises and the need to reduce car dependency and promote green mobility, a neoliberal politics of mobility in San Francisco and Copenhagen departs from left/progressive policies on how housing, real estate, labor, and new corporate mobility technologies (such as Uber, app-based scooters, gig-delivery apps) should be regulated. Neoliberals promote market-based, deregulated housing and permissiveness for new technologies like app-based ride-hailing or driverless cars, while left/progressives promote highly-regulated housing production emphasizing affordability, as well as tighter regulation of privatized mobility technology and labor. Neoliberals prioritize green mobilities (whether conventional green mobility, transit-oriented housing, or ride hail apps) that maximize private profit accumulation, deregulate labor, and seek to steer government investment towards spaces of profit. To both the progressive/left and neoliberals, housing and technology are mobility, but there are deep political fissures between these factions regarding the role of government as well as the distribution of costs and benefits. Neoliberals seek to elevate private, investor-driven mobility schemes with government passively accommodating, while the left/progressives seek active government provision of green mobility and housing.

Neoliberals envision transportation shaped by pricing and markets rather than by regulation and collective action, consistent with the broader agenda of the privatization of space and market-based pricing of public access to space. In San Francisco a neoliberal politics of mobility, led by large technology companies, has imposed a privatized commuter bus system separate from the traditional public transport, ferrying technology workers from gentrified San Francisco neighborhoods to campuses many miles to the south of the city in Silicon Valley (Henderson 2018). A neoliberal politics of mobility also involves regulatory capture of public agencies responsible for regulating ride hail and other app-based forms of mobility such as electric scooters and e-bike hire schemes. Significantly, when ride hail first began to proliferate on San Francisco Streets in 2011, there was no regulatory framework for managing the impacts of these services. Soon after their appearance though, California's Public Utility Commission (CPUC), which regulates transportation services such as railroads and pipelines, declared that the city of San Francisco could not access important locational data that would demonstrate how ride hail causes congestion and increases driving such as "deadheading" (empty vehicles returning from a passenger run) (Schaller 2021; SFPD 2022a). Meanwhile large tech companies persuaded the state's Department of Motor Vehicles (DMV) that San Francisco does not have the right to deny permits for testing driverless cars on city streets, or access to driverless car data (Schneider 2022). The DMV, which licenses individual car drivers, invoked state-level jurisdictional control over these new computer-driven car schemes. To the consternation of left/progressives, the ride hail companies and e-commerce delivery firms also spent hundreds of millions of dollars on a statewide campaign to define ride hail drivers as "partners" rather than as employees, preempting left/progressive efforts to organize ride hail workers into unions (McCullough 2022). In this case the statewide plebiscite, with huge sums of money infused by neoliberal tech firms, resulted in setbacks for the left/progressive seeking to regulate labor and new mobilities such as ride hail and computer driven cars.

Copenhagen also has a neoliberal politics of mobility centered on market-based and technocratic approaches. In this case, and probably to many readers' surprise, the traditionally left-leaning Social Democratic Party, allied with Venstre (the traditional business-oriented Liberal party) promotes a politics of mobility in which transport policy should enhance market-oriented economic growth and especially private profit. Neoliberals in Copenhagen simultaneously celebrate the bicycle as an attractive green marketing instrument, but, distinctive from the left/progressives, the neoliberals also articulate policies accommodating more cars in Copenhagen. With limited street space this brings many contradictions and ambivalence into Copenhagen's politics of mobility because bicycling is compromised for more car space.

In Copenhagen, left progressives were able to shape policy defining ride hailing as a formal taxi, but not without attempts by neoliberals to enable the gig-worker model in Denmark. Uber discontinued operating in Denmark once it became clear that operating as a regulated taxi would not provide profitability. Neoliberals in Copenhagen advocated, successfully, to deregulate Copenhagen's regional bus system, Movia, and that system was also reorganized once the new Metro Ring line initiated service. In the Danish parliament neoliberals, allied with right/conservatives, reduced Denmark's famous car tax, thus reduced the cost of car ownership, with predictable results that car ownership is increasing both in Denmark and in Copenhagen (City of Copenhagen 2022). Copenhagen's neoliberals have also spearheaded plans for a new mega-project to fill more of the Harbor and develop new housing with parking aimed at attracting more affluent residents to the city. Known locally as Lynettholmen, the scheme is connected to a proposed Harbor Tunnel and Eastern Ring tunnel bypass which would realize a long sought complete motorway ring around Copenhagen (Henderson and Gulsrud 2019). Notably this express roadway would connect Copenhagen's affluent northern suburbs, the "Gold Coast" or "Whiskey Belt," to the airport. Ironically these land development and highway schemes have been promoted by neoliberals as a climate mitigation and adaptation scheme. Building new housing in the city brings affluent workers into the city, presumably closer to their jobs, with new Metro extensions connecting the development to the city. Meanwhile the climate adaptation narrative includes using landfill from tunneling as part of a new sea-surge barrier which would defend Copenhagen from sea level rise.

In both San Francisco and Copenhagen, neoliberals ally with right/conservative factions in pursuit of a broader revanchist politics (elite recapture of urban space from opponents and the underclasses) of taking back the cities from left/progressives, ensuring upscale housing and parking for more affluent residents, and reaping profit from the valuable real estate connected to the urban core and mega-transportation projects like the Central Subway in San Francisco and the Metro and proposed harbor tunnel and eastern ring road in Copenhagen.

Revanchist politics was especially pronounced in San Francisco during 2022. Reeling from the Covid-19 pandemic and lockdowns, narratives about chronic homelessness, street crime, public safety and deregulation of housing dominated the city's political landscape. Neoliberals allied with right/conservatives to shape San Francisco's map of political representation in April 2022, packing left/progressives into districts already heavily left/progressive, resulting in left/progressive voter strength being weakened in other districts. In contentious public hearings San Francisco's Board of Supervisors map of representation was reorganized to favor neoliberal and right/conservative outcomes. In November 2022 left/progressives lost two seats on the Board, reducing their previous super-majority to a slim majority that cannot overturn vetoes by the City's neoliberal mayor.

While political redistricting might seem distant from the politics of green mobility transitions, it has significant impacts. The San Francisco Board of Supervisors (the city's municipal council) is the gatekeeper for most of the city's transportation and land use policy, from shaping how transit is financed to whether parking is included in new housing developments. In both San Francisco and Copenhagen neoliberals have also proven to be politically tactful in recruiting right/conservative voters by using revanchist narratives (such as making the city clean and safe from unhoused people) that have significant outcomes in the politics of green mobility, so it is worth taking a moment to discuss the right/conservative politics of mobility.

5 Right/Conservative Politics of Mobility

Right/conservative narratives about mobility fuse the automobile with politically conservative notions of individualism and personal responsibility with right-leaning populist discourses that essentialize the car as natural, inevitable, and especially necessary for families with children (Henderson 2006, 2013; Henderson and Gulsrud 2019). The role of government, as with the left/progressives, is active. Yet the policies are meant to sustain and expand the car system, through the provision of infrastructure and through reducing the cost of driving. For the right/conservatives, government should guarantee and accommodate automobility and not seek to discourage it or make it more expensive. Cycling certainly has an appeal in its frugality, individual propulsion, and independent streak, but cycling spaces should not be made available at the expense of car spaces.

Looking from outside in, San Francisco nor Copenhagen are considered bastions of right wing or politically conservative politics, but both cities' green mobility strategies are often hamstrung by right/conservative visions of unfettered car access and a vision of car-centric housing. Right/conservative political power is largely based outside the municipalities of San Francisco and Copenhagen. For example, In San Francisco state mandated thresholds require supermajorities for new transportation taxes, stemming from a conservative political backlash against government expansion, making it difficult to raise left/progressive forms of taxes on wealthy corporations and land owners. Because the national government exerts power over the city in terms of taxes, transport finance and other important policies such as parking, right/conservative politics permeates Copenhagen's politics of green mobility and the right/conservatives frequently ally themselves with the Neoliberals on policies that preserve and expand car access at the expense of cycling and green mobility. In Copenhagen progressive parking fees and congestion pricing (ostensibly a neoliberal pricing scheme) have been diluted by right/conservative politics in the National government (Henderson and Gulsrud 2019). In the 2021 elections for Copenhagen, right/conservatives campaigned on opposition to street parking removal and regulation. The Conservative Party prevailed in the election, gaining several more seats on the City Council.

In San Francisco right/conservatives placed objections to pandemic-related car free spaces on the November 2022 ballot. Known as "Prop I" this was an effort to re-open parts of Golden Gate Park to private cars, and to stop proposals for car free spaces along the city's Oceanfront promenade (San Francisco Department of Elections 2022a, b; San Francisco Ethics Commission 2022). While the proposal to preserve automobility on the Oceanfront failed, it did complicate electoral politics on the Board of Supervisors, contributing to the election of a right/conservative leaning supervisor over a left/progressive who endorsed car free spaces, tilting the Board on the whole to the right. This will have implications in the near future, as the city grapples with sea level rise and the Oceanfront roadway is potentially submerged or washed away. Right/conservatives, with a new representative in that section of the city, have asserted that the city should keep the roadway open to traffic by raising and rebuilding vulnerable segments.

Left/progressives, allied with neoliberals on this particular issue along the Oceanfront, seek to abandon the roadway while enhancing pedestrian and cycling access along the Oceanfront. Similarly, left/progressives and neoliberals beat back the right/conservative attempt to reopen parts of Golden Gate Park to car traffic. In this instance, it was neoliberal technology fortunes that financed the campaign, known as "Prop J: Keep John F Kennedy Drive Car Free," but the strongest voter support for the car free space came from left/progressive voting precincts (San Francisco Ethics Commission 2022). In a high-publicity campaign and endorsement by neoliberal media and prominent organizations, Prop J prevailed and car free spaces were reaffirmed in Golden Gate Park, a truly transformative and hopeful post-Pandemic outcome for San Francisco's green mobility transition.

Yet revanchist politics means San Francisco's neoliberal elite continue a politics that leverages right/conservative resentment and anger when suitable to achieving neoliberal goals. One of the outcomes of the 2022 political season in San Francisco is an emboldened neoliberal-right/conservative axis of political power that is directing campaign funds and political capital into defeating left/progressives in the next election cycle in 2024. Known as the Coalition to Grow San Francisco, and founded by disaffected technology managers upset about litter, crime, homelessness, and regulation of housing supply, Grow SF is a new revanchist organization centered on "taking back the city" from left/progressives. Although allied with the "Yes in my Backyard" (YIMBY) pro-market housing organization, and comprised of a small but wealthy group of software engineers and product managers, from technology corporations like Apple, Amazon, Google, Lyft, Twitter, Grow SF engages in explicitly right/conservative rhetoric to mobilize resentful homeowners and, increasingly, racialized Asian American voters who hold conservative social and economic political views but are a growing voting block in the city.

Using online organization, online petitions, online (email) newsletters and videos and producing voter guides to influence local elections Grow SF promotes a neoliberal and right/conservative mobility and housing vision (Mitchell 2022; Grow SF 2022a, b). Grow SF had an outsized role in recalling three left/progressive school board members early in 2022, a campaign that stoked Asian prejudices towards African Americans and left/progressive education reform in the city's public schools. The organization next helped spearhead a racialized recall of the city's left/progressive district attorney, who advocated police reforms in the wake of a spate of high-profile police killings of unarmed African Americans in the US. The recall was successful and especially mobilized right/conservative voters. Described as a new conservative movement in San Francisco, the momentum for the recalls undercut a transportation finance measure on the same ballot in June 2022.

Briefly, the transport finance measure needed a super-majority of sixty-six and two-thirds votes to pass, it got sixty-five percent, and so failed by a slim margin in a low-turnout June election. In San Francisco low voter turnout usually favors right/conservative politics, and in that election, the recall of the district attorney drew right/conservative voters including many Asian voters on the City's west side (Eskenazi 2022). The recall campaign contained vitriolic racialized anti-urban rhetoric describing San Francisco as filthy, dysfunctional, broken, and crime-ridden, largely due to left/progressive politics. Voters who supported the recall were likely also to vote against the transportation bond, which would have primarily funded public transit. The city's public transit, Muni, represented to some on the right/conservative spectrum, the dysfunction of the city. This suggests a "secessionist automobility" (retreating to car-based mobility, shielding drivers from annoyances in the city) is potentially gaining traction in post-pandemic San Francisco (Henderson 2006). More San Franciscans with the means might be "seceding" to their cars and abandoning Muni and transit, voting down finance measures, leading to a spiral of public disinvestment and privatization of mobility.

It remains to be seen how an outfit like Grow SF, well-endowed as it is with technological prowess and money, will maneuver between a neoliberal green mobility vision and a right/conservative hostility to green mobility. Grow SF claims to champion cycling, especially private bike hire schemes, supported the car free ballot measure in November 2022, advocates for new railway lines that would crisscross the city and Bay, while also centering the deregulation of housing to streamline and fast-track more multi-family, higher density housing throughout San Francisco and emphasizing the west side of the city – exactly where right/conservatives resist new housing (Grow SF 2022a, b).

In Copenhagen, while not as vitriolic, a neoliberal – right/conservative axis is also evident in the politics of green mobility. While neoliberals celebrate and market Copenhagen's cycling culture as a form of branding, they align with Conservatives on protecting street parking from left/progressive proposals to reallocate to cycle tracks. At the national level, the neoliberal-right/conservative axis used jurisdictional precedent to dilute left/progressive proposals to increase parking charges meant to discourage car use. The national government defined the parking charges as a new tax and claimed municipalities can only levy new taxes with approval from the national government. The Danish government also claims jurisdiction over setting speed limits on roadways, and the national police have blocked several traffic calming and cycling proposals in Copenhagen, arguing that the city must accommodate more cars instead (Henderson and Gulsrud 2019).

6 Conclusion

Promoting and implementing green mobility compels us to analyze the structure of power in transportation decision-making, not to discourage but to find openings and opportunities to implement a socially-just green mobility (with adequate housing) through local politics. By comparing the politics of mobility in San Francisco and Copenhagen the project of a green mobility transition is shown to be deeply political. Anyone seeking green mobility transitions in cities should take this politics into account and understand the ideologies informing the power struggles and controversies over green mobility transitions. In many ways, green mobility challenges incumbent power structures centered on automobilities, but can also be co-opted to reinforce power, for example by neoliberal interests seeking to protect investments from climate disasters. As the climate justice movement expands and demands meaningful change there is opportunity to strengthen the alignment with green mobility by focusing on removing State and National barriers to city green mobility plans, as well as scaling-up green mobility to metropolitan and regional geographies (such as regional rail, bicycle superhighways, and regional bike sharing, housing and transit-oriented development, and fair share housing and tax revenue).

It is especially notable that in many cities around the world similar debates about green mobility transitions are permeated by strong currents of left/progressive politics which aligns with broader climate justice movements that center intergenerational equity and those most vulnerable to climate change impacts. For example, Paris, France, has captured the imagination of green mobility advocates throughout Europe and North America as the 2024 Summer Olympics approached. Led by left/progressive socialist mayor and allies on the city council an aggressive outlay of a cohesive cycling system is being deployed but there is also political backlash, particularly from the city' more conservative arrondissements (Henderson and Loubière 2024). Perhaps it is cliché to say that all politics is local, but implementing a just green mobility transition means advocates for mobility and climate justice (and including scientists) must engage urban politics as well.

References

Andersen, H.T., und Lars Winther. 2010. Crisis in the resurgent city? The rise of Copenhagen. *International Journal of Urban and Regional Research* 34(3): 693–700.

Baeten, G., L.D. Berg, und A. Lund Hansen. 2015. Introduction: Neoliberalism and post-welfare nordic states in transition. *Geografiska Annaler Series B: Human Geography* 97(3): 209–212.

Beitel, K. 2013. *Local protest, global movements: capital, community, and state in San Francisco*. Temple University Press.

Berlingske. 2022. *New housing construction in Copenhagen will be without parking spaces (translated from Danish).* https://byrummonitor.dk/Nyheder/art8829965/Nyt-boligbyggeri-i-København-bliver-uden-parkeringspladser. Accessed 10 July 2022.

Brenner, N., P. Marcuse, und M. Mayer, Hrsg. 2012. *Cities for people, not for profit: Critical urban theory and the right to the city.* Routledge.

Cabanatuan, M.N.S. 2022. Bay area traffic is now back in full force. Here's a look at the data. *San Francisco Chronicle.* https://www.sfchronicle.com/local/article/Bay-Area-traffic-is-now-back-in-full-force-16087397.php. Accessed 3 Oct 2022.

Caltrans (California Department of Transportation). 2016. *California Transportation Plan 2040.* http://www.dot.ca.gov/hq/tpp/californiatransportationplan2040/final-draft-ctp2040/index.shtml

CARB (California Air Resources Board). 2022. *Draft 2022 Progress Report: California Sustainable Communities and Climate Protection Act.* https://ww2.arb.ca.gov/sites/default/files/2022-06/2022_SB_150_Main_Report_Draft_1.pdf. Accessed 10 July 2022.

Carstensen, T.A., A.S. Olafsson, N.M. Bech, T.S. Poulsen, und C. Zhao. 2015. The spatio-temporal development of Copenhagen's bicycle infrastructure 1912-2013. *Geografisk Tidsskrift-Danish Journal of Geography* 115(2): 142–156.

Chapple, K. 2022. Why downtown S.F.'s COVID-19 pandemic recovery is dead last in the nation. *San Francisco Chronicle.* https://www.sfchronicle.com/opinion/openforum/article/sf-downtown-covid-recovery-17335194.php. Accessed 1 Nov 2022.

City of Copenhagen. 2018. *The city of Copenhagen government 2018–2021.*

———. 2022. *Bicycle Declaration 2022, June 30, 2022.* Copenhagen.

City of Copenhagen Bicycle Summit 2022. 2022. *Bicycle Summit June 30, 2022.* Copenhagen.

City of Copenhagen Technical and Environmental Committee. 2022. *Mobility report 2022.*

Colville-Andersen, M. 2018. *Copenhagenize: The definitive guide to global bicycle urbanism.* Island Press.

DeLeon, R. 1992. *Left coast city: Progressive politics in San Francisco, 1975–1991.* University Press Kansas.

Eskenazi, J. 2022. The Boudin recall crashed Muni's $400M bond. The same consulting firm led both. *Mission Local.* https://missionlocal.org/2022/2006/chesa-boudin-recall-muni-prop-a-2400-million/. Accessed 14 June 2022.

Giuliano, G., und Susan Hanson, Hrsg. 2017. *The geography of urban transportation*, 4. Aufl. The Guilford Press.

Grow SF (Coalition to Grow San Francisco). 2022a. *Grow SF issues.* Retrieved November 5 from https://growsf.org/team

———. 2022b. *Grow SF team.* Retrieved November 5 from https://growsf.org/team

Hansen, A.L., H.T. Andersen, und Eric Clark. 2001. Creative Copenhagen: Globalization, urban governance and social change. *European Planning Studies* 9(7): 851–869.

Hartman, C. 2002. *City for sale: The transformation of San Francisco.* University of California Press.

Harvey, D. 2012. *Rebel cities: From the right to the city to the urban revolution.* Verso.

Henderson, J. 2006. Secessionist automobility: Racism, anti-urbanism, and the spatial politics of automobility in Atlanta, Georgia. *International Journal of Urban and Regional Research* 30(2): 293–307.

———. 2013. *Street fight: The politics of mobility in San Francisco.* University of Massachusetts Press.

———. 2018. Google buses and Uber cars: The politics of tech mobility and the future urban liveability. In *The Routledge handbook on spaces of urban politics*, Hrsg. K. Ward, A. Jonas, D. Wilson, und B. Miller, 439–450.

———. 2020. EVs are not the answer: A mobility justice critique of electric vehicle transitions. *Annals of the American Association of Geographers* 110(6): 1993–2010. https://doi.org/10.1080/24694452.2020.1744422.

Henderson, J., und N. Gulsrud. 2019. *Street fights in Copenhagen: Bicycle and car politics in a green mobility capital.* Routledge.
Henderson, J., und R. Loubière. 2024, 7 March. Commentary: The street fight over SUVs in Paris. *Streetsblog.* https://sf.streetsblog.org/2024/03/07/commentary-the-street-fight-over-suvs-in-paris. Accessed 7 Mar 2024.
IPCC (Intergovernmental Panel on Climate Change). 2022. *Climate change 2022: Mitigation of climate change, contribution of working group III to the sixth assessment report of the intergovernmental panel on climate change.* Geneva.
Larsen, H.G., und A.L. Hansen. 2008. Gentrification – Gentle or traumatic? Urban renewal policies and socioeconomic transformation in Copenhagen. *Urban Studies* 45(12): 2429–2448.
McCullough, E. 2022. *Prop 22 depresses wages and deepens inequities for California workers.* https://nationalequityatlas.org/prop22-paystudy. Accessed 3 Oct 2022.
Mitchell, L. 2022, March 31. Opinion: GrowSF is manipulating school board recall to promote a more conservative San Francisco. *San Francisco Examiner.*
Mullen, C., und G. Marsden. 2018. The car as safety-net: Narrative accounts of the role of energy intensive transport in conditions of housing and employment uncertainty. In *Demanding energy: Space, time, and change*, Hrsg. A. Hui, R. Day, und G. Walker, 145–164. Palgrave Macmillan.
Pucher, J., und R. Buehler. 2012. *City cycling.* MIT Press.
Rice, J.L., D.A. Cohen, J. Long, und J.R. Jurjevich. 2019. Contradictions of the climate-friendly-city: New perspectives on eco-gentrification and housing justice. *International Journal of Urban and Regional Research.*
San Francisco Budget and Legislative Analyst Office. 2022. *Policy analyst report: Residential vacancies update.*
San Francisco Department of Elections. 2022a. *Voter information pamphlet, Nov 8, 2022 consolidated election.*
———. 2022b. *November 8, 2022 preliminary election results – Summary.*
San Francisco Ethics Commission. 2022. *Campaign finance dashboards – November 8, 2022.* https://sfethics.org/ethics/2022/07/campaign-finance-dashboards-november-8-2022.html
Schafran, A. 2013. Origins of an urban crisis: The restructuring of the San Francisco bay area and the geography of foreclosure. *International Journal of Urban and Regional Research* 37(2): 663–688. https://doi.org/10.1111/j.1468-2427.2012.01150.x.
Schaller, B. 2021. Can sharing a ride make for less traffic? Evidence from Uber and Lyft and implications for cities. *Transport Policy* 102:1–10.
Schneider, B. (2022). How San Francisco became an autonomous vehicle test course. *San Francisco Examiner.* https://www.sfexaminer.com/archives/how-san-francisco-became-an-autonomous-vehicle-test-course/article_e0c1812c-24a5-52dd-b1bd-c14ab8a43512.html. Accessed 8 Apr 2022.
SFCTA (San Francisco County Transportation Authority). 2017. *TNCs today: A profile of San Francisco transportation network company activity.*
SFMTA (San Francisco Municipal Transportation Agency). 2021. *Travel decisions survey 2021: Summary report.*
SFPD (San Francisco Planning Department). 2022a. *Transportation Network Companies (TNCs) and land use planning: Effects on the San Francisco general plan, planning code, and environmental review.*
———. 2022b. *Housing element 2022 update.* https://www.sfhousingelement.org/final-draft-housing-element-2022-update
Sheller, M. 2018. *Mobility justice: The politics of movement in an age of extremes* verso.
Stehlin, J.G. 2019. *Cyclescapes of the unequal city: Bicycle infrastructure and uneven development.* University of Minnesota Press.
Storper, M., T. Osman, N.P. Makarem, und T. Kemeny. 2015. *The rise and fall of urban economies: Lessons from San Francisco and Los Angeles.* Stanford Business Books.
UNEP (United Nations Environment Program). 2020. *Emissions gap report 2020.*

———. 2021. *Emissions gap report 2021: The heat is on: A world of climate promises not yet delivered.*

United States Census Bureau. 2021. *Physical housing characteristics for occupied housing units: 2021 ACS 1-year estimates subject tables.* Retrieved November 19 from https://data.census.gov/table?q=+San+Francisco+Vehicles+Available

Urban Displacement Project. 2022. https://www.urbandisplacement.org/.

Walker, R. 2018. *Pictures of a gone city: Tech and the dark side of prosperity in the bay area.* PM Press.

Direktdemokratische und deliberative Bürgerbeteiligung in der Mobilitätspolitik

Hans-Liudger Dienel und Sabine Schröder

Inhalt

Zusammenfassung

Eine konsequent nachhaltigkeitsorientierte kommunale Mobilitätspolitik ist ohne eine aktive Akzeptanz der Bevölkerungsmehrheit in einer Demokratie nicht umsetzbar. Der folgende Beitrag baut auf dieser Erfahrung auf und präsentiert die jüngere Entwicklung sowie aktuelle Erfahrungen mit den deliberativen Bürgerräten und den direktdemokratischen Bürgerbegehren und -entscheiden zur kommunalen Mobilitätspolitik in Deutschland. Der Handbuchbeitrag zeigt, dass diese Verfahren die Möglichkeit bieten, zu kollektiv bindenden Entscheidungen in der kommunalen Mobilitätspolitik zu kommen und damit auch dazu beitragen, der zunehmenden gesellschaftlichen Polarisierung entgegenzuwirken und das Systemvertrauen in demokratische Steuerungssysteme zu stärken.

Bürgerentscheide, die sich in der Vergangenheit oft gegen kommunale Entscheidungen gewandt haben, haben sich in den vergangenen Jahren zu einem demokratischen Instrument gewandelt, welches Zukunftsentscheidungen ermöglicht und nicht bestimmte Entscheidungen verhindert. Dieser Wandel ist vor allem

H.-L. Dienel (✉)
Technische Universität Berlin, Berlin, Deutschland
E-Mail: hans-liudger.dienel@tu-berlin.de

S. Schröder
nexus Institut für Kooperationsmanagement und interdisziplinäre Forschung GmbH, Berlin, Deutschland
E-Mail: schroeder@nexusinstitut.de

W. Canzler et al. (Hrsg.), *Handbuch Mobilität und Gesellschaft*,
https://doi.org/10.1007/978-3-658-37557-7_21

durch eine Kombination der Bürgerentscheide mit zufallsbasierten deliberativen Verfahren möglich geworden. Stakeholderbeteiligungen, so wichtig sie sind, bieten dagegen vor allem Raum für die Artikulation von Einzelinteressen, die sich zumeist gegen einzelne kommunalpolitische Maßnahmen richten.

Schlüsselwörter

Mini Publics · Planungszellen · Bürgerräte · Bürgergutachten · Bürgerbegehren · Bürgerentscheide · Stakeholderbeteiligung

Einleitung
Seit einigen Jahren bläst einer konsequent nachhaltigen kommunalen Mobilitätspolitik der Wind kräftig ins Gesicht. Einschnitte für das Auto werden von vielen (autofahrenden) Bürger:innen als schmerzhaft empfunden und abgelehnt. Dabei steigt auch die gesellschaftliche Polarisierung zwischen Befürwortern und Gegnern einer konsequenten politischen Umsteuerung auf den Umweltverbund. In Metropolen fällt dabei die Haltung der Bewohner:innen der Innenstädte (der Mitte) und des Speckgürtels (der Peripherie) zunehmend auseinander. Die gesellschaftliche Akzeptanz der Mobilitätswende ist die wichtigste Voraussetzung für ihr Gelingen (Becker und Renn 2019). Ähnliches betonte Wirtschaftsminister Robert Habeck nach der Erfahrung massiven gesellschaftlichen Widerstands gegen das geplante Verbot von neuen Öl- und Gasheizungen auf einer Veranstaltung der Berliner Republica am 5. Juni 2023 für die Energiewende. Er führte aus, dass Deutschland, selbst wenn alle geplanten Maßnahmen umgesetzt würden, das 1,5-Grad-Ziel nicht einhalten könne, wenn nicht aus den ganzen politisch gesetzten Impulsen „eine neue gesellschaftliche Dynamik" entstehe (Vetter 2023). Doch seither ist angesichts vieler anderer drängender Probleme das Interesse an der Energie- und Mobilitätswende geschrumpft.

Unser Handbuchbeitrag setzt an diesem Befund an und präsentiert Analysen und Überlegungen zum Beitrag von direktdemokratischen und deliberativen Methoden für die Ermöglichung gesellschaftlich getragener und damit kollektiv bindender Entscheidungen zur Mobilitätswende. Er vertritt die optimistische These, dass vor allem die derzeit im Aufwind befindlichen zufallsbasierten, deliberativen Verfahren die Möglichkeit der breiten demokratischen Meinungsbildung im Hinblick auf das gesellschaftliche Gesamtinteresse bieten, um Antworten auf die Frage zu finden, wo wir als Gesamtgesellschaft hinwollen, während die älteren stakeholderbasierten Beteiligungsverfahren oft eine Vertretung von Partikularinteressen gefördert haben. Die deliberativen, demokratischen Verfahren werden heute meist als Bürgerräte, englisch als Citzens' Assemblies, oder allgemeiner als Mini Publics bezeichnet. Vorläufer sind die Planungszellen und im angelsächsischen Raum die Citizens' Juries.

Bei der Mobilitätswende ist es ähnlich wie bei der Energiewende: Solange es allgemein bleibt, gibt es einen breiten gesellschaftlichen Grundkonsens für eine

Umsteuerung hin zu einer klimafreundlicheren und stadt- und wohnumfeldverträglicheren Mobilität. Doch wenn es kommunalpolitisch konkret wird, zeigen sich große Vorbehalte vieler Betroffener gegenüber einzelnen Maßnahmen in ihrem direkten Umfeld. Stakeholderbasierte partizipative Verfahren und Verfahren mit Selbstnominierung, etwa Bürgerinitiativen, fördern die öffentlichkeitswirksame Formulierung dieser Vorbehalte. Das ist auch gut und wichtig. Doch wer vertritt dann die insgesamt wichtigeren Gesamtinteressen? Die gewählten Politiker und Politikerinnen haben die Aufgabe, die gesamtgesellschaftlichen Interessen im Blick zu haben, sie können und sollten dabei aber gerade bei kontroversen Fragestellungen durch partizipative Verfahren wertvolle Unterstützung bekommen. Nötig sind demokratische Verfahren, mit denen auch in der Mobilitätspolitik das gesellschaftliche Gesamtinteresse identifiziert und formuliert werden kann, um zu schnelleren und kollektiv bindenden Entscheidungen zu kommen. Das ist derzeit augenscheinlich nicht der Fall.

Auch für die direktdemokratischen Verfahren der Bürger- und Volksentscheide lassen sich für die Vergangenheit ähnlich durchwachsene Befunde konstatieren (Bernhard 2012). Seit Gründung der Bundesrepublik gab es bis Ende 2022 in Deutschland knapp 9000 Bürgerbegehren und Ratsentscheide (davon 4500 Entscheide) (Kiepe und Rehmet 2024, S. 248) und über 100 Volksbegehren (Rehmet und Jürgens 2024, S. 168), davon 25 Entscheide – die meisten nach 1990. Viele dieser Verfahren waren in der Vergangenheit aber Abstimmungen *gegen* eine Entscheidung der jeweils Herrschenden, etwa den Bau einer Straße oder die Schließung eines Flughafens. Ein großer Teil der Bürgerentscheide waren also Voten gegen eine Entscheidung der Kommune oder (bei Volksentscheiden) der Landesregierung. Doch das Instrument hat sich entwickelt. In den letzten 10 Jahren sind zunehmend mehr Bürger- und Volksbegehren initiiert worden, denen es um politische Entscheidungen *für* eine neue Politik ging. Manche Politikwechsel auf kommunaler und auf Landesebene sind durch Bürger- und Volksentscheide oder ihre „Androhung“ erst möglich geworden. Das Instrument hat sich damit von einem vorzugsweisen verhindernden zu einem auch ermöglichenden Instrument gemausert. Gerade im Bereich der Mobilität haben sich Bürgerbegehren und Bürgerentscheide auf kommunaler Ebene wie die Radentscheide sowie Volksbegehren und Volksentscheide auf Landesebene in den vergangenen Jahren als ein erfolgreiches demokratisches Instrument erwiesen, um veränderte Mehrheitsverhältnisse für die Mobilitätswende deutlich zu machen.

1 Rückblick: Geschichte der kommunalen Bürgerbeteiligung in (West-)Deutschland

In den 1970er-Jahren wurde die Bürgerbeteiligung als Anliegerbeteiligung rechtlich kodifiziert. Der Schwerpunkt lag damals in der Bauleitplanung, die um Verfahren der Anliegeranhörung und -beteiligung erweitert wurde. In den 1980er-Jahren folgte mit der Möglichkeit der Verbandsklage eine weitere Stärkung der Widerspruchsrechte gegenüber Planungen, sodass sich Planungsprozesse seither häufig mit einer starken, meist oppositionellen Stakeholderbeteiligung auseinandersetzen müssen (Ziekow 2011; Selle 2020). Dies gilt auch für gesellschaftlich an sich wünschenswerte Innovationen, wie etwa das Wachstum der nachhaltigen Energieerzeugung (Radtke und Renn 2019). Wir zählen in Deutschland derzeit viele hundert Bürgerinitiativen gegen den weiteren Ausbau der Windenergie. Manche der Bürgerinitiativen gegen Windenergie haben dabei kaum eine lokale Bodenhaftung, sondern werden durch Bundesnetzwerke gestützt oder sogar gesteuert (Redelfs 2021).[1]

Natürlich war in den 1970er-Jahren die Verhinderung technokratischer Planungsvorhaben und technoenthusiastischer Innovationen ein berechtigtes Ziel und eine wichtige Funktion der neu entwickelten und rechtlich kodifizierten Beteiligungswerkzeuge. Doch im Laufe der Jahre und Jahrzehnte wuchs das Bewusstsein, dass es im Planungsprozess inzwischen sehr gute Instrumente des Widerspruchs gibt, aber wenig gute Instrumente für eine effektive Umsetzung der Planung im Sinne eines gesamtgesellschaftlichen Interesses. Durch die bürgerschaftlichen Widerspruchsrechte sind viele Planungsprozesse schwerfällig, langsam und auch wenig lernfähig. Dies führt im unerwünschten Nebeneffekt nicht zuletzt sogar zur Verhinderung von Innovationen und Verbesserungen im Umsetzungsprozess. Aufgrund der langen Planungszeiten müssen manche Bauvorhaben trotz neuer Erkenntnisse und Ideen an veralteten Plänen festhalten, weil diese bestimmte Hürden im Planungsverfahren bereits genommen haben und verbesserte Planungen die Vorhaben um Jahre zurückwerfen würden. Dies gilt nicht nur für Deutschland, sondern auch für viele andere Regionen. Kurz: die stakeholderbasierte Bürgerbeteiligung hatte ein Imageproblem als Verzögerer und Verhinderer insbesondere städtischer Entwicklung. Sicherlich gibt es einzelne Gegenbeispiele gelungener Stakeholder-Beteiligungsprozesse, etwa das Dialogforum bei der Planung und dem Bau der Startbahn 4 am Frankfurter Flughafen (Gohl 2012). Patrick Devine-Wright hat an vielen Beispielen gezeigt, wie Stakeholder-Beteiligung im Energiebereich etwa über eine finanzielle Mitbeteiligung (Community-Energy) gelingen kann (Devine-Wright und Wiersma 2020). Doch die allgemeine Tendenz ging in die andere Richtung. Dies hat sich erst mit der deliberativen Wende und der Wiederentdeckung der zufallsbasierten Beteiligungsverfahren, die freilich mit den Planungszellen und Citizens' Juries auch eine Vorgeschichte seit den 1970er-Jahren haben, grundsätzlich geändert. Sie gab der Bürgerbeteiligung eine neue Aufgabe und Identität und war mit der Hoffnung verbunden, den politischen Prozess zu verbessern. Die deliberativen Verfahren haben außerdem Qualität und Standards der Bürgerbeteiligung deutlich erhöht (Fishkin 2018; Bächtiger et al. 2018). Zu den Kriterien für gute Bürgerbeteiligung gehören heute Inklusivität, Transparenz, Zeit für die Meinungsbildung, Verbindlichkeit bei der Nutzung der Empfehlungen bzw. Ergebnisse (Dienel et al. 2014). Die Erwartungshaltung an Beteiligungsprozesse hat sich, so Gundula Hübner 2022 im Rück-

[1] Einen Überblick gibt die Website windwahn.de mit einer interaktiven „Karte des Widerstands", die 2022 über 1120 Bürgerinitiativen gegen Windenergieprojekte in Deutschland geocodiert auflistet (https://www.windwahn.com/karte-der-buergerinitiativen/). Die Koordination dieser bürgerschaftlichen Initiativen wurde von Energieunternehmen finanziell gefördert.

blick, gewandelt. Scheinbeteiligungen verstärken sogar die Enttäuschung und den Widerstand (Leschinger und Hübner 2022). Aber nicht nur die Erwartungshaltung an Beteiligung, sondern auch die Professionalität von Beteiligungsprozessen gehen kontinuierlich nach oben. Scheinbar dialogorientierte Verfahren, die oft kaum mehr als eine werbliche Kommunikation darstellten, gehen daher relativ gesehen zurück (Leschinger und Hübner 2022).

Im Folgenden wird die Entwicklung der direktdemokratischen Verfahren sowie der deliberativen Verfahren seit den 1970er-Jahren noch einmal dargestellt und verglichen.

Geschichte der Bürgerbegehren und -entscheide in Deutschland

Das deutsche Grundgesetz von 1949 erwähnt Volksabstimmungen als Teil der demokratischen Entscheidungsfindung, lässt aber keine Volksabstimmungen auf nationaler Ebene zu (mit einer Ausnahme: eine Volksabstimmung über eine neue Verfassung nach der Wiedervereinigung, die nie stattgefunden hat). Bis 1988 – dem Jahr der Gründung des Vereins „Mehr Demokratie" – gab es nur wenige Volksabstimmungen auf kommunaler Ebene und fast keine auf Landesebene. Doch seit 1990 hat sich die Situation geändert. Inzwischen haben in Deutschland über 9000 Bürgerbegehren und mehr als 100 Volksbegehren auf Landesebene stattgefunden,[2] wobei der Schwerpunkt auf Bayern liegt. Für diesen Wandel gibt es zwei Hauptgründe: a) eine breite zivilgesellschaftliche Bewegung für mehr Volksentscheide und b) rechtliche und administrative Änderungen, die Volksentscheide erleichtern. Bei diesen umstrittenen Änderungen ging es vor allem um die Mindestquoren für das zweistufige Referendumsverfahren, also die notwendige absolute Anzahl von Stimmen, die unabhängig von der Wahlbeteiligung erreicht werden muss, damit das Wahlergebnis gültig ist. Die erste Stufe (Bürgerbegehren auf kommunaler Ebene, Volksbegehren auf Landesebene) erfordert bescheidene Quoren (unterschiedlich von Bundesland zu Bundesland) und kann zur verbindlichen zweiten Stufe (Bürgerentscheid auf kommunaler Ebene, Volksentscheid auf Landesebene) führen.[3]

Die wichtigste zivilgesellschaftliche Bewegung in Deutschland für direkte Demokratie ist der Verein „Mehr Demokratie". Er hat derzeit mehr als 10.000 Mitglieder und mehr als 200.000 Unterstützerinnen und Unterstützer. Bis 2015 war sein Hauptziel die Einführung von Volksabstimmungen auf nationaler Ebene, die es in Deutschland immer noch nicht gibt. Erst nach 2015 änderte er seine Politik in Richtung Lobbyarbeit für mehr deliberative Demokratie.

Haben Bürgerbegehren und – entscheide dazu beigetragen, die Polarisierung der Gesellschaft zu überwinden, oder haben sie sogar zur weiteren Polarisierung bei-

[2] Datenbank Bürgerbegehren: https://idpf.uni-wuppertal.de/de/projekte/datenbank-buergerbegehren/

Liste Volksbegehren: https://www.mehr-demokratie.de/mehr-wissen/volksbegehren-in-den-laendern/bisherige-verfahren.

[3] Diese Quoren sind im Wandel. Aktuelle Liste der landesweit geltenden Quoren: https://www.mehr-demokratie.de/mehr-wissen/volksbegehren-in-den-laendern/verfahrensregeln.

getragen? Oft nicht, aber manchmal schon. Schauen wir auf einzelne wichtige Beispiele:

In Berlin haben in den letzten Jahren Mehrheitsentscheidungen in Volksentscheiden zu kontroversen Fragen, etwa zum Weiterbetrieb des Flughafens Tegel (September 2017) (Zustimmung 56,4 %) oder zur Lösung der Wohnungsnot durch Enteignung/Vergesellschaftung von großen Wohnungsunternehmen (September 2021) (Zustimmung 57,6 %) weder die Polarisierung der Gesellschaft entspannt noch Kompromisse ermöglicht, sondern im Gegenteil sogar den Frust gegenüber der Politik verstärkt, weil ihre Beschlüsse trotz Mehrheitsentscheidungen nicht umgesetzt werden bzw. aus rechtlichen Gründen (teilweise) gar nicht umgesetzt werden können. Auch der Volksentscheid von 2008 gegen die Schließung des Tempelhofer Flughafens (Zustimmungsquote 60,1 %) gehört in diese Kategorie. Er hatte allerdings das Quorum von 25 % aller Wahlberechtigten knapp verfehlt und war daher nicht gültig.

Es gibt auch Bürger- und Volksentscheide, welche in den letzten Jahren eine gesellschaftliche Selbstblockade überwunden haben, etwa der Volksentscheid zur Vollendung des Bauprojekt des Stuttgarter Bahnhofs im November 2011 (Zustimmung 58,9 %), der eine jahrelang unversöhnlich geführte Debatte zur Stärkung der Bahn versus Rettung innerstädtischer Parks beenden konnte: eine Mehrheit der Baden-Württemberger:innen wünschte den Weiterbau, die „gefühlte Mehrheit“ musste erkennen, dass sie in der Minderheit ist. Für die grün-rote Landesregierung war der Volksentscheid ein Weg zur Befriedung der Gesellschaft nach der spektakulären Wahl von Winfried Kretschmann zum ersten grünen Ministerpräsidenten im Mai 2011.

2 Geschichte der deliberativen Bürgerräte in Deutschland

Die Frage ist vor diesem Hintergrund, welches Potenzial deliberative Verfahren insbesondere für ambitionierte Vorhaben der Verkehrspolitik und der Mobilitätswende haben. Dabei geht es um die derzeit häufig durchgeführten Bürgerräte auf kommunaler, Landes-, Bundes- und Europaebene sowie um die Planungszellen und Citizens' Juries, die es schon länger gibt. Diese auch unter dem Oberbegriff der „Mini Publics“ zusammengefassten Verfahren ziehen die Legitimität der von ihnen erarbeiteten Empfehlungen aus

- der Zufallsauswahl und Vergütung der beteiligten Bürger:innen oder Einwohner:innen,
- der neutralen Durchführung des Verfahrens durch einen unabhängigen Durchführungsträger,
- der Bereitstellung umfassender, kontrovers vorgetragener Information aller relevanten Positionen,
- genügend Zeit für die Meinungsbildung durch Kleingruppendiskussionen und
- der gemeinsamen Erarbeitung und Abstimmung konkreter Empfehlungen zum Abschluss.

Der Archetypus dieser Mini Publics sind die in Deutschland seit den frühen 1970er-Jahren von Peter Dienel entwickelten Planungszellen. Planungszellen wurden seit den späten 1970er-Jahren mit Erfolg für die Lösung von Fragen der nachhaltigen Mobilitätspolitik und Stadtentwicklung eingesetzt. Frühe Beispiele wären die Innenstadtplanung Köln 1979[4] und der Ausbau des ÖPNV in Hannover 1995/96.[5] Doch erst mit den irischen Bürgerräten seit 2016 haben sich diese deliberativen Verfahren breit in der Bevölkerung, der Politik und der Demokratieforschung etabliert. In einer Befragung in Deutschland aus dem Frühjahr 2024 gaben über 75 % der Befragten an, den Begriff „Bürgerrat" zu kennen, und immerhin knapp 40 %, zu wissen, wie Bürgerräte arbeiten (Sack et al. 2024, S. 10).

Bürgerräte sind insbesondere für die Diskussion und Lösung konfliktreicher Themen geeignet, weil die durch Zufall Ausgewählten durch ihre neue Rolle gleichsam in die Lage versetzt werden, das Gesamtinteresse in den Blick zu nehmen, zu erkennen und zu vertreten: In Bürgerräten kann man nicht Karriere machen, nach kurzer Zeit ist der Prozess vorbei. Durch die Zufallsauswahl haben die Empfehlungen eine repräsentative Wirkung und können damit Probleme lösen, die in der parlamentarischen Demokratie aus nachvollziehbaren Gründen gern vertagt werden.

Bürgerräte haben damit auch eine beschleunigende Wirkung für die Entscheidung dieser Probleme. Dies ist in einer Zeit, in der die bundesrepublikanische Gesellschaft unter einem Problemstau und einer zu geringen Problemlösungsgeschwindigkeit leidet, ein wichtiger Vorzug von Bürgerräten (Buchholz et al. 2023; Dienel 2023). Während stakeholderbasierte Verfahren in der Regel (nicht immer) eine verzögernde Wirkung auf den Entscheidungsprozess haben, haben Beteiligungsverfahren mit Zufallsauswahl in der Regel (aber nicht immer) eine eher beschleunigende Wirkung. Ursache für die beschleunigende Wirkung sind die unterschiedlichen Rollen: Während bei Beteiligungsverfahren mit Zufallsauswahl die Rolle der Ausgewählten die Identifikation und Vertretung von Gesamtinteressen ist, bieten stakeholderbasierte Verfahren vor allem die Rolle der Vertretung von Stakeholderinteressen. Darüber hinaus generieren Empfehlungen zufallsbasierter Verfahren durch ihren repräsentativen Charakter mehr Akzeptanz. In einer Studie zum Thema wurde von befragten Expert:innen auch die konfliktmindernde Wirkung einer Beteiligung von Bürger:innen nach dem Prinzip der Zufallsauswahl betont. Mit dieser Auswahlmethode wird aber der Zugang für organisierte Stakeholder gegenüber der Selbstnominierung auch eingeschränkt. Daher wird in der Literatur eine Verschränkung der Verfahrenstypen vorgeschlagen, etwa von Runden Tischen für Stakeholder und Bürgerräten für breit nach dem Zufallsprinzip ausgewählte Bürger:innen.

Verfahrensmerkmale und typischer Ablauf von Bürgerräten

Der Begriff der Bürgerräte ist nicht geschützt. Während die Planungszellen seit den 1980er-Jahren vergleichsweise hochstandardisiert und qualitätsgesichert abliefen,

---

[4] https://zukunftsrat.koeln/hintergrund/planungszelle_1979/.

[5] https://beteiligungskompass.org/article/show/818.

sind Bürgerräte in Ablauf und Dauer breiter definiert. Für alle Bürgerräte gelten aber folgende Qualitätskriterien:

Verfahrensmerkmale der Bürgerräte

- Der Fokus des Verfahrens liegt auf einer intensiven Diskussion (= Deliberation) in Kleingruppen.
- Ein Bürgerrat umfasst meist zwischen 25–250 Teilnehmer (Bürgergutachter:innen).
- Die Teilnehmer:innen werden zufällig ausgewählt.
- Die Teilnehmer:innen erhalten ausgewogene, gut verständliche Informationen von Expert:innen und Stakeholdern.
- Die Bürger:innen diskutieren Probleme und Lösungen in Kleingruppen von 5 bis 9 Personen.
- Die erarbeiteten Lösungsvorschläge und Ideen werden im Plenum vorgestellt und priorisiert.
- Die Dauer des Prozesses liegt meist zwischen 3 und 8 vollen Tagen.
- Die Teilnehmer:innen erhalten eine Aufwandsentschädigung.
- Die Ergebnisse werden vom neutralen Durchführungsträger in einem Bürgergutachten zusammengefasst, welches von den Teilnehmer:innen Korrektur gelesen wird.
- Das finale Bürgergutachten wird von den Bürgergutachter:innen dem Auftraggeber öffentlich übergeben.
- Ein Jahr nach der Übergabe lädt der Auftraggeber zu einer weiteren öffentlichen Sitzung und berichtet über die bisherigen Umsetzungen der Empfehlungen.

Die Gesamtdauer eines Verfahrens von der Entscheidung, einen Bürgerrat durchzuführen bis zur öffentlichen Übergabe des Bürgergutachtens sollte nicht unter sechs Monaten liegen. Für die Vorbereitung eines Bürgerrats, also die Zufallsauswahl und Einladung von Bürger:innen und die Gewinnung von Expert:innen für den Informationsinput, sollten mindestens 4 Monate eingeplant werden. Die Durchführung der Sitzungstage des Bürgerrats sollte, wenn möglich, auf wenige Wochen komprimiert werden, um einen kompakten Prozess zu ermöglichen. Meist tagen Bürgerräte an zwei oder drei aufeinanderfolgenden Wochenenden. Nach der Durchführung des Bürgerrates wird ein Bürgergutachten mit den Ergebnissen und Empfehlungen verfasst und von den Bürgerinnen und Bürgern an den Auftraggeber übergeben – meist die Kommune, das Land, der Bund. Auf die öffentliche Übergabe des Bürgergutachtens folgt die Umsetzungsphase. Ein Jahr nach der Übergabe sollte der Empfänger des Bürgergutachtens über die Umsetzung berichten. Das ist ein integraler Bestandteil des Verfahrens. In dem folgenden Bild ist der Gesamtablauf am Beispiel eines nationalen Bürgerrats Demokratie für den Deutschen Bundestag dargestellt. In der Vorbereitungsphase (Phase 1) waren auch sechs zusätzliche

Abb. 1 Ablauf eines Bürgerratsprozesses. (Bild: Mehr Demokratie e. V.)

Regionalkonferenzen für die Stakeholdereinbindung und das Agenda-Setting integriert (Abb. 1).

Die einzelnen Tage eines Bürgerrats sind in Arbeitseinheiten eingeteilt, die das Thema des Bürgerrats in seinen Einzelaspekten beleuchten. Die Arbeitseinheiten laufen meist nach einem bestimmten Schema ab. Auf ein bis zwei Expert:inneninput(s), die den Aspekt oder die Fragestellung aus unterschiedlichen, auch kontroversen Perspektiven darstellt (Was ist der Hintergrund? Was spricht dafür? Was dagegen?), folgt eine Diskussion in Kleingruppen von 5–9 Personen zur Fragestellung der Arbeitseinheit. Die Kleingruppen sind häufig moderiert, insbesondere, wenn die Gruppen größer sind, um zu gewährleisten, dass alle gleichermaßen zu Wort kommen und zum Thema diskutiert wird. Gerade bei kleineren Gruppen sind unmoderierte Kleingruppen aber ebenso möglich und eventuell sogar besser geeignet, denn die Bürgerinnen und Bürger bleiben unter sich und es kann kein Gefühl der Beeinflussung der Diskussion durch die Prozessbegleitung aufkommen. In Planungszellen sind die Kleingruppen immer unmoderiert bei 4–6 Personen. Im Anschluss an die Diskussion präsentieren die Kleingruppen ihre Ergebnisse. Diese werden thematisch gruppiert, das sogenannte „Clustern“. Diese Cluster werden anschließend individuell gewichtet, z. B. durch eine Bepunktung. Natürlich gibt es, wenn sachlich geboten, auch längere Arbeitseinheiten, alternative, auch kreative Methoden oder Ortsbegehungen und damit Abweichungen von dem oben angegebenen Schema.

Können Bürgerräte auch online durchgeführt werden?
Während der Corona-Pandemie konnten deliberative Beteiligungsverfahren mit Zufallsauswahl und der Meinungsbildung im Kleingruppengespräch zeitweise nur online stattfinden. Wie veränderte sich der deliberative Charakter dieser Beteiligungsverfahren mit im Zufall ausgewählten Bürger:innen im online-Modus über digitale Plattformen? Veränderte dies die Qualität des Meinungsaustausches und Meinungsbildungsprozesses? Die Bürgerräte aus der Corona-Zeit haben gezeigt,

dass online-Deliberation funktioniert. Der von außen erzwungene Innovationsschub hat die Weiterentwicklung der Beteiligungsverfahren damit befruchtet. Die Diskussionen in den Kleingruppen wurden fokussierter, sie blieben ähnlich engagiert, waren aber zugleich in den Formulierungen sanfter und weniger kontrovers als analog. Manche Bundesländer, etwa Baden-Württemberg, sind daher dazu übergegangen, die online-Beteiligung zum Normalfall zu erklären. Auch wenn es inzwischen viele Beispiele für erfolgreiche, rein digital durchgeführte Bürgerräte gibt, gibt es gute Gründe dafür, zumindest die ersten Sitzungen und auch die Abschlusssitzung analog stattfinden zu lassen, um zunächst die soziale Bindung und die Bildung eines Gefühls für die gemeinsame Aufgabe im Bürgerrat zu fördern und in der letzten Sitzung genügend Zeit und Raum (auch tatsächlichen Raum) für die Gesamtschau und die Formulierung der Empfehlungen zu haben. Noch bestehende Kontroversen können außerdem analog besser ausdiskutiert und beseitigt werden (Dienel et al. 2024).

In den Bürgerräten werden die kontroversen Inputvorträge in der Gesamtgruppe gehalten, während (nach kurzer Rückfrage zu den Inputs) die deliberative Diskussion in teilweise unmoderierten Kleingruppen von (besser) fünf bis neun Bürgergutachter: innen stattfindet. Dies kann online unproblematisch umgesetzt werden. Der Frageblock kann durch vorheriges Sammeln von Fragen im Chat vorstrukturiert werden, und es können zum besseren Verständnis etwaige Fachbegriffe aus dem Vortrag im Chat erläutert werden. Qualität und Charakter der kurzen Nachfragen zu den Inputs unterscheiden sich gegenüber den analogen Sitzungen etwas. Sie wirken noch rationaler, weniger emotional und damit selten oder gar nicht polarisierend. Vielleicht fehlt der somatische Reiz für Aggression. Schon die analogen Bürgerräte haben als Beteiligungsformat eher eine befriedende Wirkung. Sie wird durch die online-Formate weiter gestärkt. Doch Bürgerbeteiligung braucht auch die Kontroverse, die bei online-Beteiligungen eventuell zu sehr gemäßigt wird. Es kann sein, dass dabei notwendige Positionierungen verflachen. Auch Diskussionen in Kleingruppen sind digital gut umsetzbar, benötigen mitunter jedoch mehr Anreize als in analogen Diskussionen. Auch das Zusammenführen der Ergebnisse auf einer digitalen Pinnwand ist online gut möglich, eventuell für die Bürgerinnen und Bürger sogar besser zu verfolgen und lesbarer als bei analogen Verfahren.

3 Fallstudien

Schauen wir nun kritisch und selbstkritisch auf den Prozess und die Wirkung einiger Bürgerräte für die kollektiv bindende Entscheidungen im Rahmen der Mobilitätswende, die wie bereits geschildert eines der konfliktreichsten politischen Themen darstellt. Die Entscheidungen betreffen viele Menschen unmittelbar und werden nicht selten von autofahrenden Verkehrsteilnehmer:innen als Einschränkungen empfunden (Geschwindigkeitsbegrenzung, Benzinpreis, Parkgebühren). Zudem ist die

Verkehrsindustrie, sowohl die Herstellung als auch der Betrieb von Mobilitätswerkzeugen, bisher eine der Säulen der deutschen Volkswirtschaft.

Der Berliner Klimabürger:innenrat 2022

Der *Berliner* Klimabürger:innenrat hat im Sommer 2022 seine Empfehlungen für die künftige Klimapolitik in der Hauptstadt an die damalige zuständige Senatorin übergeben. Die Idee für den Bürger:innenrat ging von einer Volksinitiative aus. Im Klima-Bürger:innenrat wurden 100 Berlinerinnen und Berlinern in den drei Handlungsfeldern Verkehr, Gebäude und Wärme und Energie Alltagsszenarien dargestellt, anhand derer die Teilnehmenden das Für und Wider verschiedener Maßnahmen diskutierten und am Ende insgesamt 47 Empfehlungen zu den drei Handlungsfeldern formulierten. Von diesen 47 Empfehlungen wurden laut Senatsverwaltung 42 übernommen, zumindest in das Berliner Energie- und Klimaschutzprogramm. Nicht übernommen wurde aber zum Beispiel die Empfehlung einer City-Maut.

Diesem Bürgerrat ist es weniger gelungen als erhofft, einen gesellschaftlichen Konsens für wichtige Entscheidungen in der Berliner Mobilitätspolitik zu befördern. Warum? Der Klimabürgerrat war von langer Hand vorbereitet und im Anschluss an das ebenfalls partizipativ erarbeitete und 2017 vom Senat beschlossene Berliner Energie- und Klimaschutzprogramm 2030 beauftragt worden. In der öffentlichen Debatte wurde der Fragestellung des Bürgerrats unterstellt, zu wenig neutral formuliert worden zu sein. Neutralität und Ergebnisoffenheit des Verfahrens aber sind die wichtigsten Faktoren für die Legitimität der Empfehlungen. Ebenso kann auch eine zu große Zahl an Empfehlungen, wie sie auch in vielen anderen Bürgerräten üblich ist, dazu führen, dass die Politik sich jeweils nur die ohnehin oder schon vorher erwünschten Maßnahmen heraussucht.

Im Berliner Klimabürger:innenrat ist von den Bürgergutachter:innen außerdem die Sozialverträglichkeit einer konsequent nachhaltigen Mobilitätspolitik mit großer Deutlichkeit formuliert worden. Mobilitätspolitische Maßnahmen, die dramatisch negative Auswirkungen für einzelne, vor allem für schwächere Bevölkerungsgruppen hatten, erhielten die geringsten Zustimmungsquoten. Dazu gehörten auch die Sorgen und Probleme der Pendler:innen. Bei der Übernahme der Empfehlungen durch die Landespolitik aber wurde diese Botschaft nicht genügend gewürdigt und jedenfalls nicht in die Berliner Landespolitik umgesetzt.

Der Bürgerrat Klima (bundesweit) 2021

Eine zu geringe Wirkung des Berliner Klimabürgerrats im Hinblick auf die Erarbeitung gesellschaftlicher Konsense und kollektiv bindender Entscheidungen für eine konsequente Mobilitäts- und Energiepolitik auf Landesebene gab es auch in dem schon erwähnten Klimabürgerrat auf Bundesebene. Auf Bundesebene hatte der „Bürgerrat Klima“ 2021 unter der Schirmherrschaft von Bundespräsident a. D. Horst Köhler getagt. Im Februar 2021 waren 160 Bürger:innen aus ganz Deutschland im Zufall ausgelost worden, die ab April in 12 Sitzungen konkrete Empfehlungen für die nationale Klimapolitik erarbeiteten. Ihr Ergebnis, das Bürgergutachten Klima, wurde im Spätsommer 2021, rechtzeitig vor den Koalitionsverhandlungen der sich neu bildenden Bundesregierung, an alle neugewählten Abgeordneten des Deutschen Bundestags übergeben.[6] Die Initiative und die Förderung kamen diesmal nicht vom Staat, sondern von einem breiten Bündnis von umweltpolitischen Stiftungen, koordiniert vom Trägerverein BürgerBegehren Klimaschutz. Der Bundestag hatte sich nämlich nicht darauf verständigen können, für dieses kontroverse Thema einen Bürgerrat anzuregen oder gar zu beauftragen. Der nationale Klimabürgerrat war daher aus der Not geboren der erste nationale Bürgerrat in Deutschland, der durch eine breite Initiative von Stiftungen initiiert und auch finanziert wurde. Die selbstbewusste Durchführung des stiftungsfinanzierten Klimabürgerrats nach der Ablehnung des Themas im Bundestag war ein wichtiges Zeichen, dass das Instrument der Bürgerräte zwar in der Regel von Parlament und Exekutive beauftragte werden soll, dass es aber auch die Möglichkeit einer zivilgesellschaftlichen Beauftragung gibt.

Während Bürger- und Volksentscheide in der Regel „von unten" initiiert werden, aber auch „von oben" erbeten werden können (Ratsentscheide), ist es bei Bürgerräten genauso, nur andersherum: Sie werden in der Regel von oben erbeten, können aber auch von unten auf den Weg gebracht werden. Bei Letzteren ist dann aber die Selbstverpflichtung des Auftraggebers zumindest für einen Bericht nach Jahresfrist über den Grad der Umsetzung ein Problem. Die öffentliche Berichtspflicht des Auftraggebers zur Umsetzung der Ergebnisse ein Jahr nach der Übergabe des Bürgergutachtens, die eigentlich ein integraler Bestandteil des Verfahrens und wichtiges Kriterium für die Verbindlichkeit seiner Empfehlungen ist, entfiel diesmal, weil der Auftraggeber sich weniger als Adressat, sondern eher als Bote des Bürgergutachtens verstand. Allerdings übernahm das für Klimapolitik zuständige Ministerium für Wirtschaft und Klimapolitik zumindest teilweise die Aufgabe und akzeptierte, ein Jahr nach der Übergabe des Bürgergutachtens, eine Einladung zu einer öffentlichen Veranstaltung, auf der das Ministerium im Juni 2022 den 160 im Zufall ausgelosten Bürgergutachter:innen über die bisherige Umsetzung der Empfehlungen berichtete. Er berichtete, wo die Bundesregierung den Empfehlungen folgte und wo nicht, so bei dem unter den Teilnehmenden des Bürgerrat Klima kontroversesten Thema, dem Tempolimit. Im Bürgerrat Klima hatte sich hier nur eine knappe Mehrheit von 55 % für die Umsetzung des Tempolimits ausgesprochen, die Bundesregierung folgte dieser (schwachen) Empfehlung nicht. Insgesamt hat der nationale Klimabürgerrat dank günstiger politischer Konstellationen durchaus bundespolitische Wirkung gezeigt und – ganz wichtig – erstmalig deutlich gemacht, dass es auch nationale Bürgerräte von unten geben kann.

Der Klimabürgerrat in Skopje/Nordmazedonien

Ein internationales Gegenbeispiel, wo die Empfehlungen eines kommunalen Klimabürgerrats zur Berücksichtigung gerade der sozial Schwächeren von der Politik

[6] https://buergerrat-klima.de/.

aufgegriffen wurden und dadurch das Ergebnis eine gesellschaftliche Polarisierung überwinden und Wirkung entfalten konnte, ist der Klimabürgerrat in Skopje, der Hauptstadt Nordmazedoniens. Diese Stadt galt im Jahr 2023 als die Stadt mit der stärksten Luftverschmutzung in Europa, weil die Bevölkerung in der Stadt mit Inversionswetterlage angesichts der hohen Energiepreise nach Beginn des Ukrainekriegs mit allem, auch Müll, heizte. Die Bevölkerung des kleinen Balkanstaates ist zudem in zwei ethnische Gruppen gespalten, die dominierenden Mazedonier und die im Durchschnitt ärmeren Albaner. Der Bürgerrat aus 65 Bürgergutachter:innen führte beide Bevölkerungsgruppen zusammen und diskutierte mit Übersetzer:innen zwischen Februar und Anfang April 2024 verschiedene Maßnahmen unter expliziter Berücksichtigung der Energiearmen, kombinierte also ein klima- und sozialpolitisches Thema. Die Ergebnisse wurden dem Stadtrat und auch dem neuen Ministerpräsidenten Hristijan Mickoski als Bürgergutachten öffentlichkeitswirksam übergeben. Der Stadtrat von Skopje diskutierte das Bürgergutachten und beschloss im Sommer 2024 die Empfehlungen zu übernehmen. Die thematische Kombination von konsequenter Klimapolitik mit Maßnahmen zur Überwindung der (ethnischen) Spaltung des Landes war ein zentraler Erfolgsfaktor für diesen Bürgerrat.

Mit dem Klimabürgerrat in Skopje wird hier nur ein internationales Beispiel vertieft. Europaweit gibt es aber inzwischen hunderte solcher Beispiele. Als Nachweis dafür soll hier das „Knowledge Network on Climate Assemblies“ (KNOCA) zitiert werden, welches vor drei Jahren im Juni 2021 gegründet wurde und die Protagonisten der europäischen Klimabürgerräte vernetzt. Das Netzwerk umfasst inzwischen über 750 Beteiligungsexpert:innen, die auf nationaler, regionaler und vor allem auf lokaler Ebene in Klimabürgerräten konkrete Empfehlungen für eine konsequente Klimapolitik erarbeitet haben und dazu beitragen, eine konsequente Klimapolitik konkret umzusetzen. Auf lokaler Ebene ist Klimapolitik dabei zu einem guten Anteil Mobilitätspolitik.

Ein nationaler Bürgerrat zur Mobilitätswende

Seit 2019 fördert das Bundesministerium für Bildung und Forschung (BMBF) ursprünglich 47 (jetzt 14) Kommunen im Programm „MobilitätsWerkStadt 2025“ und 12 Forschungsverbünde im Programm „MobilitätsZukunftsLabor 2050“ (https://www.zukunft-nachhaltige-mobilitaet.de/). Die Zahl der geförderten Projekte hat sich zwar später reduziert, es sind aber immer noch mehr als 25. Auf einer Tagung „Zukunftsstadt 2024“ im März 2024 präsentierten die Kommunen und Forschungsverbünde ihre Ergebnisse. Dort und auch schon bei einem vorangelaufenen nationalen Workshop zeigte sich, dass fast alle Konsortien erfolgreich partizipative Instrumente (weiter)entwickelt und eingesetzt haben, um kollektiv bindende Entscheidungen für eine Mobilitätswende vor Ort gemeinsam mit Betroffenen oder einem breiteren bürgerschaftlichen Ansatz zu entwickeln und zu ermöglichen. Weil sich die Akzeptanzprobleme gleichen, hat im Rahmen der ebenfalls vom BMBF geförderten Begleitforschung zusätzlich ein nationaler Bürgerrat „Gemeinsame Verkehrswende in Stadt und Land“ stattgefunden, der, als Teil eines Forschungsprojekts, Lösungen vergleichen und gemeinsam Lösungen entwickeln sowie das Instrument Bürgerrat im Rahmen eines Forschungsprojekts erproben sollte.

In einem ersten Schritt wurden dazu 22 Gemeinden aus allen Regionen in Deutschland zufällig ausgewählt. In einem zweiten Schritt dann 50 Bürgergutachter:innen aus diesen Gemeinden, die Anfang 2024 in einem Bürgerrat die Frage diskutierten, wie die Verkehrswende auf dem Land und in der Stadt gemeinsam gelingen kann. Anhand von zwei konkreten Fragen aus dem ländlichen Bereich (Fahrdienste auf Bestellung im ländlichen Raum) und dem städtischen Bereich (Verteilung der Stadtfläche für verschiedene Verkehrsmittel) entwickelte der Bürgerrat konkrete Empfehlungen und votierte darüber hinaus für die institutionelle Stärkung und gesetzliche Verankerung der zufallsbasierten Bürgerbeteiligung. Die Empfehlungen wurden im Mai 2024 dem BMBF übergeben.[7] Die konkreten Umsetzungspartner der meisten Empfehlungen, die Kommunen, waren zur Übergabeveranstaltung ebenfalls geladen. Zwar waren sie nicht die direkten Auftraggeber des Bürgerrats, da der Bürgerrat im Rahmen eines Forschungsprojekts stattfand, konnten aber in der Rolle der Betroffenen die Ergebnisse kommentieren. Diese Umsetzungsvariante „light" bietet Chancen für die Übernahme von Empfehlungen zu den zwei o. g. Problembereichen (Fahrdienste, Stadtflächenverteilung) durch die Kommunen.

Insgesamt lassen sich für Bürgerräte vor allem drei wichtige Gründe nennen, warum sie noch nicht ausreichend zur Auflösung der gesellschaftlichen Spaltung, gerade bei der Mobilitätspolitik geführt haben:

1. Neutrale Formulierung der Aufgabenstellung

   Ein erster Grund ist die nicht neutrale, ergebnisoffene Formulierung der Aufgabenstellung bzw. die bewusste Ausklammerung zentraler Probleme aus der Aufgabenstellung. Scheint der Wunsch nach einem bestimmten Ergebnis in der Formulierung der Aufgabenstellung deutlich durch, sinkt die Akzeptanz der Empfehlungen des Bürgerrats. Dazu gehört auch, dass die Vorträge bzw. Informationsinputs ausgewogen sind und alle relevanten Positionen vorgebracht werden müssen. Kritische Stimmen müssen natürlich gleichberechtigt ihre Positionen vortragen dürfen (Oppold und Stasiak 2024), wenn die Empfehlungen des Bürgerrats öffentlich wirken sollen. Das Anfangsmisstrauen der Bürgergutachter:innen, für ein Votum missbraucht zu werden, muss in ein Systemvertrauen gegenüber dem Verfahren transformiert werden. Es muss offen, ja geradezu spannend sein, in welche Richtung der Meinungsbildungsprozess der im Zufallsverfahren ausgewählten Bürger:innen bei der Suche nach dem gesellschaftlichen Gesamtinteresse (dem „Allgemeinen Besten") geht und auf welche Empfehlungen die Bürgergutachter:innen sich am Ende verständigen (Renn et al. 2022). Dies ist insbesondere wichtig, wenn, wie beim nationalen Bürgerrat Klima, der Auftraggeber zumindest als Verein Vorkämpfer gegen den Klimawandel ist. Gerade dann gilt

[7] https://www.zukunft-nachhaltige-mobilitaet.de/buergerrat/.

es ganz besonders, beim Prozess eine neutrale Durchführung zu gewährleisten und kontroverse Meinungen zuzulassen. Für die Außenwahrnehmung ist diese Konstellation zumindest herausfordernd.

In einem früheren Beteiligungsprozess in Großbritannien der späten 1990er-Jahre war diese Wirkung noch verheerender. Die Blair-Administration, die eine Gesundheitsreform durchsetzen wollte, ließ mehrere hundert (allerdings nur eintägige) „Citizen Juries" zum Thema durchführen, welche in großer Mehrheit die Reform befürworteten. Doch dieses Programm hat der Autorität der Citizen Juries, ein ebenfalls mit Zufallsauswahl arbeitender Vorläufer der Bürgerräte, geschadet und das Verfahren selbst im Vereinigten Königreich für viele Jahre beschädigt (Davidson und Elstub 2014).

Verallgemeinert gesprochen ist die Formulierung der Aufgabenstellung für Bürgerräte (oder Planungszellen) bisher nicht hinreichend standardisiert. Es wäre wünschenswert, wenn in der Zukunft vor allem kontroverse Themen gleichsam obligatorisch deliberativen Verfahren zur Erarbeitung von Empfehlungen zugeführt werden würden. Dafür bräuchte es einen kalibrierten Faktor für „Kontroversität".

2. Zahl der Empfehlungen

   Der Klimabürger:innenrat endete zum Beispiel mit 47 Vorschlägen für die Klimapolitik. Der nationale französische Klimabürgerrat (Convention Citoyenne pour le *climat) im Jahr 2019/20* hatte sogar 151 Vorschläge übergeben. Anschließend wurde der französische Präsident Macron, der den Klimabürgerrat mit einem weitgehenden Umsetzungsversprechen eröffnet hatte, für „Cherry Picking" und die fehlende Umsetzung vieler Empfehlungen kritisiert (Smith et al. 2022).

   Besser wäre es, Bürgerräte zu einzelnen konkreten, kontroversen Themen zu machen und wenige öffentlichkeitswirksame Voten zu erarbeiten. Wenn das politisch nicht gewünscht ist, muss der neutrale Durchführungsträger auch selbstbewusst auftreten und auf die gerade beschriebenen Effekte hinweisen. Dagegen hatten die berühmten irischen Bürgerräte zur Legalisierung von homosexuellen Ehen und zu einem neuen Abtreibungs- und Scheidungsrecht ab 2016 einen durchschlagenden Umsetzungserfolg. Sie waren fokussiert, konkret, sie thematisierten und lösten ein im katholischen Irland höchst kontroverses und wichtiges gesellschaftspolitisches Thema. So funktioniert ein Bürgerrat.

3. Verbindlichkeit bei der Umsetzung der Empfehlungen

   Ein dritter Grund ist die unvollständige, ja einseitige Übernahme der Empfehlungen durch den politischen Auftraggeber. Hierfür das schon genannte Beispiel: In beiden Klimabürgerräten ist von den Bürgergutachter:innen die Sozialverträglichkeit einer konsequent nachhaltigen Mobilitätspolitik mit großer Deutlichkeit formuliert worden. Dazu gehörten auch die Sorgen und Probleme der Pendler:innen. Bei der Übernahme der Empfehlungen durch die Landes- und Bundespolitik aber wurde diese Botschaft nicht genügend gewürdigt und jedenfalls nicht in die Landes- oder Bundespolitik umgesetzt.

Problematisch ist auch eine formal zu große Unverbindlichkeit bei der Umsetzung der Empfehlungen. Sowohl bei der Formulierung der Aufgabenstellung als auch bei der Verbindlichkeit der Empfehlungen braucht der Bürgerrat eine bessere Einpassung in das demokratische Steuerungssystem. Verallgemeinert gesprochen braucht es auch bei der Umsetzung der Empfehlungen von Bürgerräten eine Standardisierung in Richtung auf mehr Verbindlichkeit. Bisher ist es so, dass bei der öffentlichen Übergabe des Bürgergutachtens der Auftraggeber, also etwa die Bürgermeisterin oder der Parlamentspräsident, verspricht, die Bürgergutachter:innen (das sind die zufällig ausgewählten Teilnehmer:innen des Bürgerrats) nach Jahresfrist zu einer zweiten Veranstaltung wieder einzuladen und öffentlich über die Umsetzung des Bürgergutachtens zu berichten. Diese Berichtspflicht allein hat eine starke Umsetzungswirkung, will sich der Auftraggeber doch nicht öffentlich blamieren. Daher versuchen politische Auftraggeber nicht selten, diesen integralen Bestandteil des Verfahrens auszuklammern oder zu umgehen. Sie schwächen damit aber die Wirkung des von ihnen beauftragten Verfahrens. Gerade bei unpopulären Entscheidungen ist es für Parlament oder Exekutive wünschenswert, sich an einem Bürgerratsvotum abstützen zu können: „Wir folgen hier dem Vorschlag des Bürgerrats!" Diese erwünschte Wirkung des Bürgergutachtens könnte weiter verstärkt werden, wenn bei einer Nichtumsetzung der Empfehlungen gleichsam automatisch ein Bürger- oder Volksentscheid angesetzt wird (Dienel 2020), also wenn deliberative und direktdemokratische Verfahren kombiniert werden. Ein weiterer Vorschlag zur Stärkung der Durchsetzungskraft der Bürgerratsempfehlungen arbeitet mit der Kombination von Bürgerrat und einem vorgeschalteten großen webbasierten, interaktiven Survey, einerseits zum Agenda-Setting (s. offene Fragestellung), aber auch zur Bewertung der Empfehlungen durch eine breitere Öffentlichkeit: Welchen Empfehlungen würden Sie zustimmen? Solch eine Kombination von Bürgerrat und einem breiten Survey mit mehreren 100.000 Beteiligten kann das Ergebnis auf breitere Füße stellen und hat sich kürzlich beim Bürgerforum zum Thema Fake News und Desinformation bewährt (Renkamp und Jain 2024).

Ebenso wird derzeit im Projekt *Klima trifft Kommune* mit mehreren Kommunen die Verbindung von Bürgerrat und Gemeinderatsbeschluss erprobt. Für eine größere Verbindlichkeit der Ergebnisse soll über die Empfehlungen in einem verbindlichen Ratsreferendum abgestimmt werden.[8]

Zu der Stärkung der Verbindlichkeit der Empfehlungen gibt es derzeit außerdem eine Reihe von vergleichenden Untersuchungen (Kleger 2024).

4 Fazit

Wenn wir selbstkritisch auf die bisherigen Erfahrungen mit direktdemokratischen Bürgerbegehren/Bürgerentscheiden und Volksbegehren/Volksentscheiden auf der einen Seite und mit Bürgerräten, Planungszellen und weiteren Mini Publics auf der anderen Seite blicken, können wir feststellen, dass beide Verfahrenstypen das

[8] https://www.klimatrifftkommune.de/.

Potenzial haben, demokratische Entscheidungen zur Beschleunigung der festgefahrenen Mobilitätswende zu ermöglichen.

Die direktdemokratischen Verfahren haben sich in den vergangenen zehn Jahren positiv von einer überwiegenden Ablehnungsmaschine zu einer Ermöglichungsmaschine für die Mobilitätswende entwickelt. Nach einem erfolgreichen Bürgerbegehren hat das „Drohpotenzial" einer Bürgerentscheids schon in mancher Kommune Entscheidungen für eine konsequente Mobilitätspolitik ermöglicht. Ein prominentes Beispiel ist das Berliner Mobilitätsgesetz.

Viel stärker noch gewachsen sind in den letzten Jahren die deliberativen Verfahren. Sie haben lokal, auf Landes- und Bundesebene erstaunliche Erfolge bei der Erarbeitung von mehrheitsfähigen Konsensen in der konfliktreichen Mobilitätspolitik erzielt, zuletzt im nationalen Bürgerrat zur Verkehrswende in Stadt und Land im Frühjahr 2024. Bürgerräte haben aber nach wie vor das Problem, dass Politik und Exekutive bei der Beauftragung konfliktreiche Themen scheuen und bei der Umsetzung verbindliche Strukturen meiden. Doch da beides der Exekutive und parlamentarischen Politik mehr schadet als nutzt und die politischen Entscheidungsträger:innen überwiegend gute Erfahrungen mit dem Einsatz der Bürgerräte machen, wird die Bereitschaft zur Vergabe wichtiger Themen vermutlich steigen, wie auch die Steigerung der Verbindlichkeit der Empfehlungen. Während das Verfahren „Bürgerrat" selbst inzwischen hinreichend standardisiert und qualitätsgesichert ist, fehlen diese Standards aber nach wie vor für das Vorfeld, die Themenvergabe und das Nachfeld, die verbindliche Berichterstattung über die Umsetzung der Empfehlungen. Hier gibt es noch Handlungsbedarf für die weitere Institutionalisierung der deliberativen Demokratie. Die deliberativen Verfahren sollen dabei die parlamentarischen Entscheidungen nicht ersetzen, wie das andernorts auch gefordert wird (Reybrouck 2016), sondern ergänzen und damit stärken.

Ein weiteres Innovationsfeld ist die geschickte Kombination von deliberativen und direktdemokratischen Instrumenten. Diese Kombination hätte auch das Potenzial, in den beiden o.g. Defizitbereichen weiterzukommen. Zwei Beispiele sollen das deutlich machen: Der Auftraggeber eines Bürgerrats, etwa ein Stadtrat, kann eine Empfehlung des vorgelegten Bürgergutachtens verwerfen, dann aber „droht" ein Bürgerentscheid. Auch andersherum kann nach einem erfolgreichen Bürgerbegehren ein Bürgerrat die konkrete Themenstellung für einen Bürgerentscheid festlegen. Diese Kombinationen können zu pragmatischeren, ausgeglicheneren und gesellschaftlich akzeptableren und nicht zuletzt schnelleren mobilitätspolitischen Entscheidungen führen – ein Ziel, für das es sich zu arbeiten lohnt.

Literatur

Bächtiger, André, et al., Hrsg. 2018. *The Oxford handbook of deliberative democracy.* Oxford: Oxford University Press.

Banthien, Henning, und Hans-Liudger Dienel. 2014. Vorstoß zur besseren Kopplung von partizipativer, direkter und parlamentarischer Demokratie. Newsletter Netzwerk Bürgerbeteiligung 3/2014. https://www.netzwerk-buergerbeteiligung.de/?id=454#c1832. Zugegriffen am 11.12.2024.

Becker, Sophia, und Ortwin Renn. 2019. Akzeptanzbedingungen politischer Maßnahmen für die Verkehrswende: Das Fallbeispiel Berliner Mobilitätsgesetz. In *Akzeptanz und politische Partizipation in der Energietransformation: gesellschaftliche Herausforderungen jenseits von Technik und Ressourcenausstattung*, Hrsg. Cornelia Fraune et al., 109–130. Wiesbaden: Springer.

Bernhard, Laurent. 2012. Direkte Demokratie wagen? Eine Bestandsaufnahme der Chancen und Gefahren. *Forschungsjournal Soziale Bewegungen* 25(H4): 47–54.

Buchholz, Nele, Uta Zetek, Eike Biermann, und Hans-Liudger Dienel. 2023. Effekte von Beteiligungsformaten auf die Beschleunigung oder Verlangsamung von Infrastrukturprojekten zur Energiewende Studie im Auftrag der Wissenschaftsplattform Klimaschutz. WPKS. www.wissenschaftsplattform-klimaschutz.de/de/wpks-studie-beteiligung-effekte-energiewende-1795.html. Zugegriffen am 11.12.2024.

Canzler, Weert. 2020. Die Verkehrswende, ein dickes Brett: Das Automobil in der modernen Gesellschaft. In *Wege, Umwege und Irrwege zur Verkehrswende. (Selbst-)kritische Perspektiven aus Wissenschaft und Praxis*, Hrsg. Alexandra Appel, Joachim Scheiner, und Mathias Wilde, 15–28. Wiesbaden: Springer.

Davidson, Stewart, und Stephen Elstub. 2014. Deliberative and participatory democracy in the UK. *The British Journal of Politics and International Relations* 16:367–385.

Devine-Wright, Patrick, und Bouke Wiersma. 2020. Understanding community acceptance of a potential offshore wind energy project in different locations: An island-based analysis of 'place-technology fit'. *Energy Policy* 137:111086.

Dienel, Hans-Liudger. 2020. Klimabürger:innenräte in Europa: Eine demokratische Innovation kombinatorischer Demokratie. *Rethinking Law, Legal Tech – Digital Economy* 4(H5): 56–61.

———. 2023. Bürgerbeteiligung und Citizen Science als Innovationsmotoren. In *Transformative und agile Innovationssysteme. Neue Praktiken und innnovationspolitische Herausforderungen*, Hrsg. Alfons Botthof et al., 319–343. Frankfurt: Campus.

Dienel, Hans-Liudger, et al., Hrsg. 2014. *Die Qualität von Bürgerbeteiligungsverfahren. Evaluation und Sicherung von Standards am Beispiel von Planungszellen und Bürgergutachten.* München: Oekom.

Dienel, Hans-Liudger, Christine von Blanckenburg, und Nicolas Bach. 2024. Mini Publics Online: Erfahrungen mit Online-Bürgerräten und Online-Planungszellen. In *Handbuch Digitalisierung und politische Beteiligung*, Hrsg. Norbert Kersting et al. Wiesbaden: Springer Fachmedien Wiesbaden.

Dryzek, John S., et al. 2019. The crisis of democracy and the science of deliberation. *Science* 363:1144–1146.

Fishkin, James S. 2018. *Democracy when the people are thinking: Revitalizing our politics through public deliberation*. Oxford: Oxford University Press.

Gohl, Christopher, und Hans-Peter Meister. 2012. *Politische Mediation bei Infrastrukturprojekten: Das Beispiel des Ausbaus des Flughafens Frankfurt 1998–2008*. Münster: LIT.

Hasselmann, Jörn. 2024. Millionen zum Fenster rausgeworfen. Grüne kritisieren Verschwendung durch Baustopp für Radschnellwege in Berlin. *Der Tagesspiegel*, 11. November.

Kiepe, Lukas, und Frank Rehmet. 2024. Bürgerbegehren und Bürgerentscheid. Die Bundesländer im Überblick. In *Mehr direkte Demokratie wagen. Volksentscheid und Bürgerentscheid. Geschichte. Praxis. Vorschläge*, Hrsg. Hermann K. Heußner et al., 241–253. Reinbek: Lau-Verlag.

Kleger, Heinz. 2024. Bürgerbeteiligung und Demokratie. Demokratiepolitik. In *Neue Formen der Bürgerbeteiligung als Demokratiestärkung*, Hrsg. Heinz Kleger und Ansgar Klein, 13–39. Wiesbaden: Springer VS.

Lemos, Letícia Lindenberg. 2020. Cycling advocacy in São Paulo: Influence and effects in politics. In *The politics of cycling infrastructure*, Hrsg. Peter Cox und Till Koglin, 211–234. Bristol: Bristol University Press.

Leschinger, Valentin, und Gundula Hübner. 2022. Akzeptanzdimensionen – Ansatzpunkte für Konfliktlösungen in der Energiewende. *Konfliktdynamik* 11:97–106.

Mehr Demokratie e.V., Hrsg. 2024. *Leitfaden Kommunale Bürgerräte organisieren*. Berlin. www.mehr-demokratie.de/fileadmin/pdf/2024/Leitfaden_Kommunale_Burgerraete_organisieren.pdf. Zugegriffen am 11.12.2024.

Oppold, Daniel, und Dorota Stasiak. 2024. Bürger (räte) in der Politikberatung in Deutschland und Polen. In *Politische Expertenkultur in Deutschland und Polen: Politik, Beratung und Lobbyismus im Vergleich*, Hrsg. Artur Kopka und Dorota Piontek, 367–388. Wiesbaden: Springer.

Radtke, Jörg, und Ortwin Renn. 2019. Partizipation und bürgerschaftliches Engagement in der Energiewende. In *Energiewende in Zeiten des Populismus*, Hrsg. Jörg Radtke et al., 283–316. Wiesbaden: Springer VS.

Redelfs, Manfred. 2021. Die Gegner der Energiewende. Greenpeace Recherche, 02/2021. https://www.greenpeace.de/publikationen/gegner_der_windkraft.pdf. Zugegriffen am 11.12.2024.

Rehmet, Frank, und Gunther Jürgens. 2024. Direkte Demokratie in den Bundesländern. Ein Überblick. In *Mehr direkte Demokratie wagen. Volksentscheid und Bürgerentscheid. Geschichte. Praxis. Vorschläge*, Hrsg. Hermann K. Heußner et al., 159–181. Reinbek: Lau-Verlag.

Renkamp, Anna, und Angela Jain. 2024. *Zwischenbericht Erste Online Beteiligung zum Forum gegen Fakes*. Bertelsmann Stiftung. https://www.bertelsmann-stiftung.de/fileadmin/files/Projekte/New_Democracy/Forum_gegen_Fakes/240314-_Forum_gegen_Fakes_-_Zwischenbericht.pdf. Zugegriffen am 11.12.2024.

Renn, Ortwin, et al., Hrsg. 2022. *Gehört werden: neue Wege der Bürgerbeteiligung*. Stuttgart: Kohlhammer.

Reybrouck, David van. 2016. *Gegen Wahlen. Warum Abstimmen nicht demokratisch ist*. Göttingen: Wallstein Verlag.

Sack, Detlev, et al. 2024. *Bürgerrat „Ernährung im Wandel". Wissenschaftliche Evaluation Abschlussbericht Teil 1 Ergebnisse der allgemeinen Bevölkerungsbefragung*. Deutscher Bundestag. Berlin: Stabsstelle Bürgerräte.

Selle, Klaus. 2020. An der Stadtentwicklung mitwirken? Formen der Öffentlichkeitsbeteiligung. In *Stadtsoziologie und Stadtentwicklung. Handbuch für Wissenschaft und Praxis*, Hrsg. Ingrid Breckner, Albrecht Göschel, und Ulf Matthiesen, 105–116. Nomos: Karlsruhe.

Smith, Graham, Jean-Michel Fourniau, und Kise Deshautel. 2022. La Convention citoyenne pour le climat: un dispositif hors norme parmi les assemblées citoyennes sur le climat? *Participations* 34:261–281.

Vetter, Philipp. 2023. Kein Bullshit: Wir sind nicht auf Kurs. Da erlebt Habeck die verwunderte grüne Blase. *Die Welt*, 8. Juni.

Ziekow, Jan. 2011. Bürgerbeteiligung und Bürgerengagement in der verfassten Demokratie. In *Mehr Bürgerbeteiligung wagen*, Hrsg. Kurt Beck und Jan Ziekow, 33–43. Wiesbaden: Springer VS.

Teil VIII

Mobilität und Wirtschaft

Mobilität und Korporatismus: Die Transformation der Automobilindustrie und ihre Akteure

Wolfgang Schroeder, Frederic Speidel und Jannik Zindel

Inhalt

Zusammenfassung

Die Automobilindustrie ist seit den 1950er-Jahren das Herzstück der deutschen Wirtschaft. Aufgrund ihrer sozio-ökonomischen und sozio-kulturellen Prägekraft gilt sie als deutsche Schlüsselindustrie und Konjunkturlokomotive. Soziokulturell hält sich die Vorstellung vom Auto als dem inszenierten Statussymbol mit kulturellen Flexibilitätsvorteilen, womit sich soziale Teilhabe sowie die Befriedigung von materiellen Lebensbedürfnissen realisieren lassen. Im Kontext der Klimakrise ist die Privilegierung des motorisierten Individualverkehrs (MIV) zunehmend in die Kritik geraten. Inwieweit es zu der vieldiskutierten Verkehrswende kommt, bestehend aus alternativen Mobilitätsformen, der Reduktion des Individualverkehrs, dem Aufbau kollektiver Infrastruktur und gemeinschaftlicher Fortbewegungsmittel, hängt nicht zuletzt an den Gestaltungs- aber auch Vetoabsichten der tripartistischen Akteursgruppen, Kapital, Arbeit und Staat, ab. Ob eine Neujustierung der Automobilwirtschaft durch kooperatives Handeln der

W. Schroeder (✉) · J. Zindel
Fachgebiet Politisches System der BRD – Staatlichkeit im Wandel, Universität Kassel, Kassel, Deutschland
E-Mail: wolfgang.schroeder@uni-kassel.de; jannik.zindel@uni-kassel.de

F. Speidel
Fachgebiet Wirtschafts- und Strukturpolitik, IG Metall Bezirksleitung Niedersachsen und Sachsen-Anhalt, Hannover, Deutschland
E-Mail: Frederic.Speidel@igmetall.de

W. Canzler et al. (Hrsg.), *Handbuch Mobilität und Gesellschaft*,
https://doi.org/10.1007/978-3-658-37557-7_22

genannten Akteursgruppen gelingen kann oder ob die bestehenden akteursbezogenen Handlungspräferenzen eine Wende verlangsamen, wenn nicht sogar scheitern lassen, ist das Thema des vorliegenden Beitrags.

Schlüsselwörter

Automobilindustrie · Transformation · Korporatismus · Verkehrswende · Klimakrise

1 Einleitung

Die Automobilindustrie ist seit den 1950er-Jahren das Herzstück der deutschen Wirtschaft. Aufgrund ihrer sozio-ökonomischen und sozio-kulturellen Prägekraft gilt sie als deutsche „Schlüsselindustrie“ und „Konjunkturlokomotive“. Die Automobilwirtschaft stellt rund sieben Prozent der sozialversicherungspflichten deutschen Arbeitsplätze und erwirtschaftet einen Umsatz von rund 411 Mrd. € (BMWK 2022). Die automobile Wertschöpfungskette basiert auf einem eng getakteten und komplexen Beziehungsgeflecht aus vor- und nachgelagerten Prozessen inklusive eines (inter-)nationalen Zuliefernetzwerkes. Soziokulturell hält sich die Vorstellung vom Auto als dem inszenierten Statussymbol mit kulturellen Flexibilitätsvorteilen, womit sich soziale Teilhabe sowie die Befriedigung von materiellen Lebensbedürfnissen realisieren lassen. Politisch ist auch die infrastrukturelle Dominanz („autogerechte Städte“) wie auch die rechtliche Privilegierung im Straßenverkehrsrecht Ausdruck der automobilen Gesellschaft.

Die Privilegierung des motorisierten Individualverkehrs (MIV) sowie das Geschäftsmodell der verbrenner-getriebenen Antriebstechnologie sind im Kontext der Klimakrise (Pariser Klimaabkommen 2015) zunehmend in die Kritik geraten. In Deutschland verursacht der Verkehrssektor die drittgrößte Menge an Treibhausgasen und hat bislang keinen nennenswerten Beitrag zu seiner Reduktion geleistet. Während die Gesamtemissionen in der Bundesrepublik zwischen 1990 und 2021 um 38,6 % gesunken sind, stiegen die Werte im Verkehrssektor bis 2019 sogar um 0,4 % an. Ursächlich sind fast ausschließlich die hohen Emissionen des Straßenverkehrs (98 %; UBA 2022). Zwar sind die heutigen Automobile infolge von technischen Effizienzsteigerungen klima- und umweltverträglicher, doch zugleich sind durch den stark angestiegenen Pkw-Bestand wie auch durch die gesteigerte Pkw-Nutzung und -Größe (SUV) die Emissionen gewachsen. Die Automobilindustrie und die mit ihr verbundenen Unternehmen in den wertschöpfenden Lieferketten stehen damit vor riesigen Herausforderungen.

Konkret beschreibt die Verkehrswende einen strategischen Problemlösungsprozess, indem der Status quo des Verkehrsregimes durch alternative Mobilitätsformen, die Reduktion des Individualverkehrs, den Aufbau kollektiver Infrastruktur und gemeinschaftlicher Fortbewegungsmittel ersetzt werden soll. Trotz erheblicher – auch zeitbedingter – Dringlichkeit bleibt die Verkehrswende in Deutschland jedoch hinter den selbst gesteckten Zielen zurück. Das liegt weniger an fehlenden Ressourcen, Produktionskapazitäten und Technologien, sondern an der nach wie vor unzureichenden gesellschaftlichen, wirtschaftlichen und politischen Priorisierung. Der bisherige Richtungskonsens in der sektoralen Akteurskonstellation und Institutionenordnung der Automobilwirtschaft basiert primär auf einem quantitativ-wachstumsbasierten Interessenausgleich von Kapital und Arbeit. Mit dem Paradigma der ökologischen Transformation verliert diese Grundorientierung im Kontext eines neokorporatistischen Institutionensettings an Bedeutung.

Der politisch neu entfachte Transformationsdruck sorgt für eine zielpolitische Verschiebung, um die übergeordneten Absichten der Verkehrswende neu zu justieren. Ob und inwieweit eine Neujustierung der Automobilwirtschaft durch kooperatives Handeln der Akteure gelingen kann oder ob die bestehenden akteursbezogenen Handlungspräferenzen eine Wende verlangsamen, wenn nicht sogar scheitern lassen, ist das Thema dieses Beitrages. Zunächst werden die Akteursgruppen der Verkehrswende dargestellt (Abschn. 2). Im darauffolgenden Abschnitt wird die Relevanz korporatistischer Arrangements für die Verkehrswende sowie die machtpolitische Verschiebung der letzten Jahre nachgezeichnet (Abschn. 3). Abschließend wird eine Annäherung an die Frage gesucht, ob und inwieweit die Verkehrswende gelingen kann (Abschn. 4).

2 Tripartistische Akteursgruppen der Verkehrswende

Die Verkehrswende ist ein politisches Großprojekt, dessen verhandelte Prozesskonstellation nur verstanden werden kann, wenn die verschiedenen Akteursgruppen, ihre Interessen, die daraus abgeleiteten Transformationsstrategien und die zur Realisierung im interessenpolitischen Wettbewerb zur Verfügung stehenden Machtressourcen analysiert werden. Im Folgenden werden die vier zentralen Akteursgruppen des Verkehrssektors aus den Bereichen des Kapitals, der Arbeit, der Zivilgesellschaft und des Staates dargestellt.

2.1 Kapital

Im Kontext der Verkehrswende liegt das Hauptinteresse der Kapitalseite vor allem in der Erhaltung des gewinn- und exportorientierten Geschäftsmodells. Das sichtbarste Sprachrohr für die öffentlich kommunizierten Positionen der Automobilindustrie ist der Verband der Automobilindustrie (VDA). Er repräsentiert mehr als 650 Automobilhersteller und Zulieferer (VDA o. J.a) und ist damit einer der einflussreichsten Wirtschaftsverbände. Angesichts der umfassenden Ressourcen, die die Automobilhersteller zur Verfügung haben und ihrer eigenständigen Vorgehensweise wird der Verbandseinfluss auf die einzelnen Mitglieder als begrenzt eingeschätzt. Die Automobilproduktion – so der VDA – soll bis spätestens 2050 klimaneutral sein. Dies soll durch die Elektrifizierung der Neuwagenflotten und die Hinzunahme alternativer Kraftstoffe gewährleistet werden. Der VDA ist zwar das öffentliche Sprachrohr und politischer Ansprechpartner der Automobilindustrie, aber er ist kaum in der Lage die heterogenen Interessen in seiner Mitgliedschaft – jenseits symbolischer Dimensionen – so auszubalancieren, dass gegenwärtig eine belastbare Strategie gegen den Klimawandel erkennbar ist.

Innerhalb der Automobilindustrie haben sich in den letzten Jahren – insbesondere im Hinblick auf die Antriebsfrage – erhebliche Konflikte etabliert. Diese Konflikte spiegeln sich in zwei Dimensionen wider: Erstens ist der schon seit langem gärende Interessenkonflikt zwischen Automobilherstellern (Original Equipment Manufacturer/OEM) und der Zuliefererindustrie zu nennen. Während die großen Automobilhersteller (VW, Daimler-Benz, Porsche, BMW, Mercedes, Opel, Ford, Audi) zwar vor enormen Herausforderungen durch Beschäftigungsabbau und Wirtschaftseinbrüchen stehen, ist die Zuliefererindustrie sogar in existenzieller Notlage. Die Zuliefererindustrie besteht vor allem aus mittleren und kleinen Unternehmen (KMU), die zum einen nicht die Finanzkraft zur Transformation haben und zum anderen hoch spezialisiert auf Komponenten im Kontext der Produktion des Verbrennungsmotors sind. Der VDA verweist zwar darauf, dass schon über die Hälfte der Zuliefererindustrie an den Produktionsprozessen der Elektromobilität beteiligt ist (VDA o. J.b), aber viele Zulieferer sind weiterhin „abhängig von ihrer Stellung in einer äußerst hierarchisch geprägten Wertschöpfungskette, von jeweiligen Produktportfolios an den Standorten, der Stellung im Konzernverbund und der damit einhergehenden Innovationsleistungen und Investitionsbereitschaft" (Blöcker et al. 2020, S. 10 f.). Die zweite Konfliktdimension betrifft das Konkurrenzverhältnis zwischen den Automobilherstellern. Der VDA hat versucht, einen Verbandskonsens zugunsten der Technologieoffenheit[1] zu fixieren, um gegenüber der Bundesregierung geschlossen und handlungsfähig auftreten zu können. Durch das Vorpreschen des VW-Konzernes mit seiner Position zugunsten der Elektromobilität ist dieser Weg schwieriger geworden (Haas 2021, S. 162). Seitdem gibt es unter den Herstellern innerhalb des VDA zwei Lager: Die einen, die den technologieoffenen Pfad (BMW, Ford) bevorzugen und die anderen, die den Elektromobilitätspfad (VW, Mercedes-Benz, Audi, Daimler-Benz, Mercedes, Opel) eingeschlagen haben. Gleichzeitig kündigte der neue VW-Chef, Oliver Blume, an, dass er auch weiterhin auf Technologieoffenheit setzen möchte und auch der VW-Konzern demnächst zweigleisig – Elektromobilität und E-Fuels – fahren wird (Spiegel 2022). Kritik äußert sich hierbei an den technischen Lösungsvarianten hinsichtlich der Energieeffizienz: Während Elektromobilität einen energetischen Gesamt-Wirkungsgrad von 70 bis 80 % aufweist, sind es bei der Brennstoffzelle noch 60 %, bei Wasserstoff 25 bis 35 % und bei E-Fuels sogar nur noch 15 % (ADAC 2022; BDI 2022). Trotz dieser Effizienzunterschiede ist sich die Verbands- und Unternehmensseite einig,

[1] Technologieoffenheit beschreibt einen strategischen Ansatz mit dem Ziel einer neutralen Regulierung, die keine technologische Option einseitig bevorzugt, andere nicht durch Regularien diskriminiert oder eine Technologie als einzigen Pfad politisch fixiert. Dabei steht das Konzept in der Debatte um die Verkehrswende im Verdacht, die Transformation im Interesse einzelner Akteure zu verlangsamen oder sogar zu unterlaufen.

keine Verringerung des Individualverkehrs zuzulassen, sondern primär auf einen klimaeffizienteren Antriebswechsel in sektoraler Eigenregie zu setzen.

Daneben sind die Versuche der Autohersteller, den Individualverkehr über andere wirtschaftliche Praxen nachhaltiger umzuorganisieren, wie beispielsweise auf dem noch recht jungen Mobilitätsmarkt des Ridepoolings oder Ridesharings (VW: Moia; Daimler: ViaVan, Berlkönig), noch in einer frühen Phase. Bislang ist nicht absehbar, ob und inwieweit dieser Wandel von einem Mobilitätshersteller zu einem Mobilitätsanbieter von den Unternehmen wirklich angestrebt wird. Darüber hinaus würde ein Markhochlauf von Sharing-Diensten nur eine marginale Auswirkung auf die Treibhausgasentwicklung haben und es benötigte eine staatliche Flankierung, ohne die der Markthochlauf nicht gelingen würde (Doll und Kraus 2022, S. 50, 59). Zur Realisierung ihrer Ziele greifen der VDA und seine Mitgliedsunternehmen sowohl auf ein „Inside-Lobbying" (direktes) als auch auf ein „Outside-Lobbying" (indirektes) zurück. Ersteres umfasst die direkte Konsultation mit den politischen Entscheidungsträgern und der Ministerialbürokratie, um die politischen Prozesse zu beeinflussen, wenn nicht sogar mitzugestalten (Binderkrantz 2005, S. 696). Ein Beispiel unter vielen, das für den Zugang zu politischen Entscheidungsträgern steht, zeigt sich anhand des ehemaligen Bundesverkehrsministers Andreas Scheuer. Dieser traf sich im März 2018 laut Auskunft des eigenen Büros 80-mal mit Vertretern der Automobilindustrie, während im gleichen Zeitraum lediglich ein Treffen mit den Umweltverbänden zu den Fragen der Automobilwirtschaft stattfand. Zugleich gab es zwischen dem Minister und den Vorstandsvorsitzenden mehrere persönliche Telefonate, Video- und Telefonkonferenzen (Süddeutsche Zeitung 2021a). Demgegenüber bedeutet „Outside-Lobbying" die Beeinflussung der Öffentlichkeit im Sinne der eigenen Unternehmensinteressen durch beispielsweise Aufklärungskampagnen und Demonstrationen (Binderkrantz 2005, S. 696). Der VDA reagierte in der Vergangenheit auf Kritik am MIV mit einer offensiven Öffentlichkeitsarbeit, die das Automobil als Symbol der Freiheit stilisierte („Freie Fahrt für freie Bürger"), um eine „ideologisch überformte und damit unwägbar gewordene Verkehrspolitik [abzuwehren]" (Tilly 2008, S. 232).

2.2 Arbeit

Die Beschäftigteninteressen werden in einem System der dualen Interessenrepräsentation artikuliert. Die erste Ebene ist die betriebliche. Die vor Ort in den Unternehmen ansässigen Standort- und Gesamtbetriebsräte setzen sich für die Beschäftigteninteressen gegenüber der Unternehmensleitung ein. Entsprechend sind die Interessen der Betriebsräte in starkem Maße durch die jeweiligen betrieblichen bzw. unternehmensbezogenen Prioritäten der arbeitenden Beschäftigten an den einzelnen Standorten geprägt. Die Einflussmöglichkeiten der Betriebsräte basieren auf der rechtlichen und institutionellen Kompetenz- und Ressourcenzuteilung durch das Betriebsverfassungsgesetz (BetrVG) sowie auf den spezifischen Bedingungen im Betrieb. Daneben gibt es die überbetriebliche Ebene. In dieser Arena stehen sich die Arbeitgeberverbände der Metallindustrie und die IG Metall als Tarifparteien im

Rahmen der Tarifautonomie (Art. 9 Abs. 3 GG; Tarifvertragsgesetz/TVG) gegenüber. Bei allen im Einzelfall auftretenden Interessendivergenzen eint Gewerkschaften und Betriebsräte das Ziel, den Strukturwandel hin zu einer klimaneutralen und nachhaltigen Automobilindustrie sozialverträglich mitzugestalten. Um die Branche einerseits wirtschaftlich wettbewerbsfähig zu halten und andererseits Beschäftigung quantitativ und qualitativ abzusichern, müssen Gewerkschaften und Betriebsräte unter Rückgriff auf strukturelle, organisationale und institutionelle Ressourcen einen Spagat zwischen Mitglieder- und Einflussinteressen organisieren.

Obwohl die Verkehrswende erst wieder im Zuge des Dieselskandals und der neuen Klimabewegung stärker in den öffentlichen und politischen Fokus gerückt ist, setzt die IG-Metall bereits seit den 1970er-Jahren immer wieder einzelne Impulse für eine stärker ökologisch ausgerichtete Automobilpolitik. Den Auftakt machte der IG Metall-Kongress von Oberhausen im Jahr 1972, der unter der Überschrift „Qualität des Lebens" eine Schlüsselkategorie für die gewerkschaftliche Programmatik zu setzen versuchte. Damit war ein programmatischer Referenzpunkt gesetzt, der in den folgenden Jahrzehnten immer wieder aufgegriffen wurde. In diesem Sinne suchte die IG Metall zwischen 1987 und 1991 mit ihren Zukunftskongressen neue Schneisen in der Frage der Mobilität der Zukunft zu schlagen. Zu Beginn der 1990er-Jahre folgten mehrere programmatische Schriften unter dem Titel „Auto, Umwelt und Verkehr – Umsteuern bevor es zu spät ist", die sich für die Reduzierung des Autoverkehrs in Ballungszentren, für ein künftiges Kooperationsmodell zwischen den unterschiedlichen Verkehrsträgern und für ein Tempolimit auf Autobahnen aussprachen. Letztendlich wurde die zaghafte und frühzeitige ökologische Sensibilisierung der IG Metall Anfang der 90er-Jahre mehr oder weniger gestoppt. Erstens durch die im Kontext von Globalisierung und Wiedervereinigung sich aufbauende größte Krise der deutschen Automobilindustrie seit 1945, die zwischen 1993 und 1996 zu einem rasanten Umbau der deutschen Automobilindustrie führte. Zweitens scheint es so, dass der infolge der Kostenkrise in den 2000er-Jahren losgetretene beispiellose Automobilboom, der sich vor allem aus dem Engagement in China speiste, hemmend auf die Fortführung des ökologischen Diskurses wirkte. Hinzu kam drittens, dass im Kontext der Individualisierung und Mobilisierung der Gesellschaft die Dynamik des MIV ungebrochen voranschritt. Alles zusammen führte viertens dazu, dass die quantitative und qualitative Entwicklung der Arbeitsverhältnisse sich weiter positiv entwickelte.

Es bedurfte wohl der bislang größten Legitimationskrise der Automobilindustrie infolge des Diesel- und Abgasskandals sowie der neuen Dringlichkeit einer Politik gegen die Klimakrise, um die nachhaltige Erneuerung der Branche im Sinne einer sozial-ökologischen Transformation mitzugestalten (insb. IG-Metall-Strategiepapier: „Neue Abgasnormen als Chance nutzen"). Bei alldem spielt das Geschäftsmodell des MIV für die IG Metall nach wie vor die dominante Rolle. Zusammenfassend ist festzuhalten, dass sich die IG Metall heutzutage für den Umstieg auf Elektromobilität einsetzt und sich dabei insbesondere für die umfassende politische Begleitung dieses Prozesses mit Investitionen in Infrastruktur, regionaler Strukturpolitik, aktiver Industriepolitik, Qualifizierungspolitik und betrieblichen Zukunftskonzepten stark macht (Blöcker 2022, S. 29).

Auch die tarif- und betriebspolitische Ebene steht seit kurzem für mehr transformative Gestaltungsoptionen. Mit der tariflichen Einführung des „Transformationsgeldes“ (T-Geld) in der Metall- und Elektroindustrie wurde ein auf sozialen Ausgleich gerichtetes Instrument implementiert. Stärker vorausschauend sollen sogenannte „Zukunftstarifverträge“ zu betrieblichen Transformationsvorhaben vereinbart werden, die Vereinbarungen über betriebliche Zielbilder, zu Qualifizierung, zum Veränderungsmanagement und über Standort- und Beschäftigungsentwicklung enthalten. Auf betrieblicher Ebene sorgen gestaltungsstarke Betriebsräte mit dafür, dass durch solche längerfristigen Vereinbarungen die Transformation planbar und sozialverträglich gestaltet wird (z. B. „Zukunftspakt Volkswagen“). Neben dem Ausschluss betriebsbedingter Kündigungen werden darin von den Betriebsräten unterschiedliche strategische und operative Themen behandelt (z. B. Investitionspläne, Qualifizierungs- und Weiterbildungsmaßnahmen etc.). Zudem ist in einzelnen Tarifbezirken der IG Metall die Einführung sozialpartnerschaftlich zusammengesetzter „Transformationsagenturen“ vereinbart worden. Diese haben zum Ziel, Unternehmen bei der Umstellung auf neue Geschäftsmodelle, Arbeitsprozesse etc. zu unterstützen.

Neben den transformierenden Instrumenten lassen sich jedoch auch weiterhin Initiativen identifizieren, die den Status quo zementieren. So favorisierte die IG Metall im Rahmen des Corona-Konjunkturpaketes Kaufprämien für Autos mit Verbrennungsmotor. Des Weiteren ist Elektromobilität als uneingeschränkte Zukunftstechnologie keinesfalls gesetzt. Trotz deutlich schlechterer Wirkungsgrade werden Antriebsarten wie E-Fuels oder die Brennstoffzelle von vielen Entwicklern und Beschäftigten als nach wie vor bessere Alternative gehandelt. Zudem gibt es rechtsgerichteten Gegenwind. So hat sich die 2009 gegründete, den menschenverursachten Klimawandel leugnende Gewerkschaft „Zentrum“ (früher „Zentrum Automobil“) in der jüngeren Vergangenheit in einzelnen Unternehmen klar gegen die IG Metall positioniert, indem sie sich in Betriebsratswahlen mit eigenen Listen präsentiert und allem voran gegen die Aufgabe des Verbrennungsmotors und der Dieseltechnologie agitiert. Bislang, das sei angemerkt, ist „Zentrum“ sowie andere rechte Aktivitäten ein randständiges, auf wenige Unternehmen beschränktes Phänomen geblieben. (Schroeder et al. 2022, Kap. 4)

2.3 Staat

Der Staat ist der zentrale Akteur in der klimapolitischen Wende im Hinblick auf die Ausbalancierung der Interessen und die Entwicklung neuer Regeln, Anreize und Institutionen. Seine Rolle ist dabei ambivalent. Der von ihm zu erreichende Spagat, um wirtschaftliche und ökologische Interessen miteinander zu verbinden, spiegelt sich auch in der institutionellen Verortung der Ministerien wider. Während sich auf Bundesebene die Bundesministerien für Wirtschaft (BMWK) sowie für Verkehr (BMDV) für die ökonomischen und teilweise für die gesellschaftlichen Interessen einsetzen und damit die Interessen der Automobilindustrie und des Individualverkehrs privilegieren, ist das Bundesumweltministerium (BMUV) ein Anlaufpunkt für die umweltorientierten Interessen der gesellschaftlich-organisierten Akteure.

Der Koalitionsvertrag (2021) der Ampelregierung enthält ein klares Bekenntnis zur Elektromobilität. Das Ziel ist, dass Deutschland bis 2030 mit 15 Mio. vollelektrischen E-Autos zum Leitmarkt der Elektromobilität wird (SPD/Grüne/FDP 2021, S. 27, 51). Gleichzeitig lassen sich im BMDV Kontinuitäten beobachten. So spricht sich Verkehrsminister Volker Wissing für marktwirtschaftlich ausgestaltete Anreizmechanismen aus, ohne die individuelle Wahlfreiheit zu beschränken (BMDV 2022). Zugleich setzt er sich weiter gegen Verbote und für Technologieoffenheit ein (ebd.). Das BMUV hingegen ist zwar auch für den Erhalt der individuellen Mobilität und gegen Verbote, was aber weniger eine konkrete ökologische Strategie darstellt, sondern Ausdruck der fehlenden Alternativen im ländlichen Raum geschuldet ist. Außerhalb der Städte soll entsprechend die Elektromobilität Abhilfe schaffen, während in den Städten der Umstieg auf den Öffentlichen Personennahverkehr (ÖPNV) sowie Fahrradfahren und Zufußgehen angestrebt wird (BMUV 2022). Das Umweltbundesamt (UBA) geht noch einen Schritt weiter und positioniert sich konkret für höhere Spritpreise, die Abschaffung der Pendlerpauschale, den massiven Ausbau von Bussen und Bahnen und die Einführung eines Tempolimits und einer Pkw-Maut. Nach dem Präsidenten des UBA wäre das notwendig, da „[d]er Verkehr (…) beim Klimaschutz in die falsche Richtung [steuert]" (Süddeutsche Zeitung 2021b).

Auf der Länderebene spielen vor allem wirtschaftliche Aspekte eine wichtige Rolle. So sprachen sich die drei Bundesländer mit starker Bedeutung der Automobilindustrie (BY, BW, NI) hinsichtlich des coronabedingten Konjunkturpakets des Bundes 2020 für die staatliche Subventionierung von verbrennungsbetriebenen Autos aus. Das wichtigste Gremium zur Koordination und Kommunikation des Verkehrssektors zwischen den Ländern, die Verkehrsministerkonferenz (VKM), sieht vor allem den Ausbau des Öffentlichen Personenverkehrs (ÖPNV) und den Ausbau des Radverkehrs als die wichtigsten umweltpolitischen Instrumente an. Zur Umsetzung dieser Strategie bedarf es eines stärkeren Finanzierungsbeitrages von Seiten des Bundes (VKM 2020).

Der Deutsche Städtetag, Spitzenverband der Kommunen, fordert vom Bund Finanzhilfen für den ÖPNV-Ausbau in Stadt und auf dem Land. Des Weiteren sollen im Bundesverkehrswegeplan ökologisch nachhaltige Bewertungspunkte stärker gewichtet werden, Behörden handlungsfähiger gemacht werden, Bürokratie abgebaut und neue Mobilitätsangebote (z. B. Carsharing) stärker vorangetrieben sowie höhere finanzielle Anreize sowie eine stärker ausgebaute Infrastruktur für die Elektromobilität bereitgestellt werden (Deutscher Städtetag 2022). Der Deutsche Städte- und Gemeindebund (DStGB) verfolgt ähnliche Ziele, wenngleich er sich anstelle von Fahrverboten für attraktivere Alternativangebote und einen Antriebsmix aus Elektro, Erdgas, Wasserstoff und Diesel mit der Abgasnorm 6d ausspricht (Landsberg 2020).

Zur Realisierung seiner Interessen und Ziele kann der Staat in zweifacher Weise vorgehen. Auf der einen Seite kann der Staat selbst regulierend tätig werden. Andererseits kann der Staat die Selbstkoordination der verkehrspolitischen Akteure durch „Verhandlungen im Schatten der Hierarchie" (Scharpf 1991, S. 629) unterstützen. Beides setzt dabei voraus, dass politische Entscheidungen gegen andere Akteure beschluss- und durchsetzungsfähig sind und ein Ungehorsam sanktioniert wird (Börzel 2008, S. 121).

3 Organisierte Zivilgesellschaft

Aus der Zivilgesellschaft wurden im Zuge der Klimadebatte die Rufe nach einer neuen Mobilitätspolitik lauter, um einerseits Klima und Umwelt zu entlasten und andererseits die individuelle Mobilität zu fördern. Im Rahmen des normativen Bekenntnisses zu einer nachhaltigen Mobilitätspolitik lassen sich zwei Lager unterscheiden: Auf der einen Seite steht die ökologische Bewegung, die sich primär auf die Klima- und Umweltziele kapriziert, und auf der anderen Seite steht die Nutzerperspektive, bei der insbesondere der Allgemeine Deutsche Automobilclub (ADAC) als „zivilgesellschaftlicher Arm" des MIV-zentrierten Verkehrsregimes agiert. Seit der Nachkriegszeit hat der ADAC wesentlich zur Automobilisierung beigetragen. Neben einem über die Jahrzehnte gewachsenen verbandlichen Leistungsangebot stieg auch die Organisationsmacht des Verbandes rasant: Zwischen 2000 und 2021 verzeichnete der ADAC einen Zuwachs von 14,31 auf 21,23 Mio. Mitgliedern (Statista 2022). Mit Blick auf die inhaltliche Ausrichtung des ADAC sticht der bemerkenswerte Kurswechsel ins Auge, der darauf zielte, die fundamentale Abwehr aller ökologischen Ziele aufzugeben und eine partielle Reformbereitschaft einzunehmen. So betonte der neugewählte ADAC-Präsident, Christian Reinicke, dass man zwar weiterhin gegen Verbote sei, aber einen technologieoffenen Antriebswechsel mittrage. Dennoch ist weiterhin unklar, ob der ADAC seine Vetoposition gegen nachhaltige Reformen aufgibt und stattdessen zu einem Akteur für eine neue Mobilitätspolitik werden kann (Hegmann 2021).

Die ökologische Bewegung hingegen hat ihren neueren Ursprung aus den Anti-Atomkraft-Protesten der 1970er-Jahre. Dagegen blieb die Verkehrswende – mit Ausnahmen wie beispielsweise dem Bericht „Auto und Umwelt" von 1973 – auch in der Umweltbewegung lange Zeit ein randständiges Thema. Konzepte autofreier Innenstädte erfuhren in dieser Zeit zwar steigende Aufmerksamkeit; in ihrer praktischen Umsetzung kamen sie jedoch selten über den Status befristeter Projekte und räumlich eng begrenzter Stadtquartiere hinaus. Des Weiteren ist die bereits genannte Initiative der IG Metall in ihrer Doppelrolle als Akteur der organisierten Arbeit und Zivilgesellschaft zu nennen, sich mit eigenen Forderungen für die ökologische Anschlussfähigkeit der deutschen Automobilindustrie einzusetzen (vgl. Abschn. 2.2). Eine wichtige Etappe auf dem Weg zur neuen Relevanz bildete die Gründung des Verkehrsclub Deutschland (VCD) Ende der 80er-Jahre, der sich fortan für eine sozial- und umweltverträgliche Mobilität einsetzt. Aus diesem Aufbruch entwickelte sich allerdings keine sich selbst tragende Dynamik mit neuer Qualität. Eine neue Qualität stellte sich erst im Kontext des Diesel-Abgasskandals ein, mit dem der Ruf der Autokonzerne stark beschädigt wurde und die Deutsche Umwelthilfe (DUH) mit der Forderung nach Diesel-Fahrverboten den Druck auf die Automobilindustrie enorm erhöhen konnte. Weiter verstärkt wurde die Legitimationskrise der Automobilindustrie durch die Gründung der Jugendbewegung Fridays For Future (FFF) 2019, die öffentlichkeitswirksam für die Einhaltung des 1,5-Grad-Zieles einsteht.

Neben den friedlichen Protesten für die Verkehrswende lässt sich ein zunehmender zivilgesellschaftlicher Ungehorsam beobachten, der auch radikalere Protestaktionen einschließt. Illustrativ dafür sind die Straßenblockaden von Extinction Rebellion (gegründet 2018) und von der Letzten Generation (gegründet 2021).

Das Aufkommen dieser neuen sozialen Bewegungen sorgt zugleich für eine weitere Fragmentierung des Feldes, indem an den etablierten Akteuren vorbei eine erhöhte bewegungsnahe Öffentlichkeits- und Mobilisierungskonkurrenz entsteht, die diese selbst weder beeinflussen noch kontrollieren können. Im Rahmen der Umweltpolitik können also zwei idealtypische Organisationstypen unterschieden werden: input-zentrierte und output-zentrierte Organisationen. Während erstere vor allem die verbandliche Mitgliederlogik sowie Partizipation ins Zentrum setzen, Mitglieder als Konfliktressource verstehen und meist eher flachere Hierarchien aufweisen, setzen outputgerichtete Organisationen vor allem auf die Effektivität zur politischen Durchsetzung (Einflusslogik), sind hierarchisch und professionell organisiert und haben kaum bis gar keine innerverbandliche Demokratie (Amm 2007, S. 374 ff.).

Zur Durchsetzung ihrer Strategien können die Verbände auf der einen Seite auf „Outside-lobbying" (siehe oben Abschn. 2.1) zurückgreifen. Insbesondere die Öffentlichkeitsarbeit spielt eine enorme Rolle, um die eigenen Positionen ins politische System einzubringen und den gesellschaftlichen Diskurs zu beeinflussen. Dies können gerade der ADAC und die mitgliederstarken Umweltorganisationen und Bewegungen ausüben, da diese über materielle Ressourcen sowie eine hohe Organisations- und Konfliktfähigkeit verfügen. Die zweite Stoßrichtung zivilgesellschaftlicher Einmischung folgt der Logik des Insider-Lobbyismus. Demzufolge werden Vertreter zivilgesellschaftlicher Organisationen durch Regierungs- und Industrievertreter proaktiv in Expertenkreise, Kommissionen etc. eingeladen. Von der Einbindung verspricht man sich vor allem zweierlei: Den Zugriff auf Expertise und eine gewisse Akzeptanz bei den anstehenden Neuausrichtungen, die Strukturbrüche und anspruchsvolle Anpassungsanstrengungen nach sich ziehen.

4 Korporatismus: Blockade oder Sprungfeder?

Neben den einzelnen Akteuren, ihren Interessen und Machtressourcen ist es notwendig den Prozess der Interessenvermittlung in den institutionellen Verhandlungsarrangements zu berücksichtigen. Die Interessenvermittlung ist im Verkehrssektor korporatistisch geprägt. Das bedeutet, dass die Interessenlagen einzelner starker Akteursgruppen institutionell eingebunden werden und dadurch einen privilegierten staatlichen Zugang erhalten. Die Verbände übernehmen im Austausch für den dauerhaften politischen Einfluss Aufgaben der Leistungserbringung, häufig durch Selbstregulation und entlasten den Staat durch den Prozess der Politikimplementierung (Czada 1994, S. 44 f.). Um diesem Aufgabenprofil gerecht zu werden, handelt es sich i. d. R. um Spitzenverbände mit einem Vertretungsmonopol und ausreichend Machtressourcen, um sowohl die Eigenregie im Sektor als auch politische Entscheidungen gegenüber den eigenen Mitgliedern durchsetzen zu können (Streeck 1987, S. 473). Die Automobilindustrie zeichnete sich in diesem Kontext nach 1945 durch ein konfliktpartnerschaftliches Verhältnis zwischen Arbeit und Kapital aus. Dabei werden die Interessengegensätze durch die staatliche Einbindung in die Koordination der Regierungspolitik und der sektoralen Selbstregulation (Tarifautonomie) reduziert und das konsensuale Politikmanagement gefördert. Diese Zusammenarbeit aus Arbeit, Kapital und Staat ist eine besondere Form des Korporatismus und wird auch Tripartismus genannt. Diese etablierte Akteurskonstellation zeichnet sich durch eine hochgradige Interessenhomogenität und Geschlossenheit aus, die es in der Vergangenheit immer wieder vermochte, ökologische Regulierungsversuche abzuwehren und die Umwelt- und Gesundheitskosten auf andere Akteure außerhalb dieses tripartistischen Arrangements abzuwälzen (SRU 2005, S. 86).

In der Konsequenz hatten ökologische Interessen innerhalb dieses Arrangements nur einen randständigen Charakter. In der Regel bestand das Ziel dieses konkreten Tripartismus darin, ökologische Regulierungen abzuwehren. Entsprechend verwundert es nicht, dass die 2009 infolge der europäischen Regulierung und der Peak-Oil-Debatte gegründete „Nationale Plattform für Elektromobilität" (NPE) als ein Ausdruck der Kontinuität gesehen werden kann. Die Integration externer Akteure (u. a. Wissenschaftler) sorgte für keine nennenswerte Modifizierung der vorherrschenden Interessen. Eine echte Öffnung für die zivilgesellschaftlichen Interessen wie auch ein Richtungswechsel blieben aus. Erst vor dem Hintergrund des Diesel-Abgasskandals sowie auf Druck der Klimabewegung setzte eine öffentliche Empörung und eine zunehmend politisch aufgeladene Debatte um die Verkehrswende ein. In diesem Kontext wurde von staatlicher Seite versucht, den ökonomischen Schaden für die Autoindustrie zu minimieren (Schroeder 2021, S. 204 f.). Die Legitimationskrise konnte schließlich abgemildert werden: Einerseits wirkte die tripartistische Machtkonstellation abpuffernd, indem es ihr gelang die Kerninteressen der Automobilindustrie gegenüber dem öffentlichen Druck zu verteidigen und somit Zeit zu gewinnen. Der daraus zu ziehende Befund ist so offensichtlich wie weitreichend: der tripartistische Machtblock ist weiterhin Dreh- und Angelpunkt der Verkehrspolitik, und auch in Zukunft ist ohne diesen keine erfolgreiche Verkehrswende zu bewerkstelligen. Andererseits ist aber auch zu beobachten, dass die Akteure nicht nur ein Bewusstsein für die Klimakrise entwickelt haben, sondern konkrete Ressourcen, Konzepte, Instrumente und Strategien suchen und einsetzen, um die Zukunft der Mobilität mit einer pluraleren Perspektive mitzugestalten. Aber die Ambivalenz bleibt, dass die individualzentrierte Mobilitätsstrategie weiter verfolgt wird und zum anderen die Bereitschaft gewachsen ist, die Verkehrswende mit ihren jeweiligen akteursbezogenen/-übergreifenden Spannungsfeldern und institutionellen Arrangements intensiver anzugehen.

Noch grundlegender lässt sich konstatieren, dass über eine Verteidigungslinie hinaus der politische Richtungskonsens der Akteure zunehmend bröckelt. Verstärkt wurde diese Entwicklung durch das Aufkommen von FFF, der zunehmenden Wettbewerbsverschiebung und -konkurrenz durch China und nicht zuletzt auch durch ausländische Unternehmen, die in Deutschland nunmehr Elektroautos produzieren (Tesla). Der Versuch, die ökologischen Interessen einzubinden sowie die gespaltene Interessenlage innerhalb des tripartistischen Blocks in der Nationalen Plattform Zukunft der Mobilität (NPM), der Nachfolgeinstitution der NPE, zu bündeln und auszutarieren, ist bislang nicht gelungen. Die Abwesenheit eines gemeinsamen Vorgehens fördert unternehmensspezifische Alleingänge. Simultan kommt es infolge des Fehlens eines einheitlichen Auftretens der „fossilen" Akteure zu der zunehmenden Einsicht in der Bevölkerung, klimapolitische Zwänge ernst zu nehmen und somit zu einer gewissen Aufwertung der ökologischen Interessen im Verkehrssektor. Diese Aufwertung führt jedoch bislang nicht zu einer schnellen Transformationsperspektive, da es über einen schwach postulierten Start- und Richtungskonsens für die Verkehrswende (Antriebswechsel und Emissionsziel 2045) hinausgehend keinen hinreichend belastbaren Maßnahmenkonsens gibt, um diese Ziele zu erreichen

Die gegenwärtige Leistungsfähigkeit der deutschen Automobilindustrie baut primär auf der pfadabhängigen, sektoralen Spezialisierung – auch forschungsintensiver Art – auf. Flankiert wird dieses Ineinandergreifen von Wirtschaft, Wissenschaft und staatlicher Teilsteuerung durch ein ausdifferenziertes, flexibles und zugleich robustes, facharbeitergetragenes Arbeitsregime, repräsentiert durch die Gewerkschaften. Es spricht vieles dafür, dass sich dieses Arrangement in Zeiten sich intensivierender Globalisierung und Digitalisierung nicht einfach fortschreiben lässt, denn die strukturellen Investitions- und Innovationsprobleme sind so offensichtlich, dass neue Initiativen ergriffen werden müssen, um zusätzliche Wachstumsmöglichkeiten zu eröffnen. Dabei geht es darum, ob durch die Einbeziehung der Gewerkschaften die vielerorts kritisierte technologische Verengung aufgebrochen und Industrie 4.0 auch als Projekt der sozialen Innovation und Gesellschaftspolitik gestaltet werden kann.

Ein weiteres Beispiel für diese Ambitionen bildet das 2015 gegründete Bündnis „Zukunft für Industrie" und sein operativer Arm das „Netzwerk Zukunft der Industrie", an dem sowohl die IG Metall als auch der VDA beteiligt sind. In diesem Kontext sind Strukturen aufgebaut worden, die über tagesaktuelle Politikberatung zu Einzelfragen (z. B. CO_2) hinaus belastbare und verstetigte Gesprächskontakte sowie daraus resultierende Handlungsperspektiven zwischen staatlichen und verbandlichen Akteuren ermöglichen. Generell gilt für diese Plattformen, Branchendialoge und Bündnisse, dass die inhaltliche Ausrichtung permanent umkämpft ist, da die Interessenlage der Beteiligten heterogen ist.

5 Fazit

Die Akteurskonstellation in der gegenwärtigen Transformation der Automobilindustrie unterscheidet sich in einem zentralen Punkt von vorhergehenden Phasen korporatistischer Anpassung und Krisenüberwindung: Rein tripartistische Arrangements, bei denen Politik, Industrie und Gewerkschaften Status-Quo-Pflege mit allenfalls inkrementellem Veränderungsverständnis betreiben, gehören *cum grano salis* der Vergangenheit an. Ein für alle Mal ist an einer konkreten Beteiligung von Vertretern der Kommunen und der organisierten Zivilgesellschaft nicht mehr vorbeizukommen. Ob diese nur symbolischen Charakter beanspruchen kann und damit den Status einer Quasi-Beteiligung hat, wird sich zeigen. Es spricht jedoch einiges dafür, dass zivilgesellschaftliche Organisationen mit umweltpolitischem Mandat (z. B. Greenpeace, Deutsche Umwelthilfe, European Federation of Transport and Environment) sich nicht länger zu Gelegenheitsdiskutanten mit mehr oder weniger anregenden Ideen degradieren lassen. Im Sinne einer perspektivischen Quadriga-Konstellation könnten demzufolge zivilgesellschaftliche Organisationen einen festen Platz in korporatistisch organisierten Reform- und Entscheidungsprozessen zur Transformation der deutschen Automobilindustrie wahrnehmen (vgl. Abb. 1). Ein weiteres

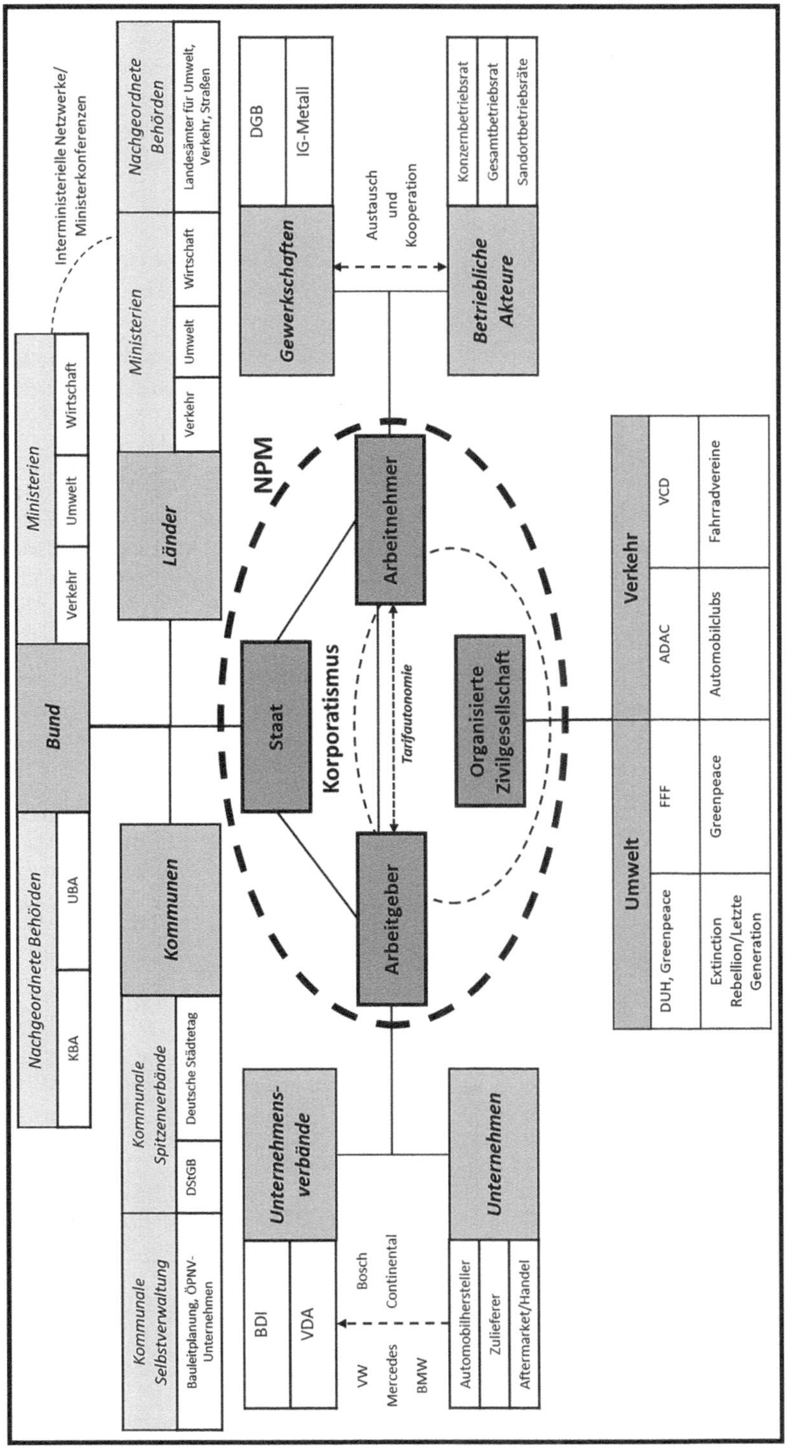

Abb. 1 Akteurskonstellation im Verkehrssektor

Merkmal in der gegenwärtigen Transformation der Automobilindustrie ist die fortlaufend zunehmende Relevanz der internationalen und europäischen Regulierungsebene. Seitdem in der EU-Kommission immer ambitioniertere Klima- und CO_2-Reduktionsziele beschlossen werden, ist zu beobachten, dass auch die Sozialpartner und zivilgesellschaftlichen Organisationen ihre Stellungnahmen, Debattenbeiträge und politische Sichtbarkeit im Laufe der letzten Jahre gezielt europäisiert haben. Exemplarisch sei die Gründung des Brüsseler Büros der IG Metall genannt, das 2015 seine Arbeit aufgenommen hat (Abb. 2).

Als besonders anspruchsvoll in der Transformation der Automobilindustrie erweist sich der Umgang mit widerstreitenden Interessen und Handlungslogiken zwischen den verschiedenen Akteuren und Regulierungsebenen. Normative Überzeugungen über die Notwendigkeit einer nachhaltigen Verkehrswende, die Eingang in die EU-Regulierung und diverse zivilgesellschaftliche und politische Arrangements und Initiativen auf nationaler Ebene finden (z. B. Nationale Plattform Zukunft der Mobilität, Agora Verkehrswende), konkurrieren nicht selten mit den Interessen, Zielen und Rollenerwartungen auf der eigentlichen Bühne der Transformation, dem Betrieb bzw. Unternehmen. Konstruktiv gewendet: Im Prozess der verhandelten Transformation geht es darum, zwischen Zielkonflikten und Akteuren mit heterogenen Interessen zu vermitteln. Dabei sind zumindest normativ die Einlösung klima- und umweltpolitischer Ziele, die materiell-soziale Absicherung der Beschäftigten sowie die Sicherstellung nachhaltiger Perspektiven für Unternehmen und Regionen gleichwertige schutz- und gestaltungspolitische Aufträge einer verhandelten Transformation der Automobilindustrie.

Kann angesichts dieser veränderten Ausgangslage und Akteurskonstellation überhaupt noch von neokorporatistischen Arrangements gesprochen werden? Die Antwort fällt – wenig überraschend – differenziert aus: Einerseits hat man den Eindruck, dass die neueren Arrangements stärker auf dem Gebiet der Wissensmobilisierung und

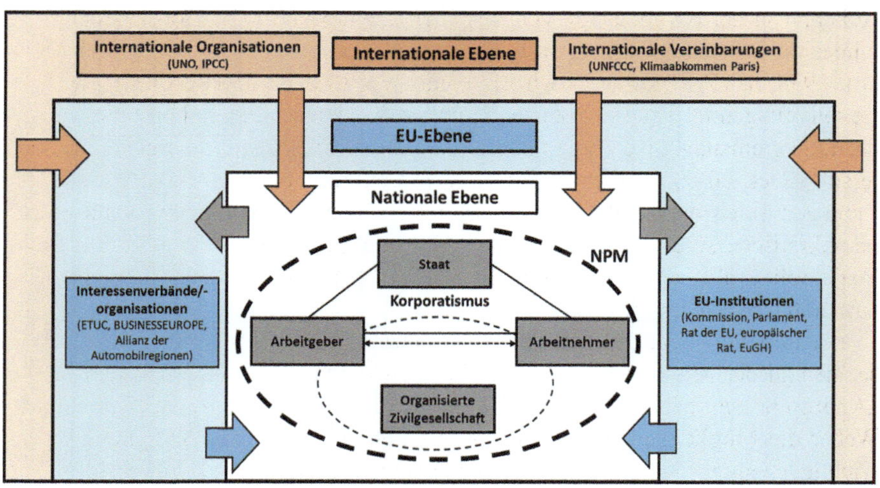

Abb. 2 Akteurskonstellation im Verkehrssektor auf europäischer und internationaler Ebene. (*Quelle*: Eigene Darstellung)

Vernetzung angesiedelt sind, also einen stark symbolischen Charakter haben und weniger das Ziel verfolgen, materielle Tauschprozesse und substanzielle Regelungen zu verantworten. Andererseits: Auch wenn substanzielle, nationale tripartistische Ansätze an Relevanz verloren haben, weil mehr Akteure und Ebenen (vor allem die europäische, aber auch darüber hinaus) zu berücksichtigen sind, um tragfähige Verabredungen und Regelungen zu entwickeln, verbinden sich damit gleichwohl Wirkungen, die materielle Prozesse und Regelungen beeinflussen. Insofern bleiben Prozesse der neokorporatistischen Steuerung, wenn auch modifiziert, erhalten und wirksam.

Literatur

ADAC. 2022. Synthetische Kraftstoffe – Sind E-Fuels die Zukunft? https://www.adac.de/verkehr/tanken-kraftstoff-antrieb/alternative-antriebe/synthetische-kraftstoffe/. Zugegriffen am 25.10.2022.

Amm, Joachim. 2007. Umweltverbände. In *Interessenverbände in Deutschland*, Hrsg. Thomas von Winter und Ulrich Willems. Wiesbaden: Springer VS.

BDI. 2022. E-Auto, Verbrenner und Wasserstoff-Fahrzeug im Vergleich. https://bdi.eu/artikel/news/e-auto-verbrenner-und-wasserstoff-fahrzeug-im-vergleich/. Zugegriffen am 25.10.2022.

Binderkrantz, Anne. 2005. Interest group strategies: Navigating between privileged access and strategies of pressure. *Political Studies* 53(4): 694–715.

Blöcker, Anje. 2022. *Die Automobilindustrie: Es geht um mehr als den Antrieb. Eine Studie im Rahmen des Projekts „Sozial-ökologische Transformation der deutschen Industrie“*. Berlin: Rosa-Luxemburg-Stiftung.

Blöcker, Antje, Klaus Dörre, und Madeleine Holzschuh. 2020. *Auto- und Zulieferindustrie in der Transformation. Beschäftigtenperspektiven aus fünf Bundesländern*. Frankfurt a. M.: Otto-Brenner-Stiftung.

BMDV. 2022. „Nicht immer nur Druck, Druck, Druck“. https://www.bmvi.de/SharedDocs/DE/RedenUndInterviews/2022/wissing-interview-faz-19-02-22.html. Zugegriffen am 14.06.2022.

BMUV. 2022. Steffi Lemke im Interview über die Verkehrswende und den Atomausstieg. https://www.bmuv.de/interview/steffi-lemke-im-interview-ueber-die-verkehrswende-und-den-atomausstieg. Zugegriffen am 14.06.2022.

BMWK. 2022. Automobilindustrie. https://www.bmwk.de/Redaktion/DE/Textsammlungen/Branchenfokus/Industrie/branchenfokus-automobilindustrie.html. Zugegriffen am 30.05.2022.

Börzel, Tanja A. 2008. Der „Schatten der Hierarchie“ – Ein Governance-Paradox? In *Governance in einer sich wandelnden Welt*, Hrsg. Gunnar F. Schuppert und Michael Zürn, 118–131 Wiesbaden: Verlag für Sozialwissenschaften (Politische Vierteljahresschrift Sonderheft, 41).

Czada, Roland. 1994. Konjunkturen des Korporatismus: Zur Geschichte eines Paradigmen-wechsels in der Verbändeforschung. In *Staat und Verbände*, Hrsg. Wolfgang Streeck, 37–64. Wiesbaden: Springer VS.

Deutscher Städtetag. 2022. Wie die Mobilitätswende in Stadt UND Land gelingen kann. https://www.staedtetag.de/themen/2022/wie-mobilitaetswende-in-stadt-und-land-gelingen-kann. Zugegriffen am 14.06.2022.

Doll, Claus, und Konstatin Krauss. 2022. *Nachhaltige Mobilität und innovative Geschäftsmodelle. Studie zum deutschen Innovationssystem Nr.10-2022*. Berlin: Expertenkommission Forschung und Innovation.

Haas, Tobias. 2021. Die Mobilitätswende als Auslöser einer tief greifenden Transformation des „Modell Deutschland“? *Politische Vierteljahresschrift Jg.* 62(1): 149–170.

Hegmann, Gerhard. 2021. Wie der ADAC zwischen Öko und Vollgas manövriert. https://www.welt.de/wirtschaft/article231168599/Klimawandel-statt-Tempolimit-ADAC-zwischen-Oeko-und-Vollgas.html. Zugegriffen am 23.08.2022.

Landsberg, Gerd. 2020. *Verkehrswende vor Ort gestalten. Positionen*. Berlin: Deutscher Städte- und Gemeindebund.

Scharpf, Fritz W. 1991. Die Handlungsfähigkeit des Staates am Ende des zwanzigsten Jahrhunderts. *Politische Vierteljahresschrift* 32(4): 621–634.
Schroeder, Wolfgang. 2021. Von der Schließung zur Öffnung: Akteurskonstellationen in der Energie- und Verkehrswende. *WSI-Mitteilungen* 74(3): 199–206.
Schroeder, Wolfgang, Samuel Greef, Jennifer Ten Elsen, Lukas Heller, und Saara Inkinen. 2022. *Einfallstor rechts? Zivilgesellschaft und Rechtspopulismus in Deutschland.* Frankfurt/New York: Campus.
SPD/Grüne/FDP. 2021. *Mehr Fortschritt wagen. Bündnis für Freiheit, Gerechtigkeit und Nachhaltigkeit.* Koalitionsvertrag zwischen SPD, BÜNDNIS 90/DIE GRÜNEN und FDP. Berlin: Die Bundesregierung.
Spiegel. 2022. Volkswagen: Oliver Blume bekennt sich zu E-Fuels. https://www.spiegel.de/wirtschaft/volkswagen-oliver-blume-bekennt-sich-zu-e-fuels-a-fa66d8db-e1d7-4958-bf06-4b1a11f13025. Zugegriffen am 23.08.2022.
SRU. 2005. *Umwelt und Straßenverkehr: Hohe Mobilität – Umweltverträglicher Verkehr. Sondergutachten.* Berlin: Sachverständigenrat für Umweltfragen.
Statista. 2022. Anzahl der Mitgliedschaften im ADAC von 2000 bis 2021. https://de.statista.com/statistik/daten/studie/13054/umfrage/entwicklung-der-adac-mitgliedschaften/. Zugegriffen am 23.08.2022.
Streeck, Wolfgang. 1987. Vielfalt und Interdependenz. Überlegungen zur Rolle von intermediären Organisationen in sich ändernden Umwelten. *Kölner Zeitschrift für Soziologie und Sozialpsychologie* 39(3): 471–495.
Süddeutsche Zeitung. 2021a. 80:1 für die Autoindustrie. https://www.sueddeutsche.de/politik/scheuer-verkehrsminister-terminkalender-autoindustrie-1.5335058. Zugegriffen am 12.06.2022.
Süddeutsche Zeitung. 2021b. Umweltbundesamt empfiehlt höhere Spritpreise und Ende der Pendlerpauschale. https://www.sueddeutsche.de/politik/umweltbundesamt-spritpreise-klimapolitik-verkehrswende-1.5455919. Zugegriffen am 14.06.2022.
Tilly, Stephanie. 2008. „Die guten Zeiten … sind vorbei“: Zum Verhältnis von Automobilindustrie, Politik und Automobilverband. In *Unternehmen am Ende des „goldenen Zeitalters“: Die 1970er Jahre in unternehmens- und wirtschaftshistorischer Perspektive*, Hrsg. Morten Reitmayer und Ruth Rosenberger, 209–232. Essen: Klartext.
UBA. 2022. Treibhausgas-Emissionen. https://www.umweltbundesamt.de/themen/klima-energie/treibhausgas-emissionen. Zugegriffen am 30.05.2022.
VDA. o.J.a. Der Fast Track für Informationen und Mitsprache. https://www.vda.de/de/mitglieder. Zugegriffen am 12.06.2022.
VDA. o.J.b. Umbruch in der Zulieferindustrie. https://www.vda.de/de/themen/automobilindustrie/zulieferer-und-mittelstand/transformation-der-zulieferindustrie. Zugegriffen am 23.08.2022.
VKM. 2020. *Sammlung der im Umfrageverfahren der Verkehrsministerkonferenz gefassten Beschlüsse am 26. März 2020*, K 1–1, Bd. 132. Berlin: Verkehrsministerkonferenz.

Wirtschaftsverkehr – Logistik – Supply Chain Management

Heike Flämig

Inhalt

Zusammenfassung

Die sozialwissenschaftliche Wirtschaftsverkehrsforschung hängt der Personenverkehrsforschung hinterher. Obwohl viele Ansätze für eine nachhaltige Entwicklung von Logistik und Wirtschaftsverkehr identifiziert werden können, scheitert deren Umsetzung häufig an den jeweiligen Handlungsspielräumen der vielfältigen Akteure. Erforderlich ist eine systemische Betrachtung, bei denen die logistischen Strukturen von Städten und Regionen als Ganzes begriffen werden und zum Gegenstand systematischer, integrierter Strategien von Politik, Planung und Unternehmen gemacht werden.

Schlüsselwörter

Verkehr · Mobilität · Logistik · System · Supply Chain

1 Aktueller Stand der Verkehrs- und Mobilitätsforschung

Aus einer gesellschaftlichen Perspektive hat sich die Verkehrs- zur Mobilitätsforschung weiterentwickelt. Gemeint ist die Auseinandersetzung mit den Beweggründen und den Handlungsansätzen für eine nachhaltige räumliche Bewegung von

H. Flämig (✉)
TU Hamburg, Hamburg, Deutschland
E-Mail: flaemig@tuhh.de

W. Canzler et al. (Hrsg.), *Handbuch Mobilität und Gesellschaft*,
https://doi.org/10.1007/978-3-658-37557-7_23

Personen und soziale Teilhabe aus psychologischer, soziologischer und politologischer Perspektive. Diese Erweiterung der Systemgrenzen bei der Analyse und Gestaltung des Handlungsfelds hat im Bereich der Gütermobilität nur bedingt stattgefunden (siehe z. B. das österreichische Forschungsförderungsprogramm, Birtchnell et al. 2015; Flämig 2004). Bisher wird unter Gütermobilität vor allem Raumüberwindung verstanden. Der Einfluss, den entsprechende Raumnutzungen in Form von Standorten und Infrastrukturen auf die Flächennutzung, Nutzungskonflikte und Verkehrserzeugung auf Mensch, Tier und Umwelt haben, wird meist nur aus der funktionalen Perspektive bewertet: Die Ver- und Entsorgung von Standorten der Wirtschaft und Bevölkerung ist sicherzustellen. Die leeren Regale in Zeiten der COVID-19-Pandemie haben diese Sichtweise verstärkt, ohne die hinter den Logistikketten liegenden Funktionslogiken zu hinterfragen.

Um das Wirtschaftsverkehrssystem besser verstehen und gestalten zu können, ist dessen Analyse nicht nur aus einer technisch-funktionalen, sondern auch aus einer organisatorischen und sozialwissenschaftlichen Perspektive notwendig. Dabei muss die Systembetrachtung über das Verkehrssystem im engeren Sinne hinaus erweitert werden. Der entsprechende Wirkungszusammenhang ist komplex und interdependent: Verkehr ist eine abgeleitete Größe aus der Nachfrage nach Raumveränderung bzw. entsteht durch die realisierten Ortsveränderungen von Personen, Gütern und Nachrichten, dem Transport. In der Wirtschaft ist der Transport ein Teilbereich der Logistik. Logistik besteht aus den generischen Grundfunktionen Transport (Raumüberwindung), Umschlag (Mengenausgleich) und Lagerei (Zeitüberbrückung).

Logistik hat in diesem Verständnis eine dienende Funktion zur Befriedigung einer Nachfrage nach Realgütern. Hinter der Entscheidung der Akteure zur Veränderung von Warenbeständen steht allerdings eine Kette weiterer Entscheidungen, wie beispielsweise die Entscheidung über die eigene Fertigungs- und Dienstleistungstiefe. Die dadurch anfallende Beschaffungslogistik erfolgt heute meist im internationalen Handel, was zu einer zunehmend internationalen Ausgestaltung von Wertschöpfungsketten und langen Transportketten führt. Je großräumiger, mehrstufiger und vernetzter die Wertschöpfung stattfindet, desto vulnerabler ist diese. Aufgabe des Supply Chain Managements (SCM) der Unternehmen ist es, diese Wertschöpfungsnetzwerke resilient und robust zu organisieren, sodass die Produkte in der richtigen Qualität und Quantität zu den richtigen Kosten den richtigen Kunden bzw. Ort erreichen.

Das Management der Unternehmen bzw. die Steuerung der Wertschöpfungsketten sind bisher bestimmt durch ökonomische Rationalität und funktionale Effizienz. Der zentrale Ansatz zur Optimierung der betrieblichen Materialwirtschaft ist eine Nutzenmaximierung durch größtmöglichen Output bei minimalem Mitteleinsatz. Andere Aspekte, insbesondere Externalitäten wie ökologische Folgelasten oder Verkehrsunfallkosten werden bisher nur in wenigen Unternehmen bei der Steuerung berücksichtigt. In der Regel erfolgt in der Praxis auch keine Auseinandersetzung mit dem Phänomen des induzierten Verkehrs, also der Verkehrserzeugung durch neue Infrastrukturen oder veränderte Lieferbeziehungen.

Der Beitrag erläutert diese Wirkungszusammenhänge für ein besseres Verständnis des Gegenstands Wirtschaftsverkehr. Gleichzeitig wird analysiert, warum eine grundlegende Trendwende im Bereich des Wirtschaftsverkehrs bisher nicht stattfindet. Das

Verständnis der Wirkungszusammenhänge zeigt aber Ansatzpunkte zur Gestaltung des Wirtschaftsverkehrssystems auf, die anhand verschiedener Modelle eingeführt werden. Im ersten Abschnitt wird der Zusammenhang zwischen der Wettbewerbsstrategie eines Unternehmens und der sich daraus ergebenden Transportnachfrage anhand des Modells von Chopra und Meindl (2016) erläutert. Im zweiten Abschnitt wird das konzeptionelle Modell von Sjöstedt (1996) genutzt, um den Zusammenhang von Nachfrage nach Transport bzw. Bewegung im Raum, dem generierten Verkehr und den genutzten Flächen aufzuzeigen. Ausgehend von einer angestrebten ökologisch nachhaltigen Entwicklung werden Ansätze einer nachhaltigen Gestaltung durch verschiedene Akteure aus der Wirtschaft und des Staates entlang eines Gestaltungsmodells exemplarisch diskutiert. Der Beitrag endet mit einem Ausblick.

2 Unternehmensentscheidungen, Transport- und Verkehrsnachfrage

Unternehmerische Aktivitäten sind in den so genannten Marketing Channel eingebunden (Christopher 2023). Getrieben von den Marketing- und Verkaufsabteilungen werden bei Erfolg (Verkauf) in einer zum Güterfluss rückwärts gerichteten Kette die Bereitstellung der Waren beim Kunden (Distribution), die bedarfsgerechte Verarbeitung (Produktion) und der Einkauf der dafür notwendigen Roh-, Hilfs- und Betriebsstoffe und/oder Dienstleistungen (Beschaffung) ausgelöst. Dabei bestimmen die Wettbewerbsstrategie eines Unternehmens die Transportnachfrage (Abschn. 2.1) und deren Realisierung wiederum das Verkehrsaufkommen (Abschn. 2.2).

2.1 Wettbewerbsstrategie und Supply Chain

Das in der Abb. 1 dargestellte Modell von Chopra und Meindl (2016, S. 62) verdeutlicht, dass sich aus der Wettbewerbsstrategie eines Unternehmens (Differenzierungsstrategie oder Kostenführerschaft) die präferierte Supply Chain Strategie ableitet. Daraus ergibt sich die Supply Chain Struktur und die Ausgestaltung der drei logistischen Treiber. Die drei logistischen Treiber – Standorte, Bestände und Transport – sowie die Informationslage (z. B. über Bedarfe und Verfügbarkeiten) beeinflussen wiederum die Supply Chain Strategie (ebda., S. 69). Die Zusammensetzung der zu transportierenden Realgüter wird durch die Entscheidung über Eigen- oder Fremdbeschaffung sowie durch die geografische und redundante Verteilung der Zulieferer bestimmt.

Die zentrale Steuerungsgröße in flussorientierten Konzepten ist die Zeit. Just-in-Time- (JiT) Konzepte stehen für die bedarfsgerechte Versorgung (Menge, Zeit, Reihenfolge) der nachfolgenden Wirtschaftsstufe. Nach der Individualisierung der Nachfrage nutzt diese Supply Chain schnelle Transportmittel wie das Flugzeug oder den Lkw, um die Kundenbedürfnisse umgehend befriedigen zu können. Ultraschnelle Lieferdienste, die mit Zustellungen innerhalb von 10 min in großen, meist staugeprägten Städten werben, nutzen häufig das Fahrrad.

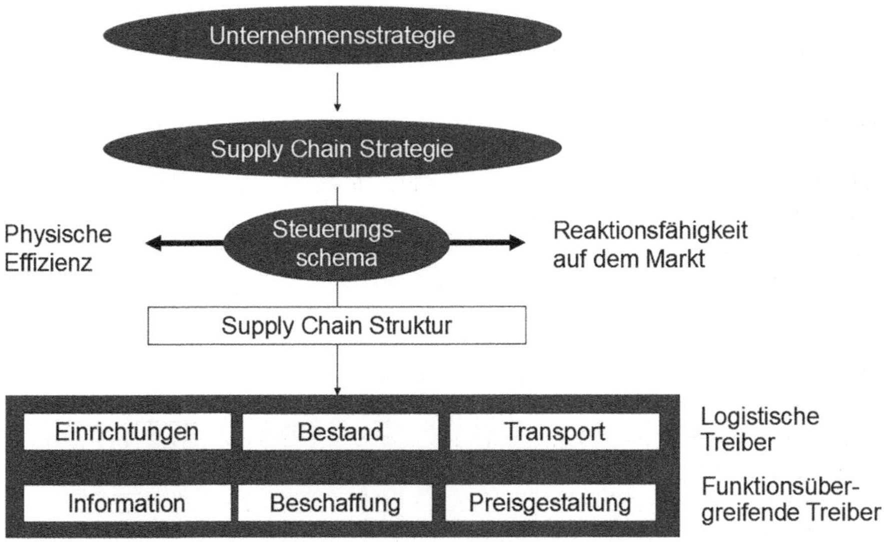

Abb. 1 Supply Chain Decision-Making Framework. (Quelle: Erweiterte Darstellung und eigene Übersetzung basierend auf Chopra und Meindl (2016), S. 58)

Die zentrale Steuerungsgröße in ressourcenorientierten Konzepten ist die optimale Ausnutzung von vorhandenen Kapazitäten zur Kostenreduzierung (*Physical Efficiency*). Die Lieferung an den Kunden erfolgt aus dem Lager, wie dies beispielsweise bei Massenprodukten der Fall ist. Die Lagerfertigung ermöglicht den gebündelten Transport und letztendlich den Modal Shift auf größere Transportgefäße und/oder andere Verkehrsträger. Im Fall der kundenindividuellen Produktion wird der Kunde ohne Lagerung beliefert (Auftragsfertigung).

Die zentrale Steuerungsgröße zur Reduzierung von Beständen und damit der Kapitalbindungskosten ist die Art des Auftrags und dessen zeitliche Berücksichtigung in der Supply Chain. Bis zur Vorlage eines Kundenauftrags ist eine effiziente Produktion und auch Lagerhaltung (Zentrallager) durch eine hohe Bündelung möglich. Das gleichermaßen verfolgte Ziel der *Market Responsiveness* führt zum so genannten Bullwhip-Effekt. Dieser beschreibt das Aufschaukeln der Mengen vom Endkunden über den Handel bis zu den Produzenten und ihren Zulieferern bei fehlender Information über die tatsächliche Endnachfrage.

Im Modell von Chopra und Meindl sind die entstehenden Externalitäten durch die (physische) Logistik nicht Gegenstand von Entscheidungen. Dabei bestimmen insbesondere die Transportnachfrage und die Standorte die Verkehrsnachfrage, was anhand des konzeptionellen Modells von Sjöstedt erläutert werden soll.

2.2 Zusammenhang von Transport und Verkehr

Sjöstedt (1996) legte einen theoretischen Rahmen für die Auswirkungen von Wachstum, Wettbewerb und Beschäftigung auf Transport und Verkehr aus einer sowohl technischen als auch anwendungsorientierten Perspektive vor. Es besteht aus vier strukturellen Elementen, zwischen denen Interaktionsprozesse bestehen (siehe Abb. 2).

Treiber des Systems sind menschliche Aktivitäten. Dahinter stehen Entscheidungen von Individuen und zunehmend von Algorithmen zur Realisierung von privaten oder wirtschaftlichen Aktivitäten zwischen räumlich verteilten Standorten. So löst die Kaufentscheidung den Transport aus. Der realisierte räumliche Transaktionsprozess hat eine Änderung der Adresse von Subjekten bzw. Objekten zum Ziel und wird „Transport" genannt. Die Entscheidung, ob die logistischen Funktionen auf eigene Rechnung und damit selbst gestaltet werden können oder ob sie fremd vergeben werden und nur über vertragliche Regeln beeinflussbar sind, bestimmt maßgeblich die Gestaltungsoptionen.

Der abstrakte Interaktionsprozess Erreichbarkeit umfasst alle vorbereitenden Aktivitäten, die es einer Person, einem Gut oder einer Information ermöglichen, eine Aktivität an einer spezifischen Adresse einer Immobilie ausführen zu können, indem diese zugänglich bzw. erreichbar ist. Hierbei kann es sich um Standorte von Haushalten, des Handels oder der Produktion handeln. Auch rein logistische Standorte, wie ein Distributionszentrum, Hafen, Rangierbahnhof, Mikro-Hub usw., gehören dazu. Diese Standorte (Immobilie) können durch die *Transportobjekte bzw. –subjekte* (Personen, Güter und Informationen) über mindestens eine verbindende *Infrastruktur* erreicht werden. Die Raum- bzw. Flächennutzung spiegelt den Bau von Standorten (Einrichtungen) sowie Transport-, Kommunikations- und Energieversorgungsinfrastrukturen wider. Dafür bedarf es Energie und Ressourcen, ebenso wie für die Bewegung von Fahrzeugen oder Gefäßen (*Mobilien*) auf den Infrastrukturen. Durch diese realisierte Ortsveränderung von Personen und Gütern entsteht *Verkehr.*

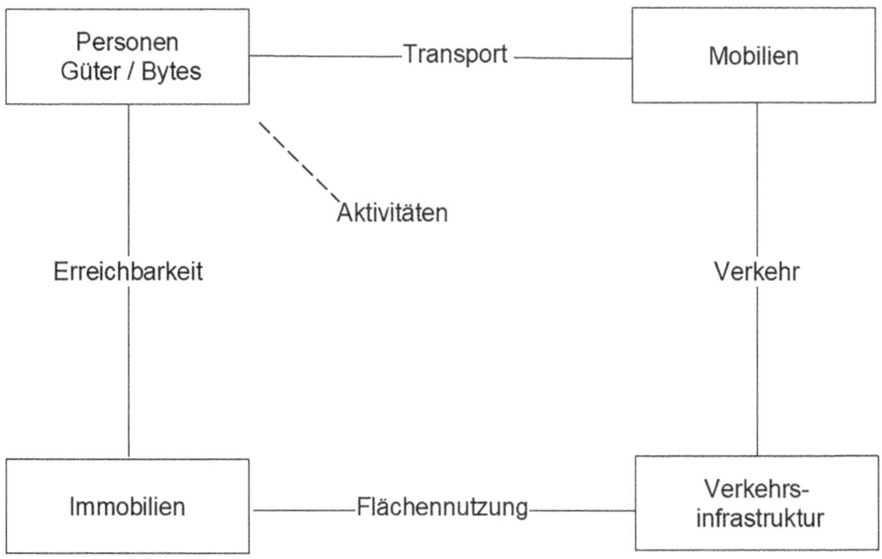

Abb. 2 Konzeptionelles Modell von Transport und Verkehr. (Quelle: Eigene Darstellung (Flämig 2004) basierend auf Sjöstedt 1996)

Aus dem Modell nach Sjöstedt werden die Wechselbeziehungen zwischen Raumtypen, Transportkorridoren und logistischen Knoten deutlich. Durch die Berücksichtigung der Erreichbarkeit und der verkehrlichen Erschließung ist das Modell gut geeignet, um die Funktionalität unterschiedlicher urbaner oder ländlicher Räume für einzelne Supply Chains zu analysieren (siehe z. B. Flämig 2004). Die Gleichsetzung des Transports mit einer Adressänderung durch Sjöstedt (1996) reflektiert gleichermaßen den Impact der unternehmerischen Standortentscheidung auf die gebaute Umwelt und die gesellschaftliche Akzeptanz, die durch die Erreichbarkeit zum Ausdruck kommt.

Der Gütertransport selbst findet in Verkehrssystemen im engeren Sinne statt, deren Raumerschließung von den jeweiligen geografischen Gegebenheiten bzw. von der gebauten Infrastruktur abhängen. Dabei unterscheiden sich die Verkehrssysteme (Straßen-, Schienen-, Wasser-, Luftverkehrssysteme und Rohrleitungssysteme) entsprechend ihrer so genannten *Verkehrswertigkeiten* (Voigt 1973), vor allem hinsichtlich der Geschwindigkeit und Pünktlichkeit sowie durch die Möglichkeiten zur Bündelung aufgrund ihrer Massenleistungsfähigkeit.

Die gedankliche Trennung von Transport und Verkehr im konzeptionellen Modell von Sjöstedt ermöglicht zum einen, das Wirtschaftsverkehrssystem nicht nur als technisch-organisatorisches, sondern als sozio-technisches System mit unterschiedlichen Akteuren und deren Entscheidungen zu begreifen. Zum anderen zeigt es auf, dass für ökologisch-ökonomisch effiziente logistische Flüsse neben der Verkehrsinfrastruktur und den Verkehrsmitteln die Anzahl, Gestaltung und räumliche Verteilung der Standorte entscheidend ist. Dieses Grundverständnis wird nach der Klärung der Zielebene im Folgenden genutzt, um Ansatzpunkte einer Gestaltung des Systems darzustellen.

3 Gestaltungsfragen und -ansätze

Im Zentrum einer sozialwissenschaftlichen Auseinandersetzung stehen übergeordnete Gestaltungsfragen. Seit der Veröffentlichung des Berichts der Weltkommission für Umwelt und Entwicklung (1987) besteht weitgehend Konsens über die Notwendigkeit einer nachhaltigen Entwicklung, die auch die Befriedigung der Bedürfnisse zukünftiger Generationen ermöglicht. Dies umfasst soziale, ökologische und ökonomische Aspekte. In ihrer praktischen Umsetzung ist Nachhaltigkeit sowohl mit Komplexitätsproblemen wie auch mit Interessenkonflikten konfrontiert. Zur Komplexitätsreduktion werden im Folgenden die Gestaltungsansätze mit Blick auf Luftschadstoffemissionen betrachtet.

In der Tab. 1 sind durchschnittliche Emissionen je Tonnenkilometer für den Transport mit dem Lkw, dem Binnenschiff und der Güterbahn aufgeführt. Diese Emissionen leiten sich aus der Art und dem Umfang des Energieverbrauchs ab. Der kumulierte Energieaufwand im Güterverkehr in Deutschland je Tonnenkilometer unterscheidet sich zwischen den Verkehrsmitteln erheblich (Allekotte et al. 2020, S. 134): Der Lkw benötigt ein Mehrfaches an Energie gegenüber dem Binnenschiff und der Güterbahn.

Tab. 1 Vergleich der durchschnittlichen Emissionen in g/tkm ausgewählter Verkehrsmittel in Deutschland (2021)

Verkehrsmittel	THG-Emissionen[1]	Stickoxide	Partikel[2]
Lkw[3]	118	0,218	0,012
Binnenschiff	33	0,401	0,011
Güterbahn[4,5]	16	0,033	0,001

Quelle: eigene Zusammenstellung nach Umweltbundesamt 2023 (Daten: TREMOD 6.42 (12/2022))
g/tkm = Gramm pro Tonnenkilometer
[1] CO_2, CH_4, N_2O angegeben in CO_2-Äquivalente
[2] Ohne Abrieb von Reifen, Straßenbelag, Bremsen, Oberleitungen
[3] Lkw ab 3,5 t zGG, Sattelzüge, Lastzüge
[4] Emissionsfaktoren basieren auf Angaben zum durchschnittlichen Strom-Mix in Deutschland
[5] Auslastung 31 %

Die Bundesregierung fördert derzeit vor allem eine Antriebswende, die auch immer eine Energiewende voraussetzt. Es ist zu erwarten, dass Hersteller in allen Fahrzeugsegmenten verstärkt auf batterieelektrische Vehikel (BEV) setzen werden, mit den entsprechenden Implikationen für die Stromversorgung vor Ort. Die Bahn ist seit langem bereits stark elektrifiziert und arbeitet weiterhin daran, noch bestehende Lücken im Netz zu schließen. Auch bei einer zukünftig veränderten Energiebereitstellung (Well-to-Tank) und einer Elektrifizierung der Fahrzeugflotten (mit Wirkungen auf den Tank-to-Wheel-Verbrauch) ist die Eisenbahn aufgrund der Massenleistungsfähigkeit und besseren Umweltbilanz (ebenso wie das Binnenschiff) dem Straßentransport vorzuziehen (Allekotte et al. 2020). Werden zudem noch die gesellschaftlichen Kosten für die Folgen von Lärm, Luftschadstoffen, Unfällen usw. berücksichtigt, sind die externen Kosten des Straßengüterfernverkehrs fast dreimal so hoch wie die des Schienengüterverkehrs (ebda.).

Eine nachhaltige Gestaltung des Wirtschaftsverkehrssystems setzt zunächst ein Verständnis des generischen Wirkungszusammenhangs zwischen logistisch relevanter (unternehmerischer) Entscheidung, der dadurch generierten Transportnachfrage, des durch den realisierten Transport entstehenden Wirtschaftsverkehrs und der dafür in Anspruch genommenen Umweltleistung voraus. Diese Grundlage wurde mit der Einführung der beiden vorangestellten Modelle gelegt. Neben der klassischen Unterscheidung zwischen Verkehrsvermeidung, Verkehrsverlagerung und Verkehrsoptimierung tritt, inspiriert durch die Sjöstedtsche Trennung von Transport und Verkehr, noch die Transportvermeidung.

In der systemischen Perspektive von Vester werden die Umfeld- und Umweltbedingungen zu jeder Determinante betrachtet. Vester (1991, S. 67 ff.) nutzt dafür die so genannte Kriterienmatrix, um einerseits das System von seiner Umwelt abzugrenzen, aber gleichzeitig auch externe Einflussfaktoren zu identifizieren, um das System effektiv und effizient zu managen (S. 17 ff.). Um eine relevante Systembeschreibung zu erreichen, nimmt Vester eine Überprüfung des Variablensatzes nach festgelegten Kriterien (sieben Lebensbereiche, drei physikalische Kategorien, drei dynamische Kategorien, vier Systemrelationen) vor (S. 67 ff.). Das in der Abb. 3 dargestellte generische Systemverständnis zeigt die wesentlichen Steuerungsgrößen,

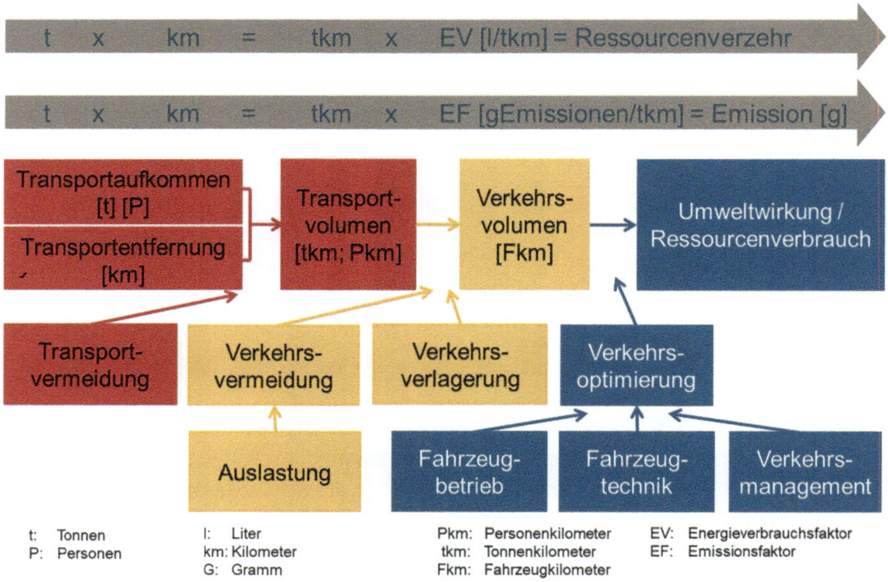

Abb. 3 Ansatzpunkte zur Reduzierung der verkehrsbedingten Umweltwirkungen im Güterverkehr. (Quelle: modifiziert nach Flämig 2014)

durch die die Umwelt- und Ressourcennutzung logistischer Aktivitäten beeinflusst werden können (Flämig 2014). Hinsichtlich einer nachhaltigen Entwicklung werden nach den Ansatzpunkten der Gestaltungsansätze Transportvermeidung, Verkehrsvermeidung, Verkehrsverlagerung und Verkehrsoptimierung unterschieden.

Transportvermeidung ist nur durch eine Verkürzung der Transportentfernungen zwischen den in der Supply Chain berücksichtigten Standorten (Adressen) und der Reduzierung des Transportaufkommens im Sinne einer nicht stattgefundenen räumlichen Bewegung von Gütern oder Personen möglich.

Die *Transportentfernung* wird wesentlich von der Standortwahl und der geografischen Beschaffungs- bzw. Distributionsstrategie der Unternehmen, aber auch der Konsumenten bestimmt. Wesentlichen Einfluss darauf haben politische Entscheidungen über den Zugang zu Märkten (Liberalisierungseffekt) und die Kosten und Qualität eines Standorts (Arbeitskräfte, Energie, Steuern usw.) sowie die Flächennutzungs- bzw. Raumplanung. Nachhaltige urbane Logistikketten brauchen zur Ver- und Entsorgung von hochverdichteten Räumen auch dort integrierte Knoten.

Seit langem wird eine mögliche Regionalisierung von Lieferketten diskutiert. Diese würde zwar Transportentfernungen reduzieren, aber möglicherweise zugleich mit einer höheren Transportfrequenz einhergehen und Transporte von der Bahn oder dem Schiff auf die Straße verlagern. Unter heutigen technologischen Rahmenbedingungen für die Energiebereitstellung und die Fahrzeugantriebe könnten in diesem Fall die Umwelteffekte negativ sein (siehe das Beispiel der Automobilindustrie in Kühn 2016). War ein Regionalisierungsszenario in der Vergangenheit meist ein Nischendiskurs der Nachhaltigkeitswissenschaften, das kaum Einfluss auf Unternehmensstrategien hatte, hat sich dieses Bild seit der COVID-19-Pandemie geändert. Nach dem Abriss internationaler Lieferketten infolge von massiven Produktionsausfällen in Asien werden viele Lieferbeziehungen einer Neubewertung unterzogen. Zwar ist kein Ausstieg aus globalen Wertschöpfungsnetzwerken zu erwarten, aber unter dem Stichpunkt Resilienz soll die Abhängigkeit von großräumigen Wertschöpfungsketten sukzessiv abgebaut werden (MGI 2020).

Kurze Lieferketten führen zur Erhöhung der Lieferbereitschaft, aber auch zu einer wachsenden Nachfrage nach (dezentralen) Lagerstandorten nicht nur in der Nähe gewerblicher Standorte, sondern auch zu den Endkunden und zum Handel (beispielsweise aufgrund von Online-Handel und Heimzustellung oder auch Click & Collect). In der Folge nehmen kleinräumige Wirtschaftsverkehre zu. Die im städtischen Kontext verdichtet auftretenden, kurzlaufenden Verkehre und der Zeitwettbewerb unter den Unternehmen ermöglichen beispielsweise den betriebswirtschaftlichen Einsatz von Lastenfahrrädern. Dies wird vom Staat im Rahmen der Nationalen Klimaschutzinitiative zwischen 2021 und 2024 durch die Förderung der Anschaffung von E-Lastenfahrrädern und die Einrichtung von Mikro-Depots (https://www.klimaschutz.de/urbane-logistik/) gefördert.

Verkürzen sich die Lieferketten, wandern die Verkehrsknotenpunkte von den nordatlantischen Seehäfen in nächstgelegene Regionen mit günstigen Arbeitskosten. Sie liegen tendenziell in Osteuropa und nicht mehr primär in Asien. Daher ist eine internationale – mindestens EU-weite – Abstimmung der technologischen Standards und des Ausbaus von Tank- und Ladeinfrastruktur für alternative Antriebe notwendig. Durch die AFID-Richtlinie (2014/94/EU), die TEN-T-Verordnung (EU VO 1315/2013) und durch die EU-Vorschläge des Fit-for-55-Paketes (mit dem Ziel bis 2030 die Netto-Treibhausgasemissionen mindestens um 55 % zu senken) wird der koordinierte Ausbau der Tank- und Ladeinfrastruktur durch EU-Regulierungen bereits unterstützt (AFID COM(2021) 559).

Grundsätzlich hängt das *Transportaufkommen* von der wirtschaftlichen Nachfrage und damit von der Wirtschaftsentwicklung ab. Das Aufkommen wird also direkt durch Lebens- bzw. Konsumstile sowie die Art und Weise des Wirtschaftens in Bezug auf die Materialintensität und Fertigungstiefe beeinflusst (Güterstruktur- und Gütermengeneffekt). Je langlebiger die nachgefragten Produkte bzw. je länger deren Erneuerungszyklen sind, desto seltener müssen Ersatzbeschaffungen transportiert werden. Im Mai 2023 nahm das Europäisches Parlament einen Entwurf für eine Richtlinie an, die Unternehmen dazu animieren soll, langlebige und reparaturfreundliche Produkte zu produzieren (Europäisches Parlament 2023). Ziel ist die Erhöhung der Ressourceneffizienz mit direkten Rückwirkungen auf das Transportaufkommen.

Bezogen auf ein verkaufsfähiges Endprodukt sinkt seit Jahren die Anzahl an transportierten Gütern bzw. Waren in der Supply Chain durch eine genauere Planung der Verbrauchsnachfrage des nachgelagerten Produktionsprozesses (Informatisierungseffekt). Dies wird einerseits durch medienbruchfreie automatisierte Echtzeit-Informationsflüsse (Electronic Data Interchange – EDI) zwischen den Produktions- und Handelsstufen realisiert. Zudem verbessern Algorithmen bzw. künstliche Intelligenz die Vorhersagegenauigkeit des Verbrauchs und Abverkaufs.

Neue Preispolitiken, die einen Abverkauf von Waren zu reduzierten Preisen im Geschäft ermöglichen, senken ebenfalls die Transportnachfrage, wenn Rückführungstransporte nicht stattfinden. In der Beschaffungs- und Distributionspolitik können durch Wieder- und Weiterverwendungs- sowie durch Wieder- und Weiterverwertungsstrategien (regionale) Wirtschaftskreisläufe gefördert werden, die wiederum Transporte auf nachgelagerten Wertschöpfungsstufen induzieren.

Dabei muss ein Rückgang an Güterverkehr nicht mit einem in Geldeinheiten gemessenen Rückgang der Wirtschaftsleistung einhergehen, wenn gleichzeitig der Wert der Produkte steigt (Güterwerteffekt) oder die finanziellen Mittel für nichtmaterielle Leistungen genutzt werden. Die Reduzierung des Transportaufkommens setzt aber auf jeden Fall eine Abkehr vom jetzigen Wirtschaften und Konsumieren voraus. Beispielsweise sollten bei den Unternehmen Anreize gesetzt werden, Prozesse zu reorganisieren, um operative Effizienzgewinne zu realisieren, beispielsweise indem eine Qualitätsprüfung bereits im Beschaffungsmarkt erfolgt, wie es einige Handelsunternehmen längst machen.

Verkehrsvermeidung ist in erster Linie durch eine *Auslastungserhöhung* zu erzielen. Die Auslastung kann sich auf die Umverpackung, die Ladeeinheit oder das Transportmittel beziehen. Im Bereich der Umverpackung haben viele Verlader inzwischen ihre Produkte (z. B. wenn die Blisterverpackung wegfällt, da für die Warenpräsentation die Produktverpackung umkonstruiert wurde) oder den Versand (z. B., wenn der Textilversand statt in Kartons in vakuumierten Tüten erfolgt) optimiert.

Eine Ladeeinheit besteht meist aus dem Packstück sowie dem Ladehilfsmittel- und den Ladeeinheitensicherungsmitteln. Die Auslastungserhöhung bezieht sich hier auf die Bestückung bzw. Nutzung der Ladekapazität von Paletten, Kisten und Behältern wie Fässer, Container oder Gitterboxen.

Die Auslastungshöhe hängt bei den meisten Waren und Gütern von der versendeten Menge (die nicht immer der bestellten Menge entsprechen muss) und der gewählten Verpackung, aber sehr häufig auch von der Konstruktion des Produkts selbst (z. B. stapelbar, faltbar) ab. Produktionsunternehmen, Versendende und Bestellende können hier maßgeblich Einfluss nehmen. Wenn die Logistik nicht zum Kerngeschäft gezählt wird, bedarf es Regulierungen von Seiten des Staates (z. B. VerpackG, Öko-Design-Richtlinie, Kreislaufwirtschaftsgesetz). Wird ein Logistik-Dienstleister mit der Durchführung des Transports beauftragt, ist es in dessen originärem Interesse, eine hohe Auslastung zu realisieren.

Leerfahrten entstehen vor allem dann, wenn keine Rückladung realisiert werden kann. Das kann am Produkt und damit notwendigen Spezialaufbauten liegen. Eine alternative Gestaltung würde in das Geschäftsmodell eingreifen und weitergehende Veränderungen des Wirtschaftens erfordern.

Die Auslastung des Transportmittels kann eine mögliche Volumen- oder zulässige Gewichtsauslastung sein. Durch die höhere Effizienz, also die Befriedigung der gleichen Transportnachfrage mit dem geringeren Einsatz von Mitteln (Fahrzeuge, Fahrende, Betriebsmittel), sinken die Kosten pro Ladeeinheit. Der Handlungsspielraum der Logistikdienstleister bzw. Transport- und Verkehrsunternehmen umfasst neben der Realisierung von paarigen Verkehren, bei denen die Hin- und Rücktour ausgelastet ist, die Vermeidung von nicht voll ausgelasteten Transportgefäßen (z. B. von Lkw-Laderäumen oder Containern) oder die Vermeidung von Umwegfahrten (Flämig 2014).

Optimierungspotenziale liegen in einer Bündelung von Transporten. Dies setzt eine gemeinsame und transparente Kapazitätsplanung voraus und kann durch die Kooperation mit Mitbewerbern und eine veränderte Vertragsgestaltung (logistikgerechte Versandeinheiten) mit den Verladern noch gesteigert werden. Auch durch die Akquise von Kunden an oder zwischen den bisherigen Standorten der Kunden oder Partner kann die Auslastung erhöht werden. Die Verknappung des verfügbaren Frachtraums aufgrund fehlender Berufskraftfahrenden, von dem die Logistikwirtschaft zunehmend betroffen ist, erhöht die Bereitschaft zu neuartigen Formen der Zusammenarbeit.

Digitale Infrastrukturen und Anwendungen ermöglichen die Optimierung von räumlich verteilten und komplexen Wertschöpfungsketten durch smarte Algorithmen und künstliche Intelligenz. Internet-basierte Frachtenbörsen/Plattformen und Fuhrparksharing-Konzepte, aber auch eine dynamische Tourenplanung und prädikative Analytik werden dadurch ermöglicht. Das sind Beispiele für technisch-organisatorische Ansätze zur Auslastungserhöhung. Die Effizienz im Transportsystem kann außerdem gesteigert werden, wenn die Transportgefäße größer werden (z. B. Lang-Lkw). Dies kann aber auch ökologisch nachteilig sein, beispielsweise durch die verstärkte Abnutzung der Infrastrukturen, wenn die Gesamtladung schwerer wird oder wenn Transporte vom Güterzug auf den Lang-Lkw verlagert werden (siehe oben Tab. 1).

Die *Verkehrsverlagerung* setzt auf das Hinterfragen der Entscheidung für ein Transportmittel. Die (Neu-)*Wahl des Verkehrsmittels* verfolgt die Reduzierung der negativen Folgen des Verkehrs und wird maßgeblich durch die Erreichbarkeit von Standorten über die verschiedenen Verkehrsträger und ihrer infrastrukturellen Ausstattung (Infrastruktureffekt) sowie von dem Abwägungsergebnis zwischen den Transaktionskosten und der Transportzeit beeinflusst. Verlagerungswünsche von Lufttransporten auf die Kombination von See-Luft-Transporten *(Sea-Air)* oder nur auf See- oder Bahntransporte, von Lkw auf Bahn oder Binnenschiff, von motorisierten auf nichtmotorisierte Transportmittel setzen eine entsprechende Erschließung voraus. Die vielfach unter Umweltgesichtspunkten geforderte Verlagerung von Straßengütertransporten auf die Bahn und das Binnenschiff wurde in der Vergangenheit nicht durch eine entsprechende Infrastruktur- und Regulierungspolitik flankiert. In der Folge, insbesondere aufgrund des Sanierungsprogramms der DB Cargo AG „Marktorientiertes Angebot Cargo (MORA C)", das zu einem deutlichen Rückgang der Anschlussgleise führte, stehen die notwendigen Infra- und Suprastrukturen häufig nicht zur Verfügung.

Die zunehmende Sensibilisierung für ein nachhaltiges Wirtschaften belebt derzeit die Verlagerungsdiskussion. Staatliche Rahmensetzungen, die das Transportkostengefüge und die Erreichbarkeit von Standorten verändern, sowie die mangelhafte Verfügbarkeit an Berufskraftfahrenden stärken derzeit die alternativen Transportmittel. Deren Fehlen ist u. a. eine Folge der weggefallenen Grundwehrpflicht, die häufig zum Erwerb des Lkw-Führerscheins genutzt wurde. In Zukunft könnten der

Mangel an Berufskraftfahrenden und staatliche Eingriffe dazu führen, dass sich die Total-Cost-of-Ownership deutlich zu den Massentransportmitteln Bahn und Binnenschiff verschieben und deren Nutzung attraktiver machen. Der wachsende Widerstand in der Bevölkerung gegen geplante Infrastrukturprojekte jeglicher Art könnte jedoch den notwendigen Ausbau verlangsamen. Im Bereich der letzten Meile schließlich werden Lastenräder nur dann verstärkt eingesetzt, wenn die Anwohnenden, Gewerbetreibenden und der Einzelhandel auch bereit sind, logistische Knoten in ihrer Nachbarschaft als Depot oder gar als Lager zu dulden. Vielerorts muss allerdings durch eine geänderte Baunutzungsverordnung dafür erst die Voraussetzung geschaffen werden.

Verkehrsoptimierung ist klassischerweise die originäre Aufgabe des Verkehrsmanagements. In jüngster Zeit wird auch die Gestaltungsmacht der Hersteller für die Reduzierung der transportbedingten Emissionen und der Unfallfolgen genutzt, indem neue Fahrzeugtechnik auch gesetzlich eingefordert wird. Aber auch ein an den Verkehr angepasster Fahrzeugbetrieb zahlt auf dessen Optimierung ein.

Das *Verkehrsmanagement* umfasst ein Bündel von Maßnahmen zur Beeinflussung des Verkehrsgeschehens „mit dem Ziel, die Verkehrsnachfrage und das Angebot an Verkehrssystemen optimal aufeinander abzustimmen" (FGSV 2012, S. 122). Maßnahmen können infrastruktureller (z. B. Abstellanlagen), ordnungsrechtlicher (z. B. Zufahrtsbeschränkungen), finanzieller (z. B. Straßenbenutzungsgebühren wie die Lkw-Maut), betrieblicher (z. B. Freigabe von Busspuren für den Lkw), organisatorischer (z. B. Speditionskooperationen) und informatorischer (z. B. Störungsinformationen) Art sein (siehe auch Bohlinger 2006, S. 42 f.). Im operativen Bereich kommen verstärkt informatorische Lösungen zum Einsatz, um Staus zu vermeiden und den Verkehrsfluss zu verbessern. Ziel ist es, Personen und Gütern zu ermöglichen, schnell und sicher zum Ziel zu kommen (*Leichtigkeit des Verkehrs*). Da das Verkehrsmanagement meist eine hoheitliche Aufgabe ist, ist ein weiteres Ziel, die negativen Auswirkungen der Mobilität – wie Luft- und Lärmverschmutzung – zu reduzieren.

Der *Fahrzeugbetrieb* und damit das operative Verhalten der Fahrzeugführenden, aber auch das dispositive Verhalten der Fuhrparkbetreibenden entscheiden u. a. über energiesparsames Fahren (Beschleunigung, Geschwindigkeit, Flughöhe).

Die *Fahrzeugtechnik* bestimmt maßgeblich die zur Fahrzeugherstellung und beim -betrieb benötigten Ressourcen und hervorgerufenen Emissionen. Vor dem Hintergrund des Klimawandels interessieren derzeit verstärkt die Treibhausgasemissionen, zu denen Art bzw. Typ, Größe, Motorleistung, Antriebstechnologie, eingesetzter Kraftstoff bzw. Traktionsart/Energiemix und das Energiemanagement beitragen. Von den Fahrzeugherstellenden wurden, flankiert durch Gesetze oder staatliche Fördermaßnahmen, bereits viele Maßnahmen zur Reduzierung der Unfallfolgen und des Energieverbrauchs ergriffen, wie smarte Tachografen, Fahrwiderstandsoptimierung bei Sattelzügen, Rekuperation von Bremsenergie bei Verteiler-Lkw, Fahrerassistenzsysteme bis zum automatisierten Betrieb und luftdruckoptimierte Reifensysteme (ADAC 2024).

Dabei ist zu erwarten, dass die Verkehrssysteme in Folge des fortschreitenden Klimawandels in ihrer Funktionsfähigkeit eingeschränkt werden. Effizienz, Pünktlichkeit und Zuverlässigkeit nehmen ab, wenn der Zustand der physischen Infrastruktur einen sicheren Transport von Gütern und Personen nicht mehr zulässt. Anpassungsmaßnahmen im Verkehrsbereich müssen das Verkehrssystem – bestehend aus der Infrastruktur (Straßen, Bahnlinien, Wasserwegen), der Suprastruktur wie beispielsweise Umschlagterminalanlagen und dem Betrieb – vor den Folgen des Klimawandels schützen bzw. die Systemkapazitäten möglichst schnell wiederherstellbar machen.

4 Ausblick

Wirtschaftsverkehr und Logistik stellen komplexe Systeme dar, die sehr eng mit der funktionalen und räumlichen Organisation des Wirtschaftens verknüpft sind. Die zugrunde liegenden Managemententscheidungen erfolgen vor dem Hintergrund des geltenden Rechtsrahmens, der gebauten Umwelt und der gegebenen Wettbewerbsbedingungen. Die hier vorgenommene differenzierte Analyse unterscheidet zwischen der Organisation von Wertschöpfungsprozessen, dem physischen Transport der Realgüter einschließlich der erforderlichen Umschlag- und Lagerleistungen, dem Verkehr sowie der Rahmensetzung durch den Staat und veränderten Lebens- und Konsumstilen. Eine solche Herangehensweise zeigt die Herausforderungen auf, die sich sowohl bei der Analyse als auch bei der Gestaltung des Wirtschaftsverkehrs stellen. Es handelt sich um ein sozio-technisches System, das eine systemische Betrachtung erfordert, die neben den Technikwissenschaften auch die die Beharrungskräfte erklärende Psychologie (s.u. a. Matt 2018) sowie weitere Sozialwissenschaften einschließt.

Der Handlungsdruck steigt vor allem in der urbanen Logistik kontinuierlich: Einerseits nimmt die Belastung durch den Wirtschaftsverkehr in Stadtzentren weiter zu, andererseits begrenzen Ein- und Durchfahrtsbeschränkungen sowie fehlende Ladezonen die Erreichbarkeit der innerstädtischen Zustellpunkte. Allgemein wächst die Einsicht bei den öffentlichen und betrieblichen Akteuren in die Notwendigkeit übergreifender Politikstrategien für eine stadtverträgliche Gestaltung des Wirtschaftsverkehrssystems (DST et al. 2018). Der Zugriff auf wirksame Instrumente bleibt aber begrenzt (Flämig und Hesse 2019). Politische Steuerung darf sich insofern nicht auf den kommunalen Geltungsbereich und nicht allein auf Problemfelder wie die Paketzustellung beschränken, da Logistik-Dienstleister und Unternehmen mit eigener Schwerverkehrsflotte meistens mindestens deutschlandweit agieren (Einacker et al. 2000, S. 48 ff.). Die dargestellte Analyse des Wirtschaftsverkehrssystems zeigt, dass dieses System nicht seiner Eigendynamik überlassen werden sollte. Es ist zwar in der Lage, sich selbst zu optimieren und den eigenen Nutzen zu maximieren, berücksichtigt aber oft nicht die negativen Folgen für Umfeld und Umwelt (Externalitäten). Die institutionellen Rahmenbedingungen der Wirtschaftsverkehrspolitik, insbesondere das Akteurssystem und die politisch-planerischen Regelwerke einschließlich des betrieblichen Handlungsrahmens, sind die Voraussetzung dafür, dass es erfolgversprechende Wege einer verantwortungsvollen Selbststeuerung des Wirtschaftsverkehrssystems gibt. Regulierung wirkt, dies zeigen bisherige Erfahrungen, ihren Adressaten gegenüber eher vermittelbar, wenn sie nicht räumlich begrenzt und damit einzelfallbezogen, sondern zumindest landesweit und idealerweise grenzüberschreitend erfolgt. Dies spricht dafür, eher auf Standards zu setzen als spezifische Maßnahmen vorzuschlagen. Alle Unternehmen erhalten die gleichen Voraussetzungen.

Mit dem im Jahr 2023 in Kraft getretenen Lieferkettensorgfaltspflichtengesetz (LkSG) unterstützt der Staat proaktives Handeln auf Seiten der Unternehmen (vgl. BMAS 2022). Dazu wird die traditionell in Umweltmanagementsystemen angelegte standortbezogene, innerbetriebliche Betrachtung erstmals auf die Wertschöpfungskette ausgedehnt und die Grundlage für die Umsetzung des Kreislaufwirtschaftsgedankens gelegt. Für transportintensive Unternehmen bedeutet dies, dass die wichtigsten Logistikprozesse identifiziert, einer Risikobewertung unterzogen und verkehrsarme Strategien entwickelt werden müssen (Flämig 2023). Eine Überprüfung dieser Systemzusammenhänge, etwa mit Blick auf Raumwirksamkeit oder sparsamen Ressourceneinsatz, ist trotz ihrer Komplexität eine lohnenswerte Aufgabe.

Mit der Einführung des Urbanen Gebietes in die Baunutzungsverordnung (§ 6a BauNVO), den seit dem Jahr 2017 geltenden Zusatzzeichen „Fahrrad zum Transport von Gütern oder Personen – Lastenfahrrad" der Straßenverkehrsordnung (1010-69 der StVO) sowie „Ladezone" (1012-30 der StVO; weitere Konkretisierung wird im Jahr 2024 erwartet, die u. a. für Liefer- und Ladebereiche ein absolutes Halteverbot vorsieht) wurden erste flankierende gesetzliche Maßnahmen getroffen. Maßnahmen beispielsweise im Bereich der Förderung des Radverkehrs für den Transport von Gütern und Personen müssen auch planerisch-baulich an den Liefer- und Ladepunkten begleitet werden. Wurden früher größere Fahrzeuge als mobile Auslieferungsdepots durch KEP-Dienste genutzt (wie beispielsweise von UPS in Köln ab Ende der 1990er-Jahre), gewinnen derzeit unterschiedliche urbane Logistikimmobilientypen in Abhängigkeit von der Funktion und Lage an Bedeutung (z. B: Dark-Stores, Mikro-Hubs).

Die logistischen Strukturen von Städten und Regionen sollten als Ganzes begriffen und zum Gegenstand systematischer, integrierter Strategien gemacht werden. Es braucht Konzepte für Zentren, Gewerbe- und Wohngebiete, Logistikknoten und für den Handel, sowohl digital als auch physisch. Logistikinitiativen und Wirtschaftsverkehrsrunden bieten Potenziale, solche Ansätze kommunikativ zu flankieren.

Literatur

Allekotte, Michel, Fabian Bergk, Kirsten Biemann, Carolin Deregowski, Wolfram Knörr, Hans-Jörg Althaus, Daniel Sutter, und Thomas Bergmann. 2020. Ökologische Bewertung von Verkehrsarten. Uba-Texte 156/2020. https://www.umweltbundesamt.de/publikationen/oekologische-bewertung-von-verkehrsarten. Zugegriffen am 16.01.2023.

Allgemeiner Deutscher Automobil-Club e.V. (ADAC). 2024. Der richtige Reifendruck: So geht's. 11.01.2024. https://www.adac.de/rund-ums-fahrzeug/ausstattung-technik-zubehoer/reifen/sicherheit/reifendruck/. Zugegriffen am 25.04.2024.

Birtchnell, Thomas, Satya Savitzky, und John Urry, Hrsg. 2015. *CARGOMOBILITIES: Moving materials in a global age*. Routledge: New York.

BMAS – Bundesministerium für Arbeit und Soziales. 2022. Fragen und Antworten zum Lieferkettengesetz. https://www.csr-in-deutschland.de/DE/Wirtschaft-Menschenrechte/Gesetz-ueber-die-unternehmerischen-Sorgfaltspflichten-in-Lieferketten/FAQ/faq-art.html. Zugegriffen am 06.10.2022.

BMDV – Bundesministerium für Verkehr und digitale Infrastruktur, Hrsg. 2021. Klimaschutz im Verkehr – Nutzfahrzeuge mit alternativen Antrieben. https://www.bmvi.de/SharedDocs/DE/Artikel/G/Klimaschutz-im-Verkehr/klimaschutz-nutzfahrzeuge-mit-alternativen-antrieben.html. Zugegriffen am 06.10.2022.

Bohlinger, Matthias. 2006. Grundlagen, Methodik und Verfahren der Verkehrsmanagementplanung. https://www.verkehr.tu-darmstadt.de/media/verkehr/fgvv/Diss-Bohlinger.pdf.

Bundesministerium für Digitales und Verkehr (BMDV). 2023. Entwurf eines Zehnten Gesetzes zur Änderung des Straßenverkehrsgesetzes. Referentenentwurf des Bundesministeriums für Digitales und Verkehr Bearbeitungsstand: 19.06.2023. https://bmdv.bund.de/SharedDocs/DE/Anlage/Gesetze/Gesetze-20/entwurf-zehntes-gesetz-zur-aenderung-des-strassenverkehrsgeset zes.pdf?__blob=publicationFile. Zugegriffen am 01.11.2023.

Chopra, Sunil, und Peter Meindl. 2016. *Supply chain management: Strategy, planning, and operation*, 6. Aufl. New Jersey: Pearson Education.

Christopher, Martin. 2023. *Logistics and Supply Chain Management*, 6. Aufl. Pearson Education.

DST, DStGB, DHI, BIEK, Hrsg. 2018. Gute Logistik für lebenswerte Innenstädte. Gemeinsame Positionierung des Deutschen Städtetags, des Deutschen Städte- und Gemeindebund, des Deutschen Handelsinstituts und des Bundesverbandes Paket- und Expresslogistik. Berlin. https://www.biek.de/download.html?getfile=2100. Zugegriffen am 16.01.2023.

Einacker, Ingo, Heike Flämig, und Christian Schneider. 2000. *Modellvorhaben Stadtlogistik NRW 1995–2000. Konzepte – Umsetzung – Empfehlungen. Abschlussdokumentation.* Düsseldorf: Ministerium für Wirtschaft und Mittelstand, Energie und Verkehr des Landes Nordrhein-Westfalen (Hrsg.).

Europäisches Parlament. 2023. Stärkung der Verbraucher für den ökologischen Wandel. Angenommene Texte 2019–2024. P9_TA(2023)0201. https://www.europarl.europa.eu/doceo/document/TA-9-2023-0201_DE.pdf. Zugegriffen am 16.12.2023.

Flämig, Heike. 2004. Wirtschaftsverkehrssysteme in Verdichtungsräumen: Empirische Analysen, Umsetzungsprozesse, Handlungsempfehlungen. In *ECTL Working Paper 28.* Hamburg: Dissertation. European Center for Transport and Logistics.

———. 2014. Logistik und Nachhaltigkeit. In *Corporate Social Responsibility in der Logistikbranche – Anforderungen an eine nachhaltige Unternehmensführung*, Hrsg. Ludger Heidbrink, Nora Meyer, Johannes Reidel, und Imke Schmidt, 25–44. Berlin.

———. 2023. Das Wirtschaftsverkehrssystem in Stadtregionen. In *Handbuch der kommunalen Verkehrsplanung, Loseblattsammlung*, Hrsg. Thilo Becker et al., Beitragsnummer 2.4.7.1. Berlin & Offenbach.

Flämig, Heike, und Markus Hesse. 2019. Onlinehandel, urbane Logistik und Verkehr. In Informationskreis für Raumplanung, Hrsg. *Raumplanung: Fachzeitschrift für räumliche Planung und Forschung*, Ausgabe 202: 3-4/20192019, 30–35.

Forschungsgesellschaft für Straßen- und *Verkehrswesen* (*FGSV*). 2012. Begriffsbestimmungen. Teil: Verkehrsplanung, Straßenentwurf und Straßenbetrieb. Köln.

Kühn, André. 2016. *Ökologische und ökonomische Effekte einer Regionalisierung der Automobilzulieferer – Ein systemdynamisches Wirkungsmodell.* Stuttgart: Fraunhofer IRB Verlag.

Matt, Christian. 2018. *Elektromobilität: Kriterien und Treiber betrieblicher Mobilitätsentscheidungen. Eine Repertory-Grid-Analyse zur Identifikation der strategischen und operativen Bewertungskriterien von Unternehmensakteure. Harburger Berichte zur Verkehrsplanung und Logistik*, Bd. 19. Münster: readbox publishing.

MGI – McKinsey Global Institute, Hrsg. 2020. Risk, resilience, and rebalancing in global value chains. August 2020. https://www.mckinsey.com/capabilities/operations/our-insights/risk-resi lience-and-rebalancing-in-global-value-chains#/. Zugegriffen am 05.04.2024.

Sjöstedt, Lars. 1996. Chapter 7 – Theoretical framework: An applied engineering perspective. In *Mobility, transport and traffic in the perspective of growth, competitiveness and employment.* Paris: European Council of Applied Sciences and Engineering.

Umweltbundesamt, Hrsg. 2023. Energieverbrauch und Kraftstoffe. https://www.umweltbundesamt.de/daten/verkehr/endenergieverbrauch-energieeffizienz-des-verkehrs. Zugegriffen am 16.12.2023.
Umweltbundesamt, ifeu gGmbH, Hrsg. 2022. TREMOD 6.42 (12/2022).
Vester, Frederic. 1991. Ausfahrt Zukunft – Supplement. Hrsg. Studiengruppe für Biologie und Umwelt GmbH. München.
Voigt, Fritz. 1973. *Verkehr*, Bd. 2. Berlin: Fraunhofer IRB Verlag.

Die sozialen Kosten des Verkehrs: subjektive Wahrnehmungen und objektive Berechnungen

Felix Creutzig, Aneeque Javaid und Stefan Gössling

Inhalt

Zusammenfassung

Die privaten Kosten des Autos werden in Deutschland um ca. 5000 € pro Jahr unterschätzt. Die Wahrnehmung dieser Kosten würde eine Reduktion des Autoverkehrs zur Folge haben. Soziale Kosten des Verkehrs umfassen Staukosten, ungerechte Flächenverteilung, lokale Umwelt- und Gesundheitsfolgekosten sowie Klimafolgekosten. Die von der Gesellschaft getragenen Kosten der Automobilnutzung sind ebenfalls ca. 5000 € pro Jahr pro Auto und höher in der Stadt als auf dem Land. Eine höhere Kostentransparenz in der Autonutzung, eine

F. Creutzig (✉)
Mercator Research Center on Global Commons and Climate Change, Berlin, Deutschland

Bennett Chair for Innovation and Policy Acceleration, Sussex Business School, University of Sussex, Brighton, UK
E-Mail: creutzig@mcc-berlin.net

A. Javaid
Mercator Research Institute on Global Commons and Climate Change (MCC), Berlin, Deutschland
E-Mail: javaid@mcc-berlin.net

S. Gössling
Linnaeus University School of Business and Economics, Kalmar, Schweden
E-Mail: stefan.gossling@lnu.se

W. Canzler et al. (Hrsg.), *Handbuch Mobilität und Gesellschaft*,
https://doi.org/10.1007/978-3-658-37557-7_24

Einpreisung der sozialen Folgenkosten und eine gerechtere Flächenverteilung in Städten würden sowohl dem Klimaschutz als auch dem Wohlergehen aller Menschen zu Gute kommen.

Schlüsselwörter

Soziale Kosten · Subjektive Wahrnehmung · Klimawandel · Räumliche Differenzierung · Flächengerechtigkeit

1 Einleitung

Soziale externe Kosten bezeichnen die negativen Auswirkungen wirtschaftlicher Aktivitäten auf Dritte, die nicht im Preis des Produkts oder der Dienstleistung enthalten sind. Diese Kosten werden somit nicht von den Verursachern, sondern von der Gesellschaft oder der Umwelt getragen. Die sozialen externen Kosten der Automobilität sind also die Kosten, die die Gesellschaft als Ganzes und nicht die oder der einzelne Autofahrer*in aufgrund der Nutzung des Automobils zu tragen hat. Zu diesen Kosten gehören unter anderem Luft- und Lärmbelastung, Verkehrsstaus, Unfälle und Treibhausgasemissionen. Es ist wichtig, diese Kosten zu berücksichtigen, um die negative Auswirkungen auf die Gesundheit, die Umwelt und die Wirtschaft angemessen zu reflektieren und optimal zu adressieren. Ökonom*innen sprechen hier von Internalisierung der externen Kosten.

Davon abzugrenzen sind die privaten Nutzerkosten, etwa die Kosten des Autoerwerbs, der Reparatur und der Tankfüllung. Diese sind hier weniger relevant, da Teil des normalen Marktgeschehens. Wichtig ist jedoch, dass die Kostenstruktur derart ist, dass Autofahrer*innen systematisch die Kosten unterschätzen und zu Kaufentscheidungen kommen, die auch aus ihrer eigenen Sicht problematisch sind. Deswegen fangen wir mit einer Betrachtung der privaten Kostenstruktur des Autobesitzes und der Nutzung an.

Im Folgenden führen wir einige Beispiele für soziale externe Kosten auf, eingeteilt in zwei Kategorien:

A) Globale planetarische Dimension:
   1. Klimawandel: Die Nutzung von Kraftfahrzeugen trägt erheblich zu den Treibhausgasemissionen bei, die den Klimawandel vorantreiben. Nach Angaben des Weltklimarats ist der Verkehr für etwa 15 % der weltweiten Treibhausgasemissionen verantwortlich (Dhakal et al. 2022).
   2. Landnutzung: Für den Bau von Straßen und Parkplätzen für Autos werden große Mengen an Land benötigt, was zur Abholzung von Wäldern, zur Zerstörung von Lebensräumen und zum Verlust der Artenvielfalt führen kann. Darüber hinaus trägt die Nutzung von Autos zur Zersiedelung der Landschaft bei, was zu einem weiteren Verlust natürlicher Lebensräume und einer Fragmentierung von Ökosystemen beitragen kann (Litman 2016).

B) Wohlbefinden und Lebensqualität:

1. Luftverschmutzung: Die Abgase von Autos tragen zu einer schlechten Luftqualität bei, die zu Atemwegsproblemen und anderen Gesundheitsproblemen führen kann. Nach Angaben der Weltgesundheitsorganisation ist die Luftverschmutzung für schätzungsweise 4,2 Mio. vorzeitige Todesfälle pro Jahr verantwortlich. Laut einer Studie der Europäischen Umweltagentur werden in Europa jedes Jahr mehr als 500.000 vorzeitige Todesfälle auf Luftverschmutzung zurückgeführt, wobei ca. 80.000 in Deutschland auftreten (Carvalho 2019).
2. Verkehrsüberlastung: Die große Anzahl von Autos auf den Straßen trägt zu Verkehrsstaus bei, die zu Zeitverlusten, Produktivitätseinbußen und erhöhtem Kraftstoffverbrauch führen. In den Vereinigten Staaten kosten Verkehrsstaus schätzungsweise $ 1400 pro Jahr pro Autofahrer*in (Reed 2019). Auch in vielen deutschen Städten sind Verkehrsstaus ein häufiges Problem, das u. a. zu längeren Pendelzeiten und erhöhtem Stress führen kann. In Berlin zum Beispiel stehen Pendler*innen im Durchschnitt 154 h pro Jahr im Stau (ebda.).
3. Körperliche Inaktivität: Die übermäßige Abhängigkeit vom Auto kann von körperlichen Aktivitäten wie Gehen und Radfahren abhalten, was zu Fettleibigkeit, Diabetes und anderen Gesundheitsproblemen beitragen kann (Sallis et al. 2016). Nur 23 % der Erwachsenen in Deutschland bewegen sich regelmäßig in dem von der Weltgesundheitsorganiation (WHO) empfohlenen Umfang (WHO 2020).

Diese Beispiele zeigen, dass unser Mobilitätssystem falsch konfiguriert ist, weil es den individuellen Nutzen und die Bequemlichkeit des Einzelnen über das Wohlergehen der Gesellschaft als Ganzes stellt. Tatsächlich stellen die automobilspezifischen Ineffizienzen eine zentrale Barriere nicht nur für Nachhaltigkeit und Klimaschutz, sondern gerade auch für das wirtschaftliche Wohlergehen dar (Bongardt et al. 2010).

Die Wirtschaftswissenschaften sind wichtig, um die sozialen Kosten der Automobilität zu bewerten, da sie einen Rahmen für das gemeinsame Verständnis der Vorteile und Kosten der verschiedenen Verkehrssysteme bieten. Die sozialen Kosten der Automobilität beziehen sich auf die negativen Auswirkungen, die der Gesellschaft durch die Nutzung des Autos auferlegt werden, wie Luftverschmutzung, Staus und Verkehrsunfälle. Dazu gehören etwa monetäre Kosten für notwendige Lärmschutzmaßnahmen, schallisolierte Fenster, aber auch erhöhte Krankenhauseinweisungen durch Folgeerkrankungen von Lärmexposition oder Luftverschmutzung, letztendlich auch die Kosten des Klimawandels, wie etwa die Ahrtalkatastrophe. Diese Kosten spiegeln sich oft nicht im Marktpreis des Autofahrens wider, was zu einer übermäßigen Nutzung, aber auch Kauf von Autos und einer Fehlallokation von Ressourcen führen kann. Durch die Berücksichtigung der gesamten sozialen Kosten der Autonutzung können die politischen Entscheidungsträger Maßnahmen ergreifen, die die tatsächlichen Kosten und Vorteile der verschiedenen Verkehrssysteme besser widerspiegeln und ein effizienteres und nachhaltigeres Verkehrssystem fördern.

Bevor wir die sozialen Kosten systematisch darstellen, fassen wir zunächst die Forschung zu den subjektiven Wahrnehmungen der Kosten des Automobils zusammen.

2 Subjektive Wahrnehmungen

Die tatsächlichen Kosten für den Betrieb eines Autos sind viel höher, als die meisten Menschen annehmen (Abb. 1). Viele Menschen unterschätzen die Kosten des Autobesitzes, einschließlich des Kraftstoffs, aber vor allem der Abschreibung, Wartung und Versicherung. In einer Umfrage unter deutschen Autobesitzer*innen lagen die durchschnittlichen Schätzungen der jährlichen Gesamtkosten für ein Auto bei ca. 2400 €, also deutlich weniger als die 5100 € der tatsächlichen Kosten, was einer Fehleinschätzung von 52 % entspricht (Andor et al. 2020). Die Fehleinschätzung ist am größten bei der Abschreibung (86 %), den Reparaturkosten (53 %) sowie den Steuer- und Versicherungskosten (45 %) und wesentlich geringer bei den Kraftstoffkosten (21 %).

Durch genauere Informationen über die Kosten des Autobesitzes können politische Entscheidungsträger*innen und Verbände mehr Menschen dazu ermutigen, ihr Auto stehen zu lassen und umweltfreundliche Reisealternativen in Betracht zu ziehen. Durch die Berücksichtigung der tatsächlichen Kosten des Autobesitzes und der potenziellen Vorteile umweltfreundlicher Reisealternativen können Einzelper-

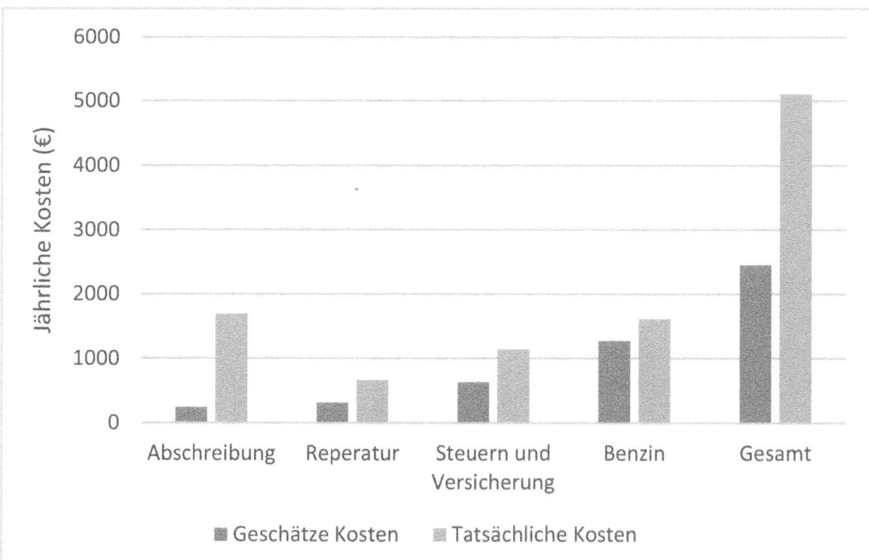

Abb. 1 Geschätzte und wahrgenommene Kosten deutscher Autofahrer*innen. (Quelle: Andor et al. 2020, eigene Darstellung)

sonen und politische Entscheidungsträger*innen fundiertere Entscheidungen treffen. Die Gesamtkosten eines Autos sollten verpflichtend am Verkaufsort und in den Zulassungsschreiben angegeben werden, allein um Käufer*innen eine faktenbasierte Kaufentscheidung zu ermöglichen. Eine solche Informationspolitik beeinflusst das Kaufverhalten der Verbraucher*innen. Das Wissen um die wahren Kosten des Autobesitzes könnte dazu führen, dass in Deutschland fast 17,6 Mio. (37 %) weniger Fahrzeuge auf den Straßen unterwegs sind (Andor et al. 2020). Eine solch drastische Reduzierung würde weniger Staus und sauberere Luft bedeuten. Dies würde auch zu einem Rückgang der CO_2-Emissionen um etwa 37 Mio. Tonnen pro Jahr führen: 23 % der Emissionen des Verkehrssektors (Andor et al. 2020).

Neben unzureichenden Informationen trägt die kognitive Dissonanz dazu bei, den Unterschied zwischen den wahrgenommenen und den tatsächlichen Kosten des Autobesitzes und auch den daraus resultierenden Umweltkosten zu erklären. Kognitive Dissonanz ist ein psychologischer Begriff, der das mentale Unbehagen oder die Inkonsistenz beschreibt, die Menschen erleben, wenn sie widersprüchliche Überzeugungen, Einstellungen oder Verhaltensweisen haben. Kognitive Dissonanz bedeutet, dass man unterschiedliche Überzeugungen hat, die nicht zusammenpassen.

Ein Beispiel: jemand möchte ein neues Auto kaufen und erwägt einen spritfressenden Geländewagen, der ihm oder ihr sehr gut gefällt. Die Person ist jedoch auch um die Umwelt besorgt und möchte ihren CO_2-Fußabdruck verringern. Die Person könnte eine kognitive Dissonanz erleben, weil sie ihre Auswirkungen auf die Umwelt verringern, aber gleichzeitig ein großes Auto kaufen möchte, das Schutz bietet (Gössling 2017). Um diese Dissonanz aufzulösen, kann die Person einen Rationalisierungs- oder Rechtfertigungsprozess einleiten. Sie kann sich einreden, dass das Auto gar nicht so schlecht für die Umwelt ist oder dass sie es durch andere umweltfreundliche Maßnahmen ausgleichen kann.

Oftmals unterschätzen Menschen zudem die künftigen Treibstoffkosten für das Auto, weil sie glauben, dass die Benzinpreise nicht so stark steigen werden, wie sie es könnten.

Die Entscheidung für ein Auto wird von Faktoren wie Preis, Leistung und Kraftstoffeffizienz beeinflusst. Unzureichende Informationen über die Lebensdauerkosten und der Versuch der internen Aufhebung der kognitive Dissonanz führen folglich zu Kaufentscheidungen, die sich an größeren Autos orientieren (Humpe et al. 2022). Die Komplexität der Autoaffinität ist jedoch wesentlich größer, da Autos auch wichtige affektive und symbolische Funktionen haben (zur Diskussion siehe Gössling 2017). Wie wir im nächsten Abschnitt sehen werden, erhöhen wahrgenommene Vorurteile und die Wahl großer Autos die sozialen Kosten der Automobilität.

3 Soziale Kosten der Automobilität und der aktiven Mobilität

Mit Hilfe von Kosten-Nutzen-Analysen ist es möglich, die privaten und gesellschaftlichen Kosten verschiedener Mobilitätsarten zu berechnen. Eine vergleichende Analyse von Kosten-Nutzen-Analysen zur Automobilität, zum Zufußgehen und zum

Radfahren zeigt, dass die Automobilität hohe Kosten für die Gesellschaft verursacht, während das Radfahren und Zufußgehen Vorteile für die Allgemeinheit mit sich bringen. Der direkte Vergleich ist tatsächlich relevant, da ein Großteil der zurückgelegten Strecken im Auto relativ kurz sind und auch mit dem Fahrrad zurückgelegt werden können. Gössling et al. (2019) verglichen zu diesem Zweck die Kosten und Nutzen von 14 verschiedenen Parametern und kamen zu dem Schluss, dass die gesellschaftlichen Kosten der Autonutzung im Durchschnitt 0,11 € pro Kilometer betragen und in Ländern mit einem höheren BIP höher sind. Die Parameter beinhalten und spezifizieren Klimawandel, Luftverschmutzung, Lärm, Bodenqualität, Landnutzung und Infrastruktur, Straßeninstandhaltung, Ressourcennutzung, Autonutzung, Zeitkosten, Staukosten, Gesundheit, Unfälle, wahrgenommene Sicherheit und Servicequalität sowie Lebensqualität. Während die sozialen Kosten des Autofahrens achtmal so hoch sind, haben Radfahren und Zufußgehen einen gesellschaftlichen Nutzen von 0,18 € bzw. 0,37 € pro Kilometer, der hauptsächlich mit einer besseren Gesundheit zusammenhängt. Im Vergleich zum Autofahren hat das Radfahren deutlich geringere private Kosten, allerdings sind Radfahrer*innen den Luftschadstoffen des motorisierten Verkehrs ausgesetzt. Wenn man die gesellschaftlichen Kosten der Automobilität in Europa hochrechnet, ergeben sich Kosten in Höhe von etwa 500 Mrd. € (Gössling et al. 2019).

Die detailliertere Analyse der privaten und gesellschaftlichen Autokosten pro Fahrzeugkilometer, Jahr und lebenslangem Fahren (hier mit angenommenen 50 Jahren) basiert auf 23 Kostenfaktoren in Deutschland, die ebenfalls berechnet wurden (Gössling et al. 2022). Die wichtigsten Kostenfaktoren sind in Abb. 2 (private Kosten) und Abb. 3 (soziale Kosten) aufgeführt. Die Ergebnisse bestätigen, dass die Gesamtkosten des Autofahrens unterschätzt werden – möglicherweise sowohl von Autobesitzern als auch von politischen Entscheidungsträgern. Bei einer jährlichen Fahrleistung von 15.000 km liegen die (privaten und sozialen) Lebenszeitkosten des Autobesitzes zwischen 599.082 € für einen Opel Corsa und 956.798 € für einen Mercedes GLC – beides beliebte Automodelle in Deutschland. Nur ein Teil dieser Gesamtkosten sind privat, da zum Beispiel die Kosten der Emission von Treibhausgasen nicht durch entsprechende Steuern abgedeckt sind.

Daraus ergibt sich, dass Autobesitz von der Gesellschaft mit 29 % bis 41 % subventioniert wird – die Höhe hängt vom Automodell ab. In absoluten Zahlen sind das Kosten von 4674 € pro Jahr für den Opel Corsa und 5273 € pro Jahr für den Mercedes GLC, die von der Gesellschaft getragen werden. Die Ergebnisse zeigen aber auch, dass der Autobesitz insbesondere für einkommensschwache Gruppen wirtschaftlich problematisch ist, da er bei gemeinsamer Nutzung von zwei Einkommensbeziehern 14 % bis 18 % des Lebenseinkommens eines/r ungelernten Arbeiters*in ausmacht. Bei einem/r Alleinstehenden können die Autokosten bis zu 36 % des Lebenseinkommens ausmachen (Opel Corsa), insgesamt 350.000 €. Das Auto steht damit in vielen Haushalten bei den privaten Ausgaben an zweiter Stelle nach den Kosten für die Wohnung. Diese Ergebnisse deuten darauf hin, dass das Automobilsystem auf erhebliche Subventionen angewiesen ist und dass aktive Formen des Verkehrs aus gesundheitlichen und

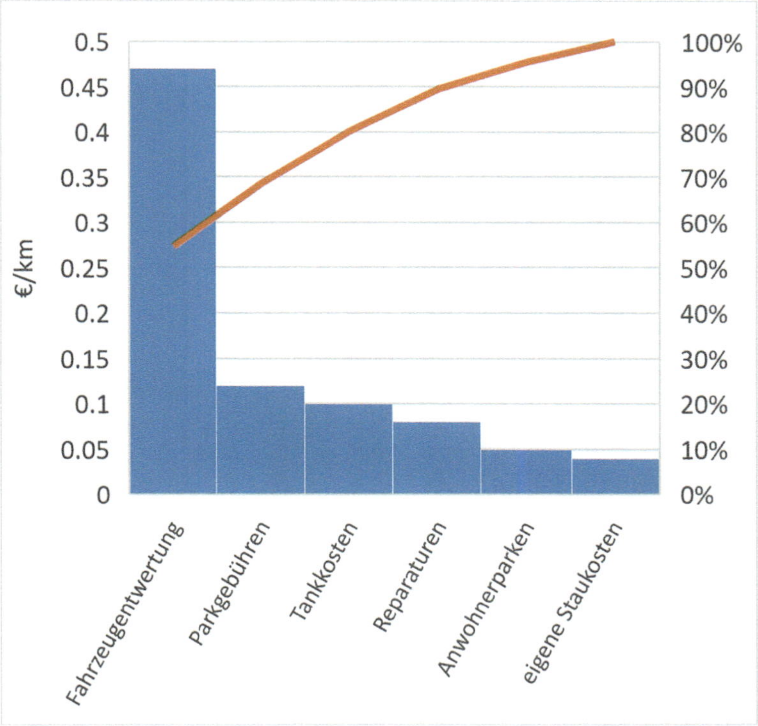

Abb. 2 Private Kosten der Autonutzung (hier ein Mercedes GLC SUV) in €/km. Orange dargestellt die Paretokurve (Prozent der kumulierten Gesamtkosten)

wirtschaftlichen Gründen gefördert werden sollten, da der Nichtbesitz eines Autos einkommensschwache Gruppen stärken kann.

4 Soziale Kosten sind je nach Standort unterschiedlich

Die externen Kosten der Automobilität sind räumlich stark gestreut. Während die Treibhausgasemissionen unabhängig von ihrem Entstehungsort eine ähnliche Wirkung haben, sind andere externe Kosten wie Luftverschmutzung, Staus, Lärm und Unfälle stark vom Standort abhängig. Als Ergebnis dieser Kontextualisierung sind die sozialen Schäden des Autofahrens in dicht bewohnten Städten besonders schädlich, auf dem Lande dagegen weitaus weniger.

Erstens und ganz offensichtlich steigen die sozialen Kosten von Verkehrsstaus mit zunehmender Dichte in städtischen Gebieten. Dies ist zum einen darauf zurückzuführen, dass Staus in dichten städtischen Gebieten häufiger vorkommen, und zum anderen, dass in dichten städtischen Gebieten mehr Menschen von Staus betroffen sind. Aus einer Reihe von Studien geht hervor, dass die Überlastung des Straßennetzes hauptsächlich städtische Gebiete und einige wichtige Engpässe in Europa

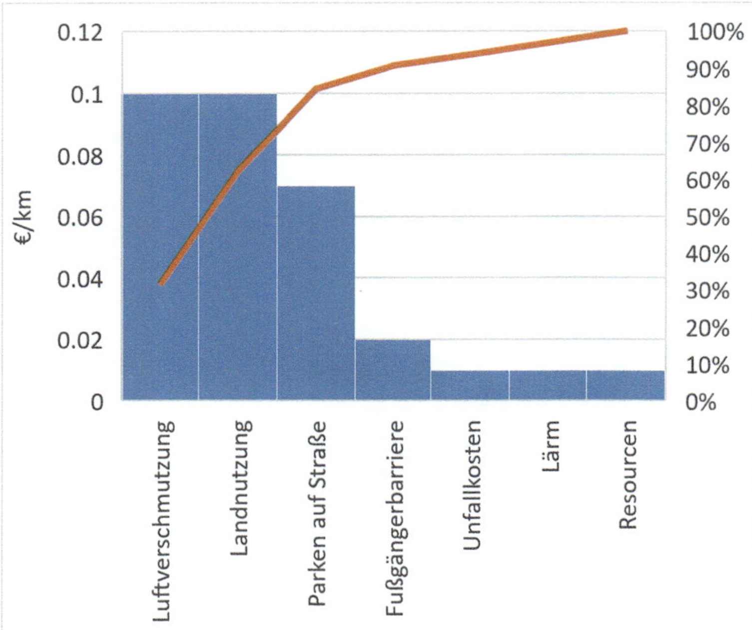

Abb. 3 Soziale externe Kosten der Autonutzung (hier ein Mercedes GLC SUV) in €/km. Orange dargestellt die Paretokurve (Prozent der kumulierten Gesamtkosten)

betrifft und in hohem Maße von der städtischen Dichte sowie der Qualität und Kapazität der Infrastruktur, insbesondere der Verfügbarkeit des öffentlichen Verkehrssystems, abhängt (Van Essen et al. 2019). Darüber hinaus besteht in der Forschung über europäische und US-amerikanische Städte Einigkeit darüber, dass Staus in den meisten Fällen nicht auf einen Mangel an Straßeninfrastrukturkapazitäten zurückzuführen sind, sondern vielmehr auf die Nachfrage nach motorisierten Verkehrsmitteln. Auch eine Analyse der Staukosten in US-amerikanischen Städten durch INRIX Global Traffic Scorecard (2019) zeigt, dass die Kosten von Staus je nach Stadtgröße und -dichte variieren, wobei die höchsten Werte für größere Städte gemeldet werden, die von 2291 $ (Boston) bis zu 1859 $ pro Fahrer*in und Jahr (New York City) reichen, gemessen an der monetarisierten Zeit, die im Stau verbracht wird. Am unteren Ende der Skala liegen die Staukosten in Städten mit geringer Dichte wie Wichita, Kanada, mit nur 304 $ pro Fahrer*in und Jahr (Reed 2019).

Ähnlich verhält es sich mit der Lärmbelastung, von der ebenfalls Menschen in dichten städtischen Gebieten viel stärker betroffen sind. Die Europäische Umweltagentur schätzt, dass etwa jede/r fünfte Europäer*in täglich schädlichen Lärmpegeln ausgesetzt ist, wobei eine unverhältnismäßig hohe Zahl von ihnen in städtischen Gebieten wohnt (Peris 2020). In einigen dieser städtischen Zentren ist mehr als die Hälfte der Bevölkerung Lärmpegeln ausgesetzt, die über den von der EU empfohlenen Werten liegen – vor allem, weil sie in der Nähe stark befahrener Straßen leben und arbeiten.

Das Verhältnis zwischen den sozialen Kosten der Luftverschmutzung und der städtischen Dichte ist ähnlich. Die Kosten der Luftverschmutzung sind in städtischen Gebieten etwa doppelt so hoch wie in ländlichen Gebieten. In städtischen Gebieten der Vereinigten Staaten beispielsweise atmen die Menschen mindestens 10 mal mehr Autoabgase ein als auf dem Land. Dieser so genannte Aufnahmeanteil (engl. impact fraction) erhöht sich in den globalen Megastädten noch einmal um den Faktor 10 (Apte et al. 2012). Beim Vergleich von US-Städten unterschiedlicher Größe finden Forscher*innen eine wirtschaftlich und statistisch signifikante Elastizität der Schadstoffdichte in Abhängigkeit zur Bevölkerungsdichte von 0,14 [0,10 bis 0,25] (Carozzi und Roth 2023). In anderen Worten: In dichter bewohnten Städten steigt die Luftverschmutzung und damit auch die Mortalität. Angesichts der hohen wirtschaftlichen, gesundheitlichen und psychologischen Auswirkungen der Luftverschmutzung (Lu 2020) zeigen diese Schätzungen, dass die sozialen Kosten der Luftverschmutzung durch den Autoverkehr in dichten städtischen Gebieten wesentlich höher sind als in ländlichen Gebieten.

Schließlich ist die Beziehung zwischen Standort und Verkehrsunfall komplex. Auf der Grundlage von Daten aus 300 europäischen Städten finden Forscher*innen keinen signifikanten Zusammenhang zwischen städtischen Gebieten und Straßenverkehrsunfällen pro Person (Cabrera-Arnau und Bishop 2021). In den USA ist der städtische Verkehr in Gebieten mit polyzentrischerem Design und geringerer Zersiedelung tendenziell sicherer (Najaf et al. 2018). Es wird geschätzt, dass eine Erhöhung der städtischen Dichte um 10 % die Rate der tödlichen Unfälle im Durchschnitt um mehr als 15 % senken kann (Najaf et al. 2018). Die Sterblichkeitsrate in ländlichen Gebieten hingegen ist proportional zur gefahrenen Entfernung pro Kopf und nicht unbedingt zur Bevölkerungsdichte. Insgesamt lassen sich Schwankungen der städtischen Sterblichkeitsraten nicht signifikant und konsistent durch die Bevölkerungsdichte als solche erklären (Clark und Cushing 2004). Damit zeigt sich, dass Bevölkerungsdichte für Stau, Luft- und Lärmverschmutzung eine große Rolle spielt, weniger aber für Verkehrsunfälle.

Insgesamt belaufen sich die externen Kosten des Autoverkehrs in den OECD Ländern auf mehr als 1000 € pro Kopf (Litman 1999; Newman und Kenworthy 1999; Rabl und Spadaro 2000; Delucchi und Murphy 2008; Mashayekh et al. 2011). Gerade in Großstädten können dabei die Kosten der Luftverschmutzung und von Stau und Lärm die sozialen Kosten der CO_2-Emissionen deutlich überwiegen. Im Durchschnitt können die Vollkosten des Straßenverkehrs in städtischen Gebieten drei- bis fünfmal höher sein als in ländlichen Gebieten, wenn wir konservativ von sozialen Kohlenstoffkosten in Höhe von 420 US$ pro Tonne CO_2 gemäß dem EU-Handbuch für externe Kosten im Verkehr ausgehen.

Zusätzlich zu den höheren sozialen Kosten des Autoverkehrs ist die Anfälligkeit für Änderungen der Kraftstoffpreise in vorstädtischen und ländlichen Gebieten aufgrund der höheren Ausgaben für Kraftstoff (*höhere Exposition*) und des Mangels an praktikablen Verkehrsmittelalternativen (*geringere Anpassungsfähigkeit*) höher. Angesichts des zunehmenden Trends zur „Suburbanisierung der Benachteiligung“, d. h. der Verdrängung einkommensschwacher Haushalte an die Stadtränder aufgrund des Mangels an erschwinglichem Wohnraum, sind diese einkommensschwachen

Haushalte in der Abhängigkeit vom Auto gefangen (Dodson und Sipe 2008; Mattioli et al. 2018). Aus anderen Untersuchungen in mehr als 50 Ländern wissen wir, dass ein Anstieg der Autobesitzrate um eine Standardabweichung zu einem Rückgang der Bevölkerungsdichte um mehr als 30 % führt (Koster et al. 2020), wodurch eine Rückkopplungsschleife zwischen geringer Dichte und Autobesitz entsteht. In anderen Worten: Vorortsiedlungen ohne Schienenverkehr und Autoabhängigkeit bedingen sich gegenseitig.

Das Resultat dieser Dynamik ist, dass ein relevanter Prozentanteil von Haushalten autoabhängig wird, in Teilen der Literatur charakterisiert als das Angewiesensein auf das Auto bei gleichzeitig relativ geringem Einkommen, sodass höhere Benzinpreise zu einem eingeschränkten Wohlbefinden führen (Mattioli et al. 2019). Auf der Infrastrukturseite ist dies gespiegelt in räumlichen Strukturen, die es zumindest schwierig machen, ohne eigenes Auto Mobilität und Erreichbarkeit zu gewährleistet. Beides zusammen führt zu Pfadabhängigkeit und Lock-in (Seto et al. 2016): sowohl Autonutzer*innen also auch die Stadtplanung können nur schwer aus diesem Dilemma wieder herausfinden.

Ein systematischer Vergleich zwischen städtischem und ländlichem Raum weist folgendes nach (Creutzig et al. 2020a, Abb. 4): Erstens: In Städten ist die Vulnerabilität gegenüber einer CO_2-Bepreisung oder insgesamt gegenüber einer Externalitätsbepreisung im Verkehrssektor relativ gering. Zweitens: Die externen Kosten des PKW-Verkehrs sind in Städten um ein Mehrfaches höher als auf dem Land (wegen Stau, Luftverschmutzung und Lärm, nicht aber wegen der Klimafolgenkosten). Drittens: In der Stadt gibt es mehr Alternativen zum PKW-Verkehr – entsprechend ist die Preiselastizität höher. Daraus lässt sich insgesamt ableiten, dass insbesondere in städtischen Räumen Parkplätze und eine Straßenbenutzung von PKWs weitaus stärker bepreist werden sollten.

5 Faire Nutzung des Straßenraums

Das öffentliche Leben in der Stadt wird durch Straßenräume geprägt, die mehrere Funktionen erfüllen und von allen genutzt werden. Die Aufteilung dieser Räume war im Laufe der Stadtgeschichte immer wieder Gegenstand von Debatten, und die Gewährleistung einer gerechten Aufteilung ist eine große Herausforderung. Die Art und Weise, wie Straßen zugewiesen werden, ist von Stadt zu Stadt, von Stadtteil zu Stadtteil und sogar von Straße zu Straße unterschiedlich. Städte, die Bewohner*innen ohne Auto beachteiligen, riskieren soziale Ausgrenzung. Die Gestaltung des städtischen Straßenbildes kann sich auf den Zugang und die Gerechtigkeit in der Stadt auswirken. Eine Untersuchung der Fairness-Prinzipien bei der Zuweisung von Straßen zeigt, dass bei der derzeitigen Zuweisung von Straßenraum eine systematische Bevorzugung von Privatfahrzeugen besteht (Creutzig et al. 2020b).

Der Straßenraum kann aus verschiedenen Blickwinkeln betrachtet werden, z. B. aus der Perspektive der Verkehrseffizienz, der Umweltverträglichkeit oder des Wohlbefindens. Diese verschiedenen Perspektiven können als (i) eine reine Verkehrs-

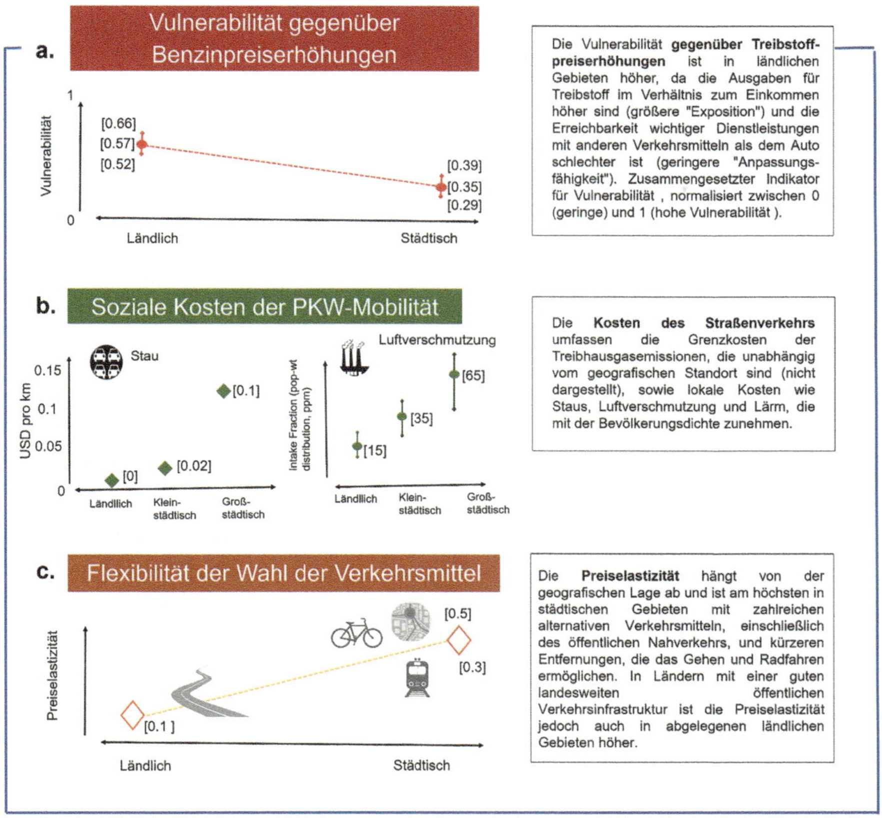

Abb. 4 Unterschied zwischen ländlichem und städtischem Raum (**a**) in der Anfälligkeit gegenüber Benzin- und CO_2-Preisen, (**b**) in den sozialen Kosten der PKW-Mobilität (USD = United States Dollar) und (**c**) in der Flexibilität der Wahl der Verkehrsmittel. (Modifiziert und nachgebildet von Creutzig et al. 2020a)

perspektive (*Straßen für den Verkehr*), (ii) eine Klima- und Nachhaltigkeitsperspektive (*Straßen für die Nachhaltigkeit*) und (iii) eine Wohlfühlperspektive (*Straßen als Lebensort*) bezeichnet werden. Während bei der Verkehrsplanung Überlegungen zum menschlichen Wohlbefinden oft außer Acht gelassen werden, sind sie am umfassendsten und berücksichtigen alle Arten der Straßennutzung. Umweltaspekte fließen in der Regel indirekt in die Berechnung des Wohlbefindens ein, können aber auch für sich genommen als relevant angesehen werden. Wenn man über die Aufteilung von Ressourcen nachdenkt, ob öffentlich oder privat, gibt es viele verschiedene ethische Prinzipien oder normative Standpunkte, die von Ethiker*innen im Laufe der Zeit vorgeschlagen wurden (Van Wee 2011; Pereira et al. 2017). Die Betrachtung eines breiten Spektrums dieser Standpunkte, von Libertarismus, Utilitarismus bis hin zu Sozialismus und Marxismus, im Zusammenhang mit der Zuweisung von Straßenraum liefert übergreifende Prinzipien, die für die Aufteilung von Straßenraum für verschiedene Aktivitäten und Nutzergruppen verwendet werden können. Um diese normativen Gesichtspunkte für die praktische Anwendung der Zuweisung von Straßenraum zu operationalisieren, entwickeln Creutzig et al. (2020b) 14 plausible operative Definitionen – „Zuweisungsmechanismen" (ZMs) – oder Orientierungsmaßstäbe für die Bewertung der Fairness der Raumverteilung. Von den 14 untersuchten Zuteilungsmechanismen (ZM) liefern sieben quantitative Vorhersagen, die für die Bewertung der Straßenraumzuteilung nach ihren eigenen Bedingungen verwendet werden können.

Im Folgenden fassen wir kurz die möglichen Zuteilungsmechanismen zusammen. Der aktuelle Status wird durch ZM 1 (Grandfathering) repräsentiert, der sich nicht an einen bestimmten normativen Standpunkt hält. Stattdessen spiegelt er die derzeitigen Anteile der Straßenraumaufteilung als gesetzt wider und fungiert als Ankerpunkt zum Vergleich mit anderen Möglichkeiten. Die meisten der vorgeschlagenen Zuweisungsmechanismen (ZMs) 2–5 konzentrieren sich auf die Nutzung von Straßen für Transportzwecke. Sie berücksichtigen Faktoren wie den Modalanteil und sind in einem Bottom-up-Ansatz aus einer Verkehrsingenieursperspektive verwurzelt. Sie werden auch teilweise von Überlegungen zur Transportnutzung angetrieben. ZM 2 bewertet den Modalanteil nach der zurückgelegten Strecke, während ZM 3 und ZM 5 den Straßenraum und den Modalanteil nach der Anzahl der Wege als Schlüsselmetriken betrachten und so jeder/m Straßenbenutzer*in gleichwertige Bedeutung beimessen. Verschiedene ethische Grundsätze, wie liberale Gleichheit und Interpretationen von Utilitarismus und Sozialismus, unterstützen diese Zuteilung von Straßenraum. ZM 4 verteilt den Raum unter allen Modi zu gleichen Teilen und sticht als Beispiel hervor, das ethisch schwer zu rechtfertigen ist. ZMs 6–8 hängen von der Effizienz des Transportmodus ab, hinsichtlich seiner Beförderungsfähigkeit (Anzahl von Menschen pro Straßenquerschnitt, die pro Stunde hier durchkommen könnten) oder seines wirtschaftlichen Wertes pro Kilometer, und stimmen mit utilitaristischen und fähigkeitsbasierten ethischen Ansichten überein. ZMs 9 und 10, die einen libertären Schwerpunkt auf die individuelle Autonomie legen, weisen Raum denen zu, die am meisten für den Wandel bezahlen, und betrachten die bestehende Verteilung als vorläufig akzeptabel. Insbesondere hält sich ZM 10 an Rawls' Differenzprinzip und konzentriert sich darauf, die Mobilität der am stärksten benachteiligten Personen zu verbessern.

ZMs 11 und 12 befassen sich mit Nachhaltigkeit in der Straßennutzung und betten Prinzipien für Umweltwirksamkeit ein. Obwohl diese Mechanismen auf unterschiedlichen Ebenen arbeiten (11 lokal, 12 global), sind sie wirksam bei der Erfüllung von Transportbedürfnissen, wenn sie gemeinsam statt unabhängig voneinander umgesetzt werden. ZM 11 zielt darauf ab, die lokale Luftverschmutzung zu reduzieren, während ZM 12 darauf abzielt, die Auswirkungen auf den Klimawandel und den Ressourcenverbrauch zu begrenzen. Beide ZMs stimmen mit Nachhaltigkeit, Generationengerechtigkeit und verschiedenen Umweltphilosophien überein, wie Biocentrismus, Ökozentrismus, Umweltpragmatismus und aufgeklärter Anthropozentrismus. ZM 13 betont die Rolle der Straßen als Gemeinschaftsräume und hebt universelle menschliche Bedürfnisse, Fähigkeiten und Wohlbefinden hervor und spiegelt auch kommunitaristische Prinzipien wider. Schließlich verbindet ZM 14 diese Perspektive mit Rawls' Philosophie und gewährt den am stärksten benachteiligten, wie Kindern und älteren Menschen, eine zusätzliche Berücksichtigung.

Anhand des Fallbeispiels Berlin stellen die Autoren fest, dass unabhängig vom gewählten Zuweisungsmechanismus eine erhebliche Diskrepanz zwischen der derzeitigen und der empfohlenen Straßenraumzuweisung besteht (Abb. 5). Insbesondere die für das Parken von Autos zugewiesene Fläche und der explizite Preis, der dieser Fläche zugewiesen wird, können auf der Grundlage keiner der Perspektiven zur Operationalisierung der Zuweisung von Straßenraum gerechtfertigt werden. Das liegt unter anderem darin begründet, dass Parken selbst nicht für Mobilität notwendig ist, insbesondere in dichten städtischen Räumen wie Berlin, wo viele andere Verkehrsmittel wie auch Carsharingangebote vorhanden sind. Diese Ergebnisse haben Auswirkungen auf die Politik und die Neuzuweisung von Straßenraum. Die Umwidmung von Autostraßenparkplätzen in Fahrradwege ist aus allen ethischen Gesichtspunkten gerechtfertigt. Die Reduzierung des Parkens auf der Straße ist die wichtigste Maßnahme (während die Straßen für den Autoverkehr nicht beeinträchtigt werden müssen). Hochwertige Mobilitätsdienstleistungen wie gemeinsam genutzte Fahrräder, E-Scooter, Nachbarschaftsautos und Free-Floating-Flotten können die Mobilität mit dem Auto ersetzen und so auch den Bedarf an privaten Parkplätzen verringern. Die Anwendung von Fairnessprinzipien auf die Zuweisung von Straßenraum wäre revolutionär, aber dennoch unerlässlich, um Städte für alle lebenswerter zu machen. Gerechtigkeits- und Effizienzprinzipien würden langsamen Fuß-

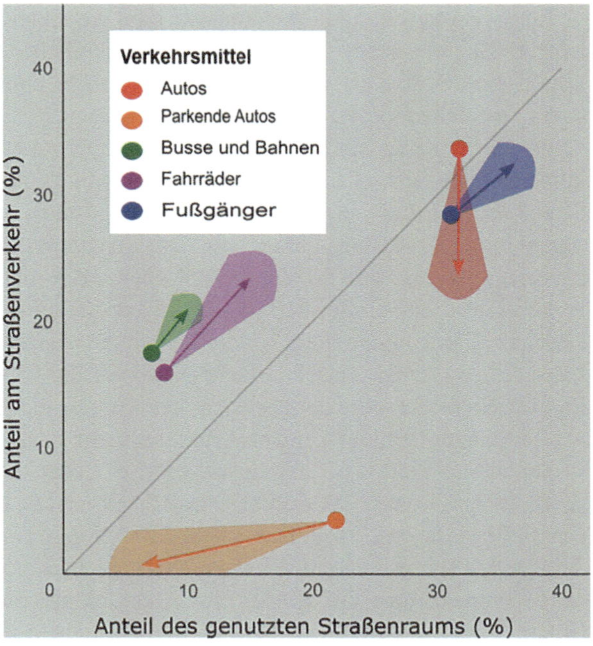

Abb. 5 Darstellung des Straßenraumaufteilung Berlins (Kreise) und normative Empfehlung nach Auswertung verschiedener Gerechtigkeitskriterien (Pfeile). X-Achse: Prozentualer Anteil des genutzten Straßenraums verschiedener Verkehrsmittel. Y-Achse: Prozentualer Anteil der Nutzer verschiedener Verkehrsmittel. Nachgebildet und adaptiert von (Creutzig et al. 2020b)

gänger*innen und halbschnellen Radfahrer*innen Vorrang einräumen und gleichzeitig den für Autos vorgesehenen Platz reduzieren.

6 Zusammenfassung

Die sozialen Kosten der Automobilität sind wichtig. Diese Ergebnisse deuten darauf hin, dass das Automobilsystem auf erhebliche Subventionen angewiesen ist und dass aktive Formen des Verkehrs aus gesundheitlichen und wirtschaftlichen Gründen gefördert werden sollten. Die Verbraucher unterschätzen die Nutzungskosten von Autos und kaufen und nutzen daher möglicherweise zu viele Fahrzeuge, was ihnen selbst wirtschaftlich schadet. Staus, Luftverschmutzung und Lärm sind wichtige externe Effekte der Autonutzung, insbesondere in Städten. Weltweit und unabhängig von bestimmten Standorten sind die Treibhausgasemissionen des motorisierten Verkehrs am wichtigsten. Dies legt nahe, dass die Preisgestaltung für den Autoverkehr eine entfernungsabhängige Komponente enthalten sollte, um die sozialen Kosten des Kohlenstoffs zu berücksichtigen, und eine standortabhängige Differenzierung erfährt, um die hohen sozialen Kosten der Autonutzung in dichten städtischen Gebieten zu berücksichtigen. Betrachtet man die Lebenszeitkosten eines einzelnen Autos, so belaufen sich die sozialen Kosten der Autonutzung auf 30–40 % der Lebenszeitkosten. Mit anderen Worten: Die Allgemeinheit trägt einen großen Teil der Autonutzung. Insgesamt legen sowohl private Kostenerwägungen als auch der Blick auf das gesellschaftliche Gemeinwohl nahe, dass die private Pkw-Nutzung drastisch reduziert werden sollte.

Eine weitere wichtige Erkenntnis ist, dass die sozialen Kosten der Automobilnutzung in Städten weitaus höher sind als in ländlichen Regionen. Die Klimafolgekosten sind äquivalent und unabhängig von der räumlichen Nutzung. Hingegen leiden in Städten vielmehr Menschen durch den Lärm, die Luftverschmutzung und Staus. Gleichzeitig sind Autos gerade in Innenstädten weniger wichtig, da fast immer andere umweltfreundlichere Verkehrsmittel vorhanden sind. Es folgt also daraus, dass gerade in dichtbewohnten städtischen Gebieten umweltfreundliche Verkehrsmittel wie das Fahren mit E-Bike, normalem Rad und Bahn und Bus bevorzugt werden sollte. Ökonomisch könnte dies über die Bepreisung des Autoverkehrs geschehen – Beispiel ist hier die Londoner Innenstadtmaut. Alternativ kann dies auch über Umverteilung von Verkehrsraum geschehen. Dieses Ergebnis ist auch konsistent mit einer ethischen Perspektive auf die Platzverteilung des öffentlichen Raums: Hiernach sollte dem Spielen, der Aufenthaltsqualität und den platzeffizienten Verkehrsmitteln des Umweltverbundes mehr Platz eingeräumt werden.

Schließlich sind Gerechtigkeitsaspekte zu bedenken. Die subjektiv nicht wahrgenommenen Kosten des Autobesitzes können gerade einkommensschwache Gruppen treffen, die mit Mobilitätsrisiken konfrontiert sind, charakterisiert durch das Angewiesensein auf das Auto bei gleichzeitig geringem Einkommen. Damit kann es dazu kommen, dass auf Kosten der Automobilnutzung bei anderen essenziellen Gütern wie etwa dem Essen gespart werden muss. Ein anderes Gerechtigkeitsproblem ist, dass die Anwohner*innen von Hauptstraßen besonders am Verkehrslärm und der Luftverschmutzung leiden, während andere, die oft ruhig wohnen, diese Externalitäten produzieren. Gleichzeitig profitieren Pendler*innen aber keineswegs vom automobilen System: Nichts macht unglücklicher als das tägliche Pendeln im Auto (Mattauch et al. 2016).

Insgesamt ergeben sich folgende politische Empfehlungen:

- Etablierung einer räumlich differenzierten Straßenbenutzungsgebühr, die alle sozialen Kosten berücksichtigt. Eine Konsequenz wäre, dass Autofahren in dichteren städtischen Räumen deutlich teurer (aber auch effizienter, weil weniger staubelastet) wäre, dass Autofahren auf dem Lande dagegen verhältnismäßig günstig bleibt.
- Erhöhung der CO_2-Bepreisung im Transportsektor auf 200€/tCO_2 Die Einkünfte sollten als Klimageld pro Kopf wieder ausgezahlt werden und/oder dafür genutzt werden, den öffentlichen Nahverkehr in bisher abgehängten Vororten zu stärken.
- Umverteilung des Straßenraums durch Abschaffung der Parkplätze am Straßenrand zugunsten von Fußgänger*innen, Radfahrer*innen sowie von mehr Straßenbäumen, um die städtische Lebensqualität zu steigern. Weiterhin gilt es Busspuren zu schaffen, wo Busse bisher im Straßenverkehr hängen bleiben.

Interessant ist, dass diese Maßnahmen gleichzeitig verschiedene Zwecke erfüllen: Klimaschutz, lokaler Umweltqualität und sozial gerechtere Teilnahme an städtischen Räumen. Damit können Städte, Kommunen und Dörfer nicht nur zu den Zielen der Pariser Klimaabkommens beitragen (Knopf et al. 2017), sondern gleichzeitig auch die Nachhaltigkeitsziele der Vereinten Nationen (Sustainable Development Goals) erfüllen (Echeverri et al. 2023). Durch das Einsetzen monetärer Instrumente entstehen Steuerungseffekte, während die Staats- und Stadtkassen in Summe unangetastet bleiben. Solche synergetischen Effekte werden bisher noch nicht wahrgenommen, deuten aber auf große positive Potenziale eines nachhaltigen und klimafreundlichen Verkehrssystems hin.

Literatur

Andor, M.A., A. Gerster, K.T. Gillingham, und M. Horvath. 2020. Running a car costs much more than people think – stalling the uptake of green travel. *Nature* 580(7804): 453–455.

Apte, J.S., E. Bombrun, J.D. Marshall, und W.W. Nazaroff. 2012. Global intraurban intake fractions for primary air pollutants from vehicles and other distributed sources. *Environmental Science & Technology* 46(6): 3415–3423. https://doi.org/10.1021/es204021h.

Bongardt, D., M. Breithaupt, und F. Creutzig. 2010. *Beyond the fossil city: Towards low carbon transport and green growth*, GTZ working paper. Bangkok.

Cabrera-Arnau, C., und S.R. Bishop. 2021. Urban population size and road traffic collisions in Europe. *PLoS One* 16(8): e0256485.

Carozzi, F., und S. Roth. 2023. Dirty density: Air quality and the density of American cities. *Journal of Environmental Economics and Management* 118:102767.

Carvalho, H. 2019. Air pollution-related deaths in Europe – Time for action. *Journal of Global Health* 9(2): 020308. https://doi.org/10.7189/jogh.09.020308.

Clark, D.E., und B.M. Cushing. 2004. Rural and urban traffic fatalities, vehicle miles, and population density. *Accident Analysis & Prevention* 36(6): 967–972.

Creutzig, F., A. Javaid, N. Koch, B. Knopf, G. Mattioli, und O. Edenhofer. 2020a. Adjust urban and rural road pricing for fair mobility. *Nature Climate Change* 7:1–4.

Creutzig, F., A. Javaid, Z. Soomauroo, S. Lohrey, N. Milojevic-Dupont, A. Ramakrishnan, M. Sethi, L. Liu, L. Niamir, und C. Bren d'Amour. 2020b. Fair street space allocation: Ethical principles and empirical insights. *Transport Reviews* 7:1–23.

Delucchi, M.A., und J.J. Murphy. 2008. US military expenditures to protect the use of Persian Gulf oil for motor vehicles. *Energy Policy* 36(6): 2253–2264.

Dhakal, S., J.C. Minx, F.L. Toth, und Y. Shan. 2022. Emissions trends and drivers. In *Climate change 2022: mitigation of climate change: Contribution of working group III to the sixth assessment report of the intergovernmental panel on climate change*, 215–275. Cambridge: Cambridge University Press.

Dodson, J., und N. Sipe. 2008. Shocking the suburbs: Urban location, homeownership and oil vulnerability in the Australian city. *Housing Studies* 23(3): 377–401.

Echeverri, L.G., H. Hackmann, B. Buchner, M. Bustamente, F. Creutzig, M. Fallone, K. Guilanpour, M. Jun, M. Nilsson, T. Oni, Y. Sokona, S. Swaminathan, K. Takeuchi, D. Urge-Vorsatz, D. Violette, M. Takada, B. Seyedi, N. Salame, und Y. Shura. 2023. *Synergy solutions for a world in crisis: Tackling climate and SDG action together.* New York: UNDESA and UNFCCC.

Gössling, S. 2017. *The psychology of the car: Automobile admiration, attachment, and addiction*. Elsevier.

Gössling, S., A. Choi, K. Dekker, und D. Metzler. 2019. The social cost of automobility, cycling and walking in the European Union. *Ecological Economics* 158:65–74.

Gössling, S., J. Kees, und T. Litman. 2022. The lifetime cost of driving a car. *Ecological Economics* 194:107335.

Humpe, A., S. Gössling, und S. Haustein. 2022. Car careers: A socio-psychological evaluation of aspirational automobile ownership. *Transportation Research Part Policy and Practice* 164:156–166.

Knopf, B., S. Fuss, G. Hansen, F. Creutzig, J. Minx, und O. Edenhofer. 2017. From targets to action: Rolling up our sleeves after paris. *Global Challenges* 1(2): 1600007. https://doi.org/10.1002/gch2.201600007.

Koster, H., V.M. Nielsen, F. Ostermeijer, und J.N. van Ommeren. 2020. Automobiles and urban density.

Litman, T. 1999. Transportation cost analysis for sustainability. *Transportation* 1996:97.

———. 2016. Evaluating transportation land use impacts: Considering the impacts, benefits and costs of different land use development patterns.

Lu, J.G. 2020. Air pollution: A systematic review of its psychological, economic, and social effects. *Current Opinion in Psychology* 32:52–65.

Mashayekh, Y., P. Jaramillo, M. Chester, C.T. Hendrickson, und C.L. Weber. 2011. Costs of automobile air emissions in US metropolitan areas. *Transportation Research Record* 2233(1): 120–127.

Mattauch, L., M. Ridgway, und F. Creutzig. 2016. Happy or liberal? Making sense of behavior in transport policy design. *Transportation Research Part Transport and Environment* 45:64–83. https://doi.org/10.1016/j.trd.2015.08.006.

Mattioli, G., Z. Wadud, und K. Lucas. 2018. Vulnerability to fuel price increases in the UK: A household level analysis. *Transportation Research Part Policy and Practice* 113:227–242.

Mattioli, G., I. Philips, J. Anable, und T. Chatterton. 2019. Vulnerability to motor fuel price increases: Socio-spatial patterns in England. *Journal of Transport Geography* 78:98–114. https://doi.org/10.1016/j.jtrangeo.2019.05.009.

Najaf, P., J.-C. Thill, W. Zhang, und M.G. Fields. 2018. City-level urban form and traffic safety: A structural equation modeling analysis of direct and indirect effects. *Journal of Transport Geography* 69:257–270.

Newman, P., und J. Kenworthy. 1999. Costs of automobile dependence: global survey of cities. *Transportation Research Record* 1670(1): 17–26.

Pereira, R.H., T. Schwanen, und D. Banister. 2017. Distributive justice and equity in transportation. *Transport Reviews* 37(2): 170–191.
Peris, E. 2020. Environmental noise in Europe: 2020. *European Environment Agency* 1:104.
Rabl, A., und J.V. Spadaro. 2000. Health costs of automobile pollution. *Revue française d'allergologie et d'immunologie clinique* 40(1): 55–59.
Reed, T. 2019. Inrix global traffic scorecard.
Sallis, J.F., E. Cerin, T.L. Conway, M.A. Adams, L.D. Frank, M. Pratt, D. Salvo, J. Schipperijn, G. Smith, und K.L. Cain. 2016. Physical activity in relation to urban environments in 14 cities worldwide: A cross-sectional study. *The Lancet* 387(10034): 2207–2217.
Seto, K.C., S.J. Davis, R.B. Mitchell, E.C. Stokes, G. Unruh, und D. Ürge-Vorsatz. 2016. Carbon lock-in: Types, causes, and policy implications. *Annual Review of Environment and Resources* 41:425–452.
Van Essen H., Van Wijngaarden L., Schroten A., Sutter D., Bieler C., Maffii S., Brambilla M., Fiorello D., Fermi F., und Parolin R. 2019. Handbook on the external costs of transport, version 2019.
Van Wee, B. 2011. *Transport and ethics: Ethics and the evaluation of transport policies and projects*. Edward Elgar Publishing.
World Health Organization. 2020. WHO guidelines on physical activity and sedentary behaviour: Web annex: Evidence profiles. Genf.

Teil IX

Transformationsperspektiven auf Mobilität

Konflikte und Koalitionen beim Umbau der Autogesellschaft

Weert Canzler

Inhalt

Zusammenfassung

Eine Verkehrswende ist viel mehr als nur ein neuer Antrieb. Sie greift etablierte Siedlungsmodelle und auf der Trennung von Funktionen beruhende Distributions- und Konsumstrukturen an. Gleichzeitig irritiert sie individuelle Handlungsroutinen und erschüttert lange unhinterfragte Gewissheiten. Denn jahrzehntelang war das Auto der Kernbestandteil gesellschaftlicher Fortschritts- und individueller Aufstiegsvorstellungen. Daher ist die Verkehrswende notwendigerweise mit Konflikten verbunden. Ein zentraler Problembereich beim Umbau der Autogesellschaft in der Stadt dreht sich um die Verteilung von vom privaten Auto dominierten öffentlichen Flächen. Mit der Neuverteilung dieser Flächen wird auch die Frage nach der Zukunft der Stadt aufgeworfen. Es geht also nicht mehr nur um Verkehrspolitik. Sie tritt sogar oft in den Hintergrund, wenn es um die Grundsatzfragen der Urbanität geht. Zugleich zeigt sich ein paradoxes Phänomen: Im Nachhinein verflüchtigen sich nicht selten Skepsis und Vorbehalte gegenüber der neuen Raumordnung und es wird ungläubig gerätselt, warum es nicht schon früher dazu gekommen ist.

W. Canzler (✉)
Wissenschaftszentrum Berlin für Sozialforschung gGmbH, Berlin, Deutschland
E-Mail: weert.canzler@wzb.eu

W. Canzler et al. (Hrsg.), *Handbuch Mobilität und Gesellschaft*,
https://doi.org/10.1007/978-3-658-37557-7_25

Schlüsselwörter

Verkehrswende · Autoabhängigkeit · Neuverteilung des öffentlichen Raumes · Konflikte · Zukunft der Stadt

1 Der Umbau der Autogesellschaft

Die Automobilität in früh motorisierten modernen Gesellschaften befindet sich in einer doppelten Krise. Zum einen weil der auf fossilen Kraftstoffen beruhende Straßenverkehr einen erheblichen Anteil an den klimaschädlichen Emissionen hat und sein Energie- und Ressourcenverbrauch sehr groß ist. Der Verkehrssektor insgesamt steht unter Druck. Das Klimaschutzziel im Verkehr, nämlich die Reduktion der CO2-Emission fast um die Hälfte bis zum Jahre 2030 gegenüber dem Vor-Corona-Jahr 2019, wird nach Lage der Dinge weit verfehlt. Der Straßenverkehr ist mit mehr als vier Fünftel Hauptverursacher der sektorbezogenen Treibhausgasemissionen. Der wichtigste Hebel für seine Dekarbonisierung ist die Elektrifizierung der Antriebe. Modellrechnungen gehen für Deutschland davon aus, dass der Anteil der Elektrofahrzeuge bei den Neuzulassungen schnell steigen muss, wenn die Emissionsreduktionsziele im Verkehr überhaupt erreicht werden sollen (UBA 2024; Fraunhofer ISI und Consentec 2024). Zum anderen kann die Automobilität auch ihr soziales Versprechen nicht mehr einhalten. Der Traum der nivellierten Mittelschichtsgesellschaft vom eigenen Haus und einem eigenen Auto leidet darunter, dass er nur mit einem entfernungsintensiven Lebens- und Arbeitsstil zu haben ist. Der Verkehrsaufwand wird zunehmend zur Belastung, viele gerade im kleinstädtischen und suburbanen Raum stecken in einem Dilemma: Wo es keine Alternativen gibt, nimmt die Autoabhängigkeit zu und die Volatilität gegenüber Kostenschwankungen ebenso. Kollektive öffentliche Verkehrsangebote, der klassische Linienverkehr mit Bussen und Bahnen, gibt es nicht oder sie passen nicht zu individualisierten Wegemustern, die wiederum von einer ubiquitären Autoverfügbarkeit geprägt sind. Soziale Entgrenzung und räumliche Mobilität verstärken sich gegenseitig, sie sind zugleich Ergebnis und Verstärker sozialstruktureller „Vereinzelungen" (Reckwitz 2018).

In den Städten hingegen nimmt die Konkurrenz um den begrenzten öffentlichen Raum zu. Die ökologischen und sozialen Folgekosten der Massenmotorisierung und vor allem der Flächenbedarf für den fließenden und ruhenden motorisierten Individualverkehr werden zunehmend problematisiert. Das Auto und seine ihm eingeräumten Privilegien werden zum politischen Thema, was sie lange nicht waren (vgl. Diehl 2021; Ruhrort et al. 2021). Der Vorrang des Autos im öffentlichen Raum beim Fahren und beim Parken wird nicht mehr uneingeschränkt akzeptiert. Denn offensichtlich blockieren massenhaft vorhandene und zunehmend größer werdende Autos eine alternative Nutzung knapper öffentlicher Flächen. Um z. B. die aktive Mobilität zu fördern, muss es mehr Platz für Rad- und Fußwege geben. Schnelle und kurz getaktete öffentliche Verkehrsmittel brauchen ihre eigenen Trassen und Fahrspuren. Gerade in Städten wird es außerdem wichtiger, bisher versiegelte Verkehrsflächen für mehr Grün und ein leistungsfähiges Wassermanagement zu nutzen. Nur so kann es gelingen, die Folgen des Klimawandels abzumildern. Alle Klimaschutzpläne sehen eine hitzeabsorbierende Begrünung und Sickerflächen für häufiger vorkommende Starkregenfälle vor (Zevenbergen et al. 2018).

Es gibt also viele gute Gründe, die Dominanz des Autos abzubauen und eine planvolle Transformation des automobilzentrierten urbanen Verkehrs anzugehen. Die urbane Verkehrswende zielt gleichermaßen auf den fließenden und auf den ruhenden Verkehr. Dafür ist die Neuaufteilung des Verkehrsraumes ein entscheidender Schritt. Im Fachdiskurs ist das auch längst Konsens. Doch zeigen sich bei Versuchen, Parkplätze umzuwidmen oder Fahrspuren zu geschützten Radwegen zu machen, regelmäßig lautstarke Proteste bei unmittelbar Betroffenen und die obligatorische Warnung von Einzelhandel- und Wirtschaftsverbänden vor dem Niedergang der lokalen Wirtschaft. Lieb gewonnene Privilegien des privaten Autos abzubauen gilt unter Kommunalpolitiker*innen weithin als riskant.

Eine hohe Verbreitung von Automobilen und eine teilweise autoabhängige Gesellschaft ist das Ergebnis einer jahrzehntelangen konzertierten Politik (Knie 2023). Die einseitige Ausrichtung der Verkehrsinfrastruktur auf das Auto ging einher mit einem weitgehend konsensuell getragenen gesellschaftspolitischen Ziel, der breiten Automobilisierung. Das eigene Auto war jahrzehntelang das Versprechen für sozialen Aufstieg. Nicht nur das, (Auto-)Mobilität hat tatsächlich individuelle Handlungsräume erweitert, sie wurde in modernen Gesellschaften zum Kern des individuellen Lebenskonzepts (Klenke 1995; Haefeli 2022). Das Auto gehörte – und gehört bis heute – einfach dazu. Alternativen zur autogerechten Wirklichkeit sind nur schwer zu erkennen (Rammler 2017; Diehl 2021).

Hinzu kommt die habituelle Dimension der Autonutzung. Autofahren ist kein Zwang, aber andererseits auch nicht immer die Folge absichtsvoller Entscheidungen. Oft handelt es sich um ein „Nutzen ohne nachzudenken", wie es in Interviews mit Autofahrenden immer wieder zu erkennen ist (vgl. Canzler 2016, S. 108 ff.; Freudendahl-Pedersen 2009). Der wichtigste Mechanismus für das Alltagshandeln ohne in jedem Einzelfall wirklich abzuwägen sind Routinen. Routinen entlasten von Unsicherheit und Entscheidungsdruck, sie laufen ab als Hintergrundprogramme. Und genau für diese psychische Dauerarbeit sind internalisierte Nutzungsformen von Techniken als stabile Verhaltensroutinen sehr hilfreich. Das Autofahren als Alltagspraxis kann starke individuelle Entlastungswirkungen haben. Die regelhafte und routinierte Nutzung des Autos mindert existenzielle Unsicherheiten und eröffnet zugleich neue Handlungsspielräume (Giddens 1988, S. 53 ff.).

Neben den Handlungsroutinen und dem über viele Jahre plausiblen Narrativ vom privaten Auto als Voraussetzung und Ausdruck eines gelungenen Lebens gibt es weitere – ganz handfeste – Gründe für die Nutzung eines Kraftwagens. Dazu gehören nicht zuletzt die Kosten bzw. ihre Wahrnehmung. Da geht es eben nicht um die sozialen Kosten des Automobilsystems, die von den Nutzenden nicht getragen, sondern externalisiert werden und die Nichtnutzenden, die Umwelt und zukünftige Generationen belasten (s. Becker 2016; Creutzig et al. 2020). Den tatsächlichen Kosten der privaten Autonutzung steht eine strukturell verzerrte Kostenwahrnehmung gegenüber: Autofahrende nehmen in aller Regel vor allem die out-of-Pocket-Kosten, also die Ausgaben für das Tanken und Parken, wahr (s. Andor et al. 2020). Nicht so genau genommen und schon gar nicht auf die einzelne Fahrt oder den zurückgelegten Kilometer umgerechnet werden jedoch der Wertverlust des Fahrzeugs oder die nur in großen Abständen anfallenden Kosten für Versicherungen, Kfz-Steuern oder Reparaturen. Trotz dieser lückenhaften Kostenwahrnehmung ist gleichwohl auch klar, dass es beim privaten Auto einen Fixkostensockel gibt und daher jeder zusätzlich gefahrene Kilometer relativ günstiger wird.

Die Externalisierung der Kosten des privaten Autogebrauchs ist angesichts der negativen Effekte auf das Klima, aber auch auf die Luftqualität und den Lärm vorort ein permanenter Anlass für Konflikte. Allen Mautkonzepten liegt das Verursacherprinzip zugrunde, das in anderen Fällen von Schadstoffemissionen längst der Regelfall ist. Eine weitere nicht-intendierte Folgen der Verbreitung des Autos sind kurioserweise die Lasten seiner Nichtnutzung. Diese Lasten tragen – sichtbar und erlebbar – alle, die in der Stadt leben. Der ruhende Verkehr benötigt viel Platz, da reichen in verdichteten, gebauten Städten die privaten Stell- und Garagenplätze bei weitem nicht aus (Notz 2016). Der Verkehrsraum ist aber nicht nur Transitraum und eine Ansammlung von Stellplätzen. Auch in modernen Gesellschaften bleibt er ein öffentlicher Raum. Die Konstituierung von urbaner Öffentlichkeit ist in jedem Fall auch auf Straßen und Plätze angewiesen. Nicht die funktional gegliederte und räumlich entzerrte Stadt, sondern das „Gegenmodell der ‚verdichteten und verflochtenen' Stadt" (Albers 2000, S. 31) wurde spätestens zur Jahrtausendwende zum vorherrschenden Planungsideal. Den Stadtplaner*innen liegt seither die Aufenthaltsqualität in den Städten am Herzen, wenn sie verkehrsarme urbane Quartiere postulieren und dabei in erster Linie die Zurückdrängung des motorisierten Individualverkehrs meinen. Die Prioritätenfolge „vermeiden, verlagern, verbessern" ist Gemeingut im Selbstverständnis der allermeisten Verkehrs- und Stadtplaner*innen.

Die Eindämmung des Autoverkehrs gehört zum Kern postfunktionalistischer Stadtkonzepte. Öffentliche Räume, nicht nur Straßen und Plätze, sind allerdings sozial hochgradig segmentiert und sie werden zeitlich und funktional in sehr unterschiedlicher Weise genutzt (Allianz der freien Straße 2023). Angesichts differenzierter Lebensentwürfe und damit verbundener Mobilitätsansprüche ist der öffentliche Raum zudem nicht für alle von Interesse. Auch der vom fließenden und ruhenden Autoverkehr befreite öffentliche Raum ist ein potenziell konfliktreicher Ort. In ihm können die unterschiedlichen, teils widerstreitenden Bedürfnisse aufeinanderprallen und ein Minimum an Ambivalenztoleranz ist vonnöten.

Die urbane Verkehrswende ist die Antwort nicht zuletzt auf die Überlastung der Straßen und des sonstigen öffentlichen Raumes durch einen über viele Jahre gewachsenen Autoverkehr. Die Auseinandersetzungen um den knappen städtischen Raum haben sich in den letzten Jahren zum einen deshalb verschärft, weil urbane Aufenthaltsqualität wichtiger geworden ist. Einen Schub gab es insbesondere während der Corona-Pandemie, in der der Nahraum von vielen Bürgerinnen und Bürgern neu entdeckt worden ist. Mittlerweile ist eine hohe urbane Aufenthaltsqualität zum Standortfaktor im Wettbewerb um Firmen und Fachkräfte geworden. Zum anderen ist die Konkurrenz um den öffentlichen Raum auch zwischen den verschiedenen Verkehrsträgern schärfer geworden. Mehr und größere Autos benötigen viel Platz, gleichzeitig erheben die alternativen Verkehrsträger Ansprüche auf eigene – geschützte und damit exklusive – Wege. Mehr Busspuren und protected bike lanes gibt es in der Regel nur dann, wenn Autospuren oder Parkplätze am Straßenrand umgewidmet werden.

2 Stockende Verkehrswende

Neben der verschärften Nutzungskonkurrenz um bisher vom privaten Auto in Anspruch genommene Flächen hat seine Dekarbonisierung begonnen. Dabei ist der antriebstechnische Schwenk zur Elektromobilität zwar eine notwendige, aber keineswegs hinreichende Voraussetzung für eine Verkehrswende (s. auch UBA 2020). Für die Stadt mit seiner insgesamt günstigeren Erreichbarkeit ganz verschiedener Funktionen ist die Verlagerung auf den aktiven Verkehr und auf den ÖPNV noch wichtiger. Das ist jedoch alles andere als einfach.

Die Verkehrswende insgesamt und die Antriebswende im Besonderen stocken, es tut sich wenig beim motorisierten Straßenverkehr, dem Hauptemittenten des Verkehrssektors. Schon seit Jahren weist der modal split in Deutschland ähnlich wie in den meisten anderen früh industrialisierten Ländern einen Anteil des Autos bei den zurückgelegten Kilometern im Personenverkehr von mehr als 80 % aus. Zusammen mit dem Lkw-Transport ist der Straßenverkehr für ungefähr ein Fünftel der gesamten bundesdeutschen Treibhausgasemissionen verantwortlich. In den letzten 25 Jahren verharren die verbrauchsbedingten CO2-Emissionen im Verkehr mit leichten Schwankungen auf dem gleichen Niveau (Transport und Environment 2024).

Selbst beim Durchschnittsverbrauch der Neufahrzeuge gibt es entgegen verbreiteter Annahmen kaum signifikante Verbesserungen. Zwar wurden in den letzten Jahrzehnten die Antriebe effizienter, auch wurden Gewichtseinsparungen mit leichteren Materialien erreicht und windschnittigere Fahrzeugdesigns entwickelt. Aber zugleich wurden die Effizienzgewinne dadurch wieder zunichtegemacht, dass die Autos im Durchschnitt fortwährend größer, schneller und höher wurden. Die Anteile der Segmente verschoben sich weg von den Kleinwagen-Modellen und der unteren Mittelklasse hin zu den SUVs und zu Ober- und oberen Mittelklassewagen. Im Zuge des Dieselskandals wurde seit 2015 zudem offensichtlich, dass es zwischen den Herstellerangaben zum Kraftstoffverbrauch und den realen Verbräuchen oft eine erhebliche Differenz gibt (ICCT 2019). Knapp ein Jahrzehnt nach Aufdeckung des Dieselskandals und auch nach einer Umstellung der Messverfahren werden Manipulationsversuche entdeckt und sind selbst bei vielen neuen Fahrzeugmodellen die Verbrauchswerte bei unabhängigen Prüfungen deutlich höher als angegeben (s. jüngere Messergebnisse von Realverbräuchen bei DUH 2024).

Die Produktangebote der Autohersteller haben sich in der letzten Zeit sukzessive ausdifferenziert. Besonders viele neue Modelle wurden in zum Teil neuen Segmenten mit SUV-Anmutung entwickelt, weniger im Segment der Klein- und Kompaktfahrzeuge. Fahrzeuge oberhalb der Mittelklasse sind deutlich margenstärker als in den unteren Fahrzeugklassen. Diese Angebotsstrategie geht mit einem Nachfrageverhalten einher, das seinerseits auch mit (Fehl)anreizen wie dem Dienstwagenprivileg in Kombination mit einer optionalen Betriebskostenverrechnung für Selbstständige oder der Flottengrenzwertberechnung nach Gewicht zu tun hat (s. Kunkel und Peiseler 2023).

Alle Hoffnungen die Reduktionsziele bei den klimaschädlichen Emissionen zu erreichen, liegen auf der Elektrifizierung. Die hinkt allerdings seit Jahren hinter den Zielen hinterher. Aber selbst wenn die antriebsseitige Dekarbonisierung des Verkehrs schneller kommt, sind die Klimaziele im Verkehr nicht zu erreichen. Ohne eine signifikante Änderung des Verhaltens wird es nicht gehen, das bedeutet einen Umstieg vom Auto auf klimafreundliche Alternativen. Neben einer konsequenten Elektrifizierung der Pkw- und Lkw-Flotte ist zugleich eine Attraktivierung des Öffentlichen Verkehrs (ÖV) nötig. Dafür müssen sowohl das Angebot besser als auch die Tarife einfacher und günstiger werden. Nötig ist eine grundlegende Reform der Finanzierung des ÖVs, aber auch generell die Internalisierung der „wahren Kosten" im Verkehr (Creutzig et al. 2020). Ebenso ist ein Shift im Infrastrukturausbau und eine komplett veränderte Raum- und Siedlungspolitik, die eine Reintegration der Funktionen zum Ziel hat, nötig. Zur Verkehrswende gehören ebenso intermodale Umstiegspunkte („hub-and-spoke"), der Aufbau eines Netzes von Radschnellwegen sowie eine effiziente Güterversorgung mit einer anbieteroffenen Mikrologistik.

3 Konflikte und Routinenbrüche

Die Verkehrspolitik ist damit ein undankbares Politikfeld. Die Verkehrsprobleme sind offensichtlich und gleichzeitig erwarten die Bürgerinnen und Bürger eine wirksame Verkehrspolitik. Erschwerend kommt hinzu, dass der Verkehr Nebenfolgen von Entscheidungen in anderen Politikbereichen bewältigen muss. Wenn beispielsweise Schulstandorte geschlossen oder Einkaufszentren auf der „grünen Wiese" genehmigt werden, nimmt in aller Regel der Verkehr zu, vor allem der Kfz-Verkehr. Dann kann die Verkehrspolitik nur noch reagieren, solange sie nicht als „integrierte Verkehrspolitik" eine eigene Gestaltungsmacht ausübt (vgl. auch Schwedes 2014).

Der Umbau vieler Sektoren – von der Stromproduktion über das Bauen und Wohnen bis hin zur Landwirtschaft – ist mit technischen, wirtschaftlichen und sozialen Innovationen ebenso wie mit ökonomischen und politischen Kämpfen verbunden. Der Strukturwandel in den verschiedenen Branchen ist immer schmerzlich, neben Gewinnern gibt es auch Verlierer. Der Übergang von einer zentralen fossil-atomaren Energiegewinnung zu einem dezentralen Erneuerbaren-Energien-System beispielsweise war und ist mit erheblichen Friktionen verbunden, denen mit ausgleichenden Transitionshilfen begegnet wird. Die Transformation des Verkehrs zeichnet sich darüber hinaus durch eine Besonderheit aus. Dort sind die Transformationskonflikte nicht nur klassische Auseinandersetzungen zwischen divergierenden Interessen etablierter wirtschaftlicher und institutioneller Spieler, den oft so genannten incumbents, und neuer aufstrebender Akteure, den pioneers. Sie gehen weit über die klassische Konfrontation einzelner Interessensgruppen hinaus, weil neben den Anbietern auf den Verkehrsmärkten fast jede Bürgerin und fast jeder

Bürger ja auch mit ihrer/seiner auf Gewohnheiten beruhenden eigenen Verkehrsbiografie involviert ist. Diese persönliche „Betroffenheit" ist auch der Grund dafür, dass Umfang und Intensität der Konflikte in der Verkehrswende besonders ausgeprägt sind. Im Unterschied zur Energiewende, in der zwar die Stromquelle wechselt, aber die Energieform selbst die altbekannte bleibt und Änderungen bei den Nutzungsformen kaum nötig sind, verlangt eine Verkehrswende bereits mit dem einfachen Wechsel des Motors im Auto eine Umgewöhnung vom Tanken zum Laden und eine neue Planung längerer Strecken. Eine Verkehrswende im Sinne einer Abkehr von der automobilen Monostruktur zu einem Umstieg auf alternative Verkehrsmittel und die Verknüpfung verschiedener Verkehrsoptionen bedeutet vielfach zudem einen Bruch mit gewohnten Routinen und das Ende einer habituellen Autonutzung.

Die Autogesellschaft umzubauen heißt, im wörtlichen Sinne eingefahrene Verhaltensweisen zu verändern und lange Zeit stabile Gewissheiten zu enttäuschen. Deswegen verfangen im Diskurs über einen notwendigen Abbau von Privilegien des Autos oftmals Vorwürfe einer „Erziehungsdiktatur" und „Verbotspolitik" gegenüber den Autofahrern und Autofahrerinnen (Lepenies 2022). Sperrungen von Durchfahrtrouten, die Umwidmung von Parkstreifen zu Rad- oder Fußwegen oder die Einführung von Parkgebühren werden in der öffentlichen Auseinandersetzung nicht selten als Anlässe eines „Streits um die Lebensführung" (Neckel 2020) genommen. In einem solchen Streit geraten die verkehrs-, umwelt- bzw. raumpolitischen Motive in den Hintergrund. Unabhängig von der tatsächlichen persönlichen Klimabilanz im Verkehr, die auf der individuellen Ebene weniger vom Autofahren, als vielmehr von der Anzahl und der Reichweite der geleisteten Flüge abhängt (vgl. Bäuerle 2022), tragen verkehrspolitische Konflikte um das Auto oft Züge eines Kulturkampfes. „Neue und alte Mittelschicht" (Reckwitz 2018) stehen sich, ähnlich wie im Deutungsfeld der „richtigen Ernährung", gegenüber. Sie streiten oft weniger um sachliche Argumente, als vielmehr um moralische Imperative auf der einen Seite und um eine – oft vehement vorgetragene – Abwehr von vermeintlicher Bevormundung und Freiheitseinschränkungen auf der anderen Seite. Diese Konfliktverschiebung erschwert auch Beteiligungsverfahren und trägt zu Frustrationen bei denjenigen bei, die die Verkehrswende möglichst im Konsens voranbringen wollen. Verkehrspolitische Maßnahmen wie Tempolimits, die Erhöhung von Parkgebühren oder die Umwidmung von Autofahrstreifen zu Radwegen wirken manchmal wie „Triggerpunkte" (Mau et al. 2023), die bewusst und offensiv von denjenigen aufgenommen werden, die oft auch unabhängig vom Anlass die öffentliche Diskussion polarisieren wollen. Viele Bürgerinnen und Bürger unterstützen vielfach die Maßnahmen durchaus oder stehen ihnen gleichgültig gegenüber. Sie kommen in der so getriggerten öffentlichen Debatte jedoch nicht vor, sie mischen sich nicht ein und haben oft auch keinen Fürsprecher.

Die symbolischen Konflikte um das Auto und die manchmal bis zu einem „Kulturkampf" aufgeputschten öffentlichen Auseinandersetzungen um das Autofahren sind wie alle diskursiven Deutungskämpfe Ergebnis einer Problematisierung einer ehemals unhinterfragten kollektiven Selbstverständlichkeit. Jahrzehntelang waren das private Auto und das Autofahren kein Problem, niemand musste sich rechtfertigen, es war kein Thema. Das hat sich geändert, die gesellschaftliche Praxis und insbesondere die Lebensstile sind vielfältiger als zu Beginn der Massenautomobilisierung. Individuelles Verkehrshandeln ist wie andere Konsum- und Stilmuster Ausdruck sozialer Distinktion und bisweilen sogar individueller Identitäten geworden. Zugleich gewinnt in der verkehrs- und gesellschaftspolitischen Debatte die soziale Frage im Verkehr, nämlich die gesellschaftliche Teilhabe durch Zugänglichkeit im wörtlichen Sinne, an Gewicht. Die Möglichkeiten der Teilhabe sind eben nicht symbolisch, es gibt sie für Einzelne und soziale Gruppen oder es gibt sie nicht. In einer automobilzentrierten Welt mit ihren zergliederten Siedlungs- und Raumstrukturen gibt es oft keine wirkliche Wahlfreiheit bei den Verkehrsmitteln. Wer sich eine Wohnung in der Nähe des zentrumsnahen Arbeitsplatzes nicht leisten kann und weit abseits ohne Anbindung an den öffentlichen Verkehr wohnt, ist vielfach vom Auto und auch von verfügbaren Stellplätzen abhängig (Agora Verkehrswende 2022). Eine unfreiwillige Autoabhängigkeit ist in weniger gut entlohnten Arbeitsverhältnissen mit hohen Präsenzpflichten und Schichtdiensten verbreitet (Mattioli et al. 2020). Allerdings wird diese reale Autoabhängigkeit nicht selten instrumentalisiert und muss dafür herhalten, generell den Abbau von Privilegien für das private Auto als unsozial zu diskreditieren.

4 Koalitionen für das Neue

Trotz aller Dominanz des individuellen Massenverkehrsmittels Auto verändert sich, oftmals hinter dem Rücken der Akteure, die urbane Mobilität. Der Umbau der Autogesellschaft wird durch verschiedene technische und gesellschaftliche Trends befördert. Dazu gehören der Gesundheitsschutz und das Bemühen um mehr Lebensqualität in den Städten: Um die Luftschadstoffbelastung gerade in den Städten zu senken, werden auf Initiative der EU Emissionsgrenzwerte verschärft. Ambitionierte Grenzwerte für Stockoxide und Feinstaub sind von Fahrzeugen mit Verbrennungsmotoren – wenn überhaupt – nur mit einem erheblichen technischen Aufwand und hohen zusätzlichen Kosten einzuhalten. Auch der Lärmschutz ist in vielen Städten oben auf der Agenda, weniger Verkehrslärm macht das innerstädtische Wohnen attraktiver. Gleichzeitig setzen sich viele Kommunen in lokalen Klimaschutzplänen ambitionierte Klimaschutzziele, die nicht zuletzt auch den Verkehr betreffen. Ambitionierte CO2-Reduktionsziele sind im Verkehr selbst im Fall einer schnelleren Elektrifizierung der Antriebe auf Grundlage Erneuerbarer Energien nur mit einer Verlagerung zum Umweltverbund und zu erreichen. Schließlich bietet auch die Digitalisierung Chancen für die Verkehrswende: Globale Digitalunternehmen drängen mit neuen Geschäftsmodellen in die Verkehrsmärkte. Die persönliche Digitalisierung ermöglicht integrierte Mobilitätsdienstleistungen aus „einem Guss". Damit eröffnen sich neue Optionen für den Öffentlichen Verkehr (ÖV). Ob und inwieweit der ÖV seine verkehrs- und umweltpolitischen Vorzüge ausspielen kann und so spürbare Modalverschiebungen tatsächlich zu erreichen sind, hängt stark von seiner Attraktivitätssteigerung und der „intermodalen Passung" ab (vgl. Canzler und Knie 2016).

Viele Kommunen, nicht nur die großen Städte, sondern verstärkt auch Klein- und Mittelstädte, treiben die Verkehrswende voran. Sie wissen, wie wichtig eine hohe Aufenthaltsqualität auf ihren Straßen und Plätzen und wie notwendig eine Entsiegelung von asphaltierten Verkehrsflächen zur Bewältigung der Extremwetterereignisse sind (Agora Verkehrswende 2018; Bauer et al. 2023). In vielen Städten gehören öffentliche Autos und Fahrräder bereits heute zum selbstverständlichen Teil des öffentlichen Verkehrsangebotes. Sie erlauben Haus-zu-Haus-Verbindungen und können damit einen Vorteil des privaten Autos ausgleichen, nämlich auch die „erste und letzte Meile" eines Weges schnell und bequem zu überwinden. Das sind Hinweise auf eine Konvergenz von privatem und öffentlichem Verkehr. Einen Schub könnten intermodale Angebote dadurch erhalten, dass sich die Einstellungen und auch das Verhalten insbesondere der jüngeren Stadtbewohner*innen verändern (s. Canzler et al. 2018). Für sie nimmt die Bedeutung des eigenen Autos ab und sie setzen verstärkt auf eine pragmatische Inter- und Multimodalität. Für die Nutzer*nnen von flexiblen Carsharing-Systemen ist es wichtig, hier und jetzt ein Fahrzeug zu bekommen. Weder die Marke des Fahrzeugs noch die des Carsharing-Anbieters sind dabei noch entscheidend. Der unmittelbare Fahrtenwunsch und dessen sofortige Ermöglichung sind vordringlich. Das Smartphone ist der digitale Generalschlüssel für den intermodalen Verkehr (Ruhrort et al. 2020).

In der verkehrspolitischen Fachdebatte besteht Konsens darüber, dass eine Stärkung der Alternativen zum motorisierten Individualverkehr auch Teil einer überfälligen umfassenden Änderung von gesetzlichen und steuerlichen Rahmenbedingungen sein muss, die bisher einseitig auf das private Auto ausgerichtet sind. Dazu gehören zum einen eine Internalisierung der externen Kosten des Verkehrs und zum anderen eine Reduktion und schnelle Dekarbonisierung der Fahrzeugflotten. Die Internalisierung externer Kosten bedeutet im Verkehr eine konsequente und flächendeckende Finanzierung des Verkehrs und seiner Infrastrukturen durch die Nutzer*innen. Die Instrumente der Nutzerfinanzierung reichen von der Straßen- und Citymaut bis zur konsequenten Parkraumbewirtschaftung. Gerade in Städten kommt eine verstärkte Förderung des nicht-motorisierten Verkehrs und die Integration verschiedener Verkehrsträger in intermodale Angebote hinzu.

Neben potenziell intermodalen Sharing-Angeboten, die vor allem die digitalen Jungen in den Städten interessiert, erlebt der Rad- und Fußverkehr schon vor der Corona-Pandemie vielerorts eine Renaissance. Mittlerweile steigen auch in vielen Städten die Investitionen für abgetrennte Radstreifen, Radschnellwege und Abstellanlagen sowie die Ausweitung von public-bike-Angeboten. Die Entwicklung dürfte sich fortsetzen, da mehr und sichere Fahrradwege auch diejenigen auf das Rad bringen, die bisher ängstlich waren. Kopenhagen ist für viele Städte das Vorbild (vgl. Gehl 2015). Die Zuwachsraten im Radverkehr bestätigen den bereits bei der Autoförderung immer wieder offensichtlichen Zusammenhang zwischen Infrastrukturinvestitionen und Nutzungsintensität. Zusätzlich wird das Fahrradfahren durch den Pedelec-Boom verstärkt. Das Umstiegspotenzial auf das Fahrrad ist nämlich erheblich, wenn man bedenkt, dass die Hälfte der städtischen Wege unter fünf Kilometer liegen.

Die Verdichtung städtischer Räume erhöht schließlich die Erreichbarkeit vieler alltäglicher Ziele und erweitert damit die Spielräume für den Zufußverkehr (vgl. auch Deutscher Städtetag 2018). Umgekehrt profitiert der Zufußverkehr davon, dass der städtische Raum weniger von Autos blockiert wird – vorausgesetzt, dass es tatsächlich einen Rückbau von Autofahrbahnen und Parkflächen gibt. Es kommt zu einer positiven Feedbackschleife für den Zufußverkehr dort, wo die Bedingungen für die so genannte „aktive Mobilität" verbessert werden. Auch das steigende Gesundheitsbewusstsein kommt der aktiven Mobilität zugute.

Eine Koalition von ambitionierten Kommunen, zivilgesellschaftlichen Gruppen, die die aktive Mobilität voranbringen, und innovativen Anbietern intermodaler Sharingangebote ist möglich. Konturen einer „Neuen urbanen Mobilität" zeichnen sich bereits ab. Doch Gestaltungskraft haben sie bisher nicht, geschweige denn, dass diese Koalition ein Verkehrswende-Momentum aufbaute. Dafür braucht es offenbar mehr, wie ein Blick auf die Erfolgsgeschichte des Autos zeigt: Ein politisches Programm und übergeordnetes Narrativ standen Pate für eine konsequente Implementierung von verkehrsrechtlichen, steuerlichen und infrastrukturellen Voraussetzungen dafür, dass der „Traum vom privaten Auto" wahr wurde. Auf dem gleichen Wege und mit der gleichen Konsequenz müsste auch das neue Ziel der Verkehrswende mit seinen Elementen der Elektrifizierung, der Intermodalität und der Stärkung des Öffentlichen Verkehrs sowie der Renaissance von Zufußgehen und Radfahren verfolgt werden. Doch bisher gibt es noch kein neues und von verschiedenen Akteuren geteiltes Narrativ (Loske 2018).

Es gibt sie, die Profiteure der Neuverteilung des Verkehrsraumes. In den Innenstädten ist der Anteil der Bewohner*innen ohne eigenes Auto beträchtlich, in manchen innerstädtischen Wohngebieten bilden sie die Mehrheit. Gibt es spürbare Fortschritte der lokalen Verkehrswende, sind unter anderen Kinder und Alte die Nutznießer. Auch der lokale Einzelhandel profitiert. Noch äußert sich der Einzelhandel oft skeptisch zu Versuchen, das Auto zurückzudrängen. Vielfach herrschen überholte Vorstellungen vor, dass der Einzelhandel auf die autofahrende Kundschaft angewiesen sei (von Schneidemesser und Betzien 2021). Allerdings steigt die Bereitschaft, angesichts der Krise der innerstädtischen Einzelhandelslagen auf die internationalen Beispiele zu schauen, wo der Verkehrsraum zugunsten von Fuß- und Radverkehr neu aufgeteilt worden ist. Dort profitierte in der Regel sowohl der kleinteilige Einzelhandel als auch die lokale Gastronomie. Bestätigt werden die Erfahrungen durch Untersuchungen zur Wertentwicklungen von Mietobjekten für den Einzelhandel in Relation zum Oberflächenparken sowie zur Erreichbarkeit von Einkaufslagen in deutschen Innenstädten (s. Merten und Kuhnimhof 2023).

Gerade weil die Neuaufteilung des Verkehrsraumes ein zentraler Hebel der lokalen Verkehrswende ist, ist es wichtig, genauer auf die Akteure und potenziellen Konflikte zu schauen. Erneut kommen die möglichen Triggerpunkte ins Spiel. Denn offenbar geht es bei der Regulierung und Eindämmung des ruhenden Verkehrs nicht nur um verkehrs- oder klimapolitisch begründete Entscheidungen. Ganz andere Betroffenheiten und Befindlichkeiten kommen ins Spiel, reale Ängste mischen sich mit Vorurteilen und diffusen Überforderungsängsten. Stellplatzentwidmungen werden beispielsweise oft von der Diskussion überlagert, wem der öffentliche Raum gehört. Angst vor Lärm und Vandalismus, weil sich mehr Leute auf neu gestalteten Straßen und Plätzen aufhalten, aber auch die Befürchtung, dass die Wohnlage durch eine Begrünung bisheriger Parkflächen aufgewertet und damit der Mietpreis in die Höhe getrieben wird, können die Meinungen zur Stellplatzumwidmung beeinflussen. Die Erwartungen an die Nutzung des öffentlichen Raums sind höchst unterschiedlich. Verschiedene Altersgruppen und Milieus haben zudem ganz verschiedene Ansprüche an den öffentlichen Raum (s. Borcherding 2023). Es ist daher sinnvoll und notwendig, diese komplexe Gemengelage zu beachten, wenn konkrete Maßnahmen zur Neugestaltung des öffentlichen Raumes in Angriff genommen werden. Eine frühzeitige und verbindliche Information der Betroffenen gehört dazu, aber auch Mut und Standhaftigkeit, demokratisch legitimierte Entscheidungen auch gegen Partialinteressen und „Polarisierungsunternehmer" (Mau et al. 2023) durchzusetzen.

Optimistisch stimmt im Übrigen, dass bei den jüngsten Versuchen in Barcelona und London, den fließenden und den ruhenden Autoverkehr zu reduzieren, die befürchteten Verdrängungseffekte gar nicht oder nur eine kurze Zeit lang aufgetreten sind. Insgesamt wurde vielmehr ein allgemeiner Rückgang des Autoverkehrs sowohl in den betroffenen Arealen als auch darüber hinaus festgestellt. Der neue Fachbegriff für dieses Phänomen heißt: traffic evaporation, übersetzt vielleicht am besten mit „verdampfender Verkehr" (s. Aldred und Thomas 2023). Diese Befunde erklären zumindest teilweise ein anderes paradoxes Phänomen, nämlich eine nicht selten zu beobachtende komplett veränderte „Ex-Post-Bewertung": In den bereits in den 1980er- und 1990er-Jahren zur lokalen Verkehrswende aufgebrochenen Städten Groningen und Kopenhagen stieg die Zufriedenheit und Unterstützung der zuvor durchaus umstrittenen Maßnahmen, sobald erlebbar war, welche Vorteile eine Neugestaltung des öffentlichen Raumes hat.

5 Bilanz und Aussichten

Im so überaus konfliktträchtigen Verkehr beginnt jede Veränderung mit einer ehrlichen Problemdiagnose, dabei unterliegt sie immer der Gefahr, ungewollt ganz basale und auch polarisierende Diskussionen zu provozieren. Verkehr und Mobilität sind keine isolierten Phänomene, sondern eine Bedingung und zugleich auch das Ergebnis moderner Arbeitsteilung und vielfältiger Lebens- und Konsummuster. Einen Verkehrswendehebel, der nur umgelegt werden muss, gibt es nicht. Temporäre Versuche wie autofreie Straßen oder Viertel, eine zeitweise Umwidmung von Parkplätzen oder auch eine temporäre Entsiegelung von Verkehrsflächen können jedoch die Augen öffnen und den verkehrspolitischen Möglichkeitsraum erweitern. Hier kann erlebt werden, wie eine andere Wirklichkeit aussieht und sich anfühlt. Doch für Experimente müssen wie für die lokale Verkehrswende überhaupt verschiedene Voraussetzungen gegeben sein: es braucht ambitionierte Promotoren, ein backing durch die politische Spitze und zivilgesellschaftlichen Druck. Auch temporäre Verkehrsversuche sind jedoch mit Konflikten verbunden. Um diese Konflikte durchzustehen, braucht es potenzielle Profiteure als Bündnispartner. Schließlich bedarf es trotz aller temporärer Freiübungen, die schnell und situativ flexibel umgesetzt werden können, einer Anpassung der rechtlichen Rahmenbedingungen – es braucht zumindest eine glaubhafte Aussicht darauf.

Dringender Reformbedarf besteht zudem im Wirtschaftsverkehr. Die rechtlichen Regulierungen für einen Wirtschaftsverkehr, der selbst im Umbruch ist und verstärkt auf elektrische und kleinere angepasste Fahrzeuge setzt, müssen vor allem auf das Parken und Abstellen der Fahrzeuge abzielen. Die bisher gültigen, restriktiven Regelungen für Liefer- und Ladezonen nutzen dem gewerblichen Verkehr oft wenig. Ein kleinteiliger Einzelhandel und Handwerksbetriebe benötigen längere Haltephasen und sichere Abstellmöglichkeiten für ihre Fahrzeuge im öffentlichen Raum, wenn sie über keine eigenen privaten Stellplätze verfügen. Als Formel könnte gelten: Vorrang des gewerblichen vor dem privaten Parken. Ein solcher Grundsatz lässt sich plausibel begründen, da so dem stadtplanerischen Ziel der „Stadt der kurzen Wege" sowie einer wohnortnahen Versorgung entsprochen werden kann.

Ein zweiter Schwerpunkt einer Novellierung des Verkehrsrechts und anderer Rechtsbereiche sollte neben mehr Sicherheit und einen effizienten Gesundheitsschutz sowie einer höheren Resilienz gegenüber den Folgen des Klimawandels auch die Bedingungen für orts- und zeitflexible Arbeitsformen zu verbessern. Die verkehrsreduzierenden Effekte von orts- und zeitflexiblem Arbeiten haben sich während der Corona-Pandemie gezeigt (Vogl und Carstensen 2021). Auch nach Auslaufen der pandemiebedingten Beschränkungen ist ein höherer Anteil von Arbeitsformen im Homeoffice festzustellen. Damit fallen Pendelwege und Dienstreisen weg. Insgesamt ist auch mehr als eineinhalb Jahre nach Aufhebung der Kontaktbeschränkungen das Vor-Pandemie-Niveau im Verkehrsaufkommen nicht erreicht (vgl. Mobilitätsreport 2024).

Überhaupt mehren sich die Hinweise darauf, dass das jahrzehntelang beobachtbare Wachstum des Verkehrsaufwandes an sein Ende gekommen ist. Nicht nur infolge der „Pandemiedelle", sondern auch im Vergleich zu den Verkehrszählungen aus den Jahren vor der Pandemie sind sowohl auf den deutschen Fernstraßen als auch in den großen Städten wie Berlin, Hamburg oder München die gemessenen Verkehrsstärken teilweise deutlich zurückgegangen (s. ebda.). Eine komplementäre Tendenz stagnierender Verkehrsleistungen oder sogar sinkender durchschnittlicher Pkw-Fahrleistungen war auch schon vor der Pandemie festzustellen: Bei einem nach wie vor steigenden Fahrzeugbestand sank die Jahreskilometerleistung der einzelnen Fahrzeuge von 14.023 km pro Jahr und Pkw im Jahr 2016 auf 13.602 im vor-Coronajahr 2019 (s. KBA 2021). Die Tendenz lautet also seit einigen Jahren: mehr zugelassene Autos, die jedoch weniger genutzt werden. Folglich stehen die Fahrzeuge mehr als dass sie fahren und der ruhende Verkehr wird zunehmend zum Problem.

Im Fokus der künftigen Verkehrspolitik steht die Verteilung von bisher vom privaten Auto dominierten öffentlichen Flächen. Mit der Neuverteilung dieser Flächen ist die Frage nach der Zukunft der Stadt eng verbunden. Deshalb kommen ganz andere Themen und auch Konflikte ins Spiel, alle drehen sich um die Frage, wie wir unter den unhintergehbaren Bedingungen knapper Flächen und notwendiger Anpassungen an häufigere Wetterextreme leben wollen und können.

Literatur

Agora Verkehrswende. 2018. *Öffentlicher Raum ist mehr wert. Ein Rechtsgutachten zu den Handlungsmöglichkeiten der Kommunen.* Berlin. https://www.agora-verkehrswende.de/veroeffentlichungen/oeffentlicher-raum-ist-mehr-wert-2/. Zugegriffen am 18.10.2024.

———. 2022. Berücksichtigung sozialer Aspekte bei Gebühren für die Erteilung von Bewohnerparkausweisen. Ein Diskussionspapier. https://www.agora-verkehrswende.de/veroeffentlichungen/?tx_agorathemen_themenliste%5Bprodukt%5D=2322&cHash=6d3adbdf84cef5e5671fab36fb5ee1df. Zugegriffen am 18.10.2024.

Albers, Gerd. 2000. *Zur Entwicklung der Stadtplanung in Europa.* Basel: Birkhäuser.

Aldred, Rachel, und Asa Thomas. 2023. Changes in motor traffic inside London's LTNs and on boundary roads. https://www.smarttransport.org.uk/whitepapers/latest-whitepapers/changes-in-motor-traffic-inside-london-s-ltns-and-on-boundary-roads. Zugegriffen am 18.10.2024.

Allianz der freien Straße, Hrsg. 2023. *Manifest der freien Straße.* Berlin: Jovis.

Andor, Mark A., Andreas Gerster, Kenneth T. Gillingham, und Marco Horvath. 2020. Running a car costs much more than people think – Stalling the uptake of green travel. *Nature* 580:453–455. https://doi.org/10.1038/d41586-020-01118-w.

Bauer, Uta, Sonja Bettge, und Thomas Stein. 2023. *Verkehrsberuhigung: Entlastung statt Kollaps! Maßnahmen und ihre Wirkungen in deutschen und europäischen Städten* (Difu Policy Papers Nr. 2). Deutsches Institut für Urbanistik. https://doi.org/10.34744/difu-policy-papers-2023-2.

Bäuerle, Max Juri. 2022. Striving for low-carbon lifestyles, WZB discussion paper SP III 2022-601.

Baumeister, Hubertus, Heike Gading, und Felix Berschin. 2021. Anforderungen an das Verkehrsrecht durch das Bundesverfassungsgericht – Erreichung der Klimaschutzziele auf kommunaler Ebene. https://www.bbgundpartner.de/wp-content/uploads/2021/12/210901_Gutachten_Klimaschutz_Verkehrsrecht_BBG_und.pdf. Zugegriffen am 18.10.2024.

Becker, Udo. 2016. *Grundwissen Verkehrsökologie. Grundlagen, Handlungsfelder und Maßnahmen für die Verkehrswende.* München: oekom.

Borcherding, Anke. 2023. Wenn die schöne autofreie Welt abschreckend wirkt, Beitrag in DIMO-blog v. 4.9.2023. https://digitalemobilitaet.blog.wzb.eu/2023/09/04/wenn-die-schoene-autofreie-welt-abschreckend-wirkt/. Zugegriffen am 18.10.2024.

Canzler, Weert. 2016. *Automobil und moderne Gesellschaft. Beiträge zur sozialwissenschaftlichen Mobilitätsforschung.* Berlin/Münster: LIT.

Canzler, Weert, und Andreas Knie. 2016. *Die digitale Mobilitätsrevolution. Vom Ende des Verkehrs, wie wir ihn kannten.* München: oekom.

Canzler, Weert, Andreas Knie, Lisa Ruhrort, und Christian Scherf. 2018. *Erloschene Liebe. Das Auto in der Verkehrswende. Soziologische Deutungen.* Bielefeld: transcript.

Creutzig, Felix, et al. 2020. Adjust urban and rural road pricing for fair mobility. *Nature Climate Change* 10/2020. https://www.nature.com/articles/s41558-020-0793-1.epdf?sharing_token=HBZUAOwUq1RqMtNgL13-CdRgN0jAjWel9jnR3ZoTv0Miimiz7tMmRh3Stt1kQML8Ps595Vlp4Ae-oeUXgXTiapAB4I5v4oyr-Gx9S6cZZiZvl4KDddnWKCfpAJTasSpN03GSKqE07mCA9AagGyJwPlJT2W48vmih46ai0eLoWug%3D. Zugegriffen am 18.10.2024.

Deutscher Städtetag. 2018. Nachhaltige städtische Mobilität für alle. Agenda für die Verkehrswende aus kommunaler Sicht. Positionspapier des Deutschen Städtetages, Berlin/Köln, Juni 2018.

Diehl, Katja. 2021. *Autokorrektur. Mobilität für eine lebenswerte Welt.* Frankfurt a. M.: S. Fischer.

DUH (Deutsche Umwelthilfe). 2024. Spritverbrauch. https://www.duh.de/projekte/die-spritluege/

Fraunhofer ISI und Consentec. 2024. Langfristszenarien für die Transformation des Energiesystems in Deutschland 3. Modul Verkehr, Karlsruhe 9.2.2024. https://langfristszenarien.de/enertile-explorer-wAssets/docs/LFS3_T45_Verkehr_V2_0_barrierefrei.pdf. Zugegriffen am 18.10.2024.

Freudendahl-Pedersen, Malene. 2009. *Mobility in daily life: Between freedom and unfreedom.* London: Routledge.

Gehl, Jan. 2015. *Städte für Menschen.* Berlin: jovis.

Giddens, Anthony. 1988. *Die Konstitution der Gesellschaft.* Frankfurt a. M./New York: Campus.

Haefeli, Ueli. 2022. *"Mobilität im Alltag in der Schweiz seit dem 19. Jahrhundert. Unterwegs sein können, wollen und müssen"*. Zürich: Chronos.

ICCT. 2019. *From laboratory to road: A 2018 update.* https://theicct.org/publication/from-laboratory-to-road-a-2018-update/. Zugegriffen am 18.10.2024.

Klenke, Dietmar. 1995. *„Freier Stau für freie Bürger". Die Geschichte der bundesdeutschen Verkehrspolitik.* Darmstadt: Wissenschaftliche Buchgesellschaft.

Knie, Andreas. 2023. Deutschlands Weg in die Autogesellschaft. *Aus Politik und Zeitgeschichte* 51–52:9–15. https://www.bpb.de/shop/zeitschriften/apuz/lokale-verkehrswende-2023/543680/deutschlands-weg-in-die-automobilgesellschaft/. Zugegriffen am 18.10.2024.

KBA (Kraftfahrtbundesamt). 2021. Entwicklungen der Fahrleistungen nach Fahrzeugarten seit 2016, Flensburg. https://www.kba.de/DE/Statistik/Kraftverkehr/VerkehrKilometer/vk_inlaenderfahrleistung/2020/2020_vk_kurzbericht.html?fromStatistic=3517388&fromStatistic=3517388&yearFilter=2020&yearFilter=2020. Zugegriffen am 18.10.2024.

Kunkel, Matthias, und Florian Peiseler. 2023. Subventionssteckbrief: Das Dienstwagenprivileg. https://foes.de/publikationen/2023/2023-06_FOES_Subventionssteckbrief-Dienstwagenprivileg.pdf. Zugegriffen am 18.10.2024.

Lepenies, Philipp. 2022. *Verbot und Verzicht.* Frankfurt a. M.: Suhrkamp.

Loske, Reinhard. 2018. Klimafreundliche Mobilität für alle. Wo bleibt die Verkehrswende*? Neue Gesellschaft/Frankfurter Hefte*, Heft 4/18.

Mattioli, Gulio, et al. 2020. The political economy of car dependence: A systems of provision approach. *Energy Research and Social Science* 66. https://doi.org/10.1016/j.erss.2020.101486.

Mau, Steffen, Thomas Lux, und Linus Westhäuser. 2023. *Triggerpunkte. Konsens und Konflikt in der Gegenwartsgesellschaft.* Berlin: edition suhrkamp.

Merten, Laura, und Tobias Kuhnimhof. 2023. Impacts of parking and accessability on retail-oriented city centres. *Journal of Transport Geography* 113. https://doi.org/10.1016/j.jtrangeo.2023.103733.

Mobilitätsreport 09. 2024. Mit Homeoffice und Deutschlandticket in die Mobilitätszukunft? Infas, Bonn. https://www.infas.de/wp-content/uploads/2024/04/infas_7895_Mobilitaetsreport_09_20240429.pdf. Zugegriffen am 18.10.2024.

Neckel, Sieghard. 2020. Der Streit um die Lebensführung. Nachhaltigkeit als sozialer Konflikt. *Mittelweg* 36(6/2020): 82–100.

Notz, Jos Nino. 2016. Die Privatisierung öffentlichen Raums durch parkende Kfz. Von der Tragödie der Allmende – über Ursache, Wirkung und Legitimation einer gemeinwohlschädigenden Regulierungspraxis, IVP-Discussion Paper, Berlin.

Rammler, Stephan. 2017. *Volk ohne Wagen. Streitschrift für eine neue Mobilität.* Frankfurt a. M.: S. Fischer.

Reckwitz, Andreas. 2018. *Die Gesellschaft der Singularitäten: Zum Strukturwandel der Moderne.* Berlin: Suhrkamp.

Ruhrort, Lisa, Andreas Knie, Franziska Zehl, und Patrick Weber. 2020. Nutzungsmuster von Carsharing im Kontext von Strategien nachhaltiger Mobilität: Eine Untersuchung am Beispiel von ‚WeShare'-Carsharing auf Basis von Nutzer*innenbefragungen und Buchungsdaten. Working Paper SP III 2020-604. WZB Discussion Paper. https://www.econstor.eu/handle/10419/227583.

Ruhrort, Lisa, Franziska Zehl, und Andreas Knie. 2021. Untersuchung von Einstellungen gegenüber einer Neuaufteilung öffentlicher Räume zulasten des Autoverkehrs. Berlin. WZB Discussion Paper SP III 2021-602. https://www.econstor.eu/bitstream/10419/245962/1/1776028392.pdf.

Schneidemesser, Dirk von, und Jody Betzien. 2021. Local Business Perception vs. Mobility Behaviour of Shoppers: A Survey from Berlin. Transport Findings. Online: https://publications.rifs-potsdam.de/rest/items/item_6000977_6/component/file_6000978/content. Zugegriffen am 18.10.2024.

Schwedes, Oliver. 2014. Das Leitbild der integrierten Verkehrspolitik – Teil der Lösung oder Teil des Problems? In *Öffentliche Mobilität. Perspektiven für eine nachhaltige Verkehrsentwicklung*, Hrsg. Oliver Schwedes, 145–167. Opladen: Springer VS.

Transport, und Environment. 2024. State of European Transport. https://transport2024.transportenvironment.org/sot/index.html.

Umweltbundesamt (UBA). 2020. Verkehrswende für Alle. So erreichen wir eine sozial gerechtere und umweltverträglichere Mobilität, Dessau/Berlin. https://www.umweltbundesamt.de/publikationen/verkehrswende-fuer-alle.

Umweltbundesamt (UBA). 2024. Treibhausgas-Projektionen 2024 – Ergebnisse kompakt. Dessau, März 2024. https://www.umweltbundesamt.de/publikationen/treibhausgas-projektionen-2024-fuer-deutschland.

Vogl, Gerlinde, und Tanja Carstensen. 2021. Mobiles Arbeiten vor und seit Corona. Arbeitssoziologische Perspektiven. In: WSI Mitteilungen, Ausgabe 03/2021. https://doi.org/10.5771/0342-300X-2021-3-192. https://www.wsi.de/data/wsimit_2021_03_vogl.pdf.

Zevenbergen, Chris, Dafang Fu, und Pathirana Assela. Hrsg. 2018. Sponge cities: Emerging approaches, challenges and opportunities. MDPI, Basel. https://doi.org/10.3390/books978-3-03897-273-0.

Lessons learned – drei Jahrzehnte automobilkritische sozialwissenschaftliche Mobilitätsforschung

Konrad Götz

Inhalt

Zusammenfassung

Der Beitrag thematisiert Eckpunkte des automobilkritischen, sozialwissenschaftlichen Mobilitätsdiskurses der letzten drei Dekaden. Dabei stehen folgende Fragen im Zentrum: Mit welchen zentralen Konzepten hat die sozialwissenschaftliche Mobilitätsforschung einen echten Mehrwert für das Verständnis von Mobilität und deren Veränderbarkeit geschaffen? Was an dieser Forschung hat konzeptuell und begrifflich eine Wirkung in Richtung eines innovativen Verständnisses von Mobilität geschaffen, das dazu beiträgt, die Hegemonie des automobilen Leitbildes zu überwinden? Dabei wird zunächst die Diskussion um unterschiedliche Definitionen von Mobilität und Verkehr rekonstruiert. Es wird auf den bis heute wirkmächtigen Begriff der Verkehrswende eingegangen, ebenso auf den techniksoziologischen Schlüsselbegriff Rennreiselimousine. Mit den Konzepten der Mobilitätskultur und der Mobilitätsstile sowie Folgerungen hinsichtlich einer zukünftigen transdisziplinären, die materielle Dimension stärker einbeziehenden Mobilitätsforschung schließt der Beitrag.

K. Götz (✉)
Forschungsbereich Nachhaltige Gesellschaft, ISOE – Institut für sozial-ökologische Forschung, Frankfurt am Main, Deutschland

Research Unit Sustainable Society, ISOE - Institute for Social-Ecological Research, Frankfurt am Main, Deutschland
E-Mail: goetz@isoe.de

W. Canzler et al. (Hrsg.), *Handbuch Mobilität und Gesellschaft*,
https://doi.org/10.1007/978-3-658-37557-7_26

Schlüsselwörter

Verkehrswende · Mobilitätsstile · Rennreiselimousine · Mobilitätskultur · Gesellschaftliches Naturverhältnis · Sozial-ökologische Mobilitätsforschung

1 Einleitung

„Die Risikogesellschaft ist eine katastrophale Gesellschaft. In ihr droht der Ausnahmezustand zum Normalzustand zu werden", schreibt Ulrich Beck (1986, S. 31). Mit seinem Risikoverständnis stellt er ins Zentrum, was einst als „latente Nebenfolge" der Modernisierung der Industriegesellschaft externalisiert und damit als „Um-Welt da draußen" verharmlost werden konnte.

Nahezu vier Dekaden später erfahren wir in einer multiplen Krise von Corona, Krieg und Klimawandel, wie vorausschauend diese „projektive Gesellschaftstheorie" war und ist. Der Krieg in der Ukraine und die erpresserische Energieverknappung durch den russischen Staat 2022 decken auf, dass die Energiekrise eigentlich nur verschleppt und verschleiert worden war. Sie entpuppt sich als eine über Jahrzehnte nicht wahrgenommene Nebenfolge einer Kette politischer Entscheidungen verschiedener Bundesregierungen, für die jetzt niemand wirklich die Verantwortung übernimmt. Eine von vielen Nebenfolgen der Nebenfolge ist die Kontroverse ums Automobil und ihre innenpolitische Instrumentalisierung. Wir erleben eine durchaus tatkräftige Politik, wenn es um das Erschließen neuer Energielieferanten und um das Schnüren von Hilfspaketen geht. Sobald es aber um das ressourcenverschleudernde Auto geht, werden Blockadepflöcke eingerammt. Der Komplex Automobilität wird nicht angetastet. Trotz Akzeptanz in der Bevölkerung ist es in Deutschland als einzigem europäischem Land politisch nicht möglich, eine energie- und emissionssparende allgemeine Geschwindigkeitsbegrenzung auf Autobahnen durchzusetzen. Wieder einmal wird – wie schon 1974 mit dem Slogan „Freie Fahrt für freie Bürger" – eine Freiheitsvorstellung bemüht, die sich am unbegrenzt schnellen Autofahren festmacht. Wieder wird Mobilität mit Automobilität und diese wiederum mit Freiheit gleichgesetzt. Eine Automobilität, deren Schadwirkungen nicht nur wissenschaftlich, sondern gesamtgesellschaftlich spürbar sind und die als „Nebenfolge der Nebenfolge" externalisiert und verharmlost wird (ebda.). Aus der gewollten Massenmotorisierung der Wirtschaftswunderzeit ist eine ungeplante Massen-Übermotorisierung geworden, die verkehrlich dysfunktional und für den nicht mehr trennbaren Natur-Gesellschaft-Zusammenhang zerstörerisch geworden ist.[1]

Zugleich wird mit „Nebenfolgen der Nebenfolgen" benannt, wie die neuen Konflikte innerhalb der gesellschaftlichen Institutionen Turbulenzen erzeugen, Ge-

[1] Becks „Überlegungen bedeuten in ihrer Summe: *das Ende der Gegenüberstellung von Natur und Gesellschaft*. Das heißt: Natur kann nicht mehr *ohne* Gesellschaft, Gesellschaft nicht mehr *ohne* Natur begriffen werden" (Beck 1986, S. 107, Hervorhebungen vom Verfasser). Es handelt sich also – ausgedrückt in der Sprache der Sozialen Ökologie – um gesellschaftliche Naturverhältnisse (vgl. Becker und Jahn 2006).

wissheiten in Frage stellen und Gesellschaften von innen her politisieren (Beck 1996: S. 679).

Angesichts des Risikopotenzials der vorherrschenden Automobilität ist es naheliegend, dass sich die folgenden Ausführungen nicht auf das gesamte Feld der sozialwissenschaftlichen Mobilitätsforschung beziehen, sondern auf ausgewählte Beiträge, die sich der Überwindung und der kritischen Analyse des dominierenden soziotechnischen Systems Automobilität widmen.

Alle Konzepte, um die es nachfolgend geht, zeichnen sich durch Ganzheitlichkeit und durch Berücksichtigung der sozialen Dimension aus. Sie sind von der Überzeugung getragen, dass die Probleme von Mobilität und Verkehr nicht allein mit technischen, infrastrukturellen und regulativen Maßnahmen angegangen werden können.

Es geht also um die kritische Würdigung einer Auswahl sozialwissenschaftlicher Konzepte, die mit integrativem Blick häufig im Rahmen transdisziplinärer Projekte erarbeitet wurden (vgl. dazu Bergmann et al. 2010). Sie haben früh Erkenntnisse hervorgebracht, die deutlich machen, dass eine Kritik des Automobilismus nicht ohne Berücksichtigung sozialer, soziotechnischer, soziokultureller und gesamtgesellschaftlicher Faktoren auskommt. Allen Konzepten ist somit gemeinsam, dass die Mobilitätsproblematik mit einer auf gesellschaftliche Prozesse bezogenen Fragestellung bearbeitet wird, weiterhin, dass dieser Blick auf Mobilität und Gesellschaft ein kritischer ist, schließlich, dass die Konzepte einen entscheidenden Beitrag zur Erklärung bzw. zur Überwindung des kritisierten Mobilität-Gesellschaft-Zusammenhangs leisten. Dazu ist immer eine Überschreitung der Disziplingrenzen nötig.

Als erstes wird auf das schon sehr früh entworfene Konzept und die Vision einer Verkehrswende eingegangen, danach auf den fruchtbaren Begriff „Rennreiselimousine", der bis heute die Eckpunkte des Leitbildes privat nutzbarer Automobilität auf den Punkt bringt. Es handelt sich um ein Leitbild, das durch einen systemischen Mechanismus dazu in der Lage ist, Kritik zu verarbeiten und das Konzept der Rennreiselimousine immer wieder zu optimieren. Der dabei entstehende Komplex aus Technik, Akzeptanz und Institutionen wird von der System- bzw. Differenzierungstheorie als soziotechnisches System charakterisiert.

Bei den Konzepten, die sich auf Verkehrshandeln und Mobilitätsverhalten beziehen, sind die Erkenntnisse der Strukturierungs- bzw. Praxistheorie wichtig, die besagen, dass Praxisformen nur als Routinen ihre große Stabilität entfalten können (vgl. Giddens 1995) und dass diese routinemäßigen Mobilitätspraktiken in Alltagsarrangements eingebettet sind, die einen Routinebruch erst wahrscheinlich machen, wenn auch weitere Praktiken des Lebensumfelds jenseits des Verkehrshandelns in Frage gestellt und neu konstituiert werden (vgl. Stein et al. 2023, S. 8).

Dass Handeln im Verkehr mit differierenden Mobilitätsorientierungen (Götz und Sunderer 2020) und lebensstilspezifischen Einstellungen verbunden ist, belegt die Forschung zu Mobilitätsstilen empirisch. Abschließend wird auf das Konzept der Mobilitätskultur eingegangen, das – ähnlich wie die Praxistheorie – behauptet, dass materielle und symbolische, räumliche und diskursive Faktoren integrativ betrachtet werden müssen, wenn eine Transformation zu multioptionalen Mobilitätspraktiken möglich werden soll.

2 Zentrale Konzepte

2.1 Die Verkehrswende, die fast alle wollen

Die ökologische Kritik am Automobil beginnt in den 1970er-Jahren, als der Club of Rome in seiner Studie zu den Grenzen des Wachstums die giftigen Emissionen des Individualverkehrs in seine Zukunftsbetrachtungen miteinbezieht (Meadows et al. 1972). In das Bewusstsein der deutschen Öffentlichkeit gerät die Problematik jedoch erst in den 1980er-Jahren, als klar wird, dass Automobil-Abgase den sauren Regen mitverursachen, der das Waldsterben auslöst. Ein Gutachten des Umweltbundesamtes zum Nutzen einer Geschwindigkeitsbegrenzung und ein Beitrag von Franz Alt im Fernsehmagazin „Report" zeigen, dass beim Thema Tempolimit ein Meinungsumschwung in Gang ist. In einer Emnid-Umfrage sprechen sich 66 % der Deutschen (Männer 58 %, Frauen 72 %) und 57 % der Autofahrer*innen für eine Geschwindigkeitsbegrenzung von einhundert (!) Stundenkilometern auf Autobahnen aus (Schöppner 1984). Um die damalige Diskussion zu verstehen, muss in Erinnerung gerufen werden, dass 1984 10.199 Menschen auf deutschen Straßen starben.[2] „Mord und Totschlag" hieß dann auch ein Teil einer Stuttgarter Ausstellung mit dem Titel „Alptraum Auto", die mit aufrüttelnden Fotos und Texten eine Schadensbilanz des Automobils zieht (Katalog: Bode et al. 1986). Rund um die Kritik am Automobil entsteht in dieser Zeit ein Diskurs aus Wissenschaft, Praxis und Zivilgesellschaft, der heute transdisziplinär genannt werden würde. 1987 treffen sich in der Evangelischen Begegnungsstätte Hohenwart bei Pforzheim feministische Techniksoziolog*innen, Arbeiter*innen, Ökolog*innen, außerdem sind verkehrsplanerische, theologische, forstwissenschaftliche und weitere Kompetenzen vertreten. Auch Betriebsräte von Daimler und Opel sind dabei. Willi Hoss, der spätere grüne Bundestagsabgeordnete, ist zu dieser Zeit noch Mitglied der „Plakatgruppe", einem Zusammenschluss oppositioneller Betriebsräte, die es sich herausnehmen, die ökologische, rüstungspolitische und Nazivergangenheits-Problematik des Daimler-Konzerns öffentlich anzusprechen und deshalb aus der IG-Metall ausgeschlossen werden. Die Veranstalter der Tagung, darunter der noch heute verkehrspolitisch aktive Jobst Kraus, nehmen den 100-jährigen Geburtstag des Automobils zum Anlass, ihm „nachdenkliche Grüße" in Form einer radikalen Kritik zu senden (Kraus et al. 1987). Die Beiträge thematisieren ökologische Fragen ebenso wie Probleme der Menschenrechte und der sozialen Situation der Frauen in der Automobilindustrie. Es geht um Zwangsarbeit im Daimlerwerk 1944/45, um den Wiedereinstieg ins Rüstungsgeschäft, um Geschäfte mit dem Apartheitsstaat Südafrika und um die Arbeit am Fließband. Die Tagung bleibt aber nicht bei der Kritik des Automobilismus stehen, sondern zieht auch Schlüsse für ein zukunftsorientiertes Verkehrskonzept. In einem programmatischen Text wird vorgeschlagen, ein Forschungsprojekt vorzubereiten und durchzuführen, das „vergleichbar zum Öko-Instituts-Projekt der Energiewende (...) versucht, unter Einbezug der wesentlichen wirtschaftspolitischen, beschäfti-

---

[2] Im Jahr 1970 starben 19.200, im Jahr 2019, dem letzten Vor-Corona-Jahr, 3046 Personen auf den Straßen in Deutschland (BMVDI 2021; Statistisches Bundesamt 2022).

gungspolitischen Faktoren, ökonomisch fundierte Szenarien zu entwickeln, mit denen die Option auf eine Verkehrswende (…) argumentativ abgestützt werden kann“ (Hoss und Pfriem 1987, S. 133). Am Ende heißt es: „Es ist höchste Zeit – betrachtet man die Folgen des Automobilismus und dessen gesellschaftliche Kosten – auch für künftige Generationen – mit fundierten Szenarien im angedeuteten Sinne eine VERKEHRSWENDE[3] zu ermöglichen“ (Hoss und Pfriem 1987, S. 135). Damit ist ein Begriff in der Welt, der eine erstaunliche Karriere machen wird. Später wird er in einem Buch des Instituts für ökologische Wirtschaftsforschung (IÖW) mit gleichnamigem Titel aus ökonomischer, raumplanerischer und sozialgeografischer Perspektive durchaus komplex entfaltet (Hesse 1993). In einem selbstkritischen Rückblick wird der Autor das Werk später als „konzeptionellen Rundumschlag“ bezeichnen. Dieser sei zwar grundsätzlich berechtigt gewesen, Rundumschläge hätten aber den Nachteil, kaum „en bloc“ in tragfähige Strategien verwandelt werden zu können (Hesse 2018). Innovativ ist jedenfalls – wie schon bei Hoss und Pfriem – der gesamtgesellschaftliche Zugang und die inhaltliche Parallele zur Energiewende. So wie es bei Energie nicht um Erzeugungsmengen, sondern um Energiedienstleistungen gehe (etwa Raumwärme oder Helligkeit), gehe es beim Verkehr nicht um eine Erhöhung des Verkehrsvolumens und nicht um die Beschleunigung des Verkehrswachstums, sondern um eine für die Nutzer*innen optimale und das Umfeld verträgliche Bereitstellung von Verkehrsdienstleistungen (Hesse 1993, S. 87). Dass diese allzu rationalistische Analogie ihre Grenzen hat, darauf weisen zu Recht nicht nur Canzler und Knie (1994a, S. 176), sondern auch Sachs hin: „Im Gegensatz zur Energie, bei der nur das Ergebnis zählt (…), ist bei der personalen Mobilität auch der Prozess der Ortsveränderung selbst von Interesse. Gerade das Auto ist viel mehr als nur ein Transportmittel, es ist zugleich der Projektionsraum für ‚Lebensentwürfe und Weltbilder, Bedürfnisse und Hoffnungen‘“ (Sachs 1984). Dennoch – der Begriff „Verkehrswende“ setzt sich durch. Um eine genauere Bestimmung bemüht sich Agora Verkehrswende, die den Begriff in ihrem Namen trägt. Sie veröffentlicht 12 Thesen mit dem Tenor, dass sich Verkehrs-, Mobilitäts- und Energiewende gegenseitig ergänzen und dass Verkehrswende mehr ist als nur die Antriebswende (vgl. Agora Verkehrswende 2017). Und in einem sozialwissenschaftlichen Beitrag macht die gleiche Institution deutlich, dass bei der Verkehrswende auch Verhaltensveränderungen und die dazu notwendige Kommunikation mitgedacht werden müssen (vgl. Agora Verkehrswende 2019).

Was auffällt, ist, dass der Begriff 35 Jahre nach seiner erstmaligen Publikation immer noch Teil der politischen Auseinandersetzung ist und bis hinein ins konservative Spektrum Veränderungsbereitschaft in Richtung Klimaschutz signalisiert (vgl. etwa die Headline „Ohne Verkehrswende keine Klimawende“ der CDU/CSU-Bundestagsfraktion vom 13.09.2019 https://www.cducsu.de/themen/ohne-verkehrswende-keine-klimawende). Auch für die Presse ist der Begriff ausreichend kurz und prägnant (vgl. z. B. Steffens und Reiber 2023). Zuweilen ist statt von „Verkehrswende“ auch von „Mobilitätswende“ die Rede (vgl. oekom 2021). Das weist darauf hin, dass es zwischen Mobilität und Verkehr einen Unterschied gibt.

[3] Hervorhebung von Hoss/Pfriem.

2.2 Mobilität und Verkehr

In Publikationen, die sich an eine breite Öffentlichkeit und nicht an ein Fachpublikum wenden, werden die Kategorien Verkehr und Mobilität zumeist unscharf verwendet oder gleichgesetzt (wer auf Presseportalen das Stichwort Mobilität eingibt, erhält überwiegend Berichterstattung zu neuen Automobilen und zur Kraftfahrzeugindustrie, aber auch zu Stadtplanungsthemen und zur Verkehrsinfrastruktur). Zur wissenschaftlichen Bearbeitung der Frage, ob und wie das soziotechnische Großsystem Automobilität überwunden werden kann, ist es aber wichtig, Mobilität und Verkehr zu unterscheiden. Die Sozialwissenschaften bemühen sich deshalb intensiv um eine brauchbare Unterscheidung, als sie in den 1990er-Jahren beginnen, in den neu aufgelegten Forschungsprogrammen des BMBF mitzuarbeiten (vgl. Knie 2016). Der Forschungsverbund CITY:*mobil* legt einen mehrdimensionalen Mobilitätsbegriff vor, der besagt, Mobilität bestehe aus drei Dimensionen: a) aus räumlicher Mobilität als Bewegung und Beweglichkeit im physischen Raum, b) aus sozialräumlicher Mobilität als Bewegung und Beweglichkeit zu Orten mit zweckbezogenen Aktivitäten wie Arbeit, Versorgung, Freizeit usw.[4] und c) aus soziokultureller Mobilität als Bewegung und Beweglichkeit zwischen Positionen im Raum der sozialen Unterschiede und lebensstilspezifischen Differenzierungen (vgl. Jahn und Wehling 1999, S. 127–130). Fortbewegung sei als Zusammenspiel dieser drei Dimensionen von Mobilität zu beschreiben. Verkehr und Mobilität müssten unterschieden werden.

Letzteres leistet Rammler, wenn er schreibt, Mobilität leite sich aus dem lateinischen Mobilitas bzw. mobilis = beweglich ab und könne als „Seins-Zustand der Beweglichkeit" bezeichnet werden (Rammler 2000, S. 41).[5] Diese Beweglichkeit ist notwendig, weil sich viele Bedürfnisse nicht an Ort und Stelle, etwa zu Hause, befriedigen lassen und deshalb nach Ortsveränderung verlangen. „Schon der Erwerb der Nahrung macht in den meisten Fällen eine Ortsveränderung nötig" (Becker 2016, S. 17). Mobilität im Sinne des „Seins-Zustandes der Beweglichkeit" ist in diesem Fall also Bedingung der Nahrungsbeschaffung an einem anderen Ort.[6] Verdichtet in einem Satz bedeutet das: Mobilität ist Beweglichkeit zur Bedürfniserfüllung an einem anderen Ort. Diese Definition impliziert keine Festlegung auf ein Verkehrsmittel oder eine bestimmte Fortbewegungsform. Wenn Bedürfnisse und Wünsche an einem anderen Ort erfüllt werden müssen, setzt es ganz allgemein Mobilität voraus, egal ob zu Fuß, mit dem Fahrrad, dem E-Bike, dem Elektroroller, dem öffentlichen Verkehr, dem Motorrad, dem Auto oder gebeamt.

---

[4] Hier wird eine Verbindung zu den Wegezwecken der Verkehrsverhaltensforschung deutlich.

[5] Rammler (2000) entwickelt diese Definition im Rahmen seiner These der Wahlverwandtschaft von Moderne und Mobilität. Ähnlich Kesselring (2019), der Mobilität als „Basisprinzip der Moderne" bezeichnet. Sein an Becks Risikogesellschaft anknüpfendes Verständnis „reflexiver Mobilitäten" verbindet Bedeutungen der sozialen, geografischen, räumlichen Mobilität/Flexibilität/Fluidität miteinander und nähert sich damit dem umfassenden Verständnis des „new mobilities paradigm" an, das Sheller und Urry (2006) vorgelegt haben und welches alles umfasst, was „on the move" ist.

[6] Davon geht auch die Verkehrsverhaltensforschung aus, die zurückgelegte Wege erst dann zu zählen beginnt, wenn sie außer Haus stattfinden.

Wenn dann die Ortsveränderung stattgefunden hat, ist eine Verkehrsleistung erbracht worden. Verkehr bezeichnet somit die realisierte Bedürfniserfüllung durch Fortbewegung bzw. Transport von Personen und Gütern mit Hilfe von Transportmitteln, Infrastrukturen und Handlungen im physischen Raum. Es handelt sich um eine aggregierte Perspektive. Die entsprechenden Leistungen werden in Personen- und Tonnenkilometer gemessen und als solche bezeichnet (BMVDI 2021; Becker 2016, S. 18). Und seit es eine Umweltberichterstattung gibt, sind mit den Kennzahlen des Verkehrs Umweltbelastungen verbunden: Treibhausgasemissionen, Feinstaub, Lärm, Ressourcenverbrauch, Flächeninanspruchnahme. Die entsprechenden Messungen liefern die Umwelt-, Natur- und Ingenieurswissenschaften, mit denen deshalb eine kritische sozialwissenschaftliche Mobilitäts- und Verkehrsforschung interdisziplinär zusammenarbeiten muss.

Wenn somit Mobilität als Beweglichkeit zur Bedürfniserfüllung definiert wird (Ernährung, Arbeit, Freizeit, Versorgung, soziale Kontakte usw.) und Verkehr als die mit Hilfe von Verkehrsmitteln, Infrastrukturen und Handlungen realisierte Fortbewegung im physischen Raum, dann ist offenkundig, dass Bedürfniserfüllung mit mehr oder weniger Verkehr, mit mehr oder weniger schädlichen Wirkungen für Mensch und Umwelt verbunden sein kann. Damit entsteht ein brauchbarer normativer Rahmen zur Gestaltung einer zukunftsfähigen Mobilität: Es geht darum, die Beweglichkeit der Menschen zu sichern – dies jedoch mit möglichst wenig Ressourcenverbrauch, wenig schädlichen Wirkungen für Mensch, Gesellschaft und Natur. Kurz und medientauglich wird das mit dem Satz auf den Punkt gebracht: „Mobilität mit weniger Verkehr“ (Agora Verkehrswende 2017). Was wie eine unzulässige Vereinfachung klingt, führt bei praktischer Anwendung zu einer grundlegenden Veränderung der Ziele, die eine zukunftsfähige Stadt-, Mobilitäts- und Verkehrsplanung anstrebt. Im Zentrum der Betrachtungen steht nicht mehr der möglichst ungehinderte und schnelle Fluss von Verkehr, sondern, dass Menschen die Orte ihrer Bedürfniserfüllung einfach und in kurzer Zeit erreichen. Das einstige Planungsprinzip, das aus ökonomischen Prognosen einen Anstieg der Verkehrsmenge ableitet und diesen mit immer mehr Verkehrsinfrastruktur beantwortet, gilt nicht mehr. Stattdessen geht es um Effizienz, was bedeutet, dass „ein definiertes Ziel mit möglichst geringem Mitteleinsatz erreicht“ wird (Becker 2018, S. 76). Logische Konsequenz sind Konzepte wie Superblocks. Auch wenn diese primär mit Verkehrsberuhigung und Aufenthaltsqualität begründet werden, können sie als Anwendungsfälle des geschilderten Mobilitätsverständnisses gesehen werden: Beweglichkeit zur Bedürfniserfüllung im Stadtteil wird auf kurzen Wegen mit umweltfreundlicher Fortbewegung optimal erfüllt – der belästigende PKW-Verkehr fährt außen vorbei (vgl. das Beispiel Frankfurt am Main-Bockenheim bei VCD 2023).

2.3 Die widersprüchliche Rennreiselimousine

Vor über 50 Jahren erschien die erste gesellschafts- und automobilkritische sozialwissenschaftliche Analyse „Zur sozio-ökonomischen Bedeutung des Automobils“ (Krämer-Badoni et al. 1971). Manche Erkenntnisse der Arbeit sind heute Allgemeingut: Das Automobil ist Symbol von Prestige und Träger von Bedeutungen, die auf den Besitzer übertragen werden. Es hat Potenzial zur Steigerung des Selbstwertgefühls und der Identitätsgewinnung und es liefert Möglichkeiten, Aggression auszuleben (vgl. dazu der Typus der „aggressiven Autofahrer*innen“ in den Analysen des Projekts CITY:*mobil* 1999). Die Autor*innen arbeiten auch heraus, was den emanzipativen und faszinierenden Gebrauchswert-Kern des Konzepts Auto ausmacht: Es ist der private Charakter seiner Nutzung und seine ständige Verfügbarkeit. „Einmal gekauft ist das Auto ein gleichsam wartendes Ding, das für den Besitzer und nur für ihn zur Verfügung steht. Es provoziert schnelle und spontane Ortsveränderung zu jeder Zeit und bietet sich zum Gebrauch an, weil es als stehendes Ding seinen eklatanten Zweck nicht erfüllt“ (Krämer-Badoni et al. 1971, S. 52). Bis heute gilt, dass ein Auto in privatem Eigentum eine ständige Nutzungsaufforderung darstellt, da es auch im Stand Geld kostet und sich erst rentiert, wenn es auch gefahren wird. Das hat zur Folge, dass in Haushalten mit privatem Auto deutlich weitere Wege zurückgelegt werden (vgl. Infas 2018, S. 48). Die „Mobilitätsmaschine“ (Projektgruppe Mobilität 2004) sorgt selbst dafür, dass sie extensiv genutzt wird.

Es ist das Verdienst der Techniksoziolog*innen des WZB, die Widersprüchlichkeit der eigentümlichen privaten Fahrmaschine genauer zu untersuchen. Sie sehen einerseits „das Automobil in der Krise“ (Canzler und Knie 1994a) und sogar schon „das Ende des Automobils“ (Canzler und Knie 1994b). Andererseits wissen sie um dessen eigentümliche Attraktivität und leisten eine erhellende Analyse der Stabilität des automobilen Leitbildes. Sie zerlegen das faszinierende Objekt in seine weltweit gültigen Kerneigenschaften „hohe Reichweite, Leistungsstärke, Höchstgeschwindigkeit, Platzangebot und Beschleunigungswerte“ (Canzler und Knie 1994b, S. 10) – ein Standardkonzept, „das ganz unterschiedliche Transportbedürfnisse, ob kurze Wege in der Stadt, Überlandfahrten oder Fernverkehrsbedürfnisse, ob allein, mit mehreren Personen und viel Gepäck oder gar mit Transportgut oder ganz alleine universell abzudecken beansprucht“ (ebda., S. 41). Danach handelt es sich im Normalfall um einen „Personenkraftwagen mit geschlossenem Aufbau zur Beförderung von 4 oder mehr Personen sowie Gepäck. Die (. . .) Ausstattung solch eines Wagens mit einem leistungsstarken Motor, der hohe Fahrgeschwindigkeiten ermöglicht, sowie das Potenzial, ausreichenden Kraftstoff mitführen zu können, um mehrere hundert Reisekilometer zurückzulegen, führt zu einer Präzisierung im Begriff Rennreiselimousine“ (ebda., S. 140). Das könnte noch ergänzt werden um das Adjektiv „privat“, denn der private Zugriff garantiert erst die ständige Verfügbarkeit und erzeugt eine zusätzliche emotionale Bindewirkung.

Die Verdichtung im Begriff Rennreiselimousine hat in seiner analytischen Kraft und in der darin angelegten Möglichkeit, darüber hinaus zu denken, zugleich erklärendes und visionäres Potenzial und kann bis heute auch in praktischen Kontexten immer wieder argumentativ eingesetzt werden. Denn was wir in der erneuten Rekonstruktion der Rennreiselimousine erleben, macht deutlich, dass der Begriff noch weiterreicht, als es sich die Wissenschaftler des WZB vorstellten. Während sie meinten, der „Hubkolben-Verbrennungsmotor“ (Canzler und Knie 1994a, S. 172) sei notwendiges Element der Rennreiselimousine, erleben wir aktuell, dass der Austausch eben dieser Antriebsart gegen eine Elektromaschine die Fortsetzung der

Spiralendynamik aus Gewicht, Leistung, Beschleunigung, Sicherheitsfeatures, noch mehr Gewicht, noch mehr Leistung, also die weitere Expansion der Rennreiselimousine bedeutet. Das vorläufige Ergebnis ist, dass der US-amerikanische Marktführer eine elektrisch betriebene Rennreiselimousine anbietet, welche die Familie und den Sprudelkasten mit rennsporttauglichen 1024 PS und einer Spitzengeschwindigkeit von 348 km/h befördert.

Immer wieder wird also ihr Ende beschworen, aber stets gelingt es, das Konzept der Rennreiselimousine auf neuem Niveau der technischen Optimierung zu rekonstruieren. Wie das gelingen kann, darauf gehen die differenzierungstheoretischen Analysen des soziotechnischen Systems der Automobilität ein, die nachfolgend behandelt werden.

2.4 Das soziotechnische System schafft seine Akzeptanz selbst

Anschließend an Arbeiten über andere vernetzte Großtechnologien beschreibt Kuhm (1997) differenzierungstheoretisch den Prozess der Herausbildung eines automobilen Subsystems als einen spiralförmigen, sich selbst verstärkenden Prozess. Aus dieser Systemdynamik entstehen immer wieder Probleme und „Nebenfolgen", die durch Optimierungen jeweils überwunden zu sein scheinen, was aber nur zu neuen Nebenfolgen führt, die dann wieder durch Optimierungen angegangen werden usw. Beispiel sind die durch den Automobilismus hervorgebrachten Emissionsprobleme, die öffentlich thematisiert, dann mit Hilfe verschiedener Stufen der Abgasreinigung und deren Verrechtlichung in einem EU-Rahmen bis hin zu „Euro 7" beantwortet werden. Auch diese Optimierungen reichen nicht aus und es wird – nach dem Versuch, die Probleme außerrechtlich durch Abgas-Betrug zu „lösen" – gesamtgesellschaftlich und EU-weit der Ausstieg aus dem Verbrennungsmotorzeitalter eingeleitet. Aber auch die Elektromobilität erzeugt Nebenfolgen mit internationalen Umwelt- und Menschenrechtsproblemen.[7]

Bei den immer wieder durchgeführten Optimierungen handelt es sich nicht nur um technische, sondern um systemische: Entscheidend ist die „Rückkoppelung der ‚harten' technisch-materiellen Komponenten zu den sozialen Systemen von Politik, Ökonomie, Recht, Wissenschaft und Erziehung in den Industriegesellschaften sowie zu Institutionen dieser Systeme" (Kuhm 1997, S. 177). Das erst führt zu dem spiralenförmigen Wachstumsprozess, der, einmal initiiert, sich solange behaupten kann, wie „veränderte kulturelle Praktiken an ‚bessere' Autos – und umgekehrt – anschließbar bleiben und solange genügend Raum für Weiterentwicklung und Expansion des Automobilverkehrs zur Verfügung steht" (ebda., S. 176–177). Kennzeichnend für derartige eigendynamische Prozesse sei „die Erzeugung der den Prozess tragenden Handlungsmotivationen in und durch den Prozess selbst"

[7]Vgl. z. B. die dreiteilige Serie des ZDF zum Thema Rohstoffe https://www.ardmediathek.de/video/unsereerde-kampf-um-rohstoffe-am-abgrund/korruption-fuer-oel-und-gas-aus-aserbaidschan-s01-e01/swr/Y3JpZDovL3N3ci5kZS9hZXgvbzIwMTEyODg.

(Mayntz und Nedelmann 1987, S. 657). Es werden durch die mit der Gesellschaft verwobene Technik neue Wirklichkeiten hergestellt, die ein Sich-außerhalb-Stellen nicht mehr ermöglichen.[8] Wer zugehörig sein will, muss und will dann auch Teil der „modernen" gesellschaftlichen Prozesse sein. Partizipation und Beherrschung der Technik – egal ob Auto oder Handy – wird dann nicht nur akzeptiert, sondern wird zum Spaßfaktor. Umso schwieriger ist der Ausstieg aus derartigen spiralen-dynamischen Großtechniksystemen. Da – wie die Differenzierungstheorie nahelegt – das System der Automobilität mit den rechtlichen, wissenschaftlichen, pädagogischen, psychischen und vor allem wirtschaftlichen Systemen verkoppelt ist, kann die Lösung nicht isoliert in der Umgestaltung der Automobilität gesucht werden. Vielmehr liegt es dann nahe, eine integrierte Verkehrspolitik als „gesamtgesellschaftliche Transformation" (Schwedes 2018, S. 22) oder sogar als „Weltdesign" (Rammler 2018, S. 37) zu verstehen. Ein solch umfassender Zugriff ist einerseits einleuchtend, weil damit die Einbettung des Systems der Rennreiselimousine in Kultur, Ökonomie, Wunsch- und Nachfrageproduktion der Gesellschaft ernst genommen wird. Andererseits ist ein solch ganzheitlicher Zugriff nicht immer leicht vermittelbar, wenn in transdisziplinären Projekten mit Praxispartnern an Problemlösungen zur schrittweisen Veränderung des Verkehrssystems gearbeitet wird. Es können ja nicht bei jedem Schritt alle damit verbundenen gesellschaftlichen Prozesse zugleich angegangen werden. Wahrscheinlicher sind Prozesse der schrittweisen, partiellen Entkoppelung: Entkoppelung wirtschaftlicher Prosperität von der Automobilproduktion, Entkoppelung der Raumnutzung von einer auf automobile Höchstgeschwindigkeiten ausgelegten Infrastruktur, Entkoppelung der Mobilität von Automobilität hin zu einer multioptionalen Beweglichkeit (vgl. Götz et al. 1998, S. 145). Es sind die verdichteten Räume der Großstädte, in denen mit wachsendem Erfolg ein Verkehrsmittelmix jenseits des Automobils ausprobiert wird. Wer beispielsweise in Dijon, ohne ein Ticket zu benötigen, in einen kostenlosen Elektrobus einsteigt und die Kernstadt erkundet, bemerkt gar nicht, wie selbstverständlich private Autos einfach abwesend sind.

2.5 Nicht Einzelentscheidungen, sondern Routinen müssen verändert werden

Hat ein solcher Umbau des städtischen Verkehrssystems stattgefunden und wollen die Menschen die neuen Möglichkeiten nutzen, geschieht das nicht dadurch, dass sie einzelne neue Verhaltensweisen ausüben. Vielmehr werden sie durch eine nutzernahe Gestaltung dazu eingeladen, ganze Handlungsketten neu zu lernen und als Verhaltensroutinen zu verinnerlichen. Verändertes Verkehrsverhalten entsteht nicht durch immer neu getroffene Entscheidungen, sondern wird mit zunehmender Er-

[8] Das Gleiche gilt für die digitale Partizipation: Wer versucht, sich außerhalb der Digitalisierungsprozesse zu stellen und beispielsweise bewusst auf ein Smartphone verzichtet, muss nicht nur hinnehmen, als Sonderling zu gelten, sondern wird auch von offiziellen Services ausgeschlossen.

fahrung automatisiert und als Gewohnheit abgespeichert. Das gilt im Bereich der Mobilität insbesondere für die immer gleichen Wege zur Arbeit, das Pendeln (vgl. Nitschke et al. 2022). Die Rational-Choice-Theorie nennt solche seriellen Verhaltensweisen „Habits" (Esser 1996), die soziologische Strukturierungstheorie spricht von Routinen (vgl. Giddens 1995) und Reckwitz setzt in seiner Version der Praxistheorie Praktiken und Routinen sogar gleich. Praktiken seien ein „routinized type of behaviour which consists of several elements, interconnected to one other: forms of bodily activities, forms of mental activities, ‚things' and their use, a background knowledge in the form of understanding, know-how, states of emotion and motivational knowledge. A practice (...) forms so to speak a ‚block' whose existence necessarily depends on the existence and specific interconnectedness of these elements, and which cannot be reduced to any one of these single elements" (Reckwitz 2002, S. 249–250). Wenn Praktiken tatsächlich als Block heterogener Elemente zu verstehen sind, dann können nicht einzelne Elemente, z. B. allein das Verkehrsmittel, sondern müssten miteinander gekoppelte Elemente verändert werden.

Diese Erkenntnis macht sich auch die biografisch orientierte Mobilitätsforschung zunutze. Chancen zur Veränderung des Verkehrsverhaltens bestehen aus dieser Perspektive dann, wenn sich bei Individuen zwar nicht der ganze „Block", aber vieles in sogenannten Life Events ändert (vgl. Lanzendorf und Tomfort 2010; Scheiner und Holz-Rau 2015). Solche Ereignisse sind zum Beispiel die Familiengründung, das erste Kind, der erste Beruf und Umzüge in eine andere Stadt. Hier setzt das Neubürgermarketing an: Da sich in der Phase des Umzugs an einen neuen Wohnort große Teile des Alltagsarrangements lockern, besteht die Chance einer zielgruppen- und situationsspezifischen Kommunikation mit der Folge, dass bis zu einem gewissen Grad Veränderungen des Verkehrsmittelwahlverhaltens erreicht werden. Die entsprechenden Veränderungen des Modal Split (Erhöhung ÖV: 7,6 %, Reduktion MIV: 3,3 %) wurden empirisch evaluiert und machen deutlich, dass hier graduelle Erfolge erreicht werden, aber das System des Individualverkehrs nicht grundsätzlich in Frage gestellt wird (Bamberg et al. 2008; Wappelhorst 2009). Auch Übergänge in der Ausbildungs- bzw. Berufsbiografie können Lebensereignisse sein, die die An- bzw. Abschaffung eines privaten Autos und dessen Nutzung beeinflussen. Daraus wurde der Schluss gezogen, dass auch in dieser Phase zielgruppenspezifisch interveniert werden könne (Müggenburg und Lanzendorf 2015).

2.6 Mobilitätsstile als Anwendung des Lebensstilkonzepts auf die Mobilitätsforschung

Ebenfalls auf Lebensereignisse beziehen sich die ersten Forschungen zu Mobilität und Lebensstilen. Letztere werden hier zunächst als Orientierungen in Bezug auf große Lebensentscheidungen verstanden (Salomon und Ben-Akiva 1983). Im Unterschied dazu bezieht sich die Mobilitätsstilforschung des Instituts für sozial-ökologische Forschung auf Erkenntnisse zu Individualisierung (Beck 1986), soziokultureller Distinktion (Bourdieu 1991) und Milieudifferenzierung (vgl. Hradil 1987; Barth et al. 2017; Sinus 2024). Individualisierung und Pluralisierung der Lebensstile führen aus dieser Perspektive aber nicht zu einer Auflösung horizontaler Gesellschaftsmodelle, wie es Hradil (1987) mit der Formulierung „von Klassen und Schichten zu Lagen und Milieus" nahelegt, sondern zu einer Doppelstruktur aus Lebensstildifferenzierung und neuer sozialer Ungleichheit. Diese mündet in die Rekonstruktion einer neuen Klassenbildung, bestehend aus neuer Mittelklasse, neuer Unterklasse/prekärer Klasse und Oberklasse, „hinzu kommt on top die kleine Oberklasse der Superreichen" (Reckwitz 2021, S. 86, und grafisch als Synthese aus Klassen- und Sinus-Milieumodell, S. 124). Die Mobilitätsstilforschung hält es für wahrscheinlich, dass sich die Strukturen von Individualisierung und Pluralisierung auch in den Orientierungen und Praktiken der Mobilität und Fortbewegung finden lassen. Das kann in unterschiedlichen Projekten zu Stadtverkehr, ländlicher Mobilität, Freizeitmobilität und Tourismus nachgewiesen werden. Dabei wird mit verschiedenen Annahmen und Modellen zum Zusammenhang von Lebensstilen und Verhalten gearbeitet (mit übergreifenden Lebensstilmustern in Götz et al. 2003, mit bereichsspezifischen Orientierungen in Götz et al. 2011, 2016). Letztlich kommen die Forscher*innen (mit Otte 2011) zu dem Ergebnis, dass Modelle übergreifender Lebensstilmuster Verhalten weniger gut erklären als bereichsspezifische Orientierungen. Bei diesen handelt es sich um generalisierte Haltungen, die soziale Gruppen zu unterschiedlichen Bedürfnisfeldern ausbilden und die zu typischen Handlungsmustern im spezifischen Praxisfeld führen. Das gilt zum Beispiel für den Bereich Ernährung (Stieß und Hayn 2005), für Freizeit und Tourismus (Götz 2007; Schmied et al. 2009; Götz et al. 2011) und eben auch für Mobilität und Verkehr (vgl. Götz et al. 2016).

Erstmals durchgeführt werden die empirischen Forschungen zu Mobilitätsstilen in den Städten Freiburg und Schwerin in einem BMBF-geförderten Projekt „Mobilitätsleitbilder und Verkehrsverhalten" im Forschungsverbund CITY:*mobil* (vgl. Götz et al. 1998). Im Zentrum stehen Mobilitätsorientierungen, deren Ausprägungen mit qualitativen und standardisierten Methoden erhoben werden (Götz und Sunderer 2020). Einer der wichtigsten Befunde ist, dass ein Verzicht auf das eigene Auto weniger als Statusverlust als vielmehr ein Zeichen des Nicht-mehr-Dazugehörens, also der sozialen Desintegration wahrgenommen wird (Götz et al. 2003, S. 42).[9] Typische Äußerung aus den qualitativen Interviews: „Die Frauen, die ich kenne, die Auto fahren, sind selbständiger, mehr im Leben drin" (ebd.). Automobilität ist somit Symbol und Mittel der sozialen Integration.

In den Clusteranalysen werden die Faktoren der Mobilitätsorientierungen zu einer Typologie verarbeitet, bestehend aus „Risikoorientierten Autofans", „Statusorien-

[9] In der standardisierten Erhebungsphase des Projekts ($N = 2 \times 1000$) wird diese Erkenntnis mit den Statements „Ohne Auto ist man nicht Teil der Gesellschaft" und „Das Auto gehört zum Leben einfach dazu" operationalisiert. Eine Faktorenanalyse zeigt, dass diese Einstellungsdimensionen miteinander korrelieren. Der Besitz eines Autos wird hier als Bedingung des Dazugehörens wahrgenommen. Ein weiteres Element des herrschenden automobilen Leitbildes repräsentiert der Faktor „Bekenntnis zu Risiko und Aggression beim Autofahren". Er bezeichnet einen Variablenzusammenhang aus Begeisterung für hohe Geschwindigkeiten, Aggression gegenüber anderen Verkehrsteilnehmern*innen und dem gewollten Ausleben von Affekten im Straßenverkehr.

tierten Automobilen", „Traditionell Naturorientierten", „Ökologisch Entschiedenen" und „Traditionell Häuslichen". Die Unterschiedlichkeit und Trennschärfe der Segmente wird nicht nur anhand der deutlich unterschiedlichen Mobilitätsorientierungen berechnet, sondern zusätzlich anhand des methodisch getrennt erhobenen Kriteriums Verkehrsverhalten (nach der Stichtagsmethode). Das Ergebnis zeigt einen erstaunlichen Zusammenhang zwischen Orientierungen und Verhalten: So sitzen die „Ökologisch Engagierten" nur bei 10 % aller Wege am Steuer eines Autos, die „Risikoorientierten Autofahrer" dagegen bei 56 %. Die „Traditionell Naturorientierten" gehen bei 43 % aller Wege zu Fuß, während die „Statusorientierten Automobilen" dies nur bei 4 % aller Wege praktizieren (vgl. Götz et al. 2016). In einem Forschungsprojekt zur Freizeitmobilität gehen die isoe- und die Öko-Institutsforscher*innen dann einen Schritt weiter: Anhand der Verhaltensdimension kann die bislang vernachlässigte materielle Dimension in Form von lebensstilspezifischen Berechnungen von Treibhausgasemissionen der unterschiedlichen Mobilitätsstile ausgewiesen werden (vgl. Götz et al. 2003, S. 144).

In einem umsetzungsorientierten Zusammenhang werden derartige Typologien der Mobilitätsstile als Zielgruppenmodelle für Maßnahmen zur Entkoppelung der Mobilität von Automobilität interpretiert. Die Erkenntnis, dass Pluralisierung und Individualisierung sich auch in den Mobilitätsorientierungen wiederfinden, wird so verstanden, dass ein künftiges Mobilitätssystem eine Pluralität der Angebote sicherstellen, also eine multioptionale Verkehrsmittelwahl bieten müsse. Stadtverträgliche Mobilität würde dann bedeuten, Mobilität von der festen Verkoppelung mit Automobilität zu lösen, also die Hegemonie des automobilen Leitbildes zurückzudrängen, aber innerhalb einer neuen multioptionalen Mobilität die sporadische Nutzung des Automobils als Option einzubeziehen.

Diese und die weiteren Forschungen zu Mobilitätsstilen fordern durchaus Kritik heraus. Sie bezieht sich auf den mangelnden Raumbezug, die unklare Theoretisierung von Lebensstilen und die Art der Ableitung von Maßnahmen (vgl. z. B. Hunecke 2000; Otte 2011; Götz et al. 2016). Dennoch, die sogenannten weichen Dimensionen – Lebensstile bzw. Mobilitätsorientierungen – gelten von nun an als Faktoren, die bei der Transformation in Richtung nachhaltiger Mobilität berücksichtigt werden müssen. In der Nachfolge wurden zahlreiche typologisierende oder Lebensstile einbeziehende Mobilitätsforschungsprojekte vorgelegt (z. B. Hunecke 2000; Lanzendorf 2000; Fliegner 2002; Beckmann et al. 2006; Hunecke und Haustein 2007; Goal 2013; Herget 2013; Oostendorp et al. 2019; Dangschat 2020).

Auch der nachfolgende Ansatz der Mobilitätskultur bezieht „weiche" Faktoren mit ein, betrachtet sie aber integrativ in ihrem Zusammenwirken mit „harten" Faktoren.

2.7 Mobilitätskultur: Integrierte Betrachtung der symbolischen und der materiellen Seite

„Wenn wir in Dortmund oder Palermo, in Frankfurt am Main oder Kopenhagen unterwegs sind, nehmen wir deutliche Unterschiede wahr: Der Verkehr (...) funktioniert irgendwie anders. Dieses Gesamte, das wir intuitiv in jeder Stadt wahrnehmen, in der wir mobil sind, und das aus objektiven und subjektiven Faktoren besteht, nennen wir Mobilitätskultur" (Deffner et al. 2021, S. 2). Der Mobilitätskulturansatz vertritt, ähnlich wie die Praxistheorie, die These, dass deterministisch wirkende, „harte" Faktoren wie Infrastruktur, gebauter Raum, Technik und eher symbolisch-mental wirkende, also „weiche" Einflussgrößen wie Kommunikation, Diskurse, Lebensstile und Milieus integrativ zu betrachten seien. In der Anwendung für nachhaltige Mobilität wurden in einer internationalen Studie die Städte Bozen, Freiburg, Salzburg, Zürich und Frankfurt am Main verglichen, um voneinander zu lernen und den Stand hinsichtlich einer multioptionalen, nachhaltigen Mobilitätskultur zu bewerten (vgl. Deffner et al. 2007). Dabei wurden mit empirischen Methoden der qualitativen Sozialforschung hemmende und ermöglichende Schlüsselfaktoren der Transformation in den Städten identifiziert und verglichen (Deffner et al. 2021) (Abb. 1).

In weiteren Anwendungen verknüpft Klinger (2017) das Mobilitätskulturkonzept mit der Forschung über Mobilitätsbiografien und untersucht den Einfluss von Mobilitätskulturen auf Personen, die umgezogen sind. In einer Studie des Instituts für Mobilitätsforschung (IFMO) zu Megacity Mobility Cultures untersuchen Wissenschaftler*innen Mobilitätskulturen in acht Großstädten in Asien, Europa, Südamerika und den USA (IFMO 2013). Und im Verständnis von Hoor (2021) werden die Begriffe „neue" oder „öffentliche Mobilitätskultur" als offene Transformationskategorien verstanden, die mit auf das Symbolische und Materielle zielenden Maßnahmen zur Zurückdrängung des Autosystems und Privilegierung von Fahrrad und ÖV inhaltlich ausgestaltet werden können.

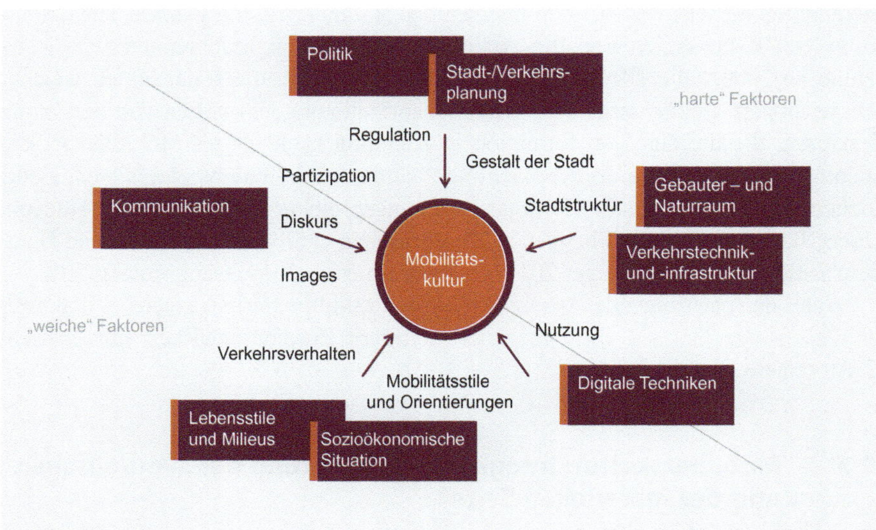

Abb. 1 Elemente von Mobilitätskultur. (Quelle: Deffner et al. 2021)

Zusammenfassend wird deutlich: Auch der Ansatz der Mobilitätskultur stellt die Integrationsnotwendigkeiten ins Zentrum und geht davon aus, dass soziale und soziokulturelle Faktoren miteinbezogen werden müssen, wenn das System und die Verhaltensweisen rund um Mobilität in Richtung Nachhaltigkeit verändert werden soll.

3 Lessons Learned und wo geht's hin?

3.1 Fazit

Die kritische sozialwissenschaftliche Mobilitätsforschung der letzten Jahrzehnte hat wichtige Beiträge zur Erklärung des vorherrschenden Verkehrsverhaltens, von Praktiken und Handlungen im Bereich des Verkehrs und zur Frage der Stabilität bzw. Überwindung des vorherrschenden automobilen Leitbildes geleistet. Erkundungen in diese Richtung waren bereits früh von einer gesellschaftskritischen Soziologie (Krämer-Badoni et al. 1971) und einer sozialstrukturell aufgeklärten Raumplanung unternommen worden (vgl. Holz-Rau 1997 oder Stete 1996). Aber erst mit der Einbeziehung von originär sozialwissenschaftlichen Ansätzen und deren transdisziplinärer Verknüpfung wird deutlich, dass die Überwindung des hegemonialen automobilen Leitbildes nur möglich ist, wenn subjektive, soziale und soziokulturelle Einflüsse miteinbezogen werden. Es gilt also – kritisch und selektiv –, Handlungstheorien, Routinen, Praktiken, aber auch gesellschaftliche Mobilitätsleitbilder und soziokulturelle Orientierungen sowie emotionale Bindungen zu berücksichtigen. Darüber hinaus gilt es, Probleme und Chancen der sozialen Integration, geschlechts- bzw. genderspezifische und soziokulturelle Differenzen in die Analysen, die eine Transformation des Verkehrssystems begleiten, einzubeziehen. Damit kann abgeschätzt werden, ob und wodurch verkehrspolitische Maßnahmen sozial desintegrierend wirken oder wahrgenommen werden, was Akzeptanz untergraben und sich auf die politische Sphäre außerhalb des Verkehrssystems auswirken kann.

Die Sozialwissenschaften haben ihr Instrumentarium gut auf das Thema Mobilität angewandt. Und einige der wichtigsten Erkenntnisse wurden bereits vor mehreren Dekaden vorgelegt. Aber heute stehen wir vor einer völlig veränderten Weltlage. Die sozialwissenschaftliche Mobilitätsforschung muss sich als Teil einer transdisziplinären Nachhaltigkeitsforschung an die neuen Herausforderungen und Fragestellungen heranwagen.

3.2 Folgerung1: Stärkere Einbeziehung stofflicher und natürlicher Nutzungs- und Schadenszusammenhänge

Spätestens mit dem Angriffskrieg gegen die Ukraine und den damit verbundenen Rohstoffproblemen ist klargeworden, dass materielle Ressourcen, Stoffströme und Ökosystemdienstleistungen der Natur direkt mit den Mobilitätssystemen verkoppelt sind. Eine integrative Mobilitätsforschung, die politisch ernst genommen werden will, muss diese Themen nicht nur konzeptionell, wie es verschiedene praxistheoretische Ansätze leisten, sondern auch quantitativ-empirisch in den Blick nehmen, sodass mit Wirtschafts-, Ingenieurs- und Naturwissenschaften zusammengearbeitet werden kann. Die Nachhaltigkeitsforschung hat zurecht in den letzten Jahren den Klimaschutz in den Mittelpunkt gestellt. Aber eine transdisziplinäre, gestaltungsorientierte Forschung zu nachhaltiger Mobilität muss stärker auch den Ressourcen- und Materialverbrauch und die Schädigung der Natur beachten. Das gilt nicht nur in Bezug auf den weltweit sicherlich noch lange weiter vorherrschenden Verbrennungsmotor, sondern auch hinsichtlich der Rohstoffe für Elektromobilität. Die Ergebnisse müssen direkt in den politischen und medialen Diskurs einspeist werden. Es würde um Szenarien unterschiedlicher Mobilitätskulturen und -systeme in ihrer Wirkung auf Biodiversität, Naturschutz, Boden, Wasser, Erde, Luft und um Menschenrechte gehen.

Wir haben gelernt, dass das soziotechnische System Automobilität nicht nur bei der Produktion und hinsichtlich der Lieferketten, sondern auch stofflich und bezüglich der Naturressourcen hochgradig international abhängig ist. Unsere Gesellschaft hat sich in jüngster Zeit als nicht besonders resilient erwiesen, wie etwa die Erpressbarkeit durch Energieverknappung zeigt. Aber in umgekehrter Richtung sind auch die westlichen Gesellschaften Krisenauslöser in anderen Regionen. Die stetige Perpetuierung des Konzepts der Rennreiselimousine – jetzt als Elektroauto und als autonomes Robotaxi – ist eingebettet in Nutzungs- und Schadenszusammenhänge von Naturressourcen anderer Kontinente und in Menschenrechtsverletzungen. Eine integrative Mobilitätsforschung muss diese Interdependenzen berücksichtigen und dazu beitragen, dass die Schädigungen von Menschen und Natur bilanziert und bei den Entwürfen neuer Mobilitätssysteme verhindert werden.

Eine solche sozial-ökologische Mobilitätsforschung würde Fragen der Verkoppelung von gesellschaftlichen und natürlichen Prozessen, deren Verbindung mit alltäglichen Praktiken und Symboliken sowie erfolgversprechenden Formen der Regulation thematisieren und als Ausdruck gesellschaftlicher Naturverhältnisse verstehen (Becker und Jahn 2006; Becker et al. 2011). Zu gestalten wäre eine Mobilitätskultur, die den Menschen dient und der Natur Raum gibt. Dabei wird Natur nicht als unberührte Um-Welt, sondern mit Beck als „gefährdete *Innenausstattung* der zivilisatorischen Welt" verstanden (Beck 1986, S. 107).[10]

3.3 Folgerung 2: Zukunftsgestaltungsanspruch

Eine kritische sozialwissenschaftliche Mobilitätsforschung wird sich viel stärker als bisher an der Gestaltung zukunftsfähiger Mobilitätskulturen beteiligen. Sie wird weiterhin begleitend und evaluierend, aber viel stärker vorausschauend und offensiv mit klar formulierten Prinzipien (vgl. Jahn et al. 2020) an der Gestaltung von Mobilitätszukünften mitarbeiten. Dabei sollte sie mit einer Zukunftsforschung, die Ungewissheit systematisch in den Blick nimmt, zusammenarbeiten (vgl. Kollosche

[10] Hervorhebung d. d. Verf.

2016). Die sozialwissenschaftliche Mobilitätsforschung darf sich in ihrer Nische nicht auf den Erkenntnissen der letzten Dekaden ausruhen, sondern muss – zusammen mit einer behäbig gewordenen Automobilindustrie und einem risikoscheuen Mobilitätsgewerbe (vgl. Webb 2024) – in Gang kommen, um die verschiedenen Dimensionen der notwendigen großen Transformation zu gestalten. Im Zentrum dieser gemeinsamen gesellschaftlichen Anstrengung muss dabei die Lösung des großen Zielkonflikts stehen: Der zwischen ökologischer und sozialer Nachhaltigkeit auf der einen und den „mobilitätswirtschaftlichen Interessenkonstellationen" auf der anderen Seite (Rammler 2016, S. 916).

3.4 Mobilitätsgerechtigkeit und neue soziale Spaltungen

In Krisen erleben wir, dass zur Kompensation von Mobilitätskostenbelastungen kurzfristig Hilfspakete geschnürt werden: Das 9-Euro-Ticket wurde am 1. Juni 2022 eingeführt und am 31. August 2022 wieder abgeschafft. Die Verkehrsverhaltensforschung hat die Effekte dieses Angebots evaluiert und unter anderem herausgefunden, dass das Ticket überwiegend für den Freizeitverkehr genutzt wurde (vgl. DLR 2022). Am 1. Mai 2023 wurde das „Deutschlandticket" zum Preis von 49 € pro Monat, das für den gesamten deutschen ÖPNV mit Ausnahme von Fernbussen, IC und ICE gilt, eingeführt. Mit diesen Angeboten wird versucht, das Problem besonderer sozialer Belastungen im Verkehrsbereich partiell anzugehen. Diese unter Zeitdruck entwickelten Maßnahmen ändern nichts daran, dass insgesamt „die soziale Frage in der verkehrspolitischen und verkehrsplanerischen Praxis immer noch vernachlässigt" wird (Daubitz 2018, S. 210). Zwar wurden – außer den genannten – zahlreiche weitere Maßnahmen wie entgeltfreie Beförderung („Nulltarif") oder Sozialtickets erprobt und evaluiert und mit den „Vancouver-Prinzipien" wurden auch Begrifflichkeiten wie Access, Equity, Health and Safety usw. entwickelt (vgl. Daubitz 2018, S. 211–212). Aber bei den Themen Mobilitätsgerechtigkeit, Mobilitätsarmut und mobilitätsbezogene Exklusion (Daubitz 2016) gibt es Nachholbedarf. Insbesondere bei der Frage nach dem Ineinanderwirken der sozialstrukturellen und der symbolisch-kulturellen Dimensionen. Teilt man die Ansicht von Reckwitz (2021), dass sich in der spätmodernen Gesellschaft die Mittelklasse in eine traditionelle und eine neue urban-kosmopolitische nicht nur geteilt, sondern gespalten hat, dann wäre es Aufgabe der sozialwissenschaftlichen Mobilitäts- und Lebensstilforschung, dieser Spaltung im Bereich der Mobilität nachzugehen und Vorschläge für deren Überbrückung zu machen. Es wird immer deutlicher, dass kreative, multioptionale Milieus, die eine Entkopplung der Mobilität von Automobilität praktizieren und politisch einfordern, zum Feindbild der von Abstiegsängsten geprägten traditionellen Mittelklasse geworden sind - so wurde das Ergebnis der Wahl zum Berliner Abgeordnetenhaus 2023, das mit dem Sieg der traditionell geprägten Außenbezirke gegen die „grüne Mitte" endete, als Ergebnis eines autofreundlichen Wahlkampfs interpretiert, (vgl. z. B. https://www.rbb24.de/politik/wahl/abgeordnetenhaus/agh-2023/beitraege/berlin-wahl-cdu-erfolg-gruende-verkehr-alte-waehler-bezirke.html).

Eine aktuelle Forschung über Mobilitätsstile müsste erforschen, wie nachhaltige Mobilität so gestaltet werden kann, dass sie auch aus Sicht traditioneller und ländlicher Bevölkerungsgruppen attraktiv ist und nicht den Milieugeruch der urbanen Eliten hat. Das würde eine sozialwissenschaftlich angeleitete Kommunikation verlangen, der es gelingt, der populistischen Umdeutung von realen Risiken und Krisen eine Erzählung entgegenzusetzen, die dem Gefühl der sozialen Desintegration entgegenarbeitet und die neue Mobilität attraktiv macht.

Danksagung Herzlich danke ich Weert Canzler, Andreas Knie, Lisa Ruhrort und Holger Straßheim, die mir wertvolle Hinweise zur Optimierung dieses Beitrages gegeben haben.

Literatur

Agora Verkehrswende. 2017. Hochfeld, Ch., A. Jung, A. Klein-Hitpaß, U. Maier, und K. Meyer Mit der Verkehrswende die Mobilität von morgen sichern (Kurzfassung) 12 Thesen zur Verkehrswende. Berlin. https://www.stiftung-mercator.de/content/uploads/2020/12/12Thesen_Verkehrswende_Agora_Kurzfassung_September_2017.pdf. Zugegriffen am 15.12.2024.

———. 2019. Götz, K., und G. Sunderer: Neue Wege in die Verkehrswende. Impulse für Kommunikationskampagnen zum Behaviour Change. Berlin. https://www.agora-verkehrswende.de/fileadmin/Projekte/2018/Kommunikation_Behavior_Change/21_Neue-Wege-in-der-Verkehrswende_Agora-Verkehrswende_WEB.pdf. Zugegriffen am 15.12.2024.

Bamberg, S., J. Heller, G. Heipp, und S. Nallinger. 2008. Multimodales Marketing für Münchner Neubürger. Entwicklung, Evaluation, Ausblick. *Internationales Verkehrswesen* 3:73–76.

Barth, B., B.B. Flaig, N. Schäuble, und M. Tautscher, Hrsg. 2017. *Praxis der Sinus-Milieus. Gegenwart und Zukunft eines modernen Gesellschafts- und Zielgruppenmodells*. Wiesbaden: Springer VS.

Beck, U. 1986. *Die Risikogesellschaft*. Frankfurt a. M.: Suhrkamp.

———. 1996. Die Subpolitik der Globalisierung. Die neue Macht der multinationalen Unternehmen. *Gewerkschaftliche Monatshefte* 11–12(96): 673–680.

Becker, E., und Th. Jahn, Hrsg. 2006. *Soziale Ökologie. Grundzüge einer Wissenschaft von den gesellschaftlichen Naturverhältnissen*. Frankfurt a. M./New York: Campus.

Becker, E., D. Hummel, und Th. Jahn. 2011. Gesellschaftliche Naturverhältnisse als Rahmenkonzept. In *Handbuch Umweltsoziologie*, Hrsg. M. Groß, 75–96. Wiesbaden: Springer VS.

Becker, U.J., Hrsg. 2016. *Grundwissen Verkehrsökologie. Grundlagen, Handlungsfelder und Maßnahmen für die Verkehrswende*. München: oekom.

———. 2018. Verkehr und Umwelt. Zu den übergeordneten Zielen der Verkehrspolitik und zur Bedeutung von Umweltaspekten. In *Verkehrspolitik. Eine interdisziplinäre Einführung*, Hrsg. O. Schwedes, 71–88. Wiesbaden: Springer VS.

Beckmann, K.J., M. Hesse, C. Holz-Rau, und M. Hunecke, Hrsg. 2006. *StadtLeben – Wohnen, Mobilität und Lebensstil*. Wiesbaden: Springer VS.

Bergmann, M., Th. Jahn, T. Knobloch, W. Krohn, Ch. Pohl, und E. Schramm. 2010. *Methoden transdisziplinärer Forschung. Ein Überblick mit Anwendungsbeispielen*. Frankfurt a. M.: Campus.

BMVDI – Bundesministerium für Verkehr und digitale Infrastruktur. 2021. Verkehr in Zahlen 2021/22. Kraftfahrtbundesamt Flensburg. https://www.bmdv.bund.de/SharedDocs/DE/Publikationen/G/verkehr-in-zahlen-2021-2022-pdf.pdf?__blob=publicationFile. Zugegriffen am 15.12.2024.

Bode, P. M., S. Hamberger, und W. Zängl. 1986. *Alptraum Auto. Eine hundertjährige Erfindung und ihre folgen*. Katalog der gleichnamigen Ausstellung im Münchner Stadtmuseum, 23. Januar bis 27. April 1986. München: Raben.

Bourdieu, P. 1991. *Die feinen Unterschiede.* Frankfurt a. M.: Suhrkamp (erstmals auf Deutsch 1982).

Canzler, W., und A. Knie. 1994a. Von der Automobilität zur Multimobilität: die Krise des Automobils als Chance für eine neue Verkehrs- und Produktpolitik. In *Jahrbuch Arbeit und Technik*, Hrsg. W. Fricke, 171–181. Bonn: Dietz.

———. 1994b. *Das Ende des Automobils. Fakten und Trends zum Umbau der Autogesellschaft.* Heidelberg: C. F. Müller.

CITY:*mobil.* Hrsg. 1999. *Stadtverträgliche Mobilität.* Bonn: Analytica.

Dangschat, J.S. 2020. Verkehrsmittelnutzung, soziales Milieu und Raum. In *Wechselwirkungen von Mobilität und Raumentwicklung im Kontext gesellschaftlichen Wandels*, Hrsg. U. Reutter, Ch. Holz-Rau, J. Albrecht, und M. Hülz, 102–135. Hannover: ARL-Verlag.

Daubitz, St. 2016. Mobilitätsarmut. Die Bedeutung der sozialen Frage im Forschungs- und Politikfeld Verkehr. In *Handbuch Verkehrspolitik*, Hrsg. O. Schöller, W. Canzler, und A. Knie, 781–804. Wiesbaden: Springer VS.

———. 2018. Mobilität und Exklusion. In *Verkehrspolitik. Eine interdisziplinäre Einführung*, Hrsg. O. Schwedes, 209–224. Wiesbaden: Springer VS.

Deffner, J., K. Götz, S. Schubert, Ch. Potting, G. Stete, A. Tschann, und W. Loose. 2007. Entwicklung eines integrierten Konzepts der Planung, Kommunikation und Implementierung einer nachhaltigen, multioptionalen Mobilitätskultur. Frankfurt a. M. https://isoe-publikationen.de/fileadmin/redaktion/Downloads/Mobilitaet/mobilitaetskultur-bericht-2006.pdf. Zugegriffen am 15.12.2024.

Deffner, J., K. Götz, und Th. Klinger. 2021. Das Konzept der Mobilitätskultur als Analyse- und Gestaltungsinstrumentarium für die Nachhaltigkeitstransformation. In *Handbuch der kommunalen Verkehrsplanung.* Hrsg. J. Gies, F. Huber, O. Mietzsch, C. Nobis, U. Reutter, R. Ringwald, K. Saary, O. Schwedes, Loseblattsammlung, Beitragsnummer 2.2.1.8 90. Ergänzungslieferung, 1–22. Berlin/Offenbach: Herbert Wichmann.

DLR. 2022: Wie hat das 9-Euro-Ticket unsere Mobilität verändert? https://www.dlr.de/de/aktuelles/nachrichten/2022/03/20220825_wie-hat-das-9-euro-ticket-unsere-mobilitaet-veraendert. Zugegriffen am 15.12.2024.

Esser, H. 1996. *Soziologie. Allgemeine Grundlagen.* Frankfurt/New York: Campus.

Fliegner, St. 2002. *Car Sharing als Alternative? Mobilitätsstilbasierte Potenziale zur Autoabschaffung.* Mannheim: Verlag MetaGIS Infosysteme.

Giddens, A. 1995. *Die Konstitution der Gesellschaft.* Frankfurt a. M.: Campus.

Goal. 2013. Growing older, staying mobile. Final report. European Commission. Seventh Framework Programme Theme Transport needs for an ageing society. https://cordis.europa.eu/docs/results/284924/final1-goal-final-report.pdf. Zugegriffen am 15.12.2024.

Götz, K. 2007. *Freizeit-Mobilität im Alltag oder Disponible Zeit, Auszeit, Eigenzeit – warum wir in der Freizeit raus müssen.* Soziologische Schriften, 79. Berlin: Duncker & Humblot.

Götz, K., und G. Sunderer. 2020. Mobility orientations. In *Handbook of research methods and applications for mobilities*, Hrsg. M. Büscher, M. Freudendal-Pedersen, S. Kesselring, und N. Grauslund Kristensen, 137–149. Cheltenham (UK)/Northampton (USA): Edward Elgar.

Götz, K., Th. Jahn, und I. Schultz. 1998. *Mobilitätsstile – ein sozial-ökologischer Untersuchungsansatz. Subprojekt 1: Mobilitätsleitbilder und Verkehrsverhalten.* Institut für sozial-ökologische Forschung. Frankfurt a. M. Eigenverlag.

Götz, K., W. Loose, M. Schmied, und St. Schubert. 2003. *Mobilitätsstile in der Freizeit.* In *Minderung der Umweltbelastungen des Freizeit- und Tourismusverkehrs.* Berlin: Erich Schmidt.

Götz, K., J. Deffner, und I. Stieß. 2011. Lebensstilansätze in der angewandten Sozialforschung am Beispiel der transdisziplinären Nachhaltigkeitsforschung. In *Lebensstilforschung,* Hrsg. J. Rössel, und G. Otte. *Kölner Zeitschrift für Soziologie und Sozialpsychologie,* Sonderheft 51:86–112.

Götz, K., J. Deffner, und Th. Klinger. 2016. Mobilitätsstile und Mobilitätskulturen – Erklärungspotentiale, Rezeption und Kritik. In *Handbuch Verkehrspolitik*, Hrsg. O. Schöller, W. Canzler, und A. Knie, 781–804. Wiesbaden: Springer VS.

Herget, M. 2013. *Mobilität von Familien im ländlichen Raum*. Wiesbaden: Springer VS.
Hesse, M. 1993. *Verkehrswende. Ökologisch-ökonomische Perspektiven für Stadt und Region*. Marburg: Metropolis.
———. 2018. 25 Jahre Verkehrswende. Ein Rückblick in die Zukunft. *Ökologisches Wirtschaften* 2spiepr132(33): 16–18. https://www.oekologisches-wirtschaften.de/index.php/oew/article/view/1607/1569. Zugegriffen am 15.12.2024.
Holz-Rau, Chr. 1997. Siedlungsstrukturen und Verkehr. BfLR: Materialien zur Raumentwicklung 84. Bonn.
Hoor, M. 2021. Öffentliche Mobilität und eine neue Mobilitätskultur – Grundlagen, Entwicklungen und Wege zur kulturellen Verkehrswende. In *Öffentliche Mobilität. Voraussetzungen für eine menschengerechte Verkehrsplanung*, Hrsg. O. Schwedes, 165–194. Wiesbaden: Springer VS. Open Access. https://link.springer.com/chapter/10.1007/978-3-658-32106-2_7. Zugegriffen am 15.12.2024.
Hoss, W., und R. Pfriem. 1987. Alternative Verkehrskonzepte und ihre Auswirkungen auf die Automobilindustrie. In *Auto, Auto über alles? Nachdenkliche Grüße zum Geburtstag*, Hrsg. J. Kraus, H. Sackstetter, und W. Wentsch, 133–136. Freiburg i. Br.: Dreisam.
Hradil, St. 1987. *Sozialstrukturanalyse in einer fortgeschrittenen Gesellschaft*. Opladen: Leske und Budrich.
Hunecke, M. 2000. *Ökologische Verantwortung, Lebensstile und Umweltverhalten*. Dissertation. Bochum.
Hunecke, M., und S. Haustein. 2007. Einstellungsbasierte Mobilitätstypen: Eine integrierte Anwendung von multivariaten und inhaltsanalytischen Methoden der empirischen Sozialforschung zur Identifikation von Zielgruppen für eine nachhaltige Mobilität. *Umweltpsychologie* 11(2): 38–68.
IFMO – Institut für Mobilitätsforschung, Institute for Mobility Research. 2013. *Megacity mobility culture – How cities move on in a diverse world*. Berlin/Heidelberg: Springer.
Infas. 2018. Mobilität in Deutschland. Ergebnisbericht. Bonn. Mobilität in Deutschland – Publikationen (mobilitaet-in-deutschland.de).
Jahn, Th., und P. Wehling. 1999. Das mehrdimensionale Mobilitätskonzept – Ein theoretischer Rahmen für die stadtökologische Mobilitätsforschung. In *Stadtökologische Forschung – Theorien und Anwendungen*, Hrsg. J. Friedrichs und K. Holländer, 127–141. Berlin: Analytica.
Jahn, Th., D. Hummel, L. Drees, St. Liehr, A. Lux, M. Mehring, I. Stieß, C. Völker, M. Winker, und M. Zimmermann. 2020. Sozial-Ökologische Gestaltung im Anthropozän. *GAIA* 29(2): 93–97.
Kesselring, S. 2019. Reflexive Mobilitäten. Arbeitspapier 1/2019 der Hochschule für Wirtschaft und Umwelt, Nürtingen Geislingen. https://www.researchgate.net/publication/333420821_Reflexive_Mobilitaten. Zugegriffen am 15.12.2024.
Klinger, Th. 2017. *Städtische Mobilitätskulturen und Wohnumzüge*. Wiesbaden: Springer VS.
Knie, A. 2016. Sozialwissenschaftliche Mobilitäts- und Verkehrsforschung: Ergebnisse und Probleme. In *Handbuch Verkehrspolitik*, Hrsg. O. Schöller, W. Canzler, und A. Knie, 781–804. Wiesbaden: Springer VS.
Kollosche, I. 2016. Strategische Zukunftsplanung: Der Beitrag der Zukunftsforschung für eine nutzerorientierte Verkehrsentwicklung. In *Handbuch Verkehrspolitik*, Hrsg. O. Schöller, W. Canzler, und A. Knie, 919–940. Wiesbaden: Springer VS.
Krämer-Badoni, Th., H. Grymer, und M. Rodenstein. 1971. *Zur sozio-ökonomischen Bedeutung des Automobils*. Frankfurt a. M.: Suhrkamp.
Kraus, J., H. Sackstetter, und W. Wentsch, Hrsg. 1987. *Auto, Auto über alles? Nachdenkliche Grüße zum Geburtstag*. Freiburg i. Br., Dreisam.
Kuhm, K. 1997. *Moderne und Asphalt. Die Automobilisierung als Prozess technologischer Integration und sozialer Vernetzung*. Pfaffenweiler: Centaurus (jetzt Springer VS).
Lanzendorf, M. 2000. Freizeitmobilität. Unterwegs in Sachen sozial-ökologischer Mobilitätsforschung. Dissertation. Trier.
Lanzendorf, M., und D. Tomfort. 2010. Mobilitätsbiografien und Schlüsselereignisse: wie Mobilitätsmanagement zu einer nachhaltigeren Mobilität beitragen kann. In *Forschung Frankfurt*

Wissenschaftsmagazin der Goethe-Universität. Frankfurt. Campusservice. https://publikationen.ub.uni-frankfurt.de/opus4/frontdoor/deliver/index/docId/20520/file/14Lanzendorf.pdf. Zugegriffen am 15.12.2024.
Mayntz, R., und B. Nedelmann. 1987. Eigendynamische soziale Prozesse: Anmerkungen zu einem analytischen Paradigma. In *Kölner Zeitschrift für Soziologie und Sozialpsychologie* 39(4): 648–668. Opladen: Westdeutscher Verlag.
Meadows, D., D.L. Meadows, J. Randers, und W. Behrens. 1972. *The limits to growth: A report for the club of Rome's project on the predicament of mankind.* New York: Universe Books.
Müggenburg, H., und M. Lanzendorf. 2015. Beruf und Mobilität – eine intergenerationale Untersuchung zum Einfluss beruflicher Lebensereignisse auf das Verkehrshandeln. In *Räumliche Mobilität und Lebenslauf – Studien zu Mobilitätsbiographien und Mobilitätssozialisation*, Hrsg. J. Scheiner und Ch. Holz-Rau, 79–95. Wiesbaden: Springer VS.
Nitschke, L., P. Quentin, F. Kanisius, K. Schluckebier, N. S. Burlon, J. Buscher, J. Deffner, A. Bruns, M. Stein, H. Mühlhans, F. Othengrafen, und J.-M. Joost. 2022. *Pendeln verstehen: Status quo, Forschungsstand und Perspektiven.* ISOE-Materialien Soziale Ökologie, 67. Frankfurt a. M. http://isoe-publikationen.de/fileadmin/redaktion/ISOE-Reihen/msoe/msoe-67-isoe-2022.pdf. Zugegriffen am 15.12.2024.
oekom. Hrsg. 2021. *Mobilitätswende. Die Zeit ist reif.* München: oekom.
Oostendorp, R., S. Nieland, und L. Gebhardt. 2019. Developing a user typology considering unimodal and intermodal mobility behavior: A cluster analysis approach using survey data. *European Transport Research Review* 11(33). https://doi.org/10.1186/s12544-019-0369-1. Zugegriffen am 15.12.2024.
Otte, G. 2011. Die Erklärungskraft von Lebensstil- und klassischen Sozialstrukturmodellen. In *Lebensstilforschung.* Hrsg. J. Rössel und G. Otte. *Kölner Zeitschrift für Soziologie und Sozialpsychologie,* Sonderheft 51, 361–398. Wiesbaden: Springer VS.
Projektgruppe Mobilität [A. Knie, H. Blümel, W. Canzler, S. Franke, Ch. Maertens, M. Petersen, St. Rammler]. 2004. *Die Mobilitätsmaschine, Versuche zur Umdeutung des Autos.* Berlin: edition sigma.
Rammler, St. 2000. *Die Wahlverwandtschaft von Moderne und Mobilität.* Dissertation. Berlin.
———. 2016. Nachhaltige Mobilität. Gestaltungsbilder und Zukunftsszenarien. *Handbuch Verkehrspolitik.* Hrsg. O. Schöller, W. Canzler, und A. Knie, 899–917. Wiesbaden: Springer VS.
———. 2018. Verkehr und Gesellschaft. In *Verkehrspolitik. Eine interdisziplinäre Einführung*, Hrsg. O. Schwedes, 27–49. Wiesbaden: Springer VS.
Reckwitz, A. 2002. Toward a theory of social practices. *European Journal of Social Theory* 5(2): 243–263.
———. 2021. *Das Ende der Illusionen. Politik, Ökonomie und Kultur in der Spätmoderne.* Berlin: Suhrkamp.
Rössel J., und G. Otte. Hrsg. 2011. *Lebensstilforschung.* Kölner Zeitschrift für Soziologie und Sozialpsychologie, Sonderheft 51. Wiesbaden: Springer VS.
Sachs, W. 1984. *Die Liebe zum Automobil. Ein Rückblick in die Geschichte unserer Wünsche.* Reinbek: Rowohlt.
Salomon, I., und M. Ben-Akiva. 1983. The use of the life-style concept in travel demand models. *Environment and Planning A* 15:623–638.
Scheiner, J., und Ch. Holz-Rau, Hrsg. 2015. *Räumliche Mobilität und Lebenslauf – Studien zu Mobilitätsbiographien und Mobilitätssozialisation.* Wiesbaden: Springer VS.
Schmied, M., K. Götz, E. Kreilkamp, M. Buchert, Th. Hellwig, S. Otten. 2009. *Traumziel Nachhaltigkeit. Innovative Vermarktungskonzepte nachhaltiger Tourismusangebote für den Massenmarkt. Nachhaltigkeit und Innovation.* Heidelberg: Physica-Verlag.
Schöppner, K.P. 1984. „Dem Wald zuliebe" Meinungsumschwung bei den deutschen Autofahrern. In *Tempo 100. Soforthilfe für den Wald?* Hrsg. F. Vahrenholt, 145–154. Reinbek bei Hamburg: Rowohlt.
Schwedes, O., Hrsg. 2018. *Verkehrspolitik. Eine interdisziplinäre Einführung.* Wiesbaden: Springer VS.

Sheller, M., und J. Urry. 2006. The new mobilities paradigm. *Environment and Planning A* 38:207–226.

Sinus. 2024. Die Sinus-Milieus. https://www.sinus-institut.de/sinus-milieus/sinus-milieus-deutschland. Zugegriffen am 15.12.2024.

Statistisches Bundesamt. 2022. Straßenverkehrsunfälle. Lange Reihen mit Jahresergebnissen zu Straßenverkehrsunfällen. https://www.destatis.de/DE/Themen/Gesellschaft-Umwelt/Verkehrsunfaelle/Tabellen/strassenverkehrsunfaelle-grundzahlen.html?view=main[Print]. Zugegriffen am 15.12.2024.

Steffens, R., und S. Reiber 2023. Ist die Verkehrswende am Ende? In: der Spiegel 14.03.2023. https://www.spiegel.de/wissenschaft/verkehrswende-wie-die-gruenen-an-der-fdp-scheitern-podcast-a-dca97428-04ab-4f5b-b9ff-c8d1b20af97d. Zugegriffen am 15.12.2024.

Stete, G. 1996. *Mobilität von Frauen in unterschiedlichen Lebenssituationen*. Darmstadt: Selbstverlag.

Stieß, I., und D. Hayn. 2005. *Ernährungsstile im Alltag. Ergebnisse einer repräsentativen Untersuchung*. Frankfurt a. M.: Institut für sozial-ökologische Forschung.

VCD. 2023. Ein Superblock für Bockenheim! https://hessen.vcd.org/fileadmin/user_upload/Hessen/Veranstaltungen/Flyer-Superblock-Initiative.pdf. Zugegriffen am 15.12.2024.

Wappelhorst, S. 2009. Monitoring und Evaluation von verkehrlichen Maßnahmen: das Münchner Neubürgerpaket und das Neubürgerpaket für die Region München. In *Monitoring und Evaluation von Stadt- und Regionalentwicklung*, Hrsg. C. Jacoby, 118–144. Hannover: ARL-Verlag. https://nbn-resolving.org/urn:nbn:de:0168-ssoar-359419. Zugegriffen am 15.12.2024.

Webb, A. 2024. „Deutschland geht mir auf die Nerven" Interview mit der Futuristin Amy Webb. *Süddeutsche Zeitung*. 11. März 2024 S. 14.

Transdisziplinäre Experimentierräume als Forschungsstrategien in der Mobilitätswende

Juliane Haus

Inhalt

Zusammenfassung

Transdisziplinäre Forschungsformate, allen voran Reallabore, die gezielt weitere gesellschaftliche Akteursgruppen aus Politik, Verwaltung, Wirtschaft und Zivilgesellschaft einbeziehen, gewinnen stetig an Bedeutung. Ihr entscheidendes Potenzial liegt in der ko-produktiven Generierung von Ziel- und Transformationswissen durch die lösungsorientierte Zusammenarbeit heterogener Akteure. Transdisziplinäre Experimentierräume sind eine spezifische Form von Reallaboren, die Orte hervorbringen, an denen Alternativen erlebt und erprobt werden können. Sie produzieren empirische Anstöße für Irritationen tradierter Handlungsroutinen, schaffen neue Möglichkeits- und Erfahrungsräume und machen Konfliktarenen analysierbar. Sie bieten dabei vielfältige Chancen für einen bidirektionalen Wissenstransfer zwischen Wissenschaft und Praxis. Kommunen bilden die Orte der Umsetzung von Experimentierräumen im Mobilitätsbereich. Die Betrachtung zentraler Rahmenbedingungen in Kommunen (z. B. rechtliche Handlungsspielräume und Ressourcen) erlaubt ein tieferes Verständnis für Herausforderungen und Potenziale der transdisziplinären Zusammenarbeit. Experimentierräume schaffen hierbei nicht nur empirische Zugänge zu relevanten Forschungsthemen, sondern geben zugleich vielfältige Anstöße für eine kritische

J. Haus (✉)
Wissenschaftszentrum Berlin für Sozialforschung (WZB) gGmbH, Berlin, Deutschland
E-Mail: juliane.haus@wzb.eu

W. Canzler et al. (Hrsg.), *Handbuch Mobilität und Gesellschaft*,
https://doi.org/10.1007/978-3-658-37557-7_27

Reflexion der Rolle von Wissenschaft bei der Bewältigung der anstehenden Transformationsherausforderungen.

Schlüsselwörter

Transdisziplinäre Forschung · Reallabor · Wissenstransfer · Kommunale Mobilitätswende · Rechtsrahmen

1 Einleitung

Die Komplexität der gesellschaftlichen Transformationsaufgaben ist enorm. Das gilt auch für die unterschiedlichen Perspektiven, Anforderungen und Konfliktdimensionen, die bei der Aushandlung von lokal passenden Lösungsoptionen und Transformationspfaden berücksichtigt werden müssen. Experimentelle und transdisziplinäre Forschungsformate können als Reaktion auf ein strukturelles Problem der rein wissenschaftlichen Erkenntnis- und Evidenzproduktion verstanden werden. Denn wissenschaftliche Konzepte und Modelle lassen sich nicht ohne Weiteres in die Praxis übertragen und genügen allein nicht, um die Transformationsherausforderungen bearbeiten zu können. Dies ist ein zentraler Grund dafür, dass transdisziplinäre Formate, die neben der Wissenschaft gezielt weitere gesellschaftliche Akteursgruppen (Politik, Wirtschaft und Zivilgesellschaft) einbeziehen, stetig an Bedeutung gewinnen. Sie werden als der Weg betrachtet, die Lücke zwischen Forschung und Praxis zu schließen und „sozial robustes Wissen" (Nowotny 1999, 2003) über Transformationspfade und Lösungsstrategien zu generieren. Dieser Beitrag diskutiert das Potenzial von transdisziplinären Experimentierräumen als Forschungsstrategien der Mobilitätsforschung, die Orte hervorbringen, an denen Alternativen erlebt und erprobt werden können. Dazu werden diese experimentellen Formate in einem ersten Schritt im Kontext der transdisziplinären Reallaborforschung verortet und hierbei die idealtypische Prozesslogik und zudem die verschiedenen Wissensformen (System-, Ziel- und Transformationswissen) eingeführt, die in solchen Forschungsformaten gewonnen werden können. Der zweite Teil des Beitrags konturiert die Spezifika des transdisziplinären Experimentierraums im Bereich der Mobilitätsforschung. Im Unterschied zu anderen wissenschaftlichen Forschungsdesigns der sozialwissenschaftlichen Mobilitätsforschung erfordert die Umsetzung von Experimentierräumen eine intensivere Berücksichtigung der rechtlichen Spielräume. Auch die Voraussetzungen für verkehrliche Interventionen sowie Handlungsspielräume und Hemmnisse müssen auf der Ebene von Kommunalpolitik und -verwaltung beachtet werden, da Kommunen die konkreten Orte sind, an denen die Experimentierräume und ihre Realexperimente umgesetzt werden. Ein besseres Verständnis dieser Zusammenhänge ermöglicht es, Aspekte und Anforderungen für eine gewinnbringende Zusammenarbeit von Wissenschaft und Praxisakteuren zu bestimmen, die im dritten Abschnitt des Beitrags diskutiert werden. Zugleich werden so die unterschiedlichen Rollen und auch Grenzüberschreitungen klassischer wissenschaftlicher Tätigkeiten sichtbar, die Forschende in diesen Settings einnehmen können und sollten. Schließlich werden auch die Chancen behandelt, die diese transdisziplinären Forschungskonstellationen eröffnen, um verschiedene Ausrichtungen des Wissenstransfers gewinnbringend nutzbar zu machen.

2 Reallabore im Kontext transdisziplinärer Forschung

In der Transformations- und Nachhaltigkeitsforschung, also auch in der sozial-ökologisch orientierten Mobilitätsforschung, erfreut sich der Begriff des Reallabors seit einigen Jahren enormer Popularität. Als Oberbegriff steht er für vielfältige Forschungsvorhaben mit transdisziplinärer und transformativer Ausrichtung, die beanspruchen, wissenschaftliche Forschung mit aktiven, interventionistischen Beiträgen zum gesellschaftlichen Wandel zu verbinden (Beecroft et al. 2018; Schäpke et al. 2018; Engels et al. 2019; Mevissen 2019). Es handelt sich hier somit um ein Forschungsformat an der Schnittstelle zwischen Transformations- und transformativer Forschung.

Transdisziplinäre Forschungsformate zielen allgemein darauf ab, ein strukturelles Problem der rein wissenschaftlichen Erkenntnis- und Evidenzproduktion und der damit verbundenen Begrenzung disziplinärer wissenschaftlicher Wissensbestände zu überwinden. Um konkrete und lokale Transformationsherausforderungen zu bewältigen, genügen wissenschaftliches Wissen, Modelle und Konzepte allein nicht. Es braucht hier vielmehr eine Weiterentwicklung und Spezifizierung durch die Auseinandersetzung mit konkreten Praxiskontexten. Außerdem: die Anreicherung durch Praxis- und Erfahrungswissen, um den notwendigen Schritt vom Wissen zum Handeln zu bewältigen (Wagner und Grunwald 2015, S. 26). Um „sozial robustes Wissen" (Nowotny 2003) und somit gesellschaftlich tragfähige Lösungen zu erarbeiten, gilt es deshalb, den Forschungsprozess unmittelbar in der Gesellschaft zu verankern und eine Integration von praktischem und wissenschaftlichem Wissen zu bewerkstelligen. Ein entscheidender Zugewinn transdisziplinärer Forschung besteht zudem darin, dass das erzeugte Wissen nicht allein durch Relevanzkriterien der wissenschaftlichen Peers validiert wird, sondern sich in konkreten Praxiskontexten im Sinne einer doppelten Validierung beweisen muss (Knie und Simon 2021). Dieser Modus der gemeinsamen Wissensproduktion wird im Anschluss an Sheila Jasanoff (2004) als Ko-Produktion von Wissen bezeichnet. Wesentliches Ziel der Ko-Produktion von Wissen im Kontext von Reallaboren ist hierbei, modellfähiges Gestaltungswissen für transformative Prozesse an konkreten Orten zu erarbeiten (Böschen et al. 2021). Zentrale Gruppen von Praxisakteuren sind hier Beteiligte aus Wirtschaft, Politik, Verwaltung und Zivilgesellschaft – aber auch aus NGOs. Welche Praxisakteure in welchem Mischungsverhältnis involviert werden, hängt von der lokalen Problem- und Zielstellung der transdisziplinären Projekte ab. Hinsichtlich der angestrebten Wissensproduktion lassen sich im Prozess transdisziplinären Forschens drei idealtypische Wissensarten unterscheiden: (1) *Systemwissen* über die aktuellen Strukturen und Prozesse und historischen Hintergründe (Ist-Zustand), (2) *Ziel- bzw. Orientierungswissen* als Bewertung des Ist-Zustandes, möglicher Zukunftsszenarien und Veränderungen und Leitbilder (Soll-Zustand) sowie (3) *Transformationswissen* über die möglichen Wege und Lösungskorridore für den Übergang (Transition) vom Ist- zum Soll-Zustand (Pohl und Hirsch Hadorn 2008). Verschiedene Forschungsformate sind unterschiedlich gut geeignet, bestimmte Wissensarten zu generieren. Während die klassischen passiven Erhebungsformate über Befragungen und Beobachtungen zum aktuellen Status quo vorrangig System- und (im begrenzten Maße) Zielwissen erheben können, sind gerade aktiv intervenierende experimentelle Formate – wie Realexperimente im Rahmen von Reallaboren – geeignet, das entscheidende Transformationswissen zu generieren.

2.1 Kerncharakteristika von Reallaboren

Den Ausgangspunkt für das Forschungsformat des Reallabors bildete die wissenschaftliche Auseinandersetzung und konstruktive Wendung des – ursprünglich kritisch konnotierten – Begriffs des „Realexperiments" von Groß 2005 als Bezeichnung für Interventionen in den gesellschaftlichen Kontext (Wanner et al. 2018). Mit der Zielstellung der Unterstützung realer Transformationsprozesse in konkreten Räumen wird im Reallaboransatz eine Übertragung des naturwissenschaftlich geprägten Labor-Begriffs in die transdisziplinäre und kollaborative Erforschung gesellschaftlicher und politischer Prozesse und Dynamiken angestrebt (Schäpke et al. 2017, 2018; Wanner und Stelzer 2019). Reallabore bringen verschiedene Wissensträger und -typen zusammen und verschmelzen, erproben und prüfen heterogene Wissensbestände anhand realer experimenteller Interventionen in lokalen Kontexten. In der wissenschaftlichen Community – allen voran durch Aktivitäten rund um das Wuppertal Institut – wird seit einigen Jahren versucht, die Konsolidierung der Kerncharakteristika des Reallabor-Ansatzes voranzutreiben (Beecroft und Parodi 2016; Schäpke et al. 2017, 2018; Wanner und Stelzer 2019). Dem aktuellen Diskussionsstand folgend, zeichnen sich Reallabore als Forschungsansatz dadurch aus, dass:

1.) sie einen **Beitrag zur Transformation** in gesellschaftlich relevanten Problemfeldern leisten (gerade im deutschsprachigen Raum), meist nachhaltigkeitsorientiert sind[1] und dazu beitragen, Transformationsprozesse zu verstehen und durch Reflexion und Evaluation Gründe für den Erfolg und Misserfolg von konkreten Lösungsoptionen aufzuzeigen,
2.) **Realexperimente** ihren methodischen Kern bilden, die genutzt werden, um in einem zeitlich und geografisch begrenzten Rahmen die Brücke vom Wissen zum Handeln zu schlagen und so Wissen und Evidenz über Lösungsstrategien zu generieren,

[1] Defila und Di Giulio 2019 verweisen darauf, dass der Nachhaltigkeitsfokus eher ein historisches Produkt der deutschen Nutzung des Reallaboransatzes als ein Kerncharakteristikum ist.

3.) sie im **Modus transdisziplinärer Forschung** arbeiten und so Strukturen schaffen für eine gemeinschaftliche Wissensproduktion von (interdisziplinären) Wissenschaftsteams und Beteiligten aus der Praxis, die weitere erfahrungsbasierte Wissensbestände oder lokales Kontextwissen in die Prozesse einbringen. Im transdisziplinären Forschungsprozess werden hier gängigerweise die drei Phasen des Co-Designs (gemeinsame Problemdefinition), der Co-Produktion (Vorbereitung und Umsetzung von Realexperimenten) und der Co-Evaluation (Auswertung und Wissensintegration der Ergebnisse) unterschieden,
4.) die Forschung als ständiger **Lern- und Reflexionsprozess** zu verstehen ist, sowohl mit Blick auf die eigene Forschungspraxis als auch in Bezug auf die erzeugte gesellschaftliche Wirkung.

Von einigen Forschenden wird ergänzend das Kriterium der Langfristigkeit betont. Reallabore sollen als Forschungsinfrastrukturen verstanden werden, die auf **Langfristigkeit**, Skalierbarkeit und Transfer angelegt sind, um so der Langwierigkeit gesellschaftlichen Wandels und sozialer Veränderungsprozesse zu entsprechen und übertragbare Lösungen erarbeiten zu können. Gerade auf Grund der üblichen fördermittelabhängigen Projektförmigkeit, in der Reallabore aktuell zumeist aufgesetzt werden, scheint dieses Kriterium jedoch in realitas bisher wenig wirkmächtig. Grundlegend kann der Versuch, solche Kerncharakteristika zu schaffen, als eine Reaktion auf die „Verwässerung" des Reallaboransatzes verstanden werden (Wanner und Stelzer 2019, S. 6).

2.2 Reallabore und -experimente: Empirische Vielfalt und methodologische Unschärfen

In der nationalen und internationalen Forschungslandschaft haben sich vielfältige Formen des Reallaboransatzes etabliert, die nicht ohne Weiteres trennscharf voneinander abgegrenzt werden können. Sie machen verschiedene Formen des lokalen Experimentierens für die Wissensgenerierung nutzbar wie transition labs, living labs oder urban labs mit den korrespondierenden experimentellen Formaten wie transition oder street experiments (van Hoose et al. 2022; Wanner und Stelzer 2019). Reallabore sind nach Engels et al. (2019, S. 8 f.) dabei durch drei charakteristische Spannungsdimensionen gekennzeichnet. Diese betreffen die Dimension der Kontrolle (controlled experiments versus messy cocreation), der Pfadabhängigkeit (testing emergent technologies versus demonstrating viability) sowie das Verständnis der Situiertheit der Erkenntnisse (real-world setting versus scalable solutions). Der praktische Umgang mit diesen Spannungsdimensionen hängt stark mit der ko-produktiven Anlage von Reallaboren sowie dem Anspruch die Umsetzung von lokalen Interventionen zusammen. Diese Aushandlungen werden zugleich auch stark von den politischen und strukturellen Rahmenbedingungen der Felder, in denen die Reallabore situiert sind, sowie durch Machtverhältnisse innerhalb der einbezogenen Akteurskonstellation geprägt. Auch wenn ein idealtypisches Verständnis von Transdisziplinarität suggeriert, dass alle einbezogenen Akteure die gleichen Chancen hätten, den Prozess und die Ausrichtung von Reallaboren und den Realexperimenten zu prägen, ist dies tatsächlich nur selten der Fall. Die Intensität der Beteiligung von Praxisakteuren bei transdisziplinären Projekten kann dabei – sowohl mit Blick auf die unterschiedlichen Phasen eines Projektes als auch mit Blick auf die grundlegende Intensität – durchaus unterschiedlich ausfallen und zwischen einer punktuellen Beteiligung und einer gleichberechtigten Mitwirkung innerhalb des Kernprojektteams changieren (Stauffacher et al. 2012; Schäpke et al. 2018; Kläver und Götting 2023). Damit das Ziel der gemeinsamen und lösungsorientierten Ko-Produktion von Wissen erzielt werden kann, ist es jedoch entscheidend, dass Praxisakteure nicht nur den empirischen Untersuchungsgegenstand oder das Zielpublikum der Forschung bilden (Defila und Di Giulio 2019, S. 3), sondern ihr Praxiswissen und die Problemperspektiven tatsächlich im Arbeitsprozess integriert werden.

Die Begriffe des Reallabors und auch des Realexperiment spielen semantisch mit einer Nähe zu wissenschaftlich tradierten Begriffen des Labors und des Experiments. Aus wissenschaftlicher Perspektive gehen mit diesen Begriffen gewisse Anforderungen an das Forschungsdesign und die Zielstellung von Experimenten einher. Gemein ist allen wissenschaftlichen experimentellen Forschungsdesigns, dass sie gezielt Interventionen bzw. Variationen von Beobachtungssituationen vornehmen und versuchen, Veränderungen, die sich durch diese ergeben, mit wissenschaftlichen Methoden zu erfassen. Klassische experimentelle Formate bilden hier Labor- und Feldexperimente, die vorab abhängige und unabhängige Variablen definieren und auf das quantitative Hypothesentesten orientiert sind. Reallabore und -experimente verfolgen konzeptionell und methodologisch jedoch andere Zielstellungen (Arnold und Piontek 2018). Wegen des Mangels an Kontrolle der Randbedingungen der Realexperimente können kausalanalytische Verfahren hier nur sehr begrenzt eingesetzt werden. Realexperimente stehen somit qualitativen Formen des Experimentierens deutlich näher als den quantitativ orientierten. Sie betrachten soziale Situationen ganzheitlich und erheben aus diesem Grund auch nicht den Anspruch auf Replizierbarkeit von Forschungsergebnissen oder die Kontrolle der Randbedingungen. Das methodologische Problem besteht hier allerdings darin, dass das qualitative Experiment (Kleining 1986) ein wenig genutztes sozialwissenschaftliches Forschungsdesign ist und experimentelle Formate deswegen vielfach an der quantitativen Experimentallogik und -methodologie bemessen werden. Doch die reduktionistische Perspektive auf soziale Beobachtungssituationen und das alleinige Messen der Wirkzusammenhänge vorab festgelegter Variablen ist auch nicht der primäre Zweck von Realexperimenten. Vielmehr steht die lösungs- und problemorientierte Aushandlung von heterogenen Wissensbeständen und die gemeinsame ko-kreative Wissensgenerierung im Zentrum. Durch ihre gezielten Interventionen schaffen sie neue Erfahrungsräume und provozieren die Irritationen eingeübter Routinen. Realexperimente sind primär explorative Erkundungsverfahren zur Lösung gesellschaftlicher Problemlagen. Die Planung und Umsetzung von Realexperimenten erfolgen hierbei in den Phasen des Co-Designs und der Co-Produktion durch die beteiligten transdisziplinären Akteure. Wissenschaftliches Wissen wird dabei zwar als wichtiger Bestandteil eingespeist, es ist aber nicht immer – wie in rein wissenschaftlichen Experimenten – das dominierende Moment, das die konkrete Ausformung von Realexperimenten prägt.

Hinsichtlich des Stellenwerts von Realexperimenten im Kontext von Reallaboren zeigt sich in der aktuellen Forschungslandschaft ein recht heterogenes Bild. Während Realexperimente von vielen Forschenden als zentrales Kerncharakteristikum des transdisziplinären Reallaborformats betrachtet werden (siehe oben), sehen es andere Wissenschaftler*innen als ein mögliches, aber nicht zwingendes Kriterium an (Defila und Di Giulio 2019). Dieses heterogene Verständnis zeigt sich auch allgemein in der aktuellen projektbezogenen Nutzung des Reallaborbegriffs. Als Reallabore werden aktuell sehr verschiedenartige Formen transdisziplinärer Forschungsprojekte bezeichnet, die gemeinsames Lernen und transdisziplinäre Wissensproduktion zum Ziel haben. Zum Teil scheint es so, dass jegliche Form der Beteiligung von Praxisakteuren und die Auseinandersetzung mit lokalen Kontexten und Herausforderungen als Reallabor gelabelt und der eigentliche Ansatz so „verwässert" wird.[2] Vielfach handelt es sich um Projekte, in denen – wissenschaftlich unterstützt – durch Dialog- und Workshop-Formate Bürger*innen in Partizipationsformaten aktiviert werden, um sich mit Mobilitäts- und anderen Nachhaltigkeitsthemen auseinanderzusetzen und so gemeinsam System- bzw. Zielwissen zu generieren.[3] Diese kritische Markierung der Verwässerung soll die Notwendigkeit und den Beitrag zur Transformation, den solche Projekte leisten, in keiner Weise negieren. Für viele beteiligte Praxisakteure, gerade aus dem Bereich der kommunalen Politik und Verwaltung, ist auch dieser Modus der Zusammenarbeit mit heterogenen Akteursgruppen inklusive Wissenschaftler*innen neu und wird entsprechend auch als ‚experimentell' empfunden. Partizipation und die Auseinandersetzung mit Problemen und Potenzialen der Akzeptanzsteigerung bspw. für Mobilitätsalternativen sind zudem zentrale Bausteine und Baustellen der gesellschaftlich getragenen Transformation des Mobilitätssystems. Das Experiment als Kernmethode des Reallabors wird hier aber vielfach ersetzt durch eine eher grundlegende Erprobung von lokal passenden Formaten für eine transdisziplinäre Wissensproduktion im Rahmen von Förderprojekten. In dieser sehr weiten Auslegung sind Reallabore transdisziplinäre Lernorte.

3 Transdisziplinäre Experimentierräume in der Mobilitätsforschung

Der Begriff des transdisziplinären Experimentierraums ist der Versuch einer Rückbesinnung auf den experimentellen und interventionistischen Kern des Reallaboransatzes, der die Umsetzung konkreter Veränderungen an realen Orten durch transdisziplinäre Ko-Produktion hervorbringt und zugleich wissenschaftlich untersucht. Konzeptionell betrachtet, handelt es sich somit um eine bestimmte Form von Realla-

[2] In analoger Weise beschreiben Scholz und Steiner (2015), dass auch dem Label transdisziplinäre Forschung diese Gefahr der Verwässerung droht und dass dieses Label allzu oft für jegliche Art der Forschung mit Praxisakteuren verwendet wird.

[3] Ein aktuelles Beispiel, das die Heterogenität von als Reallabore gefassten Projektformaten im Bereich nachhaltiger Mobilität und Stadtentwicklung illustriert, bieten die BMBF-Fördermaßnahmen Zukunftsstadt oder MobilitätsWerkStadt 2025.

boren. Der transdisziplinäre Experimentierraum in der Mobilitätsforschung fokussiert hier solche zeitlich und räumlich begrenzten Interventionen, die zur Auseinandersetzung mit möglichen Transformationspfaden anstoßen, indem sie neue Mobilitätsformen und veränderte Regeln für den öffentlichen Raum erproben (Canzler und Knie 2019) und nicht nur über diese diskutieren. Von besonderem Interesse ist dabei die konkrete und lokale Umsetzung von verkehrlichen Maßnahmen. Das gemeinsame Ausprobieren von Alternativen, ohne vorab konkret festlegen zu müssen, ob man genau diese auch beibehalten möchte, kann ein wichtiges Lösungspotenzial für vielschichtige festgefahrene Problemlagen bieten. Wie stark die Ausgestaltung von Reallaboren und -experimenten durch rechtliche und weitere strukturellen Rahmenbedingungen, aber auch durch die Ebene des Politischen geprägt ist und welchen Einfluss dies auf die Aushandlungen und Machtverhältnisse der beteiligten Akteure hat, wird gerade mit Blick auf Reallabore im Bereich der Mobilität sehr deutlich.

Denn die aktuellen verkehrlichen Zustände sind nicht einfach naturwüchsig gegeben. Sie sind Ergebnis aktiver politischer Entscheidungen der Verkehrs-, Siedlungs- und Wirtschaftspolitik der letzten Dekaden sowie der gesellschaftlichen Tradierung und damit korrespondierender Normalitätsannahmen und Handlungsmuster (Canzler et al. 2018). Es liegt in unserem menschlichen Naturell, dass unser Zugang zur Welt, zum Möglichen und Vorstellbaren stark durch unsere eigenen Erfahrungen und Wahrnehmungen geprägt wird. Klassiker der Soziologie, wie Peter Berger und Thomas Luckmann (2004), haben ihr wissenschaftliches Werk und Wirken der Frage verschrieben, wie Menschen als soziale Wesen in eine Gesellschaft hineinsozialisiert werden und wie erlebte Strukturen und Routinen unsere wahrgenommen und genutzten Handlungs- und Entscheidungsoptionen prägen. Dies gilt auch für den von Menschen wahrgenommenen „Möglichkeitsraum" (Canzler und Knie 1998) im Bereich der Mobilität und die damit verbundenen alltäglichen Handlungsroutinen. Mit Berger und Luckmann (2004) gesprochen, haben wir es mit den Resultaten einer gesellschaftlichen Wirklichkeitskonstruktion zu tun, deren Institutionalisierungsprozesse für große Teile der Gesellschaft in einer Blackbox verschwunden sind (Knie 2023). Man weiß vielfach nicht um die Hintergründe, die zu den heutigen verkehrlichen Regularien und infrastrukturellen Ausformungen geführt haben und um die Wandelbarkeit eben dieser Realität. Vielmehr werden die eigenen Handlungsroutinen im institutionalisierten Korsett der aktuellen verkehrlichen Zustände entwickelt und eingeübt. Die (rechtlich und finanziell) strukturelle Privilegierung des motorisierten Individualverkehrs befördert dabei bestimmte Arten des Mobilitätshandelns, während ökologisch-nachhaltige Mobilitätsoptionen – und die Entwicklung daran ausgerichteter Handlungspraktiken – keine gleichartige rechtliche und infrastrukturelle Unterstützung erfahren. Diese Ungleichheit zeigt sich beispielsweise in den grundlegenden Perspektiven und Zielen der maßgeblichen Gesetze und Verordnungen des Verkehrsrechts wie dem Straßenverkehrsgesetz (StVG) und der Straßenverkehrsordnung (StVO) oder dem Personenbeförderungsgesetz (PBefG).

Realexperimente verändern die Lebenswirklichkeit der lokal betroffenen Menschen vielfach deutlich. Die Einführung neuer Mobilitätsalternativen wie On-Demand-Angebote, die Neuaufteilung von Straßenraum durch Pop-up-Radwege, temporäre Fußgängerzonen oder Shared Space, die saisonale Umgestaltung von Straßenflächen durch Sommerstraßen oder die Umnutzung von bisherigen Parkflächen für Bepflanzung oder Parklets bieten Anstöße für eine (gemeinsame) Auseinandersetzung mit Normalitätsannahmen und Routinen. Sie machen eine andere Aufteilung des öffentlichen Raums direkt erfahrbar. Dass hierbei unterschiedliche Perspektiven und Interessen aufeinanderprallen und ausgehandelt werden müssen, liegt bei solchen provozierten Routinebrüchen in der Natur der Sache. Realexperimente als explorative Formate der Wissensgenerierung und ihre intensive wissenschaftliche Begleitung erlauben zudem Einblicke in Prozesse einer De-Institutionalisierung und De-Legitimierung des autozentrierten Mobilitätssystems. Gerade die Untersuchung der Konfliktlinien und der Aushandlungszwang zwischen den unterschiedlichen Akteursgruppen sind hier der Motor der Ko-Produktion von Ziel- und Transformationswissen. Durch solche realen Umsetzungen werden bestimmte Probleme und Herausforderungen aber auch das zu ihrer Bearbeitung notwendige Transformationswissen lokalisier- und bearbeitbar. Orientiert an Geels' (2002) Mehrebenen-Modell von Transformationen (MLP), das zwischen den drei Ebenen Landschaft, sozio-technisches Regime und Nische unterscheidet, können Experimentierräume so als Nischeninnovationen konzeptualisiert werden. Diese können dazu beitragen, De-Institutionalisierungsprozesse und -potenziale des sozio-technischen Regimes der Automobilität zu identifizieren, alternative Arrangements zu testen und ihre Wirkungspotenziale für die nachhaltige Mobilitätswende zu untersuchen (Van Hoose et al. 2022). Nach dem MLP-Konzept können Veränderungsprozesse sowohl durch Änderungen auf der übergeordneten Landschaftsebene der kulturellen Werte und Normen als auch durch Nischenaktivitäten entstehen, die De-Institutionalisierungs und De-Legitimierungsprozesse mit Blick auf die sozio-technischen Regime und ihre Strukturen produzieren. Die Zusammenhänge zwischen der Landschafts-, Regime- und Nischenebene sind dabei als dialektisch und durchaus dynamisch zu betrachten. Bezogen auf die Experimentierräume bedeutet dies konkret, dass durch die vermeintlich „kleinen" Nischenaktivitäten in Experimentierräumen durchaus Anstöße für die Veränderung rechtlicher Handlungsspielräume und Regularien hervorgehen können, die sowohl auf der Regime- als auch auf der Landschaftsebene folgenreich sein können.

3.1 Kommunen als Schlüsselakteure von Experimentierräumen

Um die Klimaziele zu erreichen, ist – wie das Urteil des Bundesverfassungsgerichts im April 2021 zum Klimagesetz deutlich aufzeigte – die Transformation des autozentrierten Verkehrssystems notwendig. Neben Gesundheitsschädigungen durch Luft- und Lärmbelastungen werden die Folgen des verkehrlichen Flächenfraßes und der Versiegelung durch Überschwemmungen und Hitzestress in städtischen Wärmearchipelen offensichtlich. Gerade in Städten und Ballungszentren gewinnen Diskussionen um eine gerechte Verteilung des städtischen Raums zudem an Bedeutung. Schon 2011 rief der Wissenschaftlicher Beirat der Bundesregierung Globale Umweltveränderungen (WGBU 2011) dazu auf, dass Kommunen bei der Umsetzung von Experimenten mit Signalwirkung mutiger sein und zu Orten des Wandels und der Transformation werden sollten.

Die multiple Akteurskonstellation von Verwaltung, Politik, Wissenschaft und Zivilgesellschaft, die in einem Experimentierraum aufeinandertrifft, agiert in einem rechtlich stark regulierten Bereich. Die rechtliche Verantwortung und Haftung für die Umsetzung verkehrlicher Maßnahmen im öffentlichen Straßenraum liegen in der Hand der jeweiligen kommunalen Politik- und Verwaltungseinheiten. Sie sind aus diesem Grund Kernakteure für Experimentierräume im Mobilitätsbereich. Im Fall von Klagen, Unfällen oder Regressansprüchen sind sie es auch, die rechtlich belangt werden und Rechenschaft über die rechtliche Legitimität der Versuche ablegen müssen. In der gesellschaftspolitisch zum Teil stark konfliktären Diskussion um den Abbau von Privilegien für den motorisierten Individualverkehr sind es diese Akteure, die den Kopf hinhalten, falls Experimente starke, nicht intendierte Effekte auslösen oder aufgrund von Klagen nach Phasen des Co-Designs nicht umgesetzt werden oder abgewandelt werden müssen. Um das Potenzial von Experimentierräumen im Mobilitätsbereich konstruktiv zu diskutieren, ist es daher notwendig, die Handlungsspielräume und rechtlichen Rahmenbedingungen zu verstehen, anhand derer sich kommunale Politik- und Verwaltungsakteure für solch ein Vorgehen entscheiden. Zugleich wird so auch deutlich, welche konstruktive Rolle Wissenschaftler*innen in einem solchen Setting einnehmen können, um hier einen produktiven Beitrag zu leisten.

3.2 Rechtliche Handlungsspielräume für temporäre Maßnahmenerprobungen

Betrachtet man die rechtliche Lage, die das Erproben neuer nachhaltiger Verkehrslösungen ermöglichen soll, scheint es auf den ersten Blick, als seien die Spielräume hinlänglich groß. Sowohl in der Straßenverkehrsordnung (StVO) als auch im Personenbeförderungsgesetz (PBefG) finden sich Experimentier- bzw. Erprobungsklauseln, die Verkehrsversuche ermöglichen (sollen). Experimentierräume, die diese Optionen für sich nutzbar machen, firmieren häufig unter dem Begriff des „regulatorischen Experimentierraums" (BMWI 2019). Ausnahmegenehmigungen oder Sondernutzungserlaubnisse bilden oft die rechtliche Grundlage für Realexperimente im öffentlichen Raum. Sie haben gemeinsam, dass sie gezielt temporär und räumlich begrenzt rechtliche Regelungen außer Kraft setzen und die so entstehenden Spielräume für die Erprobung von alternativen Raumnutzungen, Mobilitätspraktiken und verkehrlichen Maßnahmen nutzen. Die Erkenntnisse der experimentellen Variationen zielen darauf ab, empirisches Material für ein regulatorisches Lernen des Gesetzgebers zu bilden, da sie Hemmnisse und Irritationspunkte des regulatorischen Rahmens aufzeigen und so sowohl den nötigen Änderungsbedarf (Zielwissen) als auch potenzielle Konsequenzen (Transformationswissen) möglicher Änderungen hin zu einer klimafreundlichen, sozial gerechten post-automobilen Gesellschaft evidenzbasiert illustrieren.

Auf den zweiten Blick sieht die Lage jedoch anders aus. Zwar gibt es rechtliche Spielräume und ordnungsrechtliche Möglichkeiten, um nachhaltige Mobilitätsalternativen zu stärken und umzusetzen. Zudem sind Kommunen auf Basis der Nachhaltigkeitsziele unter Druck, ihren Teil zu den CO_2-Reduktionszielen beizutragen. Tatsächlich sind viele Kommunen jedoch gehemmt, vorhandene rechtliche Spielräume zu nutzen und auf diese Weise mögliche Änderungen des Status quo wie eine Neuaufteilung des öffentlichen Raums, Tempo 30, eine neue Stellplatzordnung oder eine Parkraumbewirtschaftung voranzutreiben. Eine große Herausforderung bei der Nutzung der aktuellen Experimentierklauseln besteht darin, dass der Rahmen, den diese für das Experimentieren bieten, sehr begrenzt, ihre Nutzung zugleich jedoch höchst anforderungsreich und mit Unsicherheiten verbunden ist. Aktuell bildet die Experimentierklausel im § 45 der StVO die zentrale Grundlage für temporäre Erprobungen verkehrlicher Maßnahmen im Straßenraum. Straßenverkehrsrechtliche Anordnungen, die diese Option nutzten, sind rechtlich jedoch nur zulässig, wenn sie zur Gefahrenabwehr dienen und die dafür eingesetzten Maßnahmen eine Verhältnismäßigkeit von Zweck und Mittel aufweisen. Mit Blick auf die Gefahrenlage muss nachgewiesen werden, dass eine konkrete Gefahr für die Sicherheit (von Verkehrsteilnehmer*innen oder ihrem Eigentum) oder die Ordnung (i. S. der Sicherheit und Leichtigkeit des Verkehrs) vorliegt. Um die Experimentierklausel zu ziehen, gilt es, diese konkrete Gefahr für den Ort der umzusetzenden Maßnahme zu begründen und nachzuweisen, dass es mit hinreichend großer Wahrscheinlichkeit in einem überschaubaren Zeitraum zu Schadensfällen kommen könne.[4] Das zweite Kriterium, das bei einer rechtlichen Prüfung herangezogen wird, bildet die Verhältnismäßigkeit des Eingriffs. Es ist zu belegen, dass die Maßnahmen so effizient und in ihrer Eingriffstiefe so gering wie möglich ausfallen und auf eine Verbesserung der Schutzziele der Sicherheit und Ordnung (konkreter: auf die Flüssigkeit und Leichtigkeit) des Verkehrs abstellen. Sollte sich die angestrebte Gefahrenabwehr mit weniger starken Eingriffen in die gewohnheitsmäßigen „Freiheitsrechte" von Verkehrsteilnehmer*innen und Anwohner*innen umsetzen lassen, so sind diese zu wählen. Gerade der Aspekt der Verhältnismäßigkeit und die geforderte Abwägung der eingesetzten Mittel birgt für die Kommunen rechtlich vielfältige Unsicherheiten. Die Sorge vor Klagen von Anwohnenden, Gewerbetreibenden oder anderen Kritiker*innen, die sich in ihren (gewohnheitsmäßigen) Freiheitsrechten durch die Maßnahmen zu stark eingeschränkt fühlen, ist groß. Rechtliche Unsicherheit führt dazu, dass viele Kommunen von einem ambitionierten Einsatz der Möglichkeiten der Experimentierklausel-Nutzung absehen. Der Gestaltungsspielraum, der sich durch die StVO-Experimentierklausel für Realexperimente im Bereich nachhaltiger Mobilität ergibt, ist somit nicht nur thematisch stark begrenzt, ihre rechtssichere Anwendung ist mit Blick auf die Verhältnismäßigkeit oft auch nicht gegeben.

In der praktischen Konsequenz bedeutet die Fokussierung auf die Gefahrenabwehr und die Prüfung der Verhältnismäßigkeit der eingesetzten Maßnahmen, dass vielfältige Ziele nachhaltiger Mobilität und Stadtentwicklung – wie die Attraktivitätssteigerung von ÖV- oder Sharing-Angeboten, Begrünungs- und Entsiegelungs- oder Klimaanpassungsmaßnahmen, eine Neuaufteilung von öffentlichen Räumen zugunsten

[4] Für Maßnahmen, die den fließenden Verkehr betreffen, sind die Anforderungen sogar noch höher, da hier eine „gesteigerte Gefahrenlage" nachzuweisen ist und somit belegt werden muss, dass ein deutlich gesteigertes Risiko für einen Schadensfall vorliegt.

des Fuß- und Radverkehrs oder Verkehrsberuhigungen durch Superblocks – mit der Nutzung von Experimentierklauseln weder konkret adressiert noch rechtssicher erprobt werden können. Wenn überhaupt, können sie nur „unter dem Radar" als Nebenziele der Erprobung verfolgt werden, aber nicht die Begründung für eine temporäre Maßnahmenerprobung bilden. Mit der Novelle der Straßenverkehrsgesetzes im Sommer 2023 war die Hoffnung verbunden, dass neben der Leichtigkeit des Verkehrs auch andere klima- und nachhaltigkeitsorientierte Ziele der „städtebaulichen Entwicklung" eine legitime Grundlage für eine lokale Verkehrspolitik und die gemeinsame Lösungserprobung bilden können und sich so die Handlungsspielräume von Kommunen vergrößern. Ob die neuen Spielräume tatsächlich genutzt werden können, wird voraussichtlich erst gerichtlich entschieden.

Neben Experimentierklauseln gibt es weitere rechtliche Spielräume, die den Rahmen für eine Erprobung verkehrlicher Maßnahmen in Experimentierräumen erlauben. Ausnahmen oder Sondernutzungsgenehmigungen können in begrenztem Rahmen auch durch die kommunalen Verwaltungsbehörden selbst erlassen werden. Die Beantragung einer Sondernutzungsgenehmigung, um beispielsweise im Rahmen der europäischen Mobilitätswoche Parkplätze kurzfristig in Parklets oder Straßenabschnitte in Fußgängerzonen umzuwandeln, ist weit weniger „riskant" und ressourcenaufwendig als die Nutzung von Experimentierklauseln für eine ausgedehntere Erprobung. Erfolgreiche und gut dokumentierte Beispiele nachhaltiger verkehrlicher Maßnahmen[5] schaffen zugleich wichtige Erkenntnisse und motivieren auch andere Kommunen zum Experimentieren. Eine differenzierte Aufbereitung oder ein Leitfaden für die Nutzung rechtlicher Handlungsspielräume von Kommunen zum Zwecke der Erprobung nachhaltiger verkehrlicher Maßnahmen gibt es bislang kaum. Aus den oben aufgezeigten Gründen der jeweils notwendigen Betrachtung der konkreten und lokalen Vorzeichen, unter denen Maßnahmen genehmigungsfähig sind, wird auch deutlich, warum das so ist.

3.3 Kommunale Handlungsspielräume und politischer Wille zur Transformation

Neben den rechtlichen Handlungsspielräumen gibt es auch weitere Aspekte, die die „Experimentierfreude" von Kommunen als zentralen Partner in Experimentierräumen entscheidend beeinflussen. Wichtige Erkenntnisse bezüglich der strukturellen Hemmnisse lassen sich hierbei durch eine direkte Zusammenarbeit und praktische Auseinandersetzung mit den kommunalen Akteuren gewinnen. Jüngere Ergebnisse der sozialwissenschaftlichen Mobilitätsforschung zeigen, dass neben ausreichend großen rechtlichen Handlungsspielräumen weitere zentrale Voraussetzungen für erfolgreiche Transformationsaktivitäten in Kommunen vorliegen müssen (Horn

[5] Hilfreiche Beispiele bieten hier die Umsetzung der Münchener Sommerstraßen oder temporäre Umwidmungen von Straßenräumen wie im Hamburger Ottensen macht Platz-Projekt (www.muenchen-unterwegs.de; https://ottensenmachtplatz.de).

2022; Oltmanns et al. 2022; Klein-Hitpaß und Ruhrort 2023). Für den Kontext des Experimentierens wird nachfolgend auf zentrale Herausforderungen eingegangen: das ausreichende Maß an politischer Unterstützung und kommunalen Handlungsspielräumen sowie die oft knappe Ressourcenlage.

Politisches Backing und kommunale Handlungsspielräume Ein ausreichend großes politisches Backing, also der Wille zur Transformation, Rückhalt und eine Unterstützung der zuständigen politischen Entscheider*innen für die Erprobung und Umsetzung von nachhaltigen Mobilitätswendemaßnahmen sind zwingend notwendig. Ambitionierte Verwaltungsakteure sind zwar Schlüsselfiguren, sie haben jedoch keine ausreichende (rechtliche) Legitimation, verkehrliche Maßnahmen gegen den Willen und die Weisungsbefugnis der politischen Instanzen umzusetzen. Dieser Aspekt wird umso komplexer, da Kommunen nur über solche Maßnahmen entscheiden können, die auch in ihrer Zuständigkeit liegen. In vielen Fällen müssen kommunale Akteure bei der Umsetzung verkehrlicher Maßnahmen somit nicht nur ihre lokalen politischen Verantwortlichen auf ihrer Seite wissen, sondern darüber hinaus auch entsprechende Entscheider*innen in Landkreisen und Landes- oder Bundesbehörden.

Ressourcen der Verwaltung Zweitens sind die personellen Ressourcen in den kommunalen Verwaltungen sowie die vorhandenen Kompetenzen im Bereich nachhaltiger Mobilität in vielen Kommunen stark begrenzt. Dies gilt insbesondere für kleinere Kommunen und solche, die erst Erfahrungen mit der Umsetzung nachhaltiger Mobilitätsmaßnahmen sammeln müssen. Da die Umsetzung verkehrlicher Maßnahmen vielfach auch andere Ressorts der Verwaltung betrifft (wie Klima- und Umweltschutz und Wirtschaftsförderung), erfordern ambitionierte Projekte, dass auch weitere Verwaltungsakteure für die konstruktive Mitarbeit motiviert werden. Die transdisziplinäre Zusammenarbeit in Experimentierräumen ist für kommunale Verwaltungen ein ressourcenintensives Unterfangen. Projektstellen, die häufig mit Reallaboren einhergehen, bieten hier zwar oft die Chance, befristet weiteres qualifiziertes Personal einzustellen. Doch gerade im Bereich der Stadt- und Regionalplanung fehlt es derzeit oft an geeigneten Bewerber*innen, um den weiteren Kompetenz- und Kapazitätsausbau in den Kommunen voran zu bringen. Ein Grund ist, dass Stellen in der Verwaltung aktuell für Mitarbeitende mit Hochschulabschluss vielfach finanziell nicht attraktiv sind. Da Maßnahmenumsetzungen auch finanzielle Ressourcen benötigen, geht es bei finanzschwachen Kommunen auch um die Abwägung und Priorisierung unterschiedlicher Verwaltungsaufgaben. Die Notwendigkeit und Relevanz einer Maßnahmenerprobung müssen somit auch innerhalb der Verwaltung und insbesondere bei den zu beteiligenden Instanzen auf ausreichend hohe Akzeptanz stoßen.[6]

[6] Die Arbeit im Kontext der BeNaMo-Begleitforschung der BMBF-Fördermaßnahme MobilitätsWerkStadt 2025 verweist zudem darauf, dass eine weitere Herausforderung für die kommunalen Praxisakteure im kommunikativen Umgang mit Einwänden gegen Verkehrswendeeinwände besteht. Daher kann es helfen, neben stadt- und verkehrsplanerischer Expertise auch gezielt sozial- und kommunikationswissenschaftlich vorgebildetes Personal in solche Projekte und damit auch in kommunale Verwaltungen einzubinden, um diese Transformationsherausforderungen gezielt zu bearbeiten.

4 Potenziale des bi- und multidirektionalen Wissenstransfers von Experimentierräumen

Wie eingangs skizziert, besitzen transdisziplinäre Experimentierräume für die sozialwissenschaftliche Mobilitätsforschung ein hohes Potenzial für die Generierung von Ziel- und Transformationswissen. Die Chancen des Wissenstransfers, die sich in transdisziplinären Experimentierräumen eröffnen, verlaufen dabei gerade nicht einseitig von der Wissenschaft in die Praxis, sondern sind bi- bzw. multidirektional.[7] Das gemeinsame Lernen und Generieren von problem- und lösungsorientiertem Wissen bildet den Kern solcher Projekte. Für Wissenschaftler*innen bieten Experimentierräume einen entscheidenden Zugang zu einer Fülle von empirischem Untersuchungsmaterial für vielfältige Forschungsthemen und für die Prüfung und Weiterentwicklung wissenschaftlicher Konzepte im Sinne ihrer doppelten Validierung. Eine produktive Zusammenarbeit mit Forschenden im Experimentierraum muss sich jedoch auch aus kommunaler Perspektive und mit Blick auf die knappe Ressourcenlage „lohnen". Langjährige Versuche in Experimentierräumen und Reallaboren, die vorrangig dem Forschungsinteresse von Wissenschaftler*innen dienen, sind für die unter Handlungsdruck stehenden kommunalen Akteure wenig attraktiv. Experimentierräume bieten aber ein großes Potenzial, eine win-win Situation für die Wissenschaft und die Praxisakteure – und hier auch gerade die kommunalen Verwaltungen – zu schaffen.

Ein möglicher Themenbereich für eine gemeinsame Wissensgenerierung, der sich an den Herausforderungen kommunaler Verwaltungsakteure orientiert, ist der rechtliche Rahmen. Dieses für die Umsetzung von Experimentierräumen essenzielle Themenfeld ermöglicht es Sozialwissenschaftler*innen, ein vertieftes Wissen über Handlungsspielräume und -begrenzungen zu generieren und so auch die Potenziale zu thematisieren, die sich durch eine Änderung der rechtlichen Rahmenbedingungen ergeben (könnten). Für Sozialwissenschaftler*innen besteht die Aufgabe hier nicht darin, neue Gesetzestexte zu verfassen, sondern empirisch fundierte Erkenntnisse zu liefern. Innerhalb von Experimentierräumen können Forschende außerdem aktiv dazu beitragen, die Inhalte aufzubereiten und so die transdisziplinären Dialogformate und konfliktären Diskussionen kommunikativ zu unterstützen. Zudem können sie aufzuzeigen, welcher Bedarf an Veränderungen der aktuellen Gesetzeslage daraus abgeleitet werden kann und wie sich dieser (politisch und öffentlich) vermitteln lässt, um den Wandel zu einem ökologisch-nachhaltigen Mobilitätssystem zu befördern.

Unter dem Vorzeichen der knappen Ressourcenlage kann die Dokumentation der Prozesse der transdisziplinären Zusammenarbeit und die Generierung geeigneter Daten zu Evaluationszwecken von kommunaler Seite meist nur soweit verfolgt werden, wie dies zur angestrebten Maßnahmenumsetzung rechtlich notwendig ist.

[7] Ob man sie als bi- oder multidirektional betrachtet, hängt maßgeblich davon ab, ob man von einer Dichotomie von Wissenschaft und Praxis ausgeht oder die Heterogenität der Praxisakteure (Wirtschaft, Politik, Verwaltung, Zivilgesellschaft) hier weiter ausdifferenziert.

Eine Beteiligung bei der Erhebung, Aufbereitung und Auswertung von Daten durch wissenschaftliche Partner nützt dabei nicht nur den Praxisakteuren des Experimentierraums, sondern verbessert zugleich die Datenbasis der wissenschaftlichen Community. Mit wissenschaftlicher Unterstützung können die Dokumentation der Ergebnisse gesichert und zugleich aussagekräftige Evaluationsergebnisse erarbeitet werden. Ohne diese Unterstützung bleibt dies vielfach ressourcenbedingt aus, sodass hier große Forschungslücken vorliegen (Kuss und Nicholas 2022) und die Beurteilung von Skalierungs- und Transfermöglichkeiten von Ergebnissen von Experimentierräumen erschwert wird. Der wissenschaftliche Mehrwert liegt mit Blick auf die angestrebte Generierung von Ziel- und Transformationswissen auf der Hand. Innerhalb der jeweiligen Experimentierräume kann durch eine prozessbegleitende Dokumentation der Entscheidungen und ihrer Grundlagen, der Prozesse und Konfliktlinien und der vielfältigen Wirkungen der Interventionen die Transparenz stark befördert werden. Auch über die konkreten Experimentierräume hinaus ist die Nachfrage nach dokumentierten Praxisbeispielen und konkreten Formen und Formaten für die Beteiligung von Bürger*innen und weiteren Stakeholdern sehr hoch. Auf politischer Ebene schaffen gut dokumentierte Experimentierräume empirisches Material für eine Politikberatung, die die Hemmnisse des aktuellen Rechtsrahmens auf Basis wissenschaftlicher Analysen belegt, Transformationspotenziale durch das Ausprobieren von alternativen (regulatorischen) Rahmungen erprobt und darauf aufbauende Handlungsempfehlungen für Anpassungen und Veränderungen des regulatorischen Rahmens bietet. Nimmt man diesen Anspruch des regulatorischen Lernens durch Experimentierräume ernst, so wird sehr deutlich, welches Potenzial von Experimentierräumen für die De-Institutionalisierung und De-Legitimierung des aktuell dominanten sozio-technischen Regimes der Automobilität besitzen könnte.

Neben der prozessbegleitenden Datengenerierung können Wissenschaftler*innen durch ihre zielgruppenspezifische Aufbereitung von Erkenntnissen zur Verbreitung von Transformationswissen beitragen. Kommunikative Kompetenzen der Wissensvermittlung ebenso wie der Transfer von Erkenntnissen aus nationalen und internationalen Beispielfällen von erfolgreichen nachhaltigkeitsorientierten Verkehrsversuchen und -maßnahmen helfen sehr im Umgang mit und den Abbau von Einwänden gegen Verkehrswendemaßnahmen. Diese können die diskursiven Prozesse innerhalb der multiplen Akteurskonstellation und somit auch die Akzeptanzsteigerung für nachhaltige Mobilitätsmaßnahmen stark befördern.

Wie diese Zusammenschau von möglichen Funktionen und Aktionsfeldern von Forschenden in Experimentierräumen aufzeigt, überschreiten Wissenschaftler*innen hierbei vielfach ihre klassische Rolle als distanzierte Beobachter und Datenproduzenten. Die Rollenprofile von Wissenschaftler*innen werden durch ihr aktives Bekenntnis zur transformativen Forschung pluraler. Auch wenn ein zentraler Beitrag weiterhin in der klassisch wissenschaftlichen und methodisch geleiteten Datengenerierung und -analyse liegt, agieren sie darüber hinaus vielfach als Wissenstransferagenten und „facilitator" (Hilger et al. 2018) oder „knowledge broker" (Wittmayer und Schäpke 2014) und stimulieren die Prozesse durch vielfältige interdisziplinäre Wissensbestände und -hintergründe. Aus wissenschaftlicher Sicht sind solche Aktivitäten ebenfalls erkenntnisreich, um Transformationswissen darüber zu gewinnen, in welchen lokalen Aushandlungssituationen bestimmte Begründungen und Narrative anschlussfähig und wirkmächtig sind, um Dialogprozesse lösungsorientiert voranzutreiben. Mit dem gezielten Einspeisen von Wissensbeständen und der Ausrichtung von Forschungsaktivitäten auf bestimmte Zielgruppen und Forschungsthemen besitzen Forschende eine potenzialreiche und machtvolle Position, um die Lernprozesse und Wissensgenerierung in Experimentierräumen zu prägen. In der Rolle von „reflective scientists" (Hilger et al. 2018), reflektieren sie gezielt ihre eigene Rolle und Positionalität (Marguin et al. 2021) im Forschungsprozess sowie die internen und externen Machstrukturen in diesen transdisziplinären Konstellationen. Auch als „change agents" (ebd.), die aktiv Intervention hervorbringen und anstoßen, können Forschende in Experimentierräumen wirken. Dabei nutzen sie ihre Netzwerke und bauen weitere auf, auch und gerade, um weitere Akteure als Change Agents zu empowern und sie so darin zu unterstützen, selbst nachhaltigkeitsorientierte Veränderungen und Interventionen zu initiieren und umzusetzen.

5 Fazit

Für den Wissenstransfer und die ko-produktive Wissensgenerierung der verschiedenen transformationsrelevanten Akteursgruppen bieten Experimentierräume ein besonderes Potenzial. In Experimentierräumen kann der gesellschaftliche Wandel und der Umgang mit Transformationsherausforderungen nicht nur beobachtet und wissenschaftlich vermessen werden. In ihnen können sozio-technische Innovationen erprobt und die Generierung von Mobilitätslösungen stimuliert werden. Durch die Integration von Praxisakteuren und -wissen erweitern transdisziplinäre Experimentierräume die Wertschöpfungskette von wissenschaftlichem Wissen und ermöglichen eine – über die klassischen Peers hinausgehende – doppelte Validierung von Erkenntnissen. Transformative Forschungsformate und ihre transdisziplinäre Ausrichtung ermöglichen entscheidende Erkenntnisgewinne für die wissenschaftlichen Disziplinen und das Wissenschaftssystem. So gelingt es, Transformationswissen darüber zu generieren, wie Kommunen als Schlüsselakteure der Mobilitätswende fungieren (müssen), welche rechtlichen Spielräume Kommunen aktuell für sich nutzbar machen können und welche Rolle Forschende in solchen transdisziplinären Konstellationen einnehmen sollten, um im Rahmen von Experimentierräumen nachhaltige Mobilitätsmaßnahmen im öffentlichen Straßenraum zu erproben. Eine erfolgreiche Mobilitätswende braucht sozial robuste Konzepte für die zukünftigen Transformationswege. Durch realexperimentelle Interventionen und die Umsetzung nachhaltiger Mobilitätsmaßnahmen regen Experimentierräume zu Routinebrüchen bei tradierten Gewohnheiten und zur Diskussion über alltägliche Gewissheiten der uns umgebenden Welt an. Sie greifen aktiv in die Lebenswelt der Betroffenen ein und schaffen reale Erfahrungs- und Erlebnisräume für nachhaltige Mobilitätsmaßnahmen. So tragen sie dazu bei, die vorstellbaren und erlebbaren Möglichkeitsräume vielfältiger Akteure produktiv zu erweitern. Zugleich provozieren sie bewusst das Aufeinanderprallen unterschiedlicher Erwartungen und Interessen und erzwingen so eine Aushandlung über die gewünschte Zukunft und Transformationsziele. Experimentierräume sind deshalb zugleich oft Brenngläser für gesellschaftliche Konflikte und Transformationsherausforderungen und können helfen, diese zu identifizieren und Lösungswege zu erproben. In der Heuristik des MLPs (Geels 2002) handelt es sich um Nischenaktivitäten, die zentrale Erkenntnisse über die Strukturen des dominanten Automobil-Regimes und dessen De-Institutionalisierung und De-Legitimierungprozesse eröffnen. Sie sind damit entscheidende Werkzeuge zur Generierung von Transformationswissen.

Im Kosmos der Wissenschaft hat die Relevanz von Transferaktivitäten, transdisziplinärer Forschung und der Ko-Produktion von Wissen in den letzten Jahren deutlich zugenommen. Diese fortscheitende Etablierung transdisziplinärer Forschung und der Ausbau entsprechender Förderkulissen führen zu einer Erweiterung der Spielfelder wissenschaftlicher Aktivitäten und Arbeitsprofile (Knie und Simon 2021). Neben der wissenschaftlichen Beobachtung wirken Wissenschaftler*innen durch Aktivitäten der Stimulation und direkten Intervention in die transdisziplinären Prozesse der Erprobung lokal-innovativer Mobilitätslösungen hinein. Wie eingangs thematisiert, überschreiten Forschende in Experimentierräumen ihre klassische Beobachtungsrolle. Zwar nehmen Forschende hier auch eine begleitende Rolle ein und generieren System- und Zielwissen durch wissenschaftliche Analyse, die Beobachtung und Dokumentation der Prozesse im Experimentierraum sowie die Evaluierung der Ergebnisse. Wenn wissenschaftliche Akteure beteiligt sind und sich auf ihre transformative Arbeit einlassen, werden sie zugleich in einer „stimulierenden" bzw. „intervenierenden" Rolle aktiv. Als transformative Forschungspartner*innen werden sie selbst Prozesse initiieren, z. B. indem sie bestehende Netzwerke – die in die Politik, Verwaltung, Zivilgesellschaft hineinreichen – nutzen oder im Vorfeld ziel- und themenabhängig neue Kontakte knüpfen. In ihrer stimulierenden Rolle werden sie die (Lern-)Prozesse und Interaktion im Raum aktiv unterstützen, Aktivitäten moderieren, Konfliktdimensionen identifizieren und zwischen unterschiedlichen Wissensbeständen und Perspektiven sowie (zwischen widerstreitenden) Interessen und Machtungleichgewichten vermitteln.

Der produktive Beitrag, den Forschende bei der lösungsorientierten Bearbeitung gesellschaftlicher Herausforderungen in transdisziplinären Forschungskontexten wie Experimentierräumen leisten, regt dabei auch zur kritischen Reflexion über den gesellschaftlichen Impact von Wissenschaft und ihrem Reputationssystem an. Denn unter dem steigenden Handlungsdruck von gesellschaftlichen Krisen, Transformationskonflikten und -herausforderungen ändern sich auch die Anforderungen an das Wissenschaftssystem. Das Entstehen von Forschungsnetzwerken im Bereich der transdisziplinären und partizipativen Forschung sowie (nachhaltigkeitsorientierten) Reallaborforschung sind deutliche Anzeichen dafür, dass hier gerade neue Konstellationen und Peer Communitys entstehen, die die Etablierung und Konsolidierung dieses Wissenschafts- und Forschungsbereichs aktiv vorantreiben. Ein Motor dieser Initiativen liegt dabei in einem veränderten Verständnis des Beitrags und Aktivitätsgrades von Wissenschaft und Forschung bei der Bearbeitung und Lösungsfindung gesellschaftlicher Herausforderungen. Die Erweiterung der Rollenspektrums von Wissenschaftler*innen bindet allerdings zusätzliche Ressourcen und ist zeitintensiv. Die klassischen wissenschaftlichen Reputationssysteme bleiben bislang weiterhin primär auf hochrangige wissenschaftliche Publikationen ausgerichtet (Knie und Simon 2021). Gerade für junge Forschende und ihre Karrierewege ist diese ressourcenintensive Rollenüberschreitung vielfach herausfordernd. Wissenschaftler*innen, die sich für die transformativen Modi von Forschung entscheiden, sind sich in der Regel über die Reputationsklippen und Konflikte bewusst, die solche transdisziplinären Forschungssettings produzieren. Auch und gerade aufgrund einer reflektiert normativen Positionierung und Nachhaltigkeitsorientierung entscheiden sich Forschende oft jedoch, bewusst eben diese Konflikte auszutragen, da sie zugleich auch die privilegierten (neuen) Handlungsspielräume und -arenen als gewinnbringende Erweiterung ihrer eigenen Erkenntnis- und Aktionsräume verstehen.

Literatur

Arnold, A., und F. M. Piontek. 2018. Zentrale Begriffe im Kontext der Reallaborforschung. In 2018. *Transdisziplinär und transformativ forschen. Eine Methodensammlung*, Hrsg. R. Defila, und A. Di Giulio, 143–154. Wiesbaden: Springer VS.

Beecroft, R., und O. Parodi. 2016. Reallabore als Orte der Nachhaltigkeitsforschung und Transformation. *TATuP* 25(3): 4–8.

Beecroft, R., H. Trenks, R. Rhodius, C. Benighaus, und O. Parodi. 2018. Reallabore als Rahmen transformativer und transdisziplinärer Forschung: Ziele und Designprinzipien. In *Transdisziplinär und transformativ forschen*, Hrsg. Rico Defila und Antonietta Di Giulio, 75–100. Wiesbaden/Heidelberg: Springer VS (Research).

Berger, P., und T. Luckmann. 2004. *Die gesellschaftliche Konstruktion der Wirklichkeit*, 20. Aufl. Frankfurt a. M.: Fischer.

Böschen, S., J. Backhaus, A. La Varga, S. John, und G. Gramelsberger. 2021. Reallabore. Simulierte Experimente – Simulierte Demokratie? In *In digitaler Gesellschaft. Neukonfigurationen zwischen Robotern, Algorithmen und Usern*, Hrsg. Kathrin Braun und Cordula Kropp, 275–302. Bielefeld: transcript.

Bundesministerium für Wirtschaft und Energie (BMWi). 2019. *Freiräume für Innovationen. Das Handbuch für Reallabore*. Frankfurt a. M.

Canzler, W., und A. Knie. 1998. *Möglichkeitsräume. Grundrisse einer modernen Mobilitäts- und Verkehrspolitik*. Wien: Böhlau.

Canzler, W., und A. Knie. 2019. *Autodämmerung. Experimentierräume für die Verkehrswende*. e-paper/Heinrich-Böll-Stiftung.

Canzler, W., A. Knie, L. Ruhrort, und C. Scherf. 2018. *Erloschene Liebe? Das Auto in der Verkehrswende: Soziologische Deutungen*. Bielefeld: transcript.

Defila, R., und A. Di Giulio. 2019.Wie Reallabore für Herausforderungen und Expertise in der Gestaltung transdisziplinären und transformativen Forschens sensibilisieren – eine Einführung. In (ebd.) (Hrsg.) *Transdisziplinär und transformativ forschen. Eine Methodensammlung*, Bd. 2, 1–30 Wiesbaden: Springer VS.

Engels, F., A. Wentland, und S. Pfotenhauer. 2019. Testing future societies? Developing a framework for test beds and living labs as instruments of innovation governance. *Research Policy* 48(9): 1–11.

Geels, Frank W. 2002. Technological transitions as evolutionary reconfiguration processes: A multi-level perspective and a case-study. *Research Policy* 31(8/9): 1257–1274.

Groß, M., H. Hoffmann-Riem, und W. Krohn. 2005. Realexperimente: ökologische Gestaltungsprozesse in der Wissensgesellschaft. Bielefeld: transcript.

Hilger, A., M. Rose, und M. Wanner. 2018. Changing faces – Factors influencing the roles of researchers in real-world laboratories. *GAIA, Jahrgang 27*, Nr. 1, 01 Januar: 138–145.

Horn, B. 2022. *Vom Wissen zum Tun: Experimentierräume und Handlungsempfehlungen für die Mobilitäts-und Verkehrswende auf kommunaler Ebene.* Berlin/Köln: Deutscher Städtetag.

Jasanoff, S., Hrsg. 2004. *States of knowledge. The co-production of science and social order. Transferred to digital print.* London: Routledge (International Library of Sociology).

Kläver, A., und K. Götting. 2023. Die Mobilitätswende moderieren. *Aus Politik und Zeitgeschichte* 51–52(2023): 40–45.

Klein-Hitpaß, A., und S. Ruhrort. 2023. Urbane Verkehrswende. Die drängendsten Probleme und wichtigsten Lösungsansätze. In *Aus Politik und Zeitgeschichte*, 17–24. Nr. 21-52/2023.

Kleining, G. 1986. Das qualitative Experiment. *Kölner Zeitschrift für Soziologie und Sozialpsychologie* 38(4): 724–750.

Knie, A. 2023. Deutschlands Weg in die Automobilgesellschaft. *Aus Politik und Zeitgeschichte* 51–52(2023): 9–15.

Knie, A., und D. Simon. 2021. Doppelte Validierung von Expertise: Wissenschaftliche Politikberatung als Co-Production. *Leviathan-Berliner Zeitschrift für Sozialwissenschaft* 38(Sonderband): 484–494.

Kuss, P., und K. Nicholas. 2022. A dozen effective interventions to reduce car use in European cities: Lessons learned from a meta-analysis and transition management. *Case Studies on Transport Policy* 10(3): 1494–1513.

Marguin, S., J. Haus, A.J. Heinrich, A. Kahl, C. Schendzielorz, und A. Singh. 2021. Positionality Reloaded. *Historical Social Research/Historische Sozialforschung* 46(2): 7–34.

Mevissen, N. 2019. *Normativität und Wertneutralität: Grundlegung zu einer Wissenschaftssoziologie der Soziologie*, 324. Bielefeld: Bielefeld University Press.

muenchenunterwegs.de o.J. Neue Nutzung von Flächen in der Stadt – Sommerstraßen. Landeshauptstadt München. https://muenchenunterwegs.de/sommerstrassen. Zugegriffen am 13.08.2024.

Nowotny, H. 1999. The need for socially robust knowledge. *TATuP-Zeitschrift für Technikfolgenabschätzung in Theorie und Praxis* 8(3–4): 12–16.

———. 2003. Re-thinking science: From reliable knowledge to socially robust knowledge. In *Entangled histories and negotiated universals: centers and peripheries in a changing world*, Hrsg. Wolf Lepenis, 14–31. Frankfurt/New York: Campus.

Oltmanns, A., J. Knieling, und N. Kretschmann. 2022. Die Transformationskraft von Realexperimenten für die Mobilitätswende in der Stadt: Wie temporär autofreie Zonen Innenstädte nachhaltig und klimagerecht verändern. *GAIA – Ecological Perspectives for Science and Society* 31(2): 103–110.

Ottensen macht Platz. o.J. hamburg.de. https://www.hamburg.de/altona/ottensenmachtplatz/.

Pohl, C., und G. Hirsch Hadorn. 2008. Gestaltung transdisziplinärer Forschung. *Sozialwissenschaften und Berufspraxis* 31(1): 5–22.

Schäpke, N., F. Stelzer, M. Bergmann, M. Singer-Brodowski, M. Wanner, G. Caniglia, und D.J. Lang. 2017. Reallabore im Kontext transformativer Forschung: Ansatzpunkte zur Konzeption und Einbettung in den internationalen Forschungsstand. IETSR discussion papers in transdisciplinary sustainability research.

Schäpke, N., F. Stelzer, G. Caniglia, M. Bergmann, M. Wanner, M. Singer-Brodowski, et al. 2018. Jointly experimenting for transformation? Shaping real-world laboratories by comparing them. *GAIA – Ecological Perspectives for Science and Society* 27(1): 85–96.

Scholz, R., und G. Steiner. 2015. Transdisciplinarity at the crossroads. *Sustainability Science* 10(4): 521–526.

Stauffacher, M., P. Krütli, T. Flüeler, und R. Scholz. 2012. Learning from the transdisciplinary case study approach: A functional-dynamic approach to collaboration among diverse actors in applied energy settings. In *Tackling long-term global energy problems. The contribution of social science.* Environment & policy, 52, Hrsg. Daniel T. Spreng, Thomas Flüeler, David L. Goldblatt, und Jürg Minsch, Bd. 52, 227–245. Dordrecht/Heidelberg: Springer.

Van Hoose, K., A. Gante, L. Bertolini, J. Kinigadner, und B. Büttner. 2022. From temporary arrangements to permanent change: Assessing the transitional capacity of city street experiments. *Journal of Urban Mobility* 2:100015.

Wagner, F., und A. Grunwald. 2015. Reallabore als Forschungs- und Transformationsinstrument Die Quadratur des hermeneutischen Zirkels. *GAIA – Ecological Perspectives for Science and Society* 24(1): 26–31.
Wanner, M., und F. Stelzer. 2019. Reallabore – Perspektiven für ein Forschungsformat im Aufwind. Wuppertal Institut für Klima, Umwelt, Energie. Wuppertal (In Brief).
Wanner, M., A. Hilger, J. Westerkowski, M. Rose, F. Stelzer, und N. Schäpke. 2018. Towards a cyclical concept of real-world laboratories. *disP – The Planning Review* 54(2): 94–114.
Wissenschaftlicher Beirat der Bundesregierung Globale Umweltveränderungen. 2011. *Welt im Wandel. Gesellschaftsvertrag für eine Große Transformation*, 2., veränd. Aufl. Berlin: Wiss. Beirat der Bundesregierung Globale Umweltveränderungen (WBGU).
Wittmayer, J., und N. Schäpke. 2014. Action, research and participation: Roles of researchers in sustainability transitions. *Sustainability Science* 9(4): 483–496.

Zivilgesellschaft als Treiber der Mobilitätswende: Kiezblocks als Beispiel für Stadtgestaltung von unten

Dirk von Schneidemesser und Nicolina Kirby

Inhalt

Zusammenfassung

Trotz eines übergeordneten gesellschaftlichen Konsenses mit Blick auf eine Mobilitätswende in Deutschland erhält die historisch geprägte korporatistische Politikkonstellation den Automobil-orientierten Status quo aufrecht. Unabhängig davon bleibt als Treiber fast nur die Zivilgesellschaft. Ihre Initiativen führen zu Beschlüssen auf kommunaler Ebene oder zu Gesetzen auf Länderebene, die eine Transformation der Verkehrsinfrastruktur verlangen. Diese werden nicht konsequent umgesetzt, was zu einer Kluft zwischen Ankündigungen und Erwartungen einerseits und Handlungen andererseits führt. Zivilgesellschaftliche Akteure fordern nichtsdestotrotz die Mobilitätswende ein. Im Berliner Beispiel der „Kiezblocks" verfolgen sie zweigleisig eine politische und mediale Agenda-Setting-Strategie, um eine Mobilitätswende zumindest lokal herbeizuführen, mit Strahlkraft über Berlin hinaus.

Schlüsselwörter

Mobilitätswende · Superblocks · Zivilgesellschaft · Urbane Transformationen · Beteiligung

D. von Schneidemesser (✉) · N. Kirby
Forschungsinstitut für Nachhaltigkeit (RIFS), Helmholtz-Zentrum Potsdam, Potsdam, Deutschland
E-Mail: dvs@rifs-potsdam.de; nki@rifs-potsdam.de

W. Canzler et al. (Hrsg.), *Handbuch Mobilität und Gesellschaft*,
https://doi.org/10.1007/978-3-658-37557-7_28

1 Einführung

„Bürgerinnen und Bürger wollen nicht nur alle vier Jahre zu Wahlen gefragt werden, sondern sie wünschen sich eben auch mehr Instrumente, um mitreden zu können", sagte Bundestagspräsidentin Bärbel Bas im September 2022 (Detjen 2022). Bas nannte verschiedene Instrumente, die hierbei zum Einsatz kommen können, und sprach von einer bestehenden Kluft zwischen Politik und Bürgerschaft. Um diese zu überwinden, schlug sie traditionelle Bürger:innengespräche und Diskussionsformate sowie gewagtere Formate wie Bürger:innenräte vor. Was aber die Vorschläge und Beispiele, die von der Bundestagspräsidentin genannt wurden, gemeinsam haben: sie gibt es erst dann, wenn sich Entscheidungsträger:innen dazu entschließen sie einzuberufen. Somit bestimmen die Entscheidungsträger:innen Raum und Grenzen der Teilhabe. Sie benennen das Thema, bestimmen den Umfang und die möglichen Spielräume: woran wird beteiligt, in welchem Format und wie viel Mitgestaltungsmacht bekommen die Bürger:innen tatsächlich? Diese Art der Bürger:innenbeteiligung beruht darauf, dass Entscheidungsträger:innen die Bürger:innen einladen, sie werden daher als *invited spaces* für Beteiligung verstanden.

Während die Bundestagspräsidentin sprach, waren in Berlin wenige Kilometer entfernt mehrere Bürger:innen dabei, sich selbst in politische Entscheidungs- und Gestaltungsprozesse einzubringen. Sie warteten nicht darauf, dass sie beteiligt werden. Sie sammelten gerade auf einer temporär geöffneten Straße Unterschriften, um einen Einwohner:innenantrag für einen Kiezblock in ihrem kommunalen Parlament einzureichen. Dabei bestimmten sie das Thema und auch ihre Handlungsoptionen selbst, indem sie sich eines Formates bedienten, mit dem sie ihre Themen auf die politische Agenda setzen konnten. Sie identifizierten dabei auch die Spielräume, indem sie die zu ergreifenden Maßnahmen definierten. Diese Art der Bürger:innenbeteiligung muss aktiv von Bürger:innen geschaffen werden. Daher reden wir in diesem Fall von *claimed spaces* für Beteiligung.

Was sind Kiezblocks? Es handelt sich um Quartiere, in denen die Durchfahrt des Auto- und Lkw-Verkehrs unterbunden ist. Der Begriff „Kiezblock" wurde 2019 als Neologismus geschaffen und stammt aus der Feder der zivilgesellschaftlichen Organisation Changing Cities (Changing Cities e. V. 2021b). 2021 wurden Kiezblocks ausdrücklich als Ziel im Berliner Koalitionsvertrag (SPD et al. 2021, S. 61) verankert. Der Weg hin zur Bewegung für Kiezblocks als Mittel für eine Transformation in der Stadt- bzw. Verkehrsgestaltung ist allerdings älter.

Der Begriff des Kiezblocks beruft sich auf das Konzept der Superblocks in Barcelona und kombiniert ihn mit dem Berliner Ausdruck „Kiez", einem Synonym für Nachbarschaft, Quartier oder Viertel. Auf diese Weise erhält das Konzept Lokalkolorit. Das stadtplanerische Konzept „Superblocks" ist spätestens seit der tatsächlichen Umsetzung in Barcelona 2017 international bekannt (Zografos et al. 2020). Dieses Konzept sieht vor, dass neun Häuserblocks auf Barcelonas schachbrettähnlichem Straßenraster zusammengeführt werden. Dafür werden die Straßen innerhalb der 3 × 3-Häuserblocks weitgehend für eine Vielzahl von Aktivitäten jenseits des motorisierten Verkehrs geöffnet. Der Motorverkehr wird statt durch den Superblock selbst um diesen herum geleitet (difu 2022). Ein ähnliches, aber

Abb. 1 Modalfilter. (Fotos: Dirk von Schneidemesser)

weniger umfassendes Konzept sind die „Low Traffic Neighbourhoods" (LTNs) in Großbritannien, die erstmals 2016 umgesetzt wurden (Aldred und Goodman 2020). Bei den LTNs handelt es sich um Stadtviertel, in denen der motorisierte Durchgangsverkehr unterbunden ist. Zum Einsatz kommen hierfür am häufigsten Modalfilter, die im Wortsinn die größeren Verkehrsteilnehmer – die KFZ – herausfiltern, während sie für die kleineren – Radfahrende und zu Fuß Gehende – durchlässig bleiben (siehe Abb. 1). In den Niederlanden gibt es schon lange kiezblockähnliche Konzepte. Bekannt ist der Verkehrsplan von Groningen, der bereits in den 1970er-Jahren Fahrten durch die die Innenstadt für den Autoverkehr unmöglich gemacht hat (van der Zee 2015).

Was das Kiezblock-Konzept mit all diesen anderen Planungsideen gemeinsam hat, ist auch der kleinste gemeinsame Nenner unter den Kiezblocks selbst: der private motorisierte Durchgangsverkehr wird unterbunden. Die einzelnen Maßnahmen, die Kiezblocks ausmachen (offene Straßen wie Fußgängerzonen oder verkehrsberuhigte Bereiche, Modalfilter und Diagonalfilter, die den motorisierten Verkehr an einer Kreuzung nur in eine Richtung führen bzw. abbiegen lassen), sind in Deutschland bereits seit längerer Zeit zu finden. Eine Broschüre des damals CDU-geführten Bundesbauministeriums aus dem Jahr 1986 hätte fast von den Kiezblocks-Initiativen von heute übernommen werden können (BM Bau 1986). Allerdings zielte diese Vision nicht darauf ab, systematisch den motorisierten Durchgangsverkehr zu unterbinden – was bei den Kiezblocks jedoch zentral ist.

Wichtige Unterschiede zwischen früheren Versuchen, den motorisierten Individualverkehr in deutschen Städten zu bändigen, und den Kiezblocks-Initiativen sind, dass mit Kiezblocks (sowie auch Superblocks und Low-Traffic-Neighbourhoods) die Gesamtmenge des Motorverkehrs sinken soll – das Autofahren soll explizit unattraktiver werden. Denn „eine umgestaltete Straße macht noch längst keinen Kiezblock und erst recht keine Verkehrswende" (Bauer und Stein 2022). Das Versprechen von Kiezblocks ist: weniger Autoverkehr, mehr Sicherheit im Straßenverkehr, vielfältigere Nutzungen von urbanem Raum, bessere Bedingungen für Lieferverkehr, Krankentransporte, Noteinsatzfahrzeuge sowie von Fahrzeugen der Ent- und Versorgung, attraktivere und effizientere Fuß- und Radwege, mehr Platz für den öffentlichen Nahverkehr, ein stärkeres lokales Gewerbe sowie insgesamt mehr Nachhaltigkeit, Resilienz und Klimaschutz (Changing Cities e. V. 2021b). Erfahrungen aus Berlin sowie anderen europäischen Städten zeigen, dass diese Projekte durchaus umstritten sind, da sie mit Veränderungen direkt im Alltag der Bürger:innen verbunden sind (Zografos et al. 2020). Die Erfahrung aber zeigt, dass die Befürchtungen, bspw. einer Verkehrsverlagerung in benachbarte Areale oder dass die Maßnahmen nicht wirken, eher unbegründet sind (von Schneidemesser 2023).

2 Verwurzelung der Autoorientierung

Warum aber fällt die Rolle des Treibers der Mobilitätswende im deutschen Kontext zivilgesellschaftlichen Akteuren zu? Um diese Frage zu beantworten werfen wir einen Blick auf das Feld der deutschen Verkehrspolitik, in dem sowohl politische als auch wirtschaftliche und zivilgesellschaftliche Akteure ihre Interessen vertreten. Politische Entscheidungsträger:innen treffen dann basierend auf einem Interessensausgleich Entscheidungen, die an die Verwaltung und Exekutive zur Umsetzung weitergeleitet werden.

Eine historisch geprägte korporatistische Konstellation in der Verkehrspolitik erhält den Automobil-orientierten Status-quo aufrecht (Herberg et al. 2020). Vertreter:innen sowohl von Gewerkschaften als auch von Unternehmen, die mit der Autoindustrie im weitesten Sinne zusammen hängen, darunter viele der wirtschaftlichen Schwergewichte in Deutschland, setzen sich für die Fortführung der Dominanz des Autos im Verkehr ein (Sternkopf und Nowack 2016). Anders ausgedrückt: „Dem Lobbying dient dieses ökonomisch mächtige Verkehrssystem je nach Perspektive entweder als überzeugender Begründungszusammenhang für politische Unterstützung, oder es wirkt als machtvolles Bollwerk gegen die Durchsetzung sozialer und ökologischer Interessen im Sinne einer nachhaltigen Verkehrsentwicklung" (Schwedes 2022, S. 15).

So sind die wesentlichen Akteursgruppen, die die Entscheidungen in der Verkehrspolitik maßgeblich beeinflussen, stark an die Autonorm gebunden. Das gilt nicht für die Zivilgesellschaft, die daher als Treiber der Mobilitätswende fungieren kann. Ein Beispiele hierfür ist die Verabschiedung von Deutschlands erstem Mobilitätsgesetz – durch die Zivilgesellschaft angestoßen – im Bundesland Berlin (Becker et al. 2021; von Schneidemesser et al. 2020).

2.1 Die Kluft zwischen Erwartungen, Ankündigungen und Handeln

Verkehrspolitische Veränderungen, die der Auto-Orientierung zuwiderlaufen, stellen eine große Herausforderung dar. Eingeübte technokratische Expert:innenkreise treffen grundlegende Richtungsentscheidungen und legen spezifische Regelungen über Baunormen und Standards fest. Für diejenigen, die nicht zu der verkehrspolitischen korporatistischen Konstellation gehören, gibt es beträchtliche Hürden, sich an diesen Entscheidungsprozessen zu beteiligen (Martens 2017; Schwedes 2011). Auch wenn es einen breiten gesellschaftlichen Konsens darüber gibt, dass es einen grundsätzlich anderen Ansatz in der Verkehrs- und Mobilitätsplanung und -politik braucht, kann von einer Verkehrswende bisher keine Rede sein (Rammert und Schwedes 2023; Schwedes 2021).

Den Dissens zwischen Ankündigungen und Erwartungen auf der einen Seite und Umsetzung auf der anderen kann man als *responsivity Gap* (von Schneidemesser et al. 2020) in der Verkehrspolitik bezeichnen. Es zeugt von einem deutlichen Missstand: der Kluft zwischen Erwartungen und gesellschaftlichem Konsens einerseits und dem Ausbleiben von Maßnahmen für eine geänderte Stadt- bzw. Verkehrsgestaltung andererseits. Es besteht eine Kluft zwischen den Erwartungen der Regierten und den Maßnahmen der Regierenden (Rosanvallon 2018; von Schneidemesser et al. 2020). Eine repräsentative Umfrage ergab, dass 89 % der Bürger:innen der Meinung sind, dass sich die Verkehrspolitik an den Interessen der Wirtschaft orientiere und nur 21 % meinen, sie orientiere sich auch an den Interessen der Bürger:innen (BMU 2019). Der Berliner Klima-Bürger:innenrat – ein Gremium aus ausgelosten Bürger:innen – formulierte Empfehlungen, die dem Autoverkehr zugunsten des Fahrrad-Fuß- und ÖPNV seine Privilegien streichen würden. Der Klima-Bürger:innenrat ging so weit, zu empfehlen, das „Autofahren unattraktiver (zu) machen" (Berliner Klima Bürger: innenrat 2022). Auch im Fall der Berliner Kiezblocks kann diese Kluft beobachtet werden: während es Mehrheiten für Kiezblocks in Berlin gibt (Ruhrort et al. 2021; Traxler und Wegrich 2023) und 29 Kiezblocks auch beschlossen wurden, sind aktuell nur bis zu 3 im Mindestmaß umgesetzt.

Angesichts der Klimakrise werden die Forderungen nach einer Verkehrswende lauter und präsenter, nicht zuletzt auch durch Bewegungen wie *Fridays for Future* oder Initiativen für den Erhalt von Wäldern, Naturräumen oder Nachbarschaften, die Schnellstraßen oder Autobahnen geopfert werden sollen. Bemühungen seitens der Zivilgesellschaft für einen zügigen Ausbau der Radverkehrsinfrastruktur – und eine damit einhergehende Umverteilung von Ressourcen wie Planungs- und Baukapazitäten, Finanzmitteln und dem öffentlichen Straßenraum – drücken sich in Deutschland seit mehreren Jahren in der Form von Bürger:innenbegehren aus (Rehmet et al. 2020). Bisher sind Initiativen für solche Referenden, bekannt als Rad- bzw. Rad- und Fußentscheide, in mehr als 50 Städten in sechs Bundesländern aktiv, 19 davon bereits erfolgreich. In diesem Rahmen wurden von der Zivilgesellschaft bereits mehr als eine Million Unterschriften gesammelt (Changing Cities e. V. 2022a). Die Zivilgesellschaft fungiert als Treiber von Transformationen in Mobilität und Stadtplanung.

Das Berliner Mobilitätsgesetz, das eine erstmalige rechtliche Abweichung von der Auto-Orientierung bedeutet, wurde von der Zivilgesellschaft initiiert und als Folge ihrer erfolgreichen Mobilisierung verabschiedet (Becker et al. 2021; von Schneidemesser et al. 2020). Diese Strategie, nämlich der politischen Logik folgende direktdemokratische Hebel zu nutzen und dies mit öffentlichkeitswirksamen Aktivitäten zu verknüpfen, breitete sich in vielen Städten sowie in fünf Flächenländern in allen Teilen Deutschlands aus. Seither wird in Deutschland die Mobilitätswende von zivilgesellschaftlichen Akteuren in Form von Kiezblock-Initiativen weiter vorangetrieben.

3 Zivilgesellschaftliches Agenda-Setting: Zweigleisige Antwort auf den *Responsivity Gap*

Bürger:innen in Deutschland machten in den letzten Jahren zunehmend Gebrauch von direkt-demokratischen Mitteln, um die Verkehrswende voranzutreiben (Rehmet et al. 2020). Dabei handelt es sich um den Versuch, durch die Kombination von direktdemokratischen Entscheidungsverfahren auf der lokalen Ebene mit einem medialen Agenda-Setting den *responsivity gap* zu adressieren.

Agenda Setting beschreibt eine Phase des politischen Prozesses, in der ein bestimmtes Thema auf die politische Agenda gesetzt und somit handlungsrelevant gemacht wird (McCombs und Shaw 1972; Schubert und Klein 2020). Neben den politischen Akteuren selbst spielen die Medien hier eine zentrale Rolle (Pfetsch 2004). Im Verständnis des klassischen Politikzyklus folgen auf das Agenda-Setting die Politikformulierung und anschließend die Umsetzung von beschlossenen Maßnahmen. Politisches Agenda-Setting wird daher in der Regel von politischen Akteuren initiiert, indem Probleme thematisiert oder konkrete Anträge für Maßnahmen in die politische Arena eingebracht werden. Agenda-Setting der (Massen-)Medien erfolgt, indem bestimmten Themen eine große mediale Aufmerksamkeit gegeben wird, um ihre Wichtigkeit zu vermitteln und sie kognitiv in gesellschaftlichen und politischen Strukturierungsprozessen zu verankern (Eichhorn 2005; McCombs 2014).

3.1 Politisches Agenda-Setting

Aktivitäten von Changing Cities e. V. und das Dokument „How to Kiezblock" zeigen auf, wie Bürger:innen einen politischen Beschluss auf Basis eines Einwohner:innenantrags erreichen können (Changing Cities e. V. 2021a). Um einen Einwohner:innenantrag einzureichen, muss zunächst ein Antrag formuliert werden. Dazu gehört ein mehr oder weniger detailliertes Konzept, das eingrenzt und beschreibt, was der Kiezblock erreichen und wo genau er eingerichtet werden soll. Nach der Formulierung (und ggf. einer formalen Prüfung durch das kommunale Parlamentsbüro) müssen 1000 gültige Unterschriften von Bürger:innen gesammelt werden, die im Bezirk gemeldet und wahlberechtigt sind. Gelingt das, kommt der Antrag auf die Tagesordnung des Parlaments, wo er dann von den Parlamentarier:innen beraten, beschlossen oder abgelehnt werden muss. So können die Bürger:innen politisches Agenda-Setting betreiben. Es gibt aber auch Abweichungen vom Prozess des Einwohner:innenantrags: Direkter Kontakt mit den lokalen Abgeordneten oder online-Petitionen können die Öffentlichkeit beeinflussen. So können Parlamentarier:innen dazu bewegt werden, selbst Kiezblockanträge in die Kommunalparlamente einzubringen.

Obwohl die Anleitung von Changing Cities auf die direkt-demokratischen Instrumente des Bundeslands Berlin zugeschnitten ist, gibt es Kiezblocks oder Kiezblock-ähnliche Initiativen auch anderswo in Deutschland (bspw. in Darmstadt unter dem Namen „Heinerblocks", in Leizpzig, Freiburg, Hamburg oder in Hildesheim, siehe Bauer und Stein 2022). Der Pfad hin zu Kiezblocks sieht wegen des unterschiedlichen politischen Kontextes und der jeweiligen Rechtslage in den Bundesländern unterschiedlich aus, in ihren groben Zügen bleiben die Prozesse aber ähnlich.

3.2 Mediales Agenda-Setting

Die zivilgesellschaftlichen Akteure, die die Verkehrswende mittels des Kiezblock-Konzeptes vorantreiben, beschränken sich aber nicht auf ein formal-politisches Agenda-Setting. Sie fahren parallel dazu Kampagnen und führen Aktionen durch, um auf ihre Forderungen in der Öffentlichkeit aufmerksam zu machen. Auf der von Changing Cities betriebenen Webseite „Kiezblocks.de" wird ein Medienspiegel geführt, in dem mehr als 200 Referenzen zu finden sind (Changing Cities e. V. 2022b). Die Medienartikel – hauptsächlich Zeitungsartikel – berichten oft über die politischen Prozesse rund um den Einwoher:innenantrag, aber auch über Aktionen der Initiativen, Umsetzungsschritte oder Planungen.

Kiezblock-Initiativen machen auf die Forderungen, die sie formal-politisch stellen, auf unterschiedliche Weise aufmerksam. Sie geben Interviews für die Presse, veranstalten Events mit Entscheidungsträger:innen (Betz 2022), nehmen die Gestaltungsmacht selbst in Anspruch und malen breitere Gehwege auf die Fahrbahn oder bringen ihre Forderungen mit Protestaktionen zum Ausdruck. Oft verkünden sie die Einreichung von Unterschriften für den Einwohner:innenantrag mit einer Pressemitteilung oder mit Bildern von der Übergabe auf sozialen Netzwerken. Diese Aktivitäten dienen dazu, über den formal-politischen Prozess hinaus (mediale) Aufmerksamkeit auf ihr Thema zu ziehen. So heben sie das Thema Kiezblocks hervor und machen es handlungsrelevant. Sie schüren somit Erwartungen bezüglich der Umsetzung von Kiezblocks, die als Antwort auf unterschiedliche Probleme dargestellt wird.

3.3 Agenda-Setting zweigleisig

Auf diese Weise werden zwei wichtige Stränge des Agenda-Settings kombiniert. Mit dem formalen Weg hin zum politischen Beschluss zeigen die Kiezblock-Initiativen, dass sie einen konkreten Plan haben, wie die Forderungen umgesetzt werden sollen. Dies macht sie interessant für Journalist:innen, die eher über Forderungen berichten, wenn mit einer Aufnahme im politischen Prozess und Reaktionen von Politiker:innen zu rechnen ist. Eine solche Kombination von politischer Beschlussvorbereitung und dem Aufzeigen verkehrspolitischer Zukunftsperspektiven erweist sich als effektiv. Die Prozesse wären vermutlich weniger erfolgreich, wenn entweder nur der mediale Weg, Forderungen zu stellen, oder ausschließlich die politische Logik, einen Kommunalparlamentsbeschluss vorzubereiten, verfolgt würden.

Das Bespielen dieser beiden Stränge des Agenda-Setting hat ein synergetisches Potenzial. Je realistischer der Erfolg einer Forderung ist, desto interessanter ist sie für die Medien und die Öffentlichkeit. Kontextfaktoren spielen ebenso eine Rolle. So könnte bspw. in Wahlkampf-Zeiten das Erringen eines Spitzenplatzes auf der umkämpften medialen Agenda die Chancen erhöhen, auch die politische Agenda zu beeinflussen.

3.4 *Claimed Spaces* für politische Teilhabe als Versuch die Lücke zu füllen

Bei den Agenda-Setting Aktivitäten seitens der Zivilgesellschaft bei den Kiezblocks kann von einem *claimed space* gesprochen werden: ein Handlungsraum, den die Bürger:innen selbst schaffen (Gaventa 2006). Die Möglichkeit, diesen Handlungsraum zu nutzen kann institutionell garantiert sein. In Berlin beispielsweise sind Einwohner:innenanträge gesetzlich vorgesehen. Der Partizipationsraum als *claimed space* existiert allerdings erst dann, wenn Bürger:innen ihn tatsächlich in Anspruch nehmen. Anders als in Partizipationsräumen, die von Entscheidungsträger:innen geschaffen werden (*invited spaces*), um Bürger:innen in Gestaltungsprozesse einzubeziehen, bestimmen die Bürger:innen den Raum hier selbst. Das bedeutet, dass sie festlegen, worfür sie sich engagieren und wo die Grenzen der anstehenden Veränderung liegen. So schaffen sie Räume der Partizipation. Neben der Antragstellung selbst gibt es auch die Möglichkeit, durch eben jene Antragstellung gesellschaftliche Debatten anzustoßen, was wiederrum Partizipationsräume ausweiten oder eröffnen kann. So verändern Bürger:innen ihre eigene Rolle im demokratischen System. Anstatt lediglich punktuell am Wahltag ihre Stimme abzugeben, treten sie nun in die politische Arena, um selbst über die Wahlen hinaus Gestaltungsmacht wahrzunehmen.

Mit dem Einreichen eines Einwohner:innenantrags als Kiezblock-Initiative beanspruchen die Bürger:innen politische Macht. Somit werden sie proaktiv zu politischen Akteuren. Als potenzielle Partner für eine Wende im Handlungsfeld Verkehrspolitik sind solche zivilgesellschaftlichen Akteure insofern interessant, als dass sie frei(er) von einer Verwickelung bzw. Verwurzelung in der wirtschaftlich orientierten korporatistischen Konstellation sind und somit neue Wege einschlagen können. Gleichzeitig besteht für Entscheidungsträger:innen der Nachteil, dass diese potenziellen Partner nicht einheitlich organisiert, institutionalisiert und professionalisiert sind und über verhältnismäßig wenige Ressourcen verfügen. Daher sind sie auch langfristig weniger vorhersehbar und belastbar.

Die Aufnahme des Kiezblock-Begriffs in den Berliner Koalitionsvertrag 2021 (SPD et al. 2021) zeigt die politische Macht und Wirkung der Zivilgesellschaft anhand der zweigleisigen Agenda-Setting Strategie über die formal-vorgesehenen Möglichkeiten des Einwohner:innenantrags hinaus. Mehrere Beschlüsse für Kiezblocks stammen nicht aus Einwohner:innenanträgen, sondern wurden von Fraktionen in den Kommunalparlamenten eingebracht (BVV-Mitte 2021; BVV-Neukölln 2021; BVV-Pankow 2020). Weitere Policies, wie die Ankündigung eines Bezirks „flächendeckender Verkehrsberuhigung" nachzugehen, stehen damit ebenso in Verbindung (Fröhlich und von Bodisco 2022). Neben eigenen Erfolgen des Agenda-Settings bei dem Thema Kiezblocks werden weitere Themen der Stadttransformation befördert.

Im nächsten Teil wird empirisch festgehalten, inwiefern die Kiezblock-Initiativen für Entwicklungen zuständig sind bzw. auf welcher Basis die Zivilgesellschaft als Transformationstreiber verstanden wird.

3.5 Kiezblocks in Claimed Spaces

Anhand der Kiezblocks ist zu beobachten, dass es unterschiedliche Pfade gibt, die zu einem politischen Beschluss für Kiezblocks führen können. Die Pfade bewegen sich zwischen „Top-down"- und „Bottom-up"-Entscheidungsprozessen, je nach dem, von wem sie angestoßen werden – zivilgesellschaftliche Akteure oder Entscheider: innen in Politik und Verwaltung (von Schneidemesser und Kirby 2022). Auch wenn zivilgesellschaftliche Akteure Kiezblocks oder die Verkehrswende generell antreiben, so sind die meisten ausführenden Maßnahmen, die den öffentlichen Raum betreffen, eine hoheitliche Aufgabe des Staates. Daher kann die Zivilgesellschaft selbst keine Maßnahmen umsetzen, wenn sie sich nicht außerhalb des rechtsstaatlichen Rahmens bewegen will.

Kiezblock-Anträge werden entweder als Einwohner:innenantrag oder als Fraktionsantrag in der Bezirksverordnetenversammlung (BVV, das Berliner Kommunalparlament) eingereicht und abgestimmt. Ein Stadtrats- bzw. Bezirksamtsbeschluss hat eine ähnliche Bedeutung. Bisher sind 16 Kiezblocks über einen Einwohner: innenantrag und 23 über Fraktionsanträge beschlossen wurden.

Seit der Verabschiedung des Berliner Mobilitätsgesetztes im Jahr 2018 ist die gesetzliche Grundlage für flächendeckende Kiezblocks vorhanden. § 44.2 des Berliner Mobilitätsgesetzes lautet: „Fahrradstraßen und Nebenstraßen sollen so gestaltet werden, dass motorisierter Individualverkehr, außer Ziel- und Quellverkehr, im jeweiligen Straßenabschnitt unterbleibt" (MobG BE 2018; siehe auch § 56.1). Dieser Gesetzesabschnitt ist zwar getrennt von der Kiezblock-Kampagne entstanden, allerdings fußt das Mobilitätsgesetz ebenfalls auf zivilgesellschaftlichem Engagement – nämlich der Arbeit der Initiative Volksentscheid Fahrrad (von Schneidemesser et al. 2020). Es gilt als wichtiger Baustein der „umfassenden Beschlusslage" im Zusammenhang mit der Umsetzung von Kiezblocks.

Im Koalitionsvertrag zwischen Sozialdemokraten (SPD), Bündnis 90/Die Grünen und Die Linke von 2021 im Bundesland Berlin wurde der Begriff „Kiezblocks" zwei Mal genannt: Als Maßnahme zur Verkehrsberuhigung sowie als eine von vielen Maßnahmen, mit denen die Kommunen im Rahmen des Mobilitätsgesetzes unterstützt werden sollen, dem Ziel der Umweltgerechtigkeit nachzugehen. Mit der Wiederholungswahl Anfang 2023 wurde das rot-grün-rote Bündnis von einer CDU-SPD-Koalition abgelöst, deren Ziele sich deutlich vom vorherigen Koalitionsvertrag unterscheiden: von Kiezblocks ist keine Rede mehr und auch das Mobilitätsgesetz soll zugunsten einer „Mobilität für alle statt grüner Verbots-Ideologie" angepasst werden (Latz 2023).

4 Diskussion

4.1 Verortung des *Responsivity Gap*

In der Theorie führt die Verwaltung das aus, was die Legislative entscheidet. Demzufolge sollten die Meinungen der Bürger:innen von ihren gewählten Repräsentant:innen gebündelt und als *Policy* an die Verwaltung weitergegeben werden. Das bedeutet, dass ein Aussetzen der Wende in der Verkehrspolitik entweder bei politischen Akteuren in der Entscheidung oder bei der Verwaltung in der Ausführung zu verorten sein sollte. Aufgrund komplexer Prozesse und vielfältiger Akteurskonstellationen ist schwer festzustellen, wo genau die Verkehrswende hakt. Eine Nichtumsetzung von dem, was politisch beschlossen wurde, kann ebenso zur Entstehung eines *responsivity gaps* führen wie eine fehlende Beschlusslage.

4.1.1 Kluft zwischen politischer Entscheidung und Umsetzung durch die Verwaltung

Noch vor der Kiezblock-Kampagne hat die Gesetzeslage Kiezblocks als Regelfall definiert. § 44.2 des Berliner Mobilitätsgesetzes (siehe oben) ist nah an der Minimaldefinition eines Kiezblocks dran: „Kiezblocks sind Wohnquartiere ohne motorisierten Durchgangsverkehr" (Changing Cities e. V. 2021b). Eine Kluft zwischen gesetzlichem Veränderungsanspruch und der Realität besteht darin, dass es mehr als 5 Jahre nach Verabschiedung des Gesetzes kaum Nebenstraßen gibt, die so umgestaltet worden sind, dass motorisierter Individualverkehr außer Ziel- und Quellverkehr unterbleibt. Die Kiezblock-Initiativen wuchsen (unter anderem) aus diesem *responsivity gap* heraus. Denn mit der Forderung nach Kiezblocks drückt die Zivilgesellschaft den Wunsch nach Veränderung in der Stadt- und Verkehrsgestaltung aus. Dies passiert nicht allein durch die Verabschiedung eines Gesetzes. So können wir – zumindest für den Fall der Kiezblocks – den *responsivity gap* genauer verorten. Die politische Entscheidung für eine Gesetzeslage wurde 2018 getroffen. Die politische Entscheidung, diese auch in der Umsetzung zu priorisieren, fehlt weiterhin.

So gesehen liegt ein *responsivity gap* zwischen ausführender Verwaltung und Politik. Die Aktivitäten rund um die Kiezblock-Initiativen und die übergeordnete Kampagne sind Bemühungen seitens der Zivilgesellschaft, Entscheidungsträger:innen in Politik und Verwaltung zur Umsetzung zu bewegen. Die politischen Beschlüsse für eine Wende in Verkehr und Stadtgestaltung sind zwar getroffen – zumindest für Kiezblocks in Berlin –, drücken sich aber bisher kaum in Änderungen der gebauten Realität aus. Anders gesagt: auf der Straße sind die Veränderungen in den Gesetzesbüchern und Beschlusslisten nicht angekommen.

4.1.2 Kluft zwischen Erwartungshaltung der Bürger:innen und politischen Entscheidungen

Eine Kluft liegt aber nicht nur zwischen der politischen Entscheidung und der Umsetzung durch die Verwaltung. Diese Analyse greift dort zu kurz, wo von der Zivilgesellschaft Forderungen gestellt werden, die weiterreichende politische Entscheidungen erfordern. Dies ist beispielsweise der Fall, wenn Initiativen den Bereich eines Kiezblocks definieren, in dem sich eine übergeordnete Straße befindet. Diese Forderung bedeutet, eine Hauptstraße zu einer Nebenstraße herunterstufen zu lassen (siehe dazu: SenUMVK 2021). Das derzeitige Mobilitätsgesetz sieht eine Beruhigung lediglich in den Nebenstraßen vor, verkehrslenkende Maßnahmen zur Verkehrsberuhigung sind ohne Herabstufung von übergeordneten Straßen kaum vorgesehen oder möglich.

4.1.3 Verschwommene Verantwortungsgrenzen: die Kluft zwischen Bürger:innen und Verwaltung

Formal ist kein Raum für Austausch zwischen der Verwaltung und der Zivilgesellschaft vorgesehen: Die Verwaltung wird nicht von den Bürger:innen gewählt, formal ist sie ihnen nicht direkt Rechenschaft schuldig. In der Praxis verhält es sich im Fall der Kiezblocks jedoch zunehmend so, dass die Bürger:innen in einen direkten Austausch mit der Verwaltung treten und somit Ansprüche und Erwartungen an diese entstehen – und somit auch eine Kluft zwischen Erwartungen und dem, was umgesetzt wird. Mit dem Einreichen der Einwohner:innenanträge wurden die lokalen Parlamente damit beauftragt, sich mit der Frage der Kiezblocks zu befassen. In 16 Fällen haben sie dies bereits getan und im Sinne der Kiezblocks entschieden. Nun steht die Umsetzung durch die Verwaltung aus. Formal liegt diese Diskrepanz also zwischen Politik und Verwaltung. In der Wahrnehmung der Zivilgesellschaft werden allerdings die Forderungen der Bürger:innen nicht angemessen umgesetzt. In vielen Initiativen entsteht daher Unmut darüber, dass der Prozess der Umsetzung sehr viel länger dauert als gewünscht. Oft gibt es auch einen Enttäuschung darüber, dass die politisch angenommenen Vorschläge lediglich verwässert umgesetzt werden.

Die Gründe für diese Kluft sind vielfältig. Zum einen haben die lokalen Parlamente in Berlin lediglich Initiativ-, Kontroll- und Auskunftsrechte, sie können jedoch nicht legislativ agieren, sondern nur Empfehlungen aussprechen. Sie wecken bei den Bürger:innen möglicherweise Erwartungen, die seitens der Verwaltung nicht erfüllt werden können. Initiativen, die im direkten Austausch mit der Verwaltung stehen, geraten zudem nicht selten mit den „Amtslogiken“ in Konflikt. Es fehlt den Verwaltungen an Ressourcen – finanziell wie personell. Gleichzeitig hat die Zivilgesellschaft Ressourcen und möchte diese auch einbringen. Es fehlt jedoch an einem formal-juristischen Rahmen, in dem dies möglich ist, und es fehlt bisweilen auch am Willen der Verwaltung, Gestaltungsmacht abzugeben.

4.1.4 Die Kluft mit Kiezblocks überwinden

Wir haben verortet, an welchen Stellen die Mobilitätswende aufgehalten wird und die Zivilgesellschaft zum Aktivwerden animiert, um den *responsivity gap* anzugehen. Darüber hinaus hat sich gezeigt, dass diese Aktivität neue Klüfte bzw. komplexe und verschwommene Verantwortungsketten mit sich bringen kann. Es erscheint naheliegend, dass sich der *responsivity gap* nur durch Umsetzung von Maßnahmen lösen lässt. Die Zivilgesellschaft hat bereits gezeigt, dass sie kreativ genug und gewillt sind, Maßnahmen eigeninitiativ auf die Straße zu bringen. Die Vorgehensweisen des „Bündnis temporäre Spielstraßen" zeigen, dass es Möglichkeiten für Bürger:innen gibt, die Umsetzung (temporärer) Maßnahmen auch selbst anzugehen. Darüber hinaus zeigten die Pop-Up-Radwege in Berlin, wie schnell Maßnahmen auf die Straße kommen können, wenn wenig Ressourcen aufgebracht werden müssen und der notwendige politische, gesellschaftliche und administrative Wille da ist.

Wenn die Zivilgesellschaft wichtiger Treiber der urbanen Transformation ist, sollte auch darüber nachgedacht werden, inwiefern sie mit mehr Möglichkeiten (und Rechten) ausgestattet werden kann, um ihrem Gestaltungswunsch gerecht zu werden. Dies würde jedoch Veränderungen in bestehenden politischen Machtkonstellationen bedeuten. Wie sich dieses Machtgefüge neu ordnen lässt, ist eine anspruchsvolle Frage. Gelingt dies, könnten die Chancen für die tatsächliche Umsetzung der Mobilitätswende steigen.

5 Ausblick: Entscheider:innen und Zivilgesellschaft zusammenbringen

Unter anderem wegen der korporatistischen Prägung des Handlungsfeldes Mobilität gibt es eine Kluft zwischen dem gesellschaftlichen Konsens über die Notwendigkeit einer Mobililtätswende und der Umsetzung von entsprechenden Maßnahmen. Dies behindert die Transformation immens, weil der Status-Quo der Verkehrspolitik strukturell stark verankert ist, während es Akteuren, die die Mobilitätswende voranbringen wollen, an schlagkräftigen strategischen Partner fehlt.

Zivilgesellschaftliche Initiativen wie die Kiezblock-Initiativen treiben die Mobilitätswende voran. Das nicht nur in Berlin: Auch in Darmstadt beklagt die *Heiner*blocks*-Initiative die *responsivity gap*, denn trotz Stadtverordnetenversammlungsbeschluss ohne Gegenstimmen wird die Umsetzung ausgesetzt (Changing Cities e. V. 2023). Es gibt nun Kiezblock-ähnliche Initiativen in mindestens 10 weiteren deutschen Städten, von Leipzig bis Darmstadt und Hamburg (Bauer und Stein 2022). Akteure aus Politik und Verwaltung, die eine Mobilitätswende verwirklichen wollen, könnten diese Energie und Gestaltungswillen nutzen, um eine neue Dynamik in das Handlungsfeld Mobilität zu bringen und die großen Hürden zu überwinden. Die Zivilgesellschaft bietet sich als Partner einer Mobilitätswendekonstellation an, gerade weil sie nicht in korporatistischen Strukturen verhaftet ist.

Natürlich gibt es in der Zivilgesellschaft auch Kiezblock- und Mobilitätswendegegner, allerdings gibt es bisher – trotz mehrerer Ankündigungen – nur einen Fall von einem Einwohner:innenantrag, der in Berlin die notwendigen Unterschriften zusammenbrachte. Dieser wurde im Übrigen nicht von Bürger:innen, sondern von einer politischen Partei orchestriert.

Die zweigleisige Agenda-Setting Strategie der Kiezblock-Initiativen zeigt beispielhaft, wie Bürger:innen *claimed spaces* für politische (selbst-)Beteiligung etablieren und gestalten, ohne durch die starren Strukturen der Mobilitätspolitik eingegrenzt zu sein. Dabei wird nicht an den Grenzen der Zuständigkeiten der jeweiligen Ämter Halt gemacht, sondern das Feld zusammengebracht. Kiezblock-Initiativen bringen die Mobilitätswende auf lokaler Ebene auf die politische sowie mediale Agenda und heben so den *responsivity gap* hervor. Gleichzeitig tut sich eine mögliche strategische Partnerschaft auf, wenn sich Akteure aus Politik und Verwaltung auf einen gemeinsamen Kurs mit der Zivilgesellschaft bringen können.

Akteure aus Politik und Verwaltung tun sich häufig jedoch schwer, strategische Partnerschaften mit diesen und anderen pro-Mobilitätswende-Akteure aufzubauen. Es fehlen Schnittstellen, damit diese Kräfte zusammenkommen und der Dominanz der korporatistisch-verwurzelten Akteure etwas entgegensetzen. Ein möglicher Weg, um die benötigten Schnittstellen in Teilen zu etablieren, wäre für Entscheidungsträger:innen auf repräsentativ-deliberative demokratische Formate der Beteiligung zu setzen. Es gibt bereits Indizien, dass diese *invited spaces* für politische Partizipation einer Mobilitätswende förderlich wären. Sie könnten zu der politischen Legitimation für die Umsetzung der konkreten Maßnahmen der Mobilitätswende nützlich sein, dadurch Entscheidungsträger:innen ermutigen und somit auch zur Verringerung des *responsivity gaps* beitragen.

Durch repräsentativ-deliberative Formate der Beteiligung – wie bspw. die Bürger:innenräte, von der Bundestagspräsident Bas sprach – könnte die Mobilitätswende von der Mitte der Gesellschaft konstruktiv begleitet werden. Es gibt mehrere Gründe, warum dieser Weg Potenzial birgt.

Repräsentative Umfragen zeigen Mehrheiten für viele konkrete Mobilitätswendemaßnahmen auf, nicht zuletzt auch Mehrheiten für Kiezblocks. Dabei gibt es größere Mehrheiten in dichtbesiedelten Innenstadtbezirke wie Friedrichshain-Kreuzberg (Ruhrort et al. 2021) und knappe Mehrheiten berlinweit (Traxler und Wegrich 2023). Wird die Debatte über die Mobilitätswende nicht (so wie aktuell) von den extremen Rändern der Gesellschaft geprägt, sondern von zufällig ausgelosten Bürger:innen, könnte die Polarisierung gemildert werden. Darüber hinaus können repräsentativ-deliberative Formate dazu dienen, Mythen zu überwinden und Ängste abzubauen (oder diese einzuordnen). Konfrontiert mit einer herausfordernden Ausgangslage und ausgestattet mit Zeit, Expertise und Moderationsmethoden, die eine gerechtere und überlegtere Deliberation fördern, können repräsentativ-zusammengestellte Gruppen von Bürger:innen konstruktiv zu einer mobilitätspolitischen Agenda gelangen. Deren Umsetzung könnte den *Responsivity Gap* überwinden. So könnten Zielkonflikte besser abgewogen und falsche Annahmen entkräftet werden. Das gilt beispielsweise für die oft angenommene Verkehrsverlagerung in benachbarte Gebiete als Argument gegen Kiezblocks, obwohl die Forschungslage zeigt, dass dies nicht der Fall ist (Bauer et al. 2023; Nello-Deakin 2022).

In bereits durchgeführten deliberativen Formaten wie dem Berliner Klima Bürger:innenrat wurden Empfehlungen erarbeitet, die eine konsequente Umsetzung einer Mobilitätswende mitsamt konkreten push-Maßnahmen verlangen. Die Bedeutung dieses Beispiels wird bisher in der politischen Debatte wenig beachtet. Repräsentativ-deliberative Formate könnten für die Entscheidungsträger:innen eine konstruktive Antwort auf die Forderungen der Zivilgesellschaft darstellen. Einerseits wäre ihre Realisierung eine ermutigende Reaktion auf die Arbeit der Zivilgesellschaft für die Mobilitätswende, andererseits könnte sie dazu beitragen, das Thema weiter nach oben auf die politische und mediale Agenda zu setzen.

Literatur

Aldred, R., und A. Goodman. 2020. Low traffic neighbourhoods, car use, and active travel: Evidence from the people and places survey of outer london active travel interventions. *Findings*. https://doi.org/10.32866/001c.17128.

Bauer, U., und T. Stein. 2022. Kiezblocks für Berlin: Mehr als nur Poller! *Difu Sonderthema*, Januar 27. https://difu.de/nachrichten/kiezblocks-fuer-berlin-mehr-als-nur-poller. Zugegriffen am 06.03.2024.

Bauer, U., S. Bettge, und T. Stein. 2023. *Verkehrsberuhigung: Entlastung statt Kollaps! Maßnahmen und ihre Wirkungen in deutschen und europäischen Städten*. Deutsches Institut für Urbanistik. https://difu.de/publikationen/2023/verkehrsberuhigung-entlastung-statt-kollaps. Zugegriffen am 14.02.2024.

Becker, S., P. Bögel, und P. Upham. 2021. The role of social identity in institutional work for sociotechnical transitions: The case of transport infrastructure in Berlin. *Technological Forecasting and Social Change* 162:120385. https://doi.org/10.1016/j.techfore.2020.120385.

Berliner Klima Bürger:innenrat. 2022. *Empfehlungen für die Berliner Klimapolitik*. Senatsverwaltung für Umwelt, Mobilität, Verbraucher- und Klimaschutz. https://www.berlin.de/klimabuergerinnenrat/_assets/dokumentation/klimaburgerinnenrat_empfehlungen-fur-die-berliner-klimapolitik.pdf. Zugegriffen am 06.03.2024.

Berliner Mobilitätsgesetz, Pub. L. No. 9240–4. 2018. https://gesetze.berlin.de/bsbe/document/jlr-MobGBEpG6. Zugegriffen am 27.09.2023.

Betz, G. 2022. *Kiezblocks Beschleunigen!* Netzwerk Fahrradfreundliches Pankow. https://www.radpankow.de/2022/02/23/video-kiezblocks-beschleunigen/. Zugegriffen am 27.09.2023.

BM Bau. 1986. *Stadtverkehr im Wandel*. Bundesministerium für Raumordnung, Bauwesen und Städtebau. http://www.verkehrsplanung.de/material_buero/StadtverkehrImWandel/index.html. Zugegriffen am 27.09.2023.

BMU. 2019. *Umweltbewusstsein in Deutschland 2018: Ergebnisse einer repräsentativen Bevölkerungsumfrage*. Dessau-Roßlau: Bundesministerium für Umwelt, Naturschutz und nukleare Sicherheit (BMU).

BVV-Mitte. 2021. *Drucksache Nr.: 3149/V – Kiezblocks für Mitte*. Berlin: Bezirksamt Mitte von Berlin.

BVV-Neukölln. 2021. *Drucksache 1912/XX – Mehr Flächengerechtigkeit: „Kiezblocks" für Neukölln planen und umsetzen*. Berlin: Bezirksamt Neukölln von.

BVV-Pankow. 2020. *Drucksache VIII-0944 – Mehr Raum zur Entfaltung – Attraktive Wohnviertel durch Entschleunigung*. Berlin: Bezirksamt Pankow von.

Changing Cities e. V. 2021a. *How To Kiezblock*. https://www.kiezblocks.de/wp-content/uploads/2021/09/KB_HowTo_Kiezblocks_2021.pdf. Zugegriffen am 06.03.2024.

———. 2021b. Kiezblocks.de. *Kiezblocks.de*. https://www.kiezblocks.de/. Zugegriffen am 06.03.2024.

———. 2022a. *Radentscheide in Deutschland*. Changing Cities e. V. https://changing-cities.org/radentscheide/. Zugegriffen am 06.03.2024.

———. 2022b. Medienspiegel Kiezblocks. *Kiezblocks.de*. https://www.kiezblocks.de/aktuelles/medienspiegel/. Zugegriffen am 06.03.2024.

———. 2023. *Initiativen kritisieren Stopp vom ersten Superblock in Darmstadt*. Changing Cities e. V. https://changing-cities.org/initiativen-kritisieren-stopp-von-ersten-superblock-in-darmstadt/. Zugegriffen am 06.03.2024.

Detjen, S. 2022. *Bundestagspräsidentin Bärbel Bas (SPD): „Wir sind nicht überfordert“* [Radio], September 4. https://www.deutschlandfunk.de/baerbel-bas-bundestagspraesidentin-100.html. Zugegriffen am 06.03.2024.

difu. 2022. Was ist eigentlich ein … Superblock? *Glossar*, März 15. https://difu.de/nachrichten/was-ist-eigentlich-ein-superblock. Zugegriffen am 06.03.2024.

Eichhorn, W. 2005. *Agenda-Setting-Prozesse: Eine theoretische Analyse individueller und gesellschaftlicher Themenstrukturierung*. Universitätsbibliothek der Ludwig-Maximilians-Universität München. https://doi.org/10.5282/UBM/EPUB.734.

Fröhlich, A., und C. von Bodisco. 2022. Autofreie Zone in Berlin: Friedrichshain-Kreuzberg plant „flächendeckende Verkehrsberuhigung“ im gesamten Bezirk. *Tagesspiegel*, Mai 27. https://plus.tagesspiegel.de/berlin/autofreie-zone-in-berlin-friedrichshain-kreuzberg-plant-flachendeckende-verkehrsberuhigung-im-gesamten-bezirk-492114.html. Zugegriffen am 06.03.2024.

Gaventa, J. 2006. Finding the spaces for change: A power analysis. *IDS Bulletin* 37(6): 23–33.

Herberg, J., T. Haas, D. Oppold, und D. von Schneidemesser. 2020. A collaborative transformation beyond coal and cars? Co-creation and corporatism in the German energy and mobility transitions. *Sustainability* 12(8): 3278. https://doi.org/10.3390/su12083278.

Latz, C. 2023. Radwege nicht an allen Hauptstraßen: CDU will Kehrtwende in Berlins Verkehrspolitik. *Der Tagesspiegel*, September 15. https://www.tagesspiegel.de/berlin/radwege-nicht-an-allen-hauptstrassen-cdu-will-kehrtwende-in-berlins-verkehrspolitik-10476568.html. Zugegriffen am 06.03.2024.

Martens, K. 2017. *Transport justice: Designing fair transportation systems*. New York: Routledge/Taylor & Francis Group.

McCombs, M. 2014. *Setting the agenda: The mass media and public opinion*, 2. Aufl. Cambridge, UK: Polity Press.

McCombs, M., und D. Shaw. 1972. The agenda-setting function of mass media. *The Public Opinion Quarterly* 36(2): 176–187.

Nello-Deakin, S. 2022. Exploring traffic evaporation: Findings from tactical urbanism interventions in Barcelona. *Case Studies on Transport Policy* 10(4): 2430–2442. https://doi.org/10.1016/j.cstp.2022.11.003.

Pfetsch, B. 2004. From political culture to political communication culture: A theoretical approach to comparative analysis. In *Comparing political communication: Theories, cases, and challenges*, Hrsg. F. Esser und B. Pfetsch. Cambridge, UK: Cambridge University Press.

Rammert, A., und O. Schwedes. 2023. Barrieren für die Verkehrswende. Hintergründe und Lösungsansätze. *Politikum* 3:49–55.

Rehmet, F., E. Wunder, V. Mittendorf, Y. Zeybek, und J. Müller. 2020. *Bürgerbegehrensbericht 2020*. Mehr Demokratie e. V.; Philipps-Universität Marburg. https://www.mehr-demokratie.de/fileadmin/pdf/2020-09-28_Bu__rgerbegehrensbericht_Web.pdf. Zugegriffen am 06.03.2024.

Rosanvallon, P. (2018). *Good government: Democracy beyond elections* (M. B. DeBevoise, Übers.). Cambridge, MA: Harvard University Press.

Ruhrort, L., F. Zehl, und A. Knie. 2021. *Untersuchung von Einstellungen gegenüber einer Neuaufteilung öffentlicher Räume zulasten des Autoverkehrs: Ergebnisse einer repräsentativen Befragung im Berliner Bezirk Friedrichshain-Kreuzberg sowie einer Straßenbefragung in Kreuzberg*, WZB Discussion Papers. Wissenschaftszentrum Berlin für Sozialforschung.

Schneidemesser, D. von. 2023. Kiezblocks ohne Durchgangsverkehr: Berlin kann vom Rest Europas lernen. *Kiezblocks ohne Durchgangsverkehr: Berlin kann vom Rest Europas lernen*, Juni 21. https://www.rifs-potsdam.de/de/blog/2023/06/kiezblocks-ohne-durchgangsverkehr-berlin-kann-vom-rest-europas-lernen. Zugegriffen am 06.03.2024.

Schneidemesser, D. von, und N. Kirby 2022. Kiezblocks – Stadtgestaltung Top-down oder Bottom-up? *IASS Blog*, Februar 10. https://www.iass-potsdam.de/de/blog/2022/02/kiezblocks-top-down-oder-bottom-up. Zugegriffen am 06.03.2024.

Schneidemesser, D. von, J. Herberg, und D. Stasiak. 2020. Re-claiming the responsivity gap: The co-creation of cycling policies in Berlin's mobility law. *Transportation Research Interdisciplinary Perspectives* 8:100270. https://doi.org/10.1016/j.trip.2020.100270.

Schubert, K., und M. Klein. 2020. Agenda setting. In *Das Politiklexikon*, 7. Aufl. Bonn: Bundeszentrale für politische Bildung, J. H. W. Dietz.

Schwedes, O. 2011. The field of transport policy: An initial approach. *German Policy Studies* 7:7–41.

———. 2021. *Öffentliche Mobilität: Voraussetzungen für eine menschengerechte Verkehrsplanung*. Wiesbaden: Springer Fachmedien. https://doi.org/10.1007/978-3-658-32106-2.

———. 2022. Lobbyismus im Verkehrssektor. In *Handbuch Lobbyismus*, Hrsg. A. Polk und K. Mause, 1–21. Wiesbaden: Springer Fachmedien. https://doi.org/10.1007/978-3-658-32324-0_22-1.

SenUMVK. 2021. *Übergeordnetes Straßennetz Bestand 2021* (Senatsverwaltng für Mobilität, Verbraucher- und Klimaschutz von Berlin, Hrsg.). https://www.berlin.de/sen/uvk/verkehr/verkehrsplanung/strassen-und-kfz-verkehr/uebergeordnetes-strassennetz/. Zugegriffen am 06.03.2024.

SPD, Bündnis 90/Die Grünen, und Die Linke. 2021. *Koalitionsvertrag 2021–2026: Zukunftshauptstadt Berlin. Sozial. Ökologisch. Vielfältig. Wirtschaftsstark.* https://www.berlin.de/rbmskzl/regierende-buergermeisterin/senat/koalitionsvertrag/berlin_koavertrag_2021_2026.pdf. Zugegriffen am 06.03.2024.

Sternkopf, B., und F. Nowack. 2016. Lobbying: Zum Verhältnis von Wirtschaftsinteressen und Verkehrspolitik. In *Handbuch Verkehrspolitik*, Hrsg. O. Schwedes, W. Canzler, und A. Knie, 381–399. Wiesbaden: Springer Fachmedien. https://doi.org/10.1007/978-3-658-04693-4_18.

Traxler, C., und K. Wegrich. 2023. Attitudes on urban mobility policies: Results from a survey in Berlin. Hertie School of Governance. https://hertieschool-f4e6.kxcdn.com/fileadmin/5_WhoWeAre/1_People_directory/Faculty_downloads/Traxler/Publications/Attitudes_on_Urban_Mobility_Policies._Results_from_a_Survey_in_Berlin__with_K._Wegrich__2023_EN.pdf. Zugegriffen am 06.03.2024.

Zee, R. van der. 2015. How Groningen invented a cycling template for cities all over the world. *The Guardian*, Juli 29. https://www.theguardian.com/cities/2015/jul/29/how-groningen-invented-a-cycling-template-for-cities-all-over-the-world.

Zografos, C., K.A. Klause, J.J.T. Connolly, und I. Anguelovski. 2020. The everyday politics of urban transformational adaptation: Struggles for authority and the Barcelona superblock project. *Cities* 99:102613. https://doi.org/10.1016/j.cities.2020.102613.

GPSR Compliance

The European Union's (EU) General Product Safety Regulation (GPSR) is a set of rules that requires consumer products to be safe and our obligations to ensure this.

If you have any concerns about our products, you can contact us on ProductSafety@springernature.com

In case Publisher is established outside the EU, the EU authorized representative is:

Springer Nature Customer Service Center GmbH
Europaplatz 3
69115 Heidelberg, Germany

Batch number: 10268265

Printed by Printforce, the Netherlands